AF551816

EUL
VERLAG

Dr. Katja Müller

Wertschaffende Kooperationsbeziehungen

Kooperationsbeziehungen im Lean Management analysiert aus einer konstruktivistischen Sicht

Bibliografische Information der Deutschen Nationalbibliothek

Die Deutsche Nationalbibliothek verzeichnet diese Publikation in der Deutschen Nationalbibliografie; detaillierte bibliografische Daten sind im Internet über <http://dnb.d-nb.de> abrufbar.

Dissertation, Technische Universität Darmstadt, 2014

D 17

ISBN 978-3-8441-0385-4
1. Auflage Februar 2015

JOSEF EUL VERLAG GmbH
Brandsberg 6
53797 Lohmar
Tel.: 0 22 05 / 90 10 6-6
Fax: 0 22 05 / 90 10 6-88
E-Mail: info@eul-verlag.de
http://www.eul-verlag.de

Bei der Herstellung unserer Bücher möchten wir die Umwelt schonen. Dieses Buch ist daher auf säurefreiem, 100% chlorfrei gebleichtem, alterungsbeständigem Papier nach DIN 6738 gedruckt.

Vorwort

Die vorliegende Arbeit stellt eine gekürzte Fassung meiner Dissertation im Bereich Supply Chain – und Netzwerkmanagement an der TU Darmstadt dar. Die Arbeit wäre ohne die freundliche Unterstützung zahlreicher Personen nicht möglich gewesen, denen ich hiermit meinen Dank ausspreche.

Besonderer Dank gilt meinem Doktorvater Herrn Professor Dr. Dr. h.c. Hans-Christian Pfohl, der das Erstgutachten meiner Arbeit übernommen hat und mich in meiner Forschung und Arbeit an der TU Darmstadt konstruktiv unterstützt hat. Besonders danke ich ihm für die Gelegenheit, dass ich am Doktoranden-Workshop der European Logistics Association im Juni 2014 in Hamburg teilnehmen konnte. Der Workshop war eine großartige Erfahrung. Ebenfalls großer Dank gilt Herrn Professor Dr. Christoph Glock für die freundliche Übernahme des Zweitgutachtens.

Großer Dank gilt auch Herrn Dr. Alexander Bode, der während seiner Zeit als Juniorprofessor an der TU Darmstadt diese Dissertation ermöglichte und sie auch darüber hinaus unterstützt hat. Ich danke ihm für die zahlreichen wertvollen Erfahrungen, die ich in der Zusammenarbeit sammeln konnte und den fortwährenden Austausch.

Ein herzliches Dankeschön richte ich außerdem an alle Fallstudienteilnehmer, die mit ihrer Zeit und ihrem Input wesentlich zum Gelingen dieser Dissertation beigetragen haben. Dank geht auch an die Projektpartner, mit denen ich als wissenschaftliche Mitarbeiterin an der TU Darmstadt zusammenarbeiten konnte. Herauszuheben sind die ehemaligen Mitglieder des HESSENMETALL Aerospace-Clusters, die Mitarbeiter/innen und Projektpartner am House of Logistics and Mobility und das ehemalige Team der Landesinitiative Hessen Aviation. Für dieses stellvertretend, spreche ich dem ehemaligen Projektleiter, Herrn Dr. Matthias Jahnke, großen Dank für die angenehme und spannende Zusammenarbeit in einem großartigen Umfeld aus.

Außerdem danke ich meinen ehemaligen und aktuellen Kollegen und Kolleginnen an der TU Darmstadt für die Zusammenarbeit. Besonders danke ich Herrn Dr. Simon Alig, von dem ich in seiner Zeit an der TU Darmstadt viel gelernt habe und danke ihm und seiner Frau Theresa für den weiterhin freundschaftlichen Austausch. In diesem Zusammenhang richte ich ein weiteres Dankeschön an den ehemaligen studentischen Mitarbeiter Herrn Kurt-Siegfried Weiner, für die stets angenehme Zusammenarbeit und die freundschaftlich-konstruktive Begleitung meiner Dissertationsphase.

Mein größter Dank gilt meiner Familie. Meine Eltern und meine Schwester mit ihrer Familie haben mich in allen Lebensphasen immer außerordentlich unterstützt. Ich danke Ihnen vielmals dafür und bin sehr glücklich darüber, diesen verlässlichen Rückhalt zu haben. Schließlich danke ich meinem Verlobten Stefan für sein liebevolles Verständnis und die gemeinsame Zeit auf dem Weg zur Dissertation und darüber hinaus.

Bruchsal, Januar 2015 Katja Müller

Inhaltsverzeichnis

Inhaltsverzeichnis VII

Abbildungsverzeichnis XI

Tabellenverzeichnis XIII

Abkürzungsverzeichnis XVII

1. Einleitung 1

1.1. Problemstellung und Zielsetzung der Arbeit 1

1.1.1. Ausgangssituation und Problemstellung 1

1.1.2. Zielsetzung und Fokus der Arbeit 3

1.2. Relevanz der Forschungsarbeit 6

1.2.1. Interdisziplinäre Ergänzung betriebswirtschaftlicher Ansätze 6

1.2.2. Notwendigkeit der Berücksichtigung und Gestaltung der Mikroebene in schlanken Kooperationsbeziehungen für Theorie und Praxis 11

1.3. Forschungsdesign und Struktur der Forschungsarbeit 12

2. Wissenschaftstheoretische Verortung der Forschungsarbeit 17

2.1. Der Konstruktivismus als Erkenntnis- und Wissenschaftstheorie 17

2.2. Implikationen für die Forschungsmethodik 21

2.3. Implikationen für die Entwicklung eines Annahmenmodells 25

3. Betriebswirtschaftliche Verortung der Forschungsarbeit 29

3.1. Ausgewählte klassische Organisationstheorien als Ideologien des Managements 29

3.1.1. Der Ansatz des Scientific Managements von Frederick W. Taylor 30

3.1.2. Der Human Relation-Ansatz nach Elton Mayo 35

3.1.3. Erkenntnisse aus den klassischen Organisationstheorien und Implikationen für die Forschungsarbeit 39

3.2. Ökonomische Perspektiven zur Erklärung von Wertschaffung und Wettbewerbsvorteilen im Unternehmen 39

3.2.1. Das Konzept der Wertschaffung von Unternehmen 40

3.2.1.1. Der klassische Begriff der unternehmerischen Wertschöpfung 42

3.2.1.2. Der Begriff der Wertschaffung aus einer nutzenorientierten Sicht 43

3.2.2. Wettbewerbsvorteile von Unternehmen 47

3.2.2.1. Der marktorientierte Ansatz 50

3.2.2.2. Der ressourcenorientierte Ansatz 52

3.2.3. Erkenntnisse aus der Beschreibung ökonomischer Perspektiven und Implikationen für die Forschungsarbeit 60

3.3. Ergänzung betriebswirtschaftlicher Ansätze durch die Soziale Austauschtheorie 60

3.3.1. Die Notwendigkeit der Ergänzung betriebswirtschaftlicher Ansätze 60

3.3.2. Die Soziale Austauschtheorie als ein Erklärungsrahmen für individuelles Verhalten im betriebswirtschaftlichen Kontext 63

3.4. Zusammenführung der Erkenntnisse und Übertragung auf das Forschungsprojekt 67

4. Kooperationsbeziehungen schlanker Unternehmen 69

4.1. Das schlanke Unternehmen 69

4.1.1. Grundlagen und Ziele des schlanken Unternehmens 69

4.1.2. Der Mensch im schlanken Unternehmen 74

4.2. Unternehmerische Kooperationsbeziehungen 77

4.2.1. Der Faktor Mensch in Unternehmenskooperation 77

4.2.2. Definition von Kooperationsbeziehungen aus einer individuellen Perspektive 80

4.3. Kooperationen im Bereich Lean Management 83

4.4. Forschungslücke im Bereich schlanker Kooperationsbeziehungen 87

5. Konstruktivistisches Annahmenmodell wertschaffender Beziehungen 89

5.1. Konstrukte im Bereich der Elemente: Individuen und Ressourcen von Kooperationsbeziehungen 90

5.1.1. Individuelle Wissensaufnahmefähigkeit 91

5.1.2. Individuelle Austauscheinstellung 95

5.1.3. Individuelle Erwartungen 98

5.1.4. Individuelle Arbeitseinstellungen 100

5.1.5. Proaktive Persönlichkeit 104

5.1.6. Austauschressourcen der Individuen 106

5.2. Konstrukte im Bereich der Systeme: Merkmale sozialer Kooperationsbeziehungen 113

5.2.1. Beziehungstreiber: Beziehungsqualität, Verbindungsstärke und Kontaktautorität 113

5.2.2. Affektive und konfliktbezogene Wahrnehmung der Kooperationsbeziehung 125

5.2.3. Abhängigkeiten und Leistung in der Kooperationsbeziehung 129

5.2.4. (Beziehungs-) Identität 134

5.3. Konstrukte im Bereich der Umwelten: Organisationaler Hintergrund 137

5.4. Ableitung eines Annahmenmodells 141

6. Wertschaffende Beziehungen: Fallstudien im Bereich schlanker Kooperationsbeziehungen ... 147

6.1. Darlegung des konstruktivistischen Erhebungsdesigns ... 147

6.1.1. Entwicklung des Erhebungsdesigns ... 147

6.1.2. Gütekriterien ... 159

6.2. Erhebungsdurchführung und -analyse ... 164

6.2.1. Fallstudie 1 (Fall A) ... 164

6.2.1.1. Darstellung des Falls und des Erhebungsvorgehens ... 164

6.2.1.2. Elemente schlanker Kooperationsbeziehungen in Fall A ... 168

6.2.1.3. Systeme schlanker Kooperationsbeziehungen in Fall A ... 169

6.2.1.4. Umwelten schlanker Kooperationsbeziehungen in Fall A ... 170

6.2.1.5. Fazit wertschöpfende Kooperationsbeziehungen in Fall A ... 170

6.2.2. Fallstudie 2 (Fall B) ... 178

6.2.2.1. Darstellung des Falls und des Erhebungsvorgehens ... 178

6.2.2.2. Elemente schlanker Kooperationsbeziehungen in Fall B ... 181

6.2.2.3. Systeme schlanker Kooperationsbeziehungen in Fall B ... 181

6.2.2.4. Umwelten schlanker Kooperationsbeziehungen in Fall B ... 182

6.2.2.5. Fazit wertschöpfende Kooperationsbeziehungen in Fall B ... 183

6.2.3. Fallstudie 3 (Fall C) ... 189

6.2.3.1. Darstellung des Falls und des Erhebungsvorgehens ... 189

6.2.3.2. Elemente schlanker Kooperationsbeziehungen in Fall C ... 191

6.2.3.3. Systeme schlanker Kooperationsbeziehungen in Fall C ... 192

6.2.3.4. Umwelten schlanker Kooperationsbeziehungen in Fall C ... 193

6.2.3.5. Fazit wertschöpfende Kooperationsbeziehungen in Fall C ... 193

6.2.4. Fallstudie 4 (Fall D) ... 200

6.2.4.1. Darstellung des Falls und des Erhebungsvorgehens ... 200

6.2.4.2. Elemente schlanker Kooperationsbeziehungen in Fall D ... 201

6.2.4.3. Systeme schlanker Kooperationsbeziehungen in Fall D ... 202

6.2.4.4. Umwelten schlanker Kooperationsbeziehungen in Fall D ... 202

6.2.4.5. Fazit wertschöpfende Kooperationsbeziehungen in Fall D ... 203

6.2.5. Fallstudie 5 (Fall E) ... 208

6.2.5.1. Darstellung des Falls und des Erhebungsvorgehens ... 208

6.2.5.2. Elemente schlanker Kooperationsbeziehungen in Fall E ... 210

6.2.5.3. Systeme schlanker Kooperationsbeziehungen in Fall E ... 211

6.2.5.4. Umwelten schlanker Kooperationsbeziehungen in Fall E ... 212

6.2.5.5. Fazit wertschöpfende Kooperationsbeziehungen in Fall E ... 212

6.2.6. Fallstudie 6 (Fall F) ... 219

6.2.6.1. Darstellung des Falls und des Erhebungsvorgehens ... 219

6.2.6.2. Elemente schlanker Kooperationsbeziehungen in Fall F ... 220

6.2.6.3. Systeme schlanker Kooperationsbeziehungen in Fall F ... 221

6.2.6.4. Umwelten schlanker Kooperationsbeziehungen in Fall F ... 222

6.2.6.5. Fazit wertschöpfende Kooperationsbeziehungen in Fall F ... 222

6.2.7. Eingebettete Fallstudie und Implikationen ... 229

6.2.7.1. Ausgangssituationen der Fälle A bis F ... 230

6.2.7.2. Umwelten schlanker Kooperationsbeziehungen ... 231

6.2.7.3. Elemente schlanker Kooperationsbeziehungen ... 236

6.2.7.4. Systeme schlanker Kooperationsbeziehungen ... 250

6.3. Fazit und Implikationen aus der Untersuchung wertschaffender Kooperationsbeziehungen ... 269

6.3.1. Implikationen für die Gestaltung schlanker Kooperationsbeziehungen ... 269

6.3.2. Fazit und Implikationen für die Weiterentwicklung der eingesetzten Erhebungsmethodik ... 272

6.3.3. Implikationen für die theoretische Mikrofundierung schlanker Austauschbeziehungen ... 274

7. Kritische Würdigung und Ausblick ... 277

7.1. Zusammenfassung und kritische Würdigung der Ergebnisse ... 277

7.2. Ausblick und Ansätze für die weitere Forschung ... 285

Anhang ... 287

Anhang 1: Relevanz von Lean Management Arbeitsstellenanalyse ... 289

Anhang 2: Literaturtabelle Recherche Wertschöpfung und Wertschaffung ... 292

Anhang 3: Literaturtabelle Recherche Lean Management und Kooperation ... 297

Anhang 4: Explorative Vorstudie ... 302

Anhang 5: Exploratives problemzentriertes Interview (Gesprächsprotokoll) ... 302

Anhang 6: Ergänzungen zu Erhebungsworkshop A (Auswertungen und Häufigkeiten). 302

Anhang 7: In der Erhebung eingesetzte Fragebögen ... 303

Anhang 8: In der Gruppendiskussion eingesetzte Frageblöcke ... 313

Anhang 9: Berechnung der Korrelationskoeffizienten Kendalls tau und Spearmans roh in IBM SPSS Statistics Version 20 ... 316

Anhang 10: Exploratives problemzentriertes Interview (Transkription) ... 318

Literaturverzeichnis ... 319

Abbildungsverzeichnis

Abb. 1: Übersicht der Forschungsarbeit 15
Abb. 2: Entwicklung eingesetzter Forschungsmethoden 17
Abb. 3: Konsumentenrente 44
Abb. 4: Wertermittlung aus Anbieter- und Nachfragesicht 45
Abb. 5: Spannungsverhältnis zwischen Unternehmen, Kunden und Wettbewerbern 47
Abb. 6: Das Netzwerk zum Wissensaustausch von Toyota 59
Abb. 7: Referenzrahmen der Sozialen Austauschtheorie (dyadisch) 67
Abb. 8: Mikrofundierung ressourcenbasierter Ansätze 68
Abb. 9: Lean Management als ein ganzheitlicher Ansatz 73
Abb. 10: Die Beziehungsidentität bei Unternehmenskooperationen 82
Abb. 11: Mögliche Austauschressourcen in Kooperationsbeziehungen 107
Abb. 12: Ergebnismodell - Implementierung Lean Management in der Kooperationsbeziehung 142
Abb. 13 Interaktionsmodell - Austauscheffizienz in Kooperationsbeziehungen 145
Abb. 14: Flipchart zur Vorstellung des Ablaufs des Erhebungsworkshops 167
Abb. 15: Elemente schlanker Kooperationsbeziehungen Fall A 168
Abb. 16: Systeme schlanker Kooperationsbeziehungen Fall A 169
Abb. 17: Umwelten schlanker Kooperationsbeziehungen Fall A 170
Abb. 18: Zeitstrahl „schlanker Kooperation" in Fall A. 171
Abb. 19: Elemente schlanker Kooperationsbeziehungen Fall B 181
Abb. 20: Systeme schlanker Kooperationsbeziehungen Fall B 182
Abb. 21: Umwelten schlanker Kooperationsbeziehungen Fall B 182
Abb. 22: Zeitstrahl "schlanker Kooperation" in Fall B 183
Abb. 23: Elemente schlanker Kooperationsbeziehungen Fall C 191
Abb. 24: Systeme schlanker Kooperationsbeziehungen Fall C 192
Abb. 25: Umwelten schlanker Kooperationsbeziehungen Fall C 193
Abb. 26: Zeitstrahl "schlanker Kooperation" in Fall C 194
Abb. 27: Elemente schlanker Kooperationsbeziehungen Fall D 201
Abb. 28: Systeme schlanker Kooperationsbeziehungen Fall D 202
Abb. 29: Umwelten schlanker Kooperationsbeziehungen Fall D 203
Abb. 30: Elemente schlanker Kooperationsbeziehungen Fall E 210
Abb. 31: Systeme schlanker Kooperationsbeziehungen Fall E 211
Abb. 32: Umwelten schlanker Kooperationsbeziehungen Fall E 212
Abb. 33: Zeitstrahl „schlanker Kooperation" in Fall E.. 213
Abb. 34: Elemente schlanker Kooperationsbeziehungen Fall F 220

Abb. 35: Systeme schlanker Kooperationsbeziehungen Fall F 221
Abb. 36: Umwelten schlanker Kooperationsbeziehungen Fall F 222
Abb. 37: Zeitstrahl "schlanker Kooperation" in Fall F 223
Abb. 38: Implementierung von Lean Management in den Fällen A bis F im Vergleich 232
Abb. 39: Verankerung einer Lean-Philosophie in den Fällen A bis F im Vergleich............ 232
Abb. 40: Performance-Erwartungen und Mittelwerte der Lean-Implementierungsskala..... 235
Abb. 41: Performance-Erwartungen und Mittelwerte der Lean-Philosophieverankerung... 235
Abb. 42: Commitment gegenüber dem Kooperationspartner (Fälle A bis F) 252
Abb. 43: Abhängigkeit in der Kooperationsbeziehung (Fälle A bis F) 262
Abb. 44: Investitionen in die Kooperationsbeziehung (Fälle A bis F) 263
Abb. 45: Verbesserungspotenziale in der Kooperationsbeziehung (Fälle A bis F)............. 263

Tabellenverzeichnis

Tab. 1: Wissenschaftliche Veröffentlichungen zur Betonung der Mikroebene als Untersuchungseinheit im strategischen Management ... 7

Tab. 2: Ziele der Forschungsarbeit ... 14

Tab. 3: Scientific Management nach Frederick W. Taylor ... 31

Tab. 4: Unbewusste Motivatoren von Mitarbeitern, ihre Hebel im Unternehmen und Anschluss zum Ansatz des Scientific Managements ... 33

Tab. 5: Der Human Relation-Ansatz ... 36

Tab. 6: Zentrale Erkenntnisse aus den Organisationstheorien für diese Forschungsarbeit ... 39

Tab. 7: Literaturrecherche zu den Ursachen der Wertschaffung ... 41

Tab. 8: Literaturrecherche zu verwendeten theoretischen Grundlagen ... 42

Tab. 9: Wertschöpfung in Kontendarstellung ... 43

Tab. 10: Unterscheidung marktgetriebener und markttreibender Strategien ... 48

Tab. 11: Wettbewerbsentscheidende Faktoren nach Terry Hill ... 50

Tab. 12: Systematisierung wissensbasierter Ansätze im strategischen Management ... 57

Tab. 13: Lean Management Zielsetzung und Grundsätze ... 72

Tab. 14: Wissensaufnahmefähigkeit ... 95

Tab. 15: Individuelle Austauschorientierung ... 97

Tab. 16: Individuelle Erwartungen ... 99

Tab. 17: Fünf Systeme zur Kategorisierung der Arbeitseinstellung ... 101

Tab. 18: Individuelle Arbeitseinstellungen ... 103

Tab. 19: Ausprägung der proaktiven Persönlichkeit ... 106

Tab. 20: Austauschressourcen: Geben und Empfangen ... 108

Tab. 21: Ressourcenmatrix - Persönlich in das Unternehmen eingebrachte Ressourcen ... 109

Tab. 22: Ressourcenmatrix - Vom eigenen Unternehmen in die Kooperationsbeziehung eingebrachte Ressourcen ... 110

Tab. 23: Berücksichtigung der Ressource Wertschätzung im Modell beruflicher Gratifikationskrisen ... 111

Tab. 24: Wissensaustausch mit dem eigenen Unternehmen ... 113

Tab. 25: Wissensaustausch mit dem Kooperationspartner ... 113

Tab. 26: Relevante Commitment-Ausprägungen aus der Literatur und ihre Übertragung ... 115

Tab. 27: Relevante Vertrauens-Ausprägungen aus der Literatur und ihre Übertragung ... 117

Tab. 28: Relevante Reziprozitäts- bzw. Austauschnormen aus der Literatur und ihre Übertragung ... 119

Tab. 29: Fragen zur Identifikation der Beziehungstreiber nach Palmatier (2008a) 125

Tab. 30: Fragen zur Wahrnehmung der Kooperationsbeziehung nach Kuwabara (2011) 128

Tab. 31: Fragen zur gegenseitigen Abhängigkeit und Leistung in Kooperationsbeziehungen 131

Tab. 32: Fragen zu vertraglichen Verpflichtungen als Steuerungsmechanismus in Kooperationsbeziehungen 134

Tab. 33: Fragen zur Ausprägung der Identifikation mit dem Unternehmen 137

Tab. 34: Fragen zur unternehmerischen Leistung 138

Tab. 35: Fragen zur Ausgestaltung und Implementierung von Lean Management im Unternehmen und in der Kooperationsbeziehung 140

Tab. 36: Annahmen im Ergebnismodell 143

Tab. 37: Annahmen im Interaktionsmodell 146

Tab. 38: Thematisch und methodisch angrenzende Untersuchungen und Anzahl untersuchter Fälle 151

Tab. 39: Kurzcharakterisierung der untersuchten Fallstudien in dieser Arbeit 152

Tab. 40: Auswirkungen konstruktivistischer Annahmen auf Elemente und Ablauf der Methode des Forschungsworkshops 157

Tab. 41: Erfolgsfaktoren für den Einsatz von Fallstudien und Umgang mit Hemmnissen nach Siggelkow (2007) 160

Tab. 42: Unzulänglichkeiten „klassischer“ Management- und Organisationsforschungen und die Umsetzung sich ergebender Forderungen in dieser Arbeit 161

Tab. 43: Gütekriterien für die Fallstudienstrategie 163

Tab. 44: Zusammensetzung der Teilnehmer am Verbesserungs- und Erhebungsworkshop 165

Tab. 45: Zusammensetzung aller befragten Personen in Fall A 168

Tab. 46: Kennzeichnung von Korrelationszusammenhängen und optimale Stichprobengröße 230

Tab. 47: Kurzcharakterisierung der Fälle A bis F im Vergleich 231

Tab. 48: Umwelten schlanker Kooperationsbeziehungen der Fälle A bis F im Vergleich 233

Tab. 49: Korrelationsanalyse Umwelten schlanker Kooperationsbeziehungen 234

Tab. 50: Korrelationsanalyse Wissensaufnahmefähigkeit 236

Tab. 51: Korrelationsanalyse Austauscheinstellung 238

Tab. 52: Korrelationsanalyse individuelle Erwartungen 240

Tab. 53: Korrelationsanalyse Arbeitseinstellungen 241

Tab. 54: Korrelationsanalyse Proaktivität 241

Tab. 55: Korrelationsanalyse Ressourcenaustausch 245

Tab. 56: Elemente schlanker Kooperationsbeziehungen der Fälle A bis F im Vergleich 247

Tab. 57: Systeme schlanker Kooperationsbeziehungen der Fälle A bis F im Vergleich .. 251

Tab. 58: Korrelationsanalyse Beziehungstreiber Beziehungsqualität 254

Tab. 59: Korrelationsanalyse Beziehungstreiber Verbindungsstärke 259

Tab. 60: Korrelationsanalyse Wahrnehmung der Kooperationsbeziehung 260

Tab. 61: Korrelationsanalyse formelle Steuerungsmechanismen (Fälle A bis F) 263

Tab. 62: Korrelationsanalyse gemeinsame Identität 265

Abkürzungsverzeichnis

Abb.	Abbildung
allg.	allgemein
Ann.	Annahme
bspw.	beispielsweise
d.h.	das heißt
DIN	Deutsche Industrie Norm(en)
eins.	einseitig
EM	Ergebnismodell
FF	Forschungsfrage
fok. Unt.	fokales Unternehmen
i.e.S.	in engerem Sinne
individ.	individuell
insbes.	insbesondere
i.V.m.	in Verbindung mit
IM	Interaktionsmodell
IMP	International Marketing and Purchasing (of Industrial Goods)
JIT	Just-in-time
KBV	Knowledge-based View
KMU	Kleine und mittlere Unternehmen
KVP	Kontinuierlicher Verbesserungsprozess
na / n.a.	not available (nicht verfügbar)
Nr.	Nummer
RV	Relational View
SET	Soziale Austauschtheorie (Social Exchange Theory)
Sign.	Signifikanz
Tab.	Tabelle
teilw.	teilweise
TPS	Toyota Produktionssystem
TQM	Total Quality Management
UNT.	Unternehmen
vertragl.	vertraglich
z.B.	zum Beispiel

1. Einleitung

1.1. Problemstellung und Zielsetzung der Arbeit

In diesem Abschnitt werden Ausgangssituation und Problemstellung, die dieser Arbeit vorausgehen, skizziert. Nachfolgend wird die Zielsetzung der Arbeit vorgestellt.

1.1.1. Ausgangssituation und Problemstellung

In den letzten Jahren hat Lean Management[1] – die schlanke Unternehmensführung – ausgehend vom Toyota Produktionssystem (TPS) in der Automobilbranche, eine große Verbreitung weit über die originäre Automobilindustrie hinaus erfahren.[2] Zahlreiche Bücher[3] beschreiben Vorgehensweisen, um die bei Toyota bewährten Methoden und Werkzeuge auf das eigene Unternehmen zu übertragen. Ziel ist jeweils das schlanke Unternehmen, das durch kontinuierliche Verbesserung systeminhärente Verschwendung reduziert, die Größen Qualität und Produktivität erhöht[4] und damit aus einer kundenorientierten Perspektive Wert generiert.[5] Lean Management wird daher von Unternehmen implementiert, um Wettbewerbsvorteile zu erreichen.[6] Auch wenn mit den Bezeichnungen Lean Production[7] oder Toyota Produktionssystem (TPS)[8], die häufig synonym zu Lean Management[9] verwendet werden, stark der Fertigungsbereich eines Unternehmens fokussiert wird, so geht es vielmehr um einen ganzheitlichen Managementansatz bzw. eine Managementphilosophie.[10] Aufgrund zunehmenden Internationalisierungs- und Wettbewerbsdrucks[11] reicht es allerdings nicht aus, ein einzelnes Konzept zu verfolgen, um damit erfolgreich zu sein. Vielmehr müssen verschiedene ausgewählte Konzepte in eine ganzheitliche Strategie eingebettet werden, um Wettbewerbsvorteile zu erreichen.[12]

Ein Aspekt zur Integration in eine ganzheitliche Strategie ist die Ausgestaltung unternehmerischer Beziehungen, die grundsätzlich nach **Markt**, **Hierarchie** oder **hybrider Organisationsform** unterschieden werden.[13] Diese Organisationsformen unterliegen aufgrund von Veränderungen der Wettbewerbssituation, Innovationspotenzialen der Informations- und Kommunikationstechnik und einem Wertewandel in Gesellschaft und Arbeitswelt einer hohen Dynamik und tragen zu einer **fortdauernden Veränderung von Unternehmensgrenzen** bei.[14]

1 Im Folgenden werden die Bezeichnungen „Lean Management" und die „schlanke Unternehmensführung" synonym verwendet.

2 Vgl. z.B. Staats & Upton, 2011, S. 102; Spear & Bowen, 1999, S. 97; Pfeiffer & Weiß, 1994, S. 21 ff.

3 Z.B.: Liker, 2011; Ohno, 2009; Womack & Jones, 2004; Pfeiffer & Weiß, 1994; Rother & Harris, 2001; Rother & Shook, 2006; Smalley, 2005.

4 Vgl. Imai, 1986, S. 226 f.

5 Vgl. Hines et al., 2004, S. 1006. Eine Übersicht verschiedener Ansätze, welche die genannten Kriterien beinhalten und jeweils Schwerpunkte dazu setzen, findet sich in Tab. 13 in Abschnitt 4.1.1.

6 Vgl. Imai, 1986, S. 227.

7 Vgl. Smalley, 2005.

8 Vgl. Pegels, 1984.

9 Zur Verwendung verschiedener Termini siehe auch: Hoss & Schwengber ten Caten, 2013, S. 3270.

10 Vgl. Lander & Liker, 2007, S. 3681.

11 Vgl. Doz, 1987, S. 96.

12 Vgl. Skinner, 1969, S. 145. Gemeint sind hier nicht diejenigen umfassenden Lean-Ansätze, welche verschiedene Ebenen und unternehmerische Bereiche sowohl intern als auch extern fokussieren, sondern diejenigen Lean-Initiativen, welche gerade nicht ganzheitlich sind und bei der Implementierung von Lean Management-Methoden in der Fertigung verharren. Siehe hierzu Liker, 2011, S. 38 f.

13 Vgl. Bradach & Eccles, 1989, S. 97; Sydow & Möllering, 2004, S. 24; Williamson, 1991, S. 269.

14 Vgl. Bradach & Eccles, 1989, S. 112 ff.; Karlsson 1992, S. 22; Picot et al., 2003, S. 3.

Die interorganisationale Kooperation z.B. mit Zulieferer- und Kundenunternehmen entlang der Wertschöpfungskette nimmt ebenso zu, wie die intraorganisationale Kooperation, die bspw. zwischen verschiedenen Unternehmensniederlassungen oder aufgrund von Fusionen und Übernahmen stattfindet. Vor dem Hintergrund eines dynamischen Wandels der Organisationsformen sind beide, inter- und intraorganisationale Kooperationsformen, von Bedeutung, wenn es darum geht, relationale Wettbewerbsvorteile[15] zu erreichen.

Verfolgt ein Unternehmen einen ganzheitlichen strategischen Lean Management-Ansatz[16] unter der Berücksichtigung relationaler Aspekte, so gilt es die Kooperationen zur Erzielung von Wettbewerbsvorteilen in den strategischen Gesamtzusammenhang einzuordnen. Es ist notwendig, das Lean-Konzept unternehmens- und kooperationsweit auszurollen und Partner entlang der Wertschöpfungskette, Tochterunternehmen und Niederlassungen einzubinden.[17] Diese Notwendigkeit ergibt sich aus dem Lean Management-System selbst: Das Just-in-time System, als ein elementarer Bestandteil des Lean Management-Ansatzes, funktioniert nach Doz am besten durch „colocation of varoius facilities into an integrated system“.[18] Die Prozesse entlang der Wertschöpfungskette sind aufeinander abgestimmt und folgen daher den gleichen Prinzipien. Dyer & Nobeoka[19] und Liker[20] beschreiben spezifische Routinen des Lean Management Konzepts zum Wissensaustausch mit Partnerunternehmen, um dadurch den gesamten Wertschöpfungsprozess stetig zu verbessern. Hierzu müssen die Partnerunternehmen ebenfalls in die gemeinsamen Denkmuster integriert sein, mit dem Ziel gemeinsam (Kunden-)Wert zu genieren.

Ist die Strategie eines Unternehmens zur Erzielung von Wettbewerbsvorteilen festgelegt, so ist die **Einbindung der Menschen** im Unternehmen ein zentraler Punkt im Implementierungsprozess.[21] Gerade bei der Betrachtung von mitarbeiterorientierten Konzepten wie dem Lean Management ist dies von Bedeutung.[22] Aber auch wenn es darum geht, Kooperationsbeziehungen sowohl intra- als auch interorganisational auszugestalten, nimmt der Mensch eine wichtige Rolle ein, da er diese Beziehungen als Person ausfüllt und nutzt.[23] Wegen der hohen Bedeutung, die den Menschen im Unternehmen bei der Ausgestaltung von Kooperationsbeziehungen zukommt, soll diese Ebene in dieser Arbeit forschungsleitend sein.

Vor diesem Hintergrund stellt sich die zentrale Frage[24] der vorliegenden Arbeit:
Wie kann durch die Berücksichtigung und Gestaltung der individuellen Ebene in schlanken Kooperationsbeziehungen[25] Wert geschaffen werden?

---

15 Vgl. Dyer & Singh, 1998, S. 661.

16 Vgl. Hines et al., 2004, S. 1006.

17 Zur interorganisationalen Einbindung siehe z.B. Untersuchungen zu Lean Management in der Supply Chain von Hines (1994), Lamming (1993), MacDuffie & Helper (1997) und Perez et al. (2010). Zur intraorganisationalen Einbindung siehe z.B. Ezzamel et al. (2001); Krishnamurthy & Yauch (2007), Yorks & Barto (2013).

18 Doz, 1987, S. 109. Vgl. Amasaka & Sakai, 2010, S. 86.

19 Vgl. Dyer & Nobeoka, 2000, S. 346 f.

20 Vgl. Liker, 2011, S. 283 ff.

21 Vgl. McLachlin, 1997, S. 285.

22 Vgl. Esser, 1994, S. 4.

23 Vgl. Pribilla, 2000, S. 64 f.; Foss & Lindenberg, 2013, S. 89.

24 Dass Wissenschaft von einer praktischen Problemstellung ausgehen kann, beschreiben z.B. Bello & Kostova (2012, S. 538).

1.1.2. Zielsetzung und Fokus der Arbeit

Da betriebswirtschaftliche Forschung als ein Problemlösungsprozess unter Verwendung geeigneter Theorien und Methoden zu verstehen ist, soll die vorliegende Arbeit für die eingangs vorgestellte Problematik theoretisch und methodisch fundiert einen Lösungsansatz bieten.[26] Hierzu gilt es, die Zielsetzung und die sich ergebenden Forschungsfragen inklusive der wissenschaftlichen Zielstellungen dieser Arbeit im Folgenden darzulegen.

Das Ziel[27] der vorliegenden Arbeit ist übergeordnet darin zu sehen, herauszufinden, **wie ein gemeinsamer Lean-Ansatz erfolgreich in einer Kooperationsbeziehung implementiert werden kann** und **wie diese Kooperationsbeziehung an sich wertschaffend, d.h. verschwendungsarm, ausgestaltet werden kann**. Die Untersuchung fokussiert dabei die **Ebene des Menschen** im Unternehmen.

Dabei wird angenommen, dass das unternehmerische Ziel stets darin liegt, die Wertschöpfung zu steigern bzw. Wert zu generieren und Wettbewerbsvorteile[28] zu erreichen. Dieser Anspruch ist mit der Betriebswirtschaftslehre als eine Teildisziplin der Wirtschaftswissenschaft begründbar: Aus den Geisteswissenschaften kommend, beschäftigt sich betriebswirtschaftliche Forschung zunächst allgemein mit dem „menschlichen Geist"[29] und schließlich im Speziellen mit dem Umgang mit knappen Gütern bzw. dem wirtschaftlichen Handeln und Verhalten.[30] Die betriebswirtschaftliche Forschung weist in diesem Zusammenhang enge Schnittstellen und -mengen zu Nachbardisziplinen wie der Soziologie, Psychologie oder den Rechtswissenschaften auf.[31] Vor diesem Hintergrund ergeben sich unabdingbar interdisziplinäre Forschungsgebiete.[32]

Mit der Beantwortung der Forschungsfrage soll geklärt werden, welche Faktoren – aus Sicht relationaler Beziehungen auf der Ebene der Individuen – dazu beitragen, dass eine Lean-Implementierung gelingt. Gleichzeitig wird angenommen, dass die Beziehungen auf der Ebene der Individuen an sich wertschöpfend sein können. Hier ist anzunehmen, dass die Berücksichtigung von Faktoren auf der zwischenmenschlichen Ebene Beziehungen in dem Sinne positiv beeinflussen, dass ein reibungsloser bzw. reibungsarmer Austausch[33] möglich wird. Nach der Untersuchung dieser Aspekte anhand von sechs Fallstudien und einer integrierenden

25 Als „schlanke Kooperationsbeziehungen" sollen hier Kooperationsbeziehungen im Bereich Lean Management verstanden werden. „Schlank" bedeutet nicht, dass diese Beziehungen bereits verschwendungsarm sind, gleichwohl mit dem Begriff zum Ausdruck gebracht werden soll, dass 1) durch die Kooperation an sich Wert generiert werden kann und 2) sogenannte Verschwendung (nicht-wertgenerierende Tätigkeiten) in den Beziehungen durch Berücksichtigung von menschlichen Faktoren reduziert werden kann.

26 Vgl. Braun, 1993, S. 1221. Siehe zum pragmatischen Anspruch der betriebswirtschaftlichen Forschung auch Fülbier, 2004, S. 267.

27 In Abschnitt 1.3 zur Struktur der Forschungsarbeit werden die in diesem Abschnitt entwickelten Zielstellungen in einer Abbildung dargestellt, mit dem methodischen Vorgehen verknüpft und den weiteren Kapiteln dieser Arbeit zugeordnet.

28 Die Konzepte der Wertschöpfung, Wertschaffung und der Wettbewerbsvorteile werden in 3.2.1 und 3.2.2 definiert.

29 Fülbier, 2004, S. 266.

30 Vgl. Fülbier, 2004, S. 266.

31 Vgl. Fülbier, 2004, S. 267.

32 Vgl. Fülbier, 2004, S. 267.

33 Williamson (1981, S. 552) beschreibt z.B. im Zusammenhang mit der Transaktionskostentheorie, dass in Schnittstellen Reibungsverluste entstehen, wenn der Austausch nicht harmonisch verläuft oder es zu andauernden Missverständnissen und Konflikten kommt, die Verspätungen, Ausfälle oder andere Fehlfunktionen verursachen.

Fallstudie, sollen Handlungsempfehlungen abgeleitet werden und Ansatzpunkte für weitere Forschungsansätze identifiziert werden.

Obwohl in der vorliegenden Arbeit dem Lean Management als einem strategischen Ansatz eine hohe Bedeutung eingeräumt wird, sollen zentrale Erkenntnisse aus der Analyse inter- und intraorganisationaler Beziehungen auch auf andere Bereiche übertragen werden können und für zukünftige Forschungsarbeiten im Bereich der Kooperationsforschung einen Beitrag leisten.

Aus einer theoretischen Perspektive soll diese Arbeit zeigen, inwiefern der aus der Soziologie und Sozialpsychologie stammende Ansatz der Sozialen Austauschtheorie[34] bestehende ressourcenorientierte Ansätze der strategischen Betriebswirtschaftslehre[35] in ihrer Ausgestaltung unterstützen kann. Hier werden aufbauend auf der Forschungsfrage insbesondere der Resource-based, der Relational und der Knowledge-based View betrachtet. Vor diesem Hintergrund soll mit dieser Arbeit gezeigt werden, wie diese Ansätze mit Aspekten aus der Sozialen Austauschtheorie ausgestaltet werden können.

Daraus abgeleitet soll die übergeordnete Fragestellung: „**Wie kann durch die Berücksichtigung und Gestaltung der individuellen Ebene in schlanken Kooperationsbeziehungen Wert geschaffen werden?**“ in folgende Teilfragen gegliedert werden:

1. Welcher wissenschaftstheoretische Rahmen ermöglicht die Untersuchung individueller Faktoren im unternehmerischen Umfeld und dient unter Ableitung einer adäquaten Forschungsmethodik dem wissenschaftlichen Erkenntnisfortschritt?
2. Wie kann, im Sinne einer betriebswirtschaftlichen Verortung, unternehmerischer Wert geschaffen werden? Wie kann die Berücksichtigung von Faktoren auf der menschlichen Ebene im Unternehmen (Mikrofundierung) die betriebswirtschaftliche Perspektive dabei ergänzen?
3. Welche Erkenntnisse zur Kooperation im Bereich des Lean Managements liegen bereits vor und wie können diese Erkenntnisse für die vorliegende Forschungsarbeit genutzt werden?
4. Wie kann ein Modell zur Mikrofundierung schlanker Kooperationsbeziehungen konzeptualisiert werden?
5. Welche Erfolgsfaktoren lassen sich für die Wertschaffung in schlanken Kooperationsbeziehungen aus der Betrachtung der Praxis ableiten?

Die Beantwortung der Forschungsfragen soll basierend auf der Erreichung der folgenden Wissenschaftsziele geschehen. Wissenschaftsziele geben die Möglichkeit, Forschungsarbeiten nach deren Zweck zu gliedern.[36] Vor diesem Hintergrund sollen im Folgenden drei[37] Wissenschaftsziele eingeführt und für diese Arbeit bestimmt werden.

34 Die Bestimmung der Notwendigkeit einer Ergänzung durch eine sozial-psychologische Perspektive erfolgt mit der Einführung der Sozialen Austauschtheorie in Abschnitt 3.3.

35 Die (erweiterte) ressourcenbasierte Perspektive dient in dieser Arbeit der Erklärung unternehmerischer Wettbewerbsvorteile. Siehe hierzu Abschnitt 3.2.2 dieser Arbeit.

36 Vgl. Schweitzer, 1978, S. 1.

1. **Essentialistisches Wissenschaftsziel**[38] (präzise Beschreibung des Wissenschaftsziels) Das essentialistische Wissenschaftsziel bildet die Grundlage für die Erreichung weiterer Wissenschaftsziele – denn seine Erreichung stellt sicher, dass Begriffe für die Untersuchung präzise bestimmt sind, um in der Forschungstätigkeit Tatbestände beobachtbar bzw. messbar zu machen.[39] In der vorliegenden Arbeit gilt es vor diesem Hintergrund die zentralen Begriffe, die auch den Titel dieser Arbeit bestimmen, *Wertschaffung, Kooperationsbeziehung, Lean Management* und die *konstruktivistische Sichtweise* präzise für die Verwendung in dieser Arbeit zu bestimmen.

2. **Theoretisches Wissenschaftsziel**[40] (Ziel der Erklärung und Prognose) Im theoretischen Wissenschaftsziel geht es darum, Aussagen für wissenschaftliche Erklärungen[41] und Prognosen[42] zu bestimmen.[43] Dies wird unter Einbeziehung von Theorien ermöglicht. Eine Theorie ist dabei als ein geschlossenes System von allgemeingültigen und bewährten Aussagesätzen zu verstehen.[44] In dieser Arbeit sollen zum einen hinsichtlich der Mikrofundierung ressourcenbasierter Ansätze Aussagen zur Verbindung zwischen klassischen ressourcenbasierten Ansätzen sowie deren Weiterentwicklungen in Form der beziehungs- und wissensorientierten Sichtweise mit der Sozialen Austauschtheorie getroffen werden. Zum anderen gilt es, ein konstruktivistisches Annahmenmodell zu entwickeln, das Aussagen zur Wertschaffung in schlanken Kooperationsbeziehungen trifft.

3. **Pragmatisches Wissenschaftsziel**[45] (Ziel der Entscheidung) Das pragmatische Wissenschaftsziel dient schließlich dem „[…] Streben nach Erkenntnissen, die unmittelbar zur Lösung praktischer Probleme verwendbar sind und damit direkt der Verwirklichung menschlicher Handlungsziele dienen können."[46] Es gilt Handlungsempfehlungen für die betriebliche Praxis zu treffen. In dieser Arbeit sollen hinsichtlich der Ausgestaltung wertschaffender Beziehungen Aussagen getroffen werden, die konkrete betriebliche Entscheidungssituationen unterstützen.

Vor dem Hintergrund der genauen Zieldefinition für diese Forschungsarbeit soll im Folgenden die thematische Relevanz dargelegt werden.

---

37 Schweitzer, 1978, S. 7f. beschreibt als zusätzliches viertes Wissenschaftsziel die Wertsetzung. Während über den Einbezug normativer Aussagen in die betriebswirtschaftliche Forschung verschiedene Meinungen bestehen (vgl. z.B. Staehle (1978, S. 336ff.) und Fischer-Winkelmann (1978, S. 358ff.), soll hier der Auffassung von Schweitzer, (1978, S. 8) gefolgt werden, eine werturteilsfreie Wissenschaft zu verfolgen, um damit wahrheitsfähige Aussagen zu treffen und die Wertungsproblematik bewusst offen zu lassen. Ein Beispiel für begründete normative betriebswirtschaftliche Forschung nennt Fülbier (2004, S. 267): Im Forschungsfeld der Rechnungslegung werden aus einer normativen Soll-Perspektive Bilanzierungsvorschriften untersucht, um gesetzgebenden Institutionen Gestaltungsvorschläge zu unterbreiten.

38 Vgl. z.B. Alig, 2013, S. 8 f., Bandte 2007, S. 38 und insbesondere Schweitzer, 1978, S. 3 f.

39 Vgl. Fülbier, 2004, S. 267 und Schweitzer, 1978, S. 3.

40 Vgl. z.B. Alig, 2013, S. 8 f., Bandte 2007, S. 38 ff. und insbesondere Schweitzer, 1978, S. 4 f.

41 Bei Erklärungen liegt der zu untersuchende Tatbestand in der Vergangenheit; Vgl. Schweitzer, 1978, S. 5.

42 Bei Prognosen liegt der zu untersuchende Tatbestand in der Zukunft; Vgl. Schweitzer, 1978, S. 5.

43 Vgl. Kosiol, 1978, S. 135. Siehe hierzu auch: Fülbier, 2004, S. 267.

44 Vgl. Schweitzer, 1978, S. 4.

45 Vgl. z.B. Alig, 2013, S. 8f., Bandte 2007, S. 41 und insbesondere Schweitzer, 1978, S. 6 f.

46 Kosiol, 1978, S. 135.

1.2. Relevanz der Forschungsarbeit

Im Folgenden wird die Relevanz der Forschungsarbeit aus zwei Perspektiven dargestellt. Zum einen gilt es, die steigende Bedeutung der Analyse der individuellen Ebene im Unternehmen und der damit verbundenen Interdisziplinarität von Forschungsarbeiten aufzuzeigen. Zum anderen sollen die Implementierung von Lean Management-Ansätzen und die zunehmende Auflösung von unternehmerischen Grenzen bzw. die Erweiterung dieser als Trends des strategischen Managements aus einer wissenschaftlichen und praktischen Perspektive herausgestellt werden.

1.2.1. Interdisziplinäre Ergänzung betriebswirtschaftlicher Ansätze

Während in ressourcenbasierten Ansätzen der Aspekt humaner Ressourcen bereits seit einiger Zeit Beachtung als eine Quelle für Wettbewerbsvorteile findet[47], so ist die Forderung, die diesen Ressourcen zugrunde liegenden „micro-foundations“[48] explizit zu berücksichtigen, vergleichsweise neu im strategischen Management.[49] Die wissenschaftliche Basis für die Betrachtung der Mikroebene stellen insbesondere die Beiträge von Felin & Foss[50] im Jahr 2005, sowie Coff & Kryscynski[51] und Foss[52] im Jahr 2011 dar, die seither weiterentwickelt werden[53]. In Tab. 1 sind zentrale Beiträge in einer Übersicht dargestellt.

Mit Blick auf die Schlussfolgerungen in diesen Beiträgen wird deutlich, dass es bei der Mikrofundierung darum geht, den Menschen und dessen Handeln im Unternehmen zu verstehen. Foss & Lindenberg betonen hierzu: „We take it as given that such microfoundations must involve individuals“.[54] Hierzu sind in jedem Fall interdisziplinäre Ansätze notwendig, welche dieses Verhalten und entstehende Interaktionen erklären.

Diese Interdisziplinarität gewinnt in den letzten Jahren immer mehr an Bedeutung, wie auch die Entwicklung des Forschungsbereichs der Behavioral Operations[55] und der „Call for Paper“ des Strategic Management Journals für 2009 zeigen: Das Feld der verhaltensorientierten Produktion geht von der Erkenntnis aus, dass der Mensch in der operativen Wertschöpfung eine zentrale Rolle einnimmt und fokussiert speziell im Zusammenhang des Produktionsumfelds die Mikrofundierung.[56] Eine „State-of-the-Field“-Analyse zeigt, dass es bei der Untersuchung der Mikroebene im Bereich der Produktion kein einheitliches methodisches Vorgehen gibt. Vielmehr werden unterschiedliche methodische Ansätze angewendet, deren Ergebnistriangulation explizit gefordert wird.[57] Folglich handelt es sich in diesem Forschungsfeld um einen domänenspezifische Untersuchung der Mikrofundierung. Mit dem Ruf nach Beiträgen

---

47 Vgl. z.B. Barney, 1991, S. 101;Coff, 1999, S. 119; Coff & Kryscynski, 2011, S. 1430; Mahoney, 2001; Powell, 2001, S. 882; Wernerfelt, 1984, S. 172.
48 Coff & Kryscynski, 2011, S. 1430.
49 Vgl. Coff & Kryscynski, 2011, S. 1430; siehe auch Felin et al., 2012, S. 1352; Bilhuber Galli, 2013, S. 70; Newbert, 2008, S. 746; Wang et al. 2009, 1266.
50 Vgl. Felin & Foss, 2005.
51 Vgl. Coff & Kryscynski, 2011.
52 Vgl. Foss, 2011.
53 Vgl. z.B. Felin et al., 2012; Obloj & Sengul, 2012; Foss & Lindenberg, 2013, Bode & Müller, 2013b.
54 Foss & Lindenberg, 2013, S. 85.
55 Croson, 2013 S. 1 ff.
56 Croson, 2013 S. 1.
57 Croson, 2013 S. 2.

zu „Psychological Foundations of Strategic Management“[58] werden Beiträge mit psychologischer Grundlage gesucht, welche neue Richtungen für das strategische Management und Unternehmensleistungen eröffnen sollen.[59]

Beiträge zur Mikroebene im Unternehmen		
Quelle	**Ausgangssituation und Kurzbeschreibung**	**Fazit**
Felin & Foss, 2005	Um organisationale Aspekte vollständig erklären zu können, muss man damit anfangen die Individuen zu verstehen, aus denen sich eine Organisation zusammensetzt (S. 441). Die Anwendung von Mehrebenenmodellen zur Untersuchung der Einflüsse auf individueller Ebene birgt methodische Probleme („micro-macro problem“, S. 448). Die Autoren plädieren dafür, die individuelle Ebene als Grundlage der Untersuchung einzusetzen, da sie aufgrund individ. Entscheidungen, persönl. Eigenschaften (u.a.) die Pfadabhängigkeit eines Unternehmens und zukünftige organisationale Routinen beeinflussen.	Ein Ansatz der Routinen, Fähigkeiten und Praktiken fokussiert, ohne die individuelle Ebene als deren Fundament zu berücksichtigen, greift zu kurz. Daher soll die Analyse der individuellen Ebene fokussiert werden, um untersuchen zu können, wie Routinen aufgrund menschlicher Handlungen entstehen und sich entwickeln insbesondere in der Interaktion zwischen Individuum und Kollektiv. Hierfür sind Untersuchungen zu Verhalten, Organik und Strukturen notwendig, die bisher nicht eingesetzt wurden, um die Mikroebene als Grundlage organisationaler Routinen und Fähigkeiten zu untersuchen.
Coff & Kryscynski, 2011	Aufgrund von Zweifeln hinsichtlich des Einflusses heterogenen Humankapitals auf den Wettbewerbsvorteil von Unternehmen, zeigen die Autoren Isolationsmechanismen auf, welche Vorteile durch heterogenes Humankapital sichern und gleichzeitig das Management vor Herausforderungen stellt. Als Grundlagen der Mikroebene für Wettbewerbsvorteile stellen sie die Aspekte Anziehung/Einstellung von Mitarbeitern, Bindung und Motivation dieser heraus.	Allein die Anziehung von überlegenem Humankapital reicht nicht zur Begründung von Wettbewerbsvorteilen aus, es spielen außerdem Aspekte der Bindung und Motivation von Mitarbeitern eine zentrale Rolle. Hierfür ergeben sich Handlungsfelder auf der Mikroebene, die untersucht werden müssen.
Foss, 2011	Der Ruf nach der Ergänzung ressourcenbasierter Ansätze durch die Integration der Mikroebene blieb bislang unerfüllt. Der Autor diskutiert daher, was „Micro-Foundation“ (S. 1415) bedeutet und warum die Integration der Mikrebene bedeutsam ist.	Die Mikrofundierung bedeutet menschl. Handeln und Interaktion zu untersuchen. Dieses Handeln und Interagieren hat Auswirkungen auf die kollektive Ebene im Unternehmen und trägt daher zur Wertschaffung und Erzielung von Wettbewerbsvorteilen bei.
Felin et al., 2012	Der Artikel stellt die Einführung in die Sonderausgabe des Journals of Management Studies zur Mikrofundierung organisationaler Routinen und Fähigkeiten dar. Die Autoren begründen zunächst die Wichtigkeit der Mikrofundierung, geben eine Definition zur Mikrofundierung und stellen drei primäre Kategorien auf Mikroebene heraus: Individuen, soziale Prozesse und Struktur.	In ihrer Analyse finden die Autoren eine große Spannweite hinsichtlich der eingesetzten Methodik, um Mikrofundierung zu untersuchen; sie argumentieren: „It seems clear that no methods or approaches can claim any primacy, and the study of the micro-foundations of routines and capabilities calls for a healthy and methodological pluralism.” (S. 1366)

Tab. 1: Wissenschaftliche Veröffentlichungen zur Betonung der Mikroebene als Untersuchungseinheit im strategischen Management

Die Untersuchung von Interaktionen und Merkmalen auf der individuellen Ebene in dieser Forschungsarbeit ist vor diesem Hintergrund als relevant anzusehen. Insbesondere die Tendenzen zur Mikrofundierung im Bereich des strategischen Managements aber auch domänenspezifisch z.B. im Bereich der Produktion stützen diese Annahme. Lean Management und Kooperationen als relevante Trends in der unternehmerischen Praxis

Die Annahme, dass sich Unternehmen mehr denn je in einem dynamischen, komplexen, internationalen und von Veränderungen geprägten Umfeld bewegen, ist bereits vielfach dokumentiert.[60] Das strategische Management hat die Aufgabe in dieser Umwelt eine „grundsätzli-

58 Strategic Management Journal, o. J., S. 1.

59 Vgl. Strategic Management Journal, o. J., S. 1.

60 Vgl. hierzu z.B. Bleicher, 2011, S. 41; Beer et al., 1990, S. 11, 19; Hutzschenreuter & Horstkotte, 2013, S. 259; Picot et al., 2003, S. 3.

che, langfristige Verhaltensweise (Maßnahmenkombination) der Unternehmung und relevanter Teilbereiche gegenüber ihrer Umwelt zur Verwirklichung der langfristigen Ziele"[61] festzulegen. Zwei dieser langfristigen Verhaltensweisen sollen im Folgenden als Trends[62] identifiziert werden, da sich aus der Kombination beider die dieser Arbeit zugrunde liegende unternehmerische Herausforderung ergibt. Von zentraler Bedeutung ist der Hinweis, dass es sich bei der Auswahl nicht um die einzigen Trends[63] handelt, denen sich Unternehmen in ihrer strategischen Ausrichtung gegenübersehen, vielmehr sollen diese fokussiert werden. Dieses Vorgehen ist legitim, da es bei der anwendungsorientierten Wissenschaft des strategischen Managements elementar ist, Einflüsse aus der Praxis in die Entwicklung des Erkenntnisbereichs zu integrieren[64]. Hinzu kommt, dass in ganzheitlichen Lean Management-Konzepten, die Ausgestaltung von Kooperationen eine wichtige Rolle einnimmt.[65] Vor diesem Hintergrund sollen folgend knapp die Trends zur schlanken Unternehmensführung und der Trend zur Veränderung von Unternehmensgrenzen dargestellt werden.

Trend zur schlanken Unternehmensführung

Dass mittlerweile nicht nur Automobilhersteller den Ansatz des Lean Managements verfolgen, zeigen zahlreiche Beispiele von Übertragen auf andere Branchen. Lean Management in der Luftfahrtindustrie[66], im Gesundheitswesen[67], Lean IT[68], Lean Management in der Verwaltung sowie Administration[69] und die Schlanke Unikatfertigung[70] sind hier als Beispiele zu nennen. Um die Bedeutung von Lean Management in der Praxis heraus zu stellen, wurde eine Analyse von Job-Angeboten in Online-Portalen[71] im Bereich Lean Management und Kontinuierlicher Verbesserungsprozess durchgeführt.

---

61 Vgl. Springer Gabler Verlag (o.J. b).

62 Vgl. ausführlich zur Definition von Trends Schönberger, 2011, S. 5 ff. Der Definition nach Schönberger (2011, S. 10) soll hier gefolgt werden, indem Trends als gerichtete Veränderungen (hier besser: Entwicklungen) verstanden werden, die auf Vermutungen und fundierten Meinungen beruhen.

63 Weitere Aspekte, die ebenfalls eine Vielzahl von Unternehmen beeinflussen sind z.B. in der Internationalisierung oder der Weiterentwicklung der Informations- und Kommunikationstechniken zu sehen (vgl. z.B. Westkämper, 2003, S. E-2). Deren Existenz, Bedeutsamkeit und deren Verbindung mit den fokussierten Aspekten soll weder abgestritten noch wegargumentiert werden. Vielmehr geht es darum, durch eine Abgrenzung des Untersuchungsbereichs einzelne Zusammenhänge besser verstehen zu können.

64 Vgl. Bleicher, 2011, S. 43.

65 Siehe hierzu umfassend Abschnitt 4.3 dieser Arbeit.

66 Vgl. hierzu umfassend Murman et al. (2002) als Ergebnis der Lean Aerospace Initiative in den USA, die auch von Seifert Nightingale (1998, S. 20 ff.) beschrieben wird.

67 Vgl. hierzu den Ansatz des „Lean Hospital" der SRH Kliniken GmbH (Haberbosch et al., 2012, S. 287). Vgl. auch die Untersuchung von Papadopoulos et al. (2011, S. 167 ff.).

68 Vgl. hierzu: Perspektive Mittelstand, 2009; oder auch die Kunden-Fallstudie von McKinsey & Company (o.J.). Siehe auch Edwards et al., 2012, S. 4 ff.

69 Vgl. z.B. Furterer & Elshennawy, 2005, S. 1179.

70 Vgl. Gruß, 2010, S. 147.

71 Betrachtet wurden die Stellenangebote unter www.monster.de und www.stepstone.de. Außerdem betrachtet wurden die Online-Stellenbörsen http://jobboerse.arbeitsagentur.de; www.stellenmarkt.de und http://www.stellen-online.de. Die drei letztgenannten Portale wurden in der Analyse jedoch nicht berücksichtigt, da hier keine detaillierte Suche möglich war (z.B. Suche nach Festanstellung UND Abschlussarbeiten oder Suche der Stichworte im Stellenanzeigentitel). Diese erweiterte Suchfunktion war jedoch erwünscht, um z.B. zu berücksichtigen, dass Unternehmen neue Themen mit der Analyse durch eine studentische Arbeit beginnen oder zu vermeiden, dass Stellen berücksichtigt werden, deren Aufgabenbeschreibung zwar einen Hinweis auf eine Einbindung in Lean-Aktivitäten umfasst, die Lean-Aktivitäten jedoch nicht im Fokus der zu besetzenden Stelle stehen.

Die Analyse[72] zeigt, dass im Zeitraum von weniger als einem Monat knapp hundert verschiedene Stellen über die analysierten Online-Portale gesucht wurden und sich auf Lean Management konzentrieren. 98 Stellen sind am Stichtag der Recherche von 75 Unternehmen in Deutschland[73] ausgeschrieben. 28 der offerierten Stellen richten sich an Studierende mehrheitlich in Form mehrmonatiger Praktika und Studienabschlussarbeiten. Dass grundsätzlich ein Hochschulabschluss erwartet wird und viele der Stellen leitenden Charakter haben zeigt, dass Lean Management bei diesen Unternehmen kein Randthema sein kann, das Mitarbeitende zusätzlich, neben dem normalen Tagesgeschäft erledigen können. Die Stellenanzeigen machen deutlich, dass in vielen Fällen eine Organisation für Lean Management oder den Kontinuierlichen Verbesserungsprozess innerhalb der Unternehmen existiert, aufgebaut oder weiterentwickelt werden soll. Da es sich bei dieser Stichprobenrecherche nur um eine Momentaufnahme in einem Monat handelt und nur Stellenanzeigen berücksichtigt, die über die beiden genannten Portale veröffentlicht wurden, ist davon auszugehen, dass Lean Management in der unternehmerischen Praxis sehr aktuell ist und mit Nachdruck verfolgt wird. Hinzu kommt, dass bei einer ganzheitlichen Lean Management-Implementierung in großen Unternehmen wie der Daimler AG, der Continental AG, der Deutschen Post AG, der Robert Bosch GmbH und der Siemens AG, die u.a. im Rahmen dieser Analyse Stellen offerieren, zahlreiche Mitarbeiter auf individueller Ebene einzubinden sind.[74]

Trend zur Veränderung von Unternehmensgrenzen

„Unternehmen werden immer seltener als gegenüber der Umwelt relativ gut abgrenzbare, integrierte und raum-zeitlich klar definierte Gebilde aufzufassen sein“[75] – so beschreiben Picot et al. den Wandel von Unternehmensgrenzen, im Kontinuum zwischen Hierarchie und Markt, indem sich diverse Kooperationsformen befinden, die an Bedeutung zunehmen.[76] Smith et al. erläutern, dass die meisten Kooperations-Definitionen den Prozess fokussieren indem Individuen, Gruppen und Organisationen zusammenkommen, interagieren und psychologische Beziehungen eingehen, um daraus einen gegenseitigen Nutzen zu erzielen[77]. Ein kennzeichnendes Merkmal von Kooperationen in Form von Unternehmensnetzwerken ist ein wiederholter und andauernder Austausch zwischen den Netzwerkakteuren, unter dem viele verschiede Netzwerkformen gefasst werden können.[78] Dabei sind jedoch grundsätzlich zwei

---

72 Die konsolidierte Tabelle mit den Ergebnissen von www.monster.de und www.stepstone.de ist im Anhang 1: Relevanz von Lean Management Arbeitsstellenanalyse abgebildet. Zur Analyse ist anzumerken, dass in den Stellentiteln nach den Stichwörtern „lean“ und „kvp“ für den Zeitraum von den zurückliegenden zwei Wochen (www.monster.de) und ohne Begrenzung (www.stepstone.de; die älteste Ausschreibung in der Ergebnisliste ist dabei vom 4. März 2013) am 30. März 2013 gesucht wurde. Berücksichtigt wurden dabei Festanstellungen aber auch Praktika und Studienabschlussarbeiten.

73 Ein weiteres Suchkriterium der Recherche war der Einsatzort in Deutschland. Drei Stellen, deren Einsatzort im Ausland (China, USA und Schweiz) war, wurden aus der Recherche ausgeschlossen.

74 Vgl. hierzu die Anzahl der Konzernbeschäftigten nach den Angaben in der Hoppenstedt Hochschuldatenbank (Bisnode Deutschland GmbH, 2014, Zugriff: 13.01.2014): Daimler AG: ca. 275.000 Konzernbeschäftigte (2013), Continental AG: 174.713 Konzernbeschäftigte (2013), Deutsche Post AG: 472.000 Konzernbeschäftigte (2013), Robert Bosch GmbH: 302.600 Konzernbeschäftigte (2013) und Siemens AG 362.400 Konzernbeschäftigte (2013).

75 Picot et al., 2003 S. 6.

76 Das Kontinuum zwischen Markt und Hierarchie wird dargestellt z.B. bei Killich, 2005, S. 13 ff. Zur zunehmenden Bedeutung von Kooperationsstrategien siehe auch Welge & Al-Laham, 2012, S. 666 f. Die Autoren betonen außerdem die Bedeutung weicher Faktoren wie die Aspekte „sozialer Beziehungsstrukturen“ und von „Vertrauen“ für die „Wahl und Ausgestaltung der Kooperationsform“ (S. 667).

77 Smith et al., 1995, S. 10.

78 Vgl. Inkpen & Tsang, 2005, S. 147 i.V.m. Podolny & Page, 1998, S. 57.

Ausprägungen unternehmerischer Kooperation in Unternehmensnetzwerken zu unterscheiden[79]:

- Zwischenbetriebliche Kooperation (interorganisationale Kooperation; z.B. Kooperationsformen wie strategische Allianzen, Franchising, Konsortien oder Lieferantenbeziehungen[80])
- Innerbetriebliche Kooperation (intraorganisationale Kooperation; hier durch Fusionen und Übernahmen[81])

Dass diese beiden Ausprägungen unternehmerische Praxis sind, zeigen die Beispiele der Automobil- und Luftfahrtindustrie. Insbesondere in den 1990er Jahren ist in der europäischen Automobilindustrie eine Phase der Konsolidierung zu verzeichnen, in der aufgrund exogener Faktoren wie der Öffnung des europäischen Binnenmarktes, der Öffnung gegenüber osteuropäischen Ländern, sowie steigender globaler Importkonkurrenz, ein steigender Druck auf die Hersteller ausgeübt wurde und es vermehrt zu Übernahmen kam.[82] Als prominentes Beispiel[83] ist der Volkswagen Konzern zu nennen[84], der eine Vielzahl von Übernahmen vollzogen[85] hat und nun zahlreiche Automobilmarken unter einem Dach vereint. Während sich in diesem Fall vorrangig intraorganisationale Kooperationen ergeben, so ist in der Luftfahrtindustrie in jüngster Zeit vermehrt der Trend zur zwischenbetrieblichen Kooperation in der Diskussion[86]: Neben einer zunehmenden Kontrolle von Zulieferern im Rahmen strategischer Partnerschaften, wie sie in der Automobilbranche bereits Standard ist, fordert der Airbus-Vorstand, „dass sich kleinere Unternehmen in der Zuliefererbranche zu größeren und robusteren Verbünden zusammenschließen."[87] Bei den genannten Beispielen zur intra- und interorganisationalen Kooperation wird deutlich, dass es bei der Zusammenarbeit nicht um reine vertragliche Kooperationen geht, sondern, dass es darum geht, auf der Ebene der Wertschöpfung Vorteile zu erzielen. So führt z.B. der Volkswagen Konzern den modularen Querbaukasten bei seinen Marken Audi, Seat, Skoda und Volkswagen ein[88], kann dadurch operative Synergien realisieren[89] und greift damit direkt in die Fertigung beteiligter Gesellschaften ein. Auch wenn es darum geht, dass sich Zulieferer-Unternehmen zu den geforderten robusten Verbünden zusammenschließen, wird das direkte Auswirkungen auf die Fertigung der einzelnen Unternehmen haben. Durch die zunehmenden Kooperationen ergeben sich somit direkte Konsequenzen im Bereich der Fertigung von Industrieunternehmen. Es wird daher auch von zunehmender

---

79 Smith et al., 1995, S. 7.

80 Vgl. zu den Beispielen Inkpen & Tsang, 2005, S. 147.

81 Hier soll eine Fokussierung auf Unternehmenszusammenschlüsse gerichtet werden. Hier werden zum Wachstum „bereits bestehende Faktorenkombinationen, also Unternehmen bzw. Unternehmensteile, erworben" (Wirtz, 2003, S.5) – es handelt sich also um Unternehmen, die vor diesem Zusammenschluss ebenfalls interorganisational zusammengearbeitet oder zumindest Verhandlungen geführt haben.

82 Vgl. KPMG AG Wirtschaftsprüfungsgesellschaft, 2010, S. 12.

83 Ein ebenfalls prominentes Beispiel ist die BASF SE, die in der chemischen Industrie eine Vielzahl an Unternehmen in den Konzern integriert hat vgl. BASF SE, 2013a., S. 209; BASF SE, 2013b., S. 2.

84 Vgl. hierzu auch KPMG AG Wirtschaftsprüfungsgesellschaft, 2010, S. 12.

85 Vgl. Volkswagen Aktiengesellschaft, o. J.a: im Anteilsbesitz gem. §§ 285 und 313 HGB für die Volkswagen AG und den Volkswagen Konzern werden die vollkonsolidierten Gesellschaften aufgeführt. Siehe hierzu auch Volkswagen Aktiengesellschaft, o. J.b, S. 143f.

86 Vgl. hierzu auch: Beelaerts van Blokland et al., 2012, S. 984.

87 Wenzel, 2012. Siehe auch: Financial Times Deutschland, 2012.

88 Vgl. o.V., 2012, S. 46.

89 Roediger (2010, S. 12) beschreibt dieses als eines der wichtigsten Ziele bei Unternehmensakquisitionen.

Bedeutung sein, Fertigungsstrategien abzustimmen, anzugleichen oder auszurollen. In diesem Zusammenhang werden Lean Management-Konzepte eine Rolle spielen, die als ganzheitliche Ansätze verstanden auch unternehmensweit und unternehmensübergreifend über den Fertigungsbereich hinausgehen[90].

1.2.2. Notwendigkeit der Berücksichtigung und Gestaltung der Mikroebene in schlanken Kooperationsbeziehungen für Theorie und Praxis

Aus einer theoretischen Perspektive wird in Abschnitt 1.2.1 gezeigt, dass die Mikrofundierung als Grundlage zur Gestaltung menschlichen Handelns im strategischen Management in den letzten Jahren zunehmend an Bedeutung gewinnt. Der Einsatz interdisziplinärer Forschungsansätze und methodischer Vielfalt wird dabei explizit gefordert, um die Wertschaffung durch Berücksichtigung und Gestaltung menschlichen Verhaltens zu erklären.[91] Die Mikrofundierung soll in dieser Arbeit zur Beantwortung der Forschungsfrage grundlegend sein. Darüber hinaus soll mit der Mikrofundierung ressourcenbasierter Ansätze durch Integration der sozialen Austauschtheorie für die Mikrofundierung ein theoretischer Beitrag geleistet werden.

Beide vorgestellten Trends aus der unternehmerischen Praxis spielen bereits eine bedeutende Rolle in der Forschung zum Supply Chain Management: Sowohl unternehmensweite und unternehmensübergreifende Beziehungen, als auch eine prozessorientierte Verbesserungsorientierung mit kontinuierlicher Ausrichtung sind elementare Bestandteile dieses Forschungsfeldes.[92] Burgess et al. finden in ihrer „State-of-the-Field"-Analyse zum Supply Chain Managements heraus, dass sich zwar ein großer Anteil begutachteter Forschungsarbeiten in wissenschaftlichen Fachzeitschriften mit dem Thema der Beziehungen auseinandersetzen, dass aber die Untersuchung der Ebene der Menschen bisher vernachlässigt wurde[93] und nur in sehr geringem Umfang stattgefunden hat.[94] Sie stellen fest: „Very few articles have focused on psycho-sociological issues such as power differentials, trust, cooperation, confidence and quality of relationships."[95] Die Berücksichtigung der Mikroebene im Bereich der unternehmensweiten und -übergreifenden Kooperation im Anwendungsfeld des Lean Managements ist damit eine interdisziplinäre Verbindung beider Trendthemen.

Es ist zu erwarten, dass mit der Mikrofundierung schlanker Kooperationsbeziehungen konkrete Gestaltungsempfehlungen für die unternehmerische Praxis gegeben werden können. Vor dem Hintergrund, dass viele Unternehmen bei der Implementierung der schlanken Unternehmensführung Schwierigkeiten haben[96] und viele Kooperationsbeziehungen scheitern bzw. Kooperationsziele nicht vollständig umgesetzt werden[97], wird ein Beitrag für die Praxis erwartet. Die Gestaltungsorientierung nimmt in dieser Arbeit – insbesondere vor dem Hinter-

---

90 Vgl. Liker, 2011, S. 113 ff.
91 Vgl. Felin et al. 2012; S. 1366; Foss & Lindenberg, 2013, S. 85; Foss, 2011, S. 1419.
92 Vgl. Burgess et al., 2006 S. 709.
93 Vgl. Burgess et al., 2006 S. 716.
94 Vgl. Burgess et al., 2006 S. 709.
95 Vgl. Burgess et al., 2006 S. 710-711.
96 Vgl. z.B. Bhasin & Burcher, S., 2006, S. 56; Hines et al., 2004, S, 995 und die dort angegebene Literatur; Lander & Liker, 2007, S. 3682; Liker, 2011, S.40; Spear & Bowen, 1999, S. 97; New, 2007, S. 3547.
97 Vgl. Pribilla, 2000, S. 64; Sudarsanam, 2003, S. 2.

grund der gewählten Wissenschaftstheorie – eine wichtige Rolle ein, sodass die Arbeit über deskriptive Interaktionsansätze hinausgeht.[98]

1.3. Forschungsdesign und Struktur der Forschungsarbeit

Das Forschungsdesign dieser Arbeit umfasst drei Ebenen[99]:

A) Ebene der *Vision*: Lean Management soll flächendeckend und kooperationsweit implementiert werden.

B) Ebene der *Kooperation*: Innerhalb einer durch verschiedene Merkmale zu beschreibende Kooperationsbeziehung findet eine Interaktion im Bereich Lean Management statt.

C) Ebene des *Individuums*: Mitarbeiter und Führungskräfte internalisieren (im Idealfall) den Lean Management-Ansatz und richten unternehmens- und kooperationsweit ihr Handeln danach aus.

Diese drei Ebenen sollen dabei als sachliche Ebenen, nicht auf eine hierarchische Abfolge verschiedener Positionen im Unternehmen verstanden werden. Sie werden im Verlauf der Forschungsarbeit mit ausgewählten Methoden fokussiert. Nachfolgend wird das Forschungsdesign und die Struktur der Arbeit detailliert vorgestellt. Dabei ist wichtig anzumerken, dass die Auswahl vor dem Hintergrund der gewählten Wissenschaftstheorie in Kapitel 2 ausführlich begründet wird.

Nach der Darlegung der Problemstellung, der Zielsetzung und der Relevanz der Arbeit (Kapitel 1), wird in den beiden folgenden Kapitel (2 und 3) der theoretische Bezugsrahmen dieser Arbeit gelegt. Hierzu wird in Kapitel 2 eine konstruktivistische Erkenntnis- und Wissenschaftstheorie als für die Forschungsarbeit geeignet herausgestellt, deren Implikationen abgeleitet und die Notwendigkeit eines forschungsleitenden Annahmenmodells begründet. In Kapitel 3 findet die betriebswirtschaftliche Verortung der Forschungsarbeit statt. Dort werden zuerst die beiden klassischen Organisationstheorien des Scientific Managements (Kapitel 3.1.1) und der Human Relations (Kapitel 3.1.2) aufgrund ihrer Anschlussfähigkeit zur vorliegenden Problem- und Zielstellung eingeführt und Implikationen daraus abgeleitet (Kapitel 3.1.3). Als Nächstes wird der Begriff der Wertschaffung aus einer nutzenorientierten Sicht hergeleitet und definiert (Kapitel 3.2.1), bevor anschließend die Ansätze aus dem strategischen Management zur Erzielung von Wettbewerbsvorteilen eingeführt werden (Kapitel 3.2.2). Hier erfolgt, vor dem Hintergrund der Problem- und Zielstellung der Arbeit, eine Fokussierung auf den ressourcenbasierten Ansatz und seine Weiterentwicklungen den relationalen und den wissensbasierten Ansatz (Kapitel 3.2.2.2). Schließlich wird die Notwendigkeit der Ergänzung betriebswirtschaftlicher Perspektiven um die Soziale Austauschtheorie dargelegt (Kapitel 3.3), bevor als Ergebnis in Kapitel 3.4 die Mikrofundierung ressourcenbasierter

---

98 Vgl. hierzu den IMP-Interaktionsansatz (Håkansson, 1982, S. 10 ff.; Håkansson & Wootz, 1979, S. 28 ff.) und die ihm entgegengebrachte Kritik (Gemünden & Heydebreck, 1994, S. 253 f.; Meyer 1994, S. 217; Stölzle, 1999, S. 124 ff.).

99 Eine ähnliche Strukturierung nehmen Bauer & Arretz (2004., S. 44) vor, die mit Eigentümer- bzw. Steuerungs- und Entscheidungsebene, Management- bzw. Leitungsebene und Arbeits- bzw. operative Ebene einen Ansatz für umfassendes Beziehungsmanagement im Textilhandel entwickeln.

Ansätze zur Erzielung von Wettbewerbsvorteilen[100], basierend auf einem konstruktivistischen Wissenschaftsverständnis, vorgenommen werden kann.

Im vierten Kapitel dieser Arbeit werden Grundlagen und Stand der Forschung im Bereich des schlanken Unternehmens (Kapitel 4.1) und unternehmerischer Kooperationsbeziehungen (Kapitel 4.2) gelegt. Hierzu werden zunächst die Grundlagen und Ziele schlanker Unternehmen aufgezeigt (Kapitel 4.1.1) und anschließend die Ebene des Menschen im schlanken Unternehmen untersucht (Kapitel 4.1.2). Hinsichtlich der unternehmerischen Kooperationsbeziehungen wird die Perspektive der individuellen Ebene eingenommen (Kapitel 4.2.1) und anschließend vor diesem Hintergrund eine Definition von Kooperationsbeziehungen vorgenommen (Kapitel 4.2.2). Abschließend werden mit einer strukturierten Literaturrecherche Vorarbeiten zu Kooperationen im Bereich Lean Management vorgestellt und analysiert (Kapitel 4.3). Den Abschluss dieses Abschnitts bildet die Darlegung der identifizierten Forschungslücke im Bereich schlanker Kooperationsbeziehungen (Kapitel 4.4).

Im fünften Kapitel dieser Arbeit werden, basierend auf einem konstruktivistischen Forschungsverständnis, theoriegeleitet und literaturbasiert zwei Annahmenmodelle zu schlanken Kooperationsbeziehungen entwickelt (Ergebnismodell und Interaktionsmodell, Kapitel 5.4). Hierzu wird zunächst das Vorgehen erläutert, um im Folgenden, auf der Grundlage der Sozialen Austauschtheorie zur Mikrofundierung ressourcenbasierter Ansätze, literaturbasiert die Elemente (Kapitel 5.1), Systeme (Kapitel 5.2) und Umwelten (Kapitel 5.3) schlanker Kooperationsbeziehungen zu entwickeln. Die theoretisch-deduktive Vorgehensweise zur Annahmenbildung wird dabei über eine Praxisrückkopplung, gemäß der Kernannahme der konstruktivistischen Theorie-Praxis-Kopplung, ergänzt.[101] So wird begleitend zur theoriegeleiteten Annahmenentwicklung eine explorative Fallstudie erstellt und ein Experteninterview geführt.[102]

Das sechste Kapitel dieser Arbeit stellt die Hauptuntersuchung dar. Hierzu werden zunächst das konstruktivistische Erhebungsdesign entwickelt[103], die Auswahl der Fallstudienstrategie vorgestellt und begründet (Kapitel 6.1.1) und die Gütekriterien für die Hauptuntersuchung dargelegt (Kapitel 6.1.2), bevor anschließend in der Erhebungsdurchführung und -analyse sechs Fallstudien (Kapitel 6.2.1 bis 6.2.6) zunächst einzeln beschrieben und analysiert werden, bevor eine siebte, multiple, die sechs Einzelfälle integrierende, Fallstudie durchgeführt wird (Kapitel 6.2.7) und Implikationen abgeleitet werden (Kapitel 6.3).

---

[100] Siehe hierzu Abb. 8.

[101] Vgl. Mir & Watson, 2000, S. 943. Siehe hierzu auch Abschnitt 2.3 dieser Arbeit.

[102] Für die Fallstudie wurde ein Expertengespräch mit einem KVP-Koordinator einer Unternehmensgruppe geführt und um Materialien aus Presse und Internet ergänzt. Die Fallstudie ist dargestellt in Anhang 4: Explorative Vorstudie. Mit dieser explorativen Fallstudie und dem Zugang zu dieser Unternehmensgruppe wurde darüber hinaus eine Erhebung im Rahmen der Hauptuntersuchung ermöglicht. Daher bildet die explorative Fallstudie gleichzeitig eine Informationsgrundlage für Fall A in der Hauptuntersuchung. Zusätzlich wurde zur Theorie-Praxiskopplung ein Experteninterview mit einem Unternehmensberater geführt, das protokolliert und im Anhang 5: Exploratives problemzentriertes Interview (Gesprächsprotokoll) dargestellt ist.

[103] Für die Hauptuntersuchung in dieser Arbeit wird ein Workshop-Konzept zur kombinierten Einzel- und Gruppenbefragung entwickelt. Siehe hierzu Abschnitt 6.1.1.

Im abschließenden siebten Kapitel erfolgt die kritische Würdigung dieser Arbeit hinsichtlich des methodischen Vorgehens und der theoretischen und praktischen Implikationen. Ein Ausblick für weiteren Forschungsbedarf wird aufgezeigt (Kapitel 7).

In Tab. 2 sind die Ziele der vorliegenden Forschungsarbeit i.V.m. mit dem jeweiligen Vorgehen und der Verortung in dieser Arbeit dargelegt. Abb. 1 gibt eine grafische Übersicht über die Struktur der Forschungsarbeit.

Ziele der vorliegenden Forschungsarbeit		
Ziel	**Vorgehen**	**Verortung**
Beantwortung Forschungsfrage 1	literaturbasiert	Kapitel 2
Beantwortung Forschungsfrage 2	literaturbasiert	Kapitel 3
Beantwortung Forschungsfrage 3	literaturbasiert	Kapitel 4
Beantwortung Forschungsfrage 4	literaturbasiert, explorative Praxiskopplung per Fallstudie und Experteninterview	Kapitel 5
Beantwortung Forschungsfrage 5	sechs Einzelfallstudien und eine integrierende, multiple Fallstudie	Kapitel 6
Beantwortung der übergeordneten Forschungsfrage	literaturbasiert, empirisch-erklärend	Kapitel 6
Essentialistisches Wissenschaftsziel (Wertschaffung)	literaturbasiert	Kapitel 3 (insbesondere 3.2)
Essentialistisches Wissenschaftsziel (Kooperationsbeziehung)	literaturbasiert	Kapitel 4 (insbesondere 4.2)
Essentialistisches Wissenschaftsziel (Lean Management)	literaturbasiert	Kapitel 4 (insbesondere 4.1)
Essentialistisches Wissenschaftsziel (Konstruktivistische Sichtweise)	literaturbasiert	Kapitel 2
Theoretisches Wissenschaftsziel (Mikrofundierung)	literaturbasiert	Kapitel 1 (insbesondere 1.2.2), Kapitel 3 (insbesondere 3.3 und 3.4)
Theoretisches Wissenschaftsziel (Konstruktivistisches Annahmenmodell)	literaturbasiert, explorative Praxiskopplung per Fallstudie und Experteninterview	Kapitel 5 (insbesondere 5.4)
Pragmatisches Wissenschaftsziel (Gestaltungsempfehlungen zu wertschaffenden Kooperationsbeziehungen)	sechs Einzelfallstudien und eine integrierende, multiple Fallstudie; Praxiskopplung der Handlungsempfehlungen mittels Experteninterview	Kapitel 6 (insbesondere 6.3)

Tab. 2: Ziele der Forschungsarbeit

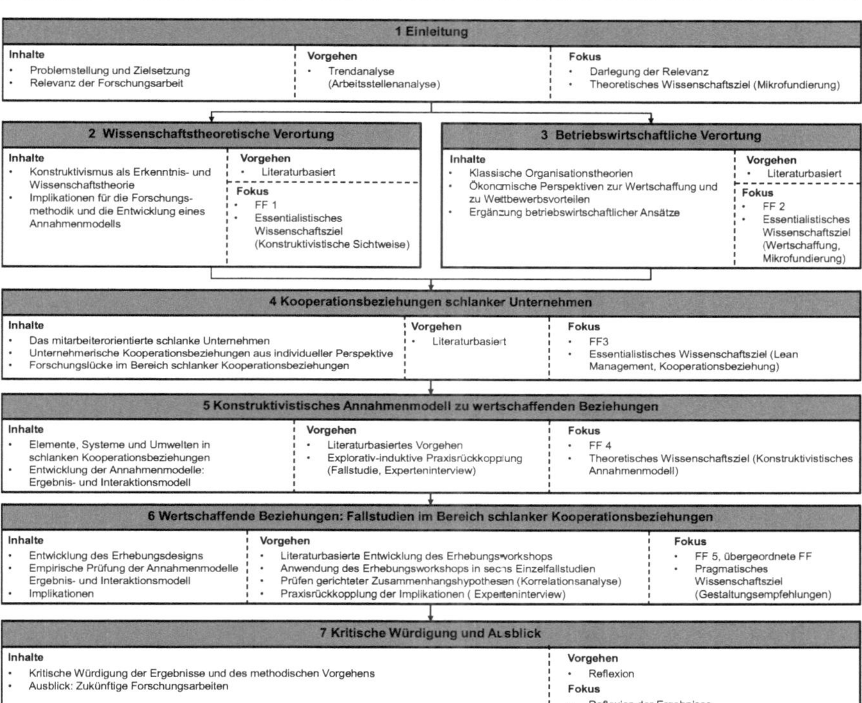

Abb. 1: Übersicht der Forschungsarbeit

2. Wissenschaftstheoretische Verortung der Forschungsarbeit

In diesem Kapitel soll der für diese Arbeit relevante erkenntnis- und wissenschaftstheoretische Rahmen dargestellt werden. Aus den gewählten Perspektiven ergeben sich konkrete Implikationen für die Forschungsmethodik dieser Arbeit, die es anschließend abzuleiten gilt. Schließlich wird die Notwendigkeit der Entwicklung eines konstruktivistischen Annahmenmodells aus der Erkenntnis- und Wissenschaftstheorie des Konstruktivismus abgeleitet.

2.1. Der Konstruktivismus als Erkenntnis- und Wissenschaftstheorie

„... c[C]omplete objectivity as usually attributed to the exact sciences is a delusion and is in fact a false ideal."[1]

Die Bearbeitung einer wissenschaftlichen Fragestellung erfolgt unter Berücksichtigung von Erkenntnis- und Wissenschaftstheorie, aus denen sich Methodologie und Forschungsmethoden ableiten.[2] Dieser Zusammenhang ist in Abb. 2 dargestellt.

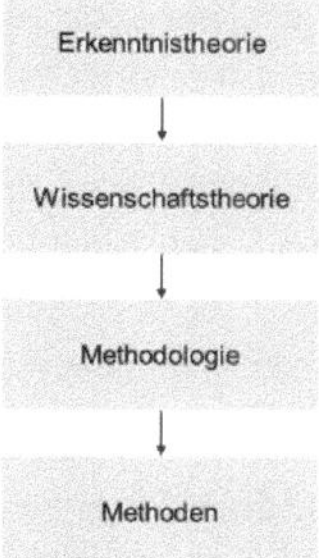

Abb. 2: Entwicklung eingesetzter Forschungsmethoden
Quelle: Lamnek, 2005, S. 48, angepasst.

In dieser Forschungsarbeit sollen Erkenntnis- und Wissenschaftstheorie zusammengefasst betrachtet werden, da diese Kombination Aussagen über wissenschaftliche Erkenntnisse ermöglicht und den Weg zu diesen Erkenntnissen vorgibt[3]. Als ein geeigneter erkenntnistheoretischer Ausgangspunkt erscheint für diese Arbeit ein konstruktivistischer Ansatz. Der Ansatz der konstruktivistischen Wissenschaftstheorie stellt, neben dem kritisch-rationalen Ansatz, einer der wichtigsten „Bestandteil[e] betriebswirtschaftlichen Erkenntnisgewinns"[4] dar.[5]

Scholl fasst unter dem konstruktivistischen Ansatz ein Konglomerat konstruktivistischer Varianten zusammen.[6] Der (radikale) Konstruktivismus als Erkenntnis- und Wissenschaftstheorie beschreibt in diesem Zusammenhang, dass Individuen interne Realitätsrepräsentationen schaffen (konstruieren), dass ein intersubjektiver Wahrheitsbegriff nicht zwangsweise not-

1 Polanyi, 1962, S. 18.
2 Vgl. Lamnek, 2005, S. 48.
3 Vgl. Lamnek, 2005, S. 717, 738.
4 Fülbier, 2004, S. 269.
5 Vgl. Fülbier, 2004, S. 269.
6 Vgl. Scholl, 2011, S. 162.

wendig ist und dass der Maßstab der Erkenntnis die Nützlichkeit (Viabilität)[7] ist, nach der eine individuelle Anpassung stattfindet.[8] Aufgrund der Fokussierung des Individuums in dieser Arbeit, erscheint eine zugrunde liegende Erkenntnis- und Wissenschaftstheorie geeignet, welche beachtet, dass Erkenntnisse individuelle interne Repräsentationen der externen Welt darstellen.

Die mit dem Konstruktivismus verwandte Systemtheorie und Kybernetik[9] argumentiert hinsichtlich der Repräsentationen und Nützlichkeit von Erkenntnissen ähnlich. Zur Begründung der Verwendung und Explikation mentaler Modelle wird häufig[10] das Conant-Ashby-Theorem herangezogen, welches mit dem Term „Every good regulator of a system must be a model of that system“[11] aussagt, dass ein komplexer Sachverhalt nur gesteuert werden kann, wenn ein Modell diesen komplexen Sachverhalt wiedergibt.[12] Mentale Modelle sind daher für die Steuerung und das Verhalten in Unternehmen von Bedeutung und müssen kontinuierlich an Veränderungen angepasst werden.[13] Einen Zwang zur Anpassung der Modelle besteht auch deshalb, weil es nach Ansicht der Systemtheoretiker nicht möglich ist, ein perfektes Modell zu schaffen.[14] Das Beurteilungskriterium eines Modells ist, analog zum Konstruktivismus, die Nützlichkeit dieses Modells, die in der Systemtheorie durch eine möglichst genaue Abbildung des realen Systems geschehen soll.[15] Während in der Systemtheorie damit ausdrücklich die Explikation mentaler Modelle gefordert wird, so beschreibt die Erkenntnis- und Wissenschaftstheorie des Konstruktivismus, wie bereits dargelegt, das Vorhandensein verschiedener mentaler Modelle, nach denen menschliches Handeln ausgerichtet wird.

Der Konstruktivismus impliziert, sofern auf die Organisationstheorie übertragen, die Entstehung einer Vielzahl von Verhaltens- und Handlungsweisen durch die im Unternehmen vorliegenden individuellen Repräsentationen von wahrgenommenen Realitäten.[16] Individuelle *Skripte* beeinflussen dabei – als interne Handlungspläne – das eigene Verhalten, ebenso wie *subjektive Theorien* – als individuelle Interpretationen von Kausalitäten und Zusammenhän-

---

7 Der Maßstab einer konstruktivistischen Erkenntnis- und Wissenschaftstheorie ist in der Nützlichkeit zu sehen. Allerdings ist es auch in konstruktivistischen Ansätzen möglich, Theorien zu verwerfen, sofern sie sich „hartnäckigen Realisationsversuchen entziehen“ (Schnell et al., 2011, S. 105) und dies nicht auf fehlende Umsetzungsmöglichkeiten in Form nicht realisierbarer Instrumente oder fehlender Messinstrumente oder auf die Fähigkeiten des Forschenden zurückzuführen ist (vgl. Schnell et al., 2011, S. 105 und die dort angegebene Literatur). In diesem Zusammenhang betonen die Autoren Kwan & Tsang als Vertreter einer realistischen Wissenschaftstheorie in der Diskussion um den Vergleich konstruktivistischer und realistischer Ansätze, dass insbesondere in sozialwissenschaftlichen Fällen Theorien nicht leichtfertig verworfen werden, sondern kontinuierlich überprüft werden müssen: „Critical realists also insist that verification and falsification are never conclusive, especially in social sciences“ (Kwan & Tsang, 2001, S. 1165).

8 Vgl. Töpfer, 2009, S. 105; vgl. auch Von Glasersfeld, 1989, S. 125 ff.

9 Vgl. Von Ameln, 2004, S. 21.

10 Vgl. z.B. Finkeissen, 1999, S. 16; Schiemenz, 2010, S. 607 und Schwaninger, 2013, S. 56.

11 Conant & Ashby, 1970, S. 89.

12 Vgl. Conant & Ashby, 1970, S. 89.

13 Vgl. z.B. Schwaninger, 2013, S. 56.

14 Sterman (2002, S. 501, S. 525) prägt den Satz „[...] all models are wrong [...]“ für die Systems-Thinking Community und beschreibt die Subjektivität mentaler Modelle, die auch in der Formalisierung und kritischen Reflexion dieser Modelle immer einen nur eine Annäherung an reale komplexe Systeme darstellen können. Auch Schwaninger (2013, S. 60) argumentiert, mit dem Zitat „[...] all models are wrong [...]“, das er auf die Veröffentlichung von Box (1976, S. 792) zum Ablauf wissenschaftlicher Forschungsprozessen zurückführt, und ergänzt es um den Beisatz „but some are useful“. Die Nützlichkeit bestehender Abbilder zur Steuerung komplexer Sachverhalte soll damit zum Ausdruck gebracht werden. Auch Stein (2010, S. 25 f.) betont den Repräsentationscharakter von Modellen und beschreibt, dass die Modellentwicklung immer das Ergebnis einer subjektiven Konstruktion ist.

15 Vgl. Schwaninger, 2013, S. 60-61.

16 Vgl. Schempp, 2009, S. 19.

gen im Unternehmen – und individuelle *Leitbilder und Visionen* das eigene Handeln bestimmen.[17] Schempp beschreibt, dass für ein gemeinsames Handeln nach den Zielen der Organisation die Ähnlichkeit individueller Skripte eine bedeutende Rolle spielt, die wiederum von individuellen Visionen und Leitbildern beeinflusst werden.[18] Greenwood & Hinings definieren im Zusammenhang mit organisationalen Interpretationsschemata, dass diese Überzeugungen und Werte hinsichtlich 1) Sinn und Zweck eines Unternehmens, 2) Organisationsprinzipien und 3) angemessener Evaluationskriterien zur Bewertung der organisationalen Leistung beinhalten.[19] Es wird vor diesem Hintergrund deutlich, dass sowohl individuelle als auch organisationale Überzeugungen, die sich im Kollektiven bilden, das organisationale Handeln maßgeblich beeinflussen. Weick fasst diesen Sachverhalt folgendermaßen zusammen und entwickelt einhergehend sein Organisationsverständnis: „In jedem Fall liegt ein gemeinsames Verständnis von Maßnahmen und angemessenen Interpretationen vor, ein Zusammenfügen von Verhaltensweisen, die sich auf eine oder mehrere Personen verteilen und ein „Puzzle“, eine verwirrende Ausgangslage, auf die eingewirkt wird. Die Verbindung dieser Maßnahmen, Interpretationen, Verhaltensweisen und Puzzles bezeichnet, was beim Organisieren getan wird und was eine Organisation ist.“[20]

Auch wenn der Konstruktivismus teilweise kritisch als Erkenntnis- und Wissenschaftstheorie betrachtet wird[21], zeigen die Annahmen einen engen Zusammenhang zum Forschungsgegenstand auf, der sich aus dem Fokus auf die individuelle Ebene ergibt. Lean Management muss als ganzheitlicher Management-Ansatz, von den Individuen akzeptiert und verstanden sein, sodass individuelles Handeln nach dieser Zielsetzung ausgerichtet werden kann. Hoss & Schwengber ten Caten betonen in jüngster Zeit die Bedeutung der individuell-interpretativen Sicht von Mitarbeitern und Führungskräften als ein Erfolgsfaktor für die Implementierung der schlanken Unternehmensführung.[22] Diese Perspektive erfordert die Berücksichtigung individueller mentaler Modelle in der Forschung und eine wissenschaftstheoretische Ausrichtung, die diese Analysen zulässt und ermöglicht.[23]

Für den Erkenntnisgewinn dieser Forschungsarbeit steht außerdem die Nützlichkeit[24] gewonnener Erkenntnisse im Vordergrund – es soll zum einen gezeigt werden, wie durch die Berücksichtigung der individuellen Ebene im Unternehmen Lean Management intra- und interorganisational implementiert werden kann, um Wettbewerbsvorteile zu erreichen. Zum anderen soll im Bereich der menschlichen Interaktion aufgezeigt werden, wie Kooperationsbeziehungen verschwendungsarm gestaltet werden können.

Scholl beschreibt in seiner Veröffentlichung die Beantwortung der Frage, ob nach einer konstruktivistischen Erkenntnis neue Methoden entwickelt werden müssen, ob bestehende Me-

17 Vgl. Schempp, 2009, S. 19.
18 Vgl. Schempp, 2009, S. 19.
19 Vgl. Greenwood & Hinings, 1988, S. 295.
20 Weick 1985, S. 13.
21 Vgl. Schempp, 2009, S. 17; vgl. auch Töpfer, 2009, S. 105.
22 Vgl. Hoss & Schwengber ten Caten, 2013, S. 3276 ff.
23 Vgl. Hoss & Schwengber ten Caten, 2013, S. 3278 ff.
24 Auch diesen Aspekt betonen Hoss & Schwengber ten Caten (2013, S. 3278 ff.), so fordern sie auch die Analyse, wie Regeln, Rollen und Werte die (unternehmerische, kontinuierliche) Verbesserung beeinflussen.

thoden anders interpretiert werden müssen oder ob keine Folgen für die Konzeption und den Einsatz von Methoden entstehen.[25] Als Fazit hält er fest, dass

„aus einer konstruktivistischen Erkenntnistheorie – übrigens ebenso wie aus einer realistischen Erkenntnistheorie – keine Präferenz für quantitative oder qualitative Methodologie begründet werden [kann]. In der Tat produziert der Konstruktivismus im Unterschied zum Realismus Latenzen, Unsicherheiten, Skepsis, weil jede Entscheidung für die Annahme oder Ablehnung einer Theorie durch empirische Ergebnisse, für oder gegen die Validität eines methodischen Instrumentes mit Kontingenz behaftet ist. Aber genau diese Nötigung zur Beobachtung zweiter Ordnung ist nicht nur produktiv, sondern für die Sozialwissenschaften und ihren reflexiven Charakter (insbesondere in der Theoriebildung) sogar konstitutiv.“[26]

Damit beschreibt Scholl, dass die Reflexion gewonnener Erkenntnisse und die Untersuchung der Situationen, aus der diese entstanden sind, für ein konstruktivistisches Erkenntnisinteresse notwendig sind. Dabei wird weder eine qualitative noch quantitative Vorgehensweise bevorzugt, da beide Ansätze jeweils ganzheitlich und reflexiv in ihren Ergebnissen interpretiert werden müssen. Zur Sicherung der Stabilität von Ergebnissen empfiehlt Scholl außerdem einen „systematischen Verbund“[27] von Methoden oder Verfahren, der als Triangulation bezeichnet wird.[28] Lamnek (2005) betont ebenfalls, dass durch Triangulation Erkenntnisfortschritt erzielt werden kann.[29] In seinem Triangulationsmodell verknüpft Lamnek daher quantitative und qualitative Forschung zur Auswertung von Forschungsergebnissen. Dabei ist die Triangulation mitunter sehr umstritten[30]: Ein Widerspruch triangulativ erhobener Daten kann ebenfalls einen Beitrag zur Erkenntnis leisten, wenn geprüft wird, wie eine Divergenz begründet ist. So können methodische oder theoretische Fehler identifiziert werden. Grundsätzlich besteht die Möglichkeit Triangulation zur Validierung oder zur Ergänzung einzusetzen. Burgess et al. (2006) fordern in ihrer Studie zum Forschungsfeld des Supply Chain Managements mit den zentralen Themen der unternehmensweiten und –übergreifenden Beziehungen und der kontinuierlichen Verbesserung aus einer prozessorientierten Sicht explizit einen triangulativen Ansatz zur Weiterentwicklung des Forschungsfeldes.[31]

Ein Beitrag, der später in Kapitel 3.2.1 hinsichtlich der Wertschaffung von Unternehmen betrachtet wird, verwendet in seiner Theoriebildung explizit einen interpretierenden Ansatz, der mit dem hier vorgestellten konstruktivistischen Vorgehen vergleichbar ist. So erstellen Reus et al. ein Annahmenmodell für den Sachverhalt, dass sich die Wissensinvestitionen von Unternehmen zum Teil erheblich unterscheiden und dass diese Investitionen sowohl positive, als auch negative Auswirkungen auf die Wertschaffung haben können.[32] Die Autoren dieses Beitrags beschreiben, dass die Entscheidungen über Wissensinvestitionen nicht vollkommen rational sind, weil Aspekte wie Unsicherheit und Mehrdeutigkeit von den Entscheidungsträgern interpretiert werden müssen.[33] Es wird argumentiert, dass die Interpretation der verschiedenen

25 Vgl. Scholl, 2011, S. 176.
26 Vgl. Scholl, 2011, S. 176.
27 Scholl, 2011, S. 9.
28 Vgl. Scholl, 2011, S. 9.
29 Vgl. Lamnek, 2005, S. 282.
30 Vgl. Lamnek, 2005, S. 282 ff.
31 Vgl. Burgess et al., 2006, S. 718.
32 Vgl. Reus et al., 2009, S. 382 ff.
33 Vgl. Reus et al., 2009, S. 390.

Treiberfaktoren für die Steuerung der Investitionsentscheidungen verantwortlich ist.[34] Die Interpretationsmuster selbst werden dabei von organisationalen Werten, Vorstellungen und Denk-Schemata geleitet.[35] Mit diesem Beispiel wird deutlich, dass Situationen, die nicht vollständig rational beurteilt werden können von reflektierten Überlegungen gekennzeichnet sind, auf deren Grundlage schließlich Entscheidungen getroffen werden. Die Organisation selbst hat einen Einfluss darauf, wie diese Informationen verarbeitet werden.

Aus einer wissenschaftstheoretischen Perspektive diskutieren Godfrey & Hill, diese Aspekte, die nicht direkt beobachtbar sind, als Teil der strategischen Managementforschung. Neben der Transaktionskostentheorie und der Agenturtheorie gehen die Autoren in diesem Zusammenhang intensiv auf den ressourcenbasierten Ansatz ein und argumentieren, dass Ressourcen nach diesem Ansatz aufgrund einer möglichen Nachahmung nicht direkt beobachtbar sein dürfen, sofern sie einen nachhaltigen Wettbewerbsvorteil im Sinne der Theorie begründen sollen.[36] Als ein Beispiel für solche Ressourcen nennen sie organisationale Routinen, die zu einem Kosten- oder Differenzierungsvorteil der Unternehmung führen können.[37] In einem Fazit plädieren die Autoren für eine kontinuierliche Entwicklung von Forschungsmethoden, um bislang nicht beobachtbare Aspekte untersuchen zu können und empfehlen hierfür qualitative Methoden wie Fallstudien, Ereignisabläufe oder ethnografische Untersuchungen zu nutzen.[38] Sie schließen: „[…] [those methods] may represent the best way forward in observing the effects of otherwise unobservable, idiosyncratic effects on business strategy and performance, such as those predicted by the resource-based view of the firm"[39].

Eine konstruktivistische Erkenntnis- und Wissenschaftssichtweise erscheint vor dem Hintergrund der Berücksichtigung von Einflussfaktoren auf individueller Ebene im Hinblick auf das organisationale Handeln adäquat für das vorliegende Forschungsprojekt. Im Folgenden sollen demzufolge die Implikationen für die Forschungsmethodik abgeleitet werden.

2.2. Implikationen für die Forschungsmethodik

Die im vorherigen Abschnitt genannte Nicht-Beobachtbarkeit[40] von unternehmerischen Aspekten betont auch Weick[41] und argumentiert, der Prozess der Theorieentwicklung im organisationalen Umfeld sollte in vielen Fällen mehr als diszipliniertes Nutzen der Vorstellungskraft geschehen statt eines mechanischen Vorgehens[42] ohne Beachtung intuitiver und kreativer Bestandteile des Prozesses[43]. Der Autor plädiert für ein Forschungsvorgehen, das sich an praxis-

---

34 Vgl. Reus et al., 2009, S. 395.
35 Vgl. Reus et al., 2009, S. 384 und die dort angegebene Literatur.
36 Vgl. Godfrey & Hill, 1995 S. 523.
37 Vgl. Godfrey & Hill, 1995 S. 522. Näheres zum ressourcenbasierten Ansatz und den Aspekten der Kosten- und Differenzierungsvorteile sind in den nachfolgenden Kapiteln zur Erklärung von Wettbewerbsvorteilen aus betriebswirtschaftlicher Perspektive erläutert (Kapitel 3.2.2).
38 Vgl. Godfrey & Hill, 1995 S. 531 und die dort angegebene Literatur.
39 Vgl. Godfrey & Hill, 1995 S. 531.
40 Vgl. Kapitel 2.1.
41 Vgl. Weick, 1989, S. 529.
42 Vgl. auch den Hinweis von Gummesson (2005, S. 315), dass es in der Wissenschaft immer verschiedene Privilegien gibt, von denen ein Forschungsvorhaben und dessen Implikationen abhängen. Er beschreibt, dass Forschungsvorhaben in der Regel von methodischen Präferenzen unterstützender Personen und Institutionen abhängen; die Ergebnisse aus diesen Forschungsvorhaben wiederum hängen von Präferenzen derjenigen Personen ab, welche die Möglichkeiten haben, diese Ergebnisse, z.B. in Form einer Veröffentlichung, zu unterstützen.
43 Vgl. Weick, 1989, S. 519.

relevanten Problemstellungen orientiert.[44] Er empfiehlt nachdrücklich, durch bessere und detailliertere Erfassung von Problemrepräsentationen, eine umfassende Ausgangssituation abzubilden, mehrere Versuche der Theoriebildung zu unternehmen[45] und dabei durch die simultane Anwendung mehrerer und unterschiedlicher Kriterien eine Selektion vorzunehmen.[46]

Ebenfalls zur Vielseitigkeit der methodischen Vorgehensweise rät Gummesson. Er zeigt, dass jeder Forschungsansatz sowohl systematische und objektive als auch schließende (interpretative) Elemente aufweist.[47] In seiner Schlussfolgerung zur Forschung, speziell im Bereich des Marketings, empfiehlt er einen interaktiven Ansatz, der am besten menschlichen Verstand, Erfahrungen, Bewertungsschemata oder Intuitionen aufnehmen kann und sich auf eine systematisch-objektive Verwertung (im Sinne von Transparenz als Grundlage für den wissenschaftlichen und praktischen Diskurs) stützt.[48]

Unter Berücksichtigung der dargelegten konstruktivistischen Erkenntnis- und Wissenschaftstheorie mit ihrer Kompatibilität zu diesem Forschungsprojekt und den oben genannten Empfehlungen für die Untersuchung nicht direkt-beobachtbarer Sachverhalte, wird die Untersuchung anhand einer Triangulation qualitativer und quantitativer Forschungsmethoden erfolgen. Ein besonderes Augenmerk soll in der gewählten Untersuchungsmethodik darin liegen, dass Organisationsmitglieder ihre internen Realitätsrepräsentationen (mentale Modelle) kommunizieren und ein Bild über die gemeinsamen Ansichten geschaffen werden kann.

Das Projekt gliedert sich im methodischen Vorgehen in drei Schritte, die im Folgenden beschrieben werden.

1. Strukturierte (Literatur-)Recherche zur Themenrelevanz, zur Mikrofundierung ressourcenbasierter Ansätze und zur Analyse von Kooperationen im Bereich Lean Management
2. Teil a) theoretisch, deduktives Vorgehen zur Entwicklung der Annahmenmodelle Ergebnismodell und Interaktionsmodell
   Teil b) explorative, induktive Praxisrückkopplung von Annahmen mit einer Fallstudie und einem Experteninterview
3. Fallstudienerhebung und -auswertung mit dem Konzept des Erhebungsworkshops, der Einzel- und Gruppenbefragung kombiniert sowie Rückkopplung abgeleiteter Handlungsempfehlungen mit einem weiteren Experteninterview

---

44 Vgl. Weick, 1989, S. 521. Für die Definition eines Forschungsproblems als Iteration zwischen Praxis und Theorie plädiert auch Box (1976, S. 791) dessen Veröffentlichung von 1976 als eine der grundlegenden im Bereich der Systemtheorie angesehen wird; vgl. hierzu Kapitel 2.1.

45 Vgl. hierzu auch die Forderung nach alternativen Interpretationsansätzen sowie der Diskussion der jeweiligen Stärken und Schwächen als Erklärungsansätze.

46 Vgl. Weick, 1989, S. 528 f.

47 Vgl. Gummesson, 2003, S. 487.

48 Vgl. Gummesson, 2003, S. 491. Siehe in diesem Zusammenhang auch Gummesson (1998). Der Autor plädiert im Zusammenhang mit der Implementierung neuer Ansätze des Marketings (insbesondere dem Relationship Marketing) für ein neues Paradigma und einer damit verbundenen Änderung des methodischen Vorgehens: „We need close access to reality through action research or at least participant observation as used by anthropologists. […] To understand implementation and recommended action, scholars have to accept that the neat traditional marketing model is not the reality. The discipline of marketing will not make progress unless it changes its paradigm, broadening and updating its mental images and research techniques"(S. 248).

Ad 1: Hier gilt es mit dem Vorgehen einer systematischen Literaturrecherche zunächst die betriebswirtschaftliche Verortung der Forschungsarbeit vorzunehmen, einen Rahmen zur Mikrofundierung ressourcenbasierter Ansätze zu erstellen und eine Übersicht über den Stand der Forschung zu Kooperationen im Bereich Lean Management herzustellen. Dieses Vorgehen findet sich insbesondere in Kapitel 1 bis 4 dieser Arbeit. Herauszuheben sind dabei:

- Die strukturierte Ermittlung der Relevanz von Lean Management anhand der Analyse von Stellenangeboten in zwei Internet-Jobportalen.[49]
- Die strukturierte Literaturrecherche und -auswertung zum Konzept der Wertschöpfung bzw. Wertschaffung von Unternehmen im Zeitraum von Januar 1990 bis Januar 2013 in vier ausgewählten betriebswirtschaftlichen Fachzeitschriften hinsichtlich Ursachen der Wertschöpfung bzw. Wertschaffung und verwendeter theoretischer Grundlagen.[50]
- Die strukturierte Literaturrecherche und -auswertung mit einer offenen[51] Suche mittels EBSCO in der Datenbank Business Source Premier nach den Schlagworten „Lean“ und „cooperation“ bzw. „collaboration“ im Zeitraum Januar 1990 bis Mai 2013 und Auswertung der Ergebnisse hinsichtlich Berücksichtigung der Mikroebene, eingesetzter Methodik und Art der Kooperation.[52]

Ad 2a): Das theoretisch-deduktive Vorgehen zur Entwicklung der Annahmenmodelle zur Mikrofundierung von Austausch- bzw. Kooperationsbeziehungen mit der Sozialen Austauschtheorie (Ergebnismodell und Interaktionsmodell) findet über eine Literaturrecherche mittels EBSCO in der Datenbank Business Source Premier nach den Begriffen „social exchange theory“ und „cooperation“ statt, deren Ergebnisse ausgewertet und nach dem Schneeballprinzip[53] systematisch erweitert wird, bis eine hohe Redundanz der jeweils eingesetzten Aspekte wahrgenommen wird.[54]

Ad 2b): Die explorative, induktive Praxisrückkopplung von Annahmen mit einer Fallstudie und einem Experteninterview findet als Voruntersuchung statt, um die in der Literatur identifizierten Konstrukte mittels explorativ gewonnener Kenntnisse aus der Praxis zu erweitern. Hierzu wird ein Experteninterview mit ersten identifizierten theoretischen Erkenntnissen mit einem KVP-Koordinator geführt, das ergänzt um weitere verfügbare Materialien als Fallstudie ausgearbeitet wird.[55] Außerdem wird ein weiteres Experteninterview mit einem Unter-

49 Vgl. hierzu Abschnitt 1.2.1 und Anhang 1: Relevanz von Lean Management Arbeitsstellenanalyse.

50 Vgl. hierzu Abschnitt 3.2.1 und Anhang 2: Literaturtabelle Recherche Wertschöpfung und Wertschaffung. Diese Ergebnisse wurden auch im Rahmen der folgenden Veröffentlichung verwendet: Bode & Müller (2013b)., S. 231, 239 ff.

51 Die „offene Suche“ bezieht sich hier darauf, dass keine Eingrenzung hinsichtlich der Fachzeitschriften vorgenommen wurde.

52 Vgl. hierzu Kapitel 4.3 und Anhang 3: Literaturtabelle Recherche Lean Management und Kooperation.

53 Zur Beschreibung des Schneeballverfahrens vgl. Ebster & Stalzer, 2003, S. 49 und Franck & Stary, 2009, S. 163. Um sogenannte Zitierzirkel- oder Zitierkartelle zu umgehen, und nicht nur ältere als die Ausgangsliteratur zu identifizieren, sollte das Schneeballverfahren nur in Kombination mit der systematischen Datenbankrecherche stattfinden (Ebster & Stalzer, 2003, S. 49 f.). In der vorliegenden Arbeit wurde die Ergebnisliste der Datenbank abgearbeitet ergänzt um das Identifizieren weiterer Literatur bzw. weiterer Autoren im Forschungsfeld, sodass hier von einer strukturierten und umfassenden Recherche ausgegangen werden kann.

54 Vgl. hierzu Abschnitt 5.

55 Die Fallstudie ist dargestellt in Anhang 4: Explorative Vorstudie. Mit dieser explorativen Fallstudie und dem Zugang zu dieser Unternehmensgruppe wurde darüber hinaus eine Erhebung im Rahmen der Hauptuntersuchung ermöglicht. Daher bildet die explorative Fallstudie gleichzeitig eine Informationsgrundlage für Fall A in der Hauptuntersuchung.

nehmensberater aus dem Bereich Lean Management geführt und für diese Arbeit protokolliert.[56] Die explorativ gewonnenen Erkenntnisse sind im Rahmen der Entwicklung der Annahmenmodelle berücksichtigt und an den entsprechenden Stellen gekennzeichnet.

Ad 3) In der Hauptuntersuchung dieser Arbeit wird die Fallstudienstrategie eingesetzt, die in Kapitel 6.1 ausführlich vorgestellt und begründet wird.[57] In diesem Zusammenhang werden zunächst sechs Einzelfallstudien beschrieben und untersucht, bevor abschließend eine, diese Einzelfallstudien integrierende, multiple Fallstudie untersucht wird. Die anonymisierten Fälle A bis F nutzen dabei das für diese Arbeit entwickelte Konzept des Erhebungsworkshops bei dem eine kombinierte Einzel- und Gruppenbefragung von Mitarbeitern im Bereich Lean Management stattfindet, die in eine unternehmensweite oder unternehmensübergreifende Kooperationsbeziehung eingebunden sind. Das Konzept des Erhebungsworkshops wird im Rahmen der Begründung der Fallstudienstrategie in Abschnitt 6.1 für das konstruktivistische Forschungsdesign entwickelt. Zur Praxisrückkopplung der abgeleiteten Handlungsempfehlungen wird ein weiteres Experteninterview geführt.[58]

Das Ziel, das mit dieser methodischen Vorgehensweise verfolgt wird, ist es, ein umfassendes Verständnis zu wertschaffenden Beziehungen (relationship value creation[59]) im Bereich des Lean Managements zu gewinnen. Im Sinne des konstruktivistischen Forschungsansatzes ist dabei eines der Bewertungskriterien die Nützlichkeit der Erkenntnis (Viabilität)[60]. In seinem Beitrag zur Implementierung neuer Marketing-Ansätze im Unternehmen schreibt Gummesson hinsichtlich der wissenschaftlichen Untersuchung dieser Prozesse:

„*To be able to understand implementation [...] [w]We need close access to reality through action research or at least participant observation as used by anthropologists. We need inductive research that allows reality to tell its own and full story, without forcing received theory on it. We need to recognize the role of tacit knowing, knowledge by acquaintance, and validation of results through action*"[61]

Diesem Ansatz soll nicht vollständig gefolgt werden, jedoch sollen einige Forderungen aufgegriffen werden. Eine intensive Untersuchung der Praxis wird mit dem Konzept des Erhebungsworkshops aber auch den explorativen Elementen der Voruntersuchung umgesetzt. Der Zugang zur unternehmerischen Realität wird verbessert, um die Situation mehrperspektivisch zu analysieren. In Anlehnung an das Relationship Marketing, sollen beteiligte Personen dabei erstens als Individuen und zweitens als Zugehörige bzw. Mitglieder einer bestimmten Gruppe wahrgenommen werden.[62] Dies wird durch die kombinierte Gruppen- und Einzelbefragung

---

56 Vgl. Anhang 5: Exploratives problemzentriertes Interview (Gesprächsprotokoll).

57 Die Entwicklung des Erhebungsworkshops im Rahmen der Fallstudienstrategie ist vor dem Hintergrund der Teilfrage 1 dieser Arbeit (Welcher wissenschaftstheoretischer Rahmen ermöglicht die Untersuchung individueller Faktoren im unternehmerischen Umfeld und dient unter *Ableitung einer adäquaten Forschungsmethodik* dem wissenschaftlichen Erkenntnisfortschritt?) als zentral für diese Arbeit und wird deshalb separat von der wissenschaftstheoretischen Verortung, im Hauptteil der Arbeit, dargelegt.

58 Vgl. hierzu Anhang 10: Exploratives problemzentriertes Interview (Transkription).

59 Vgl. Palmatier et al., 2007, S. 197.

60 Vgl. Töpfer, 2009, S.105; und von Glasersfeld, 1989, 125 ff.

61 Gummesson 1998, S. 248.

62 Siehe zum Relationship Marketing und der Wahrnehmung verschiedener Gruppen Gummesson, 1998, S. 243. Der Autor nennt außerdem eine für das Relationship Marketing weitere relevante Zuordnung von Individuen, nämlich das Individuum als anonymes Mitglied einer großen anonymen Masse. Diese anonyme Masse ist im vorliegenden Forschungskontext jedoch nicht von Bedeutung, da hier nur Beziehungen im zwischenbetrieblichen Bereich untersucht werden, in denen eine anonyme Käufermasse keine Rolle spielt.

im Erhebungsworkshop ermöglicht. Die Interaktion zwischen den bei der Untersuchung befragten Personen mit der Autorin ist dabei gewünscht, um das Kontextverständnis zu verbessern. Mit den Erhebungen in den einzelnen Fallstudien sollen auf diese Weise qualitative und quantitative Daten gewonnen werden, die es später im Anschluss in Rückkopplung mit den drei vorangehenden Schritten auszuwerten gilt.

2.3. Implikationen für die Entwicklung eines Annahmenmodells

Nachdem gezeigt wurde, dass der Konstruktivismus eine geeignete wissenschaftstheoretische Grundlage für diese Arbeit darstellt und die übergeordneten Implikationen für diese Arbeit dargelegt wurden, soll im Folgenden gezeigt werden, wie aus dieser konstruktivistischen Perspektive Erkenntnisse geschaffen werden. Hierzu wird im Folgenden die Entwicklung eines forschungsleitenden konstruktivistischen Annahmenmodells aufgezeigt.

Von Ameln fasst prägnant die beiden erkenntnistheoretischen Grundüberzeugungen des Konstruktivismus zusammen[63]: Die erlebte Wirklichkeit ist das Ergebnis einer aktiven Erkenntnisleistung und da die eigene Erkenntnismöglichkeit das alleinige Instrument zur Prüfung der Gültigkeit gewonnener Erkenntnisse ist, kann zwischen „subjektiver Wirklichkeit und objektiver Realität keine gesicherte Aussage“ getroffen werden.

Der Autor stellt außerdem den Zusammenhang zwischen Konstruktivismus und Systemtheorie bzw. Kybernetik her: In beiden Ansätzen geht es um die Betrachtung von Problemen „organisierter Komplexität“, die sich z.B. durch eine hohe Anzahl an Variablen und einen hohen Vernetzungsgrad kennzeichnen, nicht lineare Ursachen-Wirkungsbeziehungen aufzeigen, umkehrbare und nicht umkehrbare Verläufe haben und Emergenzphänomene hervorbringen.[64]

Kieser & Walgenbach beschreiben die Bedeutung konstruktivistischer Ansätze für die Erklärung von Organisationen folgendermaßen[65]:

„Wie wichtig die subjektiven, wenn auch zum großen Teil geteilten Vorstellungen von Organisationsmitgliedern sind, wird deutlich, wenn wir uns vor Augen führen, dass wir, wenn wir in eine Organisation eintreten, schon viel darüber wissen, welches Verhalten von uns erwartet wird, ohne die Regeln dieser spezifischen Organisation schon gelesen zu haben.“

Der individuellen, internen und kontextgebundenen Konstruktion der Wirklichkeit kommt daher eine wichtige Rolle zu. Die Autoren betonen außerdem, dass nach einer konstruktivistischen Sichtweise Organisationen funktionieren, weil die Mitarbeiter des Unternehmens Vorstellungen darüber haben, wie diese Organisationen funktionieren. Diese Vorstellungen ergeben sich durch die Struktur, müssen aber auch in einem Trial- and Error-Prozess vereinbart werden.[66] Dabei wird ebenfalls der Prozesscharakter der konstruktivistischen Sichtweise deut-

---

63 Vgl. Von Ameln, 2004, S. 3.

64 Vgl. Von Ameln, 2004, S. 25 f. Die Betonung der komplexen Vernetzung zwischen Systemelementen und Systemen ist als „Wissen in die konstruktivistische Managementlehre eingeflossen“ (von Ameln, 2004, S. 27).

65 Kieser & Walgenbach 2010, S. 54.

66 Vgl. Kieser & Walgenbach 2010, S. 55. In diesem Zusammenhang zeigen Kieser & Walgenbach das Anwendungspotenzial eines konstruktivistischen Ansatzes i.V m. umfangreichen organisatorischen Änderungsprozessen, wie dem der Einführung von Lean Management auf. Vgl. Kieser & Walgenbach 2010, S. 57.

lich, in der Hinsicht, „dass sich Handeln in Organisationen auf der Basis von fortgesetzter Kommunikation und Interaktion allmählich entwickelt“[67]

Kieser & Walgenbach gehen auch auf die Problematik konstruktivistischer Ansätze ein, die darin liegt, dass aufgrund der Annahme, dass Wahrheiten jeweils individuelle Konstruktionen der Realität sind, Methoden wenig standardisiert eingesetzt werden und empirische Erhebungen unter dem Generalverdacht der „methodischen Willkür“[68] stehen.[69] Schempp beruft sich ebenfalls auf das soeben erläuterte Argument von Kieser & Walgenbach und erklärt, dass das Potenzial konstruktivistischer Ansätze darin liegt, für die Praxis einen „Denkanstoß“[70] herzustellen und durch das Verhalten in Organisationen „Landkarten“[71] zu kausalen Beziehungen entwickelt werden können.[72] Damit können subjektive „Theorien, welche die Kognitionen in einer Organisation bestimmen, aufgedeckt werden und entsprechende Versuche unternommen werden, sie zu verändern“[73]. Moser beschreibt ebenfalls Kritikpunkte, die gegenüber konstruktivistischen Forschungsansätzen vorgebracht werden, legt aber gleichzeitig dar, welche Strategien im Rahmen konstruktivistischer Forschungsdesigns möglich sind:

„Einerseits können traditionelle methodologische Konzepte, wie sie etwa der kritische Rationalismus bietet, im Kontext des Konstruktivismus empirisch interpretiert und epistemologisch reflektiert werden. […] Andererseits können im Rahmen einer konstruktivistischen Methodologie etablierte methodische Konzepte im Allgemeinen und spezielle Methoden im Besonderen auf ihre Eignung für die Umsetzung konstruktivistischer Modellannahmen reflektiert werden.“[74]

Moser plädiert in diesem Zusammenhang für eine „konstruktivistische Methodologie […] [der] prozessuale[n] und relationale[n] Auffassung wissenschaftlicher Tätigkeiten [,] […] [die dazu führt] methodologische Schlüsselkonzepte als Operationen (Beobachten, Theorisieren, Erklären etc.) zu konzipieren“.[75]

Der Einsatz konstruktivistischer Forschungsansätze wird auch in der aktuellen Managementliteratur diskutiert. So findet zwischen den Autoren Mir & Watson sowie Kwan & Tsang zu Beginn des 21. Jahrhunderts im Strategic Management Journal eine Debatte statt.[76] Mir & Watson sprechen sich für konstruktivistische Forschung aus, in der die Forschenden aktiv in den Forschungsprozess eingebunden sind und dadurch einen konkreten Mehrwert für die Praxis des zu untersuchenden Gegenstands leisten.[77] Die Autoren diskutieren die Kernannahmen konstruktivistischer Forschung und stellen sechs zentrale Aspekte heraus[78]:

---

67 Kieser & Walgenbach 2010, S. 57.
68 Kieser & Walgenbach 2010, S. 58.
69 Vgl. Kieser & Walgenbach 2010, S. 57 f.
70 Schempp, 2009, S. 27.
71 Schempp, 2009, S. 25, die Hervorhebung erfolgte durch die Autorin. Gergen (2002, S. 232) beschreibt in diesem Zusammenhang, dass „unsere Beschreibungen der Welt keine Landkarten der Welt [sind]. [sic!] Vielmehr sollen sie uns zu Handlungen befähigen und Interaktionen ermöglichen“.
72 Vgl. Schempp, 2009, S. 25ff.
73 Schempp, 2009, S. 24.
74 Moser, 2011, S. 13. Dies z.B. im Gegensatz zu Hopper & Powell (1985, S. 446), die beschreiben, dass Methoden wie Experimente oder statistische Erhebungen nicht mit „interpretive theories“ (S. 445) vereinbar sind.
75 Moser, 2011, S. 13.
76 Vgl. Mir & Watson, 2000, S. 941ff.; Mir & Watson, 2001, S. 1169; Kwan & Tsang, 2001, S. 1163 ff.
77 Vgl. Mir & Watson, 2001, S. 1169.
78 Vgl. Mir & Watson, 2000, S. 942 ff.

1) *Wissen ist theoriegeleitet*: Jedem Forschungsprozess geht eine theoriegeleitete **Annahmenbildung** voraus.
2) *Die Trennung von Forscher und Forschungsgegenstand ist nicht möglich*: Der Forschende ist in den Forschungsprozess untrennbar eingebunden und wirkt mit seinen Handlungen auf diesen ein.
3) *Theorie und Praxis sind unmittelbar miteinander verbunden*: Daher beeinflusst sowohl theoretische Erkenntnis die Praxis als auch umgekehrt.
4) *Forschende sind nicht objektiv oder neutral*: So findet regelmäßig ein Diskurs über Forschungsergebnisse statt, in der über Zustimmung und Ablehnung aus verschiedenen Positionen heraus diskutiert wird.
5) *Wissenschaft findet innerhalb einer Community statt,* in der Wissen gemeinsam vorangebracht wird.
6) *Der Konstruktivismus stellt eine Methodologie dar*: Während hinsichtlich der Methodologie konstruktivistische Forscher eine Vielfalt an Methoden einsetzen[79] (inkl. statistischer Analyseverfahren), verwenden Vertreter des Rationalismus meist quantitative Verfahren.

Die Autoren erklären, dass konstruktivistische Ansätze im strategischen Management das Potenzial haben, rationalistische Ansätze zu ergänzen, welche sozial-konstruierte Facetten bisher unberücksichtigt lassen[80] und insbesondere im Kontext unternehmerischer Kooperation neue Einsichten ermöglichen[81]. Mir & Watson argumentieren, dass eine rationalistische Herangehensweise immer nur Teilbereiche kausaler Beziehungen erklären kann[82] und schlussfolgern:

*„**A good theory must be clear about it assumptions**, rigorous about its methodologies, and circumspect about the generalizability of its findings [...] it must be 'particular interesting'. Constructivism is a particularly interesting approach, **for it facilitates study of** the fascinating issues such as **how strategies** are formed, communicated, **implemented**, and understood in complex organizations which are buffeted by myriad historical and institutional force"*[83]

Vor diesem Hintergrund stellt sich eine konstruktivistische Sichtweise zum einen im Hinblick auf die Forschungsfrage als geeignet heraus. Insbesondere, da dem Menschen im Unternehmen eine hohe Bedeutung zukommt und es die unternehmensweite und –übergreifende Implementierung eines neuen Managementansatzes - eingebettet in ein System sozialer Komplexität - geht, erscheint die konstruktivistische Sicht als die Relevante. Zum anderen wird erneut[84] die Bedeutung klarer forschungsleitender Annahmen betont. Das Ziel ist es daher, ein

---

79 Auf übergeordneter Ebene der Wissenschaftstheorie argumentiert Fülbier (2004, S. 269), dass betriebswirtschaftliche Forschung mit „ihren komplexen und breit gestreuten Forschungsfragen "sich durch wissenschaftliche Methodenvielfalt kennzeichnet" und plädiert sowohl für kritisch-rationale als auch für konstruktivistische Ansätze mit dem Ziel wissenschaftlichen Erkenntnisgewinns. Fülbier (2004, S. 270) beschreibt weiter: „Ein aus kritisch rationaler Sicht geforderter Methodenmonismus, der ein einheitliches methodisches Vorgehen fordert, würde die Betriebswirtschaftslehre unnötig beengen."

80 Vgl. Mir & Watson, 2000, S. 946.

81 Vgl. Mir & Watson, 2000, S. 950 f.

82 Vgl. Mir & Watson, 2001, S. 1172.

83 Mir & Watson, 2001, S. 1173. Die Hervorhebungen erfolgten nachträglich durch die Verfasserin und sollen zum einen die Bedeutung forschungsleitender Annahmen und zum anderen die Geeignetheit der konstruktivistischen Perspektive für die Arbeit hervorheben.

84 Die Autoren legen als einen von sechs zentralen Aspekten der konstruktivistischen Forschung dar, dass Wissen theoriegeleitet ist und jedem Forschungsprozess eine theoriegeleitete Annahmenbildung voraus geht. Vgl. Mir & Watson, 2000, S. 942 ff.

Annahmenmodell für „wertschöpfende Beziehungen“ zu entwickeln. Im Sinne des konstruktivistischen Forschungsansatzes ist dabei eines der Bewertungskriterien die Nützlichkeit der Erkenntnis.

Ringberg & Gupta beschreiben in diesem Zusammenhang, dass die Erforschung beziehungsspezifischer Aspekte wie Vertrauen und Loyalität und „value“ immer noch in der Anfangsphase ist und unter einer standardisierten und verallgemeinerten Vorgehensweise leidet. Sie beschäftigen sich vor diesem Hintergrund mit mentalen Modellen von Verkäufern, um Einflussfaktoren für die Loyalität in Business-to-Business Beziehungen besser modellieren zu können:

„Relationship models based entirely on survey constructs often rely on standardized value scales that inadequately represent customer´s symbolic worlds. However, the testing of more formal models of business-to business relationships risk ignoring deeper lying socio-psychological factors, such as sub-cultural values, which might be integral to individuals whose livelihood stems from a more utilitarian focus.“

Das Annahmenmodell für wertschöpfende Beziehungen soll nach dieser Forderung und der Erkenntnistheorie des Konstruktivismus möglichst offen sein und verschiedene Zugangswege eröffnen. Mit der Kombination aus einer umfassenden Literaturrecherche und ergänzenden Gesprächen mit Experten aus der Praxis, soll der Forderung nach Verbindung von Theorie und Praxis entsprochen werden. Ziel ist ein Annahmenmodell, welches mit der Fokussierung der Nützlichkeit die Überwindung der Lücke zwischen Wissenschaft und Praxis[85] zulässt. Das Annahmenmodell ist dabei als *Landkarte*[86] anzusehen, die das *Erklären*[87] realer Phänomen zulässt.

---

85 Vgl. zur Lücke zwischen Theorie und Praxis ausführlich Rynes et al., 2001, S.340 ff. und die dort angegebene Literatur. Als ein Grund für diese Lücke wird dort auch die Entwicklung von handlungsleitenden bzw. forschungsleitenden Annahmenmodellen aufgeführt.

86 Vgl. Schempp, 2009, S. 25.

87 Vgl. Moser, 2011, S. 13.

3. Betriebswirtschaftliche Verortung der Forschungsarbeit

In diesem Kapitel wird der für diese Arbeit relevante betriebswirtschaftliche Rahmen dargestellt. Fokussiert werden dabei ausgewählte Ansätze mit einer begründeten Verbindung zu den Zielsetzungen der Arbeit. Dabei soll vermieden werden, dass wahllos Konzepte gemeinsam vorgestellt werden und aufgrund der Vielzahl nur oberflächlich behandelt werden.[1] Vor diesem Hintergrund sollen zunächst das Scientific Management und der Human Relation-Ansatz als klassische Organisationstheorien bzw. Managementideologien eingeführt werden und Implikationen für diese Arbeit abgeleitet werden (Abschnitt 3.1). Als zweites sollen die Wertschaffung und Wettbewerbsvorteile eines Unternehmens aus einer ökonomischen Perspektive erläutert und für diese Arbeit definiert werden (Abschnitt 3.2). Drittens wird die Notwendigkeit einer interdisziplinären Ergänzung betriebswirtschaftlicher Perspektiven anhand der Sozialen Austauschtheorie dargelegt (Abschnitt 3.3) bevor schließlich viertens eine Zusammenführung der Erkenntnisse und Übertragung auf das Forschungsfeld stattfindet (Abschnitt 3.4).

3.1. Ausgewählte klassische Organisationstheorien als Ideologien des Managements

Die klassischen Organisationstheorien[2] beschreiben das Verhalten von Unternehmen auf der Grundlage von Erfahrungswissen.[3] Vor diesem Hintergrund sind die sogenannten frühen oder klassischen Organisationstheorien stets unter Berücksichtigung ihrer grundlegenden Rahmenbedingungen zu betrachten.[4] Gleichwohl wird angenommen, dass die Diskussion relevanter Wirkungszusammenhänge der Unternehmensführung durchaus überdauernden Gültigkeitscharakter hat – insbesondere, wenn die gegenwärtigen und konzeptbegründenden Rahmenbedingungen reflektiert werden.[5] Im Folgenden sollen hier die klassischen Organisationstheorien des Scientific Managements und des Ansatzes der Human Relations vorgestellt werden[6], da hier jeweils ein Erkenntnisbeitrag für die vorliegende Arbeit erwartet wird.

[1] Für das beschriebene Vorgehen plädieren Bello & Kostova, 2012, S. 541.

[2] Siehe z.B. Kieser & Walgenbach, 2010, S. 30 ff.; Homburg & Krohmer, 2006, S. 194 ff.; Wolf, 2011, S. 59 ff.

[3] Kieser & Walgenbach, 2010, S. 30 ff. Die Autoren beschreiben, dass es sich nicht um wissenschaftlich fundierte Theorien handelt, sondern, dass Organisationstheorien gesammeltes Erfahrungswissen ausgerichtet an einem ideologischen Rahmen darstellen.

[4] Vgl. Wolf, 2011, S. 59.

[5] Vgl. Wolf, 2011, S. 59.

[6] Bleicher (2011, S. 45) beschreibt, dass sich ausgehend von diesen Ansätzen des Scientific Managements und der Human Relations zu Beginn des 20. Jahrhunderts die Betriebswirtschaftslehre weg von „eindimensionalen disziplinären Fragestellungen eines Wirtschaftens auf der Mikroebene in und zwischen Unternehmen" hin zu der „Orientierung an der Führung von Menschen im sozialen System der Unternehmung oder am Management von Institutionen [...], die sich stärker interdisziplinär versteht und ihre Erkenntnisperspektive weit über das rein Ökonomisches heraus in das Terrain anderer Disziplinen hinein verschoben hat." Bleicher (2011, S. 45f.) erklärt damit den Wandel der Betriebswirtschaftslehre hin zur Führungs- und Managementlehre, für die verhaltenswissenschaftliche und systemorientierte Ansätze entscheidend sind. Die Ansätze des Scientific Managements und der Human Relations sind damit als grundlegend für das strategische Management zu erachten und insbesondere durch den Aspekt der geöffneten Erkenntnisperspektive relevant für diese Forschungsarbeit.

3.1.1. Der Ansatz des Scientific Managements von Frederick W. Taylor

„Scientific management cannot be said to exist, then, in any establishment until after this change has taken place in the mental attitude of both the management and the men, both as to their duty to cooperate in producing the largest possible surplus and as to the necessity for substituting exact scientific knowledge for opinions or the old rule of thumb or individual knowledge."[7]

Mit dieser Aussage fasst Taylor im Jahr 1912 eine der zentralen Kernaussagen des Ansatzes des Scientific Managements[8] zusammen: Es geht als Organisation darum, gemeinsam den Mehrwert zu maximieren. Dies soll im Ansatz des Scientific Management durch den Einsatz wissenschaftlicher Methoden geschehen.[9] Kieser und Walgenbach[10] fassen die Organisationsprinzipien des wissenschaftlichen Ansatzes nach Taylor zusammen. Diese sind gemeinsam mit den Implikationen des Ansatzes in Tab. 3 dargestellt.

Während der Ansatz des Scientific Managements häufig kritisch betrachtet wird[11], gibt es einige Fürsprecher, welche die grundlegenden Ideen betonen und missverstandene Umsetzungen in der unternehmerischen Praxis bemängeln.[12] Ihre Argumente sollen folgend aufgezeigt werden.

Anderson argumentiert, der Ansatz Taylors sei eher Einstellung oder Philosophie, statt eines umzusetzenden Regelwerks. Er beschreibt, das wissenschaftliche Management sei von Anfang an darauf ausgerichtet gewesen, die Effizienz zu steigern, indem durch die Sammlung von Daten und das Ableiten von Prinzipien aus diesen Daten, alte Gewohnheiten und alte Erfahrungswerte abgelöst werden.[13] Anderson beschreibt, die zunehmende Komplexität der Produkte und Märkte verursache, dass der Mehrwert eines Produktes nicht mehr einzelnen Personen zurechenbar ist – im Gegensatz zu handwerklichen Berufen und Dienstleistungen[14]. Die hieraus entstehende Ineffizienz sollten mit dem wissenschaftlichen Ansatz verbessert werden.

---

7 Taylor, 1999, S. 15.

8 Das Scientific Management nach Taylor wird häufig synonym zum Fordismus verwendet. Der zentrale Unterschied besteht darin, dass Taylor die handwerkliche Produktion und Henry Ford den industriellen Fertigungsprozess der Massenproduktion rationalisiert. Der Fordismus bezeichnet vor diesem Hintergrund eine Weiterentwicklung der Taylor´schen Managementstrategie, welche neben der arbeitsorganisatorischen Optimierung von Mensch und Maschine, den Akkordlohn und eine Steigerung des Absatzes durch Senkung der Verkaufspreise vorsieht. Vgl. Staehle, 1999, S. 26.

9 Siehe hierzu und im Folgenden auch Gaugler et al. (1996). Die Autoren schreiben, dass sich Taylor der Aufgabe widmete, die Effizienz der Produktion zu erhöhen. Die Legitimation hierfür fand Taylor nach Beschreibung der Autoren, im ökonomischen Argument, dass eine höhere Effizienz einen größeren Wohlstand bewirkt. Da die größere Wohlfahrt – ohne Betrachtung der Verteilung - grundsätzlich allen dient, müssen alle Menschen daran interessiert sein, „die Vergeudung von Ressourcen zu vermeiden" (S.6). Dieses Argument ist in der heutigen Zeit noch immer für das unternehmerische Effizienzstreben gültig. Das Argument der richtigen Verteilung aller Mitarbeiter zu den Arbeitsplätzen, die ihren Fähigkeiten optimal entsprechen, kann nach den Autoren vor dem Hintergrund entkräftet werden: Der Abbau von Ineffizienzen kann in diesem Fall damit einhergehen, dass Mitarbeiter gekündigt werden und auch am Arbeitsmarkt keine passende Arbeitsstelle finden (Gaugler et al., 1996, S. 6 f.).

10 Vgl. Kieser & Walgenbach, 2010, S. 31 ff.

11 Siehe hierzu z.B. Butler, 1991, S. 23; Gaugler, 2002, S. 168 f; Kieser & Walgenbach 2010, S. 32 f.

12 Siehe z.B.: Anderson, 1949; Butler, 1991; Wagner-Tsukamoto, 2007.

13 Vgl. Anderson, 1949, S. 678.

14 Vgl. Anderson, 1949, S. 679.

	Organisationsprinzipien des Scientific Managements
Trennung von Hand- und Kopfarbeit	• Management eignet sich das Wissen der Arbeiter hinsichtlich der Produktionsprozesse an • Wissensaneignung des Managements erfolgt durch Zeit- und Bewegungsstudien (wissenschaftliche Experimente) • Ziel ist die Steigerung der Leistung
Pensum und Bonus	• Aus den Zeit- und Bewegungsstudien wird ein Tagespensum für die Mitarbeiter abgeleitet • Es werden positive Anreize für das Übertreffen des Tagespensums und negative Anreize für das Untererfüllen geschaffen
Auslese und Anpassung der Arbeiter	• Arbeiterauswahl erfolgt nach Prüfung von Kriterien wie Ermüdbarkeit, Belastbarkeit, Geschicklichkeit und der Tendenz zu Vergessen mittels experimenteller Methoden • Berücksichtigung der ermittelten Kriterien bei eingestellten Mitarbeitern bei der Arbeitszuteilung
Versöhnung zwischen Arbeitern und Management	• Bestehende Konflikte zwischen Arbeitern und Management sollen gelöst werden • Mit dem Ziel mit den aufgezeigten Maßnahmen die Produktivität zu steigern, sollte der Konflikt um die Verteilung erzielter Erträge gemindert bzw. nebensächlich werden

Implikationen		
Beurteilung	**Methoden**	**Menschenbild**
Prägung des Taylorismus, der teilweise stark kritisch bzw. negativ beurteilt wird. Als kritisch wird vor allem das zu Grunde gelegte Menschenbild gesehen. Aufgrund einer aus dem Ansatz resultierenden Dequalifizierung der Mitarbeiter ist das System nur auf die Anforderungen eines homogenen Massenmarktes anwendbar; flexible und dynamische Anpassungen auf veränderte Nachfragebedingungen sind nicht möglich. Ideen der Übertragung des Wissens der Arbeiter sind grundlegend für moderne Konzepte, die der Rhetorik der lernenden Organisation (oder auch des Wissensmanagements) folgen.	Als wissenschaftlich benannte Experimente genügen nicht den wissenschaftlichen Standards und dienen nur der Effizienzsteigerung; sie sind meist manipuliert und ihre Ergebnisse übermäßig positiv dargestellt. Übernahme von Ansätzen vom Reichsauschuss für Arbeitszeitermittlung (REFA); in Deutschland wurden die Konzepte Taylors allerdings nicht so konsequent verfolgt wie z.B. in den USA. Übernahme von (modifizierten) Ansatzpunkten z.B. in die DIN 9000.	Arbeiter werden darauf reduziert, nach finanziellen Anreizen und Konsum zu streben. Das Menschenbild vernachlässigt individuelle Bedürfnisse und lässt hochgradige Spezialisierungen und eine resultierende Dequalifizierung der Mitarbeiter zu.

Abgrenzung
Abgrenzung des Ansatzes vom Fordismus; dort ist die Koordination und Kontrolle hochgradig spezialisierter Arbeitsvorgänge in die Konstruktion der Fließbandproduktion eingeplant. Das Tagespensum wird dort nicht ermittelt, sondern vorgegeben.

Tab. 3: Scientific Management nach Frederick W. Taylor

Quelle: Kieser & Walgenbach, 2010, S. 32 ff., zusammengefasst und ergänzt.

Butler, ebenfalls ein Befürworter des wissenschaftlichen Managements, argumentiert, dass die Prinzipien bzw. die Philosophie Taylors in dessen Namen nach und nach erweitert wurden und schließlich dazu führten, dass Arbeiter schlecht behandelt und opportunistisch ausgenutzt wurden.[15] Dies sei nicht Intention Taylors gewesen.

Auch im Jahr 2007 wird der wissenschaftliche Ansatz Taylors debattiert, so erläutert Wagner-Tsukamoto, dass Taylors Ansatz Konflikte, denen ein Menschenbild des ökonomischen Men-

15 Vgl. Butler, 1991, S. 27.

schen[16] zugrunde liegt, dadurch löst, dass zwischen Management und Arbeitern gegenseitige Ziele vereinbart werden. Weiterhin legt Wagner-Tsukamoto nahe, dass der Nutzen des Konzepts vor allem in der heutigen durch Diversität und Pluralismus geprägten Arbeitswelt liegt, in denen die Organisationstheorie des wissenschaftlichen Managementansatzes ein Teil einer umfassenden Lösung sein kann[17].

Das dem Scientific Management zu Grunde liegende Menschenbild ist einer der zentralen Kritikpunkte an diesem Ansatz. So beschreibt z.B. Lawrence basierend auf eigenen Erfahrungen und im Zusammenhang mit der Untersuchung von Job Designs, Arbeitszufriedenheit und Absentismus und motivationalen Treibern, dass eine rationale Orientierung am Einkommen nicht alleiniger Motivator von (Mit-) Arbeitern ist.[18] Der Autor bezieht sich dabei auf eine Studie, welche die vier gemeinsam entwickelten unbewussten Treiber (Streben nach überlebenswichtigen Ressourcen; Streben diese Ressourcen zu verteidigen; Streben nach langfristigen sozialen Beziehungen; Streben zu lernen bzw. sich selbst im Zusammenhang mit der Umwelt zu verstehen) empirisch bestätigt. Basierend auf zwei Erhebungen mit 650 Teilnehmern schlussfolgern Nohria et al. in dieser Studie, dass die vier Motivatoren von Unternehmen gezielt beeinflusst werden können. Die Autoren messen dabei die Auswirkung der vier unbewussten Motivatoren auf die Gesamtmotivation, ausgedrückt durch das Engagement, die Zufriedenheit, das Commitment[19] und die Neigung zu gehen[20] und können durchschnittlich 60% der Varianz der Gesamtmotivations-Indikatoren erklären[21]. Tab. 4 zeigt, wie die unbewussten Indikatoren im Unternehmen gezielt angesprochen werden können.

In der dargestellten Übersicht (Tab. 4) wird eine Abgrenzung – oder vielmehr ein Anschluss – zu den Ideen des Scientific Management hergestellt. Es wird ersichtlich, dass einige zentralen Aspekte aus dem wissenschaftlichen Ansatz nach Taylor noch immer haltbar sind, auch wenn

16 Kirchgässner (2008, S. 12 ff.) definiert den homo oeconomicus als ein Individuum, das sich in einer Situation der Knappheit befindet, nicht alle Bedürfnisse gleichzeitig befriedigen kann und in einer rationalen Entscheidungsfindung eine Alternative auswählen muss. Entscheidend ist, dass die rationale Entscheidung von den eigenen Präferenzen geprägt ist (diese können die Präferenzen anderer berücksichtigen, grundsätzlich wird jedoch davon ausgegangen, dass das Individuum den eigenen Präferenzen die höchste Priorität einräumt) und das Individuum fähig ist, rationale Entscheidungen zu treffen (d.h. es kann den eigenen Entscheidungsraum überblicken und beurteilen, sich gegebenenfalls weitere Informationen beschaffen etc.). Aus diesen Grundannahmen wird dem Menschenbild des homo oeconomicus oft das oberste Ziel der Einkommensmaximierung zugeschrieben (vgl. Picot et. al., 2003, S. 472 f.).

17 Vgl. Wagner-Tsukamoto, 2007, S. 117.

18 Vgl. Lawrence, 2010, S. 412 ff.

19 In dieser Arbeit als feststehender Ausdruck zu verstehen. Der Terminus kann nur unzureichend mit einem Wort in die deutsche Sprache übersetzt werden. Während das Commitment, wie später noch gezeigt werden soll, mehrere Aspekte umfasst, lässt es sich mit der Beschreibung von Schirmer (2007, S. 49) als „das psychologisches Band zwischen Organisation und Mitarbeiter" zusammenfassend erklären.

20 Der englische Ausdruck ist „intention to leave" und soll die Absicht bzw. den Willen, das Unternehmen oder eine Beziehung zu verlassen ausdrücken. Im Folgenden soll der englischsprachige Ausdruck mit der „Neigung zu gehen" übersetzt werden.

21 Vgl. Nohria et al., 2008, S. 80.

– ohne Frage – die Ausbeutung von Mitarbeitern[22] auf Grundlage eines (zu) streng genommenen Menschenbildes und möglicherweise fragwürdigen Methoden zu verurteilen ist.

Unbewusste Motivatoren von Mitarbeitern		
Treiber	**Hebel und Aktivitäten**	**Abgrenzung vom Ansatz des Scientific Managements**
„Acquire" (Streben nach Ressourcen)	Anreizsystem • Unterscheiden von Mitarbeitern mit hoher und niedriger durchschnittlicher Leistung • Anreize direkt an die Leistung koppeln • Vergütung soll sich nicht negativ vom Wettbewerber unterscheiden	Im Menschenbild des ökonomischen Menschen wird vom Ziel der individuellen, rationalen Einkommensmaximierung ausgegangen; das von den Autoren vorgeschlagene Anreizsystem ist mit diesem Menschenbild grundsätzlich vereinbar.
„Bond" (Streben, langfristige soziale Beziehungen einzugehen)	Kultur • Gegenseitige Zuverlässigkeit und Freundschaften zwischen Mitarbeitern unterstützen • Kooperation und Teamarbeit wertschätzen • Teilen von Best-Practice Erfahrungen ermutigen	Während Taylor beschreibt, dass bestehende Konflikte zwischen Management und Arbeitern gelöst werden sollen, geht es hier nicht darum, Kooperation und Teamarbeit sowie gemeinsame (soziale) Unternehmenskultur zu schaffen. Die einzelnen Tätigkeiten der Arbeiter werden in Taylors System sehr spezialisiert verrichtet, was einer von Zuverlässigkeit geprägten Zusammenarbeit eher entgegensteht.
„Comprehend" (Streben, zu lernen)	Job Design • Arbeitsplätze mit klaren und wichtigen Aufträgen im Unternehmen schaffen • Arbeitsplätze schaffen, die bedeutsam sind und ein Zugehörigkeitsgefühl vermitteln	Das Job Design spielt in Taylors Ansatz eine wichtige Rolle. Zusammengehörigkeits- und Zugehörigkeitsgefühl werden in Taylors Ansatz nicht betrachtet.
„Defend" (Streben, eigene Ressourcen zu verteidigen)	Leistungs-Management und Ressourcen-Verteilungsprozess • Transparenz aller Prozesse erhöhen • Fairness betonen • Vertrauen schaffen indem direktes und transparentes Verhalten vorgelebt wird	Transparenz wird mit den Methoden des Scientific Managements in den spezialisierten Verrichtungsprozessen der Arbeiter zwar geschaffen, jedoch nicht mit dem Ziel den Defend-Motivator anzusprechen.

Tab. 4: Unbewusste Motivatoren von Mitarbeitern, ihre Hebel im Unternehmen und Anschluss zum Ansatz des Scientific Managements

Quelle: Nohria et al., 2008, S. 82; ergänzt.

Während Lawrence eher eine kritische Haltung gegenüber dem Scientific Management einnimmt, verweist er auf japanische Assembly Line-Systeme, die auf andere Art und Weise bessere Verhältnisse schaffen.[23] Vor dem Hintergrund der Abgrenzung des Scientific Management-Ansatzes in Tab. 4 in Verbindung mit den folgenden Ausführungen von Warner und Naruse, wird schnell ersichtlich, dass der Ansatz Taylors einen bedeutenden Einfluss auf japanische Management-Systeme hatte.

Warner beschreibt in seiner Veröffentlichung, wie der Ansatz Taylors Eingang in japanische Unternehmen gefunden hat und unter welchen Voraussetzungen und Besonderheiten der japanischen Kultur dies geschehen ist.[24] Mit dem kulturell-verankerten Streben nach Verbesserung, dem gemeinsamen Ansatz beim Lösen von Problemen und grundsätzlich lebenslang

[22] Die Ausbeutung von Mitarbeitern ist ein wesentlicher Kritikpunkt an Taylors Konzept. Gaugler u. a.(1996, S. 6 f.) beschreiben in diesem Zusammenhang, dass es die Intention Taylors war, dass der Lohn für sehr gute Mitarbeiter auch sehr hoch sein muss und insgesamt als Leistungsanreiz wirkt. Kritiker argumentieren, dass sich das Mindestarbeitspensum in Taylors Konzept nach einem solchen, sehr guten Mitarbeiter richtet und begründen hiermit ein ausbeuterisches Verhalten, das zu Überforderung und Gesundheitsproblemen sogar bei durchschnittlichen Mitarbeitern führt.

[23] Vgl. Lawrence, 2010, S. 417.

[24] Vgl. Warner, 1994 S. 509 ff.

bestehenden Arbeitsverhältnissen trifft der Ansatz Taylors auf eine besondere Kultur bei der Überlieferung nach Japan. Während das Streben nach Effizienz, sowie die wissenschaftlich-geprägte Herangehensweise an das Job Design von Arbeitsplätzen großen Zuspruch seitens der japanischen Unternehmen finden, werden die Prinzipien und Methoden Taylors landesspezifisch interpretiert und weiterentwickelt. So argumentiert der Autor, dass sich aus Taylors Ansatz heraus Konzepte wie das Total Quality Managements (TQM) oder das Just-in-time Konzept (JIT) entwickelten und das Scientific Management und japanische Managementkonzepte nicht gegenteilig sind. Beide Konzepte kennzeichnet er als organisations- statt marktorientiert.

Naruse, der ebenfalls die Herkunft japanischer Managementsysteme aus dem Taylor'schen Ansatz beschreibt, charakterisiert vier zentrale Unterschiede japanischer und amerikanischer Systeme[25]:

- Das amerikanische System ist geeignet für die Produktion großer Stückzahlen und geringer Variantenvielfalt im Gegensatz zum japanischen Toyota-System, das geeignet ist, eine hohe Variantenvielfalt in kleiner Stückzahl herzustellen.
- Das amerikanische System wird durch ein Push-System gesteuert, wohingegen sich das japanische System durch das Ziehen des nachfolgenden Prozesses auszeichnet.
- Das amerikanische System sieht eine klare Trennung von ausführender und steuernder Ebene vor, während das japanische System diese Trennung zwar ebenfalls berücksichtigt, aber die Zusammenarbeit zwischen beiden zu einer zentralen Quelle für Produkt- und Prozessverbesserungen wird.
- Mitarbeiter des amerikanischen Systems sind auf eine Funktion spezialisiert, während Mitarbeiter im japanischen System geschult sind, multifunktional tätig[26] zu sein.

Gerade der letztgenannte Punkt entkräftet einen der zentralen Kritikpunkte an Taylors-Ansatz: Die hochspezialisierte Verrichtung von Arbeitsvorgängen setzt den Menschen auf einen Einkommensmaximierer ohne Interesse an der Arbeit herab. Im japanischen Ansatz hingegen sind Job Rotation, Job Enrichment und Job Enlargement Teil des Konzepts.[27] So beschreibt Naruse prägnant einen Vorteil, der sich durch qualifizierte Zusammenarbeit ergibt: „In short, Taylorism and Fordism lost sight of the benefits to be generated by cooperation between workers, that is, of the importance of the collective productive capacity of combined workers.“[28] Ob es sich bei den japanischen Ansätzen schließlich um eine Weiterentwicklung[29] des

---

25 Vgl. Naruse, 1991, S. 38 f.

26 Der Autor weist darauf hin, dass es nicht um hochqualifizierte Tätigkeiten geht, sondern darum, die Mitarbeiter in zahlreichen Methoden zu schulen, um verschiedene Tätigkeiten ausführen zu können und Produkt- und Prozessverbesserungen erarbeiten können (vgl. Naruse, 1991, S. 46).

27 Vgl. Naruse, 1991, S. 41.

28 Naruse, 1991, S. 42. Als zwei weitere zentrale Bedingungen der japanischen Assembly Line-Production beschreibt Naruse (1991, S. 39), dass japanische Gewerkschaften grundsätzlich gemeinsam mit dem Management versuchen, Effizienzsteigerungen umzusetzen und Verbesserungen zu erzielen und dass die Just-in-time-Produktion eines Unternehmens durch eine große Anzahl langfristiger Niederlassungen und Zulieferer gekennzeichnet ist.

29 Weitere Vertreter dieses Ansatzes sind z.B. auch Pfeiffer & Weiß (1994, S. 203) indem sie sechs übereinstimmende Teilprinzipien Fordistischer/Tayloristischer Ansätze und dem Lean Management beschreiben: Zeitlohn, durchgängige Prozessorientierung/Fließfertigung, Schaffen einer Konsumentenrente bzw. Maximierung des Kundennutzes, interne und externe Innovationsimpulse, gesamte Wertschöpfungskette im Fokus und Konstruktion als Kostenhebel bzw. F&E als integrative Funktion.

amerikanischen Ansatzes Taylors handelt, reflektiert Naruse kritisch, indem er erläutert, der Produktivitäts- und Wettbewerbsvorteil gründe auf einer höheren Arbeitsintensität[30] statt technologischem Fortschritt.

Aus dem wissenschaftlichen Ansatz nach Taylor als eine der klassischen Organisationstheorien soll für diese Arbeit insbesondere aufgegriffen werden, dass Taylor das Effizienzziel der Unternehmung – wenn auch, was negativ zu würdigen ist, zu Lasten der (Mit-) Arbeiter[31] – in den Mittelpunkt gestellt hat. Dem Effizienz- und Produktivitätsgedanken kommt damit bereits seit einem Jahrhundert eine hohe Bedeutung zu. Ob japanische Managementsysteme eine Weiterentwicklung des Taylor'schen Ansatz darstellen wird, wie aufgezeigt, von Experten diskutiert. Für diese Arbeit ist diese Frage allerdings unerheblich. Viel wichtiger ist, dass ein Konsens im Streben nach einem nach einem effizienten Unternehmen besteht und dass die von Taylor bereits angedachte Methode der – sogenannten wissenschaftlichen – Experimente zur Erreichung des Ziels bis heute in der unternehmerischen Praxis angewendet werden. Vom viel kritisierten angenommenen Menschenbild Taylors und von einer hohen Spezialisierung der Arbeit soll hier kritisch Abstand genommen werden. Dem wird diese Arbeit gerecht, indem zu einem späteren Zeitpunkt individuelle Interessen, Fähigkeiten und Ressourcen im Rahmen der Sozialen Austauschtheorie Berücksichtigung finden.

3.1.2. Der Human Relation-Ansatz nach Elton Mayo

Als eine weitere klassische Organisationstheorie soll im Folgenden der Ansatz der Human Relations betrachtet werden. Historisch baut diese, ebenfalls als klassisch eingeordnete Organisationstheorie, auf der Kritik an Taylors Scientific Management auf.[32] Geprägt wurde der Ansatz der Human Relations vor allem durch Elton Mayo, der mit Experimenten in den späten 1920er Jahren bei der Western Electric Company im Werk Hawthorne erste Untersuchungen im Bereich Human Relations durchgeführt hat.[33] Einleitend soll mit einem Zitat aus einer seiner Veröffentlichungen die Idee der zu betrachtenden Organisationstheorie aufgezeigt werden:

„Success in work and living depends on: first, the development of effective routine relationships with other people, - and these are based on social convenience and not on any necessity or truth; and second, the development of intelligent understanding.“[34]

Aus seinem Aufsatz aus dem Jahr 1939 geht hervor, dass „effective social collaboration"[35] für seine Theorie der Organisation zielführend ist. Zur Übersicht ist der Human Relation-Ansatz in Tab. 5 zusammengefasst dargestellt.

---

30 Hier argumentiert der Autor, dass die Löhne bei Toyota z.B. mit den Löhnen der Wettbewerber vergleichbar sind, nicht aber ohne die Betrachtung der Zuschläge für Überstunden, die alle Mitarbeiter leisten. Es ergebe sich somit vergleichsweise ein schlechterer Stundenlohn. Siehe hierzu Naruse, 1991, S. 43.

31 Vgl. Wolf, 2011, S. 94.

32 Siehe z.B. Bruce & Nyland, 2011, S. 384; Hassard, 2012, S. 1432; Kieser & Walgenbach 2010, S. 34.

33 Vgl. Knowles, 1958 S. 87.

34 Mayo, 1939, S. 335.

35 Mayo, 1939, S. 335.

Organisationsprinzipien des Human Relation-Ansatzes		
Kernidee	Bedeutung zwischenmenschlicher Beziehungen für die Arbeitszufriedenheit und Motivation der Arbeiter	
Beziehung zwischen Vorgesetzten und Mitarbeitern	• Das Management gibt einen Teil der Entscheidung an die Belegschaft ab und erhält damit das Commitment der Belegschaft, die die getroffene Entscheidung trägt (demokratische Führung)	
Beziehung zwischen einzelner Mitarbeiter und materieller/ökonomischer Aspekte	• Frühe Vertreter des Ansatzes betonen in ihren Untersuchungen die nicht-materiellen Aspekte und ihre Auswirkungen; spätere Vertreter erkennen die Rolle ökonomischer Aspekte als (starke) Motivatoren an – als eine Erkenntnis aus dem Human Relation-Ansatz geht jedoch hervor, dass sich auch nicht-materielle/ökonomische Aspekte auf Motivation und Leistung auswirken	
Informelle Gruppenbeziehungen	• Ein starker Gruppenzusammenhalt (group cohesiveness) kann sich positiv auf die Leistung einer Gruppe auswirken, während ein niedriger Gruppenzusammenhalt nachteilig sein kann • Zusammenhang zwischen Persönlichkeitsmerkmalen und Gruppeneigenschaften (z.B. Werte und Einstellungen) und deren Wirkungsrichtungen werden diskutiert	
Zielsetzung	Der Mensch im Unternehmen soll sich der Organisation zugehörig und sich nützlich fühlen und sich selbst als ein wichtiges Element wahrnehmen. Ziel ist es durch Schaffen dieser Gefühle und Wahrnehmungen die Arbeitsleistung der Belegschaft zu steigern.	
Implikationen		
Beurteilung	**Methoden**	**Menschenbild**
Die Methodik hat Eingang in die Organisationsentwicklung gefunden Entwicklung der Arbeits- und Organisationspsychologie auf Grundlage der durchgeführten Experimente Eine hohe Bedeutung der Zufriedenheit und Motivation der Mitarbeiter und deren Leistung hat sich insbesondere im Bereich des Marketings als sehr bedeutsam herausgestellt Die partizipative Entscheidungsfindung wird teilweise als Verschwendung gesehen, da das Management ohne Partizipation effizienter vorgehen könnte; die Verschwendung wird für das Commitment der Belegschaft in Kauf genommen – dies ist als eine autoritäre Sichtweise zu würdigen Das volle Mitarbeiterpotenzial wird nicht unbedingt genutzt, weil es reicht, die Zufriedenheit der Mitarbeiter herzustellen	Durchgeführte Experimente genügen nicht den wissenschaftlichen Standards Kritiker unterstellen den Vertretern des Ansatzes und den Forschern eine ideologische Voreingenommenheit, welche die Ergebnisse verfälscht Human Relation Trainings mit der Betonung gruppendynam. Aspekte, Aspekten der klinischen Psychologie und Reformpädagogik vor dem Hintergrund, dass Lernen im Sinne von Verhaltensänderung auf einer eher emotionalen denn intellektuellen Ebene stattfindet (Betonung einer emotionalen Handlungserfahrung). Ziele sind z.B. die Reflexionsfähigkeit oder Einfühlsamkeit für die Situationen anderer zu entwickeln. Eine charakteristische methodische Lernform ist z.B. die Gruppendiskussion	Grundlage des Human Relation-Ansatzes ist die Kritik am Menschenbild im wissenschaftlichen Management nach Taylor; kritisiert wird insbesondere die Fokussierung auf die Maximierung des Einkommens als Treiber der Mitarbeiter Im Human Relation-Ansatz findet die Motivation der Mitarbeiter durch zwischenmenschliche Beziehungen – und weiterer Aspekte neben dem Einkommen – Berücksichtigung
Abgrenzung		
Der Human *Relation*-Ansatz ist vom Human *Resource*-Ansatz abzugrenzen. Letztgenannter zeichnet sich aus durch die Sicht der Mitarbeiter als Ressourcen des Unternehmens, die es einzusetzen gilt. Zentraler Unterschied ist die Anforderung an das Management: Während beim Human *Relation*-Ansatz durch Partizipation das Commitment der Mitarbeiter erhöht wird und dadurch bessere Leistungen ermöglicht wird, ist beim Human *Resource*-Ansatz die Aufgabe des Managements eine Umgebung zu schaffen, in der die Mitarbeiter ihre Ressourcen und Fähigkeiten entfalten und einsetzen können. Der Unterschied ist, dass beim Human *Relation*-Ansatz die Zufriedenheit der Belegschaft das ausschlaggebende Kriterium ist, während beim Human *Resource*-Ansatz die jeweils relevanten Mitarbeiter in die Entscheidung eingebunden sind und einen zentralen Beitrag zur erfolgreichen Entscheidung treffen.		

Tab. 5: Der Human Relation-Ansatz

Quellen: Homburg & Krohmer, 2006; S. 197 f.; Kieser & Walgenbach, 2010, S.34 f.; Knowles, 1958, S. 87 ff.; Miles,1965, S. 149 ff.

Auch der Human Relation-Ansatz wird in der Literatur kritisch diskutiert und einige der Ideen und Vorgehensweisen verurteilt. Dennoch scheint die Kritik, im Vergleich zur Diskussion des Scientific Management-Ansatzes weniger empörend zu sein. Dies lässt sich sicher darauf zurückführen, dass aus dem Human Relation-Ansatz keine menschenverachtenden Systeme abgeleitet werden (können) und sich die Kritik eher auf die (bezweifelte) Nützlichkeit des Ansatzes fokussiert. Im Folgenden soll die wissenschaftliche Diskussion zum Human Relation-Ansatz näher betrachtet werden.

Knowles[36] beleuchtet die Ideengeschichte und das Konzept der Human Relations. Dabei würdigt er unter Berücksichtigung zahlreicher Kritikpunkte den Beitrag der Organisationstheorie. Er fasst zusammen, dass der Human Relation-Ansatz ein Rahmen für die Analyse industrieller Beziehungen entwickelt hat. Er honoriert die Erkenntnisse aus den Bereichen informeller Gruppen, Organisation, Führung und Training. Gemeinsam mit Zeit- und Bewegungsstudien aus anderen Ansätzen – insbesondere sei hier auf das vorab vorgestellte Scientific Management verwiesen – können die Erkenntnisse des Ansatzes auf reale Probleme im Unternehmen angewendet werden. Er beschreibt, dass unbewusste Treiber nicht alleine durch den Human Relation-Ansatz zu erklären sind, aber die Hinweise aus diesem Ansatz zentral für reale Situationen in Unternehmen sind. Fragen hinsichtlich industrieller Demokratie, Machtbeziehungen, Konformität und Effizienz in Unternehmen können mit dem betrachteten Ansatz nicht abschließend beantwortet werden. Auch deshalb fordert er die Entwicklung einer allgemeinen Theorie aus der Organisationstheorie heraus, die einen schlüssigen statt einen aufzeigenden Charakter hat.

Einige Jahre später kritisiert Sarachek[37] die grundlegenden Annahmen des Human Relation-Ansatzes, die er als die Folgenden kennzeichnet:

1. Menschen sind von Natur aus dazu getrieben, soziale Beziehungen einzugehen.
2. Entsprechende Anpassungen in der die Menschen umgebenden Umwelt können die mentale Gesundheit und Zufriedenheit der Mitarbeiter fördern und Kooperationsbeziehungen zwischen Individuen und Gruppen produktiv machen.

Sarachek argumentiert, dass Individuen zum einen in bestimmten Fällen Fremdheit gegenüber anderen empfinden und sich abgrenzen und schützen wollen. Zum anderen ergänzt er den Gedanken, dass Menschen in der Lage sind, sich nicht-sozial und nicht-kooperativ zu verhalten. Vor diesem Hintergrund argumentiert der Autor, dass die beiden Annahmen 1) und 2) kritisch zu sehen sind.

Erstens kann es sein, dass die Mitarbeiter das Interesse des Managements an der eigenen Situation aus Gründen der Fremdheit ablehnen. Zweitens kann das Managementziel, Kooperationen zu schaffen, nicht das einzige sein, wenn man akzeptiert, dass es nicht-soziales und nicht-kooperatives Verhalten gibt. Unter diesen Umständen muss kooperatives Verhalten möglicherweise erzwungen werden, was wiederum zur Unzufriedenheit bei Mitarbeitern führen kann. Drittens führt die Akzeptanz nicht-sozialen und nicht-kooperativen Verhaltens dazu, dass ein Individuum, das sich z.B. nicht in eine Gruppe integriert, nicht zwangsläufig Hilfe bei der Integration benötigt. Eine Anpassung dieses Individuums könnte dessen Kreativität und Leistung negativ beeinflussen. Mit seiner Diskussion fordert Sarachek, dass die Limitationen der Annahmen aus den Human Relations berücksichtigt werden müssen und die Anwendung der Erkenntnisse des Ansatzes damit eingeschränkt ist.

---

36 Vgl. und im Folgenden Knowles, 1958, S. 101 f.
37 Vgl. und im Folgenden Sarachek, 1968, S. 189 ff.

Bruce & Nyland[38] argumentieren im Jahr 2011, dass der Human Relation-Ansatz vorrangig autoritären Managementstrukturen nützt, die durch die Anwendung gestärkt werden. Nach einer kritischen Würdigung des Human Relation-Ansatzes führen die Autoren die Actor-Network Theory mit einem Fokus auf einen konstruktivistisch-soziologischen Ansatz ein, um die Verbreitung des Human Relation-Ansatzes in der Praxis zu erklären. Sie kommen in ihrer Analyse zum Ergebnis, dass die Verbreitung des Ansatzes durch ein Netzwerk von Macht, Einfluss und Leistung um den Begründer Elton Mayo und John D. Rockefeller Jr. als einen wesentlichen Förderer des Ansatzes, gelang. Die Sicht der Autoren auf den Human Relation-Ansatz ist insgesamt negativ, was sie prägnant mit dem folgenden Satz zum Ausdruck bringen: „Finally, the real motivation behind Mayo´s theory was, arguably, that of psychological control over workers“[39]

Hassard[40] untersucht in seiner Veröffentlichung von 2012 die Rahmenbedingungen des Hawthorne-Werks, in denen unter Elton Mayo die Anfänge des Human Relation-Ansatzes mittels durchgeführter Experimente geschaffen wurden. Im Fokus seiner Untersuchung stehen Kultur und Reputation des Werks, bevor die berühmten Studien durchgeführt wurden und damit die Ausgangssituation der sich entwickelnden Organisationstheorie. Seine beiden Fallstudien zeigen auf, dass der Elektrogerätehersteller Western Electric bereits vor Elton Mayos Studien am Wohl der Mitarbeiter interessiert war (so gab es eine Vielzahl sozialer Leistungen wie Betriebssport, Weiterbildungsmöglichkeiten u.a.).[41] Großer Druck auf das Unternehmen wurde erst im Laufe der 1930er Jahre im Zusammenhang mit der Großen Depression und der Übernahme des Unternehmens durch die American Telephone & Telegraph Corporation (AT&T) ausgeübt. Es ist davon auszugehen, dass in diesem Zusammenhang eine Veränderung der Arbeitsbedingungen stattgefunden hat, die im Human Relation-Ansatz keinen Eingang fand und die vorherigen Rahmenbedingungen als sehr wohlwollend und den Human Relation-Ansatz begünstigend zu bezeichnen sind.

Auch bei der Betrachtung der Organisationstheorie des Human Relation-Ansatzes soll keine Bewertung stattfinden. Vielmehr soll herausgestellt werden, welche Aspekte eine prominente Stellung in der betriebswirtschaftlichen Wissenschaft und Praxis eingenommen haben. Aus der Human Relation School[42] soll insbesondere aufgegriffen werden, dass die Fokussierung des Individuums im Unternehmen (und dessen Beziehungen z.B. zu Vorgesetzten oder innerhalb informeller Gruppen) ein zentraler Ansatzpunkt für die Steuerung eines Unternehmens ist. Auch vor dem Hintergrund der kritischen Würdigung des Ansatzes von Mayo, bleibt die zentrale Erkenntnis, dass soziale Situationen in der unternehmerischen Praxis eine hohe Bedeutsamkeit haben – auch für Produktivität und Effizienz. Diese Erkenntnis soll auch für den Fortlauf dieser Arbeit genutzt werden. Von der Diskussion um die moralische Vertretbarkeit von Machtverhältnissen oder der Umsetzung demokratischer Strukturen im Unternehmen soll jedoch Abstand genommen werden.

38 Vgl. und im Folgenden Bruce & Nyland, 2011, S. 383 ff.
39 Bruce & Nyland, 2011, S. 386.
40 Vgl. und im Folgenden Hassard, 2012, S. 1431 ff.
41 Darüber hinaus sorgte ein tragisches Unglück mit hunderten Verunglückten bei einem Betriebsausflug dafür, dass das Management weiterhin sehr stark um die Interessen der Belegschaft kümmerte und ihnen eine zentrale Bedeutung einräumte.
42 Vgl. z.B. Bruce & Nyland, 2011, S. 383 ff. oder auch Hassard, 2012, S. 1431 ff.

3.1.3. Erkenntnisse aus den klassischen Organisationstheorien und Implikationen für die Forschungsarbeit

Mit dem Scientific Management nach Frederick W. Taylor und dem Human Relation-Ansatz nach Elton Mayo sind zwei zentrale Ideologien der klassischen Betriebswirtschaft aufgezeigt, die als Erfahrungen, Zielstellungen und Leitmotive aufbauend auf kulturell und geschichtlich vorherrschenden Rahmenbedingungen, noch heute eine große Beachtung finden.[43] Beide Ansätze wurden ausgewählt, da sie einen engen Bezug zu den forschungsleitenden Fragestellungen aufweisen und diese daher in einen allgemeinen betriebswirtschaftlichen Kontext eingeordnet werden können. Dieser Bezug wird in Tab. 6 dargestellt.

Scientific Management (F. W. Taylor)	**Human Relation-Ansatz (E. Mayo)**
• Das übergeordnete unternehmerische Ziel im Scientific Management ist die Schaffung von **Mehrwert** – Fokus wird auf **Produktivität** und **Effizienz** gerichtet	• In einem Unternehmen findet **soziales Verhalten** statt
• Eine **kontinuierliche Weiterentwicklung** unter Zuhilfenahme einer bestimmten **Methodik** trägt zur Zielerreichung bei	• Individuen und Beziehungen der Individuen sind bedeutsam für **Arbeitszufriedenheit und Leistung** der Mitarbeiter im Unternehmen
• Die Identifikation/Definition eines **Menschenbildes** ist zentral für die Implementierung/Umsetzung von Managementkonzepten	• Neben **ökonomischen Faktoren** sind **nicht-materielle/soziale Faktoren Motivatoren** für die Mitarbeiter im Unternehmen
• Die Ideen aus dem Scientific Management sind **grundlegend für die Entwicklung** (japanischer) **Managementsysteme**	• Neben festgelegten formalen Strukturen spielen **informelle Beziehungen** eine wichtige Rolle im Unternehmen

Tab. 6: Zentrale Erkenntnisse aus den Organisationstheorien für diese Forschungsarbeit

Wird in diesem Zusammenhang die übergeordnete Forschungsfrage betrachtet, so wird deutlich, dass es sich um eine Fragestellung handelt, die direkt an die dargestellten klassischen Organisationstheorien angrenzt. Während mit dem Scientific Management einerseits ein enger Bezug zur schlanken Unternehmensführung hergestellt werden kann und andererseits das übergeordnete unternehmerische Ziel der Wertschaffung fokussiert wird, kann im Human Relation-Ansatz ein Vorläufer für die interdisziplinäre Mikrofundierung erkannt werden. Hinzu kommt, dass der Human Relation-Ansatz (unternehmensinterne) Kooperationsbeziehungen fokussiert und diese als Kernidee berücksichtigt. Vor diesem Hintergrund ist davon auszugehen, dass beide vorgestellten Organisationstheorien Impulse für diese Forschungsarbeit liefern können.

3.2. Ökonomische Perspektiven zur Erklärung von Wertschaffung und Wettbewerbsvorteilen im Unternehmen

Während im vorangehenden Kapitel klassische Organisationstheorien betrachtet wurden, die anhand von Erfahrungswissen, Empfehlungen zur Gestaltung von Organisationen geben können, sollen im Folgenden die Begriffe der Wertschöpfung bzw. Wertschaffung und der Wett-

[43] Vgl. Kieser & Walgenbach, 2010, S. 30.

bewerbsvorteile aus einer ökonomischen Perspektive[44] geklärt werden. Gleichzeitig sollen sie als Ziele der Ausgestaltung von Organisationen beleuchtet werden.

Den Zusammenhang zwischen Wertschöpfung und Wettbewerbsvorteilen beschreibt z.B. Stratmann mit der Aussage, die effiziente Gestaltung der unternehmerischen Wertschöpfung sei eine notwendige, jedoch keine hinreichende Bedingung zur Erzielung von Wettbewerbsvorteilen.[45] Gleichzeitig beschreibt er, dass Überlegungen zur Effektivität von Unternehmen die Basis strategischer Management-Theorien sind und das Ziel verfolgen, geeignete Strategien zu finden, um die Wertschöpfung nachhaltig zu erhöhen. Damit wird deutlich, dass beide Aspekte betrachtet werden müssen, um ein umfassendes Bild über das Wesen und Zielsetzung von Unternehmen zu erlangen. Ausgehend von diesen Überlegungen sollen zunächst die Begriffe und die Entstehung der Wertschöpfung (Abschnitt 3.2.1) und folgend der Wettbewerbsvorteile (Abschnitt 3.2.2) betrachtet werden, bevor schließlich eine Verbindung beider Aspekte hergestellt wird (Abschnitt 3.2.3).

3.2.1. Das Konzept der Wertschaffung von Unternehmen

Wenn es darum geht, im Unternehmen erzeugte Werte zu beschreiben, so ist es von zentraler Bedeutung zu erkennen, dass Wirtschaftsprozesse immer der Bedürfnisbefriedigung dienen, die sich aus dem Ver- oder Gebrauch von Gütern und Leistungen ergibt.[46] Die Bedürfnisbefriedigung ist dabei stets mit einer Nutzenstiftung verbunden.[47] So beschreibt Pfohl, die Schöpfung der nutzenstiftenden Eigenschaften von Gütern sei Erkenntnisinteresse der Betriebswirtschaftslehre und damit einhergehend ist der Zweck unternehmerischen Handelns in der *Wertschöpfung* zu sehen.[48] Diese Betrachtung soll für die vorliegende Forschungsarbeit leitend sein.

Obwohl darüber Einigkeit besteht, dass der Wertschaffung von Unternehmen hohe Priorität zukommt, so gibt es hinsichtlich der Definition und Bezeichnung dieser Wertschaffung häufig verschiedene Annahmen bzw. Definitionen. Um hier eine Übersicht[49] zu schaffen, wurde eine

---

44 Mit der ökonomischen Perspektive wird die Renten-Perspektive der zu besprechenden Ansätze fokussiert. So befasst sich das strategische Management mit der Frage: wie „ist es zu erklären, daß [sic!] eine Unternehmung einen *nachhaltigen überdurchschnittlichen Erfolg* (persistent profit; enduring success), d.h. eine *dauerhafte Rente* erzielt, ohne daß [sic!] der Wettbewerb diesen Vorteil „wegerodiert"“?(Rühli, 1994, S. 33). Rühli (1994, S. 33 f.) definiert in diesem Zusammenhang die Ricardo-Rente (Renten durch limitierte Ressourcenverfügbarkeit), die Monopolrente (Rente aufgrund einer Monopolstellung am Absatzmarkt) und die Quasi- bzw. Pareto-Rente (Rente durch besseren Ressourceneinsatz), die in den Ansätzen des strategischen Managements eine wichtige Rolle spielen. Siehe auch: Makadok, 2001, S. 388; Peteraf 1993, S. 180 f.; Priem, 2007, S. 219 f.; Teece et al., 1997, S. 510. In Anlehnung an Peteraf (1993, S. 180) definiert Stratmann (2010, S. 30) „ökonomische Renten als Gewinne einer Unternehmung, die über die durchschnittlichen Gewinne einer Industrie hinausgehen."

45 Vgl. Stratmann, 2010, S. 8. Hier ist insbesondere in Bezug auf den Forschungskontext dieser Arbeit anzumerken, dass Lean Management-Aktivitäten häufig als Methodensammlung eingesetzt werden, um die Wertschöpfung zu erhöhen. In dieser Arbeit soll jedoch Lean Management als ein ganzheitlicher Ansatz betrachtet werden, der neben den Zielen der Effizienzerhöhung auch die Erhöhung der Effektivität verfolgt. Dies wird in Kapitel 4.1.1 detailliert dargelegt.

46 Vgl. Pfohl 2010, S. 20.

47 Vgl. Pfohl 2010, S. 20.

48 Vgl. Pfohl, 2010, S. 20.

49 Eine Übersicht in der Literatur zum Wertbegriff des strategischen Managements findet sich z.B. bei Priem (2007). Auch dieser Autor schließt, dass es verschiedene Auffassungen über die Wert- und Wertschaffungsbegriffe sowie darüber gibt, welche Mechanismen im Unternehmen Wert schaffen. Hierzu grenzt er u.a. die Ansätze und Perspektiven der Transaktionskostentheorie, des Resource-based Views und der Konsumentenperspektive voneinander ab.

Recherche in vier angesehenen Journals durchgeführt. So wurden für den Zeitraum von Januar 1990 bis Januar 2013 in den Artikeln[50] der wissenschaftlichen Zeitschriften Academy of Management Journal, Academy of Management Review, Administrative Science und Organization Science nach den Termini „value added“, „value creation“ und „creation of value“[51] gesucht[52].

Insgesamt wurden 47 Beiträge identifiziert, auf welche die Suchkriterien zutreffen. Einer der Beiträge wurde aus der Analyse ausgeschlossen[53], da er Unternehmenswerte als Überzeugungen betrachtet und daher thematisch zu den Artikeln der unternehmerischen Wertschaffung nicht anschlussfähig ist.

Die verbleibenden 46 Beiträge[54] wurden anschließend im Hinblick auf verwendete Wertschaffungsdefinitionen analysiert. Als erstes Ergebnis lässt sich festhalten, dass es in dieser Stichprobe keine einheitliche Definition des Wertschaffungsbegriffs gibt. Die Analyse der Ursachen für die Wertschaffung zeigt allerdings, dass es hinsichtlich der Ursachen bzw. Mechanismen zur Wertschaffung Gemeinsamkeiten gibt. Hierzu wurden die Ursachen auf Schlagworte verdichtet und die Häufigkeiten abgezählt.[55]

Ursache der Wertschaffung	**Häufigkeit der Fokussierung dieser Aspekte in den betrachteten Beiträgen**
Kooperation	9
Ressourcen/Ressourcenkombination/Austausch	9
Wissen/Lernen/Information	8
Innovation	6
Nutzenorientierung	6
Produktivität/Effizienz	5
Motivation	4

Tab. 7: Literaturrecherche zu den Ursachen der Wertschaffung

Vor dem Hintergrund dieser Arbeit, in der wertschaffende Beziehungen betrachtet werden sollen, stellt diese Analyse ein interessantes Ergebnis dar. Es unterstreicht die Relevanz der vorliegenden Forschungsarbeit, da die in Tab. 7 genannten Ursachen der Wertschöpfung in diese Arbeit weitestgehend Eingang finden. Ähnlich verhält es sich mit der Analyse der in den 46 Beiträgen verwendeten theoretischen Grundlagen. Die Analyse der theoretischen Grundlagen fand nach dem gleichen Schema statt: Zunächst wurde geprüft, welche theoreti-

50 Berücksichtigt wurden Titel, Kurzzusammenfassung (abstract), Stichwörter (subject terms) und der Artikel-Volltext in den genannten Zeitschriften.

51 Ebenfalls geprüft und ergänzt wurden die Ergebnisse der Schreibvarianten: value-added, value-creation sowie added value und added-value.

52 Die Auswahl dieser Zeitschriften ist mit dem jeweiligen Fokus (AMJ: empirische Managementforschung vgl. Academy of Management 2013a; AMR: konzeptionelle Managementforschung vgl. Academy of Management 2013b; ASQ: Organisationsforschung vgl. Johnson Graduate School Cornell University, 2013; Organization Sci: interdisziplinäre Management- und Organisationsforschung vgl. Informs PubsOnline, 2013) sowie der Einstufung im Ranking des Verbandes der Hochschullehrer für Betriebswirtschaft (AMJ: A+; AMR: A+; ASQ: A+; Organization Sci: A; vgl. Verband der Hochschullehrer für Betriebswirtschaft e.V., 2013) zu begründen.

53 Es handelt sich dabei um den Beitrag von Voss et al. (2000).

54 Im Anhang befindet sich die vollständige Auflistung inklusive der Einführung in die jeweilige Problemstellung. Siehe Anhang 2: Literaturtabelle Recherche Wertschöpfung und Wertschaffung.

55 Einige Beiträge berücksichtigen mehrere der Ursachen gleichzeitig. Dies wird in der umfassenden Tabelle in Anhang 2: Literaturtabelle Recherche Wertschöpfung und Wertschaffung.ersichtlich. In einer der Spalten findet die Schlagwortzuordnung statt, sodass diese für den Leser nachvollziehbar ist. In Tab. 7 berücksichtigt sind die 46 als relevant identifizierten Beiträge. Weitere Schlagwortkategorien, die seltener zugeteilt werden konnten, finden sich in der Übersichtstabelle im Anhang.

schen Grundlagen im Fokus des jeweiligen Beitrags stehen und anschließend die Häufigkeiten abgezählt[56]. Tab. 8[57] zeigt die drei in der Stichprobe am häufigsten verwendeten theoretischen Grundlagen. Auch aus dieser Analyse lassen sich Erkenntnisse für die vorliegende Arbeit ableiten. So findet der ressourcenbasierte Ansatz in den analysierten Beiträgen zur Wertschaffung von und in Unternehmen sehr häufig Einsatz, gefolgt vom wissensbasierten Ansatz. Insbesondere interessant ist allerdings eine, im Vergleich zu anderen Kategorien, häufig eingesetzte Netzwerkanalyse. Da es sich hier um einen Einfluss aus den Sozialwissenschaften handelt[58], kann davon ausgegangen werden, dass die gemeinsame Verwendung betriebs- und sozialwissenschaftlicher Perspektiven im Bereich des strategischen Managements an Bedeutung gewinnt.

Verwendete theoretische Grundlagen	Häufigkeit der Fokussierung dieser Aspekte in den betrachteten Beiträgen
Ressourcenbasierter Ansatz	16
Wissensbasierter Ansatz	9
(Soziale) Netzwerktheorie	7

Tab. 8: Literaturrecherche zu verwendeten theoretischen Grundlagen

Um ein Begriffsverständnis der Wertschaffung für diese Arbeit zu gewinnen, sollen vor dem Hintergrund der durchgeführten Recherche zunächst die Grundlagen des Begriffes der Wertschöpfung und ein nutzenorientierter Ansatz aus Nachfrager- und Herstellersicht vorgestellt werden, um schließlich den forschungsleitenden Begriff für diese Arbeit zu entwickeln.

3.2.1.1. Der klassische Begriff der unternehmerischen Wertschöpfung

Die Autoren Weber & Schäfer beschreiben, dass der Begriff und das Konzept der Wertschöpfung[59] zum traditionellen Wissensbestand der Betriebslehre zählen und definieren das Konstrukt nach Lehmann[60] als „Rohertrag einer Aktivität (= nach außen abgegebener Güter- und Leistungswert) abzüglich der Vorleistungen einer Aktivität (= von außen hereinkommende Güter- und Leistungswerte)“[61]. Mit dieser Definition leiten sie ein in die Wertschöpfungskettenanalyse[62] als ein Instrument der strategischen Planung und Kontrolle.

Die Bedeutung der Wertschöpfungsanalyse für die strategische Planung und Kontrolle wird insbesondere erkenntlich, betrachtet man die Wertschöpfung nach Lehmann[63] als Summe aus „a) Arbeitserträgen (Belegschaftsanteil, Hauptbetrag: Löhne und Gehälter), b) Gemeinerträgen (Anteil der Allgemeinheit, vor allem Steuern) und c) Kapitalerträgen (auf die Kapitalge-

56 Einige Beiträge verwenden mehrere theoretische Grundlagen gleichzeitig. Dies wird in der umfassenden Tabelle in Anhang 2: Literaturtabelle Recherche Wertschöpfung und Wertschaffung ersichtlich. In einer der Spalten findet die Schlagwortzuordnung statt, sodass diese für den Leser nachvollziehbar ist.

57 Berücksichtigt sind die 46 als relevant identifizierten Beiträge. Weitere Schlagwortkategorien, die seltener zugeteilt werden konnten, finden sich in der Übersichtstabelle in Anhang 2: Literaturtabelle Recherche Wertschöpfung und Wertschaffung.

58 Vgl. Borgatti et al., 2009, S. 892.

59 Gemeint ist in dieser Arbeit die Wertschöpfung einzelner Unternehmen, nicht der Begriff der volkswirtschaftlichen, makroökonomischen Wertschöpfung der Unternehmen einer Volkswirtschaft. Siehe hierzu auch die Abgrenzung des Wertschöpfungsbegriffes einzelner Betriebe von der Wertschöpfung der Volks- oder Gesamtwirtschaft nach Lehmann, 1954, S. 11.

60 Lehmann, 1954, S. 10 ff.

61 Weber & Schäfer, 2008, S. 392; grundsätzlich kann die Wertschöpfung dieser Argumentation folgend als Geldeinkommen betrachtet werden, da es sich um das saldierte abstrakte Gütereinkommen als Differenz zwischen Roherträgen und Vorleistungskosten handelt (siehe hierzu Lehmann, 1954, S. 12).

62 Die Wertschöpfungskette wird in Kapitel 3.2.2.1 erläutert.

63 Lehmann, 1954, S. 13.

ber entfallende Beträge [,...]". Mit dieser Beschreibung wird ersichtlich, dass sich die Wertschöpfung aus den mit den Produkten und Leistungen am Markt durchsetzbaren Werten abzüglich der Werte für Vorleistungen ergibt und sich in die drei genannten Ertragsarten aufteilt. Gleichzeitig wird deutlich, dass nach dieser Auffassung die Wertschöpfung auf Entstehungsseite (Roherträge abzüglich der Vorleistungen) beeinflusst und auf der Verwendungsseite (Arbeits-, Gemein- und Kapitalerträge) aufgeteilt wird. Zur besseren Anschaulichkeit, soll in der folgenden Tab. 9 in Anlehnung an den Autor des grundlegenden Werks *Leistungsmessung durch Wertschöpfungsrechnung* der Sachverhalt in Kontenform dargestellt werden.

Die Bedeutung des Konzeptes der Wertschöpfung wird insbesondere im Alltag ersichtlich: Durch die Erhebung der Umsatzsteuer für Lieferungen und Leistungen und die Vorsteuerabzugsberechtigung für Unternehmen wird sichergestellt, dass jeweils der geschaffene Mehrwert[64] besteuert wird[65].

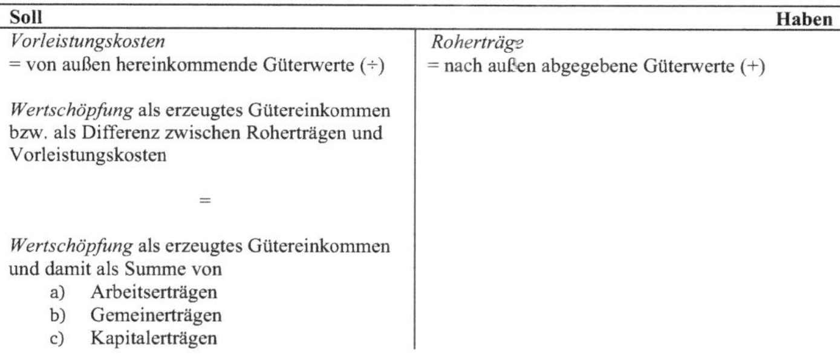

Soll	**Haben**
Vorleistungskosten = von außen hereinkommende Güterwerte (÷) *Wertschöpfung* als erzeugtes Gütereinkommen bzw. als Differenz zwischen Roherträgen und Vorleistungskosten = *Wertschöpfung* als erzeugtes Gütereinkommen und damit als Summe von a) Arbeitserträgen b) Gemeinerträgen c) Kapitalerträgen	*Roherträge* = nach außen abgegebene Güterwerte (+)

Tab. 9: Wertschöpfung in Kontendarstellung

Quelle: Lehmann, 1954, S. 13.

Unternehmerische Steuerungsmöglichkeiten der Wertschöpfung ergeben sich im betrachteten Konzept insbesondere durch die Veränderung der Güter- und Leistungspreise und der Vorleistungskosten (z.B. durch Preisverhandlungen oder verändertem Materialeinsatz). Es soll daher eine weitere Betrachtung eingeführt werden, welche differenzierte Steuerungsmöglichkeiten zulässt, dennoch aber den geschaffenen Wert des Unternehmens berücksichtigt.

3.2.1.2. Der Begriff der Wertschaffung aus einer nutzenorientierten Sicht

Zur Einführung dieser weiteren Betrachtung soll zunächst das Konzept der Konsumentenrente betrachtet werden. Bowman & Ambrosini beschreiben in ihrem Aufsatz, dass ausgehend von einer monopolistischen Situation, in der ein Anbieter denjenigen Preis von seinem Kunden verlangt, den dieser gerade noch zu zahlen bereit ist, ein nicht monopolistischer Markt eine Konsumentenrente ermöglicht.[66] Die Konsumentenrente ergibt sich dabei als Differenz zwi-

64 Wenn vom Rohertrag abzüglich der Vorleistungen externer Aktivitäten gesprochen wird, kann synonym der Begriff des Mehrwerts verwendet werden.

65 Vgl. hierzu das Umsatzsteuergesetz der Bundesrepublik Deutschland (§ 15 (1) Satz 1 UStG; Umsatzsteuergesetz in der Fassung der Bekanntmachung vom 21. Februar 2005 (BGBl. I S. 386), das zuletzt durch Artikel Artikel [sic!] 4 des Gesetzes vom 18. Dezember 2013 (BGBl. I S. 4318) geändert worden ist); siehe auch die Erläuterung von Lehmann, 1954, S. 99 f.

66 Vgl. hier und im Folgenden Bowman & Ambrosini, 2000, S. 3.

schen dem Preis, den der Kunde für das Produkt oder die Leistung zu zahlen bereit ist und dem in der Transaktion tatsächlich erzielten Preis. Dieser Zusammenhang ist in Abb. 3 dargestellt.

Der Kunde entscheidet sich in dieser Betrachtung bei der Wahl zwischen alternativen Angeboten jeweils für das Produkt bzw. diejenige Leistung mit der größten Konsumentenrente[67]. Die Autoren Bowman & Ambrosini beschreiben vor diesem Hintergrund drei Wege, um die Konsumentenrente zu erhöhen[68]:

1) Die Konsumentenrente kann dadurch erhöht werden, dass *ceteris paribus* beim Konsumenten die Bereitschaft geweckt wird, einen höheren Preis zu bezahlen.
2) Die Konsumentenrente kann außerdem dadurch erhöht werden, dass *ceteris paribus* der tatsächliche Preis gesenkt wird.
3) Außerdem kann die Konsumentenrente erhöht werden, indem zum einen die Bereitschaft, einen höheren Preis zu bezahlen geweckt wird und gleichzeitig der tatsächliche Preis gesenkt wird.

Betrachtet man die dargelegten Argumente, wird erkennbar, wie sich der Wert eines Produktes oder einer Leistung aus Kundensicht darstellt. Es wird in der Argumentation außerdem aufgezeigt, dass sich der Kunde für die Alternative mit der größten Konsumentenrente entscheidet. Vor diesem Hintergrund ist ersichtlich, dass die Schaffung von Wert für den Kunden einerseits einher geht mit einer Erhöhung der Zahlungsbereitschaft, was sich z.B. durch besonders gute Eigenschaften, aber auch durch geschickte Vermarktung realisieren lässt, und andererseits mit einem Senken der Preise. Dieser zweite Aspekt soll nun im Folgenden genauer betrachtet werden. Damit wird der Argumentation von Welge & Al-Laham gefolgt, die zur Verdeutlichung des Konzepts des Kundenwertes die Anbieter- und Nachfrageseite heranziehen[69].

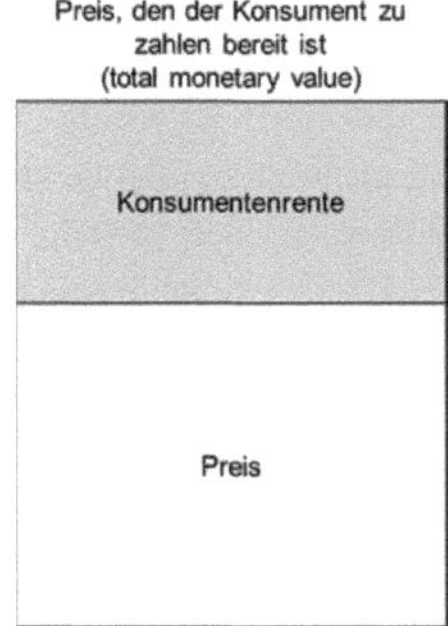

Abb. 3: Konsumentenrente
Quelle: Bowman & Ambrosini, 2000, S. 3.

67 Die Autoren weisen in ihren Erläuterungen darauf hin, dass hier subjektive Einschätzungen der Produkt- oder Leistungseigenschaften eine große Rolle spielen.
68 Bowman & Ambrosini, 2000, S. 3.
69 Vgl. Welge & Al-Laham, 2012, S. 361.

Die Autoren[70] beschreiben analog zur Argumentation aus Sicht der Konsumentenrente, dass der Nettonutzen des Nachfragers durch Erhöhung des Gesamtnutzens oder durch Senkung des Anschaffungspreises bzw. des Kaufpreises erhöht werden kann. In Abb. 4 wird aus der Zusammensetzung der Anbieterseite ersichtlich, dass sowohl Vorleistungen, als auch Kosten der Eigenleistung und des Gewinns und möglicherweise beeinflussbare Nutzungskosten die Basis für den Nettonutzen des Kunden darstellen. Volck beschreibt, dass die der Begriff des Wertes dem Kaufpreis bzw. dem Verkaufspreis entspricht.[71] Gleichzeitig beschreibt der Autor, dass aufgrund der Entscheidung eines potenziellen Kunden für dasjenige Angebot mit dem höchsten wahrgenommenen Nettonutzen, ein komparativer Wettbewerbsvorteil für den Anbieter des verkauften Produkts vorliegt.[72] Weil erst durch den Kauf eines Produktes durch einen Käufer der Wert tatsächlich realisiert werden kann, soll diese nutzenorientierte Sicht leitend sein.

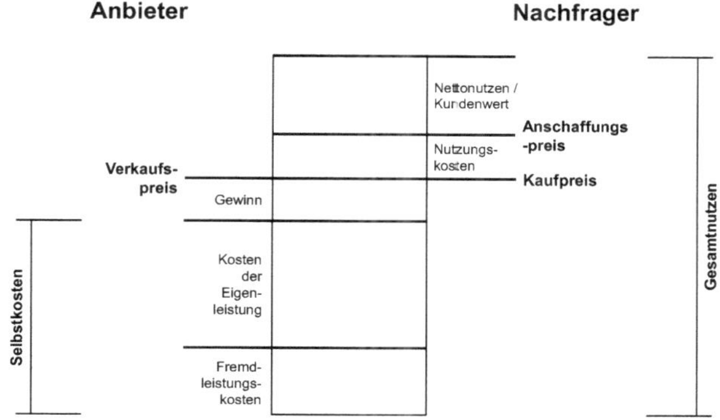

Abb. 4: Wertermittlung aus Anbieter- und Nachfragesicht

Quelle: Welge & Al-Laham; 2012, S. 361 i.V.m. Volck, 1997, S. 13.

Entsprechend, soll im Folgenden der **Kundenwert** als dessen **Nettonutzen** definiert werden. Die **Wertschaffung** als solche, soll vom (klassischen[73]) Konzept der Wertschöpfung abgegrenzt und als Aktivitäten des Anbieters, welche den Kundenwert grundsätzlich erhöhen, verstanden werden. Außerdem sollen diese Aktivitäten als wertschaffend bezeichnet werden, die das Potenzial haben, den Kundenwert zu erhöhen.[74]

Vor diesem Hintergrund wird erkennbar, dass die Frage nach der Wertschaffung von Unternehmen nach wie vor eine bedeutende Rolle einnimmt[75]. Weiterhin, gilt es festzuhalten, dass

---

70 Vgl. Welge & Al-Laham 2012, S. 361 i.V.m. Volck, 1997, S. 13.
71 Vgl. Volck, 1997, S. 12.
72 Vgl. Volck, 1997, S. 12.
73 Im Sinne eines Mehrwerts z.B. nach den Ausführung von Lehmann (1954), siehe Abschnitt 3.2.1.1.
74 Sofern z.B. die Kosten der Fremd- oder Eigenleistung gesenkt werden, der Kaufpreis aber zugunsten des Gewinns gleichbleibt, soll hier ebenfalls von Wertschaffung gesprochen werden.
75 Siehe hierzu die in diesem Kapitel durchgeführte Literaturrecherche: 46 Artikel wurden im Zeitraum von 1990-2012 in vier anerkannten Journals identifiziert, die sich intensiv mit dem unternehmerischen Ziel der Wertschaffung auseinandersetzen.

es zahlreiche unterschiedliche Definitionen[76] gibt und in einigen wissenschaftlichen Publikationen gänzlich offen bleibt, was genau unter Begriffen und Ausdrücken wie der Wertschöpfung oder des Mehrwerts bzw. im englischsprachigen Raum unter „creation of value“ oder „value-added“ verstanden wird[77]. Die oben genannte Definition soll daher leitend für diese Arbeit sein, indem der Begriff der Wertschaffung definiert und anhand der Ausführungen in diesem Kapitel operationalisierbar ist. Die genannte Definition ist mehrdimensional, da durch die genannten Steuerungsmechanismen sowohl Anbieter als auch Nachfrager jeweils besser gestellt werden können[78]. Eine ähnliche Argumentation findet sich bei Large (1995), der den Wertschöpfungsprozess im Unternehmen von der reinen Gütererstellung und (technischen) Produktion trennt und ihn auf die „Schöpfung von Wert [bezieht] [...] [als] ein reines Denkobjekt, das sich aus der Abstraktion des Produktionsprozesses hinsichtlich seiner Wirkung auf die wertgebenden relativen Eigenschaften ergibt“[79].

Vor dem Hintergrund der Effektivitäts- und Effizienzüberlegung soll in dieser Arbeit die Erhöhung der Wertschaffung grundsätzlich als eine Frage der Effizienz behandelt werden.[80] Die grundsätzliche Planung und Steuerung der wertschaffenden Tätigkeiten im Unternehmen sollen demgegenüber als Effektivitätsüberlegung behandelt werden, welche die Grundlage für die Schaffung nachhaltiger Wettbewerbsvorteile darstellen.[81] Das Konzept der Wettbewerbsvorteile gilt es im folgenden Abschnitt darzustellen, um eine Definition für diese Arbeit herausarbeiten zu können.

---

76 Vgl. hierzu: z.B. Lepak et al., 2007, S. 180 oder Large, 1995, S. 43 f. Letzterer stellt heraus, dass es sowohl eine quantitative wie auch qualitative, prozessorientierte Sichtweise zur Wertschöpfung gibt. In dieser Arbeit sollen im Sinne der oben genannten Definition alle quantitativen und qualitativen Merkmale als wertschaffend bezeichnet werden, welche das Potenzial haben, den Kundenwert zu erhöhen.

77 Vgl. z.B. die Publikation von Bridoux et al. (2011) zur „collective creation of value“ in der keine Begriffsabgrenzung der „value creation“ stattfindet. Siehe auch die Veröffentlichung von Chatain (2010) in der eine empirische Messung zur „highly client-specific value creation“ (S. 77) durchgeführt wird. Der Autor definiert und operationalisiert im Rahmen der Studie die *client-specific value creation* genau und definiert zusätzlich den Ausdruck des „added value“ (S. 80) als Differenz zwischen der kundenspezifischen Wertschaffung eines Zulieferers im Vergleich zu einer Alternative. Chan et al. (2010) untersuchen den Einfluss des Kundeneinbezugs in die „value creation“. Dabei definieren sie ökonomischen und relationalen Wert als Bestandteile dieser Wertschaffung (S. 50). Der relationale Anteil schafft z.B. durch freundschaftliche Beziehungen zwischen Kunden und Zulieferern gute zwischenmenschliche Beziehungen und trägt so zu Zufriedenheit und Wertschaffung bei (S. 52). Agnihotri et al. (2012) als ein weiteres Beispiel untersuchen „value creation“ durch Serviceleistungen der Vertriebsmitarbeiter nach dem Verkauf. In dem von ihnen entwickelten Modell gibt es die zwei Bestandteile der Wertschaffung des durch den Kunden bzw. den Vertriebsmitarbeiter wahrgenommenen Wertes. Die genannten Beispiele zeigen, dass die Definitionen grundsätzlich mit den in dieser Arbeit getroffenen vereinbar sind, das aber bislang kein einheitliches Verständnis über Wert und Wertschaffung besteht, wohl aber darüber, dass die Erhöhung dieser Aspekte gut und erstrebenswert sind – und dies multiperspektivisch und durchaus verknüpft.

78 Eine Besserstellung funktioniert sogar gleichzeitig, wenn der Gesamtnutzen des Nachfragers durch eine höhere wahrgenommene Qualität steigt und die höhere Qualität mit Prozessverbesserungen einhergeht, welche auch eine Senkung spezifischer Kosten beim Anbieter bewirkt. Somit würde der Gesamtnutzen des Kunden steigen und sich der Gewinnanteil des anbietenden Unternehmens ceteris paribus ebenfalls erhöhen.

79 Large, 1995, S. 42 und die dort angegebene Literatur.

80 Dies im Einklang z.B. mit Stratmann 2010, S. 8. Es ist allerdings anzumerken, dass mit dem Ziel der Wertsteigerung nicht das „Streben nach kurzfristiger Gewinnerzielung“ bedient, sondern dass es sich bei der Wertsteigerung um „Langfrist-Management“ handelt (Krubasik, 2002, S. 55). Als Ursache der Wertsteigerung sieht Krubasik (2002) im Wesentlichen Innovationen an, die das „Kosten/Nutzen-Verhältnis neuer Produkte [...] deutlich verbesser[n] [...]“ (S. 61).

81 Vgl. Stratmann, 2010, S. 8.

3.2.2. Wettbewerbsvorteile von Unternehmen

Das Konzept der Wettbewerbsvorteile schließt direkt an die Definition der Wertschaffung an[82]. Dieses Konzept ist im strategischen Management als zentral anzusehen. Folgend sollen zunächst verschiedene Zugangswege vorgestellt werden, bevor anschließend die in dieser Arbeit verwendeten theoretischen Ansätze zur Erzielung von Wettbewerbsvorteilen definiert und begründet werden.

Abb. 5: Spannungsverhältnis zwischen Unternehmen, Kunden und Wettbewerbern

Quelle: Christopher, 2011, S.4; Omae, 1982, S. 92.

Christopher geht im Zusammenhang mit der Erzielung von Wettbewerbsvorteilen auf das Verhältnis zwischen Unternehmen, Wettbewerbern und Kunden ein und verweist auf das Zusammenspiel der drei Akteure im „Kunden-Wettbewerber-Unternehmens-Dreieck" nach Omae, das in Abb. 5 dargestellt ist.[83] Ein Wettbewerbsvorteil kann sich vor dem Hintergrund des Spannungsverhältnisses von Unternehmen, Wettbewerbern und Kunden durch einen Kosten- oder Wertvorteil ergeben.[84] Dies geht mit der oben (Abschnitt 3.2.1.2) beschriebenen realisierten Wertschaffung einher. Erst durch den Kaufzuschlag eines Kunden wird der Wert tatsächlich realisiert und führt zu einem relativen Vorteil gegenüber dem Wettbewerb.[85] Dieses Spannungsverhältnis zwischen den drei Akteuren Unternehmen, Wettbewerber und Kunden wird in den folgenden Ansätzen zur Generierung von Wettbewerbsvorteilen aus unterschiedlichen Sichtweisen heraus thematisiert.

---

82 Vgl. Teece u. a., 1997, S. 509.

83 Vgl. Christopher, 2011, S. 4.

84 Vgl. Christopher, 2011, S. 4.

85 Vgl. hierzu Volck, 1997, S. 12. Siehe hierzu auch den pragmatischen Wertschöpfungsbegriff nach Finkeissen, 1999, S. 46 f.: „Für eine kundengerechte Gestaltung der Produkte muss der Input (die Vorleistung) in einen „customer usable output" verwandelt werden und zwar derart, dass mit dem Prozessoutput eine Kundentransaktion zustande kommt, erfolgreich ausgeführt und der erzeugte Wert durch Verkauf an einen externen Kunden realisiert werden kann."

Unterscheidung marktgetrieben und markttreibende Unternehmen nach Terry Hill

Hill geht in seinem Ansatz auf alle drei Akteure (fokales Unternehmen, Kunde, Wettbewerber) ein und unterscheidet, bevor er die theoretischen Sichtweisen zur Erzielung von Wettbewerbsvorteilen einführt, ob Unternehmen marktgetrieben (market-driven) oder markttreibend (market-driving) agieren[86]. Seiner Ansicht nach besteht der Strategiemix von Unternehmen aufgrund zunehmender Komplexität und Dynamik der Märkte in einer Mischung aus diesen beiden Ausprägungen. Tab. 10 zeigt die beschriebenen Alternativen.

<table>
<tr><th rowspan="4">Strategiemix</th><th colspan="3">Unternehmen ist...</th></tr>
<tr><td>...marktgetrieben</td><td colspan="2">Strategie basiert auf dem Verständnis aktueller und zukünftiger Märkte. Das Verständnis der Wettbewerbstreiber hinsichtlich zeitlicher und marktlicher Aspekte ist elementar. Die Ausgestaltung der Strategie hängt davon ab, ob Marktanteile gehalten oder vergrößert werden sollen oder das Unternehmen einen neuen Markt erschließen will.</td></tr>
<tr><td rowspan="2">...markttreibend</td><td>marktbasiert</td><td>Proaktiver Ansatz zur Identifikation hinsichtlich welcher Wettbewerbstreiber Wettbewerber übertroffen werden können. Vor diesem Hintergrund erfolgt der Aufbau entsprechender Ressourcen und Fähigkeiten.</td></tr>
<tr><td>ressourcenbasiert</td><td>Ausnutzen des Potenzials an Ressourcen und Fähigkeiten, um andere Unternehmen hinsichtlich eines oder mehrerer Wettbewerbstreiber zu übertreffen.</td></tr>
</table>

Tab. 10: Unterscheidung marktgetriebener und markttreibender Strategien

Quelle: Hill, 2005, S. 34, angepasst.

Aufgrund des proaktiven Gestaltungscharakters erscheint die markttreibende Perspektive für das strategische Management von Unternehmen zunächst interessanter. Nach der Argumentation von Hill sind jedoch beide Aspekte von Bedeutung. So ist für die Steuerung von Unternehmen die Unterscheidung bzw. die Einordnung einzelner Geschäftsbereiche oder Produktlinien[87] als marktgetrieben oder markttreibend zentral. Hieraus lassen sich Entscheidungen mit dem Ziel der Erreichung von Wettbewerbsvorteilen ableiten. Die im vorherigen Kapitel besprochene Wertschaffung ist für beide Perspektiven von Bedeutung, denn auch im marktgetriebenen Umfeld wird sich der Kunde für das Produkt mit dem größten wahrgenommenen Nettonutzen entscheiden. In diesem Zusammenhang betont der Autor das Verständnis der Märkte[88] und nimmt eine Klassifizierung wettbewerbsentscheidender Aspekte vor.[89]

Nicht ohne Kritik[90] definiert Hill Faktoren, welche hergestellte Produkte oder angebotene Leistungen grundsätzlich wettbewerbsfähig machen (qualifizierende Faktoren) und Faktoren,

86 Vgl. Hill, 2005, S. 34.

87 Vgl. Hill, 2005, S. 34.

88 Siehe auch Berry et. al, 1991, S. 297. Als zentral wird die Analyse der Märkte auch in der „Positioning School" nach Mintzberg et al. (2005, S. 82-122) erachtet. In diese Denkrichtung, in der die Strategiebildung als ein analytischer Prozess verstanden wird, werden ebenfalls die generischen Wettbewerbsstrategien (Porter, 2004, S. 34ff.) und das Modell der fünf Wettbewerbskräfte (Porter, 2004, S. 4 ff.) eingeordnet (Mintzberg et al., 2005, S. 82-122).

89 Vgl. Hill, 2005, S. 54 f. Eine empirische Markt-Segmentierung anhand der von Hill definierten qualifizierenden Faktoren und Faktoren der Auftragsgewinnung von Märkten führen Berry, Bozarth, et al. (1991) mittels einer Cluster-Analyse mit drei Fallstudien durch.

90 Kritisch begutachtet wird das Konzept der Order-Winners und Order-Qualifiers u.a.von Spring & Boaden (1997). Die Autoren kritisieren zum einen, dass auf der Grundlage von Daten aus der Vergangenheit Entscheidungen für die Zukunft getroffen werden (S. 767). Zum anderen kritisieren sie die Reduktion des Käuferverhaltens auf eine Einzelevent-Entscheidung (S. 767), welche z.B. Vertrauen und das Prinzip der Gegenseitigkeit (S. 765) vernachlässigen. Dem gerecht werde nach Ansicht der Autoren ein interaktionischer bzw. Netzwerkansatz (S. 767). Der Integration beziehungsspezifischer Aspekte wird Hill später (z.B. Hill, 2007) gerecht, wie in diesem Abschnitt noch dargestellt wird.

die schließlich die Kaufentscheidung positiv beeinflussen und somit einen komparativen Wettbewerbsvorteil darstellen (Faktoren der Auftragsgewinnung). Tab. 11 beschreibt die beiden Aspekte. Damit gelingt Hill die Entwicklung eines umfassenden Ansatzes, der strategische Ziele sowohl auf Ebene des Unternehmens, als auch hinsichtlich der Funktionalbereiche der Fertigung und des Marketings verbindet.[91] Ein Aspekt, den Hill einige Jahre nach der Entwicklung des Ansatzes der wettbewerbsentscheidenden Faktoren, betont ist die Bedeutung langfristig ausgerichteter Kundenbeziehungen, vor dem Hintergrund einer (kosten-) aufwändigen Akquise von Neukunden.[92] Er beschreibt, dass eine langfristig ausgerichtete Kundenbeziehung, die auf Vertrauen und Zusammenarbeit basiert die Möglichkeit bietet, dass der Kunde bereit ist, neue Produkte und Leistungen auszuprobieren und Vorschläge des anbietenden Unternehmens anzunehmen.[93] Diese Argumentation zeigt gleichzeitig, dass durch langfristige Kundenbeziehungen der Markt gestaltet werden kann und dass sich die Bedeutung einzelner Faktoren im Zeitverlauf ändern kann.

Kritisiert wird insbesondere von Adam & Swamidass, dass Hills Ansatz zur Fertigungsstrategie eines Unternehmens zwar einen engen Bezug zur Unternehmensstrategie aufweist, aber auf einer planenden Ebene verharrt.[94] Die Autoren heben hervor, dass neben der strategischen Planung ebenso Aspekte der Implementierung, Entscheidungshilfen, Strukturen, Modelle, Aspekte der Erkenntnis und Wahrnehmung, politische und bürokratische Faktoren, Führung, Organisation und Integration notwendig sind.[95] Sie beschreiben, dass diese Aspekte durch eine interdisziplinäre Herangehensweise unterstützt werden können: „[...] i[I]ssues such as perceptions, leadership, and organization have a rich body of knowledge in the social sciences, organizational behavior, and organization theory disciplines. The manufacturing scholars need not duplicate, but must integrate relevant items from sister disciplines to make research broader, richer and more complete."[96] Der Forderung nach Interdisziplinarität soll diese Arbeit gerecht werden, wie im weiteren Verlauf zu zeigen ist.

Während das Verständnis der Märkte für beide Ausprägungen – marktgetriebene und markttreibende Unternehmen – von Bedeutung ist, so unterscheidet Hill nach Tab. 10 für markttreibende Unternehmen zusätzlich die beiden Sichtweisen des marktbasierten und des ressourcenbasierten Ansatzes. Diese beiden Ansätze stellen die zentralen Denkschulen im strategischen Management dar.[97] Beide werden in den folgenden Abschnitten vorgestellt[98], bevor anschließend Implikationen für diese Forschungsarbeit abgeleitet werden.

91 Anderson et al., 1989, S. 136f.; siehe auch: Spring & Boaden, 1997, S. 761.
92 Hill, 2007, S. 26 ff.
93 Hill, 2007, S. 27.
94 Adam & Swamidass, 1989, S. 183.
95 Adam & Swamidass, 1989, S. 184.
96 Adam & Swamidass, 1989, S. 184.
97 Vgl. Bode, 2009, S. 51.
98 Dabei erfolgt eine Fokussierung des ressourcenbasierten Ansatzes, der für diese Arbeit eine zentrale Rolle einnimmt.

Verständnis der Märkte: Separierung wettbewerbsentscheidender Faktoren	
Qualifizierende Faktoren („Qualifiers")[99]	Diese Kriterien ermöglichen es, dass ein Produkt oder eine Leistung am Markt platziert werden kann und machen das Produkt oder die Leistung für den Kunden grundsätzlich relevant. Sie stellen mit diesen Eigenschaften die Wettbewerbsfähigkeit her. Mit diesen Faktoren werden die Kundenbedürfnisse befriedigt.
Faktoren der Auftragsgewinnung („Order-winners")[100]	Faktoren der Auftragsgewinnung sind für die Kaufentscheidung bedeutsam. Sie sorgen dafür, dass sich das Produkt bzw. die Leistung gegenüber anderen Angeboten am Markt durchsetzt. Der Kunde muss durch den Kauf dieses Produkts bzw. der Leistung einen höheren Nutzen als durch den Kauf beim Wettbewerb erfahren.
Gemeinsamkeiten	• Beide Faktoren sind sowohl für marktgetriebene als auch für markttreibende Unternehmen bedeutsam, jedoch verändert sich die relative Wichtigkeit dieser Faktoren bei einer Veränderung. • Die relative Wichtigkeit der Faktoren hängt vom Lebenszyklus der Produkte und Leistungen ab. • Die Faktoren sind zeit- und marktspezifisch und können sich verändern. • Qualifizierende Faktoren und Faktoren der Auftragsgewinnung sind z.B. Preis, Qualität, Lieferung, Schnelligkeit, Zuverlässigkeit, Varianten, Design, Markenname, Technischer Support, After-Sales Support, Flexibilität

Tab. 11: Wettbewerbsentscheidende Faktoren nach Terry Hill

Quelle: Hill, 2005, S. 54; Berry et al., 1995, S. 5 und die dort angegebene Literatur; Hill & Chambers, 1991, S. 5 ff.

3.2.2.1. Der marktorientierte Ansatz

Der marktorientierte oder marktbasierte Ansatz beruht auf Ansätzen der Industrieökonomik, die dem Paradigma folgen, dass die Branchenstruktur, in der sich ein Unternehmen bewegt, dessen Verhalten und damit auch dessen Leistung bestimmt („Structure-Conduct-Performance Paradigma").[101] Michael Porter, der mit seinen Beiträgen die Industrieökonomik hinsichtlich betriebswirtschaftlicher Fragestellungen zum marktbasierten Ansatz wesentlich weiterentwickelt hat[102], argumentiert, dass die Leistung des Unternehmens auf dessen Verhalten Einfluss haben kann und das Verhalten des Unternehmens sich wiederum auf die Branchenstruktur auswirken kann.[103] Mit dem Modell der fünf Wettbewerbskräfte, den generischen Wettbewerbsstrategien und der Wertkette gibt er strategische Instrumente vor, anhand derer Unternehmen ihre Branche analysieren und die eigene Positionierung steuern können.[104]

Das Ziel der Analyse der *fünf Kräfte im Wettbewerb*[105] ist es dabei, für das eigene Unternehmen eine Position im Wettbewerb zu bestimmen, in der es sich gegen alle Bedrohungen verteidigen kann.[106] Mit den *drei generischen Wettbewerbsstrategien* beschreibt Porter drei Ansätze, die einzeln oder in Kombination verfolgt werden können, um im Spannungsfeld der fünf Wettbewerbskräfte eine herausragende Position einnehmen und verteidigen zu können.[107]

99 Hill, 2005, S. 54.
100 Hill, 2005, S. 54.
101 Vgl. Welge & Al-Laham, 2012, S. 77 f.; Bain, 1964, S. 28 ff. Porter, 1981, S. 610 ff.
102 Vgl. Welge & Al-Laham, 2012, S. 79 f.
103 Vgl. Porter, 1981, S. 616.
104 Vgl. Mintzberg et al., 2005, S. 99 ff.
105 Die fünf Wettbewerbskräfte nach Porter sind: potentielle neue und bestehende Wettbewerber, Käufer und Zulieferer und Substitute. Vgl. Porter 2004, S.4; Porter, 1980, S. 36; Porter, 2008 S. 80.
106 Vgl. Porter, 1980, S. 35.
107 Porter (2004, S. 35 ff.) definiert als drei generischen Wettbewerbsstrategien Kostenführerschaft, Differenzierung und Fokussierung.

Mit dem Konzept der Wertkette stellt Porter eine direkte Verbindung zwischen Wertschaffung im Unternehmen und Wettbewerbsvorteilen her[108].

Nach diesem Konzept[109] finden in einem Unternehmen primäre Aktivitäten (Eingangs- und Ausgangslogistik, Produktion, Marketing und Vertrieb, Kundendienst), die zur materiellen Herstellung von Produkten führen und unterstützende Tätigkeiten (Gestaltung der Unternehmensinfrastruktur, Personalwesen, Technologieentwicklung, Beschaffung) statt, welche mit den primären Aktivitäten zusammenhängen und sie erst ermöglichen.[110] So strukturiert die Wertkette diejenigen Bereiche, welchen einen direkten Einfluss auf dessen Nettonutzen haben (primäre Aktivitäten) und diejenigen, die als unterstützende Aktivitäten der Wertschaffung einen indirekten Einfluss haben. Die Analyse der Wertaktivitäten zeigt wo sich, im Vergleich zu den Wettbewerbern, komparative Kosten- oder Differenzierungsvorteile ergeben.[111]

Mit seinen Arbeiten zur Erweiterung der industrieökonomischen Sichtweise hin zu konkreten Empfehlungen für Unternehmen, gelingt Porter die Entwicklung eines *dominanten Designs*[112] des strategischen Managements.[113] Barney bezeichnet Porter aufgrund seiner Arbeiten zum einflussreichsten Wissenschaftler des strategischen Managements, der es mit seinem Ideenwerk geschafft aus, aus zuvor lose gekoppelten Ideen, die akademische Disziplin des strategischen Managements zu begründen.[114] Neben der Würdigung der Auswirkungen Porters Arbeiten auf die strategische Betriebswirtschaftslehre gibt es einige Kritikpunkte am marktbasierten Ansatz, die Welge & Al-Laham zusammenfassend darstellen[115]:

- Aufgrund der Empfehlungen, Markteintrittsbarrieren aufzubauen und damit Monopolstellungen zu schaffen, wird die zunehmende Dynamik auf und zwischen Märkten, sowie sich daraus ergebende Anforderungen vernachlässigt.
- Sofern alle Wettbewerber am Markt nach den Empfehlungen des marktorientierten Ansatzes handeln, kommt es zu einer Nivellierung der Wettbewerbsunterschiede. Es

108 Porter definiert den Wert als „Betrag, den die Abnehmer für das, was ein Unternehmen ihnen zur Verfügung stellt, zu zahlen bereit sind“ (Porter, 2010, S. 68) und arbeitet gewinnbringend, wenn der Gesamtertrag, bezeichnet als Wertschöpfung, die Kosten der Herstellung übersteigt. Da sich Konsumenten, wie ausgeführt, für dasjenige Produkt mit dem höchsten Nettonutzen entscheiden, ist dieser Sichtweise nicht zu folgen. Dennoch liefert das Konzept der Wertkette wertvolle Hinweise für die Analyse der Anbieterseite.

109 Die Wertkette sollte auf der Ebene einzelner Produkte und Leistungen definiert werden (Porter, 2010, S. 68). Zu berücksichtigen sind außerdem die vier Dimensionen des Wettbewerbsfelds (Segmentfeld, Integrationsgrad, geografisches Feld, Branchenfeld), da sie den Aufbau und die Aktivitäten innerhalb der Wertkette prägen. Das Wettbewerbsfeld ist außerdem von Bedeutung, wenn die einzelnen Wertketten eines Unternehmens gemeinsam betrachtet werden, da hier Synergiepotenziale identifiziert werden können (vgl. Porter, 2010, S. 86 f.). Porter beschreibt, dass die Analyse der Wertkette – im Vergleich zur Analyse der Wertschöpfung, die er als Verkaufspreis abzüglich der Einkaufspreise für Rohstoffe – der richtige Weg ist, Wettbewerbsvorteile zu identifizieren. Vgl. Porter, 2010, S. 70.

110 Vgl. Porter, 2010, S. 67-70.

111 Vgl. Porter, 2010, S. 69. Darüber hinaus dient Porters Konzept sowohl zur Analyse der Wertentstehung innerhalb einer Wertkette, als auch zwischen Wertketten entlang einer Supply Chain (vgl. Jayaram et al., 2008, S. 5633 f.). Jayaram et al. (2008, S. 5633 f.) begründen daher einen engen Zusammenhang zwischen dem Konzept der Wertkette und dem schlanken Managementansatz, da beide das Ziel der Wertgenerierung verfolgen. Eher kritisch betrachtet diesen Zusammenhang Hines (1994, S. 50), der beschreibt, die Wertekette fokussiere nicht Wertschaffung durch Kundenzufriedenheit, sondern Profitabilität. Sie betone funktionale Grenzen im Unternehmen und die Verbesserung zwischen den Wertketten einer Supply Chain werde nicht betrachtet.

112 Herrmann (2005, S. 115) argumentiert in seinem Beitrag, dass ein dominantes Design gleichzeitig von einer wissenschaftlichen Reife und einer damit verbundenen Weiterentwicklung dieser Denkrichtung zeugt.

113 Vgl. Herrmann, 2005, S. 115.

114 Vgl. Barney, 2002, S. 53.

115 Vgl. Welge & Al-Laham; 2012, S. 82 f.

bleibt ungeklärt, ob unternehmensspezifische Wettbewerbsvorteile dauerhaft verteidigt werden können. So beschreiben z.B. Perlitz & Seger, die „Wertkettenoptimierung“ reiche nicht aus, um strategische Wettbewerbsvorteile zu erreichen.[116]

- Unternehmensinterne Ressourcen finden zwar Beachtung im marktbasierten Ansatz jedoch gelten sie als mobil (d.h. handelbar), sodass hieraus kein Vorteil begründet werden kann.
- Der marktorientierte Ansatz vernachlässigt, dass sich Wettbewerbsvorteile auch aus dem Unternehmen heraus – durch Organisationsstrukturen, Ressourcenbündel, Prozesse oder Verhaltensweisen – entwickeln können.

Bezogen auf das Spannungsverhältnis zwischen Unternehmen, Wettbewerbern und Akteuren erzielen Unternehmen nach dem marktorientierten Ansatz Wettbewerbsvorteile aufgrund einer marktdominierenden Position[117]. Die Ressourcen (Vermögenswerte, siehe Abb. 5) sind in dieser Betrachtungsweise aufgrund der uneingeschränkten Mobilität zu vernachlässigen. Insbesondere diesen Kritikpunkt der fehlenden unternehmensinternen Betrachtung greift der ressourcenbasierte Ansatz auf[118], der im Folgenden detaillierter vorgestellt werden soll.

3.2.2.2. Der ressourcenorientierte Ansatz

Der ressourcenbasierte oder ressourcenorientierte Ansatz fokussiert die unternehmensspezifischen Ressourcen (Vermögenswerte, siehe Abb. 5) von Unternehmen.[119] Wettbewerbsvorteile ergeben sich aufgrund der Ressourcenheterogenität von Unternehmen, imperfekter Ressourcenmobilität und Informationsasymmetrien.[120] Aufbauend auf der Arbeit von Penrose, die bereits 1959 argumentiert, das Unternehmen sei eine Sammlung von materiellen und menschlichen Ressourcen,[121] entwickeln insbesondere die Autoren Wernerfelt, Barney, Peteraf und Coff, als zentrale Vertreter dieses Ansatzes, den ressourcenorientierten Ansatz weiter.[122] Zunächst definiert Wernerfelt generell den Ressourcenbegriff als alles, was eine Stärke oder Schwäche[123] eines Unternehmens sein kann, greifbar oder nichtgreifbar ist und für eine bestimmte Zeit an das Unternehmen gebunden ist.[124] Damit wird zunächst eine Innenperspektive eingenommen.

Im Weiteren definiert Barney diejenigen Aspekte einer Ressource, die einen *nachhaltigen Wettbewerbsvorteil* begründen am Beispiel der Organisationskultur.[125] Er schließt, eine Ressource muss, um einen nachhaltigen Wettbewerbsvorteil begründen zu können, a) wertvoll

---

116 Vgl. Perlitz & Seger 1999, S. 263.
117 Vgl. Stratmann, 2010, S. 35.
118 Vgl. Stratmann, 2010, S. 35.
119 Vgl. Welge & Al-Laham, 2012, S. 87.
120 Vgl. Stratmann, 2010, S. 42.
121 Vgl. Penrose, 1959, S. 9.
122 Vgl. z.B. Wernerfelt (1984), Barney (1986), Barney (1991), Peteraf (1993), Coff (1999).
123 Sirmon et al., 2010, S. 1378 weisen in diesem Zusammenhang darauf hin, dass die Schwächen in den Untersuchungen häufig vernachlässigt werden, obwohl diese ebenfalls das Erreichen von Wettbewerbsvorteilen beeinflussen. Schwächen sind z.B. Ineffizienzen oder ungenutztes Potenzial (S. 1391). Sie haben einen negativen Einfluss auf den relativen Wettbewerbsvorteil eines Unternehmens (S. 1398). Durch den Bezug auf den schlanken Managementansatz in dieser Arbeit werden diese Schwächen jedoch implizit berücksichtigt, da Lean Management mit dem Ziel der Verschwendungseliminierung diese Schwächen reduzieren will.
124 Vgl. Wernerfelt, 1984, S. 172.
125 Vgl. Barney, 1986, S. 656 ff.

(im Sinne der Wertschaffung) b) selten (im Sinne einer Einzigartigkeit und Nichtverfügbarkeit für andere Unternehmen) und c) nicht-imitierbar (dahingehend, dass die Ressource nicht von anderen Unternehmen kopiert werden kann) sein.[126] Diese Faktoren werden später weiter betrachtet ausdefiniert. So legt Peteraf dar, dass sowohl ex-ante, als auch ex-post Faktoren über die Nachhaltigkeit eines Wettbewerbsvorteils entscheiden[127]: Ex-ante muss vom Unternehmen eine unter Wettbewerbsbedingungen überlegene Ressourcenbasis aufgebaut werden, die, unter der Annahme begrenzter Ressourcenmobilität z.B. aufgrund von vorab getätigten Investitionen, nicht übertragbar ist. Ex-post sind die Faktoren der Nicht-Substituierbarkeit bzw. der Nicht-Nachahmbarkeit zentral. Als Isolationsmechanismus hebt Peteraf hier insbesondere die kausale Ambiguität hervor, aufgrund derer Wettbewerber nicht die Zusammenhänge vorliegender Effizienzunterschiede verstehen.[128] Zusammengefasst erklärt der ressourcenorientierte Ansatz damit „Wettbewerbsvorteile durch die Analyse von Unternehmensressourcen und deren spezifischen Eigenschaften, die zur Implementierung einer überlegenen Strategie notwendig sind."[129]

Es wird deutlich, dass der ressourcenorientierte Ansatz als theoretische Grundlage dieser Forschungsarbeit geeignet ist. Mit der Fokussierung auf die Mikroebene, werden nicht-greifbare Vermögenswerte fokussiert, die im Unternehmen zur Wertschaffung beitragen. Coff betont in diesem Zusammenhang, dass Wert immer von Menschen geschaffen wird und strategische Ressourcen deshalb in der Regel wissensbasiert und/oder sozial komplex sind.[130] Durch die Untersuchung der Mikroebene gilt es die Eigenschaften und Zusammenhänge dieser Ressourcen zu betrachten und deren Handlungen und Wirkungen zu verstehen. Diese Forschungsarbeit leistet einen Beitrag um zu verstehen, wie eine einzigartige Ressourcenbasis aufgebaut[131] wird und damit die Grundlage für einen nachhaltigen Wettbewerbsvorteil darstellt. Für den Aufbau einer solchen einzigartigen Ressourcenbasis sind auch sogenannte nicht-aneignenbare Aspekte wie Vertrauen oder Loyalität seitens der Kunden oder Mitarbeiter gegenüber dem Unternehmen bedeutsam.[132] Sie sollen ebenfalls in die Betrachtung der Mikroebene einbezogen werden. Die Anwendbarkeit des ressourcenbasierten Ansatzes zeigt sich darüber hinaus in einem gemeinsamen Verständnis der Wertschaffung mit dieser Arbeit: Der von einem Unternehmen generierte Wert ergibt sich durch den wahrgenommenen Nutzen und damit den Preis, den der Kunde zu zahlen bereit ist, abzüglich der ökonomischen Kosten.[133] Wettbewerbsvorteile ergeben sich nachgelagert, sofern ein Unternehmen mit seiner Ressourcenbasis in der Lage ist, mehr Wert zu schaffen als seine Wettbewerber. Dies geschieht durch bessere Differenzierung und einem damit einhergehenden höheren wahrgenommenen Kundennutzen oder durch geringe Kosten.[134] Das Ausnutzen der entstehenden Wettbewerbsvorteile kann schließlich in einem langfristig überdurchschnittlichen ökonomischen Erfolg münden, der in

126 Vgl. Barney, 1986, S. 658.
127 Vgl. Peteraf, 1993, S. 182-185.
128 Vgl. Peteraf, 1993, S. 182 f.
129 Stratmann, 2010, S. 41.
130 Vgl. Coff, 1999, S. 120.
131 Vgl. Dierickx & Cool, 1989, S. 1504.
132 Vgl. Dierickx & Cool, 1989, S. 1505.
133 Vgl. Peteraf & Barney, 2003, S. 314; siehe hierzu auch Abb. 4.
134 Vgl. Peteraf & Barney, 2003, S. 314. Es besteht ein direkter Anknüpfungspunkt zu den generischen Wettbewerbsstrategien nach Porter. Siehe Abschnitt 3.2.2.1.

der strategischen Managementforschung als Rente bezeichnet wird.[135] Die effiziente Nutzung der Ressourcenbasis ist nach dieser Argumentation grundlegend für den Erfolg von Unternehmen.[136] Neben dem klassischen ressourcenbasierten Ansatz gibt es Weiterentwicklungen dieses Ansatzes.[137] Zwei dieser Weiterentwicklungen, der beziehungs- und wissensorientierte Ansatz - die für diese Arbeit grundlegend sind, sollen im Folgenden ebenfalls eingeführt werden.

Der relationale (beziehungsorientierte) Ansatz als Weiterentwicklung des klassischen ressourcenorientierten Ansatzes

Aufgrund einer steigenden Dynamik im Wandel der Organisationsformen zwischen Markt, Hierarchie und hybrider Organisationsformen[138], reicht es nicht aus, ein Unternehmen ohne seine Kooperationsbeziehungen zu betrachten. Der Relational View, berücksichtigt diese Kooperationsbeziehungen von Unternehmen und definiert Determinanten relationaler Wettbewerbsvorteile, die sich aus (unternehmensübergreifenden) Beziehungen ergeben.[139] Dyer & Singh konzentrieren sich bei der Entwicklung der Determinanten relationaler Wettbewerbsvorteile auf Dyaden, Netzwerkroutinen und Prozesse und beziehen diese auf interorganisationale Beziehungen[140]. Im vorliegenden Forschungsprojekt sollen diese unternehmerischen Kooperationen sowohl inter- als auch intraorganisational betrachtet werden.[141] Diese Betrachtung soll zum einen dem Einwand von Duschek & Sydow gerecht werden, dass die intraorganisationalen Ressourcen und Prozesse bei relationaler Betrachtung häufig vernachlässig werden.[142] Zum anderen soll in dieser Arbeit die dynamische Entwicklung von Organisationsformen berücksichtigt werden. Während zunächst möglicherweise eine interorganisationale Kooperation zwischen zwei Unternehmen z.B. in Form einer strategischen Allianz besteht, kann sich diese Beziehung durch eine Unternehmensübernahme oder Fusion kurzfristig in eine intraorganisationale Kooperation verändern. Aus diesen Gründen soll der beziehungsorientierte Ansatz daher sowohl auf intra- als auch auf interorganisationale Beziehungen angewendet werden. Die Untersuchung intraorganisationaler Netzwerke hat sich darüber hinaus in der strategischen Managementforschung bereits fest etabliert.[143] Madhok & Tallman analysieren in ihrer Veröffentlichung wertschaffende interorganisationale Beziehungen und stellen heraus, dass diese zur Wertgenerierung in ein dichtes und komplexes System unternehmensübergrei-

---

135 Eine Übersicht über die Rentenformen, die sich nach deren Entstehung in Ricardo (durch Verfügung über knappe Ressourcen), Bain (durch Monopolsituation), Schumpeter (durch Innovationen und Pionier-Vorteile) und Quasi (durch optimalen Ressourceneinsatz) -Renten unterscheiden, zeigen u.a. Welge & Al-Laham (2012, S. 89 f.) und Peteraf (1993, S. 180 ff.).

136 Vgl. Peteraf & Barney, 2003, S. 316, 321. Newbert (2008, S. 749) belegt in diesem Zusammenhang, dass der Wettbewerbsvorteil, der sich aus einer Ausnutzung der Ressourcenbasis ergibt, eine Grundlage für den Erfolg eines Unternehmens darstellt. Wettbewerbsvorteile sind dem Erfolg vorgelagert und sind in einer am Wettbewerb einzigartigen Strategie begründet. Erfolg wird langfristiger definiert, als diejenigen Renten, die sich aus der Strategie-Implementierung ergeben.

137 Vgl. Welge & Al-Laham 2012, S. 87.

138 Vgl. Picot et al., 2003, S. 3; Bradach & Eccles, 1989, S. 112 ff.

139 Vgl. Dyer & Singh, 1998, S. 660 ff.

140 Vgl. Dyer & Singh, 1998, S. 661 f.

141 Auch Cousins (2013, S. 91) berücksichtigt im relationalen Ansatz sowohl inter- als auch intraorganisationale Beziehungen.

142 Vgl. Duschek & Sydow, 2002, S. 11.

143 Vgl. z.B. die Untersuchung intraorganisationaler Netzwerke bei Paruchuri (2010, S. 63) und Tsai (2001, S. 996).

fender und unternehmensweiter Beziehungen eingebettet sein müssen.[144] Diese Feststellung erfolgt vor dem Hintergrund, dass Kooperationen in vielen Fällen scheitern und dass potenzielle Chancen in der Regel auf nicht-greifbaren Aspekten basieren.[145] Sie argumentieren hinsichtlich der Auswirkungen von Kooperationen, dass Wert in Form kollektiver Güter bzw. sich ergebender kollektiver Gewinne entsteht, der exklusiv an die Zusammenarbeit gebunden ist:

„However, the production of such a collective good is inextricably intertwined with the underlying dynamics of exchange among the parties involved. This places a premium on the quality of the relationship and on the returns from investing in it and underlines the key distinction made in the paper between the potential value attainable through an alliance and the realization of such value."[146]

Sie zeigen auf, dass durch Kooperation und somit einem Austausch in komplexen Strukturen, Wert generiert werden kann, die Realisierung des Wertes allerdings in einem hohen Maß von der Beziehungsqualität abhängt. Dyer & Singh beschreiben, dass Wettbewerbsvorteile aus Kooperationen auf vier Wirkungsmechanismen zurückzuführen sind[147]:

1.) Überbetriebliche spezifische Vermögenswerte sind kooperationsspezifische Ressourcen, die den an der Kooperation beteiligten Unternehmen zur Verfügung stehen. Diese Vermögenswerte sind nachhaltig, so lange sie gegen opportunistisches Ausnutzen geschützt sind. Mit zunehmendem Austausch zwischen den Kooperationspartnern, steigt die Möglichkeit nachhaltige spezifische Vermögenswerte zu schaffen.
2.) Routinen zum Wissensaustausch ermöglichen Wissensgenerierung, - transfer und - neukombination innerhalb der kooperierenden Unternehmen. Eine wichtige Rolle nimmt in diesem Zusammenhang die *absorptive capacity* der Kooperationspartner ein. Diese drückt aus, inwiefern die Kooperationspartner entstehendes Wissen und Informationen tatsächlich nutzen können. Außerdem sind Anreize zur Schaffung von Transparenz und Reziprozität bedeutend für das Schaffen gemeinsamer Routinen zum Wissensaustausch.
3.) Komplementäre Ressourcen und Fähigkeiten begründen relationale Wettbewerbsvorteile, wenn sie identifiziert werden. In diesem Zusammenhang spielt die Kompatibilität von Organisationssystemen, -prozessen und -kulturen eine wichtige Rolle, um von komplementären Ressourcen und Fähigkeiten profitieren zu können.
4.) Eine effektive Steuerung ermöglicht die Reduktion von Transaktionskosten und erhöht die Bereitschaft, sich als Kooperationspartner zu engagieren. Dyer & Singh betonen dabei die Selbststeuerung durch die Kooperationspartner. [148]

In der Darstellung des beziehungsorientierten Ansatzes wird deutlich, dass bisher keine individuellen Aspekte berücksichtigt sind. Obwohl Erhebungen bereits den Wissenstransfer zwischen Unternehmen auch auf individueller Ebene untersuchen[149], fehlt bisher eine theoretische Integration der individuellen Ebene – und damit die Mikrofundierung – in den theoretischen Ansatz des Relational Views. Aus diesem Grund, und aufgrund der bereits dargelegten

144 Vgl. Madhok & Tallman, 1998, S. 336.
145 Vgl. Madhok & Tallman, 1998, S. 326 und die dort angegebene Literatur.
146 Vgl. Madhok & Tallman, 1998, S. 327.
147 Vgl. Dyer & Singh, 1998, S. 662 ff.
148 Vgl. Dyer & Singh, 1998, S. 669.
149 Vgl. z.B. Dyer & Hatch, 2006, S. 715f.; Dyer, 1996, S. 273f.; Dyer & Nobeoka, 2000, S. 346.

nicht-greifbaren Komponente von Kooperationsbeziehungen[150], soll im Folgenden der wissensbasierte Ansatz, ebenfalls eine Weiterentwicklung des ressourcenorientierten Ansatzes[151], eingeführt werden. Hinzu kommt, dass der als zweiter genannter Mechanismus zur Generierung relationaler Renten nach Dyer & Singh durch den wissensbasierten Ansatz weiter ausdefiniert werden kann bzw. mit ihm verbunden ist.

Der wissensbasierte Ansatz als Weiterentwicklung des ressourcenbasierten Ansatzes zur Fundierung von Beziehungen und organisationalem Lernen

Ein zentraler Aspekt bei der Betrachtung strategischer Kooperationen aus einer ressourcenorientierten Sicht ist die Bedeutung von Wissen, Lernen und einem funktionierenden Wissensaustausch. So beschreiben Muthusamy & White, dass vor dem Hintergrund einer Vielzahl scheiternder oder erfolgloser Kooperationen, der Erforschung von Wissensaustausch- und Lernprozessen eine entscheidende Rolle im Hinblick auf den Kooperationserfolg zukommt.[152] Die Problemstellungen für einen funktionierenden Wissensaustausch ergeben sich insbesondere durch die Bedeutung impliziten Wissens und der Einbettung des Wissens in einen sozialen Kontext.[153] „In an economy where the only certainty is uncertainty, the one source of lasting competitive advantage is knowledge“[154] beschreibt Nonaka, der in seinem Werk *The Knowledge Creating Company*[155] erörtert, wie japanische Unternehmen, vor dem Hintergrund einer Lean Management-Philosophie, erfolgreich lernen, innovativ sind und Wettbewerbsvorteile erzielen.

Der Austausch der Ressource Wissen erscheint im Kontext eines erfolgreichen Roll-Outs von Lean Management innerhalb eines Unternehmensnetzwerks ein bedeutsamer Aspekt zu sein. Die Bedeutung von Wissen im betriebswirtschaftlichen Kontext wird durch den wissensbasierten Ansatz verdeutlicht. Dieser beschreibt, durch den Einfluss verschiedener Strömungsrichtungen, die Auswirkungen von Wissenskonzepten auf unternehmerische Wettbewerbsvorteile[156]. Al-Laham systematisiert diese Strömungen – dargestellt in Tab. 12.

In der vorliegenden Forschungsarbeit soll keiner dieser Ansätze explizit fokussiert werden, vielmehr sollen aus allen vier Bereichen zur Erklärung der Rolle und Bedeutung von Wissen jeweils diejenigen Ansätze betrachtet werden, die zur Beantwortung der Forschungsfragen hilfreich sind. So beschreiben Spender & Grant bei einem historischen Blick auf den wissensbasierten Ansatz und dem Versuch einer Synthese der Strömungsrichtungen: „The key, we believe, lies in understanding the relationship between abstract knowlegde and individual and

[150] Vgl. Vgl. Madhok & Tallman, 1998, S. 326 und die dort angegebene Literatur.
[151] Vgl. Welge & Al-Laham, 2012, S. 98.
[152] Vgl. Muthusamy & White, 2005, S. 415 f. Die Autoren beschreiben gleichzeitig, dass bis dato wenig empirische Forschung zu Lernerfolgen innerhalb strategischer Allianzen existiert. Wenige Studien mit Pionier-Charakter zählen sie auf, die sich mit relationalen Prozessen, Vertrauen, Konfliktmanagement und unternehmensübergreifendem Lernen oder unternehmensübergreifenden Wissensbasen, Erfahrung, Lernkapazitäten und interorganisationalem Wissensaustausch befassen.
[153] Vgl. Muthusamy & White, 2005, S. 417.
[154] Nonaka, 2007, S. 162.
[155] Vgl. Nonaka & Takeuchi, 2012, S. 5 ff.
[156] Vgl z.B. Barney, 1991, S. 101; Grant, 1996, S. 120; Kärreman, 2010, S. 1407; Kogut & Zander, 1992, S. 383; Liebeskind, 1996, S. 105 und Starbuck, 1992, S. 716.

organizational practice“[157]. Dieser Perspektive gilt es sich im Rahmen dieser Forschungsarbeit problemorientiert anzunähern.

Ansatz	Dynamic Resource Approach	Core-Competency Approach	Learning Approach	Economic Approach
Hauptvertreter	Grant; Henderson; Collis; Bierly/ Chakrabarti; Zander/ Kogut; Teece/ Pisano/ Schuen	Hamel/ Prahalad; Sanchez/ Heene; Krüger/ Homp	Moingeon/ Edmundson; VonKrogh/ Roos; Lyles	Foss; Eliasson; Langlois; Liebeskind; Antlitz; Scheuble
Erklärungsziel	Erklärung der Rolle von Wissen als Ressource bei der Entstehung von Wettbewerbsvorteilen	Erklärung der Rolle von Kernkompetenzen als Kombination aus Wissen, Lernprozessen und Assets bei der Entstehung von Wettbewerbsvorteilen	Erklärung der Rolle von Lernprozessen bei der Entstehung und Verfestigung von Wettbewerbsvorteilen	Erklärung der Existenz und der Grenzen der Unternehmung aus einer wissensbasierten Sicht
Konzeptionelle Wurzel	Resource-based View	Multiparadigmatisch	Soziologie; Individual- und Sozialpsychologie	Theory of the Firm; Austrian School of Economics
Empirische Basis	Hoch; Quantitative Querschnitts- und Längsschnittstudien	Hoch; Fallstudien; praxeologischer Charakter	Gering; Fallstudien	Gering

Tab. 12: Systematisierung wissensbasierter Ansätze im strategischen Management

Quelle: Al-Laham, 2003, S. 133.

Da der wissensbasierte Ansatz in dieser Forschungsarbeit eine Brückenfunktion leistet indem er eine zentrale Austauschressource innerhalb des Kooperationsnetzwerks fokussiert, sollen die beiden Anschlussstellen zum Individuum und zu Kooperationen im Folgenden näher betrachtet werden. Im Hinblick auf das Zusammenspiel zwischen wissensbasiertem Ansatz und Individuum lässt sich festhalten, dass Wissen und Individuum untrennbar miteinander verbunden sind. Pfeiffer & Weiß beschreiben z.B.[158]:

„Neues Know-How entsteht zunächst immer auf individueller Ebene [...]. Ausschlaggebend für die Nutzung des permanent neu entstehenden Know-How-Repertoires ist, wie gut eine Unternehmung versteht, das individuelle Know-How einem breiten Kreis von Mitarbeitern zugänglich zu machen. Eine Unternehmung, die sich als „lernendes System“ versteht, muß [muss] Strukturen und Prozesse schaffen, die den Know-How-Transfer in einer für den jeweiligen Adressatenkreis geeigneten Form erlauben“

Auch im Wissensbegriff nach Pawlowsky wird die Bedeutung der individuellen Ebene deutlich:

„Im Sinne eines erweiterten Stimulus-Response Modells werden hier die Verknüpfungs- und Organisationsregeln von Informationen, d.h. die ***gespeicherten Informationsverarbeitungsstrukturen und die kognitiven Programme, auf individueller und organisationaler Ebene*** *als verfügbares Wissen verstanden. Der Wissensbegriff ist dabei* ***nicht beschränkt auf eine rationale Dimension****, sondern umfaßt [umfasst] bereichsspezifische kognitive Strukturen, Landkarten und Schemata, deren Muster und Anordnung und Verknüpfung ganz wesentlich*

[157] Spender & Grant, 1996, S. 6.
[158] Pfeiffer & Weiß, 1994, S. 129.

durch Bedürfnisse, Emotionen und die „Ich-Zentralität" der Objektbereiche bestimmt sind. […]"[159]

Wird die Zielsetzung der Forschungsarbeit in Betracht gezogen, so ist der wissensbasierte Ansatz, der untrennbar mit der individuellen Ebene im Unternehmen verbunden ist, insbesondere in Kombination mit der Sozialen Austauschtheorie,[160] relevant. Watson & Hewett haben in diesem Zusammenhang bereits Faktoren untersucht, die den intraorganisationalen Austausch von Wissen in einem Wissensmanagementsystem unterstützen. Als ein zentrales Ergebnis ihrer Untersuchung stellen sie heraus, dass ein individueller Wissensbeitrag einen Austausch zwischen Unternehmen und Individuum darstellt und die Soziale Austauschtheorie in diesem Forschungsgebiet anwendbar ist.[161] Während der wissensbasierte Ansatz mit der psychologisch-soziologischen Mikrofundierung durch die Soziale Austauschtheorie bisher nur vereinzelt in Zusammenhang gebracht wird, gibt es zum wissensbasierten Ansatz in Verbindung mit Unternehmenskooperationen zahlreiche Untersuchungen[162].

Die Untersuchung von Dyer & Nobeoka zur Schaffung und Steuerung eines hochleistungsfähigen Wissensaustauschnetzwerks beinhaltet Aspekte, die für diese Forschungsarbeit relevant sind[163]: Mit dem Ziel, den Erfolg Toyotas – für den der Lean Management-Ansatz eine entscheidende Rolle spielt – anhand interorganisationaler Routinen zum Wissensaustausch zu erklären, untersuchen die Autoren auch das individuelle Mitarbeiterverhalten. Sie beschreiben, dass Toyota drei fundamentale Herausforderungen des kollektiven Lernens gelöst hat: 1) Mitarbeiter für einen offenen Austausch zu motivieren, 2) opportunistisches Ausnutzen zu verhindern und 3) effiziente Methoden für expliziten und impliziten Wissensaustausch zu schaffen. Toyotas Lösung besteht in einem dichten Netzwerk mit starken bzw. stabilen Verbindungen, das sich mit dem fokalen Unternehmen identifiziert und gemeinsamen Regeln folgt.[164] Für die weitere Forschung schlagen die Autoren die Untersuchung vor, warum es Wettbewerbern bisher nicht gelungen ist, diese erfolgreichen Wissensaustausch-Routinen zu imitieren.[165] Diese Fragestellung ist nach Dyer & Nobeoka als kritisch zu erachten, da die Wissensaustausch-Routinen eine sehr bedeutende Rolle in der Erklärung des Erfolgs des Toyota-Ansatzes einnehmen. [166] Bei der Untersuchung gehen die Autoren bspw. auch auf die Reziprozitätsnorm nach Gouldner[167] ein, es erfolgt jedoch keine theoretische Integration zur

159 Pawlowsky, 1994, S. 40. Hervorhebungen wurden durch die Autorin eingefügt. Die Ich-Bezogenheit umfasst die Verankerung des Urteilsvermögens im Individuum (Pawlowsky, 1994, S. 40.). Polanyi (1969, S. x) bemerkt in diesem Zusammenhang, dass das Bewusstsein der Menschen immer auf der implizit-verankerten Akzeptanz gründet. Er argumentiert, dass Wissen aus diesem Grund immer persönliches Wissen ist.

160 Die Einführung der Sozialen Austauschtheorie erfolgt in Kapitel 3.3.2.

161 Watson & Hewett, 2006, S. 162 f.

162 Vgl. z.B. Anand & Khanna, 2000, S. 295 ff.; Argote & Miron-Spektor, 2011, S. 1123 ff.;Arikan, 2009, S. 658 ff.; Dyer & Hatch, 2006, S. 701 ff.; Grant & Baden-Fuller, 2004, S. 61 ff.; Gulati, 1999, S. 397 ff.; Janowicz-Panjaitan & Nooderhaven, 2008, S. 1337 ff.; Khanna et al., 1994, S. 42 ff.; Prange, 2006, S. 187 ff.; Tsai, 2001, S. 996 ff.; Tsai, 2002, S. 179ff.; Valkokari & Helander, 2007, S. 597 ff.; Vasudeva & Anand, 2011, S. 611 ff. und Walter et al., 2007, S. 668 ff.

163 Vgl. Dyer & Nobeoka, 2000, S. 345 ff.

164 Vgl. Dyer & Nobeoka, 2000, S. 351.

165 Vgl. Dyer & Nobeoka, 2000, S. 365.

166 Vgl. Dyer & Nobeoka, 2000, S. 365.

167 Vgl. Gouldner, 1960, S. 171.

Mikrofundierung[168]. Die zentrale Erkenntnis der Arbeit von Dyer & Nobeoka, das Netzwerk zum Wissensaustausch und dessen Entwicklung ist in Abb. 6 dargestellt.

Phase der Initiierung
Uneffektives Wissensaustauschnetzwerk

Phase der Reifung
Effektives Wissensaustauschnetzwerk

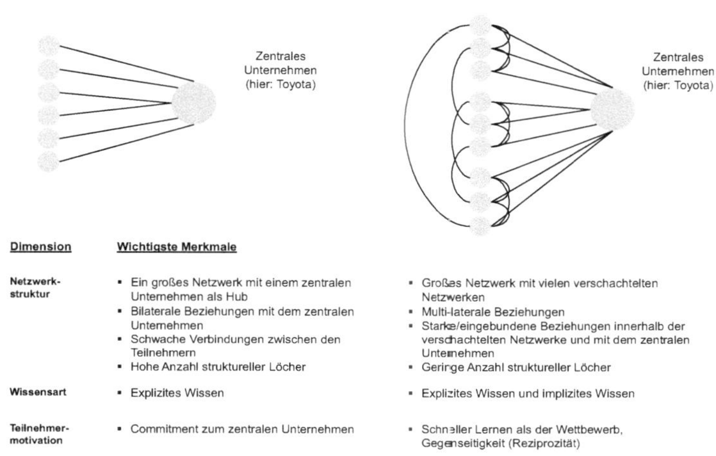

Dimension	**Wichtigste Merkmale**	
Netzwerk-struktur	▪ Ein großes Netzwerk mit einem zentralen Unternehmen als Hub ▪ Bilaterale Beziehungen mit dem zentralen Unternehmen ▪ Schwache Verbindungen zwischen den Teilnehmern ▪ Hohe Anzahl struktureller Löcher	▪ Großes Netzwerk mit vielen verschachtelten Netzwerken ▪ Multi-laterale Beziehungen ▪ Starke/eingebundene Beziehungen innerhalb der verschachtelten Netzwerke und mit dem zentralen Unternehmen ▪ Geringe Anzahl struktureller Löcher
Wissensart	▪ Explizites Wissen	▪ Explizites Wissen und implizites Wissen
Teilnehmer-motivation	▪ Commitment zum zentralen Unternehmen	▪ Schneller Lernen als der Wettbewerb, Gegenseitigkeit (Reziprozität)

Abb. 6: Das Netzwerk zum Wissensaustausch von Toyota

Quelle: Dyer & Nobeoka, 2000, S. 365, angepasst.

Das Modell des effektiven Wissensaustauschnetzwerks zeigt, dass nicht die Menge an potenziellem Wissen entscheidend ist[169], sondern die Strukturen und Routinen, die eine Ausschöpfung des relevanten Wissens ermöglichen. Reus et al. argumentieren in diesem Zusammenhang, dass zur Erzielung von Vorteilen aus einer wissensbasierten Sicht, ein Unternehmen Investitionen in den Ausbau eigener Fähigkeiten zur externen Wissensakquisition und zum (internen) Wissenstransfer leisten muss, um diese kontextbezogen einzusetzen.[170] Vor diesem Hintergrund lässt sich die (externe) unternehmerische Kooperation als ein Anwendungsfeld der Fähigkeit zur externen Wissensaufnahme bezeichnen. Der Wissenstransfer hingegen bezieht sich auf interne Aspekte wie Kommunikation und Motivation zum Wissensaustausch[171], sodass Wissenspotenziale ausgeschöpft werden können. Vor dem Hintergrund der Wertschaffung ist schließlich insbesondere die Frage entscheidend, „welchen Wert dieses [das] Wissen für den Kunden hat".[172] Aus dieser Sichtweise heraus, geht es in dieser Arbeit um den Transfer des Wissens zum Ansatz des schlanken Managements, welcher der Wertschaffung aus Kundensicht höchste Priorität einräumt[173].

---

168 Vgl. Dyer & Nobeoka, 2000, S. 362.
169 Vgl. Reus et al., S. 382.
170 Vgl. Reus et al., S. 382.
171 Vgl. Reus et al., S. 382.
172 Pawlowsky, 1994, S. 17.
173 Vgl. hierzu Abschnitt 4.1.1 und insbesondere Tab. 13.

3.2.3. Erkenntnisse aus der Beschreibung ökonomischer Perspektiven und Implikationen für die Forschungsarbeit

Vor dem Hintergrund, dass in dieser Arbeit wertschaffende Beziehungen untersucht werden sollen, wird im vorangehenden Abschnitt 3.2.1.2 eine Definition der Wertschaffung aus einer nutzenorientierten Sicht getroffen. Auf Grund des Einbezugs der Kundenperspektive ist diese Definition mit dem Konzept der schlanken Unternehmensführung kompatibel, denn die Fokussierung des Kunden ist eines der wesentlichen Bestandteile des Lean Managements, wie bei der Vorstellung der schlanken Unternehmensführung ausführlich gezeigt wird.[174]

Aufbauend auf dieser Definition, wurde im Zusammenhang mit dem Spannungsverhältnis zwischen Unternehmen, Kunden und Wettbewerbern auf zwei Konzepte aus dem strategischen Management zur Erzielung von Wettbewerbsvorteilen eingegangen. Unter der Berücksichtigung einer gestaltenden, markttreibenden Perspektive wurden der Markt- und der Ressourcenorientierte Ansatz eingeführt. Dabei ist herauszustellen, dass der ressourcenbasierte Ansatz mit seinen Erweiterungen, dem relationalen und dem wissensbasierten Ansatz für diese Arbeit grundlegend sind. So bietet die ressourcenorientierte Perspektive eine geeignete Grundlage zur Mikrofundierung bzw. fordert diese ein. Der marktorientierte Ansatz soll nicht im Fokus dieser Arbeit stehen, bietet aber hinsichtlich der Analyse der Branchenstruktur geeignete Instrumente zur Analyse der Umwelten schlanker Kooperationsbeziehungen.[175]

Die Soziale Austauschtheorie, die im folgenden Kapitel eingeführt werden soll, bietet das Potenzial die vorgestellten ressourcenorientierten bzw. -basierten Ansätze zu ergänzen. Mit Integration der individuellen Komponente kann sie einen Beitrag zur Mikrofundierung der Ressourcenorientierung leisten. Die Integration des interdisziplinären Ansatzes ermöglicht es damit auch, „'main-stream' Argumentationen“[176] zu überwinden und trägt zur Entwicklung der wissenschaftlichen Erkenntnis bei.

3.3. Ergänzung betriebswirtschaftlicher Ansätze durch die Soziale Austauschtheorie

3.3.1. Die Notwendigkeit der Ergänzung betriebswirtschaftlicher Ansätze

“[...] *lean supply is about a fundamental, very difficult, strategic attitudinal change – as much a challenge for the hearts and minds of manufacturers as for the technical skills their designers and managers.*”[177]

Mit diesen Worten beschreibt Lamming die Bedeutung der interdisziplinären Erforschung des schlanken Managements bzw. konkret der schlanken Zusammenarbeit. In seinem Werk untersucht der Autor die Kunden-Zuliefererbeziehungen in der Automobilindustrie, welche zunehmend von Lean Management-Ansätzen geprägt ist. Hierzu berücksichtigt er Aspekte auf individueller und Beziehungsebene.[178]

---

174 Vgl. Abschnitt 4.1.1und hier insbesondere Tab. 13.

175 Vgl. hierzu insbesondere Abschnitt 5.3.

176 Pawlowsky, 1994, S. 19. Der Autor fasst hierunter Aussagen wie „Das wichtigste Kapital von Organisationen ist das Humankapital“ (S. 19), die ohne die Entwicklung und Untersuchung von Hypothesen auf einem trivialen Niveau bleiben.

177 Lamming, 1993, S. xvii.

178 Lamming, 1993, S. 141.

Ebenso wurde herausgestellt, dass die individuelle Ebene bzw. die Gruppenebene im Unternehmen bei der Strategieimplementierung eine wichtige Rolle einnimmt. So betonen Carlopio & Harvey, der Erfolg einer Implementierung scheitere in vielen Fällen an der fehlenden Erkenntnis des Managements, dass der Implementierungsprozess auch auf diesen Ebenen, der Veränderungsentscheidung nachgelagert, stattfindet. Die Integration der Menschen und Organisationseinheiten in eine neue Strategie ist zwar ein Teilschritt des übergeordneten Prozesses, verläuft aber selbst prozessartig und hat Rückkopplungen auf den übergeordneten Prozess.[179] Strategische Entscheidungen müssen auf allen Organisationsebenen lokalisiert und operationalisiert werden.[180] Neben dem Bewusstsein und Wissen um die neue Strategie, müssen unterstützende Strukturen ausgemacht und geschaffen werden. [181] Überzeugung und Commitment gilt es zu erzielen, um schließlich ein Roll-Out der Strategie mit anschließender Festigung und Routine zu ermöglichen.[182] Für die Realisierung erfolgreicher, dem Makro-Prozess der Strategieimplementierung untergeordneten, Prozesse müssen bestimmte Kriterien erfüllt sein. So muss z.B. der Kommunikations- und Informationsfluss sichergestellt sein und die Strategie muss klar abgestimmt und konsequent vorgelebt werden.[183] Zusätzlich zu diesen Rahmenbedingungen kommt jedoch der individuellen Ebene, welche den Mikroprozess aktiv durchläuft, eine erfolgskritische Rolle zu.

Unternehmen können als soziale Systeme verstanden werden[184], wobei sowohl unternehmensweite, als auch unternehmensübergreifende Kooperationen auf Verbindungen zwischen Menschen beruhen. Weil deshalb die Wertschaffung durch das Verhalten der Mitarbeiter wesentlich beeinflusst oder vielmehr realisiert wird[185], ist es von besonderem Interesse, das individuelle Kooperationsverhalten zu untersuchen. Kang et al. definieren in diesem Zusammenhang soziale Interaktionsbeziehungen, in denen organisationales Lernen auf individueller Ebene realisiert wird, vor dem Hintergrund des wissensbasierten Ansatzes und unter Integration des sozialen Austausches.[186] Sie definieren die drei Dimensionen Struktur, Affekt und Kognition, die Merkmale dieser sozialen Interaktionsbeziehungen sind und das Lernen – und damit die Generierung von Wert – beeinflussen.[187]

Hinzu kommt, dass die Wertschaffung auch wesentlich davon beeinflusst wird, wie gut die Zusammenarbeit funktioniert. Beer et al. beschreiben diesen Sachverhalt hinsichtlich der Erzielung von Wettbewerbsvorteilen pointiert:

---

179 Vgl. Carlopio & Harvey, 2012, S. 76 ff.
180 Vgl. Carlopio & Harvey, 2012, S. 78.
181 Vgl. Carlopio & Harvey, 2012, S. 78.
182 Vgl. Carlopio & Harvey, 2012, S. 78.
183 Vgl. Beer & Eisenstat, 2000, S. 31.
184 Vgl. Reichwald & Piller, 2006, S. 32 und die dort angegebene Literatur.
185 Vgl. Bowman & Ambrosini 2000, S. 5.
186 Vgl. Kang et al., 2007, S. 239.
187 Vgl. Kang et al., 2007, S. 238. Die Autoren definieren als strukturelle Aspekte Netzwerkstärke und -dichte (S. 239). Als affektive Aspekte definieren sie Motive, Erwartungen und Normen (S. 239). Die kognitive Dimension umfasst eine (gemeinsame) Wissensgrundlage (S. 240). Nambisan (2002, S. 408) geht ebenfalls auf strukturelle Aspekte zur Wertgenerierung in Interaktionsbeziehungen ein. Vertrauen, Normen und Identifikation, als eher affektive Elemente, sind ebenfalls als werttreibende Faktoren anzusehen (S. 408).

"Thus a firm's ability to succeed in the marketplace is a result not only of the technical skills of its employees, but also of how well these employees coordinate with one another in accomplishing these core "value-creating" tasks."[188]

Dieser Argumentation folgt auch Stratmann, der die Frage stellt, wie Akteure motiviert werden können, relevante Ressourcen möglichst wertschaffend in das Gesamtsystem einzubringen.[189] Die richtige Ausgestaltung von Beziehungen kann demzufolge selbst wertgenerierend sein.[190] Kang et al. beschreiben, dass potenzieller Wert durch Interaktionsbeziehungen nicht realisiert werden kann, wenn die beteiligten Partner sich nicht vertrauen, oder den Austausch verweigern.[191] Hinzu kommt die Notwendigkeit der Beziehungssteuerung zur Vermeidung von hemmenden Faktoren wie Misstrauen, Opportunismus und Zurückhaltung beim Ressourcenaustausch.[192] Bereits 1980 beschreibt Ouchi mit Bezug auf die Erkenntnisse Elton Mayos[193], dass unterschiedliche Zielsetzungen auf der Ebene des Individuums Kooperationen erschweren und aus diesem Grund jede Gemeinschaft mit ökonomischen Absichten, Wege finden muss, diese Individuen effizient zu steuern.[194] Eine entstehende Kooperation beruht sowohl im Fall der marktlichen als auch der hierarchischen Zusammenarbeit auf gegenseitiger Abhängigkeit: „This interdependence calls for a transaction or exchange on which each indvidual gives something of value [...] and receives something of value [...] in return." Damit leitet der Autor auf den Ansatz der Transaktionskosten. Das gleiche Argument, beruhend auf der Reziprozitätsnorm nach Gouldner[195], findet Eingang in die Soziale Austauschtheorie[196], die im Folgenden vorgestellt wird und die Mikrofundierung von betriebswirtschaftlichen Problemstellungen ermöglicht.

Es lässt sich festhalten, dass durch Interaktionsbeziehungen zum einen Wert geschaffen werden kann und zum anderen Interaktionsbeziehungen an sich – in der Terminologie des schlanken Managements – verschwendungsarm gestaltet werden können. So ist hinsichtlich der Wertschaffung die Frage nach dem **Ergebnis** der Interaktion zu stellen. Im Hinblick auf die Gestaltung einer verschwendungsarmen Interaktion hingegen ist die Frage nach dem **Interaktionsprozess** zu stellen.

Es wird außerdem deutlich, dass die in den vorhergehenden Kapiteln aufgezeigten Theorien des strategischen Managements an diesen Stellen nicht ausreichend sind.[197] So werden Aspek-

---

188 Beer et al., 1990, S. 12.

189 Vgl. Stratmann, 2010, S.11.

190 Vgl. Sarkar et al., 2009, S. 584. Hammervoll & Toften (2010, S. 542 f.) beschreiben in diesem Zusammenhang Initiativen zur Wertschaffung in Beziehungen durch die Entwicklung von Problemlösetechniken, Teilen vertraulicher Informationen, Wille zum Austausch, und beziehungsspezifische Investitionen. Dabei binden die drei erstgenannten konkret die individuelle Ebene ein.

191 Vgl. Kang et al., 2007, S. 239.

192 Vgl. Sarkar et al., 2009, S. 584.

193 Siehe hierzu Kapitel 3.1.2.

194 Vgl. Ouchi, 1980, S. 130.

195 Vgl. Gouldner, 1960, S. 171. Die Reziprozitätsnorm sagt Folgendes aus (S. 171): Hilf demjenigen, der dir geholfen hat; schade keinem der dir geholfen hat; der Wert der im Austausch zurückgegeben wird, muss etwa dem Wert entsprechen, den man im Austausch erhalten hat. Sie drückt damit aus, dass Geben und Nehmen stets zusammengehören und ausgeglichen sein sollten.

196 Vgl. Emerson, 1976, S. 340; Muthusamy & White, 2005 S. 419.

197 Coff (1997, S. 374 ff.) geht in seinem Beitrag auf die Besonderheiten menschlicher Ressourcen ein und vergleicht sie eingängig mit der strategischen Ressource eines Ölfelds „Like human assets an oil field may be a strategic asset. However, once acquired, an oil field 1. Cannot quit and move to a competing firm 2. Cannot demand higher or more equitable wages 3. Cannot reject the firm's authority or be unmotivated 4. Need not to be satisfied with supervisors, coworkers, or advancement opportunities."

te wie die Einstellungen von Mitarbeitern auf der Ebene der Ressourcenorientierung nicht diskutiert – bzw. können nicht mit den Ansätzen des klassischen ressourcenorientierten Ansatzes oder dessen Weiterentwicklungen des beziehungsspezifischen und wissensbasierten Ansatzes vollständig erklärt werden. Diese Problematik deckt sich mit der Forderung nach Mikrofundierung, die eingangs dieser Arbeit als ein junger Forschungsstrang des strategischen Managements vorgestellt wurde.[198]

Zur Ergänzung der betriebswirtschaftlichen ressourcenorientierten Ansätze soll die Soziale Austauschtheorie betrachtet werden[199], die in Kapitel 3.3.2 detailliert vorgestellt wird. Mit dem Einbezug der Sozialen Austauschtheorie sollen die Forderungen nach Mikrofundierung[200] ressourcenbasierter Ansätze[201] und dem Einbezug sozialpsychologischer und verhaltensorientierter Ansätze,[202] zur Realisierung des wertschaffenden Potenzials von Ressourcen[203] gerecht werden. Die Soziale Austauschtheorie berücksichtigt darüber hinaus den Austausch verschiedener Ressourcen, deren Nutzung durch Individuen oder Organisationen für die Wertschaffung unerlässlich sind.[204]

Die folgende Einführung der sozialen Austauschtheorie zeigt, dass sie sich als ein umfassender Referenzrahmen[205], mit klar ausdefinierbaren Elementen zur Beantwortung der Forschungsfrage eignet. Ausgehend von dieser Struktur wurde diese sozial-psychologische Theorie gewählt – und damit andere vordergründig ausgeschlossen[206].

3.3.2. Die Soziale Austauschtheorie als ein Erklärungsrahmen für individuelles Verhalten im betriebswirtschaftlichen Kontext

Die Soziale Austauschtheorie (Social Exchange Theory, SET) geht auf Ansätze in der Soziologie bzw. der Sozialpsychologie zurück.[207] Sie hat sich aus diesem Ursprung zu einem einflussreichen Ansatz entwickelt, um das Verhalten von Mitarbeitern zu untersuchen.[208]

---

198 Siehe hierzu Kapitel 1.2.1. Vgl. auch z.B. Bridoux et al., 2011, S. 711.

199 Smith et al. (1995, S. 17) nennen Austauschtheorien im Allgemeinen als möglichen Referenzrahmen zur Beschreibung von Kooperationsbeziehungen – dabei nennen sie die Arbeit von Peter Blau, der die Soziale Austauschtheorie wesentlich geprägt hat, als ein Beispiel.

200 Storper & Harrison (1991, S. 421) betonen hier insbesondere im Zusammenhang mit der Analyse von Produktionssystemen, dass die qualitative Dimensionen der inter- und intraorganisationalen Beziehungen, die von sozialen Aspekten (z.B. Unternehmenskultur) geprägt sind, noch wenig erforscht sind.

201 Felin & Hesterly, 2007, S. 214. Vgl. hierzu auch: Sirmon et al., 2007, S. 273.

202 Lepak et al. (2007, S. 180) betonen, die Interdisziplinarität der strategischen Managementforschung, die auch in der Definition und Analyse betrieblicher Wertschaffung eine wichtige Rolle einnimmt.

203 Vgl. Bridoux et al., 2011, S. 711. Siehe hierzu auch Sirmon et al., 2007, S. 289. Letzt genannte argumentieren, dass hinsichtlich der Ressourcen Forschungsbedarf besteht: "Some research exists on acquiring, developing, and divesting certain types of resources(e.g. human capital). But more research is needed on acquiring and developing other types of resources [...]." (S. 289).

204 Vgl. Moran & Ghoshal, 1999, S. 392.

205 Emerson (1976, S. 336) bezeichnet die Soziale Austauschtheorie aufgrund verschiedener Theorie-Einflüsse als einen Referenzrahmen.

206 Eine andere Möglichkeit wäre es gewesen, den Aspekt des Sozialen Kapitals (vgl. z.B. Tsai & Ghoshal, 1998, S. 464ff.) zu betrachten. Nach Meinung der Autorin fehlen hier allerdings Mechanismen zur Beschreibung individuellen Verhaltens, die in der Sozialen Austauchtheorie berücksichtigt werden. Aspekte des Sozialen Kapitals (z.B. die strukturelle, relationale und kognitive Dimension nach Tsai & Ghoshal, 1998, S. 465) finden durch die Verwendung der Sozialen Austauschtheorie als Rahmenwerk Eingang in diese Arbeit.

207 Vgl. Cropanzano & Mitchell, 2005, S. 874; Emerson, 1976, S. 335.

208 Vgl. Cropanzano & Mitchell, 2005, S. 874; Chadwick-Jones, 1976, S. 1.

SET "deals with social process not merely as a matter of rewards and costs but as a matter of reciprocal behaviour, of different degrees of reciprocity, unequal power, and the social conditions for interpersonal behavior – as complementary in some situations, competitive in others"[209]. Diese Erläuterung zeigt, dass die SET in einem unternehmerischen Kontext Anwendung finden kann. Einige Autoren verwenden die Theorie zur Beschreibung und Erklärung von Arbeitgeber-Arbeitnehmer-Beziehungen bzw. Beziehungen zwischen Mitarbeitern und Führungskräften.[210].

Für eine umfassende Beschreibung des Rahmens der Sozialen Austauschtheorie eignen sich die folgenden vier Annahmen nach Burns[211]:

1) Soziales Verhalten kann mit dem Terminus der **Belohnung** beschrieben werden, wobei eine Belohnung ein greifbares Gut oder eine nicht greifbare Leistung sein kann. Diese Belohnung befriedigt die **Bedürfnisse oder Ziele** einer Person.
2) Individuen streben danach, ihre **Belohnung zu maximieren**, und Verluste oder Bestrafungen zu minimieren.
3) **Soziale Interaktion** resultiert daraus, dass andere Individuen notwendige Güter oder Leistungen besitzen bzw. kontrollieren und mit diesen andere **belohnen** können bzw. zu ihrer Zielerfüllung beitragen können. Um eine Belohnung durch ein anderes Individuum zu erhalten, wird durch eine soziale Verpflichtung implizit eine **Gegenleistung** vereinbart.
4) Soziale Interaktion ist daher ein **Austausch gegenseitiger Belohnungen** in denen der Erhalt einer notwendigen Variablen (als Gut oder Leistung) zur Bedürfnisbefriedigung von einer (unmittelbaren) **Gegenleistung** abhängt.

Mit anderen Worten können diese vier Aspekte folgendermaßen zusammengefasst werden: **Individuen streben nach Nutzenmaximierung, die sich aus der Erfüllung von Zielen ergibt. Für die Nutzenmaximierung sind eine Interaktion und ein damit verbundener gegenseitiger Ressourcenaustausch mit anderen Individuen notwendig.**

Homans definiert in diesem Zusammenhang außerdem, dass je wertvoller für eine Person der Nutzen aus einer Interaktion ist, sie umso häufiger die Interaktion eingehen wird.[212] Gleichzeitig beschreibt er einen abnehmenden Grenznutzen: Der Wert jeder weiteren Nutzeneinheit sinkt mit der Häufigkeit der Interaktion.[213] Homans betont auch, dass im Sinne der Gesamtbelohnung Interaktions- bzw. Tauschbeziehungen langfristig zu betrachten sind.[214] Mit einer

---

209 Chadwick-Jones, 1976, S. 1.

210 Vgl. z.B. Cropanzano & Mitchell, 2005, S. 875; Eisenberger et al., 1986, S. 500ff.; Gould-Williams & Davies, 2005, S. 1ff.; Johnson & O'Leary-Kelly 2003, S. 627ff.; Settoon et al., 1996, S. 219ff.; Shin et al., 2012, S. 730ff.; Wilkens & Nermerich, 2011, S. 69; Wilson et al., 2010, S. 358 ff.

211 Vgl. Burns, 1973, S. 188f. Vgl. Auch: Ridley & Avery, 1979, S. 233.

212 Vgl. Homans, 1972, S. 47. Dieser Aussage wird ebenso tautologischer Charakter vorgeworfen, wie der Aussage, je wertvoller eine Aktivität für eine Person ist, desto häufiger sich diese Person den Aktivitäten zuwenden wird, die von einer anderen Person mit dieser Aktivität belohnt werden (vgl. Homans, 1972, S. 47; Emerson, 1976, S. 342). Emerson (1976, S. 342 f.), der die Kritik darlegt, beschreibt gleichzeitig, dass diese Aussagen nicht prüfbar aber dennoch nützlich sind. Der Aspekt der Nützlichkeit soll in dieser Arbeit ebenfalls im Vordergrund stehen, sodass auf diese Kritik nicht weiter eingegangen wird, so lange die Nützlichkeit der Aussagen erhalten bleibt.

213 Vgl. Homans, 1972, S. 47.

214 Vgl. Homans, 1972, S. 60 f.; siehe auch: Emerson (1976, S. 359), der empfiehlt Langzeit-Beziehungen als Analyseeinheit der sozialen Austauschtheorie zu verwenden.

langfristigen Perspektive ist es möglich, dass Individuen „ihre Zeit zwischen alternativen Aktivitäten [so] zu verteilen, daß [dass] jeder später eine größere Gesamtbelohnung erhält.“ [215] Er beschreibt diesen Sachverhalt mit folgendem zusammengefassten Beispiel[216]:

Person A hilft Person B bei der Arbeit und erhält im Gegenzug Anerkennung (entspricht einer Belohnung). Der Nutzen aus der Anerkennung sinkt – auf den einzelnen Arbeitstag betrachtet – mit jeder weiteren Einheit (z.B. Stunde), die Person A damit verbringt Person B zu helfen, statt die eigene Arbeit zu verrichten (alternative Tätigkeit). Langfristig betrachtet (> 1 Arbeitstag) können Person A und Person B eine Zeitaufteilung finden, welche durch Interaktion einen größeren Gesamtnutzen bzw. eine größere Gesamtbelohnung für beide Personen ermöglicht. Die Gesamtbelohnung setzt sich dann aus Anerkennung durch Hilfe und die verrichtete eigene Arbeit bei Person A und empfangener Hilfe und verrichteter Arbeit bei Person B zusammen.

Die Betrachtungsperspektive für Austauschbeziehungen[217] soll aus diesem Grund **langfristig** angelegt sein. Vor dem Hintergrund, dass sich auch ökonomisch handelnde Menschen nicht immer vollständig rational verhalten[218] und eine Optimierung aus Grenzkosten bzw. Grenznutzenperspektive im menschlichen Verhalten aus diesem Grund nicht möglich ist[219], sind weitere Kontextfaktoren von Austauschbeziehungen handlungsrelevant.

Burns betont in diesem Zusammenhang, dass Entscheidungssituationen oder Beurteilungen immer den sozialen Kontext in dem sie stattfinden, berücksichtigen müssen.[220] Normative Vorgaben, die Ressourcenverteilung und der Austauschinhalt, d.h. die Art der Ressource, die Stabilität der Beziehung sowie strukturelle und zeitliche Kontextmerkmale spielen hier eine bedeutsame Rolle.[221] Es wird außerdem deutlich, dass die Gegenseitigkeit[222], die auch Gouldner mit der Norm der Reziprozität[223] thematisiert, von zentraler Bedeutung ist. Versteht man die Norm der Reziprozität als ein Prinzip der Gerechtigkeit[224], so lässt sich Homans Satz anschließen, in dem er sagt, dass verletzte Gerechtigkeit zum emotionalen Verhalten des Ärgers führt.[225] Eine Interaktionsbeziehung würde damit negativ beeinflusst werden. Gleichzeitig wird eine Beziehung durch positive Reziprozität enger, denn Beziehungen werden durch bewiesene Reziprozität belastbarer.[226] Blau betont in diesem Zusammenhang die Besonderheit

215 Homans, 1972, S. 60 f.
216 Vgl. Homans, 1972, S. 61.
217 Die Bezeichnung „Austauschbeziehung“ soll im Folgenden synonym für die Bezeichnung „Kooperationsbeziehung“ verwendet werden.
218 Vgl. Homans, 1972, S. 67 ff. Homans führt in diesem Zusammenhang den neuen homo oeconomicus ein, der grundsätzlich ökonomisch handelt, aber auch Belohnung aus anderen Formen als der wirtschaftlichen Optimierung ziehen kann. Der Autor schließt die Überlegung zur Rationalität mit dem Fazit, dass „Bemühen, Voraussicht und Berechnung“ einschließt, welche Kosten verursachen und strenggenommen immer in die Gesamtrechnung intergiert werden müssen: „Die eigenen Kosten machen die Rationalität irrational“ (S. 70).
219 Vgl. Homans, 1972, S. 61.
220 Vgl. Burns, 1973, S. 189.
221 Vgl. Burns, 1973, S. 189.
222 Vgl. Burns, 1973, S. 190.
223 Vgl. Gouldner, 1960, S. 171. Die Norm der Reziprozität drückt vereinfacht aus, dass Leistung und Gegenleistung ausgeglichen sein müssen. Siehe auch Fußnote 195 in Abschnitt 3.3.1.
224 Homans (1972, S. 63) versteht aus einer Belohnungsperspektive heraus unter „ausgleichender Gerechtigkeit: Gerechtigkeit beim Austausch von Belohnung und Kosten zwischen Personen“. Kosten definiert der Autor dabei als Wert der Belohnung einer (verfügbaren) alternativen Handlung, auf die zugunsten der gegebenen Handlung verzichtet wurde (S. 50 f.). Es ist damit eine Opportunitätsbetrachtung.
225 Vgl. Homans, 1972, S. 64.
226 Vgl. Stegbauer, 2011, S. 132.

sozialer Austauschbeziehungen im Vergleich zur ökonomischen Perspektive: Eingebrachte, nutzenstiftende Leistungen bedingen zwar Gegenleistungen, jedoch müssen diese zum Zeitpunkt der ersten Leistung nicht näher bestimmt sein – weder hinsichtlich der Ressource[227] noch hinsichtlich des Zeitpunkts der Gegenleistung.[228] Weil vor diesem Hintergrund zunächst risikoarme Interaktionen stattfinden, kann sich langfristig betrachtet Vertrauen aufbauen und die Beziehung an sich stärken.[229]

Weitere Faktoren, die sich nach Burns auf den sozialen Austausch auswirken, sind jeweilige (institutionalisierte) Rollen des Individuums[230], Rahmenbedingungen und Alternativen[231], kulturelle und gesellschaftliche Hintergründe[232], sich selbst verstärkende Kooperationsmechanismen[233] und Persönlichkeitsfaktoren[234]. Als Rolle der Individuen soll in dieser Forschungsarbeit ausschließlich die berufliche Rolle betrachtet werden.

Thibaut & Kelley legen, in engem Zusammenhang mit der Betrachtung alternativer Beziehungen, das Konzept der Vergleichslevel dar, die erklären unter welchen Umständen eine Person eine Beziehung aufrechterhält.[235] Die Entscheidung in einer Beziehung zu bleiben oder diese zu verlassen, hängt von individuellen Erwartungen an die aktuelle Beziehung ab und vergleicht diese mit den Erwartungen an mögliche andere Beziehungen.[236]

Für die Beschreibung von Kooperationsbeziehungen zwischen Individuen sollen in dieser Arbeit drei Aspekte berücksichtigt werden[237]:

- individuelle Potenziale der Mitarbeiter im Unternehmen,
- die Austauschbeziehung und ihre Merkmale
- die Austausch-Ressource und deren Medium.

Abb. 7 skizziert den Referenzrahmen der sozialen Austauschtheorie für diese Arbeit – in der vereinfachten Darstellungsform einer Dyade.

Vor dem Hintergrund, dass die soziale Austauschtheorie als sozial-psychologischer Referenzrahmen menschlichen Verhaltens im unternehmerischen Kontext anwendbar ist[238], soll sie in

227 Eine Problematik ist in diesem Zusammenhang die individuelle Bewertung von Austauschressourcen. So haben die im sozialen Austausch getauschten Ressourcen häufig symbolischen Charakter und sowohl die Wert- bzw. Nutzenwahrnehmung als auch die Bewertung möglicher Alternativen zum Austausch hängt von der individuellen Einschätzung ab. Vgl. hierzu Ekeh, 1974, S. 200 f.

228 Vgl Blau, 1974, S. 209.

229 Vgl Blau, 1974, S. 209.

230 Vgl. Burns, 1973, S. 192.

231 Vgl. Burns, 1973, S. 192

232 Vgl. Burns, 1973, S. 195.

233 Vgl. Burns, 1973, S. 196. Der Autor erläutert hier, dass positive gegenseitige Orientierungen sich positiv auf das Kooperationsverhalten auswirken, welches wiederum die positive Orientierung hinsichtlich der Kooperation stärkt.

234 Vgl. Burns, 1973, S. 196.

235 Vgl. Thibaut & Kelley, 1986, S. 21 ff.

236 Vgl. Irle, 1975, S. 401 ff.; Stock-Homburg, 2008, S. 55 ff.

237 Siehe hierzu auch: Bode & Müller, 2013a, S. 133 ff.; Bode & Müller 2013b, S. 234 ff. Bode & Müller, 2012a, S. 359 ff.; Bode & Müller, 2012b, S. 32 ff. Cropanzano & Mitchell (2005, S. 875) fokussieren z.B. auf Austauschregeln und –normen, Austauschressourcen und aufkommende Beziehungen. Die Integration des Individuums und seiner Eigenschaften, ist dort allerdings offen. Johnson & O'Leary-Kelly (2003, S. 630) betonen in ihrer Untersuchung den Aspekt der individuellen Persönlichkeit vor dem Hintergrund individuell verschiedener Erwartungen in der Arbeitnehmer-Arbeitgeber-Beziehung. Auch Kang et al. (2007, S. 239f.) beziehen die affektive und kognitive Dimension des Individuums mit ein.

238 Vgl. Emerson, 1976, S. 359.

dieser Arbeit zur Mikrofundierung ressourcenbasierter Ansätze genutzt werden. Hierzu soll unternehmerische Kooperation als das Eingehen (langfristiger) Interaktionsbeziehungen auf individueller Ebene betrachtet werden. In diese Beziehungen bringen beteiligte Individuen ihre persönlichen Potenziale ein, gestalten die Beziehungen und tauschen unterschiedliche Ressourcen aus.

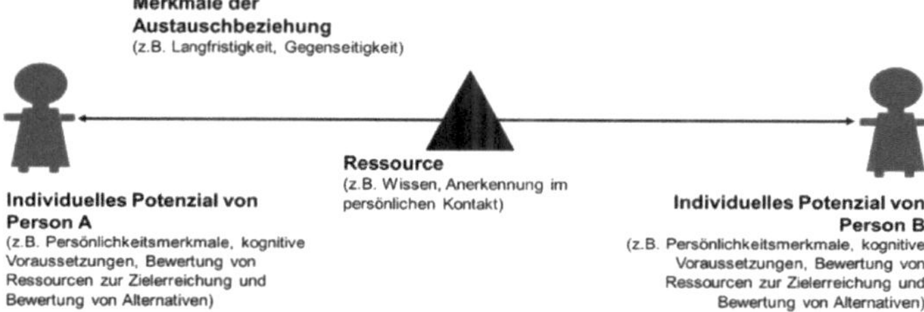

Abb. 7: Referenzrahmen der Sozialen Austauschtheorie (dyadisch)

Da die Individuen in ihren Rollen als Mitarbeiter betrachtet werden, soll vorrangig davon ausgegangen werden, dass sie jeweils die Ziele der Organisation verfolgen. Unter dieser Voraussetzung kann mittels des Referenzrahmens betrachtet werden, wie soziale Austauschbeziehungen zur Erfüllung organisationaler Ziele beitragen.

3.4. Zusammenführung der Erkenntnisse und Übertragung auf das Forschungsprojekt

Wie bereits dargelegt wurde, liegt das unternehmerische Ziel darin, mit einem effizienten Vorgehen Wert zu schaffen.[239] Dieser Wert kennzeichnet sich dadurch, dass er den Kundennutzen erhöht und sich der Kunde ceteris paribus für das Marktangebot mit dem höchsten Kundennutzen entscheidet.[240] Diese Wertschaffung trägt zur Erzielung von Wettbewerbsvorteilen bei.[241] Wird nun berücksichtigt, dass im Unternehmen soziales Verhalten stattfindet und Faktoren auf der Ebene des Menschen Einfluss auf Arbeitszufriedenheit und Leistung nehmen[242], so wird es zunehmend wichtig, diese Ebene in der betriebswirtschaftlichen Forschung zu berücksichtigen. Die ressourcenbasierte Perspektive, welche die Erzielung von Wettbewerbsvorteilen mit theoretischen Aussagengerüsten untersucht, liefert hier bereits erste Ansatzpunkte. So betrachtet der klassische ressourcenbasierte Ansatz Wettbewerbsvorteile, die aufgrund heterogener Ressourcenausstattungen im Unternehmen entstehen, die z.B. auch immaterieller Natur sein können.[243] Auch die Weiterentwicklungen bspw. der beziehungsorientierte Ansatz oder der wissensbasierte Ansatz, legen eine Fundierung der Theorien auf Mikroebene nahe.[244] Sie berücksichtigen z.B. den Aufbau von Routinen zum effizienten Wissensaustausch, mit denen die wettbewerbsrelevante Ressource Wissen in unternehmensweiten und -übergreifenden Beziehungen ausgetauscht wird.[245]

239 Siehe hierzu Kapitel 3.1.3.
240 Siehe hierzu Kapitel 3.2.1.2.
241 Siehe hierzu Kapitel 3.2.2.
242 Siehe hierzu Kapitel 3.1.3.
243 Siehe hierzu Kapitel 3.2.2.2.
244 Siehe hierzu Kapitel 3.2.2.2.
245 Siehe hierzu Kapitel 3.2.2.2.

Vor diesem Hintergrund wurde die Soziale Austauschtheorie eingeführt, die unter der Berücksichtigung der Individuen, Beziehungsmerkmalen und Austauschressourcen einen Referenzrahmen zur Mikrofundierung der dargelegten ressourcenorientierten Ansätzen bilden kann. Dieser Ansatz zur Mikrofundierung ist in Abb. 8 dargestellt.

Geht es nun darum, die Ebene der Menschen im Unternehmen in die betriebswirtschaftliche Forschung im Rahmen der Mikrofundierung zu integrieren, so ist eine geeignete wissenschaftstheoretische Ausrichtung des Forschungsvorhabens notwendig. Nach der Argumentation des Konstruktivismus wird das Handeln der Individuen im Unternehmen durch deren individuell wahrgenommene Realitätsrepräsentationen bestimmt.[246] Ein methodischer Ansatz, der diesen Aspekt beachtet und durch eine umfassende Darstellung der Problemsituationen[247] ermöglicht, nützliche[248] Lösungsstrategien[249] zu generieren, kann die theoretische Mikrofundierung in einer empirischen Erhebung umsetzen.

Hierzu soll im folgenden Kapitel 4 der thematische Rahmen dieser Arbeit dargelegt werden, bevor im nächsten Schritt ein Annahmenmodell zur mikrofundierten Untersuchung dieser Thematik abgeleitet werden kann.

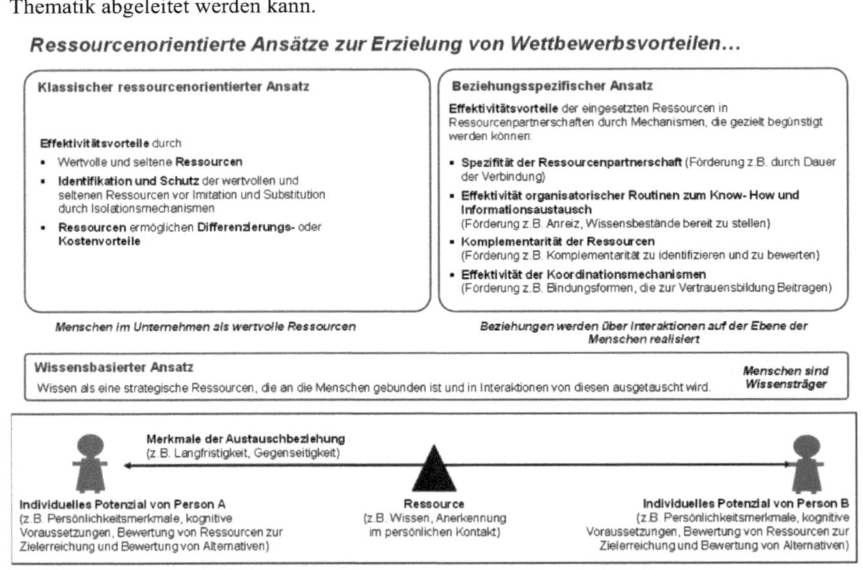

Abb. 8: Mikrofundierung ressourcenbasierter Ansätze

Quelle: Eigene Abbildung unter Berücksichtigung von Stratmann (2010, S. 42 und 52 f.)

246 Siehe hierzu Kapitel 2.1.
247 Siehe hierzu Kapitel 2.2.
248 Nützlich im Sinne des Konstruktivismus. Vgl. hierzu Abschnitt 2.1.
249 Siehe hierzu Kapitel 2.1.

4. Kooperationsbeziehungen schlanker Unternehmen

4.1. Das schlanke Unternehmen

4.1.1. Grundlagen und Ziele des schlanken Unternehmens

In der Literatur gibt es unterschiedliche Auffassungen, was unter den Konzepten Lean Management, schlankes Unternehmen, Lean Production, Just-in-time, Kaizen, Kontinuierlicher Verbesserungsprozess (KVP) und einigen weiteren Begriffen zu verstehen ist.[1] In dieser Arbeit soll unter dem Begriff Lean Management[2] ein ganzheitlicher Managementansatz verstanden werden, der auf das Toyota Produktionssystem[3] und dessen Umsetzung im Unternehmen[4] zurückgeht. Mit der Einführung von Lean-Konzepten verfolgen Unternehmen die Erzielung von Wettbewerbsvorteilen durch die Verbesserung der Größen Qualität, Kosten und Lieferservice[5] in der unternehmerischen Wertschöpfung. Im Folgenden soll zunächst auf die Herkunft und Entwicklung des schlanken Managementansatzes eingegangen werden, bevor die (strategische) Zielsetzung dargelegt wird.

Herkunft und Weiterentwicklung

Die Entwicklung des schlanken Managements beginnt in Japan aufgrund verschiedener historische Umstände aus dem Paradigma der Massenfertigung heraus und der Notwendigkeit, hohe Stückzahlen in hoher Qualität zu niedrigen Kosten, mit einer hohen Motivation der Mitarbeiter herzustellen.[6] Womack et al., die im Rahmen des International Motor Vehicle Program am Massachusetts Institute of Technology[7] den Begriff der schlanken Produktion geprägt haben und umfassend die Unterschiede zwischen Massenproduktion und schlanker Produktion in der Automobilbranche untersucht haben, gehen detailliert auf die Entstehungsgeschichte der schlanken Produktion ein[8]:

Der Ansatz geht maßgeblich auf den Automobilhersteller Toyota zurück, der bis in die frühen 1930er Jahre Webstühle für die Textilindustrie hergestellt hat. Nach dem zweiten Weltkrieg erfolgte die komplette Umstellung auf die Herstellung von Automobilen, wobei sich das Unternehmen zahlreichen Herausforderungen gegenüber sah[9]:

- Nachfrage nach einer Vielzahl verschiedener Automobilvarianten im japanischen Markt (Fahrzeuge der Luxusklasse für Regierungsvertreter, Nutzfahrzeuge für Bauern und Stadtfahrzeuge für dicht besiedelte Städte in Japan.)

---

1 Vgl. z.B. Sakakibara et al., 1997, S. 1246; Lee & Jo, 2007, S. 3667; Amasaka & Sakai, 2010, S. 85; Thun et al., 2010, S. 7091.

2 In dieser Arbeit soll der Begriff „schlanke Unternehmensführung“ synonym verwendet werden.

3 Vgl. Sugimori et al., 1977, S. 553.

4 Vgl. Liker, 2011, S. 30.

5 Vgl. Lander & Liker, 2007, S. 3681.

6 Vgl. Lamming, 1993, S. 26.

7 Im Rahmen dieser Untersuchung wurde das Buch "The Machine that Changed the World“ verfasst. Dieses gilt als eine der Grundlagen in der Beschreibung des japanischen Managementansatzes. Vgl. Holweg, 2007, S. 420.

8 Vgl. Womack et al., 1991, S. 49 f.

9 Siehe hierzu auch: Sugimori et al., 1977, S. 553 f.

- Gestärkte Position der japanischen Belegschaft (Mitarbeiter waren nicht länger bereit, als austauschbare Produktionsfaktoren zu gelten oder Massenentlassungen hinzunehmen[10] und organisierte sich in verhandlungsstarken Gewerkschaften.)
- Geringe Investitionsmöglichkeiten zur Anschaffung von Maschinen und Anlagen nach hohem westlichen Standard durch die Kapitalnot und eine Phase der wirtschaftlichen Depression während der amerikanischen Besatzungszeit nach dem zweiten Weltkrieg[11]
- Ausländische Unternehmen, die in den japanischen Markt einsteigen wollten als potenzielle Wettbewerbsbedrohung[12]

Nach einem dreimonatigen Aufenthalt beim Massenhersteller Ford in den USA in dessen zum damaligen Zeitpunkt effizientesten Werk, haben Eiji Toyoda und Taichii Ohno die Methoden und Werkzeuge der Massenproduktion kennengelernt, auf die Besonderheiten des japanischen Umfelds angepasst und in den folgenden Jahren das Toyota Produktionssystem entwickelt.[13]

Das Toyota Produktionssystem hat sich in den folgenden Jahren in seiner Anwendung als sehr erfolgreich erwiesen und wurde zunächst insbesondere in Japan adaptiert, bevor es auch in westliche Industrieländer übertragen und weiterentwickelt wurde.[14]

Obwohl es kritische Stimmen gibt, Lean Management könne aufgrund der kulturellen und wirtschaftlichen Situation nur in Japan funktionieren[15], so ist dem nicht zuzustimmen, wie viele Transferbeispiele in andere kulturelle Kontexte und Wirtschaftsbranchen zeigen[16]. Vielmehr muss das Konzept ganzheitlich – im Sinne einer Philosophie[17] – betrachtet werden, um es erfolgreich[18] im Unternehmen einführen und anwenden zu können. Im Folgenden sollen die Zielsetzung des Managementansatzes und die Prinzipien zur Umsetzung der Philosophie des schlanken Unternehmens dargestellt werden.

(Strategische) Zielsetzung

Hines erläutert, dass sich Wettbewerbsvorteile dann ergeben, wenn ein Unternehmen in einem gewählten Markt stärker ist, als alle anderen Marktteilnehmer.[19] Der nachhaltige Wettbewerbsvorteil entsteht durch überdurchschnittliche Personal-, Logistik- und Wissensressourcen, sowie anderen Leistungsmerkmalen, die von Wettbewerbern nicht nachgeahmt werden können und dem Kunden einen Wert generieren.[20] Diese Sichtweise ist als ressourcenorien-

---

10 Vgl. Womack et al., 1991, S. 53.
11 Vgl. Womack et al., 1991, S. 53.
12 Vgl. auch: Hines et al., 2004, S. 994.
13 Vgl. Womack et al., 1991, S. 49.
14 Vgl. Liker, 2011, S. 30; Hines, 1994, S. 113; Hines et al., 2004, S. 994f.; Womack et al., 1991, S. 9.
15 Vgl. z.B. Pfeiffer & Weiß, 1994, S. 3; James-Moore & Gibbons, 1997, S. 907; Holweg, 2007, S. 428 und die dort angegebene Literatur. Eine ausführliche Diskussion hierzu befindet sich im Beitrag von Lee & Jo, 2007, S. 3667 f.
16 Vgl. z.B. Womack et al, 1991. Siehe hierzu auch die Relevanz des Ansatzes für Unternehmen in Deutschland, dargestellt anhand einer Job-Analyse in Kapitel 1.2.1.
17 Vgl. z.B. Bernard, 1996, S. 582; Bhasin & Burcher, 2006, S. 64 und Pfeiffer & Weiß, 1994, S. 53.
18 Vielfach scheitern Unternehmen an der Einführung und Umsetzung des schlanken Managements. Vgl. z.B. Bhasin & Burcher, S., 2006, S. 56; Hines et al., 2004, S, 995 und die dort angegebene Literatur; Lander & Liker, 2007, S. 3682; Liker, 2011, S.40; Spear & Bowen, 1999, S. 97; New, 2007, S. 3547.
19 Vgl. Hines, 1994, S. 5.
20 Vgl. Hines, 1994, S. 5.

tiert[21] anzusehen, weil zum einen die Betonung auf der Stärke, d.h. der Ressourcenausstattung, des Unternehmens liegt und zum anderen die Kriterien strategischer Wettbewerbsvorteile nach Barney[22] gefordert werden.

Quelle	Zielsetzung	Grundsätze zur Umsetzung
Sugimori et al., 1977, S. 553 ff.	(Wettbewerbs-) Vorteile, Produktivität, Umschlaghäufigkeit des Umlaufvermögens, Anzahl und Akzeptanz von Verbesserungsvorschlägen	• Kostenreduktion durch Eliminierung von Verschwendung (Ziehende Folgeprozesse, Einstückfluss, Produktionsnivellierung, Verschwendungsreduktion durch Vermeidung von Überproduktion) • Jidoka (Fertigung stoppen, sobald ein Fehler auftritt/entsteht) • Nutzung des gesamten Mitarbeiterpotenzials (Reduktion der Mitarbeiterbewegungen, Beachtung von Sicherheitsmaßnahmen, Zeigen und Nutzen der Mitarbeiterfähigkeiten)
Pegels, 1984, S. 3	Fokus auf die Optimierung der Produktion und des Bestandsmanagements	Just-in-time Prinzip als dominierendes Prinzip, das zahlreiche weitere japanische Methoden Andon[23]/Jidoka, Prozessverbesserung, etc. umfasst
Imai, 1986, S. 2 f.; S. 226 f.	Wettbewerbsvorteile (Erhöhung von Qualität, Produktivität und Realisierung der Kundenbedürfnisse)	Kontinuierliche Verbesserung (Kaizen)
Womack et al., 1991, S. 256	„world-class manufacturing skills"[24] Produktivität, Produktqualität, Reaktion auf sich ändernde Kundenbedürfnisse	**Die Elemente der schlanken Produktion** 1. Unterhaltung/Gestaltung des Unternehmens bzw. der Produktion (Fokus auf Wertgenerierung, Fehlerbehebung und Ursachenlösung)[25] 2. Produktentwicklung (Fokus auf Führung, Teamarbeit, Kommunikation, simultane Entwicklung)[26] 3. Koordination der Wertschöpfungskette (Langfristige Partnerschaften mit einer geringen Anzahl[27] an Zulieferern, Steuerung dieser Partnerschaften)[28] 4. Umgang mit Kunden („aggressive selling"[29], Einbezug des Kunden und Reaktion auf Kundenwünsche)[30] 5. Management des schlanken Unternehmens (attraktive Finanzierung mit Langzeitfokus für Gruppenmitglieder, Personalwesen schafft ein interorganisationales Netzwerk mit Zulieferern und fokussiert das Expertenwissen der Mitarbeiter, globale Koordination)[31]
Hines, 1994, S. 5	Strategische Wettbewerbsvorteile	**Sieben Grundsätze:** 1. Kunde zuerst 2. Wettbewerb und Kooperation innerhalb der Branche und der Gemeinschaft 3. Respekt gegenüber dem Wert der Menschen 4. Gegenseitiges Vertrauen zwischen Mitarbeitern und Management 5. Gegenseitiges Vertrauen zwischen Mitarbeitern und dem Management 6. Herausforderungen und Mut 7. Angewandte Kreativität **8.** Kostenbewusstsein

[21] Der schlanke Managementansatz ist als ressourcenorientiert zu betrachten. Bode & Müller 2013b, S. 232 f. Vgl. auch Lewis, 2000, S. 959 ff.

[22] Vgl. Barney, 1991, S. 105 f.: Ressourcen müssen einen Beitrag zur Wertschaffung leisten, sie müssen einzigartig und schwer imitierbar und ersetzbar sein. Vgl. auch Newbert, 2008, S. 747. Siehe hierzu auch Kapitel 3.2.2.2.

[23] Der Autor setzt Andon/Jidoka als Methode gleich und bezeichnet sie als Mechanismus zur Identifikation von Problemen in der Produktion (Pegels, 1984, S. 4).

[24] Womack et al, 1991, S. 256.

[25] Vgl. Womack et al, 1991, S. 99.

[26] Vgl. Womack et al, 1991, S. 112 ff.

[27] Die Autoren beschreiben, dass japanische Lean-Unternehmen weniger als 300 Zulieferer in ihrer Projekte einbinden – dies im Vergleich zu 1.000 bis 2.500 Partner bei westlichen Massenherstellern. Vgl. Womack et al, 1991, S. 146.

[28] Vgl. Womack et al, 1991, S. 146 ff.

[29] Dieser Ausdruck kann mit einer proaktiven Verkaufsweise übersetzt werden, die den Kunden intensiv einbezieht. Womack et al, 1991, S. 186.

[30] Vgl. Womack et al, 1991, S. 186 f.

[31] Vgl. Womack et al, 1991, S. 192 ff.

Quelle	Zielsetzung	Grundsätze zur Umsetzung
Pfeiffer & Weiß, 1994, S. 53	Strategisch-langfristige, taktisch-mittelfristige und operativ-kurzfristige Ziele, mittel- und langfristige Systemwirtschaftlichkeit	Lean Management ist eine „permanente, konsequente und integrierte Anwendung eines Bündels von Prinzipien, Methoden und Maßnahmen zur effektiven Planung, Gestaltung und Kontrolle der gesamten Wertschöpfungskette von (industriellen) Gütern und Dienstleistungen. […] Dabei setzt es an sämtlichen Gestaltungsfaktoren der Unternehmung an […]. Wichtig ist, daß [sic!] darüber hinaus das gesamte Wertschöpfungsnetzwerk, also auch die Systeme der Zulieferer und Kunden in die Betrachtung einbezogen werden, mit dem Ziel, prinzipiell Verschwendung zu vermeiden […]"
Womack, & Jones, 1994, S. 93 ff.	„lean enterprise […] [as] a group of individuals, functions and legally separate but operationally synchronized companies. […] the group´s mission is collectively to analyze and focus a value stream so it does everything involved in supplying […] maximum value to the customer."[32]	**Drei Bedürfnisse:** 1. Bedürfnisse des Individuums (Arbeitsplatzsicherheit und Streben nach Identifikation) 2. Bedürfnisse der Funktionen (Funktionen im Unternehmen als Sammelstellen organisationalen Lernens) 3. Bedürfnisse des Unternehmens (Verantwortung einzelner Unternehmen für Verbesserungsergebnisse und spezifische Tätigkeiten innerhalb einer kooperativen Wertschöpfungskette)
Womack & Jones, 2003, S. 15-25	Effiziente Wertschaffung	**Fünf Prinzipien:** 1. Kundenwert definieren 2. Wertstrom definieren 3. Fließende Prozesse schaffen 4. Ziehende-Produktion 5. Streben nach Perfektion
Liker, 2011, S. 71-76	„Operative Exzellenz als strategische Waffe"[33]	**4 Kategorien mit insgesamt 14 Prinzipien** *Kategorie 1: Langfristige Philosophie* 1. Langfristige Philosophie als Grundlage der Managemententscheidungen (auch zu Lasten kurzfristiger Gewinne) *Kategorie 2: Prozessorientierung* 2. Etablierung kontinuierlich fließender Prozesse (Sichtbarmachen von Problemen) 3. Einsatz von Zieh-Systemen (zur Vermeidung von Überproduktion) 4. Ausgeglichene Produktionsauslastung 5. Null-Fehler Kultur 6. Standardisierung als Grundlage kontinuierlicher Verbesserung zur Übertragung von Verantwortung auf Mitarbeiter 7. Nutzung visueller Kontrollen 8. Einsatz zuverlässiger Technologien zur Unterstützung von Menschen und Prozessen *Kategorie 3: Mehrwert schaffen durch Entwicklung von Mitarbeitern und Geschäftspartnern* 9. Führungskräfteentwicklung (Vorbildfunktion) 10. Mitarbeiter- und Teamentwicklung 11. Nutzung und Unterstützung der Geschäftspartner *Kategorie 4: Problemursachen zu lösen, bildet die Grundlage für unternehmensweite Lernprozesse* 12. Manager und Führungskräfte sollen sich regelmäßig ein Bild vor Ort machen 13. Entscheidungen gut überlegt unter Einbezug aller Alternativen im Konsensprinzip treffen und schnell umsetzen 14. Kontinuierliche Reflexion und Verbesserung

Tab. 13: Lean Management Zielsetzung und Grundsätze

Um diese ressourcenorientierten Wettbewerbsvorteile zu erreichen, werden Grundsätze formuliert, die aus dem Toyota-Produktionssystem abgeleitet und vielfach publiziert sind. Tab. 13 zeigt eine Auswahl der formulierten Zielsetzungen und Grundsätze zur Umsetzung von Lean Management in einer Übersicht.

32 Womack & Jones, 1994, S. 93 f.
33 Liker, 2011, S. 25.

Es wird ersichtlich, dass Lean Management sowohl Effektivitäts- als auch Effizienzziele vereint. So werden neben einer herausragenden Wettbewerbsposition mit operativer Exzellenz auch Produktivitätsziele und die kontinuierliche Verbesserung von (Produktions-)Prozessen verfolgt.[34] Dass beide Aspekte miteinander verbunden sind, betont auch Bleicher: Er argumentiert, dass aus „Erfahrungen im Umgang mit Problemen beim Vollzug normativer und strategischer Vorgaben Erkenntnisse zur Verbesserung reifen, die sofort umgesetzt werden“[35]. Aus einer ressourcenorientierten Sicht, kann die Umsetzung des schlanken Managements als Grundlage für nachhaltige Wettbewerbsvorteile dienen[36], da insbesondere das Prinzip der kontinuierlichen Verbesserung zum organisationalen Lernen beiträgt, vorhandene Ressourcen nutzt und neue entwickelt[37]. Die vorgestellten ressourcenorientierten Theorien eignen sich vor diesem Hintergrund als theoretischer Rahmen für den vorgestellten Managementansatz.

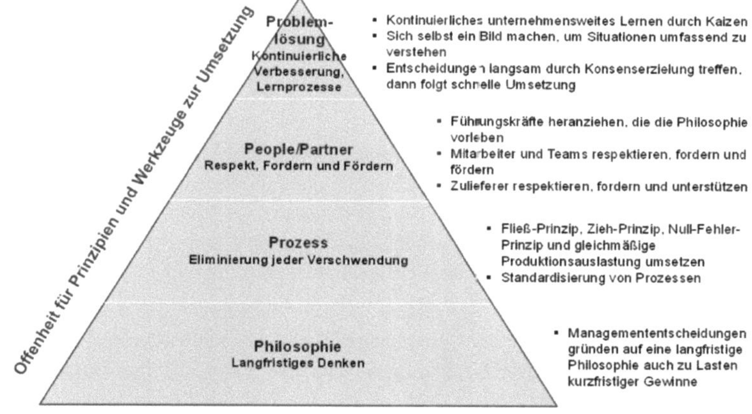

Abb. 9: Lean Management als ein ganzheitlicher Ansatz

Quelle: Liker (2011), S. 30, ergänzt.

Mit den in Tab. 13 dargestellten, über die Zeit hinweg abgeleiteten Grundsätze schlanker Unternehmen wird ebenfalls ersichtlich, dass Lean Management bereits von seinen Anfängen her als ein sehr umfänglicher Ansatz zu charakterisieren ist. In dieser Arbeit soll, wenn von Lean Management gesprochen wird, der Ansatz von Liker fokussiert werden. Dieser beinhaltet sowohl weitgehend alle Elemente der vorausgehenden Zielsetzungen und kennzeichnet mit den 14 Prinzipien innerhalb der vier Kategorien Philosophie, Prozesse, Menschen und Partner und

[34] Hines et al. (2004, S. 1006 f.) betonen in diesem Zusammenhang, dass die strategische Komponente des schlanken Managements darin liegt, Wertschaffung durch Kundennutzen zu genieren. Diese Zielsetzung kann auf operativer Ebene mit einer Vielzahl unterschiedlicher Ansätze, die nicht zwangsläufig aus dem Toyota-Produktionssystem hervorgehen müssen, ausgestaltet werden. Auf operativer Ebene ist es dabei das Ziel, Verschwendung zu eliminieren.

[35] Vgl. Bleicher, 2011, S. 425.

[36] Vgl. Lewis, 2000, S. 959.

[37] Vgl. Lewis, 2000, S. 959.

Problemlösung einen ganzheitlichen Ansatz.[38] Damit wird deutlich, dass ein reiner Fokus auf den Fertigungsprozess und der Term „Lean Production" zu kurz greifen. Eine langfristige Philosophie im Hintergrund und das stetige Entwickeln und Nutzen der Potenziale von Mitarbeitern und Kooperationspartnern sowie ein kontinuierliches Lernen sind elementar. Die langfristige Philosophie und ein ganzheitliches Verständnis sind auch deshalb von Bedeutung, da der Lean-Ansatz in vielen Fällen auf impliziten Verträgen beruht so z.B. zwischen Herstellern und Zulieferern[39], oder naturgemäß zwischen Unternehmen und Mitarbeitern[40]. Der ganzheitliche Lean Management-Ansatz ist in Abb. 9 dargestellt.

Es wird bereits deutlich, dass die Menschen im Unternehmen eine wichtige Rolle in der Umsetzung schlanker Prinzipien spielen.[41] Sugimori et al. beschreiben in diesem Zusammenhang das „'respect-for-human' system where the workers are allowed to display in full their capabilities through active participation in running and improving their own workshops"[42]. Als Elemente dieses Systems fassen die Autoren die Reduktion von Verschwendung durch Bewegung, Arbeitsplatzsicherheit und Entfaltung der Fähigkeiten zusammen.[43] Im Folgenden soll die Bedeutung des Menschen im schlanken Unternehmen dargelegt werden.

4.1.2. Der Mensch im schlanken Unternehmen

Lean Management ist durch die Nutzung und ständige Weiterentwicklung der Mitarbeiter als ein stark mitarbeiterorientierter Ansatz zu erachten.[44] Allein die Betonung der Menschen und Beziehungen zu Partnern im ganzheitlichen Ansatz, aber auch das Prinzip der Problemlösung, das im Wesentlich in der Umsetzung durch die Mitarbeiter im Unternehmen realisiert wird, heben die hohe Orientierung an den menschlichen Kompetenzen[45] hervor.[46]

Diese Argumentation ist auch Kern des ressourcenbasierten Ansatzes, in dem beschrieben wird, dass nur Humanressourcen im Unternehmen einen dauerhaften Wettbewerbsvorteil schaffen und halten können.[47] Die Beschäftigung und Entwicklung fähiger Mitarbeiter ist sowohl Grundlage von Effizienz durch Kreativität z.B. bei Verbesserungsinitiativen zur Kostensenkung, als auch von Differenzierung durch Kreativität bei der Entwicklung innovativer Ideen zur Geschäftsmodellentwicklung.[48]

---

38 Vgl. Liker,2011, S. 30.
39 Vgl. Wu 2003, S. 1355 und vor allem S. 1368.
40 Vgl. Picot et al., 2003, S. 43.
41 Vgl. Liker, 2011, S. 30.
42 Sugimori et al., 1977, S. 553.
43 Vgl. Sugimori et al., 1977, S. 557 ff.
44 Vgl. Imai, 1986, S. 227; Pfeiffer & Weiß, 1994, S. 78; Reiß, 1993, S. 171 ff.
45 Kompetenz soll in dieser Arbeit als Handlungskompetenz verstanden werden. Diese umfasst die aufgabenbezogene Aktivierung eines Wissenssystems, das die Komponenten des Fach-/Professionswissen, Interaktions- und Folgewissen umfasst (Ebner, 2001, S. 4). Damit werden sowohl fachliches Wissen und Fähigkeiten, als auch Kommunikations- und Interaktionsfähigkeiten sowie die Fähigkeit zur Reflexion des eigenen Handelns in einem beruflichen Umfeld berücksichtigt.
46 Vgl. hierzu auch: Liker, 2011, S. 29.
47 Vgl. Wright et al., 1995, S. 272 und die dort angegebene Literatur. Insbesondere im wissensbasierten Ansatz wird die zentrale Bedeutung der Humanressourcen deutlich, in dem Wissen als zentrale Ressource im Unternehmen definiert wird. Vgl. Spender & Grant, 1996, S. 5 ff.
48 Vgl. Wright et al., 1995, S. 272. Unter Innovationen sollen hier sowohl Produkt- und Leistungs- als auch Geschäftsmodellinnovationen verstanden werden, durch die ein Unternehmen am Markt durch Differenzierung einen Wettbewerbsvorteil schaffen kann. Vgl. hierzu:Casadesus-Masanell & Ricart, 2011, S. 101 ff.; Utterback & Abernathy, 1975, S. 639 ff.

Der Einfluss des Menschen auf die Leistung und Wirkung der Methoden und Werkzeuge im schlanken Unternehmen wurde bereits vielfach dargelegt und untersucht. So zeigen z.B. Thun et al. anhand einer empirischen Analyse, dass Fähigkeiten und Training der Mitarbeiter ein Erfolgsfaktor für die Implementierung eines Lean Management-Ansatzes darstellen.[49] Reiß[50] und die Autoren Spear & Bowen[51] deklarieren den Mensch als zentralen Erfolgsfaktor im schlanken Unternehmen. Sakakibara et al. zeigen mit ihrer Erhebung, dass die Infrastruktur, die sich auch aus den Arbeitsgruppen zusammensetzt, gemeinsam mit Just-in-time Praktiken im Unternehmen, die Fertigungsleistung und damit auch den Wettbewerbsvorteil beeinflussen.[52] Pfeiffer & Weiß beschreiben analog mit dem Prinzip „Humanvermögen dominiert Sachvermögen“[53] die Notwendigkeit das Potenzial der Mitarbeitenden in den Bereichen Verbesserung und Innovation zu nutzen, gerade im Zuge zunehmender Automatisierung im Unternehmen. Diese Potenzialsicht nimmt auch Konecny bei der Untersuchung mitarbeiterorientierter Qualitätskonzepte ein, die als Total Quality Management und Total Productive Maintenance ebenfalls Eingang in den Lean-Ansatz finden[54]: Die Mitarbeiterorientierung fokussiert eine optimale Ausschöpfung des Humanpotenzials in der Umsetzung von Methoden und Werkzeugen.[55] Dabei definiert er die Übertragung von Entscheidungsverantwortung, Kommunikation und Information und umfangreiche Kenntnis und Qualifikation als zentrale Bestandteile der Mitarbeiterorientierung.[56] Im Vordergrund der Mitarbeiterorientierung stehen dabei jeweils das Individuum und dessen Potenzial. So beschreibt Liker prägnant:

„Es sind aber nicht die Teams, die die Wert schöpfende Arbeit verrichten, sondern die Individuen. [...] Zwar ist Teamwork wichtig, aber es ersetzt weder die Hochleistung jedes einzelnen Mitarbeiters noch das individuelle Verständnis des Toyota-Systems.“[57]

Auch Lander & Liker heben ein individuelles Verständnis der Lean Managementprinzipien und ein verbindliches Annehmen dieser auf individueller Ebene hervor, aus dem sich ein soziales System für eine erfolgreiche Umsetzung ergibt:

„[C]compliance with the principles necessarily leads to the implementation of technical solutions (the tools of TPS) as well as the development of the social system necessary to make them effective“[58]

Gilt es nun, das Lean Management-Konzept in kooperierenden Unternehmen zu implementieren so z.B. bei einem unternehmensweiten Roll-Out an mehreren Standorten oder in der Zusammenarbeit mit Zulieferern, spielen diese Erkenntnisse eine wichtige Rolle. Die Notwendigkeit eines unternehmensübergreifenden Roll-Outs beschreiben Pfeiffer & Weiß indem sie einen Globus als Analysemodell von Netzwerkstrukturen beschreiben und erläutern:

„Macht das Management bei der Analyse und Gestaltung seiner „oberen Grenze [(im Norden)] bzw. an seiner Zuliefererschnittstelle halt, sind nur Bruchteile des möglichen Gesamterfolgspotenzials zu realisieren. Demzufolge ist der Blick über die engeren Grenzen hinaus

49 Vgl. Thun et al., 2010, S. 7103.
50 Vgl. Reiß, 1993, S. 171 ff.
51 Vgl. Spear & Bowen, 1999, S. 103.
52 Vgl. Sakakibara et al., 1997, 1246.
53 Pfeiffer & Weiß, 1994, S. 78.
54 Vgl. z.B. Amasaka 2013, S. 611; Imai, 1986, S. 158; Liker, 2011, S. 66.
55 Vgl. Konecny, 2011, S. 53.
56 Vgl. Konecny, 2011, S. 54 ff.
57 Liker, 2011, S. 265. Vgl. hierzu auch: Pfeiffer & Weiß, 1994, S. 82.
58 Lander & Liker 2007, S. 3684.

auch auf die Vielzahl der Zulieferer bis hin zu den Zulieferern der Zulieferer zu richten. Z.B. aus Zeit-, aber auch Kosten- und Qualitätsperspektive werden dann Potentiale eröffnet, die geradezu prinzipielle Wettbewerbsvorteile erschließen können, wie die Erfolgsbilanz der Lean Management-Konzeption zeigt. Die integrierte Betrachtung des gesamten Wertschöpfungsnetzwerk geht aber darüber hinaus: So müssen analog zu den Überlegungen auf der Input-Seite auf der Output-Seite („untere Grenze") die Kunden und die Kunden-Kunden in den Analyse- und Gestaltungsprozess einbezogen werden. Die Optimierung dieses Supernetzwerks geht zwangsläufig mit einer für das Gesamtunternehmen nur noch schwer durchschaubaren ***Komplexität seiner Beziehungen*** *zur Umwelt einher."* [59]

Ein zentraler Aspekt bei der Betrachtung dieser Netzwerkstrukturen ist die erwähnte Beziehungskomplexität, weil sich diese Beziehungen mit ihren Rechten und Pflichten i.d.R. nicht in allen Details vertraglich regeln lassen.[60]

Vor diesem Hintergrund und dem Aspekt, dass viele Unternehmen bei der Einführung von Lean Management-Konzepten Schwierigkeiten haben oder scheitern[61], soll im vorliegenden Forschungsprojekt der Fokus auf das Individuum im Unternehmen gerichtet werden. Im Zentrum des Lean Management-Ansatzes steht das Individuum, das den Ansatz internalisiert hat und sein individuelles Handeln danach ausrichtet. Ebenfalls im Zusammenhang mit der Implementierung führt Gummesson aus:

"*Implementation is doing things. We recognize those who implement as doers and entrepreneurs. Successful achievers have* ***charm, charisma, emotional intelligence, social competence, stamina, and the ability to inspire others****, to mention a* ***few of the good qualities that are allocated to them****. Despite all the efforts to list personal qualities and all the literature on leadership and how to manage, there is no scientific way of identifying successful doers and entrepreneurs. They are largely* ***black boxes*** *[...]*"[62]

Es wird deutlich, dass hier offenbar eine Forschungslücke besteht. Während die insbesondere im mitarbeiterorientierten Lean-Ansatz die Bedeutung des Menschen und die Beziehungen zu Kunden und Lieferanten vielfach hervorgehoben wurde, bleibt offen welche Erfolgsfaktoren die Einführung des strategischen Ansatzes auf Persönlichkeits- und Beziehungs-Ebene unterstützen. Ein umfassender wissenschaftlich-systematischer Ansatz ist noch nicht erfolgt.

---

59 Pfeiffer & Weiß, 1994, S. 83 ff. Die Markierung wurde nachträglich von der Autorin dieser Arbeit eingefügt.

60 Auch ein Arbeitsvertrag ist in der Regel unvollständig und damit ein sogenannter relationaler Vertrag nach der Neuen Institutionenökonomik. Soziale Mechanismen, wie z.B. die Entwicklung von Vertrauen, spielen hier eine wichtige Rolle. Vgl. z.B. Ouchi, 1980, S. 133; Picot et al., 2003, S. 38 ff. Johnson & O'Leary-Kelly (2003, S. 628) beschreiben in diesem Zusammenhang den psychologischen Vertrag zwischen Arbeitnehmern und Arbeitgebern, der gegenseitige Erwartungen – wie z.B. Erwartung schneller Aufstiegsmöglichkeiten oder Arbeitsplatzsicherheit seitens des Arbeitnehmers –umfasst. Gleichzeitig legen die Autoren dar, dass das Verhältnis zwischen Arbeitnehmer und Arbeitgeber auch aus einer Perspektive des sozialen Austausches betrachtet werden kann, um persönliche und organisationale Arbeitsleistung zu untersuchen.

61 Vgl. hierzu Fußnote 18 in Abschnitt 4.1.1.

62 Gummesson, 1998, S. 247. Die Markierung wurde nachträglich von der Autorin dieser Arbeit eingefügt.

4.2. Unternehmerische Kooperationsbeziehungen

4.2.1. Der Faktor Mensch in Unternehmenskooperation

Betrachtet man Veröffentlichungen zum Thema der Kooperation, ist schnell zu erkennen, dass hier unterschiedliche Begriffsverständnisse existieren. Häufig findet auch der Begriff des Netzwerks[63] Eingang in diese Themenstellungen.

Eine Betrachtungsperspektive ist es, die Kooperation als eine Koordinationsform zwischen den Ausprägungen des Marktes und der Hierarchie zu betrachten.[64] Dieses Spektrum bestimmt gleichzeitig die Grenzen zwischen Kauf (Buy, Markt) und Eigenfertigung (Make, Unternehmen) und umfasst zahlreiche Formen unternehmerischer Kooperationen.[65] Hierunter sind z.B. das Supply Chain Management, Joint Ventures, Strategische Allianzen oder Franchising-Systeme zu fassen.[66] Begründet ist die Zunahme dieser kooperativen Formen, die je nach Ausgestaltung mehr dem Markt oder der Hierarchie zuzuordnen sind, in der Dynamik des Wettbewerbs und der Gesellschaft und in den Potenzialen moderner Informations- und Kommunikationstechnik.[67]

Eine andere, breitere Perspektive ist es, auch die unternehmensinterne Zusammenarbeit als Kooperation zu verstehen. Unter Verweis auf Elton Mayos Arbeiten zur Kooperation im Unternehmen[68], beschreiben Smith et al., dass auch Interaktionen im Unternehmen als Kooperation verstanden werden können.[69] Dieser Auffassung soll in dieser Arbeit gefolgt werden. Da Individuen letztendlich Kooperationen immer als Akteure ausgestalten[70] ist aus einer sozialen Dimension sowohl die Zusammenarbeit im Unternehmen als auch die Zusammenarbeit zwischen Unternehmen als Kooperation zu verstehen. Smith et al. erfassen unter anderem auch den dynamischen Charakter dieser Beziehungen und fassen prägnant zusammen, dass effiziente Beziehungen hohe Leistungen ermöglichen:

„If work is accomplished in a fluid, ever-changing pattern of relationships that cut across functional, hierarchical, and national boundaries, high levels of cooperation may allow for an efficient and harmonious combination of the parts leading to high performance."[71]

Vor diesem Hintergrund soll Smith et al. gefolgt werden und eine beschreibende Trennung zunächst zwischen intra- und interorganisationaler, d.h. unternehmensweiter und unterneh-

---

63 Sydow & Möllering (2009, S. 24) verwenden den Begriff des Netzwerks als Synonym der Koordinationsform „Cooperate". Corsten (2001, S. 5) beschreibt, dass Netzwerke eine spezifische Ausgestaltungsform von Netzwerken darstellen, die, wobei Netzwerke mehr als zwei beteiligte Partner aufweisen müssen. In dieser Arbeit soll auch die Betrachtung dyadischer Beziehungen ermöglicht werden, weshalb die Bezeichnung der Kooperation verwendet werden soll.

64 Vgl. Sydow & Möllering, 2009, S. 24. Kogut & Zander (1996, S. 502) beschreiben als einen zentralen Unterschied zwischen Markt und Hierarchie, dass in hierarchischen Koordinationsformen eine gemeinsame Identität vorliegt.

65 Vgl. Killich, 2005, S. 13 ff.; Picot et al., 2003, S. 33 f.; Sydow & Möllering, 2009, S. 24.

66 Vgl. Killich, 2005, S. 13 ff.

67 Vgl. Picot et al., 2003, S. 3. Vgl. hierzu auch: Kuhn, 2002, S. 1 ff. Zur Beschreibung verstärkter Netzwerkbildung z.B. in der Aerospace-Industrie vgl. Beelaerts van Blokland et al., 2012, S. 984.

68 Siehe hierzu Kapitel 3.1.2.

69 Vgl. Smith et al., 1995, S. 8.

70 Vgl. Schönberger, 2011, S. 19. Vgl. auch Gemünden & Heydebreck, 1994, S. 256 f. Håkansson & Wootz (1979, S. 32) beschreiben, dass eine dyadische Kooperationsbeziehung im Extremfall von einem Unternehmensvertreter in jedem Unternehmen abhängig ist.

71 Smith et al., 1995, S. 11.

mensübergreifender, Kooperation dargelegt werden, um das Phänomen zugänglich zu machen und die Relevanz des menschlichen Faktors in diesen Beziehungen herauszustellen.

Unternehmensübergreifende (interorganisationale) Kooperation

Unternehmensübergreifende Kooperationsbeziehungen sind bspw. Kunden-Lieferanten-Beziehungen entlang der Wertschöpfungskette. Sie befinden sich im Forschungsfeld des Supply Chain Managements. Die Entwicklungen im Bereich der Fertigungsparadigma, zu denen z.B. auch Lean Management zählt, haben hier einen großen Einfluss auf die Ausgestaltung der Beziehungen im Supply Chain Management: Die Koordination der Beziehungen entlang der Wertschöpfungskette wird mehr und mehr zu einer strategischen Aufgabe.[72] Die Komplexität des Managements von Beziehungen entlang der Wertschöpfungskette umfasst mit den Faktoren der Abhängigkeiten, Häufigkeit, Unsicherheit und begrenzter Rationalität auch zahlreiche Aspekte auf der Ebene beteiligter Individuen.[73] Ein wichtiger Aspekt in der Steuerung der Beziehungen entlang der Wertschöpfungskette ist, dass zunächst die internen Beziehungen abgestimmt werden.[74] Lamming hebt in seinem Ausblick zur Entwicklung des Forschungsfeldes des Supply Chain Managements Risiken, Beziehungen, Lernprozesse, Innovationen, Netzwerke und Adaptionsfähigkeit hervor.[75] Er beschreibt, dass alle genannten Aspekte auf menschlichen Eigenschaften beruhen und Strategien diese Eigenschaften deshalb nicht unberücksichtigt lassen dürfen.[76]

Pfohl geht außerdem auf die Bedeutung des menschlichen Faktors in der Entstehung und der Entwicklung von Kooperationsbeziehungen ein[77]: Kooperationsbeziehungen zwischen zwei Unternehmen beruhen in der Regel auf dem persönlichen Kontakt weniger Mitarbeiter. Diese bauen diesen Kontakt auf und fokussieren dabei i.d.R. ein bestimmtes Thema. Da diese Beziehungen zunächst sehr instabil[78] sind, kann eine Enttäuschung auf einer Seite schnell zum Abbruch der Kooperation führen. Die Zusammenarbeit wird i.d.R. immer erst bei auftauchenden Problemen intensiviert, welche die Leistung gefährden. Ein für den Kooperationserfolg kritischer Faktor ist auch in möglicherweise unterschiedlichen Unternehmenskulturen zu sehen.[79]

Ein weiterer Aspekt für den Erfolg unternehmensübergreifender Kooperation ist auch die subjektive Perspektive einzelner[80], die in der Beziehung aktiv sind. Sofern hier subjektiv eine negative Sichtweise auf die Beziehung vorliegt, kommt es möglichweise zu einem objektiv falschen Abbruch der Beziehung.

Beelaerts van Blokland et al. folgen dieser Argumentation bei der Untersuchung der Wertschaffung in der vernetzten Wertschöpfungskette der Luftfahrtindustrie: Die Wertschaffung

72 Vgl. Cousins, 2013, S. 85.
73 Vgl. Cousins, 2013, S. 98.
74 Vgl. Cousins, 2013, S. 103.
75 Vgl. Lamming, 2013, S. 466.
76 Vgl. Lamming, 2013, S. 466.
77 Vgl. Pfohl, 2004, S. 19 und die dort angegebene Literatur.
78 Håkansson & Wootz (1979, S. 32) beschreiben in diesem Zusammenhang, dass in einem Extremfall die Interaktion zwischen zwei Unternehmen auf jeweils einem Unternehmensvertreter in jedem Unternehmen beruht. Kommt es in diesem Extremfall zu einem Arbeitsplatz- oder Positionswechsel, kann dadurch der ganze Interaktionsprozess gestoppt werden.
79 Vgl. Pfohl, 2004, S. 22 und die dort angegebene Literatur.
80 Vgl. Cousins, 2013, S. 103.

erfolgt durch den koordinierten Einsatz individueller Fähigkeiten – hierzu sind in Kooperationsbeziehungen Individuen als Treiber notwendig, welche die Beziehungen formen und ausgestalten.[81]

Unternehmensweite (intraorganisationale) Kooperation

Neben der Betrachtung von klassischen hierarchischen Kooperationen, die im Unternehmen intern stattfinden, soll hier außerdem der Aspekt der Fusionen und Übernahmen (Mergers & Acquisitions) betrachtet werden[82]. Diese sind im Rahmen dieser Arbeit als besonders interessant einzustufen, da vormals externe zur internen Kooperation wird. Auch hier kommt den beteiligten Individuen eine wichtige Rolle zu.

Fusionen und Übernahmen sind im Zusammenhang mit der Konsolidierung von Branchen ein sehr häufiges Phänomen.[83] Das Ziel dabei ist es immer, durch die erfolgreiche Verbindung von Bereichen und Menschen, Wert zu generieren.[84] Ein besonders entscheidender Aspekt bei der Betrachtung von Fusionen und Übernahmen ist die Phase der sogenannten „Post Merger Integration“[85], bei der es darum geht, die vorab formulierten Übernahmeziele zu erreichen.[86] Dieses Forschungsfeld ist im Bereich der Fusionen und Übernahmen bisher am wenigsten wissenschaftlich durchdrungen. Die Entwicklung von Beziehungen auf der Ebene der Individuen bei sich zusammenschließenden[87] Unternehmen wird allerdings als zentrale Problemstellung betrachtet.[88] Denn nur sofern sich die Menschen in den Unternehmen austauschen, zusammenarbeiten und Ressourcen teilen, kann ein Wert geschaffen werden, der aus einem neuen Produkt- oder Leistungsportfolio realisiert wird.[89] Pribilla beschreibt in diesem Zusammenhang, dass die menschlichen Ressourcen einerseits in den meisten Fällen den Hauptgrund für Fusionen und Übernahmen darstellen – z.B. wegen des Know-Hows.[90] Andererseits sind die Menschen ein Hauptgrund für fehlgeschlagene Fusionen und Übernahmen: Kulturelle und organisatorische Differenzen, Veränderungswiderstand, Fluktuation von Leistungsträgern nennt er als Beispiele hierfür.[91] Es wird deutlich, dass obwohl ein gemeinsames Unternehmen entsteht, die Kooperationsbeziehung zunächst externe Partner einbindet. Simon, der ebenfalls die Mitarbeiter und deren Unternehmenskultur als einen zentralen Erfolgsfaktor von Fusionen

81 Vgl. Beelaerts van Blokland et al., 2012, S. 989.

82 Mit dieser Perspektive werden auch Multinationale Unternehmen erfasst, welche sich – z.B. durch M&A-Aktivitäten – zu intraorganisationalen Unternehmensnetzwerken ausdehnen. Ambos et al. (2010, S. 1099 ff.) betrachten in diesem Zusammenhang den Prozess des Einbringens strategischer Initiativen ausländischer Tochtergesellschaften in Multinationalen Unternehmen. Sie beschreiben, dass diese Niederlassungen rechtlich unselbständig sind, an das Stammhaus berichten aber in einem gewissen Umfang eigene Entscheidungen treffen – deshalb bezeichnen die Autoren diese Niederlassungen als halb-autonom (S. 1101). Vor diesem Hintergrund soll auch in der Zusammenarbeit von an multinationalen Unternehmensnetzwerken beteiligten Akteuren von Kooperationsbeziehungen gesprochen werden.

83 Kuhn & Kroker (2013, S. 50) beschreiben, dass sich der Telefonmarkt mit zahlreichen Übernahmen „beginnt, sich gesundzuschrumpfen“ (S. 50) – Anlass ist die geplante Übernahme von E-Plus durch Telefónica Deutschland (O2).

84 Vgl. Lamming, 2013, S. 466.

85 Glaum & Hutzschenreuter, 2010, S. 192.

86 Vgl. im Folgenden Glaum & Hutzschenreuter, 2010, S. 192.

87 Wenn hier von einem Zusammenschluss gesprochen wird, sollen sowohl Übernahmen als auch Fusionen betrachtet werden. Es wird aus Gründen der Lesbarkeit hier auf eine Unterscheidung verzichtet insbesondere weil diese Unterscheidung im vorliegenden Sachverhalt nicht in erster Linie relevant ist.

88 Vgl. Briscoe & Tsai 2011 S. 409.

89 Vgl. Briscoe & Tsai 2011 S. 430.

90 Vgl. Pribilla, 2000, S. 64.

91 Vgl. Pribilla, 2000, S. 64.

und Übernahmen sieht, beschreibt zur Vorgehensweise der Post-Merger Integration auf individueller Ebene:

„*In der Post-Merger-Phase ist gemeinsame Arbeit an konkreten Projekten, vor allem im Rahmen von Workshops, das effektivste Verfahren zu[r]* [sic!] *Integration. Die gemeinsame Unternehmenskultur fällt dabei als Nebenprodukt ab. Direkt kulturbezogene Workshops und Programme sind weniger ratsam.*“[92]

Ähnlich beschreiben Briscoe & Tsai den Post-Merger Prozesse, indem Individuen beginnen müssen, die organisationale Trägheit zu überwinden, Ressourcen zu tauschen und gemeinsam Wert zu schaffen.[93] Sie legen dabei auch nahe, dass individuellen Eigenschaften der Menschen zentral für den Erfolg der Zusammenarbeit sind:

"To integrate two merging organizations, relationships need to be established or extended to connect their members together. As individuals start developing new working relationships, they begin to share resources, coordinate activities, and create value. [...] Clearly, in order to connect with new members and contribute to post-acquisition integration, organizational members need to overcome this relational inertia. [...] Even when individuals overcome inertia to connect with one another, we know little about the impact of those new connections on the larger combined organization, relative to the impact of existing connections. [...] Yet existing research has rarely examined the micro processes inside firms to understand which individuals contribute to these outcomes - or hinder them - through their efforts to form and change relationships."[94]

Vor diesem Hintergrund wird deutlich, dass der Faktor Mensch sowohl in der unternehmensübergreifenden als auch in der unternehmensweiten Kooperation eine wichtige Rolle einnimmt. Es wurde gezeigt, dass in vielen Fällen die Beziehungen auf individueller Ebene darüber entscheiden, ob eine Kooperation erfolgreich ist. Ein weiterer Aspekt der in den Ausführungen deutlich wurde, ist dass Kooperationen häufig projektbezogen beginnen. Im weiteren Verlauf soll in diesem Zusammenhang Lean Management als ein gemeinsames Projekt bzw. Thema[95] betrachtet werden. Um jedoch die angestrebte Mikrofundierung in dieser Arbeit erreichen zu können, soll zunächst im folgenden Kapitel 4.2.2 der Begriff der Kooperationsbeziehung, insbesondere auch hinsichtlich der Unterscheidung zwischen unternehmensweiter und unternehmensübergreifenden Kooperation, näher bestimmt werden.

4.2.2. Definition von Kooperationsbeziehungen aus einer individuellen Perspektive

Vor dem Hintergrund zahlreicher Formen der Unternehmenskooperation[96] gilt es eine Definition für diese Arbeit zu treffen, die für die Problemstellung geeignet ist. Aufgrund der Fokus-

---

92 Simon, 2000, S. 223.

93 Vgl. Briscoe & Tsai, 2011, S. 409.

94 Briscoe & Tsai, 2011, S. 409.

95 Aufgrund der Projektdefinition als „zeitlich befristete, relativ innovative und risikobehaftete Aufgabe“ (Springer Gabler Verlag (o.J. a), ist bei Lean Management nicht von einem Projekt zu sprechen, da es nicht zeitlich befristet ausgerichtet ist. Allerdings kann die Implementierung oder der Start der Zusammenarbeit in diesem Bereich projektbezogen erfolgen.

96 Vgl. z.B. Inkpen & Tsang, 2005, S. 148; Killich, 2005., S. 13 ff.; Pfohl, 2004, S. 5; Sako, 1992, S. 22. Siehe hierzu auch die Einführung zum Trend der Unternehmenskooperation in Kapitel 1.2.1.

sierung des Menschen und der langfristigen[97] Ausrichtung sollen die Kriterien von Interaktionsbeziehungen nach Kern grundlegend sein:[98]

- Mindestens zwei Individuen treten miteinander in Kontakt.
- Es ergibt sich eine zeitliche Abfolge von Aktionen und Reaktionen.
- Die Handlungen der Partner sind interdependent.

Die Organisationsdefinition nach Ouchi erscheint zur näheren Bestimmung hilfreich, da sie, wie auch andere darauf aufbaut, dass Unternehmen Bündel sozialer Beziehungen darstellen[99] und die Wertschaffung durch die Tätigkeiten organisationaler Mitglieder erfolgt[100]:

"*An organization, in our sense, is any stable pattern of transactions between individuals or aggregations of individuals. Our framework can thus be applied to the analysis of relationships between individuals, or between subunits of individuals, or to transactions between firms in an economy.*"[101]

Wie Ouchi[102] argumentiert und später zu zeigen ist[103], verfügen diese organisationalen Gruppen von Individuen über Gruppenidentitäten. Vor diesem Hintergrund soll in Anlehnung an die Mikrofundierung[104] zunächst eine Abgrenzung über die sozialen Unternehmensidentitäten getroffen werden, welche zunächst zur besseren Abgrenzung die charakterisierenden Kooperationsmerkmale der Langfristigkeit[105] und der rechtlich und wirtschaftlichen Unabhängigkeit[106] umfasst.

Während die Langfristigkeit in intraorganisationalen Kooperationen in der Regel angelegt ist[107], sollen hier auch interorganisationale Kooperationen betrachtet werden, die ebenfalls langfristig sind und damit Stabilität und Sicherheit[108] schaffen[109]. Das Kriterium der rechtlichen und wirtschaftlichen Unabhängigkeit ermöglicht die Abgrenzung von inter- und intraorganisationaler Zusammenarbeit. So ist für diese Arbeit zunächst folgende Definition zu treffen:

Eine langfristige Zusammenarbeit von Individuen aus Gruppen mit einer unterschiedlichen Unternehmensidentität soll als ***intraorganisationale Unternehmenskooperation*** *verstanden werden, sofern die beteiligten Unternehmen* ***rechtlich und wirtschaftlich nicht unabhängig*** *sind.*

---

97 Die Langfristigkeit steht hier im Gegensatz zu kurzfristigen, einmaligen Spot-Market Transaktionen. Vgl. Williamson, 1991, S. 271.

98 Vgl. Kern, 1990, S. 9.

99 Vgl. z.B. Gummesson, 1998, S. 244: „[...] see [an] organization as a network of relationships and interaction."

100 Vgl. Bowman & Ambrosini, 2000, S. 5.

101 Vgl. Ouchi, 1980, S. 140.

102 Vgl. Ouchi, 1980, S. 132.

103 Siehe hierzu Kapitel 4.2.1 und Kapitel 5.2.4.

104 Siehe hierzu Kapitel 1.2.1.

105 Vgl. Bradach & Eccles, 1989, S. 109.

106 Vgl. Zentes et al., 2003, S. 5 f.

107 Vgl. Bradach & Eccles, 1989, S. 109.

108 Vgl. Gummesson, 1998, S. 246.

109 Es sollen also strategische Kooperationsbeziehungen betrachtet werden, für welche die übergeordnete Fragestellung relevant ist. Diese strategischen Kooperationsbeziehungen können z.B. Beziehungen zwischen Zulieferern und Herstellern sein, die im Zusammenhang mit dem japanischen Managementansatz vielfach betrachtet werden.

Eine langfristige Zusammenarbeit von Individuen aus einer Gruppe mit unterschiedlicher Unternehmensidentität soll als ***interorganisationale Unternehmenskooperation*** *verstanden werden, sofern die beteiligten Unternehmen* ***rechtlich und wirtschaftlich relativ***[110] ***unabhängig*** *sind.*[111]

Der Fokus dieser Arbeit soll dabei nicht auf der Abgrenzung intra- und interorganisationaler Zusammenarbeit liegen. Vielmehr gilt es, die Kooperationsbeziehung aus Perspektive der Mikroebene in den Mittelpunkt zu stellen. Dies gelingt mit der Argumentation von Lamming. Er trifft in seiner Untersuchung zu Kunden-Zuliefererbeziehungen im Bereich des Lean Managements basierend auf den Identitäten der direkt an der Kooperation beteiligten Individuen folgende Aussage:

„The implication for practice here is that the management of lean supply chains may require both collaborators to view the relationship as a 'quasi-firm', with its own organizational structure and goals, communication mechanisms and culture."[112]

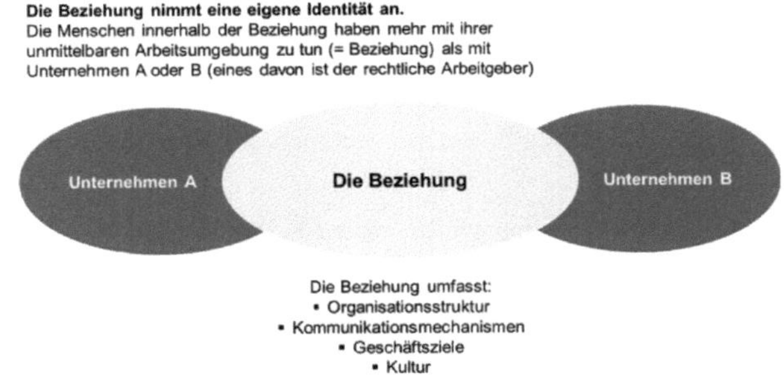

Abb. 10: Die Beziehungsidentität bei Unternehmenskooperationen

Quelle: Lamming, 1993, S. 242, angepasst.

Es gilt daher in dieser Arbeit die Beziehung zu betrachten, in der Individuen mit grundsätzlich[113] unterschiedlicher Unternehmensidentität eine gemeinsame Beziehungsidentität[114] entwickeln. Diese Beziehung kann inter- oder intraorganisational sein. Dieser Zusammenhang ist in Abb. 10 dargestellt.

110 Die Einschränkung auf die relative Unabhängigkeit erfolgt in Anlehnung an Alig (2013, S. 29), „da sich durch die gemeinschaftliche Durchführung von Aktivitäten [...] stets eine gewisse wirtschaftliche Abhängigkeit ergibt".

111 Wichtig ist in diesem Zusammenhang, dass bei dieser Definition der Kontext der Gruppenidentität als Arbeit gebendes Unternehmen genau definiert ist. Zu einem späteren Zeitpunkt dieser Arbeit werden Gruppenidentitäten auf einer anderen, weiteren Ebene eine wichtige Rolle spielen und hierzu fundiert erläutert werden. Diese Ausführungen finden sich in Kapitel 5.2 und Kapitel 5.2.5.

112 Lamming, 1993, S. 241.

113 Die Einschränkung erfolgt, um dem Fall gerecht zu werden, dass ein ehemals rechtlich und wirtschaftlich selbständiges Unternehmen integriert wurde und daher historisch bedingt (möglicherweise über eine begrenzte Zeit) eine eigene Unternehmensidentität hat. Ebenso kann damit der Fall erfasst werden, dass ein rechtlich und wirtschaftlich nicht selbständiges Unternehmen mehrere Unternehmensstandorte unterhält, die grundsätzlich wenig bzw. nicht in allen Bereichen zusammenarbeiten, sodass hier ebenfalls (Standort-) verschiedene Identitäten vorliegen.

114 Ein Individuum kann mehrere Identitäten haben. Vgl. Kogut & Zander, 1996, S. 503.

Die (Kooperations-) Beziehung, die es vor diesem Hintergrund zu betrachten gilt, kann als **vertraglich-verbindliche Beziehung**[115] nach Sako bezeichnet werden, die zum einen auf einem Vertragsverhältnis[116] basieren und zum anderen in soziale Beziehungen eingebettet sind. Die soziale Einbettung ermöglicht es, dass in diesen Beziehungen nicht alle Bedingungen und Konditionen detailliert geregelt sind und grundsätzlich ein Streben danach besteht, mehr zu leisten, als der Partner erwartet.[117]

Die zu Grunde liegende Vertragsart, welche „implizite, auf gemeinsamen Werte basierende Vereinbarungen“[118] umfasst, langfristig angelegt ist und auf Solidarität und Vertrauen innerhalb der Beziehung gründet, wird in der neuen Institutionenökonomik als relationaler Vertrag bezeichnet.[119] Grundlegend für die langfristigen Beziehungen innerhalb und zwischen Unternehmen sind dauerhafte und vertrauensvolle Verbindungen zwischen mehr als zwei Personen.[120] Die Identität der Vertragspartner nimmt in diesen Verträgen eine wichtige Rolle ein[121], sodass hier der Persönlichkeit beteiligter Individuen eine vordergründige Rolle bei der Ausgestaltung der (Vertrags-)Beziehung zukommt.

4.3. Kooperationen im Bereich Lean Management

Kooperation ist als ein zentrales Element im schlanken Management anzusehen. Womack & Jones beschreiben z.B. den Roll-Out des Ansatzes auf Kunden und Lieferanten als einen wesentlichen Schritt im Prozess der Lean-Implementierung.[122] So war auch für die Verbreitung von Lean Management in Japan die Kooperation zwischen (schlanken) Automobilherstellern und (zunächst traditionell geprägten) Zulieferern zentral: Mit der Unterstützung der Hersteller konnten die Zuliefererunternehmen den Wandel hin zu schlanken Unternehmen realisieren.[123] Aus Herstellersicht gilt, dass die erfolgreiche Koordination der (konstanten) Zuliefererbasis zum nachhaltigen Wettbewerbsvorteil schlanker Unternehmen entscheidend beiträgt, weil dadurch die Kundenzufriedenheit gesteigert[124] und somit Wert geschaffen werden kann.

Im Vergleich japanischer und amerikanischer Kunden-Zuliefererbeziehungen stellt Lamming[125] fest, dass japanische Beziehungen deutlich erfolgreicher sind als amerikanische, ob-

115 Sako, 1992, S. 9: „Obligational Contractual Relation (OCR)“.
116 Z.B. ein Arbeits-, Kooperations- oder Liefervertrag.
117 Vgl. Sako, 1992, S. 9 f.
118 Picot et al., 2003, S. 43.
119 Vgl. Picot et al., 2003, S. 38 ff.
120 Vgl. Pfohl, 2004, S. 11.
121 Vgl. Picot et al., 2003, S. 43.
122 Vgl. Womack & Jones, 2004, S. 318, 282 ff.
123 Vgl. Lamming, 1993, S. 26. Der Autor betont in diesem Zusammenhang auch die Bedeutung organisationalen Lernens, das nach seiner Auffassung sehr eng mit dem Lean-Ansatz einhergeht. Als ein Beispiel führt er die eineinhalb-jährige Lernphase amerikanischer Zuliefererunternehmen, die mit Honda zusammenarbeiten wollen, auf. Nach dieser Lernphase ist die Lernfähigkeit der Unternehmen sichergestellt und sie erhalten einen festen Platz auf der Honda-Zuliefererliste. Damit wird die Angst vermieden, zu einem beliebigen Zeitpunkt durch ein beliebiges anderes Unternehmen ersetzt zu werden. Vgl. Lamming 1993, S. 101 f.
124 Vgl. Hines, 1994, S. 5.
125 Lamming schafft mit seinem Buch „Beyond Partnership: Strategies for Innovation and Lean Supply“ ein Grundlagenwerk zu Lean Management in Zulieferer-Abnehmerbeziehungen. Er gilt als einer der meistzitierten Autoren im Bereich Lean Supply Management. Vgl. Nellore et al., 2001, S. 102.

wohl beide Systeme eine finanzielle Beteiligung[126] der Hersteller an den Lieferanten[127] vorsehen. Den Erfolgsunterschied der Zuliefererintegration führt er darauf zurück, dass japanische Unternehmen nach dem zweiten Weltkrieg mit der Entwicklung des Toyota-Produktionssystems wirtschaftlich unter einem sehr hohen Druck standen. Dies hatte zur Folge, dass obwohl durch die finanzielle Beteiligung der Hersteller der Zuliefererstatus weitestgehend gesichert war, die Kundenzufriedenheit als strategisches Ziel verfolgt wurde, um als Teil der Wertschöpfungskette im Wettbewerb bestehen zu können.[128] Für den Misserfolg amerikanischer Lieferantenintegration macht Lamming verantwortlich, dass auch von den Herstellern kontrollierte Lieferanten in einem starken Wettbewerb mit unabhängigen Zulieferern standen, aber wiederum selbst an die beteiligten Hersteller gebunden waren. Außerdem beschreibt er einen schlechten Informationsaustausch innerhalb der Beziehungen und die Vordergründigkeit politischer Fragen innerhalb der Unternehmen statt der Zufriedenheit der Endabnehmer.[129] Das japanische System der Kunden-Lieferantenbeziehung beschreibt Hines folgendermaßen: „[...] the Japanese system [...] places emphasis upon long-term relationships in which mutual trust, cooperation and clearly defined responsibilities are established. The system usually contains formal contracts between firms but these encompass only rough guidelines for the relationship in the very broadest terms."[130] Die Langfristigkeit dieser Kunden-Lieferantenbeziehungen ist für beide Parteien attraktiv: So haben zum einen die Zulieferer einen verlässlichen Kunden und zum anderen lohnt es sich so für die abnehmenden Unternehmen Investitionen in die Initiierung, Koordination, und Verbesserung der Beziehung zu tätigen.[131]

Um in einem systematischen Ansatz herauszufinden, welche Vorarbeiten im Bereich der „Lean Collaboration"[132] bereits existieren, wurde eine Recherche durchgeführt. Hierzu wurde mit EBSCO die Datenbank Business Source Premier für den Zeitraum von Januar 1990 bis Mai 2013 nach den Schlagworten „Lean" und „Cooperation" bzw. „Collaboration" durchsucht. Mit dieser breiten Suche, soll ein umfassender Zugang ermöglicht werden, um die verschiedenen Ausprägungen der Zusammenarbeit im Lean Management wahrnehmen zu können. Aus diesem Grund fand keine Einschränkung hinsichtlich der Journals statt. Damit ist

126 Eine Besonderheit japanischer Unternehmen nennt in diesem Zusammenhang Hines (1994, S. 95): Japans Banken halten Anteile an den kreditnehmenden Unternehmen, vor dem Hintergrund, einen besseren Einblick in das Unternehmen und dessen strategische Handlungen zu erhalten. Mit diesem Hintergrundwissen können die Kreditinstitute bessere Investitionsentscheidungen über weitere Kapitalbeteiligungen oder Darlehensverträge treffen.

127 Die vertikale Beteiligung von Herstellern an Lieferanten wird als „keiretsu" bezeichnet (vgl. Hines, 1994, S. 95).

128 Dieser Leidensdruck ist auch weiterhin ein zentrales Element von Kooperationsbeziehungen schlanker Unternehmen. So sollte in einer Kunden-Zuliefererbeziehung stets auf beiden Seiten ein Druck zur stetigen Verbesserung hin zum Vorteil für beide Parteien gegeben sein. Dieser Druck lässt sich nach Lamming durch echte Zusammenarbeit herstellen. Vgl. Lamming 1993, S. 201 ff. Siehe auch Hines, 1994 S. 92 f.: In der engen Beziehung, die auf gemeinsamen Zielen beruht, wird ein ständiger Leidensdruck geschaffen, in dem ein Wettbewerb ermöglicht wird (Multiple Sourcing) und strenge gemeinsam Ziele vereinbart werden.

129 Vgl. Lamming 1993, S. 60.

130 Hines, 1994, S. 92.

131 Vgl. Hines, 1994, S. 96. Der Autor beschreibt in diesem Zusammenhang, dass zuverlässige Lieferung, gute Qualität, wettbewerbsfähige Preise und Vertrauen innerhalb der Beziehung als Gründe für die langfristigen Beziehungen genannt werden. Er argumentiert daher, dass nicht die häufige vertikale Unternehmensbeteiligung Hauptgrund für die Langfristigkeit sein kann, sondern allein das wirtschaftliche Interesse beider Parteien die Beziehung mit den genannten Aspekten aufrecht zu erhalten. Vgl. Hines, 1994, S. 96 und die dort angegebene Literatur.

132 Perez et al., 2010, S. 65.

gewährleistet, dass Beiträge mit unterschiedlichem Fokus (z.B. konzeptionell und empirisch) erfasst werden. Hinzu kommt, dass dieses Vorgehen der Verwendung unterschiedlicher Termini (z.B. Lean Management, Lean Production, Lean Enterprise, Lean Thinking, etc.[133]) gerecht wird, in dem Journals aus unterschiedlichen Bereichen (z.B. strategisches Management, Produktion und Logistik, Informationstechnik) berücksichtigt werden. Damit wurde bewusst ein offenerer Zugang gewählt als bspw. bei der Recherche in Kapitel 3.2.1 zur Verwendung des Wertbegriffs im Kontext der theoretischen Zugänge dieser Forschungsarbeit.

Identifiziert wurden insgesamt 50 Journalbeiträge.[134] Davon wurden sechs Beiträge wegen fehlendem Zugang[135], drei wegen fehlendem thematischen Bezugs und einer in fremder Sprache von der Betrachtung ausgeschlossen. Im Folgenden sollen die Auffälligkeiten und Gemeinsamkeiten der 40 analysierten Beiträge diskutiert werden.

Berücksichtigung der Mikroebene

Über ein Viertel (13 Beiträge) der Beiträge betrachten explizit die Ebene des Menschen und weisen z.B. auf Beziehungsmerkmale (reziproke Beziehung zwischen Vorgesetzen und Mitarbeitern[136], Commitment und soziale Identität[137], Vertrauen[138]) hin. Besonders interessant ist in diesem Zusammenhang der Beitrag über die Zusammenarbeit im Mayflower-Cluster in Großbritannien. In einer Fallstudie betrachtet Tilson (2001) die Aspekte der Teambildung, des Empowerments, den Einbezug von Anspruchsgruppen sowie Kommunikation, Kooperation und Vertrauen als zentrale Faktoren für eine erfolgreiche unternehmensübergreifende, enge Kooperation mit dem Ziel der Steigerung der Wettbewerbsfähigkeit.[139] Aufgrund des Einbezugs von Faktoren auf der Mikroebene in der Betrachtung von Kooperationen im Bereich Lean Management, besteht hier ein enger Bezug zum vorliegenden Forschungsthema. Der Beitrag unterstreicht damit die Relevanz dieser Forschungsarbeit und gibt Hinweise für die Entwicklung zu untersuchender Konstrukte.

Zwei weitere Beiträge[140], die im Zuge dieser Recherche identifiziert wurden, bestätigen ebenfalls die Relevanz der Mikroebene bei der Untersuchung unternehmerischer Beziehungen. So untersuchen Dyer & Chu in ihrem Beitrag aus dem Jahr 2000 die Einflussfaktoren auf das Vertrauen zwischen Zulieferern und Automobilherstellern im Kontext der Vereinigten Staaten, Japan und Korea[141]. In ihrem Beitrag aus 2011 betrachten sie ihre Ergebnisse aus einer Retrospektive und führen erneut Untersuchungen zur Messung von Vertrauen in den drei ge-

133 Zur Verwendung verschiedener Termini siehe auch: Hoss & Schwengber ten Caten, 2013, S. 3270.

134 Die Übersicht über die Beiträge ist in Anhang 3: Literaturtabelle Recherche Lean Management und Kooperation dargestellt. Dabei wurde ein Beitrag (Alagajara & Eran, 2013) ergänzt, weil ein anderer Beitrag (Yorks & Barto, 2013), der im Suchergebnis angezeigt wurde, einen direkten Bezug in Form einer aufgeforderten Reaktion auf den erstgenannten hat.

135 Zugang zu EBSCO bestand zum Zeitpunkt der Recherche über die Lizenz der TU Darmstadt und den Zugang der „Academic Search Alumni Edition" der Universität Mannheim.

136 Vgl. Fairris & Tohyama, 2002, S. 540 f.

137 Vgl. Alagajara & Eran, 2013, S. 20.

138 Vgl. z.B. Ranky, 2003, S. 267; Tilson, 2001, S. 427 ff.

139 Vgl. Tilson, 2001, S. 434 f.

140 Beide verwenden nicht explizit das Stichwort „Lean", dennoch geht es in beiden Beiträgen um die Besonderheiten der japanischen Automobilindustrie. Es wurde sowohl Toyota selbst als auch dessen Zulieferer untersucht, sodass davon ausgegangen werden kann, dass die Analyseergebnisse bezogen auf Japan in einem erheblichen Maße von der schlanken Managementkultur geprägt sind.

141 Vgl. Dyer & Chu, 2000, S. 259 ff.

nannten Ländern durch und analysieren die Veränderungen.[142] In beiden Beiträgen betonen die Autoren, die Bedeutung von Vertrauen für die Beziehungen zwischen Zulieferern und Herstellern[143] und unterstreichen, dass Vertrauen auf der individuellen Ebene beteiligter Akteure entsteht[144]. Dennoch erarbeiten sich Unternehmen als Gruppen von Individuen eine Vertrauenswürdigkeit und haben als Gruppe eine Vertrauensorientierung gegenüber anderen Gruppen.[145] Im Ergebnis ihrer Studien finden die Autoren heraus, dass das Vertrauensniveau zwischen japanischen Unternehmen (konstant) höher ist.[146] Beide Untersuchungen können sowohl methodisch[147] als auch inhaltlich[148] Hinweise für diese Forschungsarbeit liefern.

Methodik

Von den betrachteten 40 Beiträgen setzen knapp die Hälfte (19 Beiträge) eine Fallstudienmethodik ein. Als Gründe für die Wahl der Fallstudienmethodik werden u.a. genannt, dass explorativ nach Barrieren und unterstützenden Faktoren im Veränderungsprozess gesucht wurde[149], dass mit einer Fallstudie komplexe Situationen analysiert werden können[150] und dass die Forschungsfrage eine flexible und ganzheitliche Methode erforderte[151].

Die zweitgrößte Gruppe an Beiträge geht methodisch konzeptionell vor (15 Artikel). Die Autoren der verbleibenden sechs betrachteten Artikel setzen quantitative Erhebungen und Analysen über Strukturgleichungsmodelle, Simulationen oder Erhebungen mit deskriptiver Auswertung ein.

Die Situation ist hier ähnlich derjenigen des Forschungsfeldes *Supply Chain Management*: Während in der Analyse von 100 begutachteten und betrachteten Fachartikeln zwar die Mehrheit (39 Beiträge) der Autoren konzeptionell vorgeht, so setzt knapp ein Drittel der Autoren die Fallstudienmethodik ein.[152] Damit ist die Mehrheit der Artikel im verwandten Forschungsgebiet methodisch mit den Beiträgen dieser Recherche vergleichbar.

Art der Kooperation

Ein wichtiger Unterschied zum Forschungsfeld des Supply Chain Managements, der in dieser Recherche durch den breiten Zugang ermöglicht wird, ist die Art der Kooperation. So fokussiert das Management der Wertschöpfungskette die Zusammenarbeit entlang der Wertschöpfungskette[153] oder zwischen Wertschöpfungsketten[154], lässt jedoch andere Formen der unternehmensweiten und unternehmensübergreifenden Zusammenarbeit außen vor. In der vorlie-

---

142 Vgl. Dyer & Chu, 2011, S. 28 ff.
143 Vgl. Dyer & Chu, 2000, S. 259 und Dyer & Chu, 2011, S. 31.
144 Vgl. Dyer & Chu, 2000, S. 261 und Dyer & Chu, 2011, S. 30.
145 Vgl. Dyer & Chu, 2011, S. 30.
146 Vgl. Dyer & Chu, 2000, S. 271 und Dyer & Chu, 2011, S. 32.
147 Z.B. hinsichtlich des Vorgehens der Datenerhebung.
148 Z.B. hinsichtlich der Entwicklung von Indikatoren für die Erhebung von zwischenbetrieblichen Vertrauens.
149 Vgl. Karlsson & Åhlström, 1996, S. 284. Die Autoren untersuchen vier Projekte aus einer „clinical perspective“ (S. 284), die sie beschreiben als einen triangulativen Methodeneinsatz, bei dem in ihrer Studie, neben Interviews und Dokumentenanalysen, auch teilnehmende Beobachtungen integriert waren (S. 286 f.).
150 Vgl. Miller et al., 2002, S. 76.
151 Vgl. Hines et al., 2006, S. 243 f. Die Autoren untersuchen in ihrem Beitrag die Auswirkungen von Verfahren zur Preisbildung innerhalb der Wertschöpfungskette auf die Zusammenarbeit von Unternehmen der Supply Chain und die Implementierung von Lean Management in der Wertschöpfungskette.
152 Vgl. Burgess et al., 2006, S. 714.
153 Vgl. Burgess et al., 2006 S. 704.
154 Karlsson & Ahlström, 1997, S. 940.

genden Recherche wurde dieser Zugang ermöglicht und weitere Kooperationsformen der Zusammenarbeit im Bereich des Lean Managements identifiziert. So wird mit der durchgeführten Literaturrecherche ersichtlich, dass sowohl die unternehmensinterne bzw. unternehmensweite Kooperation,[155] als auch die unternehmensübergreifende Kooperation z.B. im Cluster[156] von Bedeutung sind. Ein Autor, der ebenfalls die Bedeutung sowohl inter- als auch interorganisationaler Zusammenarbeit betrachtet ist Takeishi. In seiner Studie zur unternehmensinternen und unternehmensübergreifenden Zusammenarbeit bei der Neuproduktentwicklung im Kontext der japanischen Automobilindustrie argumentiert er, dass der Beitrag der Lieferantenintegration zu Wettbewerbsvorteilen bereits belegt wurde, die Ausgestaltung dieser Integration jedoch entscheidend ist.[157] Hierzu belegt er in seiner Untersuchung, dass Outsourcing und die Einbindung von Lieferanten ohne umfangreiche interne Anstrengungen nicht effektiv ist.[158] Als zentrale Aspekte seiner Untersuchung verwendet er die interne Koordination, sowie das intern vorhandene Ingenieurwissen und als Aspekte der (externen) Lieferantenkooperation Problemlösestrategien und Kommunikation.[159] Er berücksichtigt außerdem, dass zwischen Zulieferern und Herstellern in der japanischen Automobilindustrie häufig sehr enge Verbindungen bestehen. Zum einen weil Hersteller in der Regel Anteile an den Zulieferern besitzen und daher ein hohen Interesse an deren Erfolg haben und zum anderen weil die Zulieferer in der Regel sehr stark abhängig vom Umsatz der Hersteller sind.[160] Somit liegen hier Rahmenbedingungen vor, welche durch Anreize die Gesamtleistung der Partner positiv beeinflussen. Mit dieser Untersuchung wird nahegelegt, im strategischen Management inter- und intraorganisationale Beziehungen nicht getrennt voneinander zu betrachten und einen Fokus ebenso auf die Ausgestaltung der Beziehungen zu richten.

4.4. Forschungslücke im Bereich schlanker Kooperationsbeziehungen

Es wird deutlich, dass im Bereich schlanker Kooperationsbeziehungen eine Forschungslücke besteht. Die Bedeutung des Menschen, menschlichen Handelns und menschlicher Einstellungen sind zwar vielfach beschrieben, untersucht und anerkannt, die wissenschaftlich-systematische Analyse von Erfolgsfaktoren auf der Ebene der Menschen und Beziehungen zur Lean-Implementierung, innerhalb von unternehmerischen Kooperationsbeziehungen steht noch aus. Ein in diesem Zusammenhang richtungsweisender Beitrag ist die Untersuchung der Lean-Implementierung im Bereich des Gesundheitswesens mit der Akteur-Netzwerktheorie durch Papadopoulos et al. Sie stellen durch die Beobachtung von Netzwerken auf individueller Ebene fest, dass diese Interaktionsbeziehungen zentral für die Implementierung sind[161]. Bei ihrer Untersuchung berücksichtigen sie verschiedene Sichtweisen der Individuen, deren Handlungsmotive und Ressourcen.[162] Die Autoren unterstreichen die Wichtigkeit dieser Mechanismen, um die Steuerung des Wandels seitens des Managements beeinflussen zu kön-

155 Vgl. z.B. Yorks & Barto 2013, S 29 ff.; Ezzamel et al., 2001, S. 1053 ff.
156 Vgl. Seifert Nightingale, 1998, S. 20 ff.; Tilson, 2001, S. 427 ff.
157 Vgl. Takeishi, 2001, S. 405.
158 Vgl. Takeishi, 2001, S. 419.
159 Vgl. Takeishi, 2001, S. 407.
160 Vgl. Takeishi, 2001, S. 410.
161 Vgl. Papadopoulos et al., 2011, S. 184.
162 Vgl. Papadopoulos et al., 2011, S. 186.

nen.[163] Es ist vor diesem Hintergrund zu erwarten, dass die Mikrofundierung in diesem Bereich einen Beitrag leistet.

Hinsichtlich der Methodik wird ersichtlich, dass die Fallstudienstrategie für den Forschungsbereich schlanker Kooperationsbeziehungen geeignet ist. In diesem Zusammenhang soll knapp auf den IMP-Interaktionsansatz[164] aus dem Bereich des Industriegütermarketings eingegangen werden. Dieser betrachtet explizit die Mikroebene innerhalb von Kooperationsbeziehungen.[165] Ihm werden jedoch Lücken in der theoretischen und methodischen Fundierung vorgeworfen: So können zum einen aus dem hauptsächlich auf deskriptiven Fallstudien beruhenden Interaktionsansatz keine Gestaltungsempfehlungen abgeleitet werden[166] und zum anderen fehlt eine theoretische Fundierung des Ansatzes.[167] Mit der Mikrofundierung ressourcenbasierter Ansätze durch die Soziale Austauschtheorie wird für die Untersuchung schlanker Kooperationsbeziehungen ein Theoriegebäude[168] geschaffen. Mit der Entwicklung des Erhebungsworkshops[169] soll außerdem die Triangulation qualitativer und quantitativer Daten ermöglicht werden, die anhand von explikativen Fallstudien die Ableitung von Handlungsempfehlungen ermöglichen.

Während die Betrachtung von *interorganisationalen* Beziehungen im Bereich Lean Management bereits wissenschaftlich fundiert ist, hat die Betrachtung *intraorganisationaler* Beziehungen bisher keine wesentliche Beachtung gefunden. Für die weitere Forschungsarbeit sollen deshalb die vorliegenden Erkenntnisse der interorganisationalen Zusammenarbeit im Bereich des Lean Managements genutzt und im Zusammenhang mit einer Mikrofundierung erweitert werden. Ziel ist es, dass von der vorliegenden Untersuchung beide Arten unternehmerischer Kooperationen profitieren. Es ist zu erwarten, dass die Mikrofundierung schlanker Kooperationsbeziehungen diesem Anspruch gerecht wird, da in beiden Kooperationsbeziehungen Individuen aktiv sind und die Beziehung durch den sozialen Kontext gestalten.

163 Vgl. Papadopoulos et al., 2011, S. 186.
164 Vgl. Håkansson, 1982, S. 15; Håkansson & Wootz, 1979, S. 28 ff.
165 Vgl. Håkansson, 1982, S. 15.
166 Vgl. Gemünden & Heydebreck, 1994, S. 253 f; Stölzle, 199 S. 124 f.
167 Vgl. Meyer,1994, S. 217; Stölzle, 199 S. 124 f.
168 Gemünden & Heydebreck, 1994, S. 254.
169 Siehe hierzu ausführlich Abschnitt 5.1 und insbesondere Abschnitt 5.1.1.

5. Konstruktivistisches Annahmenmodell wertschaffender Beziehungen

Der Ausgangspunkt der konstruktivistischen Forschung stellt eine forschungsleitende Annahme dar.[1] Die notwendigen Annahmen, die es in einer Erhebung in der unternehmerischen Praxis zu reflektieren gilt, sollen im Folgenden entwickelt werden.

Basierend auf der sozialen Austauschtheorie, die zusammenfassend damit erklärt werden kann, dass aufgrund gegenseitigem Ressourcenaustausch eine langfristige Beziehung entwickelt wird, von der beide[2] beteiligte Parteien profitieren, werden drei Aspekte betrachtet: erstens das **Individuum** selbst, das in einem Austauschprozess steht, zweitens die **Ressourcen**, die in der Beziehung ausgetauscht werden und drittens die **Merkmale der Kooperationsbeziehung**.[3] Diese Strukturierung trägt damit gleichzeitig dem Argument der Autoren Cropanzano & Mitchell Rechnung, die feststellen, dass die Soziale Austauschtheorie bisher ein unvollständig spezifiziertes Ideen-Sammelsurium darstellt[4].

In Anlehnung an die Einführung in die Systemtheorie[5] und den Konstruktivismus nach Simon soll eine Systematisierung nach **Elementen, Systemen und Umwelten**[6] vorgenommen werden. Das Individuum und die Austauschressourcen sollen im Folgenden als Elemente, die Kooperationsbeziehung als System und die beteiligten unternehmerischen Rahmenbedingungen als Umwelten betrachtet werden.

Die Grundlage für die Identifizierung der Annahmen-Konstrukte stellt eine Recherche in der Literaturdatenbank EBSCO dar, in der nach den Begriffen „social exchange theory" und „cooperation" in der Business Source Premier Datenbank für den Zeitraum 1990-2012 gesucht wurde. Die Suchergebnisse wurden jeweils sukzessive um weitergehende Suchanfragen erweitert und analysiert, bis eine hohe Redundanz der jeweils eingesetzten Aspekte wahrgenommen wurde. Die Rückkopplung mit der Praxis erfolgt anhand von zwei Gesprächen, die als problemzentrierte Interviews mit einem Leitfaden geführt wurden.[7]

Die theoretischen Konstrukte zu den **Elementen**, **Systemen** und **Umwelten** der Kooperationsbeziehung werden im Folgenden dargestellt und in einen erklärenden Kontext gesetzt:

---

1 Vgl. Mir & Watson, 2000, S. 947.

2 In Anlehnung an Dyer & Singh (1998, S. 661) soll aus Gründen der vereinfachten Darlegung die dyadische Beziehung als Analyseeinheit genutzt werden. Die dyadische Beziehung ist sowohl auf Unternehmensebene als auch auf der Ebene der Individuen anwendbar.

3 Vgl. hierzu Kapitel 2.1.

4 Vgl. Cropanzano & Mitchell, 2005, S. 875. Ähnliche Kritik wird dem IMP-Modell entgegengebracht, das eine Beschreibung von Käufer-Abnehmerbeziehungen im Bereich des Industriegütermarketings *beschreibt* und dabei den Interaktionsprozess, die Individuen im Interaktionsprozess, die Umwelt des Interaktionsprozesses und die Beziehungsatmosphäre - die in Wechselwirkung mit der Interaktion steht- fokussiert. Vgl. Håkansson, 1982, S. 15. Als Kritik wird vorgebracht, es handle sich um eine „wissenschaftliche Baustelle", die quantitative Maße (z.B. aus dem Bereich der soziologischen Netzwerkforschung) bisher unberücksichtigt lässt und als Prämissen bisher nicht in ein „Theoriegebäude" integriert sind (Gemünden & Heydebreck, 1994, S. 253 f.). Auch Meyer (1994, S. 217) betont hinsichtlich des IMP-Ansatzes: „Die stark deskriptive Ausrichtung der bisherigen Forschungsarbeiten bedarf allerdings noch eine Weiterentwicklung im Bereich der Theorie-Methoden-Konzepte."

5 Die Verbindung zwischen der Sozialen Austauschtheorie als „Interaktionstheorie" nach Homans (1958) stellt explizit Staehle (1999, S. 45) her. Vgl. Stölzle, 199 S. 74.

6 Vgl. Simon, 2006, S. 76 ff.

7 Vgl. z.B. Lamnek, 2005, S. 363 f. Siehe außerdem Anhang 4: Explorative Vorstudie und Anhang 5: Exploratives problemzentriertes Interview (Gesprächsprotokoll).

Beziehungen und Zusammenhänge, die sich zum jetzigen Zeitpunkt des Forschungsprojektes als relevant darstellen, sind dargelegt.

Lamming berücksichtigt im Modell zu Beziehungen zwischen Kunden und Lieferanten im Bereich des Lean Managements bereits Faktoren auf Element- und Systemebene.[8] So werden dort Ziele und Erfahrung an der langfristigen Beziehung beteiligter Individuen, aber auch Erwartungen, Nähe und Abhängigkeiten in der Beziehungsatmosphäre berücksichtigt.[9] Dieses Modell kann zwar für die Entwicklung eines weiteren Modells, basierend auf der Sozialen Austauschtheorie, wertvolle Hinweise leisten, jedoch erfolgt keine umfassende Betrachtung der Faktoren Mensch und Beziehung, sodass das hier zu entwickelnde Modell in diesen Bereichen deutlich fundierter die Kooperationsbeziehung beschreibt.

5.1. Konstrukte im Bereich der Elemente: Individuen und Ressourcen von Kooperationsbeziehungen

Die Definition von Individuen als **Elemente** erfolgt im Einklang mit den Ansätzen der Netzwerkanalyse bzw. der Netzwerkforschung. Individuen oder Akteure werden häufig als (Netzwerk-) Elemente[10] oder Knoten[11] bezeichnet. Die Eigenschaften der Individuen als Elemente der Netzwerkbeziehungen werden in den folgenden Abschnitten 5.1.1 bis 5.1.5 dargelegt. Der Zusammenhang zur vorliegenden Forschungsarbeit wird hergestellt. Die Mikrofundierung durch Untersuchung individueller Unterschiede wird z.B. im Bereich der Behavioral Operations explizit gefordert und befindet sich noch im Anfangsstadium.[12] Ein Ansatz, der die Elemente sozialer Austauschbeziehungen und deren Eigenschaften bereits im Bereich des Lean Managements berücksichtigt, erfolgt von Tilson: Mit der Untersuchung der Implementierung eines Verbesserungsprogramms in einem britischen Automobil-Cluster unterstreicht die Autorin die Bedeutung der richtigen Personen mit den richtigen Eigenschaften und Fähigkeiten, um bei der Lean Management-Implementierung erfolgreiche Veränderungstreiber zu werden.[13]

Im folgenden Abschnitt 5.1.6 werden die Austauschressourcen sozialer Kooperationsbeziehungen dargelegt. Die Zuordnung der Austauschressourcen zu den Elementen sozialer Austauschbeziehungen erfolgt deshalb, weil die an der Beziehung beteiligten Akteure bzw. Elemente über diese Ressourcen verfügen[14] und diese in die Kooperationsbeziehung einbringen.

---

8 Vgl. Lamming, 1993, S. 141 und die dort angegebene Literatur.

9 Vgl. Lamming, 1993, S. 141 und die dort angegebene Literatur.

10 Vgl. Marsden & Lin, 1985, S. 101.

11 „Nodes“ vgl. Borgatti & Foster, 2003, S. 992; Borgatti & Halgin, 2011, S. 2.

12 Croson et al, 2013, S. 4.

13 Vgl. Tilson, 2001, S. 427 ff. Viele der zwölf genannten Eigenschaften (S. 437) lassen sich unter die im Folgenden vorzustellenden Konstrukte fassen. So können z.B. die Aspekte der Ideengenerierung, der Fähigkeit auf eigene Initiative zu arbeiten und Motivation als Facetten proaktiven Handelns (siehe hierzu Kapitel 5.1.5) verstanden werden.

14 Hier sei auf die Neue Institutionenökonomik und deren Teilbereich der Property-Rights-Theorie verwiesen (vgl. Welge & Al-Laham, 2012, S. 45 ff.). Eine sehr eingängige Beschreibung der Verfügungsrechte im Zusammenhang mit dieser Arbeit erfolgt durch den Springer Gabler Verlag (o.J. c): „Aus ökonomischer Sicht bezeichnen Verfügungsrechte die Fähigkeit (Property Right) des damit ausgestatteten Wirtschafters, eine bestimmte Entscheidung – im Besonderen ein bestimmtes Handeln oder Unterlassen bezüglich eines bestimmten knappen Guts – im Rahmen einer anerkannten sozialen Beziehung durchzusetzen.“

5.1.1. Individuelle Wissensaufnahmefähigkeit

Die Wissensaufnahmefähigkeit (*absorptive capacity*) wird in dieser Arbeit als die Fähigkeit verstanden, Wissen aufzunehmen und einzusetzen. Das Konzept als eine unternehmerische Fähigkeit geht auf die Autoren Cohen und Levinthal zurück.[15] Es gilt als etabliert für die Untersuchung interorganisationalen Lernens[16] und findet entsprechend häufig Anwendung in wissenschaftlichen Untersuchungen von unternehmensübergreifendem Wissensaustausch[17]. Während Cohen & Levinthal die Wissensaufnahmefähigkeit eines Unternehmens[18] aufgrund kognitiver Strukturen herleiten, die das Lernen auf Individuen-Ebene kennzeichnen[19], soll in dieser Arbeit die Wissensaufnahmefähigkeit auch auf dieser (menschlichen) Ebene im Vordergrund stehen[20].

Gleich in ihrer Einführung zur Wissensaufnahmefähigkeit gehen Cohen und Levinthal auf den zentralen Aspekt des Vorwissens zur Evaluierung und Anwendung externen, neuen Wissens ein: „knoweldge is largely a function of the level of prior related knowledge“[21]. Dieses Vorwissen und die damit zusammenhängenden Prozesse finden auf der Ebene des Menschen statt, der mit individuellen Vorerfahrungen und Kenntnissen sein Wissen im Unternehmen einsetzt. Damit ist das Konzept der Wissensaufnahmefähigkeit direkt anschlussfähig an einen konstruktivistischen Ansatz der Wissensaufnahme und Wissensverarbeitung[22], in der sich „*Menschen aktiv mit ihrer Umwelt auseinander*“[23] setzen. Ebner kennzeichnet die konstruktivistische Perspektive zum Wissensaufbau zusammenfassend wie folgt[24]:

---

15 Cohen & Levinthal, 1990, S. 128 ff.

16 Vgl. Schildt et al., 2012, S. 1155.

17 Siehe hierzu die Veröffentlichungen von Jansen et al., 2005, S. 999 ff; Lev et. al., 2009, S. 13 ff.; Tsai, 2001, S. 996 ff.; Vasudeva & Anand, 2011, S. 611 ff.

18 Cohen & Levinthal, (1990, S. 128) definieren die Aufnahmefähigkeit auf kollektiver Unternehmensebene wie folgt: "[...] the ability to evaluate and utilize outside knowledge is largely a function of the level of prior related knowledge. [...] Thus prior related knowledge confers an ability to recognize the value of new information, assimilate it, and apply it to commercial ends. These abilities collectively constitute what we call a firm´s "absorptive capacity"."

19 Vgl. Cohen & Levinthal, 1990, S. 128 ff.

20 Siehe hierzu Grant (1996, S. 112); er definiert im wissensbasierten Ansatz das Schaffen von Wissen als eine Tätigkeit des Individuums.

21 Im Zusammenhang mit dieser Aussage betonen die Autoren: „this prior knowledge includes basic skills or even a shared language but may also include knowledge of the most recent scientific or technological developments". Damit wird deutlich, dass es sich bei der Aufnahmefähigkeit zunächst um eine Fähigkeit auf individueller Ebene handeln muss, denn betrachtet man die Sprache als kleinste gemeinsame Basis des Vorwissens, so kann dies nur in einer menschlichen Interaktion geschehen, in der Individuen Informationen und Wissen aufnehmen und verarbeiten.

22 Vgl. hierzu auch das Schema-Konzept als ein kognitives Wissensmodell – Schemata werden dort als „persönliche Theorien bezeichnet, die als individueller Interpretationsrahmen für die Realität dienen“ (Pawlowsky, 1994, S. 193) und damit Grundlage für menschliches Handeln darstellen.

23 Ebner, 2000, S. 115.

24 Vgl. Ebner, 2000, S. 116. Der vierte von Ebner (2000) aufgeführte Punkt „Konstruktions- und Verständigungsprozesse sind kontextbezogen – außerhalb des jeweiligen Kontextes verlieren die hervorgebrachten Ergebnisse an Bedeutung“, soll im Zusammenhang mit der Aufnahmefähigkeit nicht verfolgt werden. Die Aufnahmefähigkeit, als eine Eigenschaft zunächst auf Ebene des Individuums bezieht sich im Kontext dieser Arbeit auf deren Einsatz im Unternehmen. Der unternehmerische Kontext und eine unternehmerische Situation sind deshalb immer als gegeben anzusehen und stehen dabei immer in einem engen Zusammenhang mit den Tätigkeitsfeldern der Individuen. Ebner (2000) bezieht sich primär auf die Entwicklung von erfolgreichem Unterricht. Dabei mag dem Aspekt der Kontextbezogenheit eine andere Bedeutung zukommen, weil Schülerinnen und Schüler im Unterricht grundsätzlich von einer direkten Anwendungssituation mit realem Feedback in der Regel entfernt sind.

- Wissensaufbau ist ein individueller Konstruktionsprozess. Wissen ist ein generiertes Produkt und nicht das Ergebnis einer neutralen Übertragung.
- Die Konstruktion des Wissens durch ein Individuum ergibt sich durch dessen Wahrnehmung. Vorhandenes Wissen ist dabei der Kernpunkt: Es wird benötigt, um die neuen Informationen zu interpretieren. Gleichzeitig wird es selbst angepasst, verändert und weiterentwickelt.
- Der individuelle Wissensaufbau führt nicht zu „subjektivistisch entkoppelten internen Repräsentationen der äußeren Welt, da u.a. in der Auseinandersetzung mit der Umwelt die kulturell hervorgebrachten Bedeutungen internalisiert bzw. in so genannten Aushandlungsprozessen jene gemeinsam geteilten Bedeutungen erzeugt werden, durch die Verständigung gesichert wird".[25]

Übertragen auf eine Kooperationsbeziehung ist vor diesem Hintergrund wichtig zu erkennen, dass beteiligte Individuen neues Wissen (oder neue Informationen[26]) immer mit dem individuell vorhandenen Wissen interpretieren, es anpassen, verändern und weiterentwickeln. Individuen, die domänenspezifisch ähnliche Erfahrungen gesammelt und ein entsprechendes Vorwissen aufgebaut haben, werden daher eine gewisse Wissensüberlappung generieren. Das Ausmaß der Wissensüberlappung wird vor allem im Zusammenhang mit Innovationen viel diskutiert, in einem Konsens darüber, dass eine mittlere Ähnlichkeit des Vorwissens – bezogen auf die Unternehmensebene – den Innovations-Output optimiert[27]. Dabei ist es wichtig anzumerken, dass die in diesem Zusammenhang durchgeführten Studien[28] in der Regel auf der Analyse von Patent-Daten beruhen, also den Schutzrechten für neue Ideen. In der vorliegenden Arbeit geht es jedoch vielmehr um das Übertragen spezifischer Verhaltensweisen im

---

[25] Das Argument, dass Wissen sozial konstruiert wird, findet sich ebenfalls in Kogut & Zander (1992, S. 385). Ebenso argumentieren Nelson & Winter (1982, S. 87), dass Wissen bzw. Fähigkeiten immer kontextgebunden sind und der soziale Kontext eine besondere Rolle spielt.

[26] In der Literatur wird Information häufig als eine Vorstufe von Wissen bezeichnet (siehe hierzu z.B. Nonaka, 1994, S. 15 oder Pawlowsky, 1994, S. 29). Siehe auch: Kogut & Zander (1992, S. 386) für deren Definition von Know-How verschiedene Informationen notwendig sind, Simon (1991, S. 125) der Lernen als ein Informationsumwandlungsprozess beschreibt oder Starbuck (1992, S. 716) der darlegt „Knowledge is a stock of expertise, not a flow of information". Vor diesem Hintergrund soll Information, wie dargelegt, als eine Vorstufe von Wissen betrachtet werden.

[27] Siehe hierzu Cowan & Jonard (2009, S. 337). Mit ihrer Studie zeigen sie einen umgekehrt U-förmigen Zusammenhang zwischen der Ähnlichkeit von Partnern in Allianzen und Innovationsergebnissen. Sie weisen in ihrem Beitrag in diesem Zusammenhang auch auf die Arbeiten folgender Autoren hin: Mowery et al. (1996, S. 77 ff.; empirische Studie zum Transfer technologischer Fähigkeiten zwischen Unternehmen in strategischen Allianzen anhand einer Patent-Zitationsanalyse mit dem zentralen Ergebnis, dass der Transfer von technologischen Fähigkeiten umso größer ist, je größer das „prealliance level of technological overlap" ist (S. 81)), Ahuja & Katila (2001, S. 197 ff.; Patentanalyse zum Innovationserfolg von technologisch motivierten und nicht technologisch motivierten Unternehmensakquisitionen mit einem zentralen Ergebnis, dass in technologisch motivierten Akquisitionen der „innovation output" in einer umgekehrt U-förmigen Beziehung zur „relatedness of the acquired knowledge base" steht) und Schoenmakers & Duysters (2006, S. 245ff.; Patentanalyse mit der Erkenntnis, dass die Wissensüberlappung von Allianzpartnern in einem umgekehrt U-förmigen Zusammenhang zum Grad des Lernens in der Allianz steht).

[28] Vgl. Mowery et al. (1996), Ahuja & Katila (2001) und Schoenmakers & Duysters (2006) sowie die Arbeit von Cowan & Jonard (2009) einschließend, da sich die Argumentation auf die genannten Patent-Studien stützt und gleichermaßen Innovationen im Sinne von Entwicklung neuen Wissens (S. 324) betrachten. Der Fokus der vorliegenden Forschungsarbeit richtet sich hingegen vielmehr auf den Transfer bestehenden Wissens bzw. dessen inkrementelle Weiterentwicklung.

Bereich des Lean Managements[29] und weniger um die Entwicklung neuer Technologien zur Einführung innovativer Produkte am Markt.

Es ist anzunehmen, dass die entstehende Wissensüberlappung für die Zusammenarbeit förderlich ist, weil dadurch die sich im Austausch befindenden Individuen eine gemeinsame Basis zur Anknüpfung haben. Un unterscheidet in ihrem Aufsatz zwei verschiedene Ansätze der Mitarbeiterzusammenstellung und untersucht deren Einfluss auf radikale und inkrementelle Innovationen im Unternehmen.[30] Dabei verwendet sie den Aspekt des „Perspective-taking“[31], das die Fähigkeit von Mitarbeitern bezeichnet, die Perspektive von Mitarbeitern aus anderen Abteilungen im Unternehmen einzunehmen. Diese Sicht ist notwendig, da bei der Entwicklung von Innovationen von der Idee bis zur Markteinführung verschiedene Abteilungen eingebunden sind und unterschiedliche Anforderungen stellen.[32] Die Autorin beschreibt weiter, dass diese Fähigkeit erst durch Erfahrungen und entsprechendes Vorwissen aufgebaut wird.[33] Vor diesem Hintergrund ist davon auszugehen, dass ein gemeinsames Vorwissen der Kooperationsbeziehung dienlich ist, in dem Sinne, dass es eine gemeinsame Wissensbasis ermöglicht, auch die Perspektive des Partners einzunehmen. Dadurch wird es möglich, mit der Aufnahmefähigkeit auf Ebene des Individuums, neues Wissen an das bereits vorhandene anzuknüpfen und durch die Interpretation des neuen Wissens durch das eigene Vorwissen, zusätzliches neues Wissen zu generieren.

Nonaka beschreibt mit der Wissensspirale, wie neues Wissen im Unternehmen entwickelt wird.[34] Dieser Prozess beginnt jeweils beim Individuum und ist dadurch gekennzeichnet, dass Individuen zunächst ihr (Vor-) Wissen externalisieren, um in einem Interaktionsprozess mit anderen externes Wissens aufzunehmen und zu integrieren.[35] Neues Wissen entsteht daher durch die Verknüpfung mit bereits vorhandenem Wissen, über das Individuen in verschiedenen Bereichen verfügen. Beim organisationalen Lernen nach dem Konzept der Wissemsaufnahmefähigkeit ist allerdings nicht allein das Vorhandensein von Vorwissen und Erfahrung von Bedeutung, sondern auch dessen Verbreitung im Unternehmen.[36] Die Verbreitung findet dabei durch das Lernen auf individueller Ebene statt.[37] Das gemeinsame Wissen, das sich in diesen organisationalen Lernprozessen, z.B. durch gemeinsame Erfahrungen, ergibt, gilt daher als ein zentraler Aspekt für organisationales Lernen in Kooperationsbeziehungen.[38] Übertra-

---

[29] Un (2010, S. 3) unterscheidet radikale und inkrementelle Innovation, wobei sie radikale Innovation als das Erforschen neuen Wissens und die inkrementelle Innovation als das Nutzen bestehenden Wissens kennzeichnet. Für die vorliegende Arbeit sind in diesem Begriffsrahmen inkrementelle Innovationstätigkeiten relevant.

[30] Vgl. Un, 2010, S. 1.

[31] Un, 2010, S. 4.

[32] Hier ist zu argumentieren, dass sich die Fähigkeit des Perspective Taking ebenfalls positiv auf inkrementelle Innovationen auswirken wird.

[33] Dass neues Wissen immer mit dem eigenen Vorwissen interpretiert wird (Ebner, 2000, S. 116), spielt hier eine Rolle: Der Perspektivenwechsel wird erst möglich sein, sobald ein Vorwissen zur anderen Perspektive – z.B. durch Erfahrungen – aufgebaut ist.

[34] Siehe auch Nonaka & Takeuchi, 2012, S. 164 ff. Eine wichtige Rolle spielt dabei die Unterscheidung zwischen explizitem (systematisches, formales und daher leicht zu übertragendes Wissen) und implizitem Wissen (Wissen, das an einen Handlungskontext gebunden ist und daher schwer zu übertragen ist) (S. 165). Zur Wissensspirale und der Transformation expliziten und impliziten Wissens siehe auch. Nonaka, 1994, S.18 f. Zu Unterscheidung expliziten und impliziten Wissens siehe auch: Polanyi, 1966, S. 3 ff.

[35] Vgl. Nonaka, 2007, S. 165 f.

[36] Cohen & Levinthal, 1990, S. 132.

[37] Simon, 1991, S. 126.

[38] Kang et al., 2007, S. 240.

gen auf das vorliegende Forschungsprojekt, ist davon auszugehen, dass sich vorhandenes (Lean Management-) Vorwissen und das Vorhandensein dieses Vorwissens bei den in der Kooperationsbeziehung involvierten Mitarbeiter positiv auf die Implementierung des Lean-Ansatzes und die Wertschöpfung innerhalb und durch die Kooperationsbeziehung auswirkt. Es kann einerseits argumentiert werden, dass durch eine gewisse Wissensüberlappung die Kooperationsbeziehung an sich schlanker gestaltet werden kann[39] und dass darüber hinaus das organisationale Lernen durch die Kooperation wertschöpfend ist[40]. Für die Praxiserhebung sind auf diesen Überlegungen aufbauend Fragestellungen hinsichtlich des Vorwissens und der Erfahrung sowie zur Wissensverteilung formuliert. Tab. 14 zeigt in der Übersicht die Frage und Frageintention.[41]

Kategorie und Itembezeichnung	Frage-Intention	Fragen [42]
Vorwissen [PREKN]	Das Ausmaß des inhaltlichen Vorwissens soll erfragt werden. Mit der Frage, ob die inhaltlichen Aspekte aus dem theoretischen Studium bzw. dem theoretischen Teil der Ausbildung bekannt sind, soll geprüft werden, ob es sich hauptsächlich um deklaratives Fachwissen[43] oder pragmatisch-prozedurales, nicht träges, Wissen[44] handelt. [45]	1. Die Aspekte um Lean Management sind mir aus dem Studium oder aus der Ausbildung bekannt 2. Die Aspekte um Lean Management sind mir aus dem theoretischen Studium oder dem theoretischen Teil der Ausbildung bekannt 3. Die Aspekte um Lean Management sind für mich vollkommen neu 4. Ich verfüge über ein fundiertes Wissen über die Lean Management-Grundlagen
Erfahrung [EXP]	Mit den Fragen zur Vorerfahrung der Befragten soll geprüft werden, inwiefern in den Kontexten Lean Management und Kooperation bereits interagiert wurde. Die Erfahrungen aus der Praxis gehen über rein theoretisch erworbenes Wissen hinaus und lassen	1. In der Zusammenarbeit mit Partnerunternehmen verfüge ich bereits über langjährige Erfahrung 2. Ich habe Erfahrung in der Zusammenarbeit mit Partnerunternehmen 3. Meine Arbeit findet vorwiegend intern orientiert statt 4. Ich war bereits an der Durchführung von Lean Management-Projekten beteiligt [47]

39 Liegt bereits ein gemeinsames Verständnis zu Grundbegriffen oder Prinzipien des Lean Managements bei allen an der Kooperationsbeziehung Beteiligten vor, erübrigt sich das Vermitteln dieser Grundlagen.

40 Organisationales Lernen trägt zur Wertschaffung bei, indem z.B. Verbesserungen umgesetzt werden, die dem Kundennutzen dienen. Vgl. hierzu Kang et al., 2007, S. 237.

41 Für die Fragen gilt jeweils, soweit nicht anders gekennzeichnet, dass die Beantwortung auf einer siebenstufigen Likert-Skala (1 = stimme überhaupt nicht zu; 7 = stimme voll zu) erfolgt.

42 Alle Fragen wurden auf Grundlage der Arbeit von Cohen & Levinthal (1990) hergeleitet und auf die Forschungsthematik übertragen.

43 Als deklaratives Wissen wird fachspezifisches Wissen, ohne konkreten Anwendungsbezug bezeichnet. Vgl. Cortina, 2006, S. 520.

44 Pragmatisch-prozedurales Wissen ist notwendig, um in einem komplexen Umfeld Probleme lösen zu können. Vgl. Cortina, 2006, S. 520.

45 Gemäß der dieser Arbeit zugrunde liegenden Erkenntnis- bzw. Wissenschaftstheorie des Konstruktivismus, soll diese auch im Zusammenhang mit dem Aufbau von Wissen leitend sein (siehe hierzu im Folgenden Reinmann & Mandl, 2006, S. 625 ff.). Vor dem Hintergrund des Problems sogenannten trägen Wissens, das die spontane Anwendung von Lerninhalten in realen Situationen behindert, entwickelte sich die Position konstruktivistische Instruktionsansätze. Mit der Annahme einer aktiven, eigenverantwortlichen Konstruktion und Interpretation von Lerninhalten betonen diese Ansätze „dass Lernprozesse soweit wie möglich mit der Bearbeitung bedeutungshaltiger, authentischer Probleme verbunden werden sollten, damit Wissen von Anfang an unter Anwendungsgesichtspunkten erworben wird. […] Lernprozesse führen unter anderem dazu, dass sich die Lernenden Denkmuster, Überzeugungen und normative Regeln der entsprechenden Expertenkultur aneignen." (Reinmann & Mandl, 2006, S. 629). Aus dieser Position heraus findet eine erfolgreiche Wissenskonstruktion im Sinne eines Kompetenzaufbaus eher in situierten Lernumgebungen oder in der Praxis statt, als in einem *klassischen* Theorieunterricht.

Kategorie und Itembezeichnung	Frage-Intention	Fragen [42]
	auf eine entwickelte Handlungsfähigkeit schließen[46].	5. Ich habe Kontakt zu unseren Partnerunternehmen seit ___ Jahren 6. Wir haben bereits ___ (Anzahl) Unternehmen bei der Einführung von Lean Management unterstützt
Verteilung im Unternehmen [VERT]	Die Fragen zur Verteilung des Vorwissens bzw. der Vorerfahrung beziehen sich auf die Inhalte Lean Management und Kooperation. Mit der Frage, welche Unternehmensbereiche nach den Prinzipien des Lean Managements arbeiten, kann außerdem auf den Implementierungsstand geschlossen werden.[48] Ebenso bei den Fragen, ob ein großer Anteil der Mitarbeitenden den Lean Management-Ansatz kennt bzw. nach dessen Prinzipien arbeitet.[49]	1. Ich kenne/Ich weiß von ___ Personen, die/dass sie in direktem Kontakt mit Mitarbeitenden des Partnerunternehmens stehen 2. Die Partnerschaft betrifft einen erheblichen Anteil der Mitarbeitenden im Unternehmen direkt: Viele stehen in Kontakt mit Mitarbeitenden des Partnerunternehmens 3. Nur wenige der Mitarbeitenden unseres Unternehmens stehen in direktem Kontakt mit den Mitarbeitenden des Partnerunternehmens 4. Ein großer Anteil der Mitarbeitenden in unserem Unternehmen kennt unseren Lean Management-Ansatz 5. Ein großer Anteil der Mitarbeitenden in unserem Unternehmen arbeitet nach Lean-Prinzipien 6. Folgende Unternehmensbereiche arbeiten nach den Prinzipien des Lean Managements: a. Einkauf b. Produktion c. Marketing und Vertrieb d. Logistik e. Kundendienst f. Entwicklung g. Personalwirtschaft h. Top-Management

Tab. 14: Wissensaufnahmefähigkeit

5.1.2. Individuelle Austauscheinstellung

Ein wichtiger Bestandteil der Sozialen Austauschtheorie ist die Reziprozität[50]. Für die unternehmerische Kooperation im Bereich des schlanken Managementansatzes wurde die Wichtigkeit ebenfalls bereits herausgestellt. So nutzt z.B. Sako das Kriterium der Reziprozität zur Unterscheidung vertraglich-verbindlicher und distanziert-geschäftlicher[51] Beziehungen, indem er beschreibt, dass in letzteren die Zeitspanne zwischen Leistung und Gegenleistung sehr gering ist, während sie sich in den vertraglich-verbindlichen, langfristigen Beziehungen über

47 Gemeint sind hier Projekte innerhalb des Lean Management-Ansatzes, der nicht als Projekt zu bezeichnen ist. Vgl. Abschnitt 4.2.2.

46 Handlungsfähigkeit umfasst die Komponenten fachlicher Handlungsfähigkeit (Fachwissen, Problemlöse- und Entscheidungsverfahren), sozialer Handlungsfähigkeit (Fähigkeit zur Kooperation, Kommunikation und Interaktion) und ethisch-reflexiver Handlungsfähigkeit (Bereitschaft und Fähigkeit zu verantwortungsbewusstem Handeln) und ermöglicht damit ein wirksames Verhalten im jeweiligen Kontext (vgl. Ebner, 1992, S. 42).

48 Klassisch starten die Lean-Aktivitäten im Bereich der Produktion bevor andere Bereiche der Wertekette (Porter 2010, S. 68) in den Ansatz integriert werden (vgl. Womack & Jones, 2004, S. 318, S. 368 ff.). Sind bereits andere Bereiche in den Lean Management-Ansatz eingebunden, kann davon ausgegangen werden, dass die Implementierung bereits fortgeschritten ist.

49 Die Frage nach dem Einsatz bzw. der Anwendung der Prinzipien wird vor dem Hintergrund der sechs Kategorien kognitiver Prozesse und der Bloom'schen Taxonomie von Lehr-/Lernzielen gestellt. Die sechs Kategorien sind 1) Erinnern (Abrufen von Wissen aus dem Langzeitgedächtnis) 2) Verstehen (Bedeutungen erkennen und erklären) 3) Anwenden (Ausführen einer Prozedur) 4) Analysieren (Zusammenhänge identifizieren) 5) Evaluieren (Beurteilungen aufgrund von Kriterien und Standards treffen) und 6) Generieren/Schaffen (Neues Wissen schaffen durch Neuanordnung von Elementen). Das Anwenden von Wissen geht vor diesem Hintergrund kognitiv über das „Kennen" hinaus. Vgl. Anderson & Krathwohl, 2001, S. 31.

50 Vgl. hierzu z.B. Emerson, 1976, S. 340.

51 Sako, 1992, S. 9: „Arm's-length Contractual Relation (ACR)".

einen langen Zeitraum erstrecken kann.[52] Das in den vertraglich-verbindlichen Beziehungen inhärente Vertrauen[53] ermöglicht, dass die Gegenleistung zeitlich verzögert erfolgen kann. Das Reziprozitätsprinzip spielt daher in beiden, gegensätzlichen Beziehungsarten eine Rolle.

Bei der Betrachtung der Reziprozitätsnorm als individuelle Orientierung, beschreiben Cropanzano & Mitchell, dass sich individuelle Einstellungen zum (sozialen) Austausch unterscheiden.[54] Sie erläutern, dass Menschen mit einer hohen Austauschorientierung eher einen Gefallen erwidern werden als Menschen mit einer niedrigeren Austauschorientierung.[55] In der Untersuchung zur wahrgenommenen organisationalen Unterstützung[56] entwickeln Eisenberger et al. Erhebungsfragen zur Indikation dieser individuellen Austauschorientierung.[57] Die Fragen sollen Aufschluss darüber geben, inwiefern Individuen befürworten, dass der individuelle Arbeitsaufwand davon abhängen sollte, wie sie vom Unternehmen behandelt werden.[58] In der durchgeführten Studie haben die Autoren die Erhebungsteilnehmer in drei Gruppen eingeteilt, Individuen mit hoher, mittlerer und niedriger Austauschorientierung. Eisenberger et al. identifizieren einen negativen Zusammenhang zwischen wahrgenommener organisationalen Unterstützung und Abwesenheit bei Individuen mit hoher Austauschorientierung.[59] Der Zusammenhang zwischen wahrgenommener organisationaler Unterstützung und der individuellen Anstrengung, organisationale Ziele zu erreichen – z.B. durch geringere Abwesenheitsphasen – ist damit von der individuellen Austauschorientierung abhängig.[60]

Auch Witt bezieht die individuelle Austauschideologie auf den Unternehmenskontext und definiert die tendenzielle Orientierung einer Person, vom Unternehmen erhaltene Aspekte zu erwidern.[61] Dabei gibt es einerseits Mitarbeiter mit stark ausgeprägten kongruenten Verhaltensweisen, die sofern sie vom Unternehmen (nicht) sehr gut behandelt werden, sich (nicht) besonders anstrengen und andererseits Mitarbeiter bei denen die eigene Anstrengung nicht im Zusammenhang mit der wahrgenommenen Behandlung durch das Unternehmen steht. In seiner Untersuchung findet Witt heraus, dass bei Mitarbeitern mit einer hohen Austauschorientierung ein hoher Zusammenhang zwischen der Wichtigkeit der Entscheidungsbeteiligung und der Zufriedenheit mit Beförderungsmöglichkeiten, organisationalen Zielen bzw. organisationaler Unterstützung besteht.[62] Bei Mitarbeitern mit niedriger Austauschorientierung hingegen konnte kein Zusammenhang belegt werden.[63] Für die Messung der individuellen Austauschorientierung setzt er die Indikatoren nach Eisenberger et al.[64] ein.[65] In seinem Fazit be-

52 Sako, 1992, S. 10.
53 Vgl. Sako, 1992, S. 9 f.; siehe auch Picot et al., 2003, S. 43.
54 Vgl. Cropanzano & Mitchell, 2005, S. 877 f. Vgl: hierzu auch Eisenberger et al., 1987, S. 748.
55 Vgl. Cropanzano & Mitchell, 2005, S. 877.
56 Die wahrgenommene organisationale Unterstützung (perceived organizational support) ist der individuelle Eindruck seitens der Mitarbeiter, ob der eigene vom personifizierten Unternehmen wahrgenommen wird und ob das eigene Wohlbefinden berücksichtigt wird. Vgl. Eisenberger et al., 1986, S. 500.
57 Vgl. Eisenberger et al., 1986, S. 503.
58 Vgl. Eisenberger et al., 1986, S. 503.
59 Vgl. Eisenberger et al., 1986, S. 504. Die Autoren verwenden bei der Untersuchung Phasen der Abwesenheit, statt Tage der Abwesenheit.
60 Vgl. Eisenberger et al., 1986, S. 504.
61 Vgl. Witt, 1992, S. 77.
62 Vgl. Witt, 1992, S. 82.
63 Vgl. Witt, 1992, S. 82.
64 Vgl. Eisenberger et al., 1986, S. 503.
65 Vgl. Witt, 1992, S. 83. Siehe zu diesen Kriterien Tab. 15.

tont Witt, dass die individuelle Austauschorientierung von Führungskräften beachtet werden sollte – z.B. bei der Art von Rückmeldungen an die Mitarbeiter oder der Ausgestaltung organisationaler Unterstützung.[66]

Im Zusammenhang mit konkreten Austauschbeziehungen definiert Burns bereits 1973 vier soziale Orientierungen: Eigenausrichtung (Individualismus), positive Fremdausrichtung (Altruismus), negative Fremdausrichtung (Feindseligkeit) und gemeinsame Eigen- und Fremdausrichtung.[67] Mit Blick auf die vier sozialen Orientierungen innerhalb von Kooperationsbeziehungen beschreibt er die vier Beziehungsarten der gegenseitig wohlwollenden Beziehung, der gegenseitig rücksichtsvollen Beziehung, der gegenseitig ausnutzenden Beziehung und der gegenseitig feindseligen Beziehung.[68] Im organisationalen Kontext beschreiben Bridoux et al. analog, dass sich Individuen aufgrund ihrer Persönlichkeitseigenschaften eigennützig (auch: individualistisch) oder erwidernd (auch: prosozial) in Kooperationsbeziehungen verhalten.[69] Erwidernde Persönlichkeiten beginnen Beziehungen grundsätzlich kooperativ, stellen dieses Verhalten jedoch ein, sobald ihr kooperatives Verhalten nicht erwidert wird.[70] Individualistische Personen hingegen verhalten sich ausschließlich dann kooperativ, wenn ein eigener Nutzen sehr wahrscheinlich ist.[71] Zur Aufrechterhaltung einer Kooperationsbeziehung wird es vor diesem Hintergrund nützlich sein, möglichst erwidernde Persönlichkeiten zusammenzubringen. Bridoux et al. treffen in diesem Zusammenhang auch die Annahme, dass die kollektive Wertschaffung am höchsten ist, wenn das Motivationssystem auf gegenseitige Kooperation ausgerichtet ist und der Anteil erwidernder Personen möglichst hoch ist.[72]

Kategorie und Itembezeichnung	**Frage-Intention**	**Fragen**[73]
Austausch-Ideologie (exchange ideology) **[EX_IDEOL]**	Identifikation der individuellen Austauschorientierung, d.h. der persönlichen Auffassung, inwiefern das Verhältnis zwischen Geben und Nehmen im beruflichen Kontext erfüllt sein muss.	1. Die Anstrengungen eines Mitarbeiters sollten zu einem Teil davon abhängen, inwiefern das Unternehmen mit dessen Bedürfnissen und Interessen umgeht 2. Ein Mitarbeiter, der vom Unternehmen schlecht behandelt wird, sollte seinen Arbeitsaufwand reduzieren 3. Der Arbeitsaufwand eines Mitarbeiters sollte unabhängig von dessen Entlohnung sein (Reversed)[74] 4. Die Fehleinschätzung des Unternehmens hinsichtlich des Beitrags eines Mitarbeitenden sollte nicht dessen Arbeitshaltung beeinflussen (Reversed)[75]

Tab. 15: Individuelle Austauschorientierung

Es wird deutlich, dass der individuellen Austauschorientierung beim Eingehen und Aufrechterhalten von Kooperationsbeziehungen eine wichtige Rolle zukommt. Sie soll deshalb auch im Zusammenhang dieser Arbeit betrachtet werden, unter der Annahme, dass Kooperations-

66 Vgl. Witt, 1992, S. 79.
67 Vgl. Burns, 1973, S. 191.
68 Vgl. Burns, 1973, S. 198.
69 Vgl. Bridoux et al., 2011, S. 713 f.
70 Vgl. Bridoux et al., 2011, S. 713 f.
71 Vgl. Bridoux et al., 2011, S. 713 f.
72 Vgl. Bridoux et al., 2011, S. 713 f.
73 Vgl. Eisenberger et al., 1986, S. 503.
74 Umgekehrte Beschreibung: Bei Befragung mit einer Likert-Skala (z.B. stimme nicht zu: kleinzahlig und stimme zu: großzahlig) würde eine hohe Zustimmung auf eine niedrige individuelle Austauschorientierung hinweisen.
75 Umgekehrte Beschreibung.

beziehungen von Individuen mit hoher Austauschorientierung verschwendungsarm[76] sind und zur Wertschaffung[77] beitragen. In der folgenden Tab. 15 befindet sich eine Übersicht zur Erhebung der individuellen Austauschorientierung mit formulierten Erhebungsfragen und der Erläuterung zur Frage-Intention.

5.1.3. Individuelle Erwartungen

Ein wichtiges Kriterium der Sozialen Austauschtheorie sind die Erwartungen der beteiligten Menschen. So wird bereits in Kapitel 3.3.2 gezeigt, dass individuelle Erwartungen bedeutsam sind, und darüber entscheiden können, ob eine Kooperationsbeziehung aufrechterhalten wird oder nicht.[78]

In einer Studie zur Beteiligung von Programmierern an firmeneigenen, offenen Innovationsplattformen, untersuchen Jeppesen & Frederiksen die Gründe für die aktive Mitarbeit externer Programmierer. Ein Aspekt, den die Autoren in diesem Zusammenhang betrachten, sind die Erwartungen der Programmierer. So wird untersucht, inwiefern die Motivation durch erwartete Anerkennung seitens der Peer-Programmierer oder durch Anerkennung seitens des Software-Unternehmens gestützt wird.[79] Mit der Erhebung können die Autoren die zweite Annahme (Motivation durch erwartete Anerkennung seitens des Software-Unternehmens) bestätigen.[80] Die Autoren begründen diesen Zusammenhang damit, dass die Programmierer das Ziel verfolgen, den eigenen Beitrag in das Firmenproduktportfolio integrieren zu können – interessant in diesem Zusammenhang ist, dass der größte Anteil der Befragten die gleiche Arbeit nicht als Auftragsarbeit angenommen hätte.[81] Es wird deutlich, dass eine positive Erwartung eine hohe Motivation für individuelles Engagement sein kann.

Erwartungen spielen ebenfalls in der Untersuchung von Crosby et al. eine zentrale Rolle.[82] Die Autoren untersuchen die Qualität von Verkäufer-Käufer-Beziehungen im Dienstleistungsbereich aus Käufersicht und berücksichtigen dabei zukünftig erwartete Vertragsabschlüsse und deren Einflussfaktoren.[83] Sie betonen zunächst, dass der lange oder nicht determinierte Zeithorizont zwischen der Leistung und möglicherweise Nicht-Erfüllung der Erwartungen zu einer hohen wahrgenommenen Unsicherheit beiträgt, die sich für den Kunden am besten durch eine einwandfreie Beziehungshistorie reduzieren lässt.[84] Daher begründen die Autoren ebenso wie Thibaut & Kelley, dass negative Erwartungen, z.B. aufgrund einer schlechten Leistung in der Vergangenheit, die Wahrscheinlichkeit für zukünftige Vertragsab-

---

76 Sofern alle an der Kooperationsbeziehung beteiligten Partner eine hohe Austauscheinstellung haben, ist davon auszugehen, dass der Ressourcenaustausch (z.B. gegenseitige Hilfe durch Expertenwissen) zügig verläuft und aus einer der individuellen Austauschorientierung heraus möglichweise dahingehend schlank (d.h. verschwendungsarm), dass die direkte Reziprozität verfolgt wird und sich Personen engagiert für Gegenleistungen für erhaltene Leistungen einsetzen.

77 Sofern für erhaltene Leistungen jeweils eine Leistung erwidert wird, ist davon auszugehen, dass sofern alle Individuen organisationale Ziele fokussieren, diese in einer kooperativer und gegenseitig unterstützenden Art verfolgt werden.

78 Vgl. hierzu Thibaut & Kelley, 1986, S. 21 ff.

79 Vgl. Jeppesen & Frederiksen, 2006, S. 51.

80 Vgl. Jeppesen & Frederiksen, 2006, S. 55.

81 Vgl. Jeppesen & Frederiksen, 2006, S. 55 f.

82 Vgl. Crosby et al., 1990, S. 68 ff.

83 Vgl. Crosby et al., 1990, S. 68 f.

84 Vgl. Crosby et al., 1990, S. 70.

schlüsse reduzieren.[85] Mit ihrer Erhebung können die Autoren den Einfluss der Erwartungen auf künftige Vertragsabschlüsse bestätigen.[86] Damit wird zum Ausdruck gebracht, dass positive Erwartungen neben dem Engagement auch das Aufrechterhalten von Kooperationsbeziehungen fördern können.

Eine positive Auswirkung der Erfüllung von Erwartungen während eines Dienstleistungsprozess (IT-Konfiguration und -Implementierung) trägt nach der Untersuchung von Gefen & Ridings zum Gesamtergebnis bei, indem sich durch das Reaktionsvermögen der an der Kooperationsbeziehung beteiligten Partner die Erwartungen besser abstimmen und erfüllen lassen.[87]

Kategorie und Itembezeichnung	**Frage-Intention**	**Fragen**[88]
Individuelle Erwartungen (individual expectations) [EXPEC]	Identifikation positiver bzw. negativer Erwartungen an die Kooperationsbeziehungen und an die eigene Arbeit.	1. Ich habe große Erwartungen an die Zusammenarbeit mit unserem Partnerunternehmen 2. Die Zusammenarbeit mit dem Partnerunternehmen wird sich positiv auf meine Arbeit auswirken 3. Die Zusammenarbeit mit dem Partnerunternehmen ist nur von begrenzter Dauer (Reversed)[89] 4. Für uns gibt es zahlreiche alternative Unternehmen mit denen wir statt unserem aktuellen Partner zusammenarbeiten könnten (Reversed)[90] 5. Zum jetzigen Zeitpunkt ist unternehmensintern eine Stelle zu besetzen, die mir attraktiver als meine derzeitige Stelle erscheint 6. Zum jetzigen Zeitpunkt ist unternehmensextern eine Stelle zu besetzen, die mir attraktiver als meine derzeitige Stelle erscheint 7. Alles in allem bin ich mit meinen Arbeitsinhalten zufrieden 8. Eine andere Stelle ist für mich derzeit keine attraktive Option

Tab. 16: Individuelle Erwartungen

Vor diesem Hintergrund sollen in der vorliegenden Forschungsarbeit individuelle Erwartungen berücksichtigt werden. Interessant sind in diesem Zusammenhang die Erwartungen an die Zusammenarbeit mit dem Partnerunternehmen, deren erwartete Dauer, die Erwartungen hinsichtlich der eigenen Stelle in- und extern und die aktuelle Zufriedenheit als möglicher Indikator für zukünftige Erwartungen. Dabei wird angenommen, dass durch

- hohe Erwartungen an die Zusammenarbeit ein hohes Engagement begründet wird
- hohe Erwartungen an die zeitliche Dauer der Kooperation ein hohes Engagement begründet wird, vor dem Hintergrund, dass sich ein hohes Engagement für eine ohnehin nicht langfristige Beziehung sich nicht lohnen würde
- hohe Erwartungen an den Partner bzw. einer Alternativlosigkeit ein hohes Engagement begründet wird und
- negative Erwartungen hinsichtlich der eigenen Stelle ein niedriges Engagement begründet wird.

Tab. 16 zeigt das entwickelte Konstrukt der individuellen Erwartungen im Überblick.

85 Vgl. Crosby et al., 1990, S. 70 und Thibaut & Kelley, 1986, S. 21 ff.
86 Vgl. Crosby et al., 1990, S. 75.
87 Vgl. Gefen & Ridings 2002, S. 62.
88 Die Fragen zu den Erwartungen wurden basierend auf der in diesem Abschnitt 5.1.3 verwendeten Literatur formuliert.
89 Umgekehrte Beschreibung.
90 Umgekehrte Beschreibung.

5.1.4. Individuelle Arbeitseinstellungen

Die individuelle (Arbeits-)Einstellung ist ein weiterer Aspekt, der auf der Ebene des Individuums dessen Verhalten in einer Austauschbeziehung beeinflusst. Die Untersuchung von Arbeitseinstellungen im Zusammenhang mit arbeitsbezogenen Phänomenen wie dem Fernbleiben, Umsatz, Motivation und Leistung geht bereits auf die Hawthorne-Untersuchungen zurück[91], die im Rahmen des Human Relation-Ansatzes[92] durchgeführt wurden.

Dickson & Buchholz beschreiben, dass die Einstellung zur Arbeit individuell und kulturell geprägt ist.[93] Sie befindet sich in einem kontinuierlichen Wechselspiel zwischen aktuellen Gegebenheiten und historisch vorhandener Ansichten[94], ist aber nicht vollständig durch Sozialisierung erklärbar und hängt ebenso von individuellen Bedürfnissen ab.[95] Mit der Studie zu Arbeitseinstellungen in der amerikanischen Gesellschaft entwickelt Buchholz fünf Einstellungssysteme, die Annahmen über Arbeitstätigkeiten umfassen.[96] Die fünf Einstellungssysteme sind in Tab. 17 dargestellt. Mit einem entwickelten Frageninventar erhebt Buchholz Daten in verschiedenen organisationalen Schichten, prüft und beschreibt bestehende Unterschiede in der Arbeitseinstellungen hinsichtlich organisationaler Status, Alter, Geschlecht, ethnische Herkunft und Bildung.[97] In einer späteren Studie wird diese Systematisierung der Arbeitseinstellung bei der Untersuchung von Unterschieden zwischen Arbeitern und Führungskräften in den USA und in Schottland ebenfalls eingesetzt – mit dem Ergebnis, dass dort ebenfalls Unterschiede vorliegen.[98] Auch neuere Erhebungen zu Arbeitseinstellungen greifen auf die Systematisierung von Buchholz zurück. So z.B. Sidani & Jamali, die die Arbeitseinstellungen ägyptischer Angestellter untersuchen.[99] Diese Systematisierung lässt sich als eine vergleichsweise umfangreiche Abbildung individueller Arbeitseinstellungen bezeichnen, betrachtet man die Literatursystematisierung von Dose.[100] Die Autorin unterteilt folgende vier Quadranten:[101]

- Sozial-moralischer Quadrant; hierzu zählen Konzepte mit einer moralischen Richtig-Falsch-Wertung, die in einen sozialen Kontext eingebettet sind. Hierunter wird das Humanistische Glaubenssystem gefasst.
- Persönlich-moralischer Quadrant; hierzu zählen moralische Richtig-Falsch-Wertungen, die aus einem Individuum selbst gründen. Dieser Quadrant fasst keines der fünf Einstellungssysteme nach Buchholz.

91 Vgl. Chen et al., 2004, S. 350.
92 Siehe hierzu Kapitel 3.1.2.
93 Vgl. Dickson & Buchholz, 1979, S. 235 f.
94 Costanza et al. (2012, s. 387 f.) beschreiben mit ihrer Meta-Studie, dass zwischen den Generationen (Traditionelle, Baby Boomers, Generation X, Millenium, S. 375) keine signifikanten Unterschiede hinsichtlich arbeitsbezogener Einstellungen vorliegen. Es ist daher davon auszugehen, dass die grundsätzlichen Einstellungen sehr langfristig konsistent sind. Buchholz (1978, S. 224 f.) konnte in ihrer Studie keine Hypothese zu Altersunterschieden betätigen; sie vermutet lediglich Unterschiede zwischen Berufsein- und Berufsaussteigern, was möglicherweise auf die individuelle Situation zurückzuführen ist und nicht auf die Einstellungen, welche den größten Anteil der Arbeitsdauer das Verhalten prägen.
95 Vgl. Dickson & Buchholz, 1979, S. 236.
96 Vgl. Buchholz, 1978, S. 220.
97 Vgl. Buchholz, 1978, S. 221 ff.
98 Vgl. Dickson & Buchholz, 1979, S. 239 ff.
99 Vgl. Sidani & Jamali, 2010, S. 436 f.
100 Vgl. Dose, 1997, S. 231 f.
101 Vgl. Dose, 1997, S. 231 f.

- Quadrant der persönlichen Präferenz; hierunter werden Konzepte gefasst, die ausschließlich die persönliche Präferenz des Individuums umfassen und keine moralischen Richtig-Falsch-Wertungen beinhalten. Das freizeitorientierte System ist diesem Quadranten zuzuordnen.
- Quadrant der sozialen Präferenz; diese Kategorie erfasst Konzepte, welche sich rein auf die soziale Erwünschtheit beziehen. Auch in diesen Konzepten wird keine Richtig-Falsch-Wertung vorgenommen. Dose ordnet das marxistisch-bezogene System diesem Quadranten zu.

Einstellungs-system	**Annahmen und Beschreibung**
Arbeitsethisches System	• Arbeit ist positiv und verleiht einer Person Würde • Alle Menschen sollten arbeiten und diejenigen die es nicht tun, sind keine nützlichen Mitglieder der Gesellschaft • Durch unnachgiebige Anstrengung kann jedes Hindernis überwunden werden • Erfolg hängt direkt mit der individuellen Anstrengung zusammen und materieller Reichtum ist ein Indikator für diese Anstrengung • Reichtum sollte investiert werden und nicht für privaten Konsum ausgegeben werden
Organisationsbezogenes Glaubenssystem	• Arbeit hat nur eine Bedeutung sofern sie etwas in der Gruppe oder im Unternehmen bewirkt, zum persönlichen Status beiträgt und einen hierarchischen Aufstieg ermöglicht • Der Wert der Arbeit wird daran gemessen, inwiefern die Interessen der Gruppe erfüllt werden können und sie zum eigenen Erfolg im Unternehmen beiträgt • Der Erfolg hängt dabei mehr von der Fähigkeit ab, sich Gruppennormen anzupassen statt von individueller Anstrengung und Leistung
Marxistisch-bezogenes System	• Produktive Tätigkeit ist die Grundlage menschlicher Erfüllung • Ohne Arbeit können Menschen weder ihre Bedürfnisse erfüllen noch ihr Potenzial voll entfalten • Eine kreative oder soziale Erfüllung ist den Unternehmer/innen vorbehalten • Der Gewinn aus produktiver Arbeit kommt den Unternehmer/innen zu • Arbeiter werden ausgenutzt und sind entfremdet • Um die Missstände zu beseitigen, sollten Arbeiter stärker in Entscheidungen eingebunden werden
Humanistisches Glaubenssystem	• Arbeit ist der Weg zur menschlichen Erfüllung • Was mit den Menschen bei der Arbeit geschieht ist wichtiger als das konkrete Ergebnis der Arbeit • Arbeit muss so umgestaltet werden, dass die menschliche Entfaltung vollständig möglich ist • Menschliches Wachstum ist wichtiger als die Erfüllung materieller oder niedrigerer Bedürfnisse
Freizeitorientiertes System	• Arbeit ist notwendig für die Produktion und den Austausch von Gütern und Dienstleistungen • Technologische und ökonomische Restriktionen verhindern, dass Arbeit bedeutungsvoll wird oder zur Entfaltung beiträgt • Menschliche Entfaltung ist nur in der Freizeit möglich, welche es dem Menschen erlaubt, frei über seine Zeit und Tätigkeiten zu entscheiden und sein kreatives Potenzial einzusetzen • Je mehr Zeit, Ressourcen und Energie Menschen haben, um sich in der Freizeit zu engagieren, desto besser für ihre Entwicklung

Tab. 17: Fünf Systeme zur Kategorisierung der Arbeitseinstellung

Quelle: Buchholz, 1978, S. 220 und die dort angegebene Literatur, angepasst.

In Doses Übersicht[102] über die Zuordnung der untersuchten Arbeitseinstellungskonzepte in die vier Quadranten wird ersichtlich, dass die Glaubenssysteme nach Buchholz einzig mit einem weiteren Konzept[103] drei der Kategorien erfasst.[104] Damit ist davon auszugehen, dass mit dem Einsatz der Einstellungssysteme nach Buchholz ein umfassendes Bild ermöglicht wird.

[102] Vgl. Dose, 1997, S. 229.

[103] Das Konzept des Utilitarismus umfasst zusätzlich den persönlich-moralischen Quadranten, nicht aber den Quadranten der persönlichen Präferenz.

[104] Die kulturübergreifenden Werte nach Hofstede, die im Bereich des Forschungsfelds des Internationalen Managements sehr häufig Anwendung finden, sind z.B. einzig in den Quadranten der sozialen Präferenz einzuordnen. Vgl. Dose, 1997, S. 229.

Ergänzend sollen in dieser Arbeit individuelle Arbeitseinstellungen hinsichtlich der Arbeitszufriedenheit und der persönlichen Eingebundenheit betrachtet werden. Chen et al. betrachten diese Faktoren[105] in ihrer Untersuchung zu den Beziehungen zwischen individuellen Unterschieden in der Selbsteinschätzung, der arbeitsbezogenen Kontrollüberzeugung und Arbeitseinstellung. Mit dieser Ergänzung wird der von Buchholz nicht abgedeckte persönlich-moralische Quadrant abgedeckt, geht man davon aus, dass mit der Einschätzung der persönlichen Arbeitszufriedenheit zum Ausdruck gebracht wird, ob eigene moralische Ansprüche erfüllt sind.

Dass individuelle Einstellungen oder Werte, ebenfalls in Kooperationsbeziehungen relevant sind, zeigen Voss et al. am Beispiel von nicht gewinnorientierten Theatern und deren externe Förderer. Sie zeigen in ihrer Erhebung, dass eine hohe Kongruenz organisationaler Werte zwischen den Partnern vorliegt[106] und beschreiben, dass diese Ähnlichkeit die Kooperationsbeziehungen positiv beeinflussen.[107] Den positiven Einfluss ähnlicher organisationaler Werte belegt u.a. Enz in ihrer Studie zur Machtverteilung seitens des Top-Managements aufgrund gemeinsamer Werte.[108]

Die individuellen Arbeitseinstellungen sollen in dieser Forschungsarbeit berücksichtigt werden. Da es in der vorliegenden Arbeit um Erfolgsfaktoren für den Roll-Out von Lean Management geht, ist davon auszugehen, dass die Menschen, die in diesem Zusammenhang aktiv sind, als Treiber agieren und möglicherweise eine bestimmte Arbeitseinstellung haben. Tab. 18 zeigt das Konstrukt der Arbeitseinstellungen im Überblick.

Kategorie und Itembez.	**Frage-Intention**	**Fragen**
Humanistisch orientierte Aussagen (humanistic statements) [WB_hum][109]	Ermittlung des Grades der humanistisch-orientierten Arbeitseinstellung.	1. Arbeit kann sinnvoll gestaltet werden 2. Der Job sollte einem die Möglichkeit geben, neue Ideen auszuprobieren 3. Der Arbeitsplatz kann auf den Menschen ausgerichtet werden 4. Arbeit kann einem zufriedenstellen 5. Arbeit erlaubt die Nutzung menschlicher Fähigkeiten 6. Arbeit kann zu Selbstdarstellung dienen 7. Arbeit ermöglicht es Neues zu lernen 8. Arbeit kann so gestaltet werden, dass menschliche Erfüllung möglich wird 9. Arbeit kann eher interessant als langweilig gestaltet werden 10. Die Arbeit sollte Quelle neuer Erfahrungen sein
Marxistisch-bezogene Aussagen (Marxist-related statements) [WB_mr][110]	Ermittlung des Grades der marxistisch-bezogenen Arbeitseinstellung.	1. Hauptsächlich die Reichen und Machtvollen profitieren vom freien Unternehmertum 2. Die Reichen leisten nur einen geringen Beitrag zur Gesellschaft 3. Arbeiter sollten mehr Einfluss auf die Steuerung der Gesellschaft haben 4. Arbeiter erhalten ihren gerechten Anteil an den ökonomischen Gewinnen der Gesellschaft 5. Unternehmen wären erfolgreicher, wenn Arbeiter mehr Einfluss auf das Management hätten 6. Die Leistung der Arbeiter wird von den Reichen zu deren Gunsten ausgenutzt 7. Arbeiter sollten mehr Einfluss auf Produkte, Finanzierung und Investitionen

105 Chen et al. (2004, S. 349) betrachten außerdem das organisationale Commitment. Das Commitment soll in dieser Arbeit aufgrund des Referenzrahmens der sozialen Austauschtheorie jedoch erst im Kapitel der Beziehungsmerkmale betrachtet werden.

106 Vgl. Voss et al., 2000, S. 340.

107 Vgl. Voss et al., 2000, S. 331 f; Gründe für einen positiven Einfluss sind darin zu sehen, dass sich durch wahrgenommene gemeinsame Werte Vertrauen entwickelt, die Kommunikation erleichtert wird und dass symmetrische Beziehungen entstehen können, die reziprok-nutzenstiftend sind (vgl. Voss et al., 2000, S. 331 f).

108 Vgl. Enz, 1988, S. 295 f.

109 Vgl. Buchholz, 1978, S. 222.

110 Vgl. Buchholz, 1978, S. 222.

Kategorie und Itembez.	Frage-Intention	Fragen
		haben 8. Die Bedürfnisse der Arbeiter werden von Seiten des Managements nicht verstanden 9. Arbeiter sollen in den Vorständen der Unternehmen repräsentiert sein 10. Die meiste Arbeit in Deutschland wird von der arbeitenden Klasse getan
Organisations-bezogene Aussagen (organizational statements) [WB_ob] [111]	Ermittlung des Grades der organisations-bezogenen Arbeitseinstellung.	1. Das Überleben des Teams ist sehr wichtig im Unternehmen 2. In einem Team kann man besser arbeiten als alleine 3. In einer Gruppe werden bessere Entscheidungen getroffen als durch Einzelne 4. Es ist besser einen Job zu haben, in dem man Teil eines Teams ist, auch wenn man keine individuelle Belohnung erhält 5. Das Team ist die wichtigste Einheit in einem Unternehmen 6. Der Beitrag zur Leistung der Gruppe ist am wichtigsten 7. Arbeit ermöglicht die Unterstützung/die Realisierung von Gruppeninteressen
Freizeitorientierte Aussagen (leisure statements) [wb_lei] [112]	Ermittlung des Grades der freizeit-orientierten Arbeitseinstellung.	1. Der Trend hin zu mehr Freizeit ist nicht gut 2. Mehr Freizeit ist gut für die Menschen 3. Erfolg heißt genügend Zeit zu haben, um Freizeitaktivitäten zu pflegen 4. Ein Mehr an Freizeit wirkt sich schlecht auf die Gesellschaft aus (Reversed)[113] 5. Freizeitaktivitäten sind interessanter als Arbeit 6. Der Trend hin zu einem kürzeren Wochenende sollte unterstützt werden (Reversed)[114] 7. Die Arbeit nimmt sehr viel Zeit in Anspruch und lässt einem nur wenige Zeit zu Entspannen 8. Je weniger Zeit man für die Arbeit aufwendet und mehr Freizeit zur Verfügung hat, desto besser
Arbeitsethische Aussagen (work ethic statements) [WB_we] [115]	Ermittlung des Grades der arbeits-ethischen Arbeitseinstellung.	1. Eine Abhängigkeit von anderen sollte man so gut wie möglich vermeiden 2. Um anderen überlegen zu sein, muss man ein Einzelgänger sein 3. Nur diejenigen, die sich auf sich selbst verlassen, kommen weiter im Leben 4. Man lernt besser, wenn man sich alleine und mutig Neuem stellt, statt auf die Ratschläge anderer zu hören 5. Man sollte bis zur Zufriedenheit mit dem Ergebnis unermüdlich weiter arbeiten 6. Man sollte sein Leben so unabhängig wie möglich gestalten
Übergreifende Arbeitszufriedenheit (overall job satisfaction) [AZU_ov] [116]	Ermittlung des Grades der übergreifenden Arbeitszufriedenheit.	1. Alles in allem bin ich mit meinem jetzigen Arbeitsplatz sehr zufrieden 2. Grundsätzlich deckt mein jetzigen Arbeitsplatz ab, was ich wollte, als ich hier angefangen habe 3. Ich bin zufrieden mit der Art meiner Arbeit 4. Ich bin zufrieden mit meiner Arbeitsentlohnung
Persönliche Eingebundenheit (job-involvement) [JOB_in] [117]	Ermittlung des Grades der persönlichen Eingebundenheit.	1. Die Dinge, die für mich am bedeutendsten sind, stehen in einem engen Zusammenhang mit meiner Arbeit 2. Meine persönliche Einbindung in meine Arbeit ist sehr hoch

Tab. 18: Individuelle Arbeitseinstellungen

111 Vgl. Buchholz, 1978, S. 223.
112 Vgl. Buchholz, 1978, S. 223.
113 Umgekehrte Beschreibung.
114 Umgekehrte Beschreibung.
115 Vgl. Buchholz, 1978, S. 223.
116 Vgl. Chen et al., 2004, S. 357 f. und die dort angegebene Literatur; ergänzt..
117 Vgl. Chen et al., 2004, S. 357 f. und die dort angegebene Literatur; ergänzt.

5.1.5. Proaktive Persönlichkeit

Ein weiteres Konzept auf individueller Ebene, das im Zusammenhang mit dieser Arbeit von Bedeutung ist, ist der Grad der Proaktivität beteiligter Personen.

Insbesondere die Beschreibung der Eigenschaften proaktiver Persönlichkeiten legt einen Zusammenhang mit dieser Forschungsarbeit nahe. So ist eine der zentralen Eigenschaften proaktiver Persönlichkeiten, dass sie Veränderungen bewirken.[118] Personen, die über einen hohen Grad an Proaktivität verfügen, zeigen Initiative, versuchen Bedingungen zu verbessern und zeigen hohes Durchhaltevermögen.[119] Dabei hat proaktives Verhalten zahlreiche positive Auswirkungen für das Unternehmen und das Individuum persönlich:

- höhere Arbeitszufriedenheit[120]
- positivere Einstellung zur Arbeit und zum Unternehmen[121]
- größeres freiwilliges Arbeitsengagement[122] und Motivation, Neues zu lernen[123]
- höhere Leistung[124] und Aufgabenbewältigung bei Einsteigern[125]
- erfolgreichere Arbeitssuche[126]
- objektiv und subjektiv erfolgreicherer beruflicher Werdegang[127]
- höhere soziale Integration[128] und Netzwerkbildung[129]

Die Auswirkungen proaktiven Verhaltens zeigen, dass ein hoher Grad an Proaktivität möglicherweise nützlich ist für Individuen, die in einer Kooperationsbeziehung allgemein beteiligt sind oder auch spezifisch, wenn es darum geht, organisationalen Wandel herbeizuführen. Das Konzept der Proaktivität ist dabei deshalb von Bedeutung, weil es sich um eine relativ stabile Neigung handelt. Unlängst wurden die Untersuchungen zur Proaktivität um den Aspekt der Passung von Proaktivitätsgraden erweitert:

Erdogan & Bauer untersuchen in ihrem Beitrag einerseits die Passung von Person und Organisation und anderseits die Passung von Person und Arbeitsplatz.[130] Dabei argumentieren sie, dass Personen, deren Werte mit den organisationalen Werte und deren Fähigkeiten mit den unternehmerischen Bedarfen übereinstimmen, ihr proaktives Verhalten im Sinne des Unternehmens einsetzen.[131] Vor diesem Hintergrund zeigen die Autoren u.a. mit ihrer Erhebung, dass bei Personen[132]:

---

118 Vgl. Bateman & Crant, 1993, S. 103.
119 Vgl. Crant, 2000; S. 439; Seibert et al., 2001, S. 846, Zhang et al., 2012, S. 111.
120 Vgl. Crant, 1995, S. 535.
121 Vgl. Zhang et al., 2012, S. 124 und die dort angegebene Literatur.
122 Vgl. Thompson, 2005, S. 1015.
123 Vgl. Major et al., 2006, S. 934.
124 Vgl. Crant, 1995, S. 535; Thompson, 2005, S. 1015; Zhang et al., 2012, S. 124 und die dort angegebene Literatur.
125 Vgl. Kammeyer-Mueller & Wanberg, 2003, S. 789.
126 Vgl. Brown et al., 2006, S. 722.
127 Vgl. Seibert et al., 1999, S. 420 ff. Dabei definieren Seibert et al. (1999, S. 419) objektiven beruflichen Erfolg anhand von Gehalt und Beförderungen, subjektiven beruflichen Erfolg hingegen mit Kriterien der Zufriedenheit z.B. hinsichtlich eigener Entwicklungsziele.
128 Vgl. Kammeyer-Mueller & Wanberg, 2003, S. 789.
129 Vgl. Thompson, 2005, S. 1015.
130 Vgl. Erdogan & Bauer, 2005, S. 860.
131 Vgl. Erdogan & Bauer, 2005, S. 860.
132 Vgl. Erdogan & Bauer, 2005, S. 870.

- mit geringer Passung zum Unternehmen kein Zusammenhang zwischen Proaktivitätslevel und Arbeitszufriedenheit bzw. Zufriedenheit mit der Karriere besteht.
- mit hoher Passung zum Unternehmen ein positiver Zusammenhang zwischen Proaktivitätslevel und Arbeitszufriedenheit bzw. Zufriedenheit mit der Karriere besteht.
- mit geringer Passung zum Arbeitsplatz kein Zusammenhang zwischen Proaktivitätslevel und Zufriedenheit mit der Karriere besteht.
- mit hoher Passung zum Unternehmen ein positiver Zusammenhang zwischen Proaktivitätslevel und Zufriedenheit mit der Karriere besteht.[133]

Mit dieser Untersuchung wird dargelegt, dass die Passung hinsichtlich Unternehmen und Arbeitsplatz eine wichtige Rolle bei der Betrachtung von Proaktivität einnimmt.[134] Unternehmen sollten diejenigen Individuen in ihrem proaktiven Verhalten unterstützen, bei denen die Passung hoch ausgeprägt ist, um sicherzustellen, dass proaktives Verhalten Auswirkungen im Sinne des Unternehmens bewirkt.[135]

Vor dem Hintergrund, dass Führungskräfte über arbeitsbezogene Ressourcen verfügen und entscheiden, ihre Mitarbeiter beurteilen und motivieren sollen, beschreiben Zhang et al., dass hier möglicherweise Schwierigkeiten entstehen, wenn keine Passung des Proaktivitätslevels zwischen Führungskräften und Mitarbeitern vorliegt.[136] Sie argumentieren, dass sofern zwischen Führungskräften und Mitarbeitern kongruente Proaktivitätslevel vorliegen, das Streben nach Verbesserung der Arbeitsumwelt gleichgerichtet ist und dass so über die Zeit hinweg bessere Beziehungen[137] aufgebaut werden können.[138] Schließlich belegen sie in ihrer Untersuchung folgende Zusammenhänge[139]:

- Je höher die Passung der Proaktivitätslevel zwischen Führungskraft und Mitarbeiter, desto besser ist die Beziehung zwischen Führungskraft und Mitarbeiter.
- Die Beziehung zwischen Führungskraft und Mitarbeiter ist umso besser, wenn Kongruenz auf einem hohen Proaktivitätslevel statt auf einem niedrigen vorliegt.
- Ein im Vergleich zur Führungskraft höherer Proaktivitätslevel des Mitarbeiters ist für die Beziehung weniger schlecht als ein im Vergleich zur Führungskraft niedrigeres Proaktivitätslevel.
- Die Qualität der Beziehung hat einen Einfluss auf den Zusammenhang zwischen Proaktivitätskongruenz und die folgenden Faktoren auf der Seite des Mitarbeiters: Arbeitszufriedenheit, affektives Commitment und Arbeitsleistung.

Vor diesem Hintergrund ist davon auszugehen, dass sich proaktives Verhalten seitens der an der Kooperation beteiligten Individuen wertschaffend auswirkt, in dem Sinne, dass Verbesserungen realisiert und Initiativen erfolgreich vorangetrieben werden. Außerdem ist davon aus-

---

133 Ein Zusammenhang zwischen Proaktivitätslevel und Arbeitsplatzzufriedenheit im Hinblick auf die Passung von Person und Arbeitsplatz konnte nicht belegt werden. Vgl. Erdogan & Bauer, 2005, S. 870.

134 Vgl. Erdogan & Bauer, 2005, S. 882.

135 Vgl. Erdogan & Bauer, 2005, S. 882.

136 Vgl. Zhang et al., 2012, S. 112 und die dort angegebene Literatur.

137 Die Beziehung wird in diesem Fall über den Leader-Member-Exchange Index beschrieben, der die Qualität der Austauschbeziehung zwischen Führungskraft und Mitarbeiter misst. Kriterien sind z.B. das Vorhandensein von Verständnis für die Sorgen und Bedürfnisse des Mitarbeiters seitens der Führungskraft oder die effiziente Verfahrensweise zwischen beiden Parteien. Vgl. Zhang et al., 2012, S. 116 f.

138 Vgl. Zhang et al., 2012, S. 113.

139 Vgl. Zhang et al., 2012, S. 120 ff.

zugehen, dass ein hoher Proaktivitätsgrad seitens der an der Kooperationsbeziehung beteiligten Individuen zu einer effizienten Verfahrensweise[140] in der Beziehung beiträgt. In Tab. 19 sind die Fragen zur Messung individueller Proaktivität dargestellt.

Kategorie und Itembezeichnung	Frage-Intention	Fragen[141]
Proaktive Persönlichkeit (proactive personality) **[PROAC]**	Bestimmung des Proaktivitätsgrades an der Beziehung beteiligter Individuen.	1. Ich bin ständig auf der Suche nach neuen Möglichkeiten und Wegen mein Leben zu verbessern 2. Wo auch immer ich bisher tätig war, habe ich als treibende Kraft konstruktive Veränderungen umgesetzt 3. Es gibt für mich nichts Aufregenderes, als die Umsetzung meiner Ideen in die Realität 4. Wenn ich etwas sehe, das mir nicht passt, behebe ich es 5. Egal wie die Chancen stehen, wenn ich an etwas glaube, dann verwirkliche ich es 6. Ich liebe es ein Gewinner zu sein, auch gegen den Widerstand anderer 7. Ich übertreffe mich selbst darin neue Chancen zu identifizieren 8. Ich suche immer nach Möglichkeiten, Dinge besser zu machen

Tab. 19: Ausprägung der proaktiven Persönlichkeit

5.1.6. Austauschressourcen der Individuen

Tsai & Ghoshal argumentieren, dass Wertschaffung erfolgt, indem Ressourcen neu eingesetzt, ausgetauscht und kombiniert werden.[142] Der Aspekt der Ressourcen spielt deshalb vor dem Hintergrund wertschaffender Kooperationsbeziehungen eine zentrale Rolle. In der Sozialen Austauschtheorie sind Ressourcen ein wichtiger Bestandteil – so beziehen sich Cropanzano & Mitchell in ihrem interdisziplinären Überblick zur Sozialen Austauschtheorie auf die sechs Austauschressourcen nach Foa & Foa – ergänzen aber, dass im organisationalen Kontext hier noch Forschungsbedarf besteht.[143]

Foa & Foa beschreiben, dass der menschlichen Interaktion und dem damit verbundenen (Ressourcen-) Austausch in jeder Lebenssituation eine bedeutende Rolle zukommt.[144] Sie entwickeln vor diesem Hintergrund sechs Arten von Austauschressourcen, die in menschlichen Beziehungen getauscht werden: Geld, Güter, Leistungen, Liebe, Status und Information.[145] Sie bestimmen außerdem zwei Kategorien zur Klassifizierung dieser Ressourcen, um deren wechselseitigen Austausch zu untersuchen. Zum einen definieren sie den Grad der Personenbezogenheit, der angibt, inwiefern der Wert einer Ressource an eine Person oder an die Beziehung zwischen Personen gebunden ist.[146] Zum anderen definieren sie den Grad der Greifbarkeit einer Ressource.[147] Der Güteraustausch ist ein Beispiel für eine Ressource mit hoher Greifbarkeit.[148] Liebe ist ein Beispiel für eine Ressource mit einem hohen Grad an Personen-

140 Zhang et al. (2012, S. 113 f.) beschreiben, dass durch einen hohen Proaktivitätsgrad sowohl beim Mitarbeiter als auch bei der Führungskraft das Verhältnis effizient gestaltet wird, so besteht z.B. gegenseitiges Einverständnis hinsichtlich der Rollenerwartungen oder umzusetzender Veränderungsinitiativen. Durch die gemeinsame Perspektive wird der Koordinationsaufwand reduziert. Vgl. Zhang et al., 2012, S. 113 f. und die dort angegebene Literatur.

141 Vgl. die von Seibert et al. (1999, S. 427) gekürzte Version der Proaktivitätsskala nach Bateman & Crant (1993, S. 112) z.B. bei Kammeyer-Mueller & Wanberg, 2003, S. 785; Seibert et al., 2001, S. 874; Zhang et al., 2012, S. 116; übersetzt.

142 Vgl. Tsai & Ghoshal, 1998, S. 468.

143 Vgl. Cropanzano & Mitchell, 2005, S. 880 f.

144 Vgl. Foa & Foa, 1974, S. 3.

145 Vgl. Foa & Foa, 1974, S. 22.

146 Vgl. Foa & Foa, 1974, S. 80.

147 Vgl. Foa & Foa, 1974, S. 81.

148 Vgl. Foa & Foa, 1974, S. 81.

bezogenheit – da die beteiligten Individuen nicht ohne Folgen für den wahrgenommenen Wert der Ressourcen austauschbar sind.[149]

Das von Foa & Foa entwickelte, allgemeingültige Schema zur Differenzierung von Ressourcen wird von Wilson et al. auf einen organisationalen Kontext übertragen. Die Autoren stellen die Austauschressourcen im Zusammenhang mit der Untersuchung des Ressourcenaustauschs innerhalb der Beziehung zwischen Führungskraft und Mitarbeitern dar.[150] Der Ressourcenaustausch in Beziehungen zwischen Führungskräften und Mitarbeitern findet zwar in einem organisationalen Kontext statt, jedoch ist er nicht unverändert auf den Kontext dieser Forschungsarbeit übertragbar. Während Wilson et al. berücksichtigen müssen, dass die Führungskraft z.B. Einfluss auf das Gehalt, die Ausstattung oder die Verantwortung des Mitarbeiters hat, ist dies für Kooperationsbeziehungen im Kontext einer Zusammenarbeit im Bereich Lean Management zunächst unerheblich. Abb. 11 zeigt eine Übersicht über die Ressourcen, deren kategorische Einordnung und mögliche Ausprägungsformen im Kontext von Kooperationsbeziehungen.

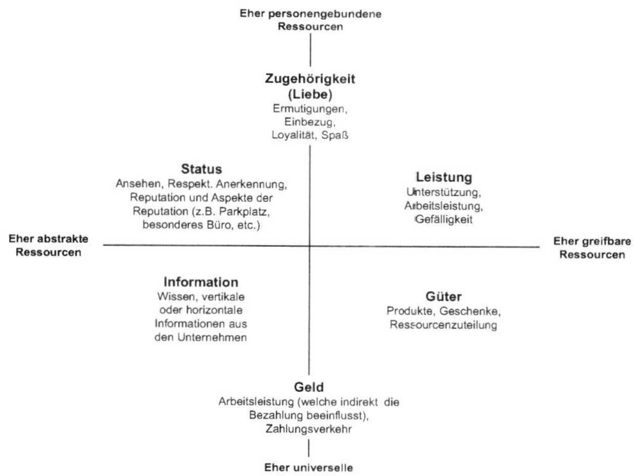

Abb. 11: Mögliche Austauschressourcen in Kooperationsbeziehungen

Quelle: Foa & Foa, 1974, S. 82, 397; Wilson et al., 2010, S. 362, angepasst.

Vor dem Hintergrund von Kooperationsbeziehungen im Bereich Lean Management ist dabei interessant, welche Ressourcen in welcher Intensität ausgetauscht werden. Es ist davon auszugehen, dass die Informationsressource eine hohe Austauschintensität aufweist. In der folgenden Tab. 20 sind Fragen zur Messung der Austauschintensität der sechs Austauchressourcen dargelegt. Dabei wird eine Unterscheidung getroffen hinsichtlich gegebener und empfangener Ressourcen.

[149] Vgl. Foa & Foa, 1974, S. 81.
[150] Vgl. Wilson et al., 2010, S. 358 ff.

Kategorie und Itembez.	Frage-Intention	Fragen[151]
Aus-tauschressourcen (geben) **[RES_giv]**	Identifizieren, welche Ressourcen in der Austauschbeziehung ausgetauscht und in diesem Fall gegeben/eingebracht werden.	1. Ich habe Spaß daran/ich mag es, mit den Mitarbeitern unseres Partners zusammen zu sein 2. Ich kümmere mich um die Beziehung zu den Mitarbeitenden unseres Partners 3. Die Mitarbeiter unsers Partners machen wertvolle Arbeit 4. Ich respektiere und achte die Mitarbeitenden unseres Partners 5. Ich sage den Mitarbeitenden unsers Partners ehrlich meine Meinung 6. Ich gebe den Mitarbeitenden unseres Partners Ratschläge 7. Unser Unternehmen bezahlt im Zusammenhang mit unserer Partnerschaft Geld an unseren Partner 8. Unser Partner erhält Produkte von uns 9. Wir geben manchmal (Werbe-)Geschenke an unseren Partner 10. Wir unterstützen unseren Partner und helfen ihm weiter 11. Wir packen bei unserem Partner mit an
Aus-tauschressourcen (erhalten) **[RES_take]**	Identifizieren, welche Ressourcen in der Austauschbeziehung ausgetauscht werden und in diesem Fall entgegengenommen werden.	1. Die Mitarbeiter unseres Partners haben Spaß/mögen es, mit uns zusammen zu sein 2. Die Mitarbeitenden unseres Partner kümmern sich um die Beziehung zu uns 3. Unser Partner erkennt, dass wir wertvolle Arbeit leisten 4. Unser Partner respektiert und achtet uns 5. Unser Partner sagt uns ehrlich seine Meinung 6. Unser Partner gibt uns Ratschläge 7. Unser Partner bezahlt im Zusammenhang mit unserer Partnerschaft Geld an uns 8. Wir erhalten manchmal (Werbe-)Geschenke von unserem Partner 9. Unser Partner unterstützt uns bei unserer Arbeit und hilft uns weiter 10. Unser Partner packt mit an 11. Wir erhalten Produkte von unserem Partner

Tab. 20: Austauschressourcen: Geben und Empfangen

In ihrem konzeptionellen Beitrag merken Wilson et al. kritisch an, dass der Faktor der Zeit bisher nicht berücksichtigt wird. Sie nehmen an, dass der zeitliche Abstand zwischen Leistung und Gegenleistung im Ressourcenaustausch bei sehr guten, vertrauensvollen Kooperationsbeziehungen weniger relevant ist.[152] Möglicherweise spielt dieser Aspekt eine umso wichtigere Rolle bei neu beginnenden Beziehungen. Tsui et al. integrieren den zeitlichen Aspekt in die (Soziale) Austauschtheorie bei der Definition folgender vier verschiedener Austauscharten[153]:

- Quasi-Spot (rein ökonomischer Austausch)
  Der Austausch gilt als ausgeglichen: In einer Arbeitgeber-Arbeitnehmer-Beziehung investiert der Arbeitgeber nur kurzfristige, rein ökonomische Anreize in die Kooperationsbeziehung. Die Leistungen des Arbeitnehmers sind klar definiert. Anfang und Ende der Beziehung sind genau definiert und keine der Parteien erwartet Leistungen, die über die Vereinbarung hinausgehen.
- Gegenseitiger Austausch
  Dieser Austausch gilt ebenfalls als ausgeglichen: Es handelt sich bei Arbeitgeber- und Arbeitnehmer-Beziehung, die unbefristet und wenig spezifiziert hinsichtlich des Austausches sind. Arbeitnehmer in solchen Beziehungen sind beispielsweise bereit, sich firmenspezifisches Wissen anzueignen, weil darauf vertraut werden kann, dass sich eine solche Investition im Sinne einer Gegenleistung lohnen wird.

[151] Vgl. Foa & Foa, 1974, S. 397, angepasst.
[152] Vgl. Wilson et al., 2010, S. 370 ff.
[153] Vgl. Tsui et al., 1997, S. 1090-1093; siehe auch: Cropanzano & Mitchell, 2005, S. 881.

- Überinvestition
  Dieser Austausch gilt als unausgeglichen: In einer Arbeitgeber-Arbeitnehmer-Beziehung erbringt der Arbeitnehmer lediglich spezifizierte Leistungen und handelt kurzfristig-orientiert, während der Arbeitgeber langfristige Investitionen leistet und z.B. Trainings und Karrieremöglichkeiten anbietet.
- Unterinvestition
  Dieser Austausch gilt als unausgeglichen: In einer Arbeitgeber-Arbeitnehmer-Beziehung erwartet der Arbeitgeber unbefristete und unspezifische Leistungen des Arbeitnehmers und erbringt selbst nur kurzfristig-orientierte und spezifizierte Leistungen.

In ihrer Untersuchung zu Arbeitgeber-Arbeitnehmer-Beziehungen belegen Tsui et al., dass die höchsten Arbeitsleitungen seitens der Arbeitnehmer erbracht werden, wenn ein gegenseitiger Austausch oder eine Überinvestition vorliegt. Um den Aspekt der zeitlichen Orientierung in dieser Forschungsarbeit zu integrieren werden zwei Ressourcen-Austausch Matrizen erstellt. In der ersten Matrix, dargestellt in der folgenden Tab. 21, soll die Beziehung zwischen Arbeitgeber-Arbeitnehmer, in der zweiten Matrix, dargestellt in Tab. 22, soll die Kooperationsbeziehung hinsichtlich des zeitlichen Aspekts des Ressourcenaustausches kategorisiert werden.

Ressourcenmatrix zu persönlich in das Unternehmen eingebrachte Ressourcen und Gegenleistungen [RESMATR_eig]	Eingebrachte Ressourcen des **eigenen Unternehmens** (Belohnungen in Form von Gehalt, Arbeitsplatzsicherheit, Anerkennung, Wertschätzung u.a.)	
Persönlich eingebrachte, eigene Ressourcen	**Kurzfristige Belohnungen** (z.B. Gutschein als Anerkennung für besondere Leistung)	**Langfristige Belohnungen** (z.B. Entwicklungsperspektive)
Spezifisch, kurzfristig-orientiert (z.B. Dienst nach Vorschrift)	*"Quasi-Spot" Rein ökonomischer Austausch*	
Unspezifisch, umfassend und langfristig-orientiert (proaktives Denken und Handeln)		*Gegenseitiger Austausch*

Tab. 21: Ressourcenmatrix - Persönlich in das Unternehmen eingebrachte Ressourcen

Quelle: Tsui et al., 1997, S. 1090 ff., ergänzt.

Zwei der sechs Ressourcenarten nach Foa & Foa sollen im Folgenden näher betrachtet werden. Die eher abstrakt einzuordnenden Ressourcen **Status** und **Information** sollen aus folgenden Gründen intensiver untersucht werden: Im explorativen Interview hat sich herausgestellt, dass Anerkennung vor dem Hintergrund der Lean-Implementierung möglicherweise eine wichtige Ressource darstellt.[154] Dies deckt sich mit dem „People & Partner“-Verständnis von Lean Management, indem gegenseitiger Respekt ein wesentlicher Aspekt ist.[155] Der Aspekt der Information und der möglichen Folgestufe des Wissens soll vor dem Hintergrund des wissensbasierten Ansatzes, der als ressourcenorientierter Ansatz explizit in diese Arbeit eingebunden ist[156], näher untersucht werden.

154 Siehe hierzu Anhang 4: Explorative Vorstudie.
155 Vgl. Liker, 2011, S. 263 ff.; Sugimori et al., 1977, S. 557 ff.
156 Vgl. hierzu Kapitel 3.2.2.2 und 3.4.

Ressourcenmaxtrix zu vom eigenen Unternehmen in die Kooperationsbeziehung eingebrachte Ressourcen und Gegenleistungen [RESMATR_unt]	Ressourcen des **Partnerunternehmens**	
Eingebrachte Ressourcen des **eigenen Unternehmens**	**Kurzfristige Belohnungen** (Preisnachlässe, (Werbe-) Geschenke u.a.)	**Langfristige Belohnungen** (Qualifizierungen, Projekte u.a.)
Spezifisch, kurzfristig-orientiert (Preisnachlässe, (Werbe-) Geschenke u.a.)	*"Quasi-Spot"* *Rein ökonomischer Austausch*	
Unspezifisch, umfassend und langfristigorientiert (Qualifizierungen, Projekte u.a.)		*Gegenseitiger Austausch*

Tab. 22: Ressourcenmatrix - Vom eigenen Unternehmen in die Kooperationsbeziehung eingebrachte Ressourcen
Quelle: Tsui et al., 1997, S. 1090 ff., ergänzt.

Weitere Bestimmung der Ressource Status

Respekt[157], Anerkennung und Aufmerksamkeit[158] sind Beschreibungen, die sich nach dem Modell von Foa & Foa und Wilson et al. der Status-Ressource zuordnen lassen. Ein Konstrukt, welches die Ressource Wertschätzung – ebenfalls als ein mögliches Konstrukt der Statusressource nach Foa & Foa – berücksichtigt, ist das Modell der Gratifikationskrisen nach Rödel et al.[159] Das Konstrukt ermöglicht neben der Erfassung des Wertschätzungserhalts durch Vorgesetzte und Kollegen (z.B. in der Kooperationsbeziehung und/oder im Bereich Lean Management) auch eine Beschreibung der Beziehung des Individuums zum Arbeitgeber und der Arbeitssituation.[160] Das Modell der Gratifikationskrise soll mit den Aspekten Wertschätzung, Arbeitsplatzsicherheit, Gehalt, Aufstiegschancen, Verausgabung und der individuellen Verausgabungsneigung ermöglicht es außerdem das *Austauschverhältnis* des Arbeitnehmers zum Arbeitsplatz zu beschreiben.[161] Die Argumentation der vier Kernannahmen ist dabei der Sozialen Austauschtheorie sehr ähnlich[162]:

1. Beruflich vom Mitarbeiter geforderte Leistung (Verausgabung) wird nach dem Prinzip der sozialen Reziprozität mit den folgenden Belohnungen (Gratifikationen) getauscht: Bezahlung, Wertschätzung, beruflicher Aufstieg und/oder Arbeitsplatzsicherheit.
2. Aufgrund betrieblicher Erfordernisse ergeben sich im Berufsleben Situationen, in denen das Prinzip der sozialen Reziprozität nicht erfüllt wird und eine hohe Verausgabung nur mit einer vergleichsweise niedrigen Belohnung getauscht wird. Diese Situationen werden von Arbeitnehmern in Kauf genommen wenn, entweder alternative Beschäftigungen unattraktiv bzw. nicht erreichbar sind oder wenn durch die Vorleistungen langfristige strategische Vorteile erwartet werden.

---

157 Eine Untersuchung zur Rolle des empfangenen Respekts bei der Entwicklung einer kollektiven Identität siehe z.B. bei Stürmer et al., 2008, S. 5 ff.
158 Eine spieltheoretische Herleitung, wie vermehrte Aufmerksamkeit vergleichsweise niedrigere Gehälter ausgleichen kann, siehe bei Dur (2008, S. 1 ff.).
159 Vgl. Rödel et al., 2004, S. 227 ff.
160 Vgl. Rödel et al., 2004, S. 238.
161 Vgl. Rödel et al., 2004, S. 228 f.
162 Vgl. Rödel et al., 2004, S. 228 und die dort angegebene Literatur.

3. Ein langfristiges Ungleichgewicht hat negative Auswirkungen und kann sich als Stresserfahrung gesundheitsschädlich auswirken.
4. Die Häufigkeit und Intensität der Stresserfahrungen hängen mit der Verausgabungsneigung des Arbeitnehmers zusammen. Ist die Verausgabungsneigung des Arbeitnehmers sehr hoch ausgeprägt, wird ein ungünstiges Verhältnis zwischen Belohnung und Verausgabung bewirkt oder aufrechterhalten – die Verletzung des Prinzips der sozialen Reziprozität ist dem Arbeitnehmer dann nicht bewusst und Verausgabungen werden kognitiv unterschätzt und Belohnungen überschätzt.

Kategorie und Itembezeichnung	**Frage-Intention**	**Fragen**[163]
Wertschätzung[164] **[GRAT_wert]**	Die Fragen sollen ermitteln, in welchem Ausmaß ein Individuum Wertschätzung als eine Ressource in der beruflichen Tätigkeit erhält.	1. Anerkennung von Vorgesetzten 2. Anerkennung von Kollegen 3. Angemessene Unterstützung in schwierigen Situationen 4. Ungerechte Behandlung (Reversed)[165] 5. Der Leistung angemessene Anerkennung
Arbeitsplatzsicherheit[166] **[GRAT_asi]**	Die Fragen ermitteln, inwiefern ein Gefühl der Unsicherheit hinsichtlich des Arbeitsplatzes besteht.	1. Verschlechterung der Arbeitsplatzsituation ist zu erwarten (Reversed)[167] 2. Arbeitsplatz ist gefährdet (Reversed)[168]
Gehalt/ beruflicher Aufstieg[169] **[GRAT_auf]**	Die Fragen ermitteln, in welchem Ausmaß ein Individuum die Chancen des beruflichen Aufstiegs empfindet.	1. Schlechte Aufstiegschancen 2. Dem Bildungsabschluss angemessene berufliche Stellung 3. Der Leistung angemessene Chancen auf berufliches Fortkommen 4. Der Leistung angemessenes Gehalt
Verausgabung [VERAUSG][170]	Die Fragen nach der Verausgabung ermitteln inwiefern die Arbeitsbedingungen außergewöhnliches Engagement erfordern.	1. Häufig großer Zeitdruck 2. Häufige Unterbrechungen während der Arbeit 3. Viel Verantwortung 4. Zwang zu Überstunden 5. Arbeitsverdichtung
Verausgabungsneigung[171] **[VERAUSG_ neig]**	Die Frage nach der Verausgabungsneigung ermitteln, in welchem Ausmaß ein Individuum dazu neigt, sich zu verausgaben.	1. Gerate leicht in Zeitdruck 2. Muss oft beim Aufwachen an Arbeitsprobleme denken 3. Abschalten fällt leicht (Reversed)[172] 4. Nahestehende sagen, ich opfere mich zu sehr auf 5. Arbeit geht mir nachts im Kopf herum 6. Kann nicht schlafen, wenn ich Arbeit verschiebe

Tab. 23: Berücksichtigung der Ressource Wertschätzung im Modell beruflicher Gratifikationskrisen

163 Vgl. Rödel et al., 2004, S. 238.

164 Skala: Hohe Belohnung im Sinn des im Item spezifizierten Sachverhalts: 5 = liegt vor; 4 = liegt nicht vor, belastet subjektiv gar nicht; 3 = liegt nicht vor, belastet mäßig; 2 = liegt nicht vor, belastet stark; 1 = liegt nicht vor, belastet sehr stark; vgl. Rödel et al., 2004, S. 229.

165 Umgekehrte Beschreibung.

166 Skala: Hohe Belohnung im Sinn des im Item spezifizierten Sachverhalts: 5 = liegt vor; 4 = liegt nicht vor, belastet subjektiv gar nicht; 3 = liegt nicht vor, belastet mäßig; 2 = liegt nicht vor, belastet stark; 1 = liegt nicht vor, belastet sehr stark; vgl. Rödel et al., 2004, S. 229.

167 Umgekehrte Beschreibung.

168 Umgekehrte Beschreibung.

169 Skala: Hohe Belohnung im Sinn des im Item spezifizierten Sachverhalts: 5 = liegt vor; 4 = liegt nicht vor, belastet subjektiv gar nicht; 3 = liegt nicht vor, belastet mäßig; 2 = liegt nicht vor, belastet stark; 1 = liegt nicht vor, belastet sehr stark; vgl. Rödel et al., 2004, S. 229.

170 Skala: Hohe Verausgabung im Sinn des im Item spezifizierten Sachverhalt: 1 = liegt nicht vor; 2 = liegt vor, belastet subjektiv gar nicht; 3 = liegt vor, belastet mäßig; 4 = liegt vor, belastet stark; 5 = liegt vor, belastet sehr stark; vgl. Rödel et al., 2004, S. 229.

171 Skala: 1 = stimme nicht zu; 2 = stimme eher nicht zu; 3 = stimme eher zu; 4 = stimme vollkommen zu; vgl. Rödel et al., 2004, S. 229.

172 Umgekehrte Beschreibung.

Mit dem Quotienten aus den Summenwerten von Verausgabung und Belohnung wird ein möglicherweise vorliegendes Missverhältnis zwischen erhaltener Ressourcen und eingebrachter Ressourcen zum Ausdruck gebracht.[173] Die Fragen zur Messung der Kriterien Wertschätzung, Arbeitsplatzsicherheit, Gehalt bzw. beruflicher Aufstieg, Verausgabung und Verausgabungsneigung sind in Tab. 23 dargestellt. In die vorliegende Forschungsarbeit soll das Konstrukt von Rödel et al. integriert werden, um das Verhältnis persönlich eingebrachter und erhaltener Ressourcen zu überprüfen. Ein besonderer Fokus soll dabei auf der Ressource der Wertschätzung liegen – diese berücksichtigt sowohl Wertschätzung seitens der Vorgesetzten als auch seitens der Kollegen und kann deshalb auch für in Kooperationsbeziehungen aktiven Individuen erhoben werden.

Weitere Bestimmung der Ressource Information

Es ist davon auszugehen, dass der Informations- und Wissensaustausch in Kooperationsbeziehungen im Bereich Lean Management eine zentrale Rolle einnimmt. Da Unternehmen in der Regel Lean-Ansätze unterschiedlich umsetzen[174], liegt eine große Chance in Kooperationsbeziehungen darin, voneinander zu lernen. MacDuffie & Helper beschreiben in diesem Zusammenhang, dass bei der Entwicklung einer schlanken Lieferantenbasis von den vier Alternativen a) vertikale Integration b) Auswahl bereits schlanker Zulieferer c) Vermittlung eines Beraters an den Zulieferer oder d) den Lieferanten selbst entwickeln, die letztgenannte am effektivsten ist.[175] Die schlanken Managementansätze sind über die direkte Kooperation und den damit verbundenen Wissensaustausch daher am besten anzugleichen.

Eine bedeutsame Rolle nimmt, speziell im Bereich des Lean Managements, der Austausch von implizitem Wissen ein.[176] Die individuelle Erfahrung ist dabei für den Austausch von implizitem Wissen relevant.[177] In diesem Zusammenhang beschreiben Monge et al., dass egal, ob ein Wissensaustausch freiwillig oder erzwungen erfolgt, der Erfolg maßgeblich von den beteiligten Personen abhängt.[178]

Das Fragenkonstrukt von Dyck et al. erfasst den Austausch impliziten und expliziten Wissens auf der Grundlage der Wissensspirale nach Nonaka.[179] Vier Aussagen sollen dabei nach ihrer Intensität (hoch, mittel, gering) beurteilt werden[180]:

- Das Ausmaß indem andere vom Befragten unterrichtet werden (Frage nach gegebenem explizitem Wissen).
- Das Ausmaß indem der Befragte von anderen lernt (Frage nach empfangenem explizitem Wissen).
- Das Ausmaß indem der Befragte Einfluss auf andere hat (Frage nach gegebenem implizitem Wissen).

173 Vgl. Rödel et al., 2004, S. 229.
174 Vgl.Hines et al., 2004, S. 1006.
175 Vgl. MacDuffie & Helper, 1997, S. 120 f.
176 Vgl. MacDuffie & Helper, 1997, S. 148.
177 Vgl. Dyer, 1996, S. 273 f.; Grant & Baden-Fuller, 2004, S. 66; Kogut & Zander, 1996, S. 509 f.
178 Vgl. Monge et al., 1998, S. 420.
179 Vgl. Dyck et al., 2005, S. 400; zur Wissensspirale siehe Dyck et al., 2005, S. 387 ff.; Nonaka, 1994, S.18 f. Siehe auch: Kapitel 3.2.2.2 und Fußnote 34 in Abschnitt 5.1.1.
180 Vgl. Dyck et al., 2005, S. 400.

- Das Ausmaß indem andere Einfluss auf den Befragten haben (Frage nach erhaltenem implizitem Wissen).

Diese Fragen sollen für die Forschungsarbeit genutzt werden, um die Intensität und die Richtungen des Wissensaustausches des an der Kooperationsbeziehung beteiligten Individuums, sowohl mit dem eigenen Unternehmen, als auch mit dem Kooperationspartner festzustellen. Hierzu sind die Fragen nach Dyck et al. angepasst und in Tab. 24 und Tab. 25 dargestellt. Ziel dieser Fragen ist es, herauszufinden, welches Wissen vordergründig ausgetauscht wird und ob Unterschiede hinsichtlich des eigenen Unternehmens und des Kooperationspartners bestehen.

Wissensaustausch intern [WIAU_int]	Geringes Ausmaß [1]	Mittleres Ausmaß [2]	Großes Ausmaß [3]
1. Das Ausmaß, indem Sie Ihrem Team/Ihren Führungskräften etwas beibringen	O	O	O
2. Das Ausmaß, indem Sie von Ihrem Team/Ihren Führungskräften etwas lernen	O	O	O
3. Das Ausmaß, indem Sie Ihr Team/Ihre Führungskräfte beeinflussen können (Denken und Handeln)	O	O	O
4. Das Ausmaß, indem Ihr Team/Ihre Führungskräfte Einfluss auf Sie (Ihr Denken und Handeln) hat	O	O	O

Tab. 24: Wissensaustausch mit dem eigenen Unternehmen

Wissensaustausch extern [WIAU_ex]	Geringes Ausmaß [1]	Mittleres Ausmaß [2]	Großes Ausmaß [3]
1. Das Ausmaß, indem Sie Ihrem Partnerunternehmen etwas beibringen	O	O	O
2. Das Ausmaß, indem Sie von Ihrem Partner etwas lernen	O	O	O
3. Das Ausmaß, indem Sie Ihren Partner (dessen Denken und Handeln) beeinflussen können	O	O	O
4. Das Ausmaß, indem Ihr Partner Einfluss auf Sie (Ihr Denken und Handeln) hat	O	O	O

Tab. 25: Wissensaustausch mit dem Kooperationspartner

5.2. Konstrukte im Bereich der Systeme: Merkmale sozialer Kooperationsbeziehungen

5.2.1. Beziehungstreiber: Beziehungsqualität, Verbindungsstärke und Kontaktautorität

Ebenfalls auf dem ressourcenorientierten Ansatz basierend, wird in den 2000er Jahren im Forschungsbereich des Beziehungsmarketings die Mikroebene mit der sozialen Austauschtheorie eingeführt.[183] Das Beziehungsmarketing erfährt seine Bedeutung durch beziehungsbasierte Loyalität von Kunden, zunehmende Kooperation zwischen Kunden und Herstellern[184], höhere gewünschte Flexibilität und das Streben nach Risikoreduzierung.[185] In seiner Untersuchung zu den Erfolgstreibern des Beziehungsmarketings berücksichtigt Palmatier den Kundenwert als abhängige Variable und definiert ihn als Nutzen des verkaufenden Unterneh-

181 Vgl. Dyck et al., 2005, S. 400; angepasst.
182 Vgl. Dyck et al., 2005, S. 400; angepasst.
183 Vgl. Palmatier, 2008b, S. 12 f.
184 So zum Beispiel aufgrund von schlanken Produktentwicklungsprozessen nach dem Lean Management. Vgl. hierzu: Bowersox et al., 1999, S. 559; Calantone & Di Benedetto, 2012, S. 528 f.; Karlsson & Åhlström, 1996, S. 283.
185 Vgl. Palmatier, 2008b, S. ix.

mens.[186] In der dyadischen Studie zwischen verkaufenden Unternehmen und deren Kunden findet Palmatier heraus, dass der Kundenwert von den Konstrukten der Beziehungsqualität, der Kontaktdichte und der Kontaktautorität positiv beeinflusst wird.[187] Weil das Konzept des Kundenwerts mit dieser Arbeit kompatibel ist[188], sollen die genannten Beziehungstreiber für diese Arbeit im Folgenden näher betrachtet werden. Der Schwerpunkt liegt dabei auf dem Beziehungstreiber der Beziehungsqualität als ein mehrdimensionales Konstrukt im Beziehungsmarketing. Nachfolgend soll aus diesem Grund zunächst die Qualität der Beziehung mit ihren Teilkonstrukten vorgestellt werden, bevor anschließend die Beziehungstreiber der Verbindungsstärke und Kontaktautorität eingeführt werden, um schließlich ein Fazit zu den Beziehungstreibern nach Palmatier[189] zu treffen.

Beziehungstreiber: Qualität der Kooperationsbeziehung[190]

Die Qualität der Beziehung ist ein Konstrukt, das sich aus den Faktoren a) Commitment, b) Vertrauen, c) Beziehungsnormen und d) Austauscheffizienz zusammensetzt. Eine hohe Beziehungsqualität, bestehend aus den genannten Faktoren, ermöglicht insbesondere in der Kunden-Lieferanten-Beziehung, dass Kunden - aufgrund von Vertrauen in den Partner - bereit sind, Risiken einzugehen und/oder bestimmte Investitionen zu tätigen, dass sie flexibel sind und für eigene Leistungen nicht unmittelbar Gegenleistungen einfordern. Lieferanten haben in solchen Beziehungen z.B. die Möglichkeit leichter Produktveränderungen vorzunehmen oder Systeme zur Kostenreduktion einzuführen, die sich erst über die Zeit hinweg amortisieren. Die Faktoren zur Beschreibung der Beziehungsqualität werden im Folgenden näher erläutert.

Commitment: Commitment bezeichnet die psychologische Verbundenheit[191] eines Subjekts zu einem anderen Subjekt oder Objekt[192]. Der Begriff des Commitments ist bereits vielfach untersucht[193] und hat dabei verschiedene Ausprägungen. Die für diese Arbeit relevanten Aspekte sind in der folgenden Tab. 26 dargestellt. Mehrere Konstrukte sollen verwendet werden, da in früheren Untersuchungen festgestellt wurde, dass verschiedene Commitment-Konstrukte zu mehrdeutigen Ergebnissen hinsichtlich des Commitment-Leistungs-Zusammenhangs geführt haben.[194]

---

186 Vgl. Palmatier, 2008a, S. 77. Der Kundenwert wird gemessen als eine Kennzahl aus dem Umsatz mit einem Kunden multipliziert mit der durchschnittlichen prozentualen Kommission der Verkäufer mit diesem Kunden (Palmatier, 2008a, S. 88).

187 Vgl. Palmatier, 2008a, S. 82.

188 Die Kompatibilität besteht insofern, dass ein höherer Kundennutzen einen höheren Umsatz bewirkt.

189 Vgl. Palmatier, 2008a, S. 77 f.

190 Vgl. Palmatier, 2008a, S. 78 f.

191 Vgl. O'Reilly & Chatman, 1986, S. 492.

192 Psychologische Verbundenheit kann z.B. gegenüber Individuen, Objekten, Gruppen, Organisationen empfunden werden. Vgl. hierzu O'Reilly & Chatman, 1986, S. 492 f. Vgl. z.B. organisationales Commitment z.B. bei O'Reilly & Chatman, 1986, S. 492 ff.

193 Vgl. O'Reilly & Chatman, 1986, S. 492.

194 Vgl. Siguaw et al., 1998, S. 103.

Ausprägung	Erläuterung und Bezug zur Forschungsarbeit	Literatur
Commitment (allgemein)	• Bereitschaft, Anstrengungen für die Kooperationsbeziehung auf sich zu nehmen[195] • Langfristige Ausrichtung der Kooperationsbeziehung[196] • Die Kooperation soll aufrecht erhalten werden, weil sie als angenehm eingeschätzt wird[197] • In der Kooperationsbeziehung hat sich ein Gemeinschaftsgefühl entwickelt[198] **In einer Kooperationsbeziehung mit hohem gegenseitigem Commitment ist die Empfindung der Beziehung angenehm, es entwickelt sich ein Gemeinschaftsgefühl und es wird erwartet, dass die Beziehung aufrechterhalten wird.**	Palmatier, Dant & Grewal (2007); Palmatier (2008a)
Commitment zur Organisation	• Psychologische Verbundenheit zur Organisation durch ähnliche Werte (Internalisierung) und Stolz durch Zugehörigkeit (Identifizierung) wirken sich z.B. positiv auf den Willen zu Bleiben aus[199]; beide Faktoren wirken sich positiv auf die Investition von Zeit und Aufwand hinsichtlich des Commitment-Objekts aus.[200] Neben den Komponenten Internalisierung und Identifizierung wird der Aspekt der Einhaltung (Compliance) berücksichtigt. Mit ihm wird berücksichtigt, dass Einstellungen und Verhaltensweisen als Gegenleistung für extrinsische Anreize übernommen werden.[201] Er kann als Vorstufe für Internalisierung bzw. Zugehörigkeit betrachtet werden[202] **Ähnliche Werte und Identifikation mit dem eigenen Unternehmen bewirken hohe persönliche Investitionen in die Arbeitstätigkeit.**	O'Reilly & Chatman (1986)
Commitment zur (Kooperations-) Beziehung	• Commitment zur Kooperationsbeziehung wird direkt aus der sozialen Austauschtheorie abgeleitet und drückt sich darin aus, dass ein Austauschpartner zu maximalem Aufwand bereit ist, weil er die Beziehung als lohnenswert und zeitlich unbegrenzt einschätzt[203] • Commitment zur Kooperationsbeziehung wirkt sich positiv auf die Anpassung/Einwilligung und kooperative Zusammenarbeit aus[204] • Commitment zur Kooperationsbeziehung wirkt sich negativ auf den Willen, die Beziehung zu verlassen, aus[205] • Commitment zu einer Kooperationsbeziehung wirkt sich positiv auf die Zufriedenheit mit der eigenen finanziellen Leistung aus[206] **Commitment zur Kooperation bewirkt eine hohe Anstrengung in der Zusammenarbeit und ermöglicht es, dass sich Partner aufeinander einstellen. Commitment zur Kooperation wirkt sich positiv auf die Zufriedenheit mit der Leistung aus.**	Morgan & Hunt (1994); Siguaw et al. (1998)
Langfristiges Commitment und Commitment-Investitionen	• Langfristiges Commitment bezeichnet die Intention, auch zukünftig in die Beziehung zu investieren. Dieser Aspekt wird positiv durch aktuelle Investitionen in die Beziehung gestärkt[207] **Der Austausch von Ressourcen in einer Kooperation (als Investition) kann das langfristige Commitment zur Partnerschaft stärken.**	Gundlach et al. (1995)

Tab. 26: Relevante Commitment-Ausprägungen aus der Literatur und ihre Übertragung

195 Vgl. Palmatier, 2008a, S. 88.
196 Vgl. Palmatier, 2008a, S. 88.
197 Vgl. Palmatier et al., 2007, S. 191 und die dort angegebene Literatur.
198 Vgl. Palmatier et al., 2007, S. 191 und die dort angegebene Literatur.
199 Vgl. O'Reilly & Chatman, 1986, S. 495. In der gleichen Untersuchung bei Universitätsangehörigen korreliert der Zustimmungs-Aspekt der psychologischen Verbundenheit negativ mit dem Willen zu bleiben. Die Autoren begründen den negativen Zusammenhang damit, dass möglicherweise Aspekte der Zustimmung nur zu Beginn einer Commitment-Beziehung (bei neuen Mitarbeitern) relevant sind und sich nachgelagert zur Internalisierung bzw. Identifizierung entwickeln.
200 Vgl. O'Reilly & Chatman, 1986, S. 497.
201 Vgl. O'Reilly & Chatman, 1986, S. 493.
202 Vgl. O'Reilly & Chatman, 1986, S. 497.
203 Vgl. Morgan & Hunt, 1994, S. 23.
204 Vgl. Morgan & Hunt, 1994, S. 29 f.
205 Vgl. Morgan & Hunt, 1994, S. 29 f.
206 Vgl. Siguaw et al., 1998, S. 106; die Studie misst das Commitment zu Lieferantenbeziehungen und die Zufriedenheit mit der eigenen finanziellen Leistung von Händlern.
207 Vgl. Gundlach et al., 1995, S. 87. Die Autoren finden in dieser Untersuchung heraus, dass aktuelle Commitment-Einstellungen im Gegensatz zu aktuellen Commitment-Investitionen, das langfristige Commitment nicht vergleichsweise konsistent beeinflussen.

Es ist daher von Interesse, verschiedene Commitment-Ansätze in die Forschung zu integrieren. Die Relevanz des Commitment-Aspekts betont auch Sako, indem er beschreibt, dass die gegenseitige Abhängigkeit in vertraglich-verbindlichen (im Gegensatz zu distanziert-geschäftlichen) Beziehungen durchaus positiv und wünschenswert ist, da sie auf gegenseitigem Vertrauen in das Wohlwollen der Partner beruht und damit das Commitment zur Aufrechterhaltung der Beziehung stärkt.[208] Das Vertrauen ist nach Palmatier ein weiterer Aspekt der Beziehungsqualität.[209] Er wird im Folgenden dargelegt.

Vertrauen[210]*:* Vertrauen gilt als Mechanismus organisationaler Kontrolle[211] und damit auch als eine wesentliche[212] Voraussetzung unternehmerischer Kooperation. Sako definiert im unternehmensübergreifenden Kontext drei Arten von Vertrauen: vertragliches Vertrauen (Vertrauen, dass Versprochenes gehalten wird), Vertrauen in das Wohlwollen des Partners (Vertrauen, dass der Partner die Beziehung aufgrund moralischer Verpflichtung (Commitment) aufrechterhalten wird und sich über getroffene Vereinbarungen hinaus engagieren wird) und Vertrauen in das Können des Partners.[213]

Alle drei Vertrauensarten nach Sako - Vertrauen in die Vertragseinhaltung, Vertrauen in die Kompetenzen des Vertragspartners[214] und Vertrauen in das Wohlwollen des Partners[215] - sind miteinander verbunden, jedoch ist das Vertrauen in das Wohlwollen des Partners nicht möglich, sofern kein Vertrauen in die Vertragseinhaltung bzw. die Kompetenzen des Partners vorliegt.[216] Haben jedoch beide Partner Vertrauen in das Wohlwollen des jeweils anderen und handeln nach diesem Prinzip, ergibt sich eine gegenseitige Unterstützung und Abhängigkeit, die zu einem Wettbewerbsvorteil führen kann.[217] In Tab. 27 sind drei Vertrauensausprägungen aus der Literatur dargelegt. Sie inkludieren die drei Vertrauensarten nach Sako und gehen darüber hinaus.

Das Vertrauen nimmt im unternehmerischen Kontext und insbesondere in der Ausgestaltung von Beziehungen entlang der Wertschöpfungskette eine wichtige Rolle ein. Hines beschreibt z.B. als eine Folge langfristiger und vertrauensvoller Beziehungen zwischen japanischen Zulieferern und Kunden, dass die Wareneingangsprüfung entfallen kann.[218] Die Bedeutung von Vertrauen in diesen Geschäftsbeziehungen wächst insbesondere durch die abnehmende Wertschöpfungstiefe und die damit verbundene zunehmende Vergabe von Unteraufträgen (subcontracting) weiter an.[219] Eine aktuelle Studie zeigt, dass gesteigertes Vertrauen zwischen

208 Vgl. Sako, 1992, S. 10.
209 Vgl. Palmatier, 2008a, S. 78 f.
210 Vgl. Palmatier, 2008a, S. 78 f.
211 Vgl. Dyer & Chu, 2000, S. 260. Mit sinkender Angst vor opportunistischen Verhalten des Partners und zunehmenden Vertrauen sinken die Koordinations- und Kontrollkosten; vgl. Muthusamy & White, 2005, S. 422. Siehe hierzu auch: Bradach & Eccles, 1989, S. 110; Ouchi, 1980, S. 130; Sytch et al., 2011 S. 1663.
212 Pfohl, 2004, S. 9.
213 Vgl. Sako, 1992, S. 10. Siehe hierzu auch: Hines, 1994, S. 97. Dyer & Chu (2000, S. 260 f.) definieren ebenfalls drei Faktoren vertrauensvoller Beziehungen: Zuverlässigkeit hinsichtlich zu erbringender Leistungen, Fairness z.B. hinsichtlich von Konditionen und Wohlwillen dahingehend, dass sich die Partner nicht gegenseitig ausnutzen.
214 Vgl. Sako, 1992, S. 10.
215 Vgl. Sako, 1992, S. 12.
216 Vgl. Hines, 1994, S. 97.
217 Vgl. Hines, 1994, S. 98.
218 Vgl. Hines, 1994, S. 224.
219 Vgl. Hines, 1994, S. 143 ff.

Partnern entlang der Wertschöpfungskette, ein zentraler Grund für die gestiegene Zusammenarbeit in der Wertschöpfungskette darstellt.[220]

Ausprägung	Erläuterung und Bezug zur Forschungsarbeit	Literatur
Vertrauen: Allgemeines Vertrauen	• Einschätzung des Vertrauens in den Partner • Vertrauen, dass Versprochenes gehalten wird (vertragliches Vertrauen) **Allgemeines Vertrauen in den Partner beruht zunächst auf der Einschätzung der Vertrauenswürdigkeit und das Vertrauen darauf, dass der Partner seine Pflichten erfüllen wird.**	Palmatier (2008a); Kuwabara (2011); Palmatier, Dant & Rewal (2007); Morgan & Hunt (1994)
Vertrauen: Offenheit und Glaubwürdigkeit	• Offenheit des Partners als Vertrauenskriterium • Fähigkeit des Partner, die eigene Situation nachzuvollziehen **Ein offener Partner bietet die Möglichkeit, dass sich Partner aus der Kooperationsbeziehung mitentwickeln. Verständnis für die Situation des Partners ermöglicht es ggfs. Konflikte zu entschärfen und langfristige Projekte und Initiativen erfolgreich umzusetzen. Mit dem Vertrauen in die Fähigkeit, eigene Situationen nachzuvollziehen, ist davon auszugehen, dass dem Partner hinsichtlich seines Könnens vertraut wird.**	Siguaw et al. (1998)
Vertrauen: Wohlwollen	• Vertrauen, dass sich der Partner über getroffene Vereinbarungen hinaus für die Beziehung engagieren wird **Durch das Engagement der Partner wird möglicherweise Wert generiert, der z.B. distanziert-geschäftliche Beziehungen nicht möglich gewesen wäre.**	Palmatier (2008a); Siguaw et al. (1998)

Tab. 27: Relevante Vertrauens-Ausprägungen aus der Literatur und ihre Übertragung

Tilson hebt die Bedeutung von Vertrauen in unternehmensübergreifenden Beziehungen im Bereich unternehmensübergreifender Verbesserungsprogramme entlang der Wertschöpfungskette hervor und beschreibt, dass Wettbewerbsvorteile insbesondere durch starke und andauernde Beziehungen realisiert werden.[221] Dabei betont die Autorin auch die erfolgskritische Rolle des Schaffens bzw. Entwickelns von Vertrauen.[222] Dies findet konkret auf der Ebene beteiligter Menschen statt.[223] Unternehmensübergreifendes Vertrauen entsteht demnach, wenn Menschen eine Orientierung hinsichtlich des Partnerunternehmens teilen.[224] Die relationale Form von Vertrauen (im Gegensatz zu einer grundsätzlichen Vertrauenshaltung) ist dabei stets auf einen spezifischen Partner bezogen und berücksichtigt die gemeinsame Historie.[225] Dieses gegenseitige Vertrauen kann auf individueller Ebene auch geschaffen werden, indem individuelle Erfahrungen geteilt werden und eine gemeinsame Wissensbasis hergestellt

220 Vgl. Handfield et al., 2013, S. 18. Ein weiterer Aspekt, der in dieser Unternehmensbefragung untersucht wird, sind die Mechanismen zur Steuerung der Beziehung zwischen den Partnern. Der Austausch von Informationen und eine kooperative Haltung nehmen hier im Vergleich zur Auditsteuerung und der Ausübung von Macht in der Wertschöpfungskette eine vorherrschende Rolle ein. Dies gilt insbesondere für die Kundenseite (Beziehungen zwischen Endkunden und Händlern; vgl. Handfield et al., 2013, S. 18). Die Beziehungsmechanismen Informationsaustausch und Kooperation sollen als Beziehungsnormen in dieser Arbeit betrachtet werden und werden damit ebenfalls als Bestandteil der Beziehungsqualität detailliert beschrieben.

221 Vgl. Tilson, 2001, S. 434 f. und die dort angegebene Literatur.

222 Vgl. Tilson, 2001, S. 443 f.

223 Vgl. Dyer & Chu, 2000, S. 261. Siehe hierzu auch: Monge et al., 1998, S. 421 und die dort angegebene Literatur.

224 Vgl. Dyer & Chu, 2000, S. 261.

225 Vgl. Muthusamy & White, 2005, S. 420. Siehe auch: Dyer & Chu, 2000, S. 262. Kang et al.(2007, S. 239) erläutern in diesem Zusammenhang, dass dyadisches Vertrauen sich auf zwei Parteien bezieht, die eine direkte Beziehung und damit verbunden direkte Erfahrungen miteinander haben, wohingegen ein unpersönliches bzw. institutionelles Vertrauen daraus entsteht, dass Partner Mitglieder einer Organisation sind, mit der ein bestimmtes Vertrauensverhältnis besteht.

wird.[226] Hierfür ist eine regelmäßige und enge soziale Interaktionen förderlich: „Frequent and close social interactions permit actors to know one another, to share important information, and to create a common point of view."[227] Die Wirkung von vertrauensvollen Beziehungen liegt darin, dass Transaktionskosten gesenkt, Investitionen in beziehungsspezifische Vermögenswerte unterstützt und Routinen zu Wissens- und Informationsaustausch verbessert werden.[228] Monge et al. argumentieren, dass Individuen mit zunehmendem Vertrauen verstärkt bereit sind, eigene Ressourcen in Kooperationsbeziehungen einzubringen.[229] Darüber hinaus kann auf einer Makro-Ebene ein vertrauensvolles institutionelles Klima zur nationalökonomischen Effizienz beitragen.[230] Mangelndes Vertrauen kann zum Abbruch einer Beziehung führen[231], wohingegen vorliegendes Vertrauen, wie aufgezeigt wurde, eine Beziehung unterstützt.

Beziehungsnormen: Ein weiterer Bestandteil der Beziehungsqualität sind die Normen des Austausches, die im Folgenden dargelegt werden. Soziale und moralische Normen sind als Meta-Einstellungen zu verstehen, die nur nach eingehender Reflexion verändert werden können.[232] Sie beruhen auf gesellschaftlichem Konsens und lassen innerhalb bestimmter Grenzen strategisches Handeln zu.[233] Die Entwicklung von Normen in Partnerschaften erfordert einen gewissen zeitlichen Aufwand, wobei das Austauschverhalten mit der Entwicklung von Normen umfassend beeinflusst wird.[234] Palmatier et al. beschreiben vor dem Hintergrund einer ressourcenorientierten Sicht, dass relationale Normen hinsichtlich Solidarität, Gegenseitigkeit und Flexibilität das Potenzial haben, langfristige, wertschaffende und schwer nachzuahmende Kooperationsbeziehungen zu entwickeln.[235] Die Normen beziehen sich vor diesem Hintergrund auf spezifische Partnerschaften und können in verschiedenen Partnerschaften unterschiedlich ausgeprägt sein. In Tab. 28 sind Beziehungsnormen aus der Literatur dargestellt und erläutert.

Es ist davon auszugehen, dass sich die vorgestellten Beziehungsnormen im Konstrukt der Beziehungsqualität förderlich auf die Wertschaffung auswirken und durch ihre Ausgestaltung und Anwendung dazu beitragen, Verschwendung innerhalb der Kooperationsbeziehung zu verringern.

226 Vgl. Nonaka 1994, S. 24.
227 Vgl. Tsai & Ghoshal, 1998, S. 465.
228 Vgl. Dyer & Chu, 2000, S. 259 und die dort angegebene Literatur.
229 Vgl. Monge et al., 1998, S. 421.
230 Vgl. Dyer & Chu, 2000, S. 259 f. und die dort angegebene Literatur.
231 Vgl. Muthusamy & White, 2005, S. 422.
232 Vgl. Sako, 1992, S. 17.
233 Vgl. Sako, 1992, S. 17. Der Autor beschreibt, dass z.B. es in Geschäftspartnerschaften Konsens ist, dass Versprechen gehalten und Gesetze eingehalten werden; dass jedoch opportunistisches Verhalten, z.B. durch Zurückhalten von Informationen, in gewissem Ausmaß geduldet wird (vgl. Sako, 1992, S. 17).
234 Vgl. Palmatier, 2008a, S. 77.
235 Vgl. Palmatier et al., 2007, S. 174.

Ausprägung	Erläuterung und Bezug zur Forschungsarbeit	Literatur
Reziprozitätsnormen	• Die Reziprozitätsnorm gleicht Geben und Nehmen in einer Beziehung über eine Zeit hinweg aus **Ist die Reziprozitätsnorm in einer Kooperationsbeziehung ausgeprägt, kann davon ausgegangen werden, dass Leistungen erwidert werden.**	Palmatier, 2008a
Solidaritätsnormen	• Solidaritätsnormen heben die Bedeutung der Kooperationsbeziehung mit einem spezifischen Partner hervor[236] **Eine ausgeprägte Solidaritätsorientierung in einer Partnerschaft ist möglicherweise vorteilhaft für die Wertschaffung, weil bei entstehenden Schwierigkeiten nicht in erster Linie die Kooperationsbeziehung an sich in Frage gestellt wird.**	Heide & John, 1992; Palmatier et al., 2007
Gegenseitigkeitsnormen	• Die Gegenseitigkeitsnorm bringt zum Ausdruck, dass Einigkeit darüber besteht, dass keiner der Partner ungerechtfertigt besser gestellt wird[237] **Eine positive Grundeinstellung dahingehend, dass keiner der Partner bevorteilt wird, ermöglicht möglicherweise ebenfalls, dass aufkommende Schwierigkeiten lösungsorientiert bearbeitet werden, ohne dass sich ein Partner dauerhaft benachteiligt fühlt.**	Palmatier et al., 2007
Flexibilitätsnormen	• Die Flexibilitätsorientierung bringt zum Ausdruck, dass Partner bereits sind, auch bei sich ändernden Rahmenbedingungen die Kooperationsbeziehungen aufrechtzuerhalten[238] **Eine hohe Ausprägung der Flexibilitätsnorm kann zur Sicherheit der an der Kooperationsbeziehung beteiligten Partner beitragen, dass auch in einem dynamischen Umfeld die Beziehung verlässlich gestaltet wird.**	Heide & John, 1992; Palmatier et al., 2007
Soziale Normen	• Die sozialen Normen umfassen ebenfalls Aspekte des gegenseitigen Nutzens und der Flexibilität einer Beziehung, beziehen darüber hinaus allerdings noch den Aspekt des Ausmaßes einer Beziehung mit ein[239] **Vielfältige Kontakte zu unterschiedlichen Aufgaben- und Tätigkeitsbereichen fördern möglicherweise die Akzeptanz gemeinsamer Projekte und Initiativen.**	Gundlach et al., 1995
Informationsaustauschnormen	• In Informationsaustauschnormen ist die Erwartung begründet, dass sich Partner einer Kooperationsbeziehung gegenseitig mit relevanten Informationen versorgen[240] **Kontinuierlich über relevante Informationen versorgt zu werden, ermöglicht es, Herausforderungen zu antizipieren und Handlungsentscheidungen rechtzeitig zu treffen.[241] Diese Norm kann damit zur Wertschaffung innerhalb der Kooperationsbeziehung beitragen.**	Heide & John, 1992; Experteninterview
Kooperative Normen	• Kooperative Normen beziehen sich auf die Kooperationsorientierung in der Beziehung und umfassen z.B. die Verneinung opportunistischer Verhaltensweisen in der Partnerschaft und den gemeinsamen Willen, für alle Beteiligte erfolgreiche Lösungen zu erarbeiten[242] **Die koop. Haltung in einer Partnerschaft und die Absicht, gemeinsam erfolgreich zu sein, kann ebenfalls die Wertschaffung in Kooperationen unterstützen.**	Siguaw et al., 1998; Experteninterview

Tab. 28: Relevante Reziprozitäts- bzw. Austauschnormen aus der Literatur und ihre Übertragung

Austauscheffizienz: „Thus, high-quality relationships not only are indicated by high levels of trust, commitment, and reciprocity but also entail an appropriate or efficient cost of maintaining the relationship with a "minimum of hassles" or waste of time and effort [...]"[243] – so beschreibt Palmatier die Notwendigkeit, einen Effizienz-Aspekt in das Konstrukt der Beziehungsqualität zu integrieren. Auch dieser Aspekt gibt Hinweise auf das Wertschöpfungspotenzial einer Kooperationsbeziehung: Ist der Aufwand zur Aufrechterhaltung einer Kooperati-

236 Vgl. Palmatier et al., 2007, S. 192 und die dort angegebene Literatur.
237 Vgl. Palmatier et al., 2007, S. 192 und die dort angegebene Literatur.
238 Vgl. Heide & John, 1992, S. 37.
239 Vgl. Gundlach et al., 1995, S. 90 f.
240 Vgl. Heide & John, 1992, S. 35 f.
241 Vgl. Heide & John, 1992, S. 35 f.
242 Vgl. Siguaw et al., 1998, S. 108.
243 Palmatier, 2008a, S. 78.

onsbeziehung höher als deren Nutzen, so ist dies ein Hinweis auf Verschwendung in der Beziehung, die es zu reduzieren gilt.

Beziehungstreiber: Kontaktdichte[244]

Das Konstrukt der Kontaktdichte beschreibt die Konnektivität zwischen den beteiligten Partner. In seiner Untersuchung geht Palmatier davon aus, dass eine hohe Kontaktdichte für den Kundenwert förderlich ist. Kooperationsbeziehungen mit einer höheren Verbindungsdichte können nach seiner Argumentation besser und schneller zentrale Informationen und Geschäftschancen sowohl identifizieren als auch verifizieren. Darüber hinaus ermöglichen sie es, starke Verbindungen aufzubauen.

Das Konzept der Kontaktdichte steht in einem engen Zusammenhang mit der Betrachtung der „strength of ties“[245] - der Stärke der Verbindungen in Kooperationsbeziehungen. In ihrer Untersuchung zur Generierung von neuem Wissen argumentieren McFadyen et al., dass die Aspekte der Kontaktdichte und Verbindungsstärke zentral in diesem Forschungsfeld sind.[246] Da der Austausch der Wissensressource[247] auch in dieser Arbeit eine wichtige Rolle einnimmt, soll die Kontaktdichte als ein Beziehungstreiber nach Palmatier berücksichtigt werden. Dhanaraj & Parkhe beschreiben, dass Unternehmen in kleinen, sehr dichten Innovations-Netzwerken, in denen der Austausch von Wissen ein zentrales Element ist, aufgrund der hohen Kontaktdichte auch ohne einen zentralen Koordinator erfolgreich sein können.[248]

Auch im japanischen Management-Ansatz wurde die Verbindungsstärke bereits untersucht: Lincoln & Kalleberg finden in ihrer Vergleichsstudie[249] zwischen US-amerikanischen Unternehmen und japanischen Unternehmen heraus, dass die Zufriedenheit japanischer Mitarbeiter mit zunehmendem Vorgesetztenkontakt steigt. In den untersuchten US-amerikanischen Unternehmen ist dieser Zusammenhang umgekehrt: Die Zufriedenheit sinkt mit zunehmenden Kontakt mit Vorgesetzten.[250] Die Autoren zeigen mit ihrer Studie außerdem, dass in den untersuchten japanischen Unternehmen stärkere und dichtere informelle Verbindungen zwischen

---

244 Vgl. hierzu Palmatier, 2008a, S. 78.

245 Der „strength of ties“-Ansatz beruht insbesondere auf dem Beitrag von Granovetter (1973, S. 1360 ff.), indem er Unterschiede zwischen starken und schwachen Verbindungen hinsichtlich der Informationsübertragung in sozialen (Personen-)Netzwerken untersucht. Einfluss auf die Stärke der Verbindung haben nach seiner Definition die für die Beziehung aufgewendete Zeit, die emotionale Intensität, die Intimität und die gegenseitigen Leistungen (S. 1361). Mit diesem Beitrag wurden zahlreiche weitere Untersuchungen angestoßen, so z.B. von Folgenden Autoren: Marsden & Campbell (1984, S. 482 ff.) mit einem Beitrag zur Messung der Verbindungsstärke; Gulati (1995, S. 85 ff) mit einer Untersuchung von Vertrauen in familiären, unternehmensübergreifenden Beziehungen; Hansen (1999, S. 82 ff.) mit einer Analyse des Einflusses der Verbindungsstärke auf den Wissensaustausch zwischen Einheiten multinationaler Unternehmen; Rindfleisch & Moorman (2001, S. 1ff.) untersuchen in ihrem Beitrag den Informationsaustausch in Neuprodukt-Allianzen unter Berücksichtigung der Verbindungsstärke; Westphal et al., 2006, S. 425 ff. untersuchen in ihrer Veröffentlichung die Verbindungen von Geschäftsführern.

246 Vgl. McFadyen et al., 2009, S. 561.

247 Der Austausch von Wissen ist der gemeinsamen Schaffung von Wissen stets vorgelagert. Siehe hierzu: Nonaka, 1994, S. 16.

248 Vgl. Dhanaraj & Parkhe, 2006, S. 666.

249 Die Erhebung wurde Anfang der 1980er Jahre durchgeführt, in der die japanische Managementlehren noch nicht in den US-amerikanischen Unternehmen angekommen ist. In die Recherche eingebunden waren 51 Unternehmen aus Japan und 55 Unternehmen aus den USA aus insgesamt sieben Branchen. In der Erhebung wurden außerdem Daten auf Ebene der Führungskräfte und Mitarbeiter mittels Fragebögen erhoben. Dabei konnten ca. 4600 Fragebögen aus den USA und ca. 3700 Fragebögen aus Japan generiert werden (siehe hierzu Lincoln & Kalleberg, 1990, S. 5).

250 Vgl. Lincoln & Kalleberg, 1990, S. 115.

Vorgesetzen und Kollegen bestehen als in amerikanischen Unternehmen.[251] Die Autoren schließen daraus, dass aus dieser größeren sozialen Integration das Commitment der Belegschaft in den japanischen Unternehmen höher ist.[252] Als Indikatoren für starke Verbindungen nach dem Ansatz der Verbindungsstärke sollen im Zusammenhang mit dem Beziehungstreiber der Kontaktdichte außerdem die Dauer und Häufigkeit des Kontakts[253], gemeinsame Aktivitäten[254] und die Distanz[255] der beteiligten Partner betrachtet werden.

Es wird angenommen, dass sich eine hohe Kontaktdichte zwischen den Kooperationspartnern positiv auf die Wertschaffung auswirkt. Darüber hinaus wird angenommen, dass sich starke Verbindungen positiv auf die Wertschaffung auswirken.

Beziehungstreiber: Kontaktautorität[256]

Als dritten Beziehungstreiber betrachtet Palmatier die Autorität der Kontakte. Mit ihr wird zum Ausdruck gebracht, inwiefern die Kontakte befugt sind, Entscheidungen zu treffen. Dies erscheint insbesondere im Feld des Beziehungsmarketings als wichtig, da es dort darum geht, die Partner in Kunden-Lieferantenbeziehungen zu einem Vertragsabschluss zu bewegen. Die Kontaktautorität umfasst die Attraktivität des Partners: Partner mit einzigartigem Wissen bzw. Informationszugang, einzigartigen Fähigkeiten oder der Möglichkeit, Ressourcenentscheidungen zu beeinflussen, werden als attraktiv wahrgenommen. Durch Partner innerhalb der Kooperationsbeziehung mit einer hohen Autorität kann deshalb Wert generiert werden.

Fazit: Beziehungstreiber nach Palmatier[257]

Von den dargestellten Beziehungstreibern wurde die Beziehungsqualität besonders ausführlich dargestellt. Zu den inhärenten Faktoren liegen hier zum einen bereits Untersuchungen vor und zum anderen ist davon auszugehen, dass diese Faktoren für Kooperationsbeziehungen grundlegend sind.[258] So finden die Teilaspekte auch Eingang in die Transaktionskostentheorie als Organisationstheorie im Bereich der Neuen Institutionenökonomik[259]: In der Transaktionskostentheorie wird die Annahme getroffen, dass sich Menschen opportunistisch verhalten[260], dies wirkt sich auf die Transaktionskosten negativ aus, weil diese dadurch steigen.[261]

---

[251] Vgl. Lincoln & Kalleberg, 1990, S. 119.
[252] Vgl. Lincoln & Kalleberg, 1990, S. 119.
[253] Vgl. Marsden & Campbell, 1984, S. 499, die Autoren betrachten die Dauer und Frequenz des Kontakts dabei sehr kritisch, da sie als Indikatoren der Beziehungsstärke schnell überschätzt werden können (z.B. im Fall von Nachbarn oder Kollegen); Feld, 1997, S. 93. Sako (1992, S. 12) beschreibt die Kontakthäufigkeit als einen wesentlichen Unterschied zwischen vertraglich-verbindlichen und distanziert-geschäftlichen Beziehungen: Während in den erstgenannten häufig Kommunikation auch zwischen verschiedenen Abteilungen und Funktionen stattfindet, der auch über das Geschäftliche hinausgehen kann, ist in den letztgenannten Beziehungen die Häufigkeit der Kontaktaufnahme auf ein Minimum und wenige Personen reduziert.
[254] Vgl. Marsden & Campbell, 1984, S. 488.
[255] Vgl.Marsden & Campbell, 1984, S. 489.
[256] Vgl. hierzu Palmatier, 2008a, S. 78.
[257] Vgl. Palmatier, 2008a, S. 78 f.
[258] Vgl. z.B. zu den Faktoren Vertrauen und Commitment ausführlich Morgan & Hunt, 1994, S. 22 ff.
[259] Vgl. Picot & Dietl, 1990, S. 178; Williamson, 1991, S. 269 ff.
[260] Vgl. Picot & Dietl, 1990, S. 179; Williamson, 1991, S. 269 ff.
[261] Transaktionskosten sind Kosten bei der Anbahnung, Vereinbarung, Kontrolle und Anpassung gegenseitiger Leistungsbeziehungen; es handelt sich dabei meistens um Kosten der Information und Kommunikation Picot & Dietl, 1990, S. 178.

Soziale Normen, Vertrauen und Commitment ermöglichen es, potenzielles opportunistisches Verhalten zu senken. Handlungsspielräume werden eingeschränkt.[262]

Einen konkreten Anschluss hinsichtlich der operativen Lean-Umsetzung und der vertikalen unternehmerischen Kooperation als Bestandteile der Forschungsthematik dieser Arbeit liefern Reichhart & Holweg, welche mit ihrer Untersuchung die positiven Auswirkungen von Vertrauen und Commitment auf die Produktion und die Wertschöpfungskette beschreiben.[263] Insgesamt ist davon auszugehen, dass die Beziehungstreiber, die Palmatier[264] als kundenwertsteigernd herausstellt, die Wertschaffung in Kooperationsbeziehungen positiv beeinflussen. In Tab. 29 sind Fragen zur Messung der Beziehungstreiber dargelegt. Sie beruhen auf den Grundlagen von Palmatier[265], sind erweitert und ergänzt.

Kategorie und Itembez.	**Frage-Intention**	**Fragen**
Commitment allgemein [co_alg]	Bestimmung des Ausmaßes der allgemeinen Zustimmung zum Kooperationspartner.	1. Für unseren Partner sind wir bereit die berühmte „Extrameile" zu gehen[266] 2. Diese Partnerschaft ist langfristig ausgerichtet 3. Wir wollen weiterhin mit unserem Partner zusammenarbeiten, da wir uns als Teil der Unternehmensfamilie fühlen[267] 4. Wir arbeiten gerne mit unserem Partner zusammen und wollen diese Zusammenarbeit aufrechterhalten 5. Die Beziehung zu unserem Partner ist angenehm, deshalb wollen wir sie gerne aufrechterhalten
Commitment zur Organisation [co_or]	Bestimmung der individuellen Verbundenheit zum eigenen Unternehmen.	1. Wenn unser Unternehmen andere Werte hätte, würde ich mich weniger zugehörig fühlen[268] (Internalisierung) 2. Seit ich hier angefangen habe, haben sich meine persönlichen Wertvorstellungen denen meines Arbeitgebers angepasst (Internalisierung) 3. Der Grund, warum ich dieses Unternehmen anderen vorziehen, sind seine Werte (Internalisierung) 4. Das, wofür unser Unternehmen steht, ist wichtig für mich (Internalisierung) 5. Ich bin stolz anderen davon zu erzählen, dass ich hier arbeite (Identifikation) 6. Ich fühle mich nicht nur als ein Mitarbeiter des Unternehmens, sondern als Teil davon (Identifikation) 7. So lange ich keine Gegenleistung dafür erhalte, sehe ich keinen Grund darin zusätzlichen Aufwand für dieses Unternehmen zu betreiben (Compliance) 8. Die Anstrengung, die ich für das Unternehmen aufbringe, steht in direktem Zusammenhang damit, was ich vom Unternehmen zurückerhalte (Compliance) 9. Um in diesem Unternehmen belohnt zu werden, ist es notwendig, die richtige Einstellung zu äußern (Compliance) 10. Mit meinem Unternehmen fühle ich mich nicht emotional verbunden[269] (Reversed)[270] 11. Dieses Unternehmen bedeutet mir persönlich sehr viel
Commitment zur (Kooperations-) Beziehung [co_rs]	Bestimmung des Ausmaßes der Verbundenheit zur spezifischen Kooperationsbeziehung.	1. Wir comitten uns zu der Beziehung, die unser Unternehmen zum Partner pflegt[271] 2. Die Beziehung, die unser Unternehmen zu unserem Partner pflegt, soll unbegrenzt weitergeführt werden 3. Die Beziehung, die unser Unternehmen zu unserem Partner pflegt, benötigt unsere maximale Anstrengung (Reversed)[272] 4. Wir verteidigen unseren Partner, wenn Außenstehende ihn kritisieren[273] 5. Wir sind kontinuierlich auf der Suche nach einem neuen Partner, um den bisherigen Partner zu ersetzen oder um ihn zu ergänzen (Reversed)[274]

262 Vgl. Matthes, 2007, S. 31. Vgl. zur transaktionskostensenkenden Wirkung von Vertrauen durch die Senkung der Überwachungskosten auch: Dyer & Singh, 1998, S. 669 und die dort angegebene Literatur.
263 Vgl. Reichhart & Holweg, 2007, S. 1162.
264 Vgl. Palmatier, 2008a, S. 78 f.
265 Vgl. Palmatier, 2008a, S. 78 f.
266 Vgl. hier und im Folgenden Palmatier, 2008a, S. 87.
267 Vgl. hier und im Folgenden Palmatier 2007 et al., S. 191 und die dort angegebene Literatur.
268 Vgl. hier und im Folgenden O'Reilly & Chatman, 1986, S. 494.
269 Vgl. hier und im Folgenden Chen et al., 2004, S. 357 f. und die dort angegebene Literatur.
270 Umgekehrte Beschreibung.
271 Vgl. hier und im Folgenden Morgan & Hunt, 1994, S. 35.
272 Umgekehrte Beschreibung.
273 Vgl. hier und im Folgenden Siguaw et al., 1998, S. 108.
274 Umgekehrte Beschreibung.

Kategorie und Itembez.	Frage-Intention	Fragen
		6. Bei Fehlern, die uns Schwierigkeiten verursachen sind wir dennoch geduldig mit unserem Partner
Langfristiges Commitment [co_lt]	Bestimmung der wahrgenommenen zeitl. Ausrichtung der Kooperationsbeziehung.	1. Wir beabsichtigen langfristig vertrauliche Informationen mit unserem Partner zu teilen[275] 2. Wir beabsichtigen unsere Partnerschaft zu vertiefen 3. Wir beabsichtigen weitere Ressourcen in die Partnerschaft zu investieren
Commitment-Investitionen [co_in]	Bestimmung der Verbundenheit schaffenden Investitionen in die Kooperationsbez.	1. In unsere Partnerschaft bringen wir vertrauliche Informationen über Produkte und Märkte ein[276] 2. Unser Partner ist über strategisch bedeutsame Entscheidungen informiert
Vertrauen allgemein [tr_alg]	Bestimmung des allgemeinen Vertrauens zum Kooperationspartner.	1. Wir vertrauen unserem Partner[277] 2. Dieser Partner ist vertrauenswürdig 3. Ich empfinde unseren Partner als zuverlässig[278] 4. Ich empfinde unseren Partner als berechenbar 5. Unser Partner ist ein Unternehmen, das zu seinem Wort steht[279] 6. Ich kann mich auf die Versprechen unseres Partners verlassen 7. Unser Partner ist aufrichtig 8. Wie stark vertrauen Sie dem Partner [1=überhaupt kein Vertrauen; 7=großes Vertrauen] 9. Ich empfinde unseren Partner als [1=überhaupt nicht vertrauenswürdig; 7=vollkommen vertrauenswürdig] 10. Auf unseren Partner kann man sich zeitweise nicht verlassen[280] 11. Unser Partner hat eine hohe Glaubwürdigkeit
Vertrauen Glaub-Glaubwürdigkeit [tr_cr]	Bestimmung des wahrgenommenen Ausmaßes der Glaubwürdigkeit.	1. Unser Partner ist offen zu uns[281] 2. Versprechen unseres Partners werden zuverlässig eingehalten 3. Unser Partner hat Schwierigkeiten, unsere Situation zu verstehen (Reversed)[282] 4. Unser Partner hat keine falschen Ansprüche 5. Unser Partner ist nicht offen zu uns (Reversed)[283] 6. Unser Partner hat Schwierigkeiten damit, unsere Fragen zu beantworten
Vertrauen: Wohlwollen [tr_ben]	Bestimmung des wahrgenommenen Ausmaßes an Wohlwollen.	1. Unser Partner ist bereit, für uns Opfer zu bringen[284] 2. Unser Partner sorgt für uns 3. In schwierigen Zeiten steht unser Partner uns bei 4. Unser Partner ist wie ein Freund 5. Unser Partner ist auf unserer Seite
Reziprozitäts- [rn_rn] und Gegenseitigkeits- [rn_mn] Normen	Bestimmung des Ausmaßes der Norm der Gegenseitigkeit und Fairness.	**Reziprozitäts-Normen** 1. Unsere Beziehung mit diesem Partner beruht auf der Norm der Gegenseitigkeit[285] **2.** Wir würden unseren Partner unterstützen, ohne eine sofortige Gegenleistung zu erwarten **Gegenseitigkeits-Normen** 1. Auch wenn Kosten und Nutzen in unserer Partnerschaft nicht immer genau geteilt sind, gleicht sich das über die Zeit hinweg aus 2. Wir profitieren beide von der gemeinsamen Beziehung und verdienen im Verhältnis des jeweils erbrachten Aufwands 3. Unser Unternehmen profitiert üblicherweise zu einem fairen Anteil am Ertrag und an den Kostenersparnissen unserer Partnerschaft
Solidaritätsnormen [rn_sn]	Bestimmung des Ausmaßes der Norm des solidarischen Verhaltens.	1. Wir betrachten unseren Partner als Geschäftspartner[286] 2. Wir bemühen uns gewissenhaft darum, eine kooperative Beziehung mit unserem Partner aufrecht zu erhalten 3. Die Beziehung zu unserem Partner ist für uns wichtiger als die Gewinne aus einzelnen Geschäften mit ihm 4. Probleme, die in unserer Zusammenarbeit auftreten, werden als gemeinsame Probleme

275 Vgl. hier und im Folgenden Gundlach et al., 1995, S. 90.
276 Vgl. hier und im Folgenden Gundlach et al., 1995, S. 90.
277 Vgl. hier und im Folgenden Palmatier, 2008a, S. 87.
278 Vgl. hier und im Folgenden Kuwabara, 2011, S. 568.
279 Vgl. hier und im Folgenden Palmatier et al., 2007, S. 191 und die dort angegebene Literatur.
280 Vgl. hier und im Folgenden Morgan & Hunt, 1994, S. 35.
281 Vgl. hier und im Folgenden Siguaw et al., 1998, S. 108.
282 Umgekehrte Beschreibung.
283 Umgekehrte Beschreibung.
284 Vgl. hier und im Folgenden Siguaw et al., 1998, S. 108.
285 Vgl. hier und im Folgenden Palmatier, 2008a, S. 87.
286 Vgl. hier und im Folgenden Palmatier 2007, S. 192.

Kategorie und Itembez.	Frage-Intention	Fragen
		gelöst und liegen nicht in der Zuständigkeit eines Unternehmens allein[287] 5. In der Partnerschaft sollen beide Unternehmen von Verbesserungen profitieren 6. Gegenseitige Gefallen prägen diese Partnerschaft
Flexibilitätsnormen [rn_fn]	Bestimmung des Ausmaßes der Flexibilitätsnorm	1. Wir würden bereitwillig Anpassungen vornehmen, wenn unser Partner mit speziellen Problemen oder Rahmenbedingungen konfrontiert wird[288] 2. Wir legen gerne vertragliche Vereinbarungen zur Seite, wenn es darum geht, eine schwierige Phase des Partners durchzustehen 3. Unser Partner legt vertragliche Vereinbarungen gerne zur Seite, wenn es darum geht, eine schwierige Phase durchzustehen 4. Flexibilität als Reaktion auf Herausforderungen ist charakterisierend für die Zusammenarbeit mit unserem Partner[289] 5. Im Falle einer unerwarteten Situation würden beide Unternehmen eher eine Vereinbarung aushandeln, als an einer alten Vereinbarung festzuhalten
Soziale Normen [rn_rsn]	Bestimmung des Ausmaßes sozialen Verhaltens.	1. Das Aufrechterhalten unserer Partnerschaft ist im Hinblick auf (zukünftige) Herausforderungen für beide Unternehmen bedeutsam[290] 2. Die Beziehung basiert auf gegenseitigem Nutzen und Vertrauen 3. Die Beziehung ist flexibel genug, um sich gegenseitig bei Schwierigkeiten weiterzuhelfen 4. Die Beziehung zu unserem Partner erstreckt sich über viele komplexe Zuständigkeiten und Aufgaben 5. Bei Unstimmigkeiten in der Partnerschaft, versuchen alle einen Kompromiss zu finden
Informationsaustauschnormen [rn_ie]	Bestimmung des Umgangs mit Informationen.	1. In dieser Partnerschaft wird es erwartet, jede wichtige Information, die dem anderen Partner helfen kann, weiterzugeben[291] 2. Der Informationsaustausch in unserer Zusammenarbeit findet regelmäßig und informell statt – er ist nicht an eine festgelegte Vereinbarung gebunden 3. Wenn wir Informationen von unserem Partner benötigen, gehen wir aktiv auf ihn zu[292] 4. Wenn unser Partner Informationen von uns benötigt, kommt er aktiv auf uns zu
Kooperative Normen [rn_kn]	Bestimmung des Ausmaßes der kooperativen Ausrichtung.	1. Wir müssen zusammenarbeiten, um erfolgreich zu sein[293] 2. Beide Partner sind an einem Nutzen des anderen Partners durch die Partnerschaft interessiert 3. Beide Partner sind bereit, Veränderungen einzugehen 4. Egal welche Partei ein Problem verschuldet, Probleme werden gemeinschaftlich gelöst 5. Wir haben in unserer Zusammenarbeit keine Probleme damit, uns gegenseitig Gefallen zu tun 6. Wenn wir die Hilfe unseres Partners brauchen, gehen wir aktiv auf ihn zu[294] 7. Wenn unser Partner unsere Hilfe braucht, tritt er aktiv an uns heran
Austausch-Effizienz (EEFF)	Bestimmung der Effizienz.	1. Unsere Interaktionen mit diesem Partner sind häufig ineffizient[295] (Reversed)[296] 2. Unser Umgang mit diesem Partner ist sehr effizient
Kontaktdichte [CD] und Verbindungsstärke	Bestimmung der Konnektivität an der Kooperationsbeziehung beteiligter Individuen sowie Bestimmung der Stärke der Verbindung nach verschiedenen Kriterien des	**Kontaktdichte** 1. (Geschätzte) Anzahl an Personen des Partners, die mit uns in Kontakt stehen:___ [298] 2. (Geschätzte) Anzahl an Personen unseres Unternehmens, die mit dem Partner in Kontakt stehen 3. Anzahl an Personen des Partners, mit denen ich in Kontakt stehe:___ 4. Anzahl an Personen des Partners, die ich bisher kennengelernt/gesprochen habe___ Nähe [CLOSE][299] 1. Mit Mitarbeitern des Partners spreche ich über [1 = überhaupt nicht; 7 = sehr häufig] Familie/Freunde/Politik/Lokale Veranstaltungen und Events/Arbeit/Freizeit 2. Die Nähe zu unserem Partner ist groß Dauer und Häufigkeit des Kontakts [DUR][300]

287 Vgl. hier und im Folgenden Heide & John, 1992, S. 37.

288 Vgl. hier und im Folgenden Palmatier 2007, S. 192.

289 Vgl. hier und im Folgenden Heide & John, 1992, S. 37.

290 Vgl. hier und im Folgenden Gundlach et al., 1995, S. 90 f.

291 Vgl. hier und im Folgenden Heide & John, 1992, S. 37.

292 Siehe hierzu Experteninterview in Anhang 5: Exploratives problemzentriertes Interview (Gesprächsprotokoll).

293 Vgl. hier und im Folgenden Siguaw et al., 1998, S. 108.

294 Siehe hierzu Experteninterview in Anhang 5: Exploratives problemzentriertes Interview (Gesprächsprotokoll).

295 Vgl. hier und im Folgenden Palmatier, 2008a, S. 87.

296 Umgekehrte Beschreibung.

Kategorie und Itembez.	Frage-Intention	Fragen
	„strength-of-ties"[297]-Ansatzes.	1. Kontakt mit unserem Partner habe ich selbst durchschnittlich etwa ___ Stunden pro Woche 2. Ich habe regelmäßigen Kontakt mit ___ (Anzahl) Mitarbeitern des Partners Gemeinsame Aktivitäten [JOINT][301] 1. Gemeinsame Aktivitäten mit dem Partner sind [1 = überhaupt nicht; 7 = sehr häufig] Workshops/Trainings/Projekte/Verhandlungssituationen/Team-bildende Maßnahmen und Aktivitäten/Benchmark-Besuche/Weitere Distanz [DIST][302] Angaben zu Alter, Geschlecht, Position, Höchster Schulabschluss
Kontakt-autorität [CA]	Bestimmung des Ausmaßes der Einbindung von Entscheidungs-trägern in die Kooperationsbe-ziehung	1. Der Projektleiter im Bereich Lean Management unseres Partnerunternehmens kennt unsere zentralen Entscheidungsträger im Unternehmen[303] 2. Der Projektleiter im Bereich Lean Management unseres Partnerunternehmens hat häufig mit den zentralen Entscheidungsträgern unseres Unternehmens zu tun 3. Unser Projektleiter im Bereich Lean Management kennt die zentralen Entscheidungsträger in unserem Partnerunternehmen 4. Unser Projektleiter im Bereich Lean Management hat häufig mit den zentralen Entscheidungsträgern unseres Partnerunternehmens zu tun

Tab. 29: Fragen zur Identifikation der Beziehungstreiber nach Palmatier (2008a)

5.2.2. Affektive und konfliktbezogene Wahrnehmung der Kooperationsbeziehung

Mit dem auf Überlegungen der (sozialen) Austauschtheorien basierenden integrierten Modell zur Erklärung von Zusammenhalt und Vertrauen in einer Kooperationsbeziehung[304] betrachtet Kuwabara ebenfalls Merkmale, die zur Beschreibung einer Kooperationsbeziehung nützlich sind. Während das Vertrauen bereits als Bestandteil der Beziehungstreiber nach Palmatier[305] berücksichtigt ist, sollen hier die Dimensionen a) *affektiver Kontext der Kooperation* b) *Konflikte in der Kooperationsbeziehung* und c) *Zusammenhalt* nach dem integrierten Austauschmodell nach Kuwabara beschrieben werden. Dabei ist der zentrale Ansatzpunkt darin zu sehen, dass gemeinsame Aktivitäten in Kooperationsbeziehungen diese Beziehungen stärken oder schwächen, je nachdem ob von den beteiligten Personen eine kooperative oder kompetitive Beziehung wahrgenommen wird.[306] Die subjektive Perspektive beteiligter Individuen nimmt damit eine besondere Rolle ein, die in den folgenden Dimensionen näher beschrieben wird.

Affektiver Kontext: „The affective context [...] concerns how actors view each other, that is, positively or negatively or as cooperators or competitors"[307] – so beschreibt Kuwabara den affektiven Kontext einer Kooperationsbeziehung und geht damit auf die gegenseitigen Empfindungen ein, die positiv oder negativ und kooperativ oder kompetitiv sein können. Lawler &

298 Vgl. hier und im Folgenden Palmatier, 2008a, S. 87, ergänzt.
299 Vgl. Marsden & Campbell, 1984, S. 488.
300 Vgl. Marsden & Campbell, 1984, S. 499; Feld, 1997, S. 93.
297 Vgl. z.B. Granovetter, 1973, S. 1360 ff.
301 Die Kriterien zu den gemeinsamen Aktivitäten wurden auf Grundlage der gemeinsamen Themen (hier: Nähe, vgl. Marsden & Campbell, 1984, S. 488) ergänzt, da sich die Nähe in der Untersuchung von Marsden & Campbell (1984, S. 497) als ein guter Indikator für die Stärke von Beziehungen erwiesen hat.
302 Vgl. Marsden & Campbell, 1984, S. 489.
303 Vgl. hier und im Folgenden Palmatier, 2008a, S. 87, ergänzt. Projektleiter ist begrifflich falsch, da es sich bei Lean Management strenggenommen nicht um ein Projekt handelt (siehe hierzu Abschnitt 4.2.2). Es ist jedoch davon auszugehen, dass der gewählte Begriff in der Praxis diejenige Person, welche die Lean Managementaktivitäten koordiniert oder verantwortet, bezeichnet.
304 Vgl. Kuwabara, 2011, S. 564.
305 Vgl. Palmatier, 2008a, S. 76f f.
306 Vgl. Kuwabara, 2011, S. 570.
307 Kuwabara, 2011, S. 564.

Yoon befassen sich in ihrer Untersuchung ebenfalls mit dem affektiven Kontext von Beziehungen.[308] Sie betonen die Unsicherheit und Vieldeutigkeit hinsichtlich der Restriktionen, Orientierungen und Intentionen der Kooperationspartner[309] und beschreiben, dass durch erfolgreiche Austauscherlebnisse positive Emotionen hervorgerufen werden können, die sich förderlich auf den Zusammenhalt auswirken.[310] Als erfolgreiche Austauscherlebnisse werden z.B. Zustimmungen und getroffene Vereinbarungen gefasst. Relevant sind in diesem Zusammenhang alltägliche Emotionen wie Zufriedenheit oder Unzufriedenheit, Aufregung, Enthusiasmus oder Langeweile.[311] Der affektive Kontext soll in dieser Forschungsarbeit integriert werden, da sich positive Emotionen nach dieser Argumentation positiv auf die Kooperationsbeziehung auswirken.

Konflikte in der Beziehung: Zwei Wahrnehmungsfaktoren in einer Kooperationsbeziehung sind nach Kuwabara zum einen der wahrgenommene Konflikt und zum anderen der ausgedrückte Wert.[312] Ein niedriger wahrgenommener Konflikt (z.B. in Form gleicher Interessen) und ein hoher gegenseitig ausgedrückter Wert (z.B. respektvoller Umgang) tragen dazu bei, dass die Kooperation positiv wahrgenommen wird.[313] Ein hoher wahrgenommener Konflikt kann gerade am Anfang von Kooperationsbeziehungen ein Grund für den Abbruch sein, wenn die gegenseitige Abhängigkeit noch nicht stark ausgeprägt ist.[314] Als dritten Faktor der Beziehungswahrnehmung definiert Molm das Risiko, dass auf eine eigene Leistung keine Gegenleistung erfolgt und opportunistisches Verhalten erfolgt. [315] Da vor diesem Hintergrund eine positive Wahrnehmung der Beziehung Einfluss auf deren Erhalt hat, soll dieser Aspekt in der vorliegenden Forschungsarbeit berücksichtigt werden.

Zusammenhalt: Mit zunehmender sozialer Interaktion in einer Gruppe, entwickeln die Beteiligten ein Wir-Gefühl, Normen und Rollendifferenzierungen[316] und die Intention, in der Beziehung zu bleiben steigt[317]. Der Zusammenhalt in einer Kooperationsbeziehung verhindert außerdem opportunistisches Verhalten in der Partnerschaft und wirkt bereits aus diesem Grund wertschaffend bzw. verschwendungsreduzierend.[318] Das Konstrukt soll vor diesem Hintergrund in die Forschungsarbeit integriert werden.

In Tab. 30 sind die Teilaspekte der Beziehungswahrnehmung mit Fragen zu deren Erhebung und den Erläuterungen zur Fragen-Intention dargelegt.

308 Vgl. Lawler & Yoon, 1996, S. 89 ff.
309 Vgl. Lawler & Yoon, 1996, S. 94.
310 Vgl. Lawler & Yoon, 1996, S. 89.
311 Vgl. Lawler & Yoon, 1996, S. 94.
312 Vgl. Kuwabara, 2011, S. 564.
313 Vgl. Kuwabara, 2011, S. 564 f.
314 Vgl. Gundlach & Cadotte, 1994, S. 518.
315 Vgl. Molm, 2010, S. 124.
316 Vgl. Lück, 1999, S. 266. Der Autor erläutert außerdem, dass für die Bildung von Gruppen die individuellen bzw. vorgegebenen Ziele eine wichtige Rolle spielen. So kommt es zur Rivalität zwischen Gruppen, wenn es ein übergeordnetes Ziel gibt, dass nur von einer Gruppe erreicht werden kann. Übergeordnete, dringende und bedeutsame Ziele, die nur durch Kooperation von Gruppen erreicht werden, haben das Potenzial, diese Rivalitäten aufzulösen. Gleichzeitig besteht zwischen Gruppen auch immer die Gefahr sozialer Kategorisierung, die der (Gruppen-) Identitätsbestimmung dient und die Selbsteinschätzung der eigenen Gruppe im Vergleich zu anderen Gruppen anhebt (Lück, 1999, S. 266).
317 Vgl. Lawler & Yoon, 1996, S. 103.
318 Vgl. Lawler & Yoon, 1996, S. 89.

Kategorie und Itembez.	Frage-Intention	Fragen
Affektiver Kontext/Affektive Wahrnehmung [AR]	Mit den Fragen aus dem Bereich der affektiven Wahrnehmung soll die emotionale Atmosphäre der Kooperationsbeziehung ermittelt werden.	**Allgemeine affektive Wahrnehmung [AR_alg]**[319] 1. Unseren Partner empfinde ich als sehr kooperativ 2. Mein Empfingen gegenüber unserem Partner ist • Positiv vs. negativ 3. Gegenüber unserem Partner empfinde ich • Zufriedenheit vs. Verärgerung **Positive Emotion [AR_poem]**[320] In der Beziehung mit unserem Partner fühle ich mich • Unzufrieden vs. zufrieden • Unglücklich vs. glücklich • Unbefriedigt vs. befriedigt • Nicht erfreut vs. erfreut • Nicht begeistert vs. begeistert • Gelangweilt vs. aufgeregt • Ermüdet vs. energetisiert • Unmotiviert vs. motiviert • Nicht interessiert vs. interessiert **Zustimmungshäufigkeit [AF]**[321] 1. Anteil möglicher Projekte oder Aktivitäten, die gemeinsam mit dem Partner umgesetzt wurden: a) Mögliche Projekte/Aktivitäten b) Davon umgesetzt **Einwilligung [ACQ]**[322] 1. In Zukunft wird unser Unternehmen wahrscheinlich die Verfahrensweisen des Partners übernehmen 2. In Zukunft wird unser Partner wahrscheinlich unsere Verfahrensweisen übernehmen
Konflikte in der Beziehung	Die Frage nach dem ausgedrückten Wert in einer Beziehung bezieht sich, im Vergleich zur Wertschätzung als Austauschressource darauf, inwiefern die Kooperationsbeziehung an sich als wertschätzend beschrieben wird. Die Fragen sollen außerdem ermitteln, inwiefern in der Kooperationsbeziehung ein Konfliktpotenzial besteht und sich Partner in der Beziehung opportunistisch verhalten.	**Ausgedrückter Wert [PERC_val]**[323] 1. In unserer Beziehung mit dem Partner fühle ich mich • Nicht respektiert vs. respektiert 2. In unserer Beziehung mit dem Partner werden wir • Nicht respektiert vs. respektiert 3. In unserer Beziehung mit dem Partner fühle ich mich • Nicht wertgeschätzt vs. wertgeschätzt 4. In unserer Beziehung mit dem Partner werden wir • Nicht wertgeschätzt vs. wertgeschätzt **[PERC_conf] Wahrgenommener Konflikt** 1. Ich empfinde die Beziehung zu unserem Partner als[324] • Konfliktvoll vs. harmonisch 2. Die Interessen unserer Partnerschaft sind • Inkompatibel vs. kompatibel 3. Insgesamt betrachte ich unsere Beziehung mit unserem Partner als[325] • Frustrierend • Feindlich • Konfliktbehaftet **Konfliktmessung [PERC_confmes]**[326] 1. Denken Sie an gemeinsame Handlungen mit dem Partner. Alles in allem ist unser Partner • Egoistisch vs. großzügig • Stur vs. gewillt • Tyrannisch vs. wohlwollend • Unsympathisch vs. sympathisch • Behindernd vs. unterstützend • Gierig vs. nicht gierig • Ungerecht vs. gerecht

319 Vgl. hier und im Folgenden Kuwabara, 2011, S. 568.
320 Vgl. hier und im Folgenden Lawler & Yoon, 1996, S. 98.
321 Vgl. Lawler & Yoon, 1996, S. 94.
322 Vgl. hier und im Folgenden Morgan & Hunt, 1994, S. 35.
323 Vgl. hier und im Folgenden Kuwabara, 2011, S. 568.
324 Vgl. hier und im Folgenden Kuwabara, 2011, S. 568.
325 Vgl. Palmatier 2007, S. 192.
326 Vgl. hier und im Folgenden Gundlach & Cadotte, 1994, S. 528.

Kategorie und Itembez.	Frage-Intention	Fragen
		• Feindlich vs. freundlich • Entmutigend vs. ermutigend • Nachtragend vs. versöhnlich • Starr vs. flexibel • Unnachgiebig vs. kompromissbereit • Verschlossen vs. offen • Unehrlich vs. ehrlich • Unrealistisch vs. realistisch • Nachteilig vs. hilfreich • Nicht kooperativ vs. kooperativ • Resistent vs. tolerant **Opportunistisches Verhalten [OPBEH]** 1. Um seine eigenen Ziele zu erreichen, verändert unser Partner die Sachlage geringfügig[327] 2. Um seine eigenen Ziele zu erreichen, verspricht unser Partner Dinge, die er später nicht einhält 3. Unser Partner ist nicht immer ehrlich[328] 4. Unser Partner bricht formale und nicht-formale Vereinbarungen zu seinen Gunsten
Zusammenhalt [COH]	Die Fragen nach dem Zusammenhalt sollen ermitteln, inwiefern sich ein Gefühl der Zusammengehörigkeit entwickelt hat und darüber hinaus ermitteln, ob seitens beteiligter Individuen Intentionen vorliegen, die Beziehung zu verlassen. Dabei wird nicht nur konkret nach den Bleibe-Intentionen in der Kooperationsbeziehung gefragt, sondern auch danach, ob die Arbeitstätigkeit insgesamt Anlass zum Wechsel gibt. Dies vor dem Hintergrund, dass ein Arbeitgeberwechsel auch das Verlassen der Kooperationsbeziehung bedeuten würde.	**Kohäsion [COH]** 1. Die Beziehung zu Mitarbeitern des Partners ist für mich[329] • Entfernt/kühl vs. vertraut/familiär 2. Die Beziehung zu Mitarbeiter des Partners empfinde ich • Als gekennzeichnet von Zusammenhalt vs. nicht zusammenhaltend 3. Die Beziehung zu den Mitarbeitern des Partners empfinde ich als • Selbstorientiert vs. teamorientiert 4. Denken Sie an die bisherige Beziehung zum Partnerunternehmen. Wie würden Sie diese Beziehung beschreiben[330] • Entfernt/kühl vs. vertraut/familiär • Konfliktvoll vs. kooperativ • Zersplittert vs. integrierend • Zerbrechlich vs. stabil • Entzweiend vs. zusammenhaltend • Divergierend vs. konvergierend • Selbst-orientiert vs. teamorientiert **Verbleiben [ST]** Absicht das Unternehmen zu verlassen [ST_il] 1. In welchem Ausmaß würden Sie einen anderen, idealeren Job Ihrem jetzigen Arbeitsverhältnis vorziehen (1 = sehr geringes Ausmaß; 7 = sehr hohes Ausmaß)[331] 2. In welchem Ausmaß haben Sie, seit Sie hier beschäftigt sind, ernsthaft darüber nachgedacht, das Unternehmen zu wechseln (1 = sehr geringes Ausmaß; 7 = sehr hohes Ausmaß) 3. Ich habe vor noch lange Zeit in diesem Unternehmen zu bleiben 4. Wenn es nach mir geht, werde ich, von jetzt ab, mindestens drei weitere Jahre im Unternehmen bleiben **Neigung zu Gehen [ST_pl]**[332] 1. Es ist sehr wahrscheinlich, dass wir die Beziehung zu unserem Partner in den nächsten sechs Monaten beenden 2. Es ist sehr wahrscheinlich, dass wir die Beziehung zu unserem Partner im Laufe des kommenden Jahres beenden 3. Es ist sehr wahrscheinlich, dass wir die Beziehung zu unserem Partner in den kommenden drei Jahren beenden

Tab. 30: Fragen zur Wahrnehmung der Kooperationsbeziehung nach Kuwabara (2011)

327 Vgl. hier und im Folgenden Morgan & Hunt, 1994, S. 35.
328 Vgl. hier und im Folgenden Gundlach et al., 1995, S. 91.
329 Vgl. hier und im Folgenden Kuwabara, 2011, S. 567 f.
330 Vgl. hier und im Folgenden Lawler & Yoon, 1996, S. 98 f.
331 Vgl. hier und im Folgenden Shore & Martin, 1989, S. 637.
332 Vgl. Morgan & Hunt, 1994, S. 35.

5.2.3. Abhängigkeiten und Leistung in der Kooperationsbeziehung

Als ein weiterer Aspekt, der aus der sozialen Austauschtheorie hervorgeht, kann die Analyse der Abhängigkeiten und deren Wirkung auf die Leistung in Austauschbeziehungen betrachtet werden: In ihrer Analyse zur Leistung in interorganisationalen Kooperationsbeziehungen untersuchen Palmatier et al. neben den ebenfalls aus der sozialen Austauschtheorie kommenden Ansätzen der Commitment-Vertrauens Perspektive und der Perspektive relationaler Normen, auch den Ansatz der relationalen Abhängigkeit im Bereich des Marketings.[333] Während die Perspektiven zu Commitment und Vertrauen, sowie die der relationalen Normen, in den vorangehenden Konstrukten bereits in einen größeren Rahmen eingeordnet sind, sollen folgend die Aspekte der Abhängigkeit und Leistung basierend auf Palmatier et al. in diese Forschungsarbeit integriert werden.

Gegenseitige Abhängigkeit wird, im Vergleich zu asymmetrischer Abhängigkeit, als förderlich für Kooperationsbeziehungen betrachtet, weil in diesem Fall alle Partner daran interessiert sind, die Kooperation aufrechtzuerhalten und entsprechenden Aufwand betreiben.[334] Investitionen in die Beziehung wirken sich positiv auf die gegenseitige Abhängigkeit aus und reduzieren die Wahrscheinlichkeit eines plötzlichen Abbruchs der Kooperationsbeziehung.[335] Eine ähnliche Argumentation unterliegt der Dimension der Investition in beziehungsspezifische Vermögenswerte nach dem relationalen Ansatz: Dyer & Singh beschreiben drei Arten kooperationsspezifischer Investitionen[336] und stellen heraus, dass sie als ein zentraler Mechanismus zur Erzielung relationaler Wettbewerbsvorteile fungieren.[337] In diesem Zusammenhang gehen die Autoren explizit auf das Beispiel der Partnerschaften zwischen japanischen Automobilherstellern und deren Zulieferern ein, in denen im Rahmen des schlanken Managements beziehungsspezifische Fähigkeiten entwickelt werden.[338] Dabei haben im relationalen Ansatz Dauer und Umfang der Investitionen in die Kooperationsbeziehung einen positiven Einfluss auf das relationale Wertschöpfungspotenzial.[339] Es wird deutlich, dass mit diesen Investitionen eine Abhängigkeit aufgebaut wird, welche die Wahrscheinlichkeit eines plötzlichen Abbruchs der Beziehung ebenfalls reduziert.

---

333 Vgl. Palmatier et al., 2007, S. 176. Die Autoren betrachten als weitere Perspektive - nicht aus der sozialen Austauschtheorie kommend - den Ansatz der Transaktionskostentheorie (S. 176). Dieser soll aufgrund der Fokussierung auf ressourcenbasierte Erklärungsmodelle und der Perspektiven der sozialen Austauschtheorie nicht explizit in dieser Forschungsarbeit berücksichtigt werden. Da jedoch bei den gewählten Ansätzen durchaus Verbindungen zum Ansatz der Transaktionskostentheorie bestehen (so wirkt sich z.B. der Aspekt des Vertrauens reduzierend auf die Höhe der Transaktionskosten aus und die gegenseitige Abhängigkeit beteiligter Partner ist ebenfalls ein zentraler Aspekt in der Transaktionskostentheorie (vgl. z.B. Palmatier et al., 2007, S. 176)), wird dieser implizit berücksichtigt.

334 Vgl. hier und im Folgenden Palmatier et al., 2007, S. 195.

335 Vgl. Palmatier et al., 2007, S. 175.

336 Dies sind standortspezifische Investitionen (z.B. Investitionen in Immobilien nahe dem Kooperationspartner), Investitionen in physische Vermögenswerte (z.B. kooperationsspezifische Anpassungen bei Maschinen und Anlagen) und humanspezifische Investitionen (z.B. durch die Entwicklung von kooperationsspezifischem Wissen durch langfristige Beziehungen, wodurch eine effiziente Kommunikation ermöglicht wird und damit die Qualität der Zusammenarbeit erhöht). Vgl. Dyer & Singh, 1998, S. 662 und die dort angegebene Literatur.

337 Vgl. Dyer & Singh, 1998, S. 662.

338 Vgl. Dyer & Singh, 1998, S. 663. Håkansson & Wootz (1979, S. 31) beschreiben in diesem Zusammenhang, dass es in intensiven Interaktionsbeziehungen oder langfristig ausgerichteten Interaktionsbeziehungen i.d.R. zu Anpassungen kommt. Diese ergeben sich aufgrund von Lerneffekten und Problemlöseerfahrung in der Beziehung Vgl. Håkansson & Wootz, 1979, S. 31.

339 Vgl. Dyer & Singh, 1998, S. 664.

Ein wichtiger Aspekt der gegenseitigen Abhängigkeit ist die mit steigender gegenseitiger Abhängigkeit zunehmende Kommunikation, die Wert für die beteiligten Partner generiert[340] und die Effizienz der Kooperationsbeziehung erhöht[341]. Palmatier et al. zeigen mit ihrer Erhebung in Geschäftskunden-Beziehungen, dass sich eine gegenseitige Abhängigkeit einerseits positiv auf die finanzielle Leistung[342] und die Kooperation auswirkt und andererseits das Konfliktaufkommen in einer Beziehung negativ beeinflusst.[343] In Beziehungen, die nicht von einer gegenseitigen Abhängigkeit geprägt sind, kommt es häufiger zu Konflikten.[344]

Kategorie und Itembez.	**Frage-Intention**	**Fragen**
Gegenseitige Abhängigkeit [CU_de]	Mit den Fragen zur gegenseitigen Abhängigkeit der Partner in der Kooperationsbeziehung soll geprüft werden, inwiefern eine Abhängigkeit besteht und in welchem Ausmaß die beteiligten Partner durch spezifische Investitionen in die Beziehung eine Abhängigkeit herstellen. Die Frage nach kunden-/ zulieferspezifischen Eigenschaften sollen im Rahmen der Fragestellungen dieser Arbeit ebenfalls eingesetzt werden, auch wenn die Beziehung zwischen Kunden und Zulieferern nicht fokussiert wird. Dennoch geben die Fragen zu den kooperationsspezifischen Eigenschaften Auskunft darüber, inwiefern in die Beziehung investiert wurde oder wird. Die auf dem Beitrag von Heide & John basierenden Fragen ermöglichen die Auskunft hinsichtlich eigener Investitionen und Investitionen des Partners[345], sodass geprüft werden kann, in welche Richtung die Abhängigkeit gegebenenfalls stärker ausgeprägt ist.	**Abhängigkeit [CU_de]** 1. Falls aus irgendeinem Grund unsere Beziehung mit unserem Partner endete…[346] • Würde das auch Bereiche erheblich betreffen, die nicht primär gemeinsam bearbeitet werden • Könnten wir uns relativ leicht auf einen neuen Partner einlassen (Reversed)[347] • Würden wir trotz größtem Aufwand einen erheblichen Verlust erleiden • Hätte der Verlust einen starken Einfluss auf unsere Reputation **Spezifische Investitionen in die Beziehung [RSI]** 1. Unser Partner unternimmt herausragende Anstrengungen, um mit uns zusammenzuarbeiten [348] 2. Unser Partner verfügt über Spezialwissen hinsichtlich unserer Zusammenarbeit 3. Unser Partner investiert überdurchschnittlich viel, um andauernde Trainingsmaßnehmen anzubieten 4. Unser Partner investiert überdurchschnittlich viele Ressourcen, um uns individuellen-Support anzubieten 5. Unser Partner hat überdurchschnittlich viele Ressourcen investiert, um persönliche Beziehungen zwischen uns zu verbessern **Kunden-/Zuliefererspezifische Eigenschaften [ASS]**[349] 1. Wir haben große Investitionen in Werkzeug und Ausrüstung für die Zusammenarbeit mit unserem Partner unternommen / Für die Zusammenarbeit hat unser Partner große Investitionen in Werkzeug und Ausrüstung unternommen 2. Unser Partner hat einige unübliche Normen und Standards, die wir für eine Partnerschaft übernehmen mussten / Für die Zusammenarbeit hat unser Partner unsere Normen und Standards übernommen 3. Wir mussten viel Zeit und Geld in Training und Qualifizierung unseres Partners investieren / Für unsere Zusammenarbeit hat unser Partner viel Zeit und Geld in Training und Qualifizierung investiert 4. Unser Produktionssystem ist auf unseren Partner angepasst / Für unsere Zusammenarbeit hat unser Partner sein Produktionssystem auf uns angepasst 5. Unser Produktionssystem musste auf unseren Partner angepasst werden, um notwendigen Anforderungen zu entsprechen / Für die Zusammenarbeit musste unser Partner sein Produktionsprozess

340 Vgl. Palmatier et al., 2007, S. 175.
341 Vgl. Dyer & Singh, 1998, S. 662.
342 Die finanzielle Leistung in der Verkäufer-Geschäftskunden-Beziehung wird erhoben anhand von Aussagen und Daten zu Umsatz- und Gewinnwachstums und Profitabilität. Vgl. Palmatier et al., 2007, S. 192.
343 Palmatier et al., 2007, S. 183.
344 Palmatier et al., 2007, S. 183.
345 Vgl. hier und im Folgenden Heide & John, 1992, S. 37.
346 Vgl. hier und im Folgenden Palmatier et al., 2007, S. 191 f. und die dort angegebene Literatur.
347 Umgekehrte Beschreibung.
348 Vgl. hier und im Folgenden Palmatier et al., 2007, S. 192 und die dort angegebene Literatur.
349 Vgl. hier und im Folgenden Heide & John, 1992, S. 37.

Kategorie und Itembez.	Frage-Intention	Fragen
		anpassen, um notwendigen Anforderungen zu entsprechen 6. Für die Zusammenarbeit mit unserem Partner sind hochspezialisierte Werkzeuge und Ausrüstung notwendig, in die wir investieren mussten / Für die Zusammenarbeit hat unser Partner in hochspezialisierte Werkzeuge und Ausrüstung investiert
Ergebnisse der Kooperationsbeziehung	Als Ergebnisse der Kooperationsbeziehung soll in dieser Forschungsarbeit betrachtet werden, welcher Nutzen sich – aus Gesichtspunkten zentraler Ziele im schlanken Management[350] - ergibt. Aus einer Potenzialsicht soll außerdem identifiziert werden, in welchen Bereichen Verbesserungsmöglichkeiten bestehen. Außerdem soll die Kooperation an sich als Leistung beurteilt werden und die darin stattfindende Kommunikation, welche zur Effizienz der Kooperation[351] beiträgt. Qualitätskriterien erfolgreicher Kommunikation sind dabei insbesondere die Aktualität, Korrektheit und Relevanz von Informationen. [352]	**Nutzen aus der Kooperationsbeziehung [RS_be]** [353] 1. Bitte vergleichen Sie Ihren aktuellen Partner mit einem alternativen Unternehmen, das die Partnerrolle übernehmen könnte (1 = aktueller Partner ist viel schlechter; 7 = aktueller Partner ist viel besser) a) Kosten b) Qualität c) Lieferservice d) Flexibilität **Beziehungsleistung [PERF]** [354] 1. Bitte beurteilen Sie, inwiefern die folgenden Leistungsaspekte hinsichtlich der Beziehung mit dem Partner verbessert werden müssen (1 = Verbesserung notwendig; 7 = Situation ist ausgezeichnet) a) (Produkt-)Qualität/ b) Qualität der Zusammenarbeit c) Lieferzeit/Terminvereinbarung d) Service und/oder technischer Support e) Insgesamt generierter Wert f) Kosten g) Beziehung an sich **Kommunikation [COMU]** 1. Kommunikation in unserer Partnerschaft erfolgt unverzüglich und pünktlich[355] 2. Die Kommunikation in unserer Partnerschaft erfolgt umfassend und lückenlos 3. Die Kommunikationskanäle in unserer Beziehung sind klar 4. Die Kommunikation in unserer Beziehung verläuft präzise **Kooperation [COOP]** [356] Insgesamt spricht die Beziehung zu unserem Kunden dafür, dass 1. … wir eine gegenseitige Austauschbeziehung haben 2. … wir gut zusammenarbeiten können 3. … wir unsere Beziehung als kooperativ beschreiben 4. Unser Partner informiert uns über neue Entwicklungen[357]

Tab. 31: Fragen zur gegenseitigen Abhängigkeit und Leistung in Kooperationsbeziehungen

Die Leistungen einer Partnerschaft sind zentraler Ansatzpunkt für das Aufbauen, Entwickeln und Aufrechterhalten von Beziehungen.[358] Zur Beurteilung der Leistungen innerhalb einer Partnerschaft integrieren die Autoren Morgan & Hunt das Prinzip des Vergleichslevels, das aus der sozialen Austauschtheorie bekannt ist[359]: Bietet ein alternativer verfügbarer Partner potenziell eine bessere Leistung an, so stellt dies ein Anreiz dar, die bestehende Partnerschaft zu beenden.

350 Vgl. Lander & Liker, 2007, S. 3681.
351 Vgl. Dyer & Singh, 1998, S. 662.
352 Vgl. Monge et al., 1998, S. 420. Zur Bedeutung von Kommunikation in Kooperationen siehe auch Pfohl, 2004, S. 10.
353 Vgl. Morgan & Hunt, 1994, S. 34, stark angepasst.
354 Vgl. Morgan & Hunt, 1994, S. 34, stark angepasst.
355 Vgl. hier und im Folgenden Palmatier et al., 2007, S. 192 und die dort angegebene Literatur.
356 Vgl. Palmatier et al., 2007, S. 192 und die dort angegebene Literatur.
357 Vgl. Morgan & Hunt, 1994, S. 35.
358 Vgl. Morgan & Hunt, 1994, S. 24 f.
359 Vgl. Morgan & Hunt, 1994, S. 34. Zum Vergleichslevel siehe Thibaut & Kelley, 1986, S. 21ff. und Kapitel 3.3.2 dieser Arbeit.

Der Aspekt der (gegenseitigen) Abhängigkeit und der damit in Verbindung stehenden Leistung der Kooperation sollen in dieser Forschungsarbeit ebenfalls betrachtet werden, weil sie, wie bereits dargelegt in einem engen Zusammenhang mit der Effizienz von Kooperationsbeziehungen stehen. Fragen zur Abhängigkeit und Leistung von Kooperationsbeziehungen sind in der folgenden Tab. 31 dargestellt und auf diese Forschungsarbeit übertragen. Als Leistungskriterien sollen insbesondere Kosten, Qualität, Flexibilität und Lieferservice betrachtet werden, die als Schlüsselfaktoren für die Wettbewerbsfähigkeit von Unternehmen gelten und vor diesem Hintergrund auch elementarer Bestandteil der Fertigungsstrategie sind.[360] Als ein weiterer Leistungsaspekt der Kooperationsbeziehung soll die Beurteilung der Kooperation an sich berücksichtigt werden.[361] Steuerung der Kooperationsbeziehung mit vertraglichen Vereinbarungen

Cannon et al. untersuchen in ihrem Beitrag zu Geschäftskundenbeziehungen die Auswirkungen vertragliche Vereinbarungen im Gegensatz zu und in Kombination mit relationalen Normen auf die Leistung einer Kooperationsbeziehung.[362] Vor dem Hintergrund zunehmend engerer und langfristigerer Kooperationsbeziehungen mit externen Partnern z.B. in den Bereichen Just-in-time und/oder Total Quality Management, ergibt sich das Potenzial, höherer Effizienz, größerer Flexibilität und des organisationalen Lernens.[363] Die Autoren argumentieren, dass dieses Potenzial nicht von selbst gehoben wird, sondern Steuerungsmechanismen bedarf, welche den Austausch und den Nutzen der jeweiligen Partner sicherstellen und opportunistisches Verhalten verhindern.[364]

Auch im relationalen Ansatz nimmt die Steuerung der Kooperation eine wichtige Rolle zur Erzielung relationaler Wettbewerbsvorteile ein: Eine effektive Steuerung trägt zur Wertschaffung in Kooperationen bei, indem sie 1) Transaktionskosten reduziert und 2) Anreize zur Wertschaffung generiert - z.B. durch Investitionen in beziehungsspezifische Vermögenswerte, Etablieren von Routinen zum Wissensaustausch und die Kombination komplementärer strategischer Ressourcen.[365] Dabei unterscheiden Dyer & Singh zwei verschiedene Steuerungsmechanismen: 1) Formale Vereinbarungen wie Verträge und 2) informelle, selbst-verpflichtende Vereinbarungen wie z.B. Vertrauen. Sie argumentieren, dass informelle, selbst-verpflichtende Vereinbarungen zu einem höheren Ausmaß der Wertschaffung in einer relationalen Beziehung beitragen, weil z.B. Vertragsanbahnungskosten vermieden werden, nicht alle potenziellen Arten opportunistischen Verhaltens ex-ante vertraglich ausgeschlossen werden können und informelle Vereinbarungen bei Veränderungen eine höhere Flexibilität zulassen und außerdem unbestimmt-langfristig ausgelegt sind.[366] Hinzu kommt, dass informelle Steuerungsmechanismen durch soziale Verpflichtungen Anreize zur kooperativen Wertschaffung (z.B. durch Austausch von Wissen) generieren können, die vertraglich nicht festgehalten oder nur schwer durchsetzbar sind.[367] Aufgrund des Potenzials zur Wertschaffung und des informellen

[360] Vgl. Boyer & McDermott, 1999, S. 290; Adam & Swamidass, 1989, S. 184; Anderson et al., 1989, S. 136. Siehe hierzu auch Kapitel 3.2.2 dieser Arbeit.
[361] Vgl. Palmatier et al., 2007, S. 176.
[362] Vgl. Cannon et al., 2000, S. 180 ff.
[363] Vgl. Cannon et al., 2000, S. 180.
[364] Vgl. Cannon et al., 2000, S. 180.
[365] Vgl. Dyer & Singh, 1998, S. 670.
[366] Vgl. Dyer & Singh, 1998, S. 670 und die dort angegebene Literatur.
[367] Vgl. Dyer & Singh, 1998, S. 670.

Charakters, der eine Imitierbarkeit erschwert, kommt der effizienten Selbst-Steuerung eine strategische Bedeutung zu.[368] Um vertragliche Vereinbarungen und informelle Steuerungsmechanismen auf ihre Wirksamkeit zu prüfen und in ihren Auswirkungen zu vergleichen, verwenden Cannon et al. den Kontextfaktor Unsicherheit.[369] Neben der Abhängigkeit, die bereits im vorangegangenen Teil 5.2.3 dieser Arbeit eingeführt wurde, untersuchen die Autoren die Kontextfaktoren der Marktdynamik und der Aufgabenklarheit.[370] Da vertragliche Vereinbarungen einen temporären Charakter haben und relationale Normen unbestimmt und langfristig ausgerichtet sind, nimmt die Marktdynamik zur Beurteilung der Steuerungsmechanismen eine wichtige Rolle ein.[371] Der Aspekt der Aufgabenklarheit hängt mit der Dynamik von Technologien und Produkteigenschaften eng zusammen. Deshalb ergeben sich aufgrund von Veränderungen möglicherweise Unklarheiten, die ex-ante nur schwer abschätzbar sind.[372]

Im Ergebnis ihrer Untersuchung empfehlen Cannon et al. im Kontext hoher Unsicherheit[373] eine plurale Steuerungsform von Kooperationsbeziehungen: Während relationale Normen die getroffenen vertraglichen Vereinbarungen ergänzen können, unterstützen vertragliche Vereinbarungen primäre relationale Normen durch die explizite Klärung von Verpflichtungen und Erwartungen.[374] Die Autoren dieser Untersuchung plädieren vor diesem Hintergrund, beide Steuerungsformen nicht als Alternativen, sondern als Komplementäre anzusehen.[375] Die Vertragsanbahnungsphase sollte dabei genutzt werden, um sich kennenzulernen, voneinander zu lernen und relationale Normen der Zusammenarbeit zu entwickeln.[376] Um den „spirit“[377] der Kooperationsbeziehung zu entwickeln und zu erhalten, sollten vertragliche Vereinbarungen nicht als Drohung verstanden, sondern als gemeinsame Ziele aufgefasst werden, die es in der Zusammenarbeit umzusetzen gilt.[378]

Die Konstrukte der Unsicherheit und der vertraglichen Verpflichtungen sind in der folgenden Tab. 32 dargelegt. Die kooperativen Normen, die von den Autoren eingesetzt werden, sind als Bestandteil der Beziehungsqualität dem Kapitel 5.2.1, zugeordnet. Die Autoren empfehlen in ihrer kritischen Würdigung, den Aspekt der relationalen Normen in zukünftigen Forschungsarbeiten zu erweitern.[379] Mit den Konstrukten im Bereich der Systeme sozialer Austauschbeziehungen (Kapitel 5.2) wird hier eine umfassende Perspektive ermöglicht.

---

368 Vgl. Dyer & Singh, 1998, S. 670.

369 Vgl. Cannon et al., 2000, S. 181. Die Unsicherheit spielt in der Transaktionskostentheorie eine bedeutsame Rolle zur Entscheidung der Organisationsform: im Kontext hoher Unsicherheit dienen hybride Organisationsformen der Risikoteilung und sind insbesondere bei einer hohen Spezifität der Aufgabe den Organisationsformen des Marktes und der Hierarchie vorzuziehen. Vgl. Picot et al., 2003, S. 295.

370 Vgl. Cannon et al., 2000, S. 181.

371 Vgl. Cannon et al., 2000, S. 182.

372 Vgl. Cannon et al., 2000, S. 191. Håkansson & Wootz (1979, S. 30) betonen in diesem Zusammenhang den unvollständigen Charakter von Verträgen.

373 Im Kontext einer niedrigen Unsicherheit führt ein pluraler Einsatz der Steuerungsmechanismen nicht zu einer Leistungsverbesserung. Vgl. Cannon et al., 2000, S. 191. Håkansson & Wootz (1979, S. 30) beschreiben in diesem Zusammenhang, dass ein sozialer Austausch, der auf gegenseitigem Vertrauen beruht, einen Teil der Unsicherheit kompensiert.

374 Vgl. Cannon et al., 2000, S. 191.

375 Vgl. Cannon et al., 2000, S. 191.

376 Vgl. Cannon et al., 2000, S. 192.

377 Vgl. Cannon et al., 2000, S. 192.

378 Vgl. Cannon et al., 2000, S. 192.

379 Vgl. Cannon et al., 2000, S. 191.

Kategorie und Item-bez.	Frage-Intention	Fragen[380]
Unsicher-heit	Für die Anwendung der Steuerungsmechanismen ist die Dynamik der Umwelt ein relevanter Faktor. Deshalb soll das Ausmaß der Dynamik im Zusammenhang mit dem Steuerungsmechanismus der vertraglichen Vereinbarung erhoben werden.	**Dynamik [DYN]** 1. Bitte beurteilen Sie die Marktdynamik anhand der folgenden Kriterien (1 = geringe Veränderungen; 7 = große Veränderungen) a) Preisbildung b) Produkteigenschaften c) Support d) Technologisches Umfeld e) Ressourcenverfügbarkeit **Aufgabenklarheit [AMB]** 1. Die Leistungen innerhalb der Partnerschaft lassen sich nur schwer evaluieren 2. Einige der Leistungen unsers Partners sind nur schwer zu beurteilen 3. Die Evaluation der Aktivitäten in der Partnerschaft kann ohne Schwierigkeiten erfolgen
Vertragliche Verpflichtungen [LEG]	Mit der Frage nach den vertraglichen Verpflichtungen der beteiligten Partner, soll festgestellt werden, inwiefern die Kooperationsbeziehung durch formale Vereinbarungen definiert ist.	1. Wir haben spezifische, ausformulierte Vereinbarungen mit unserem Partner 2. Wir haben formale Vereinbarungen, welche die Verpflichtungen beider Parteien genau regeln 3. Wir haben detaillierte vertragliche Vereinbarungen mit diesem Partner

Tab. 32: Fragen zu vertraglichen Verpflichtungen als Steuerungsmechanismus in Kooperationsbeziehungen

5.2.4. (Beziehungs-) Identität

Ein weiterer bedeutsamer Aspekt zur Beschreibung von Kooperationsbeziehungen ist die gemeinsame Identität in diesen Beziehungen. Die Identität ist wichtiges Konstrukt, weil Menschen dazu neigen, sich und andere in Kategorien einzuteilen.[381] Durch die gemeinsame Identität teilen die Individuen Modelle und Vorstellungen über eine idealtypische Welt, die auf ähnlichen Kategorisierungen basiert.[382] Mit dieser Einteilung werden zwei Funktionen ermöglicht 1) Menschen schaffen eine subjektive Ordnung[383] in der sozialen Umwelt und 2) Menschen können sich selbst in ihre soziale Umwelt[384] einordnen.[385] Die Kategorisierung ist dabei immer subjektiv[386], vielfältig[387], relational und vergleichend[388]. Das Ausmaß, indem sich eine Person mit einer bestimmten Gruppe identifiziert, kann unterschiedlich hoch sein.[389] Zur Abgrenzung des Identitätskonstrukts treffen Ashforth & Mael vier Annahmen[390]:

380 Vgl. Cannon et al., 2000, S. 186.
381 Vgl. Ashforth & Mael, 1989, S. 20. Vgl hierzu auch Carton & Cummings, 2012, S. 444.
382 Vgl. Kogut & Zander, 1996, S. 509.
383 Vgl hierzu auch Carton & Cummings, 2012, S. 444.
384 Huy (2011, S. 1389) verwendet in diesem Zusammenhang den Begriff der Selbstkategorisierung (self-categorization).
385 Vgl. Ashforth & Mael, 1989, S. 20 f.
386 Subjektiv ist eine Kategorisierung deshalb, weil verschiedene Personen möglicherweise verschiedene Einteilungen vornehmen (vgl. Ashforth & Mael, 1989, S. 20), je nach Erfahrung oder persönlicher Relevanz.
387 Eine Person kann mehreren Kategorien zugehörig sein: z.B. Mitarbeiter eines Unternehmens, Zugehörigkeit zu einer Altersgruppe oder Glaubensrichtung oder eines Geschlechts. Vgl. Ashforth & Mael, 1989, S. 20 f.
388 Relational und vergleichend bedeutet, dass die Kategorisierung einer Gruppe immer nur relational zu einer anderen erfolgen kann so z.B. „die Neuen“ im Vergleich zu „den Alten“. Vgl. Ashforth & Mael, 1989, S. 21.
389 Vgl. Ashforth & Mael, 1989, S. 21. Ashforth & Mael (1989, S. 21) erläutern in diesem Zusammenhang das Beispiel, indem sich eine Person nicht mit dem Arbeitgeber identifiziert, weil die Stelle nur angenommen wurde, um Geld für die geplante Selbstständigkeit zu verdienen.
390 Vgl. Ashforth & Mael, 1989, S. 21 f. und die dort angegebene Literatur.

1) Identität ist ein wahrgenommenes Konstrukt und nicht unmittelbar mit spezifischen Handlungen oder affektiven Zuständen verbunden. D.h. eine Person identifiziert sich möglicherweise mit einem Unternehmen und empfindet eine Schicksalsgemeinschaft mit der eigenen Kategorie, muss sich jedoch nicht notwendigerweise wie ein typischer Mitarbeiter verhalten.
2) Erfolge und Misserfolge der eigenen wahrgenommenen Kategorie werden als eigene Erfolge bzw. Misserfolge erlebt.
3) Das Konstrukt der Identität ist von der Internalisierung abzugrenzen, insofern, dass sich die Identifikation auf ein Individuum bezieht („Ich bin") und die Internalisierung die Übernahme von Werten, Einstellungen u.a. als Leitlinien („Ich glaube") bewirkt.
4) Eine Identifizierung kann hinsichtlich einer Gruppe (z.B. Unternehmen als Groß-, Abteilung als Kleingruppe), einer Person (z.B. einem Vorbild) oder auch hinsichtlich einer gegenseitigen Rollen-Beziehung (z.B. Mann und Frau oder Arzt und Patient) erfolgen.

Die Identität einer Gruppe ergibt sich durch den Effekt der Bevorzugung der eigenen Gruppe[391] (in-group favorism) auch im Wettbewerb zu anderen Gruppen, gruppenspezifischen positiv oder negativ bewerteten Besonderheiten und dem damit verbundenen Ansehen der Gruppe.[392] Auswirkungen einer gemeinsamen Identität ergeben sich in folgenden Punkten[393]:

1) Menschen neigen dazu, sich entsprechend ihrer identitätsgebenden Gruppe zu verhalten und zu handeln.[394]
2) Menschen, die eine Identität hinsichtlich einer Gruppe entwickelt haben, neigen zu gemeinschaftlichem, kooperativem, loyalem und altruistischem Verhalten und dazu, die eigene Gruppe positiv zu bewerten und Stolz zu empfinden. Dies muss nicht mit dem Mögen aller Mitglieder als Einzelpersonen in einer Gruppe einhergehen, sondern kann sich auf die Rolle der Gruppenmitgliedschaft beziehen.
3) Die soziale Identifizierung mit einer Gruppe ermöglicht die Verstärkung gruppenspezifischer Merkmale.[395]

Hinzu kommt, dass eine hohe Ausprägung organisationaler Identität die Konstrukte der Arbeitszufriedenheit, des organisationalen Commitments, des wünschenswerten Arbeitsverhaltens, der größeren Arbeitsanstrengung und des Bleibens positiv beeinflussen.[396] Huy beschreibt in seinem Beitrag außerdem den positiven Einfluss von sozialer Identität und gruppenfokussierter Emotionen auf der Ebene des mittleren Managements auf die (Top-Down-

---

391 Huy (2011, S. 1389) führt die Bevorzugung der eigenen Gruppe gegenüber anderen Gruppen auf den psychologischen Prozess des „self enhancements" zurück. Dieser bezeichnet das Streben nach einer positiven eigenen Wahrnehmung und umfasst daher die Bevorzugung des eigenen Gruppeninnenverhältnisses im Vergleich zu den Innenverhältnissen anderer Gruppen.

392 Vgl. Ashforth & Mael, 1989, S. 25 f.

393 Vgl. Ashforth & Mael, 1989, S. 25 f.

394 Vgl. hierzu auch Ouchi 1980, S. 132.

395 Vgl. hierzu auch Huy, 2011, S. 1390 und die dort angegebene Literatur. Huy beschreibt dort, dass sich Menschen einer Gruppe aufgrund der Selbstkategorisierung eher als Prototypen einer Gruppe, statt als einzelne Individuen verhalten. Dabei ist der Prototyp eine subjektive Repräsentation bezeichnender Eigenschaften (z.B. Einstellungen und Verhalten) für eine soziale Kategorie bzw. Gruppe in Abgrenzung zu anderen. Dieser Prototyp bzw. die sich ergebende soziale Identität ist dabei kontextgebunden und dynamisch.

396 Vgl. Berger et al., 2006 S. 129 und die dort angegebene Literatur.

)Strategieimplementierung.[397] Er bezieht sich dabei auf das Argument, dass Identität und gruppenfokussierte Emotionen kollektives Verhalten beeinflussen, indem eine gemeinsame Wirklichkeit konstruiert wird.[398] Ähnlich argumentieren Garcia-Prieto et al.: sie zeigen, dass die soziale Identität die Bewertung von Themen und Ereignissen beeinflusst, weil gemeinsame Vorstellungen über Ziele, Kausalzusammenhänge, Normen und Steuerungsmöglichkeiten vorliegen.[399] Die Konstrukte der Identität sind in der folgenden Tab. 33 dargelegt.

Die organisationale Identität ist im übergeordneten Identitätskonstrukt eine Besonderheit und kennzeichnet sich insbesondere dadurch aus, dass aufgrund vieler möglicher Kategorien (z.B. Arbeitsgruppe, Abteilung, Gewerkschaft, Altersgruppe, Pausen-Gemeinschaft u.a.) multiple arbeitsbezogene Identitäten entwickelt werden.[400] Diese Identitäten spielen eine wichtige Rolle bei Neueinsteigern. Durch die Entwicklung arbeitsbezogener Identitäten können organisationale Werte besser verinnerlicht werden (Internalisierung).[401] Aufgrund multipler Identitäten kann es insbesondere im unternehmerischen Kontext zu Konflikten kommen, bei denen in der Regel diejenige Identität eingenommen wird, die durch ein spezifisches Setting aktiviert wird.[402] Aufgrund diverser Gruppierungen im Unternehmen mit eigener Identität (z.B. Abteilungen) kann es aufgrund der oben genannten Auswirkungen von Identitäten zu einem starken Rivalismus zwischen den Gruppen kommen.[403] Dieser kann reduziert werden, indem eine starke organisationsbezogene Identität aufgebaut wird, gruppenbezogen verschiedene Vergleichsmerkmale verwendet werden und Vergleichsergebnisse als legitim anerkannt werden.[404]

Das genannte Setting spielt als Situations- bzw. Kontextbezogenheit eine wichtige Rolle: So werden durch dieses Setting auch die zu verfolgenden Ziele festgelegt, die im besten Fall einer hohen Identifikation der Mitarbeiter mit ähnlichen Vorstellungen über die idealtypische Welt[405] gemeinsam verfolgt[406] werden. Das Setting soll vor diesem Hintergrund im folgenden Teilkapitel 5.3 als Umwelt der Kooperationsbeziehungen betrachtet werden.

397 Vgl. Huy, 2011, S. 1388.
398 Vgl. Huy, 2011, S. 1389 und die dort angegebene Literatur.
399 Vgl. Garcia-Prieto et al., 2003, S. 432.
400 Vgl. Ashforth & Mael, 1989, S. 22 f. Vgl. auch Huy, 2011, S. 1390; Garcia-Prieto et al., 2003, S. 419.
401 Vgl. Ashforth & Mael, 1989, S. 29.
402 Vgl. Ashforth & Mael, 1989, S. 29 f.
403 Vgl. Ashforth & Mael, 1989, S. 29 f.
404 Vgl. Ashforth & Mael, 1989, S. 29 f.
405 Vgl. Ashforth & Mael, 1989, S. 29 f.
406 Vgl. Kogut & Zander, 1996, S. 509.

Kategorie und Itembezeichnung	Frage-Intention	Fragen
Identität	Mit den Fragen zur gemeinsamen Identität soll geprüft werden, in welchem Ausmaß sich die befragten Personen mit ihrem Unternehmen identifizieren. Die Frage nach der Identität wird hinsichtlich des Unternehmens gestellt, da davon ausgegangen wird, dass bei hoher Identifikation mit dem Unternehmen die Ziele des Unternehmens (z.B. Wertschaffung durch Eingehen einer Kooperationsbeziehung) verfolgt werden. Da sich Teams zur Durchführung von Verbesserungsprojekten häufig abteilungsübergreifend[407] zusammensetzen, soll hier die übergeordnete Identifizierung mit dem Unternehmen erfasst werden. Die Zuordnung findet im Rahmen der Systeme von Kooperationsbeziehungen statt, weil geprüft werden soll, inwiefern ein gemeinsames Modell vorliegt, nachdem sich die Individuen richten.	**Gemeinsame Identität [SHID]**[408] 1. Ich verhalte mich zu einem großen Ausmaß wie ein (UNT_NAME)-Mitarbeiter 2. Ich verhalte mich nicht wie ein typischer (UNT_NAME)-Mitarbeiter (REVERSED) 3. Ich habe eine Vielzahl an Eigenschaften, die typisch für (UNT_NAME) sind 4. Wenn jemand (UNT_NAME) kritisiert, ist das eine persönliche Beleidung für mich 5. Ich bin sehr interessiert daran, was andere über (UNT_NAME) denken 6. Die Erfolge von (UNT_NAME) sind auch meine Erfolge 7. Wenn jemand (UNT_NAME) anpreist, ist das für mich ein persönliches Kompliment 8. Wenn eine Medienstory (UNT_NAME) kritisieren würde, würde mich das in Verlegenheit bringen 9. Wenn ich über (UNT_NAME) spreche, sage ich immer „wir" statt „die" **Identifikation mit dem eigenen Unternehmen und mit dem Partner [ORGID]**[409] 1. Mit den Werten meines Unternehmens kann ich mich identifizieren 2. Ich akzeptiere unsere Unternehmenswerte 3. Ich richte mein Handeln an den Werten meines Unternehmens aus 4. Ich kenne die Unternehmenswerte unseres Partners 5. Die Werte unseres Unternehmens sind mit denen des Partners kompatibel

Tab. 33: Fragen zur Ausprägung der Identifikation mit dem Unternehmen

5.3. Konstrukte im Bereich der Umwelten: Organisationaler Hintergrund

Aus einer konstruktivistischen Sicht, wird das Handeln der Individuen im Unternehmen durch deren individuell wahrgenommene Realitätsrepräsentationen bestimmt.[410] Die Beschreibung der Umwelt sozialer Austauschbeziehungen soll es ermöglichen, die gemeinsame Realitätsrepräsentation abzubilden und darüber hinaus eine umfassende Ausgangssituation der Forschungsarbeit schaffen.[411]

Mit der Analyse der Unternehmensleistung sollen im Bereich der Umwelten auch marktorientierte Faktoren berücksichtigt werden. Während die bisher betrachteten Konstrukte im Bereich der Elemente und Systeme von Kooperationsbeziehungen eher der ressourcenbasierten Sichtweise zuzuordnen sind, erfolgt nun eine Integration marktorientierter Konstrukte in Anlehnung an Siguaw et al. Die Autoren untersuchen die Beziehungen zwischen Zuliefern und Händlern. Dabei berücksichtigen sie eine Vielzahl an Faktoren, die in dieser Arbeit im Rahmenwerk der sozialen Austauschbeziehung verwendet werden (z.B. Vertrauen, Normen und Commitment) und beschreiben die Bedeutung der Marktorientierung in diesen Beziehungen folgendermaßen: "*The potential for using market orientation to improve channel relationships seems obvious from this definition. Market-oriented firms will gather and use infor-*

[407] Vgl. Ouchi 1980, S. 132.
[408] Vgl. Mael & Ashforth, 1992, S. 122.
[409] Aussagen sind formuliert auf Grundlage von Berger et al., 2006, S. 129.
[410] Siehe hierzu Kapitel 2.1 und Kapitel 3.4.
[411] Vgl. Weick, 1989, S. 528 f. sowie Kapitel 2.2. und Kapitel 3.4.

mation more actively and openly to satisfy customer needs to the betterment of all channel members than will their less market oriented counterparts."[412]

Kategorie und Item-bez.	Frage-Intention	Fragen
Leistung	Mit den dargestellten Fragen soll die Zufriedenheit mit der unternehmerischen Leistung geprüft werden. Dabei wird Siguaw et al. folgend auf „objektive" Daten verzichtet, da die Bereitschaft zur Herausgabe dieser Daten in der Regel gering ist und möglicherweise einer Verzerrung unterliegt. Die Angabe der Zufriedenheit mit der erzielten Leistung stellt hier eine häufig genutzte Alternative dar.[413] Mit den Fragen nach den Wettbewerbsbedingungen, soll eine Beschreibung der Branche nach den fünf Wettbewerbskräften nach Porter ermöglicht werden.	**Leistungserwartungen [PERF_erw]** Bitte geben Sie den Grad der Zufriedenheit an (1 = sehr unzufrieden; 7 = sehr zufrieden)/Unternehmensperformance: Inwiefern wurden Erwartungen hinsichtl. folgender Performance-Ziele erfüllt?[414] 1. Umsatz im abgelaufenen Geschäftsjahr 2. Rentabilität im abgelaufenen Geschäftsjahr 3. Gesamtkapitalrentabilität im abgelaufenen Geschäftsjahr 4. Finanzielle Leistungsfähigkeit im abgelaufenen Geschäftsjahr 5. Erfolg im Vergl.zu den Wettbewerbern in den letzten 5 Jahren 6. Entwicklung des Marktanteils in den letzten 5 Jahren 7. Anteil des Umsatzes mit neuen Produkten in den letzten 5 Jahren **Wettbewerbsbedingungen [COMP]**[415] 1. Findet der Wettbewerb über Preis- oder Produktmerkmale statt? 2. Erfolgt bei Preiserhöhungen im Rohmaterial eine Weitergabe an den Kunden? (ja vs. nein) 3. Erfolgt eine Bedrohung durch die Weiterentwicklung bestehender Wettbewerber? (ja vs. nein) 4. Sind neue Wettbewerber in den Markt eingetreten? (ja vs. nein) 5. Sinkt oder steigt die Anzahl an Wettbewerbern? 6. Wie hoch sind die Markteintrittskosten für neue Wettbewerber? (hoch vs. niedrig) 7. Sind die Entwicklungen hinsichtlich Produkte und Märkte gut einschätzbar? (ja vs. nein) 8. Gibt es Substitute für die eigenen Produkte (ja vs. nein)

Tab. 34: Fragen zur unternehmerischen Leistung

Kategorie und Item-bez.	Frage-Intention	Fragen[416]
Lean-Philosophie [Phil]	Mit den Fragen zur Lean-Philosophie soll herausgefunden werden, inwieweit die Lean-Philosophie im Unternehmen nach dem Verständnis dieser Arbeit ausgeprägt ist.	1. Managemententscheidungen in unserem Unternehmen sind langfristig ausgerichtet – sie gründen auf einer langfristigen Philosophie auch zu Lasten kurzfristiger Ziele 2. Mitarbeiter und Führungskräfte werden in unserem Unternehmen kontinuierlich weiterentwickelt 3. Das Potenzial unserer Mitarbeiter wird vollständig genutzt 4. Probleme lösen wir immer an der Wurzel – wir identifizieren den Problemursprung und entwickeln Gegenmaßnahmen 5. Unser Top-Management macht sich regelmäßig ein Bild von der Unternehmenssituation auf allen Ebenen 6. Unsere Führungskräfte machen sich regelmäßig ein Bild von der Unternehmenssituation und sind dabei „vor Ort" 7. Es gibt eine Feedbackkultur im Unternehmen[417] 8. Unsere Lean-Aktivitäten sind wahrnehmbar

412 Siguaw et al., 1998, S. 100.

413 Vgl. Siguaw et al., 1998, S. 105.

414 Vgl. Siguaw et al., 1998, S. 108; vgl. auch Alig, 2013, S. 182 ff.

415 Vgl. Porter 2004, S. 4; Porter, 1980, S. 36; Porter, 2008 S. 80. Siehe hierzu auch Kapitel 3.2.2.1.

416 Kriterien sind entwickelt auf der Grundlage von Liker (2004, S. 71 ff.). Fokussiert werden dabei die Aspekte Philosophie, People & Partner und Problemlösung aus dem „4P"-Modell (vgl. Liker, 2004, S. 39). Der Aspekt der Prozesse soll mit der folgenden Frage nach den schlanken Methoden und Werkzeugen geprüft werden.

417 Die folgenden Items sind auf Grundlage der explorativen Vorstudie und dem explorativen Experteninterview ergänzt. Vgl. hierzu Anhang 4: Explorative Vorstudie und Anhang 5: Exploratives problemzentriertes Interview (Gesprächsprotokoll).

Kategorie und Item-bez.	Frage-Intention	Fragen[416]
Methoden und Werkzeuge [LM_mewe]	Mit der Abfrage der eingesetzten Methoden und Werkzeuge soll spezifisch gefragt werden, welche schlanken Methoden und Werkzeuge bereits im Einsatz sind und wie erfolgreich diese umgesetzt werden. Außerdem soll festgestellt werden, ob hier jeweils Partner eingebunden werden.	Welche schlanken Methoden und Werkzeuge werden bereits eingesetzt?[418] Ist ein Partner eingebunden? • 5S-Methode • 5x-Warum • ABC-Analyse • Benchmarking • Change Management • Durchlaufzeitanalyse • Verschwendungscheck • Fehlermöglichkeits- und Einflussanalyse • Prinzip „Fließen" • Prinzip „Takten" • Prinzip „Ziehen" • Prinzip „Null-Fehler" • Heijunka (Nivellierung) • Kontinuierliche Verbesserung • Materialflussplanung • Multimomentaufnahme • Nutzwertanalyse • Poka-Yoke • Portfolioanalyse • PDCA (Plan-Do-Check-Act)-Zyklus • Quality Function Deployment • Rüstzeitminimierung • Simultaneous Engineering • Six-Sigma • Standard-Arbeitsblatt • Standardisierung • SWOT-Analyse • Szenariotechnik • Target-Costing • Total Productive Maintenance • Total Quality Management • Verschwendung vermeiden • Vorschlagswesen • Wertstromanalyse • Wertstromdesign • Zielvereinbarung
Implementierungsstufe	Hier soll unternehmensbezogen festgestellt werden, in welchem Ausmaß Lean Management bereits umgesetzt ist.	**Implementierung im Unternehmen [Impl]**[419] 1. Wir setzen regelmäßig Produktverbesserungen um 2. Wir setzen regelmäßig produktbedingte Änderungen in der Produktion um 3. Wir setzen regelmäßig Prozessverbesserungen um 4. Wir sind veränderungsbereit 5. Wir sind veränderungsfähig 6. Unser Top-Management wirbt für unseren Lean-Ansatz 7. Unser Top-Management tauscht sich mit anderen Unternehmen zu Lean-Aspekten aus 8. Lean-Erfolge werden gefeiert 9. Wir haben regelmäßig externe Berater zu Lean-Aspekten im Haus 10. Wir haben genügend Trainings zu unserem Lean-Management-Ansatz 11. Wir haben genügend Zeit, Lean-Aspekte zu lernen 12. Wir setzen bereits viele Methoden und Werkzeuge aus dem Lean-Management-Ansatz um

418 Die Auflistung möglicher schlanken Methoden und Werkzeuge erfolgt auf Grundlage von Ullmann o. J.

419 Vgl. Boyle et al., 2008, S. 1581 ff. Hierzu wurden ebenfalls die explorative Vorstudie und das explorative Experteninterview genutzt. Vgl. hierzu Anhang 4: Explorative Vorstudie und Anhang 5: Exploratives problemzentriertes Interview (Gesprächsprotokoll).

Kategorie und Item-bez.	Frage-Intention	Fragen[416]
Review-Stufe [LM_eva] [420]	Mit der Frage nach dem Review in der schlanken Kooperationsbeziehung soll festgestellt werden, in welchem Ausmaß die Partner die Kooperationsbeziehung positiv bewerten. Frazier et al. gehen in diesem Zusammenhang auf die Vergleichslevel der sozialen Austauschtheorie ein.[421] Sie betonen in die Wichtigkeit, realistischer Bewertungsnormen, um die Beziehung aufrechtzuerhalten. Eine definierte gemeinsame Bewertung ermöglicht es, Verbesserungspotenziale zu identifizieren. Sofern realistische Vergleichslevel vorliegen und die Evaluationen regelmäßig durchgeführt werden, kann die Zufriedenheit – auch vor dem Hintergrund von In- und Output – bewertet werden.	1. Der Austausch zwischen den Partnern ist gleichberechtigt hinsichtlich der In- und Outputs beider Unternehmen 2. Vergleichsstandards sind realistisch 3. Ein Leistungsbewertungsprozess ist klar definiert und wird regelmäßig gemeinsam durchgeführt 4. Die finanziellen Ergebnisse unserer Zusammenarbeit sind hervorragend 5. Die Zufriedenheit über die Zusammenarbeit ist in beiden Unternehmen sehr hoch

Tab. 35: Fragen zur Ausgestaltung und Implementierung von Lean Management im Unternehmen und in der Kooperationsbeziehung

Damit wird zum Ausdruck gebracht, dass die Marktorientierung in diesem Zusammenhang als Kundenorientierung verstanden werden kann und das Potenzial hat, Beziehungen zu verbessern. In ihrer Untersuchung zeigen Siguaw et al. den positiven Effekt der Marktorientierung auf die (finanzielle) Leistung des Unternehmens über die Faktoren Vertrauen, relationale Normen und Commitment.[422] Vor diesem Hintergrund soll die Leistung in dieser Arbeit integriert werden. In der folgenden Tab. 34 sind die Fragen zur Analyse der unternehmerischen Leistung dargelegt.

Ein zentraler Aspekt im Bereich der Umwelten stellt in dieser Arbeit die Implementierung und Ausgestaltung des Lean-Ansatzes dar. So gilt es in diesem Zusammenhang zu ermitteln, wie die (idealtypische) Lean-Philosophie im Unternehmen ausgeprägt ist, auf welcher Implementierungsstufe sich ein Unternehmen befindet und wie die Zusammenarbeit der Unternehmen erfolgt. Es ist dabei davon auszugehen, dass die Kooperation zwischen Unternehmen mit einem hohen Lean-Implementierungsgrad aufgrund des Bewusstseins hinsichtlich wertschöpfenden und verschwendungsreichen Tätigkeiten dazu beitragen, die Verschwendung innerhalb der Kooperationsbeziehung zu reduzieren. Da der Lean Management-Ansatz bereits in Kapitel 4.1 dargelegt wurde, werden in Tab. 35 direkt Fragen zur Analyse vorgestellt.

[420] Vgl. hier und im Folgenden Frazier et al., 1988, S. 63.
[421] Vgl. hier und im Folgenden Frazier et al., 1988, S. 62.
[422] Siguaw et al., 1998, S. 106.

5.4. Ableitung eines Annahmenmodells

In dieser Arbeit wird zum einen die Frage verfolgt, wie die Implementierung von Lean Management in einer Kooperationsbeziehung unter Berücksichtigung der individuellen Ebene gelingen kann. Die gemeinsame Ausrichtung nach dem Lean-Ansatz ist somit als ein **Ergebnis** einer Interaktion zu sehen, das aufgrund der inhaltlichen Ausrichtung der Wertschaffung eines Unternehmens dient. Zum anderen wird mit dieser Arbeit untersucht, wie die Interaktionsbeziehung selbst verschwendungsarm gestaltet werden kann und damit zur Wertschaffung eines Unternehmens beiträgt. Hier liegt der Fokus, wie in Kapitel 3.3.1 bereits dargelegt, auf dem **Interaktionsprozess**.

Mit dem Referenzrahmen der Sozialen Austauschtheorie zur Mikrofundierung ressourcenbasierter Ansätze sollen im Folgenden jeweils ein Modell zur Untersuchung des Ergebnisses und des Interaktionsprozesses dargelegt werden. Wissenschaftliche Modelle sind dabei als Aussagen- bzw. Hypothesensysteme zu verstehen, die auf Grundlage von realen Sachverhalten in formale Begrifflichkeiten transformiert werden und „Aussagen über existierende und interessierende Beziehungszusammenhänge"[423] zulassen.[424]

Das Modell zur Untersuchung des **Ergebnisses** „Implementierung von Lean Management in der Kooperationsbeziehung" (Ergebnismodell, EM) berücksichtigt dabei, dass bestimmte Eigenschaften von Individuen, die in der Kooperationsbeziehung aktiv sind, förderlich auf die Einführung des Management-Ansatzes wirken. Es wird außerdem davon ausgegangen, dass sich der (gegenseitige) Austausch von Ressourcen, die eher abstrakt und personengebunden sind, auf die Implementierung positiv auswirkt. Darüber hinaus ist davon auszugehen, dass die dargelegten Konstrukte im Bereich der Systeme eine positive Auswirkung auf die Einführung der schlanken Unternehmensführung in der Kooperationsbeziehung haben. Schließlich wird – im Bereich der Umwelten – angenommen, dass die Implementierung von Lean Management die unternehmerische Leistung positiv beeinflusst. Damit wird erkennbar, dass im Ergebnismodell im Wesentlichen die Wirkung der Elemente und Systeme sozialer Austauschbeziehungen auf deren Umwelt analysiert wird. Die Annahmen im Ergebnismodell sind vor diesem Hintergrund auf der Entwicklung der Konstrukte in den Kapiteln 5.1 bis 5.3 getroffen und werden in Tab. 36 dargelegt. Abb. 12 zeigt die Struktur des Ergebnismodells im Überblick.

In der Literatur entwickeln Frazier et al. Annahmen zur Untersuchung der Implementierung von Just-in-time in Zulieferer-Hersteller-Beziehungen.[425] Sie kennzeichnen dabei einen umfassenden Just-in-time Ansatz, einem der Bestandteile des schlanken Managementansatzes[426], und entwickeln die folgenden Annahmen, welche Faktoren einen direkten Einfluss auf die Just-in-Time-Implementierung haben sollen[427]:

---

423 Fülbier, 2004, S. 270.
424 Vgl. Fülbier, 2004, S. 270.
425 Vgl. Frazier et al., 1988, S. 52 ff.
426 Vgl. Sugimori et al., 1977, S. 553.
427 Vgl. hier Frazier et al., 1988, S. 63. Frazier et al. beschreiben in diesem Zusammenhang, dass bereits in der Phase der Just-in-time-Implementierung insbesondere drei Aspekte relationaler Austauschbeziehungen von zentraler Bedeutung sind und zum Erfolg der Beziehung beitragen: (1) Vereinbarungen zur Austauschbeziehung, (2) die Erwartungen und (3) die sozialpolitische Struktur.

- Die Just-in-time Vereinbarung ist solide formuliert, auf Selbstkontrolle ausgerichtet und für beide Partner gerecht.
- Beide Partner haben realistische Erwartungen hinsichtlich ihrer Zuständigkeiten, Funktion und den Ergebnissen des Austausches.
- Beide Partner nutzen ihre Macht nicht als Druckmittel, sind problemlösungsorientiert und nutzen den jeweiligen Partner nicht aus.
- Ein großer Teil der Belegschaft ist in die Zusammenarbeit eingebunden und entwickelt enge Beziehungen zum Partnerunternehmen.
- Die Leistung beider Unternehmen ist hoch, oder verbessert sich zumindest kontinuierlich.
- In der Partnerschaft entwickeln sich gute Normen und Verhaltensregeln.
- Die Partnerschaft ist durch ein hohes Maß an Kooperation gekennzeichnet.
- Konflikte entstehen unregelmäßig und diejenigen, die aufkommen werden effizient gelöst
- Ein hohes Vertrauen entwickelt sich zwischen beiden Unternehmen.

Die von Frazier et al. getroffenen Annahmen finden sich auch im Ergebnismodell wieder, das in dieser Arbeit entwickelt wurde, und unterstützen sowohl die Vorgehensweise zur Modellentwicklung als auch das Modell an sich.

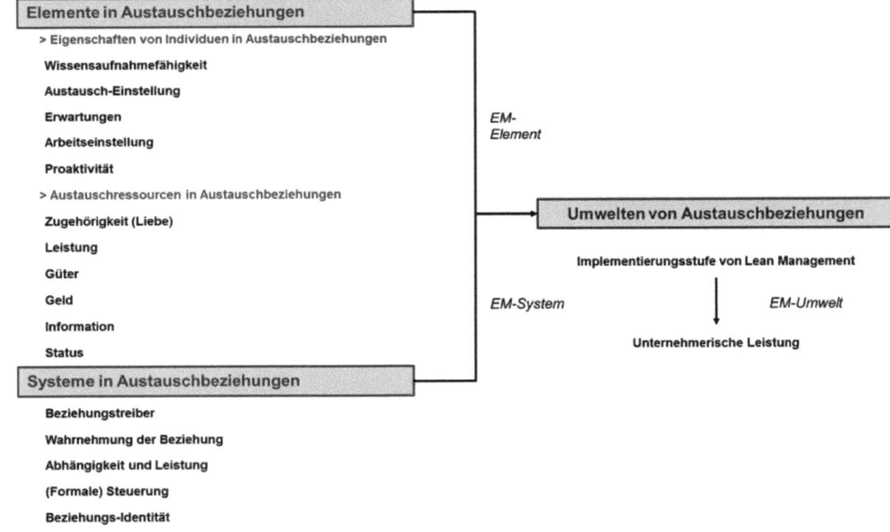

Abb. 12: Ergebnismodell - Implementierung Lean Management in der Kooperationsbeziehung

N°	Formulierung der Annahme
EM_Elemente	
1a	Individuelles **Vorwissen und Erfahrung im Bereich des Lean Managements** unterstützt die Implementierung von Lean Management in der Kooperationsbeziehung
1b	Individuelle **Erfahrung in der Zusammenarbeit** mit anderen Unternehmen unterstützt die Implementierung von Lean Management in der Kooperationsbeziehung
2a	Eine hohe **individuelle Austauscheinstellung** unterstützt die Implementierung von Lean Management in der Kooperationsbeziehung
2b	Eine hohe **individuelle Austauscheinstellung** unterstützt den Austausch eher abstrakter und personengebundener Ressourcen
3	Positive **individuelle Erwartungen** unterstützen die Implementierung von Lean Management in der Kooperationsbeziehung
4	Mitarbeiter, die in der Kooperationsbeziehung aktiv eingebunden sind, verfügen über ähnliche **Arbeitseinstellungen**
5	**Individuelle Proaktivität** unterstützt die Implementierung von Lean Management in der Kooperationsbeziehung
6a	Der Austausch von **eher abstrakten und eher personengebundenen Ressourcen** (Zugehörigkeit, Status, Leistung, Information) unterstützt die Implementierung von Lean Management in der Kooperationsbeziehung
6b	Ein **gegenseitiger Austausch** unterstützt die Implementierung von Lean Management in der Kooperationsbeziehung
6c	Eine geringe **Differenz zwischen Verausgabung und Belohnung** unterstützt die Implementierung von Lean Management in der Kooperationsbeziehung
6d	Ein hoher **interner Wissensaustausch** unterstützt die Implementierung von Lean Management in der Kooperationsbeziehung
6e	Ein hoher **externer Wissensaustausch** unterstützt die Implementierung von Lean Management in der Kooperationsbeziehung
EM_System	
1a1	Ein hohes **Commitment zur Kooperationsbeziehung** unterstützt die Implementierung von Lean Management in der Kooperationsbeziehung
1a2	Ein hohes **Commitment zum Unternehmen** unterstützt die Implementierung von Lean Management in der Kooperationsbeziehung
1b	Hohes **Vertrauen** unterstützt die Implementierung von Lean Management in der Kooperationsbeziehung
1c	Vorliegende **Beziehungsnormen** unterstützen die Implementierung von Lean Management in der Kooperationsbeziehung
1d	Eine hohe **Austauscheffizienz** unterstützt die Implementierung von Lean Management in der Kooperationsbeziehung
1e1	Eine hohe **Kontaktdichte** in der Kooperationsbeziehung unterstützt die Implementierung von Lean Management in der Kooperationsbeziehung
1e2	**Starke Verbindungen** in der Kooperationsbeziehung unterstützen die Implementierung von Lean Management in der Kooperationsbeziehung
1f	Eine hohe **Kontaktautorität** in der Kooperationsbeziehung unterstützt die Implementierung von Lean Management in der Kooperationsbeziehung
2a	Ein positiver **affektiver Kontext** in der Kooperationsbeziehung unterstützt die Implementierung von Lean Management in der Kooperationsbeziehung
2b	Eine **positive Wahrnehmung** der Kooperationsbeziehung unterstützt die Implementierung von Lean Management in der Kooperationsbeziehung
3a	Eine hohe **gegenseitige Abhängigkeit** in der Kooperationsbeziehung unterstützt die Implementierung von Lean Management in der Kooperationsbeziehung
3b	Positive **Ergebnisse der Kooperationsbeziehung** unterstützen die Implementierung von Lean Management in der Kooperationsbeziehung
4	Eine **Kombination aus formellen und informellen Steuerungsmechanismen** unterstützt die Implementierung von Lean Management in der Kooperationsbeziehung
5a	Eine **gemeinsame Identität bezogen auf das Unternehmen** unterstützt die Implementierung von Lean Management in der Kooperationsbeziehung
5b	Eine **gemeinsame Identität bezogen auf die Kooperationsbeziehung** unterstützt die Implementierung von Lean Management in der Kooperationsbeziehung
EM_Umwelt	
1	Die **Implementierung von Lean Management** in der Kooperationsbeziehung unterstützt die organisationale Leistung

Tab. 36: Annahmen im Ergebnismodell

Das Modell zur Untersuchung des **Interaktionsprozesses** erfordert es, aufgrund der Analyse des Interaktionsprozesses, dass einzelne Faktoren aus den Elementen, Systemen und Beziehungen als abhängige Variablen herausgegriffen werden. Da im Interaktionsprozessmodell

(IM) untersucht werden soll, inwiefern Kooperationsbeziehungen an sich wertschaffend d.h. verschwendungsarm gestaltet werden können, gilt es zunächst zu bestimmen, wie verschwendungsarme Beziehungen zu kennzeichnen sind.

Palmatier et al. beschreiben, dass Kooperationsbeziehungen zum einen das Potenzial haben, direkt Umsatz und Gewinn zu erhöhen und zum anderen durch engere Kooperation Konflikte reduzieren, Marktchancen wahrnehmen und Kosten reduzieren können.[428] Dabei soll der Fokus in dieser Arbeit darauf gerichtet sein, zu untersuchen, wie die wertschaffenden Prozesse (z.B. gemeinsame Projekte mit spezifischen Zielsetzungen, wie der Kostenreduktion, Produktinnovation oder anderer Aktivitäten, welche den Nettonutzen des Kunden erhöhen und aus Sicht des Unternehmens wertschaffend sind) unterstützt und aus Sicht der Mikrofundierung effizient ausgestaltet werden können. Die Transaktionskostentheorie, die ebenfalls aus einer Effizienzperspektive heraus argumentiert, beschreibt den verschwendungsarmen Austausch[429] folgendermaßen: „With a well-working interface, as with a well-working machine, [...] transfers occur smoothly."[430] Dass die effiziente Ausgestaltung in einer Kooperationsbeziehung kein Automatismus ist, aber den Aufwand lohnt, beschreiben Palmatier et al. wie folgt: „Managers may be able to increase performance by shifting resources from "relationship building" to specific investments targeted toward increasing the efficacy or effectiveness of the relationship itself to improve the relationship's ability to create value."[431]

Vor diesem Hintergrund sollen im Folgenden die Effizienzkriterien für Kooperationsbeziehungen anhand der in dieser Arbeit verwendeten Konstrukte aus den Elementen, Systemen und Umwelten abgeleitet werden:

- Die **Austauscheffizienz** als ein Teil der Beziehungsqualität dient der direkten Beurteilung der Kooperationseffizienz.
- Außerdem lassen sich die Einschätzungen der **Beziehungsleistung** als Teil der Ergebnisse von Kooperationsbeziehung als Effizienzkriterien heranziehen.

Wird im Folgenden davon gesprochen, dass Kooperationsbeziehungen verschlankt werden bzw., dass Verschwendung in Kooperationsbeziehungen reduziert wird, so ist damit gemeint, dass diese Aktivitäten einen positiven Einfluss auf die Kooperationseffizienz haben, die im Kontext dieser Arbeit mit oben genannten Kriterien annähernd abgebildet werden soll. Das Interaktionsmodell, das auf Grundlage der in dieser Arbeit eingesetzten Konstrukte entwickelt wird, ist in der folgenden Abb. 13 übersichtsartig dargestellt. Die getroffenen Annahmen werden in Tab. 37 dargestellt. Die dargestellten Modelle zum Ergebnis und Interaktionsprozess von Kooperationsbeziehungen gilt es im weiteren Verlauf dieser Arbeit in der Praxis zu reflektieren. Das Vorgehen und die Durchführung erfolgen im folgenden Kapitel.

---

428 Vgl. Palmatier et al., 2007, S. 172.
429 Der Austausch bzw. die Transaktion wird in der Transaktionskostentheorie sowohl intra- als auch interorganisational untersucht. Siehe hierzu Williamson, 1981, S. 548 ff.
430 Vgl. Williamson, 1981, S. 552.
431 Palmatier et al., 2007, S. 172.

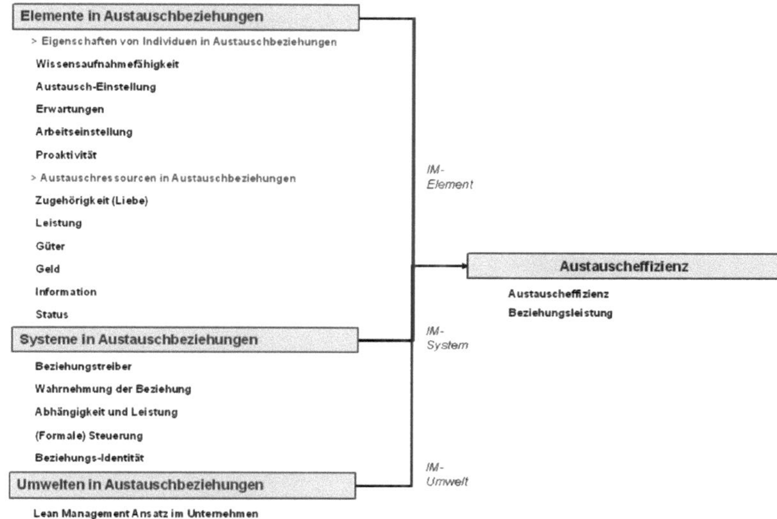

Abb. 13 Interaktionsmodell - Austauscheffizienz in Kooperationsbeziehungen

IM	Formulierung der Annahme
Wissensaufnahme a	**Individuelles Vorwissen** (Lean Management) unterstützt einen verschwendungsarmen Austauschprozess
Wissensaufnahme b	**Individuelles Vorwissen** (Kooperation) unterstützt einen verschwendungsarmen Austauschprozess
Wissensaufnahme c	Eine **große Verteilung** relevanter Inhalte (Lean Management) im Unternehmen unterstützt einen verschwendungsarmen Austauschprozess
Austauscheinstellung	Eine hohe individuelle **Austauscheinstellung** der in der Kooperationsbeziehung aktiven Personen unterstützt einen verschwendungsarmen Austauschprozess
Erwartungen	Positive **Erwartungen** unterstützen einen verschwendungsarmen Austauschprozess
Arbeitseinstellung	Ähnliche **Arbeitseinstellungen** der in der Kooperationsbeziehung aktiven Personen unterstützen einen verschwendungsarmen Austauschprozess
Proaktivität	Eine hohe **Proaktivität** der in der Kooperationsbeziehung aktiven Personen unterstützt einen verschwendungsarmen Austauschprozess
Ressourcenaustausch	Ein eher **gegenseitiger (ausgeglichener) Ressourcenaustausch** unterstützt einen verschwendungsarmen Austauschprozess
Beziehungsqualität a	Ein hohes **Commitment zur Organisation** unterstützt einen verschwendungsarmen Austauschprozess
Beziehungsqualität b	Ein hohes **Commitment zur Kooperationsbeziehung** unterstützt einen verschwendungsarmen Austauschprozess
Beziehungsqualität c	Hohes **Vertrauen** innerhalb der Kooperationsbeziehung unterstützt einen verschwendungsarmen Austauschprozess
Beziehungsqualität d	Eine hohe Ausprägung von **Beziehungsnormen** unterstützt einen verschwendungsarmen Austauschprozess
Kontaktdichte	Eine hohe **Kontaktdichte** unterstützt einen verschwendungsarmen Austauschprozess
Kontaktautorität	Eine hohe **Kontaktautorität** unterstützt einen verschwendungsarmen Austauschprozess
Wahrnehmung a	Eine positive **affektive Wahrnehmung** der Kooperation unterstützt einen verschwendungsarmen Austauschprozess
Wahrnehmung b	Eine positive **Gesamtwahrnehmung** der Kooperation unterstützt einen verschwendungsarmen Austauschprozess
Wahrnehmung c	Ein hoher **Zusammenhalt** in der Kooperation unterstützt einen verschwendungsarmen Austauschprozess
Abhängigkeit	Eine hohe **gegenseitige Abhängigkeit** unterstützt einen verschwendungsarmen Austauschprozess
Vereinbarungen a	Eine hohe **Aufgabenklarheit** innerhalb der Kooperationsbeziehung unterstützt einen verschwendungsarmen Austauchprozess
Vereinbarungen b	Die Komplementarität von **vertraglichen Vereinbarungen** und relationalen Normen unterstützt einen verschwendungsarmen Austauschprozess
Identität a	Eine gemeinsame **Identität bezogen auf das Unternehmen** unterstützt einen verschwendungsarmen Austauschprozess
Identität b	Eine gemeinsame **Identität bezogen auf die Kooperationsbeziehung** unterstützt einen verschwendungsarmen Austauschprozess
Lean Management	Die **Lean Management Implementierung** unterstützt einen verschwendungsarmen Austauschprozess

Tab. 37: Annahmen im Interaktionsmodell

6. Wertschaffende Beziehungen: Fallstudien im Bereich schlanker Kooperationsbeziehungen

In diesem Kapitel erfolgt die Reflexion der im vorangehenden Kapitel abgeleiteten Modelle in der Praxis. Um dem Qualitätskriterium Transparenz[1] der konstruktivistischen Forschung zu entsprechen, wird zunächst das konstruktivistische Forschungsdesign dargelegt (Kapitel 6.1), bevor im Folgenden die Erhebungsdurchführung je Fallstudie beschrieben wird und die Analyse erfolgt (Kapitel 6.2). Schließlich erfolgt nach der Darstellung der integrierten Fallstudie (Kapitel 6.2.7) die Ableitung von Implikationen (6.3).

Bridoux et al. beschreiben in ihrer Untersuchung, dass durch koordinierte Zusammenarbeit kollektiv Wert geschaffen wird, indem Individuen im Unternehmen dazu beitragen, die verfügbare Ressourcenbasis auszuschöpfen und zu nutzen. Die Autoren argumentieren hier aus einer ressourcenbasierten Sichtweise und Streben in ihrem Ansatz eine Mikrofundierung an.[2] Der Mikrofundierung kommt insbesondere in dem Zusammenhang eine wichtige Rolle zu, dass die kollektive Wertschaffung häufig nicht direkt beobachtbar ist und eine Bewertung seitens des Managements aus diesem Grund nicht oder nur schlecht möglich ist.[3] Das Forschungsdesign mit dem entwickelten und in diesem Kapitel dargestellten Forschungsworkshop erscheint geeignet zu sein, um diese Mikrofundierung untersuchen zu können.

6.1. Darlegung des konstruktivistischen Erhebungsdesigns

Während die Ableitung eines konstruktivistischen Annahmenmodells bereits in Kapitel 2.3 erfolgt ist, soll im Folgenden das Erhebungs- und Auswertungsdesign für diese Arbeit entwickelt werden.

6.1.1. Entwicklung des Erhebungsdesigns

Wie in Kapitel 2.1 dargelegt, wird für die konstruktivistische Forschung ein triangulatives Vorgehen gefordert[4], das eine detaillierte Problemrepräsentation ermöglicht[5], menschliche Erfahrungen, Einschätzungen und Bewertungen aufnehmen kann und in einer transparenten Verwertung den wissenschaftlichen Diskurs ermöglicht[6]. Vor diesem Hintergrund soll in der vorliegenden Arbeit der Ansatz der beschreibenden und erklärenden[7] Einzelfallstudie[8] ange-

---

1 Vgl. hierzu Kapitel 2.2.

2 Vgl. Bridoux et al., 2011, S. 712.

3 Vgl. hierzu Kapitel 1.2.1 und insbesondere Tab. 1.

4 Vgl. Scholl, 2011, S. 9 und Kapitel 2.1.

5 Vgl. Weick, 1989, S. 521 und Kapitel 2.2.

6 Vgl. Gummesson, 2003, S. 491 und Kapitel 2.2.

7 Vgl. hierzu auch Siggelkow, 2007, S. 20 ff.: Erklärende Fallstudien (explanatory case studies) haben eher deduktiven Charakter (Erklären der spezifischen Situation mit der vorab entwickelten Theorie) im Gegensatz zu erforschenden Fallstudien (exploratory case studies), die der Generierung von Hypothesen dienen und daher induktiven Charakter haben. Die Bezeichnung als *eher* deduktiv wurde gewählt, da in einem deduktiven Vorgehen Fallstudien in aller Regel nur eine unterstützende, explorative Funktion bei der Modellentwicklung einnehmen – richtiger wäre die Bezeichnung des musterhaften Erklärungscharakters („pattern model of explanation“, Scapens, 1990, S. 272) oder der Theorieprüfung („theory testing“, Voss et al., 2002, S. 198). Thacher (2006, S. 1631 f.) unterscheidet drei Arten: verstehende, interpretierende und normative Fallstudien, die er als „causal case studies“, „interpretive case studies“ und „normative case studies“ bezeichnet.

8 Vgl. Yin, 2003, S. 3 f. Im Folgenden soll die Terme Einzelfallstudie und Fallstudie synonym verwendet werden.

wendet werden. Die Forschungsstrategie[9] der Fallstudie ermöglicht die Aufnahme einer komplexen Umwelt, in der das Untersuchungsobjekt eingebettet ist.[10]

Yin beschreibt, dass eine der wichtigsten Voraussetzungen zur Durchführung einer Fallstudie die Einordnung der Forschungsfragen ist.[11] In dieser Erhebung sollen vorrangig Wie („*Wie erfolgt die Implementierung des Managementansatzes der schlanken Unternehmensführung*" bzw. „*Wie erfolgt diese besonders gut?*", sowie „*Wie können Kooperationsbeziehungen verschwendungsarm ausgestaltet werden?*") und Warum („*Warum verläuft die Einführung des Management-Ansatzes in Kooperationsbeziehungen erfolgreich?*", sowie „*Warum sind Kooperationsbeziehungen effizient?*")-Fragen gestellt und beantwortet werden, wofür sich die Fallstudie als Forschungsstrategie eignet[12].

Mit den sechs durchgeführten Einzelfallstudien soll ein Einblick in die unternehmerische Praxis gewonnen werden und die in Abschnitt 5.4[13] entwickelten Annahmenmodelle geprüft[14] werden. Eine abschließende multiple Fallstudie[15], welche die sechs vorab dargestellten Einzelfälle integriert, unterstützt die Robustheit und Generalisierbarkeit der Einzelfälle[16].

Dieses Vorgehen setzt z.B. auch Keller bei der Untersuchung der Akzeptanz für virtuelle Lernumgebungen an drei nordeuropäischen Universitäten ein.[17] Sie erstellt hierzu zunächst, analog dieser Arbeit, literaturgestützt ein Modell, das sie mittels drei Einzelfallstudien untersucht, die sie in einer „cross-case"[18]-Analyse schließlich gegenüberstellt.[19] Ebenfalls eine erklärende Fallstudie wird von Neumann eingesetzt, indem sie mit einem konzeptionellen Rahmen die Steuerungsmechanismen interorganisationaler Beziehungen zweier Airlines in einer Fallstudie untersucht und ihre Praxiserkenntnisse mit Hilfe des literaturbasierten Rahmens interpretiert und diesen in der Praxis validiert.[20] Ein weiteres Beispiel für die Anwendung einer erklärenden Fallstudie, die im Bereich interorganisationaler Beziehungen zunächst ein Modell entwickelt, um dieses in der Praxis zu überprüfen, stellt die Ausarbeitung von Dekker zu einer strategischen Allianz im niederländischen Schienenverkehrswesen dar.[21] Ähnlich gehen Busco et al. bei der Untersuchung der Rolle eines Leistungssteuerungssystems in globalen

---

9 Vgl. Yin, 2003, S. 1. Lamnek (2005, S. 298) beschreibt, die Fallstudie steht als Forschungsansatz zwischen „konkreter Erhebungstechnik" (z.B. der Interviewtechnik) „und methodologischem Paradigma" (z.B. dem Konstruktivismus).

10 Vgl. Eisenhardt & Graebner, 2007, S. 25, Trumpfheller, 2004, S. 177.

11 Vgl. Yin, 2003, S. 5 f. Der Autor unterscheidet dabei zwischen Wie, Warum, Wer, Was, Wo-Fragen und Fragen nach Wie viel und Wie vielen (S. 5).

12 Vgl. Yin, 2003, S. 5 f. Der Autor betont außerdem, dass die Fallstudie geeignet ist für Untersuchungsbereiche, die der Forscher nicht beeinflussen kann (z.B. im Gegensatz zu einem Experiment) und es sich einen gegenwärtigen Forschungsgegenstand handelt (z.B. im Vergleich zu geschichtlichen Aufarbeitungen). Beide Voraussetzungen sind für diese Arbeit ebenfalls als erfüllt anzusehen.

13 Siehe insbesondere Kapitel 5.4.

14 Voss et al. (2002, S. 198 f.) beschreiben, dass dieses prüfende Vorgehen im Bereich der Produktionswirtschaft geeignet ist für komplexe Fragestellungen, wie der Untersuchung von Strategieimplementierungen.

15 Furlan et al. (2011, S. 846) empfehlen für Folgeuntersuchungen zur Implementierung schlanker Managementansätze ausdrücklich den Einsatz multipler Fallstudienstrategien. Damit soll es möglich werden, Koordinationsmechanismen zu identifizieren, welche eine erfolgreiche Lean-Einführung unterstützen.

16 Vgl. Eisenhardt & Graebner, 2007, S. 30. Siehe zu multiplen Fallstudien auch Yin, 2003, S. 150 f.

17 Vgl. Keller, 2009, S. 465 ff.

18 Keller, 2009, S. 478.

19 Vgl. Keller, 2009, S. 465 ff.

20 Vgl. Neumann, 2010, S. 227. Zur Validierung von literaturbasierten Annahmen in Fallstudien siehe auch Siggelkow, 2007, S. 21 ff.

21 Vgl. Dekker, 2004, S. 42.

Organisationen vor. Auch sie prüfen und erweitern ihren literaturbasiert erstellten theoretischen Rahmen mit einer erklärenden Fallstudie.[22]

Auch im Bereich der schlanken Unternehmensführung wurden in jüngster Zeit (erklärende) Fallstudien durchgeführt, so z.B. von Azevedo et al. zur Untersuchung des Einflusses schlanker und ökologisch-bewusster Supply Chain Management-Verfahrensweisen auf die unternehmerische Nachhaltigkeit[23] oder von Keck, die in einer multiplen, erklärenden Fallstudie die Zielerreichung von Total Quality Management-Teams untersucht[24]. McLachlin untersucht 20 Annahmen zur Implementierung eines umfassenden Just-in-time Ansatzes mit sechs Einzelfällen und kann anhand des Praxistests sechs Annahmen verwerfen und 14 unterstützen.[25] Kohlbacher & Mukai setzen bei der Untersuchung der Besonderheiten organisationalen Lernens in japanischen Multinationalen Unternehmen hingegen eine explorative Fallstudie ein.[26] Voss et al. beschreiben in ihrem Beitrag zur Anwendung der Fallstudienstrategie im Bereich der Produktion, dass viele „breakthrough concepts“[27] mittels Fallstudien entwickelt wurden und beziehen sich in diesem Zusammenhang ausdrücklich auf die schlanke Unternehmensführung.[28]

Vor diesem Hintergrund erscheint der Einsatz von Einzelfallstudien und der Integration in eine multiple Fallstudie für den gegebenen Forschungskontext geeignet. Im Folgenden soll das Vorgehen inklusive der methodischen Ausgestaltung beschrieben werden, bevor schließlich die Gütekriterien der Forschungsarbeit in Abschnitt 6.1.2 dargelegt werden.

Vorgehen und Ausgestaltung

Das Vorgehehen zur Fallstudienstrategie soll im Folgenden basierend auf den sieben Schritten von Voss et al. vorgestellt werden, die den Einsatz des Fallstudiendesign im Bereich Operations Management umfassend untersucht haben. Diese Schritte sind im Folgenden aufgezählt und für diese Forschungsarbeit ausgearbeitet[29]:

1) Entscheidung für die Fallstudienstrategie

Die Entscheidung für die Anwendung der Fallstudienstrategie wurde bereits im vorangehenden Absatz ausführlich dargelegt. Dabei wurde der Einsatz einer erklärenden Fallstudie gewählt, welche die beiden vorab entwickelten Annahmenmodelle (EM, IM) prüfen soll. Nach der Darlegung und Analyse der sechs Einzelfallstudien, soll abschließend eine multiple Fallstudie die Generalisierbarkeit der Ergebnisse stärken.[30] Dass die erklärende Fallstudie eine geeignete Methodik zur Untersuchung komplexer Sachverhalte darstellt, zeigen u.a. die bereits oben genannten Autoren Azevedo et al. (2012), Busco et al. (2008), Dekker (2004), Keck (1996), Keller (2009), Neumann (2010) und Siggelkow (2007). Für den Einsatz multipler Fallstudien sprechen sich u.a. folgende Autoren aus: Boyer & McDermott (1999); Eisen-

22 Vgl. Busco et al., 2008, S 109 f.
23 Vgl. Azevedo et al., 2012, S. 757.
24 Vgl. Keck, 1996, S. 1811 ff.
25 Vgl. McLachlin 1997, S. 284.
26 Vgl. Kohlbacher & Mukai, 2007, S. 8 ff.
27 Voss et al., 2002, S. 195.
28 Vgl. Voss et al., 2002, S. 195.
29 Vgl. Voss et al., 2002, S. 196 f.
30 Vgl. hierzu z.B. Scapens, 1990, S. 270; Siggelkow, 2007, S. 21 und Voss et al., 2002, S. 201 f.

hardt & Graebner (2007), Keller (2009), McLachlin (1997), Pagell & Krause (1999), Pilkington & Fitzgerald (2006), Scapens (1990) und Voss et al. (2002).

2) Entwicklung des Annahmenmodells, der Konstrukte und Fragen

Die Entwicklung der für diese Forschungsarbeit relevanten Annahmenmodelle (EM und IM) inklusive der Konstrukte und möglichen Fragestellungen erfolgt ausführlich in Kapitel 5.4 dieser Arbeit. Ein ähnliches Vorgehen wählt z.B. auch McLachlin in seinem Beitrag zur Untersuchung eines umfassenden Just-in-time Ansatzes nach dem Vorbild japanischer Unternehmen. Er identifiziert hier zunächst literaturbasiert sechs Managementaktivitäten[31] und erstellt ein Annahmenmodell über deren Einfluss auf die Mitarbeitereinbindung sowie auf die beiden Faktoren des Just-in-time Ansatzes, fließende Prozesse und Qualität, die er zur Untersuchung weiter differenziert.[32] Ebenso erstellt z.B. Keller zunächst literaturbasiert ein Modell, welches auf Faktoren des organisationalen Lernens, der Technologieakzeptanz und der Diffusion von Innovationen beruht und die Akzeptanz neuer Technologien und schließlich deren Nutzung im universitären Bereich beschreiben soll. Die Entwicklung der Annahmenmodelle in dieser Arbeit erfolgt auf der Grundlage der forschungsleitenden Fragestellungen dieser Arbeit und operationalisiert bereits im Kapitel 5 einzelne Konstrukte. Diese basieren auf bereits wissenschaftlich eingesetzten Items und der Ergänzung um die Einsichten aus der Praxis. Den Einsatz bereits existierender Items in der Fallstudienforschung befürwortet auch Eisenhardt, weil dadurch korrektere Messungen möglich sind.[33]

3) Fallauswahl

Da die Untersuchung eines einzelnen Falls mit großen Einschränkungen in der Generalisierbarkeit einhergeht[34], sollen in dieser Arbeit insgesamt sechs Fallstudien zunächst einzeln und schließlich integriert betrachtet werden. Die Untersuchung mehrerer Fälle ermöglicht externe Validität und reduziert die Beobachterverzerrung.[35] Dabei ist die Frage nach der ideal zu betrachtenden Fallanzahl häufig diskutiert.[36] Wichtige Faktoren, welche die Anzahl der zu untersuchenden Fälle beeinflussen, sind der Zugang zu möglichen Falleinheiten[37], die Existenz und Anzahl relevanter Fälle[38], sowie Ressourcen, welche für die Untersuchung zur Verfügung[39] stehen. Schließlich muss zwischen der Tiefe der Untersuchung und Fundierung der Ergebnisse abgewogen werden.[40] Statt einem „Statistical Sampling“[41], in der die als wesentlich angesehene Merkmale in der Stichprobe genauso verteilt sein sollen, wie in der Grundgesamtheit, wird in der Fallstudienstrategie das „Theoretical Sampling“[42] angestrebt. Das Theoretical Sampling beschreiben Eisenhardt & Graebner folgendermaßen: „Theoretical sampling

31 Der Autor betrachtet dabei folgende Management-Aktivitäten: Schaffen von Arbeitsplatzsicherheit, Stärken der Mitarbeiterverantwortung, Trainingsmaßnahmen, Teamarbeit fördern und arbeitsgruppenbezogene Leistungsmessung. Vgl. McLachlin 1997, S. 273.

32 Vgl. McLachlin 1997, S. 273 ff.

33 Vgl. Eisenhardt, 1989, S. 536.

34 Vgl. Voss et al., 2002, S. 201 f.

35 Vgl. Voss et al., 2002, S. 202.

36 Vgl. Pagell & Krause 1999, S. 311; Voss et al., 2002, S. 201; Yin, 2003, S. 14.

37 Vgl. Boyer & McDermott, 1999, S. 293.

38 Vgl. Siggelkow, 2007, S. 20 f.

39 Vgl. Pagell & Krause 1999, S. 311.

40 Vgl. Eisenhardt & Graebner, 2007, S. 29;Yin, 2003, S. 69.

41 Lamnek, 2005, S. 313. Vgl. auch: Scapens, 1990, S. 270.

42 Lamnek, 2005, S. 313. Vgl. auch: Scapens, 1990, S. 270.

simply means that cases are selected because they are particularly suitable for illuminating and extending relationships and logic among constructs"[43]. Es geht also vielmehr darum, für das Forschungsfeld passende Fälle zu identifizieren, als eine zufällige, möglichst repräsentative Auswahl zu schaffen.

Autor/en	Untersuchungsinteresse	Vorgehen	Eingesetzte Fälle
Azevedo et al., 2012	Der Einfluss schlanker und „grüner" Supply Chain Management-Ansätze auf die unternehmerische Nachhaltigkeit	Erklärende Fallstudie zur Prüfung literaturbasierter Annahmen	**Ein** Unternehmen aus der Automobilindustrie
Boyer & McDermott, 1999	Schaffen eines organisationalen Konsens im Bereich der Fertigungsstrategie	Multiple, explorative Fallstudie mit dem Ziel der Entwicklung einer Methode zur Beurteilung des strategischen Konsens im Bereich der Fertigungsstrategie; die Fallstudie hat jedoch auch prüfenden Charakter, da drei vorab literaturbasierte Annahmen geprüft werden	**Sieben** Fertigungsunternehmen
Busco et al., 2008	Die Rolle von Leistungssteuerungssystemen bei der Integration von Einheiten in einem globalen Unternehmen	Erklärende Fallstudie zur Prüfung literaturbasiert getroffener Annahmen	**Ein** Unternehmen in der Lebensmittelindustrie
Dekker, 2004	Steuerung inter-organisationaler Beziehungen	Erklärende Fallstudie zur Prüfung literaturbasiert getroffener Annahmen	**Eine** strategische Allianz im Bereich des Schienenverkehrs
Elango, 2008	Strategische Wettbewerbsfähigkeit durch Outsourcing in KMU durch Outsourcing	Erklärende Fallstudie zur Prüfung einer literaturbasiert erstellten Typologie	**Ein** Finanzdienstleister
Keck, 1996	Zielerreichung von Total Quality Management Teams durch effektive Führung und Motivation	Multiple, erklärende Fallstudie zur Prüfung literaturbasierter Annahmen Die Untersuchung mehrerer Fälle begründet die Autorin dabei mit der Logik der Replikation, sodass entweder gleiche Erkenntnisse („literal replication"[44]) oder unterschiedliche Erkenntnisse aus den Fällen gewonnen werden (theoretical replication"[45]), die jedoch vorhersagbar sind	**Vier** Teams innerhalb einer Abteilung des US-amerikanischen Innenministeriums
Lewis, 2000	Erzielen von Wettbewerbsvorteilen durch schlanke Unternehmensführung	Multiple, erklärende Fallstudie zur Prüfung literaturbasierter Annahmen	**Drei** Unternehmen aus der Automobilbranche
McLachlin, 1997	Erfolgreiche Umsetzung von Management-Initiativen und des Just-in-time Ansatzes	Multiple, erklärende Fallstudie zur Prüfung literaturbasierter Annahmen	**Sechs** Unternehmen aus verschiedenen Bereichen der verarbeitenden Industrie
Neumann, 2010	Ex ante Steuerungsentscheidungen in inter-organisationalen Beziehungen	Erklärend Fallstudie zur Prüfung literaturbasiert getroffener Annahmen	**Ein** Unternehmen aus der Luftfahrt
Pagell & Krause, 1999	Zusammenhang zwischen Unsicherheit in der Unternehmensumwelt und operativer Flexibilität	Zunächst wurde eine großzahlige Befragung per E-Mail durchgeführt zur Vorbereitung einer erklärenden, multiplen Fallstudie zur Prüfung literaturbasierter Annahmen	**30** Unternehmen in acht verschiedenen Branchen

Tab. 38: Thematisch und methodisch angrenzende Untersuchungen und Anzahl untersuchter Fälle

Die für das Forschungsfeld passenden Fälle zeichnen sich dadurch aus, dass vorab getroffene Annahmen mit diesen Fällen analysierbar sind.[46] Während in der Literatur weitgehend Konsens darüber besteht, dass Forschungsarbeiten, die nur einen einzelnen Fall untersuchen zwar wissenschaftliches Potenzial haben, so besteht auch ein Konsens darüber, dass die Untersuchung von mindestens zwei Fällen dem einzelnen Fall vorzuziehen ist.[47] Voss et al. zeigen

[43] Eisenhardt & Graebner, 2007, S. 27.
[44] Keck, 1996, S. 1819.
[45] Keck, 1996, S. 1819.
[46] Vgl. Yin, 2003, S. 21 ff.
[47] Vgl. Eisenhardt, 1989, S. 536 f.; Eisenhardt & Graebner, 2007, S. 27; Scapens, 1990, S. 270; Siggelkow, 2007, S. 20 f.; Voss et al., 2002, S. 201 f.; Yin, 2003, S. 19.

Beispieluntersuchungen, welche ein bis 30 Fälle untersuchen.[48] Mit dieser Arbeit thematisch vergleichbare Untersuchungen und deren eingesetzte Fälle sind in Tab. 38 dargestellt.

Es wird erkennbar, dass eine multiple, erklärende Fallstudie mit sechs Unternehmen annehmbar ist. Die Auswahl der sechs Fälle erfolgt hier aufgrund der inhaltlichen Relevanz und des möglichen Zugangs zu diesen Unternehmen. Alle sechs Unternehmen sind in Tab. 39 dargestellt und beschrieben. Der Zugang erfolgte über persönliche Kontakte in die Unternehmen, Kontakte seitens der Universität und eines Arbeitgeberverbandes. Aufgrund des Zugangs über bestehende Kontakte, konnte sichergestellt werden, dass alle sechs Unternehmen Lean-Ansätze eingeführt haben und in diesem Bereich mit Kooperationspartnern zusammenarbeiten. Die umfassende Charakterisierung der Fälle erfolgt in der jeweiligen Falldarstellung.

Fall	Zeitraum der Haupterhebung	Geschäftstätigkeit	Anzahl Mitarbeiter	Umsatz
A[49]	September 2012	Herstellung und Vertrieb von Verpackungsmitteln aus Papier, Karton und Kunststoffen	966 (2013)	147 Mio. (2012)
B[50]	November 2012	Herstellung und Vertrieb von Metallteilen für die Nutzfahrzeug- und Automobilindustrie	950 (2013)	230 Mio. (2012)
C[51]	Januar 2013	Entwicklung, Herstellung und Vertrieb von Erzeugnissen der Automatisierungstechnik	18.300 (2013)	1.520 Mio. (2012)
D[52]	Januar 2013	Herstellung und Vertrieb von Artikeln aus Metall und Kunststoff insbesondere im Bürobereich	190 (2012)	18,4 Mio. (2011)
E[53]	Februar 2013	Forschung, Entwicklung, Herstellung und Vertrieb von Gütern, Software und Dienstleistungen im Bereich Mess- und Regelungstechnik	700 (2011)	141 Mio. (2011)
F[54]	Februar 2013	Herstellung und Vertrieb von Flugzeugausstattung	1.400 (2012)	200 Mio. (2012)

Tab. 39: Kurzcharakterisierung der untersuchten Fallstudien in dieser Arbeit

4) Entwicklung von Erhebungsinstrumenten und der Dokumentation

Die Fallstudie setzt typischerweise triangulative Verfahren ein.[55] Dies vor allem vor dem Hintergrund, dass eine reine Befragung mittels Fragebogen die Untersuchung des in der Fallstudienstrategie betonten Kontextes nicht zulassen würde.[56]

Auch im Bereich der Behavioral Operations, der Mikrofundierung im Bereich der Produktion[57], wird empfohlen methodisch triangulativ zu arbeiten. Die Autoren der State-of-the-Field Analyse empfehlen in diesem Zusammenhang auch den Einsatz der Untersuchung mündlicher Protokolle von Teilnehmern z.B. bei der Durchführung von Experimenten.[58]

48 Vgl. Voss et al., 2002, S. 200.
49 Daten sind bezogen auf den Konzern, Bisnode Deutschland GmbH, 2013, Zugriff: 11.10.2013.
50 Daten sind bezogen auf den untersuchten Standort, Bisnode Deutschland GmbH, 2013, Zugriff: 11.10.2013.
51 Daten sind bezogen auf die untersuchte Konzerneinheit, Bisnode Deutschland GmbH, 2013, Zugriff: 11.10.2013.
52 Bisnode Deutschland GmbH, 2013, Zugriff: 11.10.2013.
53 Bisnode Deutschland GmbH, 2013, Zugriff: 11.10.2013.
54 Bisnode Deutschland GmbH, 2013, Zugriff: 11.10.2013.
55 Vgl. Flick, 2009, S. 444 ff.; Yin, 2003, S. 13 f.
56 Vgl. Yin, 2003, S. 13.
57 Siehe auch Kapitel 1.2.1.
58 Vgl. Croson et al, S. 4.

In dieser Forschungsarbeit sollen quantitative und qualitative Daten kombiniert werden.[59] Flick beschreibt, dass bisher nur in Ausnahmefällen eine wirkliche Integration quantitativer und qualitativer Daten stattgefunden hat.[60] Mit der Fallstudienerhebung in dieser Forschungsarbeit wird ein konstruktivistischer Ansatz entwickelt, der diese Integration[61] zulässt.

Das vorliegende Forschungsdesign wird dieser Anforderung gerecht, indem eine Methodik entwickelt wird, die im Folgenden als *Forschungsworkshop* bzw. *Erhebungsworkshop* bezeichnet werden soll. Allgemein spricht für die Methodik des Workshops insbesondere die Konzentration auf ein Thema und das damit verbundene Eindringen in individuelle Sichtweisen.[62] Workshops dienen dem Aufbau von Vertrauen, fördern die Kommunikation und Kooperation und unterstützen als gemeinsame Erlebnisse die Personalentwicklung.[63] Der für diese Forschungsarbeit entwickelte Forschungsworkshop kennzeichnet sich durch sechs Elemente, die wie folgt für die durchgeführte Untersuchung beschrieben werden:

a) Vorgespräch

Mit der Kontaktperson wurden das Forschungsziel und die für den Forschungsworkshop erforderlichen Ressourcen besprochen. Dabei konnte telefonisch oder im persönlichen Gespräch vor Ort auch überprüft werden, ob der Fall für die Untersuchung relevant ist. Die jeweils geführten Vorgespräche werden im Rahmen der Fallanalyse beschrieben.

b) Zielgruppe

Als Zielgruppe – d.h. Teilnehmer des Forschungsworkshops – wurden Führungskräfte und Mitarbeiter definiert, die in der Umsetzung von Lean Management eine zentrale Rolle spielen und dabei mit einem (intra- oder interorganisationalen) Kooperationspartner zusammenarbeiten. Die Zielgröße der Teilnehmeranzahl wurde vorab auf drei bis maximal acht Personen aus dem Unternehmen festgelegt.[64] Die Moderation erfolgte jeweils durch die Verfasserin dieser Arbeit. Auch die Zusammensetzung der Zielgruppe wird in der Analyse der Fallstudien im Einzelnen dargestellt. Homans beschreibt in diesem Zusammenhang zur Kleingruppenforschung den Aspekt, dass „W[w]enn mehrere [Klein-]Gruppen in bestimmter Hinsicht gleiche Merkmale besitzen, so ist der Forscher in der Lage, eine Hypothese statistisch zu überprüfen, die er in jeder Gruppe für sich genommen nicht verifizieren kann, sondern die sich ihm als Grundtendenz nur enthüllt, wenn er alle

59 Trumpfheller (2004, S. 177) beschreibt in diesem Zusammenhang, dass die Fallstudie als Forschungsmethode grundsätzlich als qualitative Forschungsmethode verstanden wird, „auch wenn die Anwendung quantitativer Verfahren im Rahmen der Fallstudie möglich ist."

60 Vgl. Flick, 2009, S. 29.

61 Eine wirkliche Integration sieht der Autor z.B. nicht darin, dass Fragebögen offene Antwortmöglichkeiten haben; vgl. Flick, 2009, S. 29.

62 Vgl. Lipp & Will, 2008, S. 16

63 Vgl. Lipp & Will, 2008, S. 16 ff.

64 Waldman et al. (2001) ziehen ebenfalls mehrere Personen aus einem Unternehmen in ihrer Erhebung heran, um ein besseres Bild über das zu untersuchende Unternehmen zu erhalten: „[...] our purpose was to obtain surveys from at least two managers per firm so that a more representative and reliable firm viewpoint would be assessed." (S. 137). Sie beziehen sich dabei auf die Empfehlung von Becker & Gerhart (1996, S. 795), zum Einsatz mehrerer bewertender Personen aus einem Unternehmen zur Untersuchung von Personalmanagementsystemen.

zusammennimmt.“[65] Damit spricht er sich zum einen für die Forschung in Kleingruppen aus[66] und unterstreicht die Bedeutung eines multiplen Fallstudiendesigns.

c) Vorstellung und Einführung

Die Vorstellung und Einführung zu Beginn des Forschungsworkshops soll dazu dienen, ein vertrauensvolles Verhältnis für den Forschungsworkshop aufzubauen. So wurde in diesem Teil nicht nur das Ziel des Forschungsworks vorgestellt, sondern alle Beteiligten am Forschungsworkshop hatten die Gelegenheit, sich und ihre jeweilige Rolle im Unternehmen bzw. im Forschungsworkshop knapp vorzustellen. In der Einführung wurden die Teilnehmer auch darauf hingewiesen, dass die Befragung anonym erfolgt.

d) Strukturierte und moderierte Gruppendiskussion

Im Forschungsworkshop wird ein strukturiertes Gruppendiskussionsverfahren[67] eingesetzt. Dieses Verfahren nutzt, dass individuelle Meinungen in Realgruppen entstehen, „deren Mitglieder durch einen gemeinsamen Handlungszusammenhang und gemeinsame Normen verbunden sind“.[68] Der in der Gruppe stattfindende Kommunikationsprozess „reguliert [...] die Meinungsvielfalt und Gültigkeit“[69] und stellt eine valide Methode dar – sofern die Diskussionsteilnehmer vom Gegenstand der Diskussion betroffen sind – um die Lebensverhältnisse z.B. in der Arbeitswelt zu erforschen.[70] Die Methode erscheint damit insbesondere im Kontext einer konstruktivistischen Forschungsausrichtung als geeignet. Hardin & Higgins betonen im Zusammenhang mit der Nützlichkeit möglicher Erkenntnisse aus dem Prozess: „Individuals operate on the principle that shared reality is accurate reality“[71] Daraus folgt, dass Forschungserkenntnisse die auf Grundlage der gemeinsamen Realitätsrepräsentation[72], die anhand des Gruppendiskussionsverfahrens externalisiert wird, auch für diese von Nutzen sein können.

Für das Verfahren der Gruppendiskussion sprechen insbesondere ein hoher Realitätsgehalt und dass subjektive Sinnkonstruktionen durch die Kommunikation validiert werden.[73] Die Validierung ergibt sich kommunikativ innerhalb der Diskussion durch drei Aspekte: 1) Darlegung und Begründung individueller Standpunkte, 2) Vergleichen und Abwägen unterschiedlicher Standpunkte in der Diskussionsrunde und 3) Entscheidung und Begrün-

65 Homans, 1972, S. 13. Mit dieser Beschreibung unterstützt der Autor den Einsatz multipler Fallstudien.

66 Vgl hierzu Homans, 1972, S. 13. Der Autor beschreibt, dass er für seine Untersuchungen „tatsächlich existierender [existierende] Kleingruppen“ untersucht, die „nicht für experimentelle Zwecke“ gebildet sind und die Feldstudien „mehr oder weniger auf die dieselbe Weise durchgeführt werden“ (Homans, 1972, S. 13).

67 Vgl. hierzu Dreher & Dreher, 1995, S. 186.

68 Dreher & Dreher, 1995, S. 186.

69 Dreher & Dreher, 1995, S. 186.

70 Vgl. Dreher & Dreher, 1995,S. 186 f.

71 Hardin & Higgins, 1996, S. 37.

72 Hardin & Higgins (1996, S. 28) betonen den Prozess der sozialen Auseinandersetzung für die Erzielung gemeinsamer Realitätsrepräsentationen und belegen diesen Realitätsrepräsentationen den Charakter objektiver Realitäten: „In particular, we suggest that in the absence of social verification, experience is transitory, random, and ephemeral, like the flicker of a firefly. But once recognized by others and shared in an ongoing, dynamic process of social verification we term “shared reality”, experience is no longer subjective, instead, it achieves the phenomenological status of objective reality.“ Die soziale Auseinandersetzung erfolgt z.B. im Verfahren der Gruppendiskussion mit den verbalen und nonverbalen Kommunikationselementen Mimik, Gestik, sprachlichen Wiederholungen etc., verifiziert dadurch das Gesprochene und schafft auf dieser Grundlage eine gemeinsame Realitätsrepräsentation (vgl. Hardin & Higgins, 1996, S. 40).

73 Vgl. Dreher & Dreher, 1995, S. 187.

dung eines gemeinsamen Konsens.[74] Nonaka erläutert in diesem Zusammenhang, dass Wissen zwar in den Köpfen einzelner Menschen begründet ist, die Interaktion zwischen Personen aber eine zentrale Funktion bei der Entwicklung von Ideen einnimmt.[75] Weiter beschreibt er, dass Wissen als eine persönliche Überzeugung, die in einem ständigen Prozess geprüft und gerechtfertigt wird, eine Art Streben nach der Wahrheitsfindung ist.[76]

Der Wert bzw. die Güte der Methode wird dabei durch die Zusammensetzung der Teilnehmer und die Moderation der Diskussion beeinflusst.[77] Die Methode der Gruppendiskussion ermöglicht durch den aktiven kommunikativen Austausch neben der wissenschaftlichen Erhebung auch einen Lernprozess für die Teilnehmer an der Diskussion.[78] Der Einfluss des Forschenden auf das Verhalten der Teilnehmer wird in der Beurteilung der Erhebungsmethoden der teilnehmenden Beobachtung und des Interviews, die in einer Kombination der Gruppendiskussion sehr ähnlich sind, in der Literatur als Schwäche dieser Methoden hervorgehoben.[79] Nach dem konstruktivistischen Forschungsansatz, ist jedoch die Trennung von Forscher und Forschungsgegenstand grundsätzlich nicht möglich bzw. nicht erwünscht.[80]

Vor diesem Hintergrund wurden in der strukturierten Gruppendiskussion dieser Arbeit die Modellkomponenten, die eine gemeinsame Einschätzung erforderlich machen, mittels Flipchart-Abfrage moderiert. Die Teilnehmer hatten dabei zum einen Gelegenheit, ein gemeinsames Verständnis zum jeweiligen Konstrukt zu schaffen und zum anderen eine gemeinsame Einschätzung der Bewertung abzugeben. Hier wurde seitens der Moderatorin[81] jeweils sichergestellt, dass genügend Zeit bestand, das jeweilige Konstrukt zu diskutieren und einen Konsens zu schaffen. Die Teilnehmer haben diesen Aspekt im Anschluss an den Forschungsworkshop jeweils sehr positiv beurteilt, da dieser gleichzeitig eine Gruppenreflexion der wahrgenommenen Situation dargestellte, die im operativen Tagesgeschäft aufgrund von Ressourcenbegrenzungen nur selten stattfinden kann. Aufgrund der positiven Bewertung der Teilnehmenden kann davon ausgegangen werden, dass die jeweilige Zusammensetzung der Gruppe die Realgruppen vom Forschungsgegenstand betroffener Personen gut abgebildet hat. Dies wurde durch den vorangehenden Schritt der Vorgespräche und Zielgruppenzusammenstellung ermöglicht.

74 Vgl. Dreher & Dreher, 1995, S. 187.
75 Vgl. Nonaka, 1994, S. 15.
76 Vgl. Nonaka, 1994, S. 15.
77 Vgl. Dreher & Dreher, 1995, S. 187.
78 Vgl. Dreher & Dreher, 1995,S. 187.
79 Vgl. Trumpfheller, 2004, S. 183 und die dort angegebene Literatur.
80 Vgl. Mir & Watson, 2000, S. 942 ff. Vgl. hierzu auch Abschnitt 2.3 in dieser Arbeit.
81 Flick (2009, S.195) betont als Aufgabe des Moderierenden ebenso den Aspekt der Ausgeglichenheit; mit der Rolle des Moderierenden wird sichergestellt, dass kein Teilnehmer das Gespräch dominiert und sich alle in die Diskussion einbringen.

e) Einzelfragebogen

Die moderierte Gruppendiskussion wurde in Abschnitten durch einen Einzelfragebogen unterbrochen, in dem die Teilnehmer die Konstrukte individuell bewerten sollten. Dieser Bestandteil des Workshops war insbesondere wichtig, um die Konstrukte auf der Ebene des einzelnen Individuums zu erfassen. Außerdem wurde es durch Abwechslung von Gruppendiskussion und Einzelfragebogen möglich, den Workshop in kleinere Abschnitte aufzuteilen, in denen sich die Teilnehmer konzentriert den jeweiligen Fragestellungen widmen konnten.

Das Aufsplitten der Einzelbefragung machte es erforderlich, einen Code festzulegen, sodass einzelne Fragebögen später wieder zusammengeführt werden können. Hier wurde ein Verfahren der betroffenen kontrollierten Pseudonymisierung[82] eingesetzt.

f) Abschluss

Im Abschluss an den Forschungsworkshop wurde die Gelegenheit genutzt, den Teilnehmern für ihre Offenheit und ihre Zeit zu danken. Die Teilnehmer hatten in diesem Abschnitt außerdem die Gelegenheit, Fragen zur Forschungsarbeit zu stellen und ein kurzes Feedback zum Ablauf des Forschungsworkshops zu geben. Hier ist festzuhalten, dass die Teilnehmer den Forschungsworkshop in allen Fällen positiv beurteilt haben und darin einen Nutzen erkennen konnten – der sich bereits durch die gemeinsame Reflexion ergibt.

Der Zusammenhang der Elemente des Forschungsworkshops und dessen Ablauf zum konstruktivistischen Forschungsdesign sind in Tab. 40 dargestellt.

Konstruktivistische Annahmen	**Konsequenzen für…**		
	…. die individuelle Befragung	**… die Team-Befragung**	**…. den Ablauf des Forschungsworkshops**
Die erlebte Wirklichkeit ist das Ergebnis einer aktiven Erkenntnisleistung.[83]	Mit dem individuellen Fragebogen werden die individuell erlebte Wirklichkeit und die Persönlichkeitskonstrukte aus Sicht des Individuums erfasst.	Mit der Befragung des Teams wird die im Team wahrgenommene Wirklichkeit erfasst.	Kombination aus individueller und Team-Befragung, um sowohl die wahrgenommene Realität der Gruppe zu erfassen, als auch die Konstrukte auf der persönlichen Ebene erfassen zu können.
Wissen ist theoriegeleitet: Jedem Forschungsprozess geht eine theoriegeleitete Annahmenbildung voraus.[84]	Der individuelle Fragebogen basiert auf den in Kapitel 5 identifizierten Fragestellungen und ermöglicht die spätere Prüfung der abgeleiteten Modelle.	Der Fragenkatalog der Team-Befragung basiert auf den in Kapitel 5 identifizierten Fragestellungen und ermöglicht die spätere Prüfung der abgeleiteten Modelle	Die Befragung sowohl auf Gruppen- als auch auf individueller Ebene beruht auf einer theoretischen Modellentwicklung, die literaturbasiert in Kapitel 5 dieser Arbeit erfolgt und dargelegt ist.
Die Trennung von Forscher und Forschungsgestand ist nicht möglich: Der Forschende ist in den Forschungsprozess untrennbar eingebun-	Während der individuellen Befragung haben die Teilnehmer die Möglichkeit, Rückfragen an den Forschenden (hier: die Verfasserin) zu stellen. Durch den direkten Kontakt	Der Forscher hat zwar eine moderierende Rolle, wirkt aber auf Grund der Impulsgebung unvermeidbar auf den Forschungsprozess und auf die Teilnehmer ein. Durch den direkten Kontakt	Kommunikatives Setting, das die Interaktion zwischen Workshop-Teilnehmern und dem Forscher ermöglicht. Der Forschungsworkshop dient als Impulsgeber sowohl auf der Seite der unternehmerischen

82 Die Teilnehmer generieren bei diesem Verfahren eine Buchstaben- und Zahlenfolge, die nur für sie selbst nachvollziehbar ist. Eine Reidentifizierung aufgrund der Nummer ist nur vom Teilnehmer selbst möglich, da die Fragen nicht mit Daten aus Personalakten etc. beantwortbar sind. Vergleiche zu diesem Verfahren Metschke & Wellbrock, 2013, S. 19.

83 Vgl. Von Ameln, 2004, S. 3.

84 Vgl. Mir & Watson, 2000, S. 942 ff.

Konstruktivistische Annahmen	Konsequenzen für... .... die individuelle Befragung	... die Team-Befragung	.... den Ablauf des Forschungsworkshops
den und wirkt mit seinen Handlungen auf diesen ein.[85]	im Forschungsworkshop und die thematische Diskussion findet eine unmittelbare Anpassung des Wissens auf der Seite des Forschenden über das Untersuchungsobjekt statt. Gleichzeitig ist davon auszugehen, dass die Diskussion im Forschungsworkshop als Impulsgeber für die Teilnehmer dient.	im Forschungsworkshop und die thematische Diskussion, findet eine unmittelbare Anpassung des Wissens auf der Seite des Forschenden über das Untersuchungsobjekt statt.	Praxis als auch auf wissenschaftlicher Seite.
Theorie und Praxis sind untrennbar miteinander verbunden: Daher beeinflusst sowohl theoretische Erkenntnis die Praxis als auch umgekehrt.[86]	Die Fragebögen werden iterativ während des Forschungsprozesses und vorausgehenden Vorgesprächen und Forschungsworkshops angepasst.	Die Fragestellungen der Gruppendiskussion werden nach dem Vorgespräch auf die spezifische Situation angepasst. Dabei ist davon auszugehen, dass sich ein Einfluss aus vorher durchgeführten Workshops ergibt.	Das Design lässt Flexibilität zu, ermöglicht jedoch auch eine Konsistenz mit den entwickelten theoretischen Konstrukten.
Forschende sind nicht objektiv oder neutral, so findet regelmäßig ein Diskurs über Forschungsergebnisse statt in der über Zustimmung und Ablehnung aus verschiedenen Positionen heraus diskutiert wird.[87]	Keine unmittelbaren Auswirkungen. Der Diskurs über Forschungsergebnisse findet anhand der parallel zu dieser Arbeit themennah getätigten wissenschaftlichen Veröffentlichungen und Vorträge statt[88]. In Vorbereitung dieser Veröffentlichungen und Vorträge fand jeweils eine intensive Diskussion mit Co-Autoren der Beiträge statt. Gleichzeitig ermöglicht die Teilnahme am wissenschaftlichen Diskurs Rückmeldungen über Reviews und Diskussionen im Anschluss zu Vorträgen. Diese Aspekte finden indirekt Eingang in die Ausgestaltung des Forschungsworkshops.		
Der Konstruktivismus stellt eine Methodologie dar. Während hinsichtlich der Methodologie konstruktivistische Forscher eine Vielfalt an Methoden einsetzen (inkl. statistischer Analyseverfahren), verwenden Vertreter des Rationalismus meist quantitative Verfahren.[89]	Die Erhebung mittels Einzelfragebogen ist rationalistisch-geprägt.	Die Gruppendiskussion ermöglicht es quantitative Daten zu erheben, lässt aber gleichzeitig den Diskurs und die Konsensbildung zu. Die Gruppendiskussion ermöglicht außerdem eine Externalisierung auf der Seite der Teilnehmer, die über die verschriftlichten Fragen hinausgehen und im Workshop festgehalten werden können.	Der Forschungsworkshop lässt eine Methodenvielfalt zu. Durch den Ablauf (Wechsel von Gruppen- und Einzelphase) soll diese Vielfalt unterstützt werden.

Tab. 40: Auswirkungen konstruktivistischer Annahmen auf Elemente und Ablauf der Methode des Forschungsworkshops

85 Vgl. Mir & Watson, 2000, S. 942 ff.
86 Vgl. Mir & Watson, 2000, S. 942 ff.
87 Vgl. Mir & Watson, 2000, S. 942 ff.
88 Vgl. Bode & Müller, 2013a, S. 133 ff.; Bode & Müller 2013b, S. 231 ff. Bode & Müller, 2012a, S. 353 ff.; Bode & Müller, 2012b, S. 25 ff.
89 Vgl. Mir & Watson, 2000, S. 94 2ff.

5) Durchführung der Primärerhebung

Voss et al. gehen in der Beschreibung dieses Schrittes insbesondere auf die Ansprache der Kontaktperson(en) und die Terminvereinbarung für die Datenerhebung ein.[90] Die Kontaktaufnahme zu den als relevant ausgewählten Unternehmen wurde bereits dargelegt.

Die Durchführung der Primärerhebung erfolgt in dieser Forschungsarbeit durch die Umsetzung der entwickelten Forschungsworkshop-Methodik vor Ort in den ausgewählten Unternehmen mit den vorab definierten Zielgruppen. Mit diesem festgelegten Vorgehen, können zwei Herausforderungen, die sich in der Erhebungsphase ergeben, gelöst werden. Zum einen kann die Beobachter-Verzerrung[91] durch den festgelegten Fragenkatalog stark eingegrenzt werden. Zum anderen ist der Endzeitpunkt der Datenerhebung je Fall mit dem vereinbarten Workshop-Zeitrahmen klar festgelegt. Der ideale Endzeitpunk für die Gesamtdatenerhebung bei der Untersuchung multipler Fälle ergibt sich, wenn genügend Daten vorhanden sind, um die Forschungsfragen zufriedenstellend zu beantworten.[92] Mit den sechs ausgewählten und in Tab. 39 dargestellten Fällen, die mit der vorgestellten Workshop-Methodik erhoben werden, ist, wie bereits dargelegt davon auszugehen, dass genügend Daten zur Beantwortung der Forschungsfrage vorliegen.

6) Datendokumentation und -kodierung

Die Datendokumentation erfolgt in der vorliegenden Forschungsarbeit mittels der Einzelfragebögen bzw. mittels der Flipchart-Abfrage unmittelbar während der Gruppendiskussion. Die moderierte Abfrage von Konstrukten stellt unmittelbar sicher, dass die Meinung der Teilnehmer korrekt dokumentiert wird, z.B. durch Nachfragen, ob die Aussage richtig verstanden und festgehalten wurde. Damit wird ein nachträgliches Korrekturlesen durch die Befragten obsolet.[93] Voss et al. betonen in diesem Schritt der Fallstudiendurchführung außerdem die Bedeutung von Notizen während des Forschungsprozesses.[94] Die Aufnahme dieser Notizen kann im Forschungsworkshop durch die Flipchart-Moderation direkt erfolgen und thematisch richtig zugeordnet werden. Zusätzlich wurden in den nicht-moderierten Phasen des Forschungsworkshops, sowie zu den Vorgesprächen Notizen angefertigt. Die erhobenen Daten liegen zum größten Anteil in kodierter Form vor, weil sie den Fragenkonstrukten zuzuordnen sind, welche sich in beiden Annahmenmodellen wiederfinden. Um Annahmenmodelle zu testen, muss überprüft werden können, ob bestimmte Zustände vorliegen oder nicht, hierzu muss eine Kodierung hinsichtlich hoher, mittlerer oder niedriger Ausprägung stattfinden.[95] Aufgrund des Einsatzes von Likert-Skalen in der Erhebung, wird diese Forderung erfüllt.

---

90 Vgl. Voss et al., 2002, S. 206.

91 Die Beobachter-Verzerrung ergibt sich dadurch, dass Beobachter durch ihre Themenaffinität in ihrer Wahrnehmung eingeschränkt sind (vgl. Voss et al., 2002, S. 210). Durch die Festlegung der Erhebungskriterien bereits vorab, erfolgt keine Fehlsteuerung durch die Beobachterverzerrung, wie sie z.B. in nicht strukturierten Interviews erfolgt.

92 Vgl. Voss et al., 2002, S. 210.

93 Vgl. Voss et al., 2002, S. 209.

94 Vgl. Voss et al., 2002, S. 209.

95 Vgl. McLachlin 1997, S. 279, vgl. auch Voss et al., 2002, S. 209.

7) Analyse der Daten und Prüfen der getroffenen Annahmen

Voss et al. beschreiben, dass die Datenanalyse zunächst für jeden einzelnen Fall individuell erfolgen soll, um mit den jeweiligen Fällen als für sich stehende Einheiten vertraut zu werden.[96] Dabei nimmt die systematische Visualisierung der gewonnenen Daten eine bedeutsame Rolle ein: Die Informationen sollen so übersichtlich dargestellt sein, dass Schlussfolgerungen gezogen werden können.[97] McLachlin beschreibt die Vorgehensweise in seiner Erhebung auf Grundlage der Vorgehensweise von Yin[98]:

Jeder der Fälle wird zunächst einzeln betrachtet, um daraus Schlussfolgerungen abzuleiten. Wenn für einen Fall gilt, dass die erhobenen Daten gut mit dem Annahmenmodell vereinbar sind, gilt dies als guter Nachweis der Annahmen.[99] Sofern diese Muster in weiteren Fällen ebenfalls gültig sind, unterstützt dies die Richtigkeit getroffener Annahmen. Diesem Vorgehen soll in der Datenanalyse dieser Arbeit gefolgt werden.

Während das Vorgehen zur Fallstudienuntersuchung hiermit ausführlich dargelegt ist, soll im Folgenden aufgezeigt werden, wie die Güte der Fallstudienuntersuchung in dieser Arbeit sichergestellt wird.

6.1.2. Gütekriterien

Um Annahmenmodelle prüfen zu können, werden in wissenschaftlichen Untersuchungen Gütekriterien herangezogen, welche die wissenschaftliche Fundierung einer Untersuchung sicherstellen sollen.[100] In wissenschaftlichen Testverfahren werden hierzu in der Regel die Kriterien der Objektivität (Unabhängigkeit der Resultate von Situation und Durchführenden), Reliabilität (formale Zuverlässigkeit), Validität (inhaltliche Gültigkeit) und Praktikabilität (wissenschaftliche Ökonomie) herangezogen[101], die es im Folgenden auf die eingesetzte Wissenschaftstheorie und das Forschungsdesign zu übertragen gilt. Die Schwierigkeit liegt bei der Formulierung von Gütekriterien für eine Wissenschaftlichkeit von Untersuchungen darin, dass die Gütekriterien selbst nicht unabhängig von übergeordneten Wissenschaftstheorien sind.[102] Die Gütekriterien können vor diesem Hintergrund mit ihrer Prüfung nur „Anhaltspunkte für den Wahrheitsgehalt und die Haltbarkeit von Aussagen liefern“[103], weil es keinen unabhängigen „Wahrheits- oder Richtigkeitsanspruch gibt“[104].

Da die Gütekriterien allgemein die wissenschaftliche Fundierung einer Untersuchung sicherstellen sollen, werden zunächst in der folgenden Tab. 41 die Erfolgsfaktoren der wissenschaftlichen Vorgehensweise der Fallstudie dargestellt. Die Erfolgsfaktoren sind dabei abgeleitet von den Hemmnissen, die teilweise gegen den Einsatz dieser Forschungsstrategie vorgebracht werden. Diese Faktoren sollen in dieser Arbeit berücksichtigt werden und haben insbesondere

96 Vgl. Voss et al., 2002, S. 213.
97 Vgl. Voss et al., 2002, S. 213.
98 Vgl. McLachlin 1997, S. 279 und Yin, 2003, S. 19 ff.
99 Für den einzelnen Fall kann eine Schlussfolgerung aufgrund des konstruktivistischen Forschungsansatzes dennoch pragmatische Wirkung haben, auch wenn sich beim Vergleich verschiedener Fälle zeigt, dass eine Schlussfolgerung nicht allgemein haltbar ist.
100 Vgl. Giegler, 1999, S. 782.
101 Vgl. Giegler, 1999, S. 782.
102 Vgl. Lamnek, 2005, S. 142 f.
103 Lamnek, 2005, S. 143.
104 Lamnek, 2005, S. 143.

drei Konsequenzen: a) der theoretische Rahmen der Untersuchung ist fundiert aufgearbeitet durch die Entwicklung der Annahmenmodelle in Kapitel 5.4, b) die Fallstudie soll die Relevanz der Arbeit aus praktischer Hinsicht verdeutlichen, soll außerdem ein entwickeltes Annahmenmodell prüfen und dient damit vorrangig der Motivation und Illustration, sowie c) das Vorgehen ist damit als ein deduktives Vorgehen zu kennzeichnen.

Während die eingangs genannten Gütekriterien in der Regel bei kritisch-rationalistischen Testverfahren[105] angewendet werden, so ergibt sich durch die Besonderheiten der Fallstudie, die im vorangehenden Kapitel „Entwicklung des Erhebungsdesigns" dargelegt und aus Tab. 41 ablesbar sind, eine Neudefinition der Gütebestimmung.[106]

Hemmnisse Forschender gegenüber der Fallstudienstrategie	**Entgegnungen**	**Erfolgsfaktoren einer Fallstudie**
Angst, dass die Stichprobe zu klein ist	Auch ein Einzelfall kann ein schlagkräftiges Beispiel sein; individuelle Krankheitsbilder in der Neurologie werden z.B. mit Fallstudien analysiert. Wichtig ist in diesem Zusammenhang, dass die Fallstudie über die reine Beschreibung eines Phänomens hinausgeht.	• Umfassend ausgearbeiteter theoretischer Rahmen, der bereits durch seine Argumentationsstruktur überzeugt • Fallstudien dienen dann der - Motivation, (Aufzeigen der Relevanz; Falsifizieren von theoretischen Annahmen und Erweiterung dieser) - Inspiration, (Möglichkeit zur induktiven Theoriebildung) - und der Illustration (Beschreibung der verwendeten Theorie in der Praxis und damit Reduktion des Abstraktionsniveaus; am Beispiel zeigen, dass getroffene Annahmen plausibel sind) • Das Vorgehen unterscheidet sich nach der Forschungsausrichtung - Induktiven Forschung (Erst Fallstudie zur Inspiration, dann Theorieentwicklung) - Deduktiven Forschung (Erst Theorieentwicklung dann Fallstudie zur Motivation und Illustration)
Nichtrepräsentativität einer Stichprobe	Die Auswahl der Untersuchungseinheit erfolgt bei der Fallstudienstrategie nicht zufällig, sondern aufgrund der Besonderheit dieser Einheit, welche die intendierte Untersuchung ermöglicht. Eine Fallstudie ist vor diesem Hintergrund nicht repräsentativ.	
Die Anzahl der zu untersuchenden Fälle sollte möglichst hoch sein	Auch ein Einzelfall kann von wissenschaftlichem Interesse sein (z.B. Krankheitsbilder in der Neurologie) – allerdings müssen die Schlussfolgerungen in diesem Fall sehr vorsichtig formuliert werden.	

Tab. 41: Erfolgsfaktoren für den Einsatz von Fallstudien und Umgang mit Hemmnissen nach Siggelkow (2007)

Quelle: Siggelkow, 2007, S. 20 ff., zusammengefasst.

Die Dominanz der klassischen, kritisch-rationalistischen Vorgehensweise wird teilweise stark negativ diskutiert[107] – dabei besteht ein enger Zusammenhang zur Erfüllung der klassisch definierten Gütekriterien Objektivität, Reliabilität und Validität. Wolf postuliert in diesem

[105] Lamnek (2005, S. 145) beschreibt, dass die genannten Kriterien typischerweise für quantitative Forschungsansätze angewendet werden; diese sind typischerweise kritisch-rational ausgerichtet (vgl. z.B. die Diskussion von Mir & Watson (2000, S.947), dass konstruktivistische Ansätze durchaus ebenfalls quantitative Erhebungen beinhalten können und kritisch-rationale ebenso qualitative Erhebungen umfassen können).

[106] So sind die klassischen Gütekriterien für Testverfahren nicht auf die Fallstudienstrategie übertragbar und müssen hinsichtlich der Besonderheiten der Forschungsstrategie neu definiert werden. Vgl. hierzu: Flick, 2009, S. 384 ff.

[107] Vgl. Giegler, 1999, S. 782 ff.

Zusammenhang sechs Unzulänglichkeiten der klassischen Managementforschung.[108] Diese sind in Tab. 42 dargestellt. In der Übersicht werden Konsequenzen für diese Forschungsarbeit abgeleitet. Es wird erkennbar, dass die vorliegende Forschungsarbeit diese Forderungen umsetzt - jedoch nicht mittels einer Forschungsstrategie, welche ein klassisches Prüfen von Testkriterien im Sinne einer kritisch-rationalen Forschungsorientierung erfordert. Vor diesem Hintergrund werden im Folgenden die Gütekriterien für Fallstudienstrategien dargelegt und für diese Arbeit betrachtet.

Unzulänglichkeiten klassischer Management- und Organisationsforschung	**Forderung**	**Konsequenzen für diese Forschungsarbeit**
Studienstruktur ist häufig bivariat	Mulitvariate Untersuchungen	In dieser Forschungsarbeit werden Elemente, Systeme und Umwelten von Kooperationsbeziehungen mit den literaturbasiert identifizierten Kriterien untersucht. Dabei wird ein breites Spektrum an Variablen zugelassen.[109]
Strukturähnliche Replikation: Forschungsarbeiten sind häufig Wiederholungsstudien, die als Überprüfung der Ausgangsuntersuchungen standardisiert und wenig reflektiert erfolgen; Realität wird nur sehr unvollständig betrachtet	Positiv ist zwar die Vergleichbarkeit der Forschungsergebnisse, jedoch wird gefordert, Untersuchungspläne „merklich zu verändern und Variablenzusammenhänge aus einem reichhaltigen Interpretationskontext heraus zu analysieren"[110]	Für diese Forschungsarbeit wurde mit dem Forschungsworkshop ein neues Erhebungsdesign entwickelt. Durch den überwiegenden Einsatz bereits in vorangehenden Studien eingesetzter Items besteht eine Anschlussfähigkeit an diese Untersuchungen. Gleichzeitig werden die Kriterien in einem sehr umfassenden Kontext betrachtet und analysiert.
Fehlende Kontextberücksichtigung	Es findet zu selten eine Prüfung statt, „ob nicht mehrere, im jeweiligen Kontext gleichartige, im Vergleich der Kontexte jedoch unterschiedliche Zusammenhangsmuster existieren"[111]	In der vorliegenden Untersuchung wird es mit dem Konzept des Forschungsworkshops möglich, den Kontext der einzelnen Fallstudien zu analysieren. Die Fallstudienstrategie ist geeignet, den Untersuchungskontext genau zu analysieren.
Forschungskonzepte sind durch ein Weltbild geprägt, wonach es jeweils nur einen erfolgsstiftenden Weg gibt	Berücksichtigung alternativer Wege, die ebenfalls den gewünschten Zustand (Wettbewerbsvorteile etc.) herstellen	Der konstruktivistische Ansatz dieser Forschungsarbeit ermöglicht es durch die jeweils fallindividuellen Realitätsrepräsentationen verschiedene Lösungen zu generieren, die fallbezogen pragmatische Gültigkeit haben; trotzdem wird über die Fallstudie hinweg das Gesamtbild betrachtet.
Kontextdeterminierte Erhebungen	Forderung nach wechselseitiger Interaktion zwischen Kontext und Gestaltung	Die Fallstudienstrategie lässt die wechselseitige Interaktion von Kontext und gestaltenden Variablen zu.
Zeitpunktbezogenheit	Zeitraumbezogenheit, Forderung nach entwicklungsbezogenen Modellen	Die Fallstudienstrategie lässt durch die Kontextberücksichtigung ebenfalls zu, Entwicklungen zu dokumentieren. Über den Ansatz der multiplen Fallstudie besteht hier noch weiteres Potenzial, weil davon auszugehen ist, dass sich die Einzelfälle in ihren Entwicklungsstufen unterscheiden.

Tab. 42: Unzulänglichkeiten „klassischer" Management- und Organisationsforschungen und die Umsetzung sich ergebender Forderungen in dieser Arbeit

Quelle: Wolf, 2000, S. 6 f., zusammengefasst und ergänzt.

[108] Vgl. Wolf, 2000, S. 4 ff.

[109] Trumpfheller (2004, S. 178) beschreibt, dass die Vorteile von erklärenden Fallstudien, die es in dieser Arbeit umzusetzen gilt, „in der Anwendung komplexer, multivariater Theorien" liegen.

[110] Wolf, 2000, S. 7. Vgl. auch die dort angegebene Literatur.

[111] Wolf, 2000, S. 8.

In Tab. 43 finden sich die Testkriterien empirischer Sozialforschung bezogen auf die Fallstudienstrategie nach Yin[112] und ergänzende alternative Gütekriterien nach Lamnek[113]. In der Umsetzung dieser Kriterien in dieser Arbeit wird erkennbar, dass die geforderten Aspekte zur Sicherung der wissenschaftlichen Güte der vorliegenden Arbeit ausreichend sichergestellt sind. In diesem Zusammenhang soll abschließend die Diskussion von Flick aufgegriffen werden, in der er hinterfragt, ob es Qualitätskriterien zur Gütebeurteilung geben muss, oder eine Forschungsstrategie, welche eine hohe wissenschaftliche Qualität sicherstellt.[114] Es geht dabei auch um die Frage, ob es spezifische Kriterien gibt, die für alle Forschungsarbeiten herangezogen werden, oder ob es spezifische Kriterien für einzelne Ansätze geben muss.[115] Der Autor schließt, dass der Entwicklung adäquater Forschungsstrategien eine bedeutsame Rolle zukommt. Die Methodenentwicklung und -auswahl, der Ansatz der Triangulation, die Generalisierbarkeit und die Evaluation und Verbesserung nennt Flick in diesem Zusammenhang als zentrale Elemente.[116]

Für die wissenschaftliche Güte dieser Arbeit ist festzuhalten, dass in Kapitel 6.1.1 das eingesetzte Forschungsdesign, ausgehend von der eingesetzten Wissenschaftstheorie entwickelt und umfassend diskutiert wurde. In diesem Kapitel wurden außerdem wissenschaftlich fundierte, häufig eingesetzte Gütekriterien für Fallstudien vorgestellt und auf diese Arbeit übertragen. Weitere Kriterien zur Sicherstellung der wissenschaftlichen Güte wurden diskutiert und ebenfalls auf diese Arbeit übertragen. In diesem Zusammenhang kann davon ausgegangen werden, dass die Wissenschaftlichkeit dieser Arbeit nach der wissenschaftlichen Praxis ausreichend sichergestellt ist.

Güte-Test[117] und Erläuterung	**Allgemeine Umsetzung**	**Umsetzung bezogen auf die vorliegende Forschungsarbeit**
Validität: Konstruktvalidität Erfassen die Messmethoden die zu untersuchenden Konstrukte korrekt?	• Nutzung verschiedener Quellen während der Datenerhebung • Klare Beweisführung und Nachvollziehbarkeit während der Datenerhebung • Einsatz von Schlüsselpersonen, die den Fallstudienentwurf korrigieren	In dieser Arbeit werden, neben den Daten aus dem Forschungsworkshop, die Vorgespräche und weitere Daten (u.a. Stellenanzeigen, Informationen auf der Homepage) genutzt. Der Forschungsworkshop wird ausführlich dokumentiert. Der Einsatz von Schlüsselpersonen zur Korrektur wird durch den Einsatz des Forschungsworkshops obsolet: Die Teilnehmer diskutieren und dokumentieren ihre Realitätsauffassungen. Hinzu kommt, dass ein großer Anteil der eingesetzten Messkriterien bereits in vorangehenden Studien genutzt und in wissenschaftlichen Zeitschriften veröffentlicht wur-

112 Vgl. Yin, 2003, S. 33 ff. Diese Kriterien sind bei Fallstudienuntersuchungen etabliert und finden z.B. Einsatz bei McLachlin 1997, S. 276 f., Voss et al., 2002, S. 211 ff. und teilweise auch bei Boyer & McDermott (1999, S. 293); Neumann (2010, S. 227); Slagmulder (1997, S. 108 f.).

113 Lamnek definiert nach Mayring (2002, S. 144) auch die sechs Gütekriterien qualitativer Forschung: Verfahrensdokumentation, argumentative Interpretationsabsicherung, Regelgeleitetheit, Nähe zum Gegenstand, kommunikative Validierung und Triangulation (Lamnek, 2005, S. 147). Diese sechs Kriterien sollen hier nicht als Zieldimensionen betrachtet werden, weil sie sich nicht auf qualitativ-testende Verfahren, sondern explikativ-induktive Verfahren beziehen. Dennoch ist festzuhalten, dass auch die Kriterien der Verfahrensdokumentation, die Regelgeleitetheit, die Nähe zum Gegenstand die kommunikative Validierung und die Triangulation mit dem beschriebenen Forschungsdesign als erfüllt angesehen werden können. Ebenfalls Kriterien für qualitative – und insbesondere induktive Forschung - definiert und diskutiert auch Flick (2009, S. 384 ff.).

114 Vgl. Flick, 2009, S. 397 f. und die dort angegebene Literatur.

115 Vgl. Flick, 2009, S. 397.

116 Vgl. Flick, 2009, S. 397, S. 401 ff.

117 Vgl. zu den Gütekriterien der Fallstudienstrategie Yin, 2003, S. 33 ff. Vgl. zu den alternativen Kriterien Lamnek, 2005, S. 171.

Güte-Test[117] und Erläuterung	Allgemeine Umsetzung	Umsetzung bezogen auf die vorliegende Forschungsarbeit
		de. McLachlin nutzt ebenfalls etablierte Konstrukte in seiner Fallstudienuntersuchung.[118] Vor dem Hintergrund eines konstruktivistischen Forschungsansatzes wird die Korrektheit der Konstrukte für die jeweilige Falleinheit in der Gruppendiskussion sichergestellt. Während des Ausfüllens der Einzelfragebögen bestand außerdem die Gelegenheit mögliche Unklarheiten zu klären.
Validität: Interne Validität Erfolgt die Entwicklung kausaler Beziehungen?	• „Pattern Matching“[119]: Aufzeigen kausaler Beziehungen während der Datenanalyse • Entwickeln von Erklärungen während der Datenanalyse • Alternative Erklärungen formulieren während der Datenanalyse • Einsatz logischer Modelle während der Datenanalyse	Das Vorgehen des „Pattern Matching“ bezieht sich auf die Überprüfung getroffener Annahmen im multiplen Fallstudiendesign. Wie bereits dargelegt, sollen auch in dieser Untersuchung bestätigte Annahmen die kausalen Beziehungen unterstützen, sofern sie nicht in anderen Falleinheiten falsifiziert werden. Die literaturbasiert entwickelten Annahmenmodelle dienen der Validierung: Das potenzielle Problem, mittels der Fallstudienstrategie falsche Rückschlüsse zu ziehen, wird durch den Einsatz eines literaturbasierten theoretischen Rahmens reduziert.[120]
Validität: Externe Validität Entwicklung eines abgegrenzten Bereichs für den die Ergebnisse generalisiert werden können	• Replikatives Vorgehen in multiplen Fallstudien im Forschungsdesign berücksichtigen: Externe Validität wird erzielt durch die Untersuchung mehrerer Fallstudien.[121]	Die vorliegende Arbeit betrachtet zunächst sechs Fälle als Einzelfälle unter Einsatz der dargestellten Methodik, soll schließlich eine Gesamtbetrachtung aller Fälle die Generalisierbarkeit der Ergebnisse feststellen.
Reliabilität: Führt eine Wiederholung der Untersuchung zu den gleichen Ergebnissen?	• Einsatz von Protokollen und Datenbanken während der Datenerhebung zur Nachvollziehbarkeit gewonnener Erkenntnisse	Die durchgeführten Forschungsworkshops werden ausführlich dokumentiert und protokolliert.
Alternative Kriterien[122]: Stimmigkeit von Zielen und Methoden der Forschung[123]	• Vereinbarkeit von Zielen und Methoden der Forschungsarbeit sicherstellen	Die Vereinbarkeit von Zielen und Methoden wird durch die Entwicklung eines konstruktivistischen Forschungsdesigns mit der Fallstudienstrategie und dem entwickelten Forschungsworkshop sichergestellt und im Rahmen dieser Arbeit begründet.
Alternative Kriterien: Offenheit gegenüber der realen Komplexität und Zulassen alternativer Handlungsverläufe[124]	• Zulassen alternativer Handlungsabläufe als angemessene Reaktion auf komplexe Sachverhalte	Alternative Handlungsabläufe sind in den Forschungsworkshops in einem begrenzten Ausmaß möglich und erlauben es auf den spezifischen Fall zu reagieren, gleichzeitig bleibt durch den Rahmen des Forschungsworkshops sichergestellt, dass die gewonnenen Daten zwischen den Einzelfällen vergleichbar sind.
Alternative Kriterien: Diskurs zwischen Forschenden und Feldsubjekten statt Intersubjektivität[125]	• Forscher und Feldsubjekte interpretieren die Daten gemeinsam	Der Diskurs zwischen Forschern und Feldsubjekten findet in den Forschungsworkshops statt.

Tab. 43: Gütekriterien für die Fallstudienstrategie
Quelle: Yin, 2003, S. 33 ff. und Lamnek, 2005, S. 171, zusammengefasst und ergänzt.

118 Vgl. McLachlin, 1997, S. 273 f.
119 Yin, 2003, S. 34.
120 Vgl. Keck, 1996, S. 1821 ff.
121 Vgl. Keck, 1996, S. 1821 ff; die Autorin verwendet in ihrer Untersuchung hierzu vier Fallstudien. De Leede & Stoker (1999, S. 19 ff.) untersuchen elf Falleinheiten.
122 Vgl. zu den alternativen Kriterien Lamnek, 2005, S. 171 und die dort angegebene Literatur.
123 Definiert als die Reliabilität ersetzendes Prüfkriterium; die Stimmigkeit soll hier als ein die fallstudienbezogene Reliabilität ergänzendes Kriterium betrachtet werden.
124 Definiert als die Variablenkontrolle ersetzendes Prüfkriterium; das Kriterium soll hier ergänzend aufgenommen werden.
125 Definiert als die Intersubjektivität ersetzendes Prüfkriterium; es soll in diese Arbeit ergänzend aufgenommen werden.

6.2. Erhebungsdurchführung und -analyse

In den folgenden Abschnitten (6.2.1 bis 6.2.6) werden die sechs durchgeführten Fallstudien jeweils einzeln betrachtet. Die Fallstudienuntersuchungen sind dabei folgendermaßen aufgebaut: Zunächst wird eine beschreibende Übersicht zur Falleinheit gegeben. In diese Übersicht fließen Informationen aus Vorgesprächen und Internetrecherchen ein. Anschließend wird das Untersuchungsvorgehen beschrieben und es werden die Untersuchungsergebnisse dargestellt. Dabei wird dem Aufbau des Annahmenmodells und der Gliederung nach Elementen, Systemen und Umwelten der betrachteten Kooperationsbeziehungen gefolgt. Es folgt ein Fazit für den jeweils betrachteten Fall, verbunden mit einer Tendenzaussage hinsichtlich Ergebnis- und Interaktionsmodell. Schließlich werden in Kapitel 6.2.7 die zuvor einzeln betrachteten Fälle in eine multiple Fallstudie eingebettet.

6.2.1. Fallstudie 1 (Fall A)

6.2.1.1. Darstellung des Falls und des Erhebungsvorgehens

In der ersten erklärenden Fallstudie[126] wird die intraorganisationale Kooperationsbeziehung eines Herstellers von Verpackungsmitteln untersucht. Das Unternehmen beschäftigt konzernweit knapp 1.000 Mitarbeiter und hat sich in der Vergangenheit durch Zukäufe vergrößert. Durch ein problemzentriertes Interview mit dem KVP-Koordinator des Unternehmens, das eingebettet in eine triangulative Fallstudie[127] explorativ die Entwicklung der Annahmenmodelle dieser Arbeit unterstützt, konnten bereits fallspezifische Informationen gewonnen werden. Im Zusammenhang mit der Befragung des KVP-Koordinators, konnte die Durchführung des Erhebungsworkshops an einem der Standorte des Unternehmens vereinbart werden.

Der Erhebungsworkshop wurde zeitlich in einen einwöchigen Single-Minute-Exchange-of-Dies (SMED)-Verbesserungsworkshop integriert, sodass am Vormittag eine Datenerhebung[128], und eine „Eliminieren-Kombinieren-Umstellen-Vereinfachen (EKUV)"-Analyse, sowie ein Erfahrungsaustausch der Teilnehmer begleitet werden konnte, bevor ab 14 Uhr der Forschungsworkshop mit dem Team des Verbesserungsworkshops durchgeführt wurde. Der Verbesserungsworkshop fand in der Werkshalle und im unternehmenseigenen Workshop-Raum statt. Im Workshop-Raum selbst war der Verlauf des Verbesserungsworkshops mit den angefertigten Flipcharts dokumentiert, sodass auch diese Unterlagen als Informationsquelle für die Fallstudie genutzt werden können. Nach dem gemeinsamen Tagesprogramm im Team, ermöglichte der KVP-Trainer vor Ort eine Führung durch das Werk, bei der nochmals Gelegenheit bestand, Fragen zum Unternehmen und zur Lean-Umsetzung zu stellen.

Wie bereits dargestellt, handelt es sich bei dieser Fallstudie um eine besondere Gelegenheit: Die Erhebung konnte in einer realen Alltagssituation, direkt mit den betroffenen Personen, die

126 Nachfolgend als „Fall A" bezeichnet. Es wird im Folgenden sowohl vom Unternehmen „A" als fokales Unternehmen als auch von Fall „A", der das fokale Unternehmen „A" und seinen Partner umfasst, gesprochen. Diese Sprachregelungen ist ebenfalls für die Fälle bzw. fokalen Unternehmen „B" bis „F" gültig.

127 Siehe hierzu Anhang 4: Explorative Vorstudie.

128 Aufgenommen wurden die zurückgelegte Strecke von zwei Mitarbeitern an einer bestimmten Maschine anhand eines Standard-Arbeitsblatt („Streckendiagramm") nach erfolgter Optimierung der Strecke. Bei einem der beiden betrachteten Mitarbeiter wurde die zurückgelegte Gesamtstrecke im Verbesserungsprojekt um knapp 70 Prozent reduziert; die beim Rüstvorgang zurückgelegte Strecke des anderen betrachteten Mitarbeiters wurde um 65 Prozent reduziert.

sich aus verschiedenen Bereichen[129] zusammengesetzt haben, durchgeführt werden. Hinzu kommt, dass der Verbesserungsworkshop als internes Trainings- und Austauschinstrument genutzt wurde. Der Verbesserungsworkshop wurde von zwei KVP-Trainern in Ausbildung durchgeführt, die mit den drei anwesenden erfahrenen KVP-Trainern, aus insgesamt drei Unternehmensstandorten, sogenannte „Beobachter“ als Coaches hatten. Die bei diesem Workshop „externen“ Trainer hatten als Gäste die Funktion, eigene Erfahrungen in den Verbesserungsworkshop einzubringen und den standortübergreifenden thematischen Austausch zu unterstützen. Für einen besseren Überblick ist die personelle Zusammensetzung in Tab. 44 einschließlich der Teilnehmerherkunft und der Rollen im Workshop dargestellt. Insgesamt sind fünf Personen aus diesem Teilnehmerkreis der KVP-Abteilung als Trainer oder angehende Trainer zuzuordnen.

Anzahl Personen	Herkunft	Zusammensetzung der Teilnehmer
Acht Personen	Deutscher Standort, an dem Verbesserungs- und Erhebungsworkshop durchgeführt wurden	Ein KVP-Trainer (Rolle: Beobachter und Coach der Trainer in Ausbildung), ein KVP-Trainer in Ausbildung (Rolle: Moderator des Verbesserungsworkshops), insgesamt sechs Mitarbeiter (davon zwei Auszubildende[130]) aus Produktion und Vertrieb (Rolle: Verbesserung moderiert gestalten und umsetzen)
Eine Person	Weiterer deutscher Standort	KVP-Trainer (Rolle: Beobachter und Coach der Trainer in Ausbildung, Gast und Impulsgeber)
Zwei Personen	Weiterer deutschsprachiger Standort[131]	Ein KVP-Trainer (Rolle: Beobachter und Coach der Trainer in Ausbildung), ein KVP-Trainer in Ausbildung (Rolle: Moderator des Verbesserungsworkshops)

Tab. 44: Zusammensetzung der Teilnehmer am Verbesserungs- und Erhebungsworkshop

Neben der Zuordnung der beteiligten Personen soll im Folgenden die Situation skizziert werden, in die der Erhebungsworkshop eingebettet war. Die Erhebung fand am vorletzten Tag der Workshop-Woche statt. Das Team des Verbesserungsworkshops hat sich nach den Angaben des Workshop-Definitionsblatts seit Beginn der Workshop-Woche mit der Optimierung des Einsatzes sowie der Prüfung und Optimierung der „5S-Standards“ an einer Maschine beschäftigt. Lauf Workshop-Definitionsblatt wurden folgende Workshop-Ziele festgelegt:

- Verkürzung der Rüstzeit,
- Verkürzung des Wechselvorgangs eines spezifischen Maschinenbestandteils,
- Erstellung eines Rüstdrehbuches,
- Umsetzung von Maßnahmen, um ein bestimmtes Rohmaterial verarbeiten zu können,
- Prüfung und gegebenenfalls Optimierung der Lagerung spezifischer Maschinenbestandteile,
- Prüfung und gegebenenfalls Änderung des Leistungskatalogs der betrachteten Maschine,
- Aufnahme in den Produktionsmöglichkeiten-Katalog und
- Erstellung einer Information für den Vertrieb.

---

129 KVP-Mitarbeiter, Mitarbeiter aus Produktion und Vertrieb – siehe hierzu auch Tab. 44.

130 Dass zwei der Personen Auszubildende im Unternehmen sind, wird genannt, da diese aufgrund der kurzen bisherigen Verweildauer im Unternehmen zu einem späteren Zeitpunkt aus der Analyse ausgeschlossen werden.

131 Dieser Standort wird später auch als (intraorganisationaler) Kooperationspartner oder als zu integrierendes Unternehmen bezeichnet.

Die Erwartungen der Teilnehmer an den Verbesserungsworkshop zu Beginn der Workshop-Woche umfassten laut Flipchart folgende Aspekte:

- Ergebnis,
- Anlage kennenlernen,
- Wissensaufbau,
- sichere Verarbeitung des Rohmaterials,
- Zeitersparnis, verkürzte Rüstzeit,
- körperliche Arbeitserleichterung, Erleichterung der Arbeit,
- optimaler Fortlauf,
- Verbesserung, Struktur,
- Verbesserung der Ablage der Anbauteile,
- Wechsel eines spezifischen Maschinenbestandteils,
- technische Veränderung und
- Fragen zum Erfahrungsaustausch: Arbeiten viele Unternehmen mit dem spezifischen Rohmaterial.

Um die Ergebnisse und Erwartungen erfüllen zu können, wurde am ersten Workshop-Tag eine Schulung des Workshop-Teams durchgeführt. Am zweiten Tag wurde der Ist-Rüstvorgang der Anlage dokumentiert[132] und anschließend strukturiert in einem Standardarbeitsblatt erfasst. Ebenfalls am zweiten Tag wurde ein „5S"-Check an der Anlage durchgeführt, der laut Dokumentation per Standardarbeitsblatt überwiegend positiv[133] ausgefallen ist. Am dritten Tag wurden Verbesserungen erarbeitet, die am vierten Tag auf ihre realen Auswirkungen überprüft wurden. Hierzu wurde erneut der Rüstvorgang erfasst. Am folgenden fünften Tag sollte die Abschlusspräsentation des Verbesserungsworkshops stattfinden, mit der die Ergebnisse dem Unternehmen, insbesondere der Werksleitung und betroffenen Mitarbeitern, vorgestellt werden. Im Tagesfeedback des vorletzten Workshop-Tages, das vor der Überleitung zum Erhebungsworkshop stattfand, wurde positiv bewertet, dass gute Verbesserungen gesammelt wurden, eine „super Stimmung" und geduldige Mitarbeiter den Workshop-Tag geprägt haben. Verbesserungspotenzial bestand laut Tagesfeedback in der Abgrenzung der Aufgaben und in der Lösung für einen umgesetzten Rüstwagen[134].

Vor diesem Hintergrund, der sich durch eine positiv wahrgenommene Stimmung kennzeichnet, konnte ab ca. 14 Uhr der Erhebungsworkshop stattfinden. Da bereits am Vormittag eine Vorstellungsrunde stattgefunden hat, konnte gleich mit der Vorstellung des geplanten Erhebungsverlaufes und den Hinweisen zur Anonymität der Teilnehmer begonnen werden. Abb. 14 zeigt das Foto des Begrüßung-Flipcharts. Aus diesem geht die Aufteilung des Erhebungs-

[132] Die Dokumentation fand mit zwei Videokameras als Filmaufnahme des Rüstvorgangs aus Sicht der beiden Produktionsmitarbeiter statt.

[133] Positiv bedeutet in diesem Zusammenhang, dass es nur sehr wenige Abweichungen vom Standard gab. Insgesamt wurden bei der Prüfung von 45 Aspekten nur zwei Kriterien, als vom Standard abweichend, identifiziert.

[134] Der eigentlich geplante Rüstwagen funktionierte in der Umsetzung nicht; aufgrund fehlenden Material musste erst eine Abstimmung mit einer anderen Abteilung stattfinden.

workshops in sieben thematische Phasen[135] und die Unterscheidung nach Gruppen- und Einzelphasen hervor. Während der zweiten Gruppenphase hat sich das Workshop-Team auf die Definition des Kooperationspartners festgelegt, auf den sich die folgende Erhebung beziehen sollte. Dabei wurde beschlossen, die Unternehmen der Gruppe als Kooperationspartner zu verstehen und somit eine intraorganisationale Kooperationsbeziehung zu betrachten. Ist im Folgenden vom Kooperationspartner der Unternehmensgruppe die Rede, ist damit das Unternehmen mit Sitz am weiteren deutschsprachigen Standort gemeint. Während die Kooperation der beiden deutschen Unternehmensstandorte mit diesem Unternehmen bereits seit einigen Jahren besteht[136], fand die formale Integration des Unternehmens zur Jahresmitte 2011 – etwa ein Jahr vor Durchführung des Erhebungsworkshops – statt.

Die Beschreibung der Erhebungsergebnisse erfolgt unterteilt nach den **Elementen**, **Systemen** und **Umwelten** schlanker Kooperationsbeziehungen, die im Erhebungsworkshop abgefragt wurden. Für die Auswertung des vorliegenden Falls ist außerdem zu berücksichtigen, dass die Gelegenheit bestand, zusätzlich zu den anwesenden Workshop-Teilnehmern weitere Personen in die Untersuchung einzubeziehen.[137] Die Befragung dieser Teilnehmer erfolgte nachträglich auf Ansprache durch die KVP-Trainer des deutschen und des weiteren deutschsprachigen Standorts[138]. Zur Übersicht wird in Tab. 45 die Zusammensetzung aller an der Befragung beteiligten Personen dargestellt.

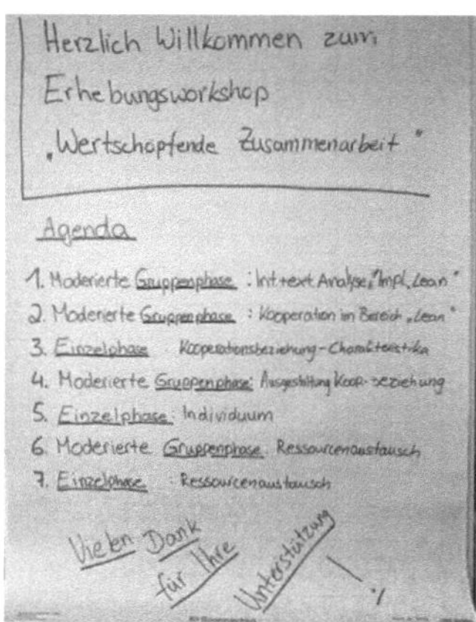

Abb. 14: Flipchart zur Vorstellung des Ablaufs des Erhebungsworkshops

135 Phase 1: Interne und externe Unternehmensanalyse, Stand der Lean-Implementierung; Phase 2: Kooperationen im Bereich Lean Management; Phase 3: Merkmale der Kooperationsbeziehung; Phase 4: Ausgestaltung der Kooperationsbeziehung; Phase 5: Individuum; Phase 6 und 7: Ressourcenaustausch. Diese Aufteilung gilt ebenfalls für die Fallstudien „B" bis „F".

136 Die Teilnehmer geben an, dass die strategische Kooperation bereits seit 2005 besteht.

137 Vgl. Voss et al., 2002, S. 208 zum Nutzen der nachträglichen Befragung per Fragebogen begleitend zu einer Fallstudienerhebung.

138 Die Befragung der insgesamt acht Personen erfolgte nach Auswahl der KVP-Trainer. Für diesen Zweck wurden Fragebögen erstellt, die sowohl Konstrukte der Einzel- als auch der Gruppenphasen des Erhebungsworkshops beinhalten. Während sich die Teilnehmergruppe des Erhebungsworkshops darauf festgelegt hat, die anderen Unternehmensstandorte als Kooperationspartner zu betrachten, wurde diese Festlegung in den Fragebogen für die Nachreichenden einleitend aufgenommen.

Befragte Personen	Zuordnung
Teilnehmer am Erhebungsworkshop	• Deutscher Standort, an dem Workshop durchgeführt wurde: acht Personen • Weiterer deutscher Standort: eine Person • Weiterer deutschsprachiger Standort[139]: zwei Personen
Befragungsteilnehmer, die nicht am Erhebungsworkshop anwesend waren und nachträglich befragt wurden	• Weiterer deutscher Standort: sieben Personen • Weiterer deutschsprachiger Standort: eine Person

Tab. 45: Zusammensetzung aller befragten Personen in Fall A

6.2.1.2. Elemente schlanker Kooperationsbeziehungen in Fall A

Zu Sicherstellung der Anonymität der Teilnehmerangaben werden im Folgenden nur die zusammenfassenden Darstellungen der Elemente, Systeme und Umwelten der einzelnen Fallstudien dargestellt. In Abb. 15 werden die Elemente schlanker Kooperationsbeziehungen für Fall A zusammenfassend dargestellt.

Elemente in Austauschbeziehungen: Kurzzusammenfassung Fall A

> Eigenschaften von Individuen in Austauschbeziehungen

Wissensaufnahmefähigkeit	Grundlagenwissen vorhanden / Erfahrung mit Lean Management / Erfahrung mit dem Kooperationspartner / Verbreitung des Lean Ansatzes im Unternehmen mit einem Fokus auf Produktion, Top-Management und Logistik
Austausch-Einstellung	Prosozial und erwidernd
Erwartungen	Positive Erwartungen an die Kooperation / Erwartung: Langfristigkeit der Kooperationsbeziehung / Kooperationspartner ist alternativlos / Positive Erwartungen an die eigenen Tätigkeiten
Arbeitseinstellung	Zustimmungstendenz: humanistisches Glaubenssystem und organisationsbezogenes Glaubenssystem Positive Einschätzung der Arbeitszufriedenheit und der individuellen Einbindung
Proaktivität	Zustimmungstendenz

> Austauschressourcen in Austauschbeziehungen

Zugehörigkeit (Liebe)
Leistung
Güter
Geld
Information
Status

Hoher Austausch der Ressourcen:
Zugehörigkeit, Leistung, Information, Status

Niedriger Austausch:
Güter, Geld

Wissensaustausch wird eher mittel eingeschätzt
Ansatzweise besteht eine Tendenz des Wissensflusses hin zum Kooperationspartner

Auf individueller Ebene im Austausch *zwischen Individuum und Unternehmen* überwiegen die erhaltenen Belohnungen die gegebene (mäßige) Verausgabung deutlich

Abb. 15: Elemente schlanker Kooperationsbeziehungen Fall A

---

[139] Im Folgenden auch als Kooperationspartner oder als in die Unternehmensgruppe zu integrierendes Unternehmen bezeichnet.

6.2.1.3. Systeme schlanker Kooperationsbeziehungen in Fall A

In Abb. 16 sind die Systeme schlanker Kooperationsbeziehungen für den Fall A zusammenfassend dargestellt.

Systeme in Austauschbeziehungen: Kurzzusammenfassung Fall A

Beziehungstreiber	
Qualität der Kooperationsbeziehung	Hohes Commitment gegenüber dem Kooperationspartner (i.V.m. hohem individuellen Commitment gegenüber dem Unternehmen) / Vertrauen in den Kooperationspartner vorhanden (insbesondere allgemeines Vertrauen) / Hohe Ausprägung der Beziehungsnormen mit einem Fokus auf *Reziprozitäts-, sozialen, Informationsaustausch- und kooperativen Normen* / Austausch wird als effizient eingeschätzt
Kontaktdichte	Im Bereich KVP stehen 15 Personen (8 aus den deutschen Standorten, 7 aus dem weiteren deutschsprachigen Standort) in Kontakt / Insgesamt bestehen zwischen den Kooperationspartnern mehr flüchtige Kontakte (im Gegensatz zu dauerhaften Kontakten) / Ein großer Teil der Befragten steht mit wenigen einzelnen Personen in engerem Kontakt / Dominierend sind arbeitsbezogene Themen zwischen den Partnern, gelegentlich wird über Freizeitaktivitäten gesprochen / Gemeinsame Aktivitäten, die am häufigsten stattfinden sind: Austausch von E-Mails, Telefonate, Konferenzen – gefolgt von gemeinsamen Workshops; darüberhinaus werden seltener gemeinsame Projekte, Teambildende Maßnahmen und Trainings durchgeführt / Geringe Distanz der Befragten
Kontaktautorität	Der Lean Management-Verantwortliche kennt jeweils die zentralen Entscheidungsträger im eigenen Unternehmen und steht in Kontakt mit diesen / Kontakte bestehen auch zwischen Lean Management-Verantwortlichen und zentralen Entscheidungsträgern der Partnerunternehmen
Wahrnehmung der Beziehung	Tendenziell positiver affektiver Kontext i.V. mit hoher Zustimmungshäufigkeit und hoher Einwilligung / Beziehung ist überwiegend harmonisch und Interessen sind kompatibel / Vorliegen opportunistischen Verhalten wird verneint / Teamorientierter- und stabiler Zusammenhalt i.V.m. der Neigung als Individuum im Unternehmen zu bleiben bzw. die Partnerschaft auf Kooperationsebene aufrechtzuerhalten
Abhängigkeit und Leistung	Teilweise gegenseitige Abhängigkeit / Überwiegend einseitige kooperationsspezifische Investitionen (in Richtung des zu integrierenden Partners) / Kommunikation funktioniert tendenziell gut / Hohes Verbesserungspotenzial hauptsächlich bezüglich entstehender Kosten
(Formale) Steuerung	Hohe Marktdynamik / Niedrige oder mittlere Aufgabenklarheit / Vertragliche Regelungen sind vorhanden jedoch wenige detailliert
(Beziehungs-) Identität	Tendenz zur gemeinsamen Identität bezogen auf das eigene Unternehmen / Zustimmungstendenz: Werte des eigenen Unternehmens stimmen mit denen des Partners überein

Abb. 16: Systeme schlanker Kooperationsbeziehungen Fall A

6.2.1.4. Umwelten schlanker Kooperationsbeziehungen in Fall A

Abb. 17 zeigt die Systeme schlanker Kooperationsbeziehungen für Fall A..

Umwelten von Austauschbeziehungen: Kurzzusammenfassung Fall A

> Unternehmensleistungen und Wettbewerbsbedingungen

Unternehmensleistungen	Zufriedenheit mit der unternehmerischen Leistung besteht *(eingeschränkte Aussagefähigkeit)*
Wettbewerbsbedingungen	Wettbewerb findet über Produktmerkmale statt / Bedrohung erfolgt hauptsächlich durch die Entwicklung bereits bestehender Wettbewerber

> Implementierung und Ausgestaltung von Lean Management im Unternehmen und in der Kooperation

Lean Management-Philosophie	Lean Management-Philosophie ist in Ansätzen im Unternehmen verankert / Positiv hervor treten (1) die Entwicklung von Mitarbeitern und Führungskräften, (2) dass sich Führungskräfte regelmäßig mit der Situation vor Ort auseinandersetzen und (3) die Wahrnehmbarkeit der Lean Aktivitäten im Unternehmen / Beim Ausmaß der Verankerung der Lean Philosophie unterscheiden sich die Standorte
Implementierungsgrad	Tendenziell hoher Implementierungsgrad bei allen Standorten / Besonders hohe Zustimmung zu den Aussagen: (1) Top-Management wirbt extern für den Lean-Ansatz und (2) regelmäßige Umsetzung produktbedingter Änderungen in der Produktion / Vergleichsweise niedrig bewertet werden die Aussagen (1) es besteht genügend Zeit, Lean zu lernen und (2) es gibt ausreichend Lean Trainings und (3) Lean-Erfolge werden gefeiert
Anwendung schlanker Methoden und Werkzeuge	24 schlanke Methoden und Werkzeuge, die im Einsatz sind, werden aufgezählt – bei 16 davon besteht an mindestens einem Standort Zufriedenheit mit der Umsetzung / Als Partner sind manchmal Berater eingebunden, in Einzelfällen auch Kunden oder Lieferanten / Die Motivation zur Umsetzung besteht überwiegend intern – in machen Fällen geschieht die Umsetzung auf Anforderung des Kunden
Review-Stufen	Beide Unternehmen sind zufrieden mit der Kooperationsbeziehung / Unzufriedenheit besteht hinsichtlich der Kosten in der Kooperationsbeziehung / Es gibt keinen regelmäßigen, gemeinsamen Leistungsbewertungsprozess innerhalb der Kooperation

Abb. 17: Umwelten schlanker Kooperationsbeziehungen Fall A

6.2.1.5. Fazit wertschöpfende Kooperationsbeziehungen in Fall A

In den vorangehenden Abschnitten sind die Elemente, Systeme und Umwelten schlanker Kooperationsbeziehungen auf Grundlage des durchgeführten Erhebungsworkshops ausführlich dargestellt. Die Teilnehmer des Erhebungsworkshops haben sich dafür entschieden, das in die Unternehmensgruppe zu integrierende Unternehmen am weiteren, deutschsprachigen Standort als intraorganisationalen Kooperationspartner der Unternehmensgruppe mit ihren deutschen Standorten zu betrachten. Die Erhebung wurde im Jahr 2012 durchgeführt, bei der die Teilnehmer angegeben haben, dass die (strategische) Kooperation bereits seit 2005 besteht. Formal fand die Integration des Unternehmens in die Gruppe bereits zur Jahresmitte 2011 statt. Im Gespräch mit dem KVP-Koordinator der Unternehmensgruppe[140] konnte herausgefunden werden, dass in diesem Bereich bereits seit Ende 2009 sporadischer Kontakt besteht und die strategische Kooperation mit der Übernahme zur Jahresmitte 2011 vorangeschritten ist. Die Unternehmensgruppe mit ihren deutschen Standorten hat zur Jahresmitte 2008 mit ersten Pilotprojekten im Bereich KVP begonnen. Die folgende Abb. 18 skizziert einen Zeitstrahl der (schlanken) Zusammenarbeit. Vor diesem Hintergrund wird ersichtlich, dass zum Zeitpunkt der Erhebung bereits seit einem Jahr eine koordinierte Zusammenarbeit im Bereich Lean Management besteht, die auf vorherige sporadische Kontakte aufbaut.

Vor diesem Hintergrund und der in Abschnitt 5.4 dieser Arbeit entwickelten Annahmenmodelle zu schlanken Kooperationsbeziehung sollen im Folgenden die Elemente und Systeme

140 Siehe hierzu Anhang 4: Explorative Vorstudie.

der Kooperationsbeziehung von Fall A im Zusammenhang mit der Systemumwelt betrachtet werden.

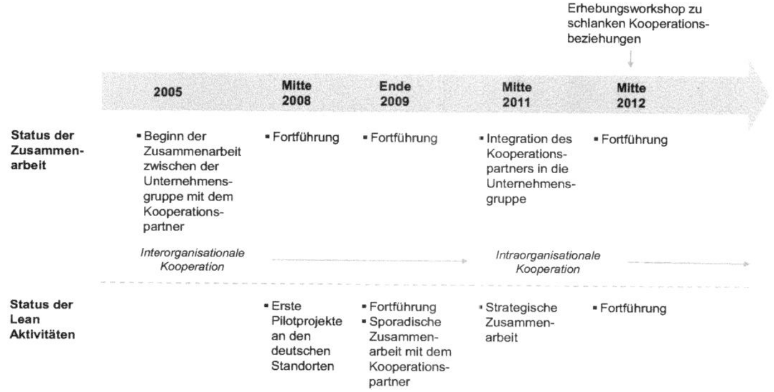

Abb. 18: Zeitstrahl „schlanker Kooperation" in Fall A

Elemente schlanker Kooperationsbeziehungen

Hier wird zunächst die betrachtete **Wissensaufnahmefähigkeit** untersucht. Die Workshop-Teilnehmer verfügen im Bereich Lean Management über theoretisches Vorwissen aus der Ausbildung bzw. dem Studium und stimmen der Aussage weitgehend zu, über ein fundiertes Grundlagenwissen zu verfügen. Sie verfügen darüber hinaus über eine fundierte Projekterfahrung, bei der in einzelnen Fällen auch externe Kooperationspartner beteiligt waren. Hier sei auf die sporadische Zusammenarbeit ab Ende 2009 hingewiesen, die im Zeitstrahl in Abb. 18 dargestellt ist. Hinsichtlich der Kooperationserfahrung besteht eine zustimmende Tendenz, die jedoch im Vergleich zur Lean-Erfahrung deutlich geringer ausgeprägt ist. Im Rahmen der Wissensaufnahmefähigkeit wird damit zusammenhängend auch die Verteilung des Wissens im Unternehmen untersucht. Dabei wird erkennbar, dass in den Bereichen Produktion, Logistik und Top-Management umfassende Erfahrungen mit Lean Management bestehen, was sich mit der klassischen Vorgehensweise der Lean-Implementierung deckt. Die Verteilung der Kooperationserfahrung mit dem spezifischen Partner ist wesentlich geringer einzuschätzen, weil die Aussage, dass die Partnerschaft einen erheblichen Teil der Belegschaft betrifft, eher abgelehnt wird. Insgesamt kann davon ausgegangen werden, dass insbesondere im Bereich Lean Management eine hohe Wissensaufnahmefähigkeit vorliegt. Aufgrund der Teilnehmerzusammenstellung der Verbesserungsworkshops im Unternehmen, die jeweils unterschiedliche Bereiche (hier: Produktion, Vertrieb, KVP) integriert und den Einbezug von Gästen aus anderen Standorten ermöglicht, ist davon auszugehen, dass die Wissensaufnahmefähigkeit der Partner die Lean-Implementierung an den Standorten der Kooperationspartner unterstützt und aufgrund des Erfahrungs- und Verteilungscharakters wechselseitig mit ihr zusammenhängt. Es ist außerdem davon auszugehen, dass die Wissensaufnahmefähigkeit der Individuen dazu beiträgt, die Kooperationsbeziehung effizient zu gestalten. Denn wird die Verteilung des Lean-Ansatzes im Unternehmen zunehmend erhöht, kann aufgrund des Vorwissens und der

Erfahrungen ein Verbesserungs-Workshop effizienter gestaltet werden, indem z.B. das Grundlagen-Training verkürzt oder gestrichen wird.

Als nächster Aspekt im Bereich der Elemente schlanker Kooperationsbeziehungen wird die individuelle **Austauscheinstellung** untersucht. Mit der Auswertung des Erhebungsworkshops wird ersichtlich, dass hier eine Tendenz zur prosozialen und erwidernde Austauscheinstellung besteht und damit günstige Voraussetzungen für kooperatives Handeln vorliegen. Es ist davon auszugehen, dass diese Einstellung aufgrund der kooperativen statt eigennützigen Ausrichtung die Implementierung von Lean Management in der Kooperationsbeziehung und an den beteiligten Standorten unterstützt, indem sie bspw. dazu beiträgt, dass Austauschbeziehungen gefestigt werden und nicht aufgrund eigennützigen Verhaltens scheitern. Im Ergebnismodell wird außerdem angenommen, dass eine hohe Austauscheinstellung eher den Austausch abstrakter und personengebundener Ressourcen unterstützt. Diese Vermutung wird unterstützt, da in der vorliegenden Kooperationsbeziehung insbesondere die **Ressourcen** Zugehörigkeit, Leistung, Information und Status ausgetauscht werden. Dass mit einer kooperativ-erwidernden Austauscheinstellung die Effizienz des Interaktionsprozesses unterstützt wird, könnte in diesem Fall mit der später gezeigten, hohen Einschätzung der Austauscheffizienz begründet werden.

Die **individuellen Erwartungen** an die Kooperationsbeziehung sind überwiegend positiv, umfassen eine langfristige Ausrichtung der Kooperation und gehen mit positiven Erwartungen an die eigenen Tätigkeiten einher. Da für die Workshop-Teilnehmer aktuell und zukünftig überwiegend eine erwartete Arbeitsplatzzufriedenheit besteht, die an einem anderen Arbeitsplatz (sowohl intern als auch extern) nicht erreicht werden kann, ist davon auszugehen, dass sie ihre Erfahrungen weiter ausbauen und die Lean-Implementierung am eigenen Standort und in Kooperation mit dem Partner weiter unterstützen bzw. vorantreiben. Dass positive Erwartungen einen verschwendungsarmen Austauschprozess unterstützen, kann damit begründet werden, dass Diskussionen über die Sinnhaftigkeit der Partnerschaft oder des Lean-Ansatzes unterbleiben und in der Kooperation effizient gearbeitet werden kann. Die Ergebnisse des besuchten Verbesserungsworkshops – und auch die Einschätzung der Austauscheffizienz durch die Workshop-Teilnehmer – unterstützen die Annahme, dass solche Diskussionen nicht den Fortschritt der Arbeit behindert haben oder allgemein behindern.

Hinsichtlich der individuellen **Arbeitseinstellung** besteht eine Zustimmungstendenz zum humanistischen und organisationsbezogenen Glaubenssystem und darüber hinaus eine positive Einschätzung der Arbeitszufriedenheit und der individuellen Einbindung. Das humanistische Glaubenssystem versteht die Arbeit als Möglichkeit zur individuellen Persönlichkeitsentfaltung während das organisationsbezogene Glaubenssystem die Interessen des Teams fokussiert und die Arbeitsleistung an deren Erfüllung misst.[141] In Verbindung mit der positiven Einschätzung von Arbeitszufriedenheit und individueller Einbindung ist davon auszugehen, dass die Unternehmensziele engagiert verfolgt werden. Daher ist ebenfalls davon auszugehen, dass die gemeinsame Lean-Implementierung verfolgt wird und Lösungen vorangetrieben werden, sodass auch der Interaktionsprozess positiv verläuft.

141 Vgl. hierzu Buchholz, 1978, S. 220 und Abschnitt 5.1.4 dieser Arbeit.

Den Kriterien zur Messung der individuellen **Proaktivität** wird überwiegend zugestimmt. Auffällig in der Beantwortung ist jedoch, dass Aussagen, die kompromittierend gegenüber anderen Personen wirken, im Vergleich schlechter bewertet werden, was für die kooperative Orientierung der Befragten spricht und sich mit der Tendenz zum organisationsbezogenen Glaubenssystem deckt. Das aktive Engagement, Verbesserungen zu identifizieren und umzusetzen, ist im Sinne der kontinuierlichen Verbesserung bereits integrales Element des schlanken Managements. Es unterstützt vor diesem Hintergrund die Einführung von Lean Management und ermöglicht es darüber hinaus, innerhalb der Kooperation Verbesserungen umzusetzen und den Interaktionsprozess selbst zu optimieren. Dies kann z.B. durch regelmäßige Abstimmungen der KVP-Teams der unterschiedlichen Standorte geschehen. Damit könnte eine Wissensaustauschroutine im Sinne des beziehungsorientierten Ansatzes geschaffen werden.[142] Durch die Realisierung gegenseitiger Besuche, ist davon auszugehen, dass Proaktive Verbesserungen erkennen, diese an den eigenen oder anderen Standort als Impulse herantragen und damit die Lean-Implementierung festigen.

Hinsichtlich des Ressourcenaustausches wurde ein Fokus auf die **Ressourcen** Zugehörigkeit, Leistung, Information und Status identifiziert. Diese sind überwiegend personenbezogen[143] und immateriell. Es ist davon auszugehen, dass der Austausch dieser Ressourcen die Lean Management-Implementierung in beiden Unternehmen unterstützt, weil diese Ressourcen gegenseitigen Respekt, gegenseitige Unterstützung Ermutigungen und Einbezug umfassen. Der gegenseitige Respekt gilt außerdem als eines der zentralen Prinzipien im Lean Management.[144]

Während ein Schwerpunkt auf den Austausch der Informationsressource identifiziert werden kann, so wird das Ausmaß des spezifischen **Austausches der Wissensressource** eher mittelmäßig eingeschätzt. Außerdem kann beim Wissensaustausch – und bei der Leistung kooperationsspezifischer Ressourcen, wie als Bestandteil der Systembeschreibung Abhängigkeiten und Leistungen in der Kooperationsbeziehung zu zeigen ist – eine Tendenz des Austausches in Richtung des Kooperationspartners vermutet werden. Vor diesem Hintergrund ist davon auszugehen, dass der Ressourcenaustausch vor allem hinsichtlich der Informations- bzw. Wissensressource nicht ausgeglichen ist. Während die Austauscheffizienz in der Kooperationsbeziehung zwar grundsätzlich hoch eingeschätzt wird, kann mit der Betrachtung der Verbesserungspotenziale in der Kooperationsbeziehung ein differenzierter Blick gewonnen werden. Es besteht hinsichtlich der entstehenden Kosten eine einstimmige Einschätzung, dass hier Verbesserungen notwendig sind. Unter Berücksichtigung der Investitionen in die Kooperationsbeziehungen (RSI_2-4) sowie die Eigenschaften der Kooperationspartner (ASS_2-4) wird deutlich, dass hinsichtlich der Investitionen in Trainingsmaßnahmen und in die Ressourcen der Kooperationsbeziehung sowie hinsichtlich der Übertragung des Produktionssystems und von Normen und Standards ein Ungleichgewicht besteht. Während alle vier genannten Aspekte auf die Ressource Wissen reduziert werden könnten, entstehen gleichzeitig beim Austausch Kosten, die es möglicherweise zu reduzieren gilt. Daher ist anzunehmen, dass zwar die Ressource Geld nicht direkt ausgetauscht wird, sondern über den Austausch der Ressource

[142] Vgl. Dyer & Singh, 1998, S. 664 ff. Siehe auch Abschnitt 3.2.2.2.
[143] Vgl. Foa & Foa, 1974, S. 82. Siehe auch Abb. 11.
[144] Vgl. Hines 1994, S. 5; Liker, 2011, S. 263; Sugimori et al., 1977, S. 553. Siehe auch: Abschnitt 4.1.1.

Wissen Kosten entstehen, die es zu reduzieren gilt. Da hinsichtlich des Wissensaustauschs eine Richtungstendenz festgestellt werden kann, kann angenommen werden, dass ein unausgeglichener Ressourcenaustausch – hier hinsichtlich der Ressource Wissen – Verschwendung in Form anfallender Kosten verursacht.

Während eine Fokussierung der Ressource Status in der Kooperationsbeziehung bereits erläutert wurde, so wird mit der Erhebung auch die von den Workshop-Teilnehmern erhaltene **Wertschätzung** betrachtet. Sie ist integriert in das Modell der Gratifikationskrisen, die sich als unausgeglichene Austauschbeziehungen am Arbeitsplatz negativ auf die Gesundheit und damit das Potenzial der Mitarbeiter auswirken. Diesbezüglich kann keine Unausgeglichenheit bzw. Gefährdung der Workshop-Teilnehmer festgestellt werden. Weiterhin liegt im Mittel ein Erhalt von Wertschätzung vor, bzw. deren Nicht-Erhalt wirkt nicht belastend. Es ist davon auszugehen, dass die Ausgeglichenheit zwischen Individuum und dessen Arbeitsplatz zur Lean-Implementierung beiträgt, weil keine stressbedingten gesundheitlichen Risiken bestehen und die Individuen ihre Potenziale einsetzen können.

Systeme schlanker Kooperationsbeziehungen

Im Bereich der Systeme schlanker Kooperationsbeziehungen werden die **Beziehungstreiber** nach Palmatier[145] untersucht:

Hierunter wird u.a. die **Qualität der Kooperationsbeziehung** gefasst. Bestandteile der Qualität sind dabei das **Commitment**, das im vorliegenden Fall gegenüber dem jeweiligen Arbeitgeber und gegenüber dem Kooperationspartner hoch ausgeprägt ist. Es ist davon auszugehen, dass ein hohes Commitment zum Kooperationspartner die Lean-Einführung am Standort des Kooperationspartners unterstützt. Dass sich die Partner als Teil der Familie sehen, lässt die Vermutung zu, dass man sich gegenseitig unterstützt, um besser zu werden. Der Aussage im Bereich des langfristigen Commitment, dass weitere Ressourcen in die Beziehung eingebracht werden, wird nur leicht bzw. eher zugestimmt. Vor diesem Hintergrund und der Ausrichtung als eine langfristige Beziehung, ist davon auszugehen, dass nach der bereits mehrjährigen Zusammenarbeit und einjährigen Integration des Partners in die Unternehmensgruppe, die Reduktion von Verschwendung im Interaktionsprozess an Bedeutung gewinnt. Das individuelle Commitment gegenüber dem eigenen Unternehmen wird ebenfalls erfasst. Auch diesen Kriterien stimmen die Teilnehmer weitgehend zu. Die Workshop-Teilnehmer sind stolz, Teil des Unternehmens zu sein, weshalb davon auszugehen ist, dass die Ziele und Aufgaben seitens des Arbeitgebers verfolgt und ausgeführt werden.

Ebenfalls Bestandteil der Qualität der Kooperationsbeziehung ist das **Vertrauen**. Auch das Vertrauen in den Kooperationspartner liegt in dieser Fallstudie vor. Insbesondere das allgemeine Vertrauen darauf, dass der Partner seine Pflichten erfüllt, ist ausgeprägt. Ansatzweise erhält auch das Vertrauen in das Wohlwollen der Partner hohe Zustimmung. Dies deutet auf das Vertrauen hin, dass sich der Partner auch über getroffene Vereinbarungen hinaus für die Beziehung engagieren wird. Deshalb ist davon auszugehen, dass sich die Partner in der Lean-Implementierung gegenseitig unterstützen werden und die Unterstützung über eine reine Pflichterfüllung hinausgeht. Dass Vertrauen als Kontrollmechanismus wirkt, ermöglicht es

[145] Palmatier, 2008a, S. 76 ff. Siehe auch Abschnitt 5.2.1.

außerdem, die Verschwendung in der Kooperationsbeziehung zu reduzieren. Im vorliegenden Fall bestehen z.B. keine Mechanismen zur Leistungsbeurteilung innerhalb der Kooperation was darauf hindeutet, dass das Vertrauen in die Leistungserfüllung hoch ist.

Ein weiterer Bestandteil der Beziehungsqualität sind die **Beziehungsnormen** in der Kooperationsbeziehung. Für den vorliegenden Fall wird gezeigt, dass insbesondere die **Reziprozitäts-**, die **Informationsaustausch-** sowie die **sozialen** und **kooperativen Normen** stark ausgeprägt sind. Damit kann davon ausgegangen werden, dass Leistungen erwidert werden, dass relevante Informationen rechtzeitig getauscht werden, dass Flexibilität möglich ist und an gemeinsamen Zielen gearbeitet wird. Vor diesem Hintergrund kann darauf geschlossen werden, dass gemeinsame Ziele, hier die Implementierung von Lean Management, bestmöglich umgesetzt werden und dass durch das Vorliegen dieser stark ausgeprägten Normen Verschwendung im Interaktionsprozess reduziert wird. Es wird außerdem erkennbar, dass die kooperativen Normen eng mit dem organisationsbezogenen Glaubenssystem zusammenhängen, das bei den Workshop-Teilnehmern stark ausgeprägt ist.

Abschließend ist die **Austauscheffizienz** ebenfalls Bestandteil der Qualität von Kooperationsbeziehungen. Hier besteht seitens der Teilnehmer überwiegend Zustimmung darüber, dass es sich um eine effiziente Austauschbeziehung handelt. Es ist davon auszugehen, dass ein effizienter Interaktionsprozess die Lean-Implementierung unterstützt. Da in der Abfrage alle drei Standorte einen ähnlichen Implementierungsstand aufweisen, kann angenommen werden, dass effiziente Austauschbeziehungen dazu beitragen Implementierungsunterschiede zu verringern.

Als zweiter **Beziehungstreiber** wurde in der Erhebung die **Kontaktdichte** für die Kooperationsbeziehung erfasst. In der Analyse wird deutlich, dass zwischen den Partnern mehr schwache und flüchtige als starke und kontaktintensive Verbindungen bestehen. Ein großer Teil der Befragten steht jedoch mit wenigen Einzelnen in einem engeren Kontakt. Es kann somit davon ausgegangen werden, dass sowohl starke als auch schwache Beziehungen bestehen. Die Teilnehmer geben außerdem an, dass eine Vielzahl gemeinsamer Aktivitäten durchgeführt wird, wobei manche Aktivitäten häufig, andere selten stattfinden. Dies lässt den Schluss zu, dass zum einen eine hohe Dichte der Kontakte besteht und zum anderen, dass es auch starke Verbindungen zwischen den Partnern gibt. Für die Implementierung von Lean Management ist eine hohe Verteilung auch flüchtiger Kontakte, wie sie möglicherweise in dem besuchten Verbesserungsworkshop gefördert werden, von Vorteil, da Erfahrungen auf diese Weise weit in den Unternehmen gestreut werden können. Außerdem ist davon auszugehen, dass starke Verbindungen, z.B. zwischen den KVP-Abteilungen, die Implementierung ebenfalls durch einen hohen Austausch unterstützen. Darüber hinaus ist anzunehmen, dass eine hohe Kontaktdichte, die über unterschiedliche gemeinsame Veranstaltungen entsteht, den Interaktionsprozess verschlankt. So ist davon auszugehen, dass bei den ersten gemeinsamen Events ein hoher Fokus auf das gegenseitige Kennenlernen gelegt werden muss, was mit zunehmender Kontaktdichte und gemeinsamer Aktivitäten wegfallen kann.

Schließlich erfasst der dritte **Beziehungstreiber** die **Kontaktautorität** in der Kooperationsbeziehung. In der Untersuchung wird gezeigt, dass jeweils die Lean-Verantwortlichen Kontakte zu zentralen Entscheidungsträgern, sowohl im eigenen Unternehmen, als auch beim Kooperationspartner, haben. Dadurch ist davon auszugehen, dass für die KVP- Abteilung Lobbyarbeit geleistet werden kann, die die Implementierung unterstützt. Gleichzeitig ermöglichen es direkte Kontakte aufwändige Umwege, z.B. bei der Einholung von Entscheidungen zu reduzieren und tragen damit zur Verschwendungsreduktion im Interaktionsprozess bei.

Ein weiteres Konstrukt, das im Rahmen der Systeme schlanker Kooperationsbeziehungen analysiert wird, ist die **affektive und konfliktbezogene Wahrnehmung der Beziehung**. Dabei wird im Fall A gezeigt, dass der affektive Kontext von den Teilnehmern tendenziell positiv beurteilt wird. Gleichzeitig liegen positive Austauscherlebnisse in Form von Einwilligungen und Zustimmungshäufigkeit vor. Die Beziehung wird überwiegend als harmonisch eingeschätzt und der Kompatibilität der Interessen wird zugestimmt. Innerhalb der Kooperationsbeziehung herrscht ein stabiler, teamorientierter Zusammenhalt, der ebenfalls in enger Verbindung zum organisationsbezogenen Glaubenssystem steht. Gleichzeitig bestehen eine Bindung zum eigenen Unternehmen und eine Neigung, die Kooperationsbeziehung aufrechtzuerhalten. Die positive Wahrnehmung als Untersuchungskriterium erfasst auch die Items der Begeisterung und Motivation. Beide sind in diesem Fall stark ausgeprägt. Es kann daher davon ausgegangen werden, dass Begeisterung und Motivation übertragen werden und die Umsetzung vorantreiben. Zudem kann davon ausgegangen werden, dass eine positive affektive Wahrnehmung, wie auch eine positive Gesamtwahrnehmung die Effizienz des Interaktionsprozesses unterstützen. So wird nicht nur motiviert zusammengearbeitet, sondern die Teilnehmer nehmen die Ziele der Partner als kompatibel wahr, wodurch weniger Konflikte entstehen, welche die Verschwendung in einer Beziehung ebenfalls erhöhen. In diesem Fall kann außerdem, vor dem Hintergrund eines teamorientierten und stabilen Zusammenhalts gezeigt werden, dass das opportunistische Verhalten niedrig ausgeprägt ist bzw. nicht vorliegt. Damit kann auch angenommen werden, dass ein hoher Zusammenhalt die Effizienz im Interaktionsprozess unterstützt.

Die **Abhängigkeit und Leistungen** in einer Kooperationsbeziehung sind ebenfalls Bestandteil der Kooperationsbeziehungssysteme. Für die vorliegende Kooperationsbeziehung kann teilweise eine gegenseitige Abhängigkeit festgestellt werden. Die kooperationsspezifischen Investitionen finden überwiegend in Richtung des Kooperationspartners, jedoch nicht gegenseitig statt. Im Ergebnis wird die Kommunikation zwar als verbesserungsfähig, aber funktionierend bewertet. Die Qualität der Zusammenarbeit, die Termineinhaltung, der Service und technische Support werden bereits als gut bewertet, während der insgesamt generierte Wert weiter verbessert werden kann und hinsichtlich der entstehenden Kosten eine Verbesserung notwendig ist. Auch wenn einer gegenseitigen Abhängigkeit nur teilweise zugestimmt wird, so ist davon auszugehen, dass diese in einer intraorganisationalen Kooperationsbeziehung per se als gegeben anzusehen ist. Insbesondere wenn die Unternehmensgruppe das Ziel der Lean Management-Implementierung vorgibt und für intraorganisationale Kooperationspartner verbindlich vorschreibt, wird die Lean-Implementierung unterstützt werden. Aufgrund der hohen Einbindung des Top-Managements, das extern für den Lean Ansatz wirbt und bei den Kooperationspartnern intensiv in die Lean-Ausbreitung eingebunden ist, kann davon ausgegangen werden, dass entsprechende Ziele vorgegeben werden. Außerdem ist davon auszugehen, dass positive Ergebnisse die Lean-Implementierung unterstützen, indem z.B. Einstellungen und Vorgehensweisen erlernt und gefestigt werden. So wird in der moderierten Gruppendiskussion seitens der Moderatorin häufig die Einstellung der Teilnehmer wahrgenommen: Das Ziel sich kontinuierlich verbessern zu wollen, wird bei der Bewertung von Kriterien deutlich, indem z.B. gesagt wird „hier haben wir noch enormes Verbesserungspotenzial“ im Gegensatz zu „hier sind wir schlecht“. Das Prinzip der kontinuierlichen Verbesserung hat sich durch erfolgreiche Projekte verfestigt und trägt zum einen dazu bei, dass Lean insgesamt weiter vorangetrieben wird und auch innerhalb des Kooperationsprozesses stetig nach Verbesserungen gesucht wird. Als Beispiel ist hierfür die Einschätzung zu nennen, dass hinsichtlich des insgesamt generierten Werts noch Verbesserungspotenzial besteht.

Hinsichtlich der **formalen Steuerung** der Kooperationsbeziehung als ein weiterer Bestandteil des Systems der Kooperationsbeziehung wird erkennbar, dass bei einer hohen Marktdynamik und einer niedrigen bis mittleren Aufgabenklarheit vertragliche Regelungen zwar vorhanden, aber nicht stark detailliert sind. Dies deckt sich mit der Forderung, formelle und informelle Steuerungsformen insbesondere im Umfeld hoher Marktdynamik als Komplementäre anzusehen[146]. Unter Berücksichtigung des Zeitstrahls der Kooperation in Abb. 18 i.V.m. den bisher dargestellten Ergebnissen, kann angenommen werden, dass die Phase der Vertragsanbahnung zur Integration des Kooperationspartners in die Unternehmensgruppe nach der Empfehlung von Cannon et al.[147] genutzt wurde, um sich kennenzulernen, relationale Normen aufzubauen und schließlich Integrationsverträge aufzusetzen, die jedoch nicht im Detail das Verhalten der Kooperationspartner regeln. Daher ist davon auszugehen, dass diese komplementäre Sicht die Implementierung von Lean Management in der Kooperationsbeziehung unterstützt, insbesondere vor dem Hintergrund, dass die Kooperation im Bereich Lean Management bereits zwei Jahre vor der Integration gestartet ist. Es kann auch davon ausgegangen werden, dass die Komplementarität von vertraglichen und informellen Regelungen die Effizienz der Kooperationsbeziehungen unterstützt. Während die informellen Regelungen in konfliktfreien Situationen das Verhalten der Teilnehmer bestimmen, so können besondere Konfliktsituationen mit existierenden vertraglichen Regelungen gelöst werden.

Abschließend wird das Konstrukt der **Identität** im Rahmen schlanker Kooperationsbeziehungen betrachtet. Hier wird gezeigt, dass im vorliegenden Fall eine Tendenz zur gemeinsamen Identität, bezogen auf das eigenen Unternehmen besteht. Außerdem besteht eine Zustimmungstendenz, dass die Werte des eigenen Unternehmens mit den Werten des Partners übereinstimmen. Eine gemeinsame Identität beeinflusst gemeinsame Vorstellungen über Ziele, Kausalzusammenhänge und Normen[148] und bewirkt die Verstärkung gruppenspezifischer Merkmale[149]. Diese Verstärkung kann mit der Bewertung Zustimmungstendenz zum humanistische und zum organisationsbezogenen Glaubenssystem oder der Proaktivität verdeutlicht werden, zu der ebenfalls eine Zustimmungstendenz vorliegt. Damit unterstützt die gemeinsame Identität in diesem Fall die Implementierung von Lean Management und durch die gemeinsame Orientierung einen verschwendungsarmen Austauschprozess.

146 Vgl. Cannon et al., 2000, S. 191.
147 Vgl. Cannon et al., 2000, S. 191 f.
148 Vgl. Garcia-Prieto et al., 2003, S. 432. Siehe auch Abschnitt 5.2.4.
149 Vgl. Huy, 2011, S. 1390. Siehe auch Abschnitt 5.2.4.

Umwelten schlanker Kooperationsbeziehungen

Schließlich ist der Bereich der **Umwelten schlanker Kooperationsbeziehungen** zu betrachten. In der Analyse der Umwelten im vorliegenden Fall besteht **Zufriedenheit mit den unternehmerischen Leistungen**[150] bei einem **Wettbewerb**, der hauptsächlich über Produkt- und nicht über Preismerkmale stattfindet und im Wesentlichen durch die Entwicklung bereits bestehender Wettbewerber eine Bedrohung der Unternehmen innerhalb der Unternehmensgruppe darstellt.

Die **Lean Management-Philosophie** ist bisher an den betrachteten Standorten der Unternehmensgruppe in Ansätzen ausgeprägt. Dabei bestehen Unterschiede in der Verankerung der Philosophie im Unternehmen. Hinsichtlich des **Implementierungsgrades** erreichen alle betrachteten Standorte hingegen hohe Werte. Dies wird durch die Nennung und Beschreibung der sich im Einsatz befindlichen **schlanken Methoden und Werkzeuge** bestätigt. Es wirkt vor diesem Hintergrund glaubhaft, dass seit 2008 intensiv an der Lean-Implementierung gearbeitet wird und hier große Fortschritte erreicht worden sind. Ein regelmäßiger **Review-Prozess** innerhalb der Kooperationsbeziehung liegt nicht vor.

Mit der Beschreibung der Elemente, Systeme und Umwelten schlanker Kooperationsbeziehungen konnten damit die im Ergebnis- und Interaktionsmodell getroffenen Annahmen untersucht werden.

In der Erhebung wurden ergänzend die Annahmen nach Frazier et al. zur Untersuchung der Implementierung von Just-in-time in Zulieferer-Hersteller-Beziehungen ergänzend aufgenommen.[151] Die **Implementierung von Lean Management in der Kooperation** wurde hierzu im Rahmen der zweiten Phase der moderierten Gruppendiskussion besprochen. Aus Zeitgründen und Gründen der Frage-Priorisierung wurde hier im Workshop eine Kürzung vorgenommen. Deshalb wurden diese Fragen in die Fragebögen zur nachträglichen Befragung integriert. [152] Im Ergebnis wurde bestätigt, was auch im Rahmen der Systeme und Elemente bereits erfasst wurde: Es hat sich in der Beziehung Vertrauen entwickelt (Impl_coop_8) und ein Teil der Belegschaft, wenn auch ein relativ geringer, ist in die Beziehung eingebunden (Impl_coop_3). Ein großer Teil der nachträglich Befragten stimmt der Implementierung von Lean Management in der Kooperation, den Lagewerten folgend, im mittleren Ausmaß zu.

6.2.2. Fallstudie 2 (Fall B)

6.2.2.1. Darstellung des Falls und des Erhebungsvorgehens

Die zweite Fallstudie wurde mit einem Automobilzulieferer durchgeführt. Die Identifikation des Unternehmens fand in Zusammenarbeit mit dem Verband für die Metall- und Elektroindustrie statt. Die Unterstützung erfolgte dabei vom Leiter des Bereichs *Arbeitswissenschaften*, der aufgrund von Beratungsprojekten mit den Verbandsunternehmen mit ihrem jeweiligen Produktionssystemen vertraut ist. Mit ihm wurden zunächst die Forschungsrelevanz, -methodik und -zielsetzung besprochen. Anschließend wurden Kriterien für die Auswahl ge-

150 Hier ist die sehr eingeschränkte Aussagefähigkeit zu beachten. Nur ein Teilnehmer aus dem Nachtrag traf hierzu eine Einschätzung.

151 Vgl. Frazier et al., 1988, S. 52 ff. siehe hierzu Abschnitt 4.6.

152 Die Ergebnistabellen sind zur Sicherung der Anonymität nicht Bestandteil der Veröffentlichung.

eigneter Unternehmen[153] festgelegt, mögliche Unternehmen identifiziert und vom Verband telefonisch angesprochen. Nach der Rückmeldung, dass Interesse und Bereitschaft seitens des Unternehmens am Forschungsworkshop besteht, erfolgte die Kontaktaufnahme durch die Autorin.

Im Fall des Automobilzulieferers konnte mit diesem Vorgehen der *Leiter Unternehmenssysteme* kontaktiert werden. Im telefonischen Vorgespräch wurde die Relevanz des Forschungs-Workshops für beide Seiten bestätigt, ein Team zusammengestellt und ein Termin vereinbart.

Die Relevanz des Forschungsthemas für das fokale Unternehmen B ergibt sich daraus, dass innerhalb des eigenen Konzerngeschäftsfeldes[154] sieben Tochterunternehmen angesiedelt sind. Es geht daher um die Untersuchung einer intraorganisationalen Kooperationsbeziehung. Die Zusammenarbeit im Konzern besteht in dieser Konstellation zum Zeitpunkt der Erhebungsanfrage bzw. -durchführung seit etwa fünf Jahren. Im Bereich Lean Management findet seit zwei bis drei Jahren eine Zusammenarbeit statt. Das fokale Unternehmen verfolgt den Lean-Ansatz am eigenen Standort bereits seit vier bis fünf Jahren.

Die Zusammensetzung der Teilnehmer am Erhebungsworkshop konnte, wie telefonisch vorab besprochen, realisiert werden. Sodass der Leiter Unternehmenssysteme selbst, zwei Personen aus dem Lean-Kernteam, der Logistikleiter des Standortes und ein Abteilungsleiter bzw. Meister aus der Produktion am 30.11.2012 am Erhebungsworkshop teilnehmen konnten. Der Erhebungsworkshop fand dabei zwischen 10:00 und 12:30 Uhr im kombinierten Tagungsraum und Büro des Lean-Kernteams statt. Dort wurde ersichtlich, dass eine intensive Beschäftigung mit der schlanken Unternehmensführung stattfindet. Beispielsweise waren am Flipchart Notizen zu einer Wertstromanalyse angebracht und im Raum wurde eine Single-Minute-Exchange-of-Dies (SMED)-Simulation für Trainingszwecke zusammengestellt.

In der Vorstellung konnten die Teilnehmer auf ihre jeweilige Funktion und ihren Hintergrund eingehen, sodass die Situation des fokalen Unternehmens detailliert beschrieben werden kann: Auslöser für die Einführung der schlanken Unternehmensführung war der Hauptkunde[155] des Unternehmens, mit dem bis ca. fünfeinhalb Jahre vor des Erhebungsworkshops auch eine wirtschaftliche Verflechtung bestand. In Zusammenarbeit mit diesem Unternehmen fanden erste gemeinsame Verbesserungsworkshops statt, die in das fokale Unternehmen „ausgestrahlten". Es wurde in diesem Zusammenhang festgestellt, dass in der Vergangenheit intensiv in Maschinen und Anlagen des Unternehmens investiert wurde, „die Menschen aber bisher auf der Strecke geblieben sind" und dass dies keine Grundlage ist, um „in die Zukunft zu gehen". Zukünftig muss der „Mensch im Mittelpunkt" stehen. Einer der Teilnehmer aus dem

153 Diese Kriterien sind: (1) Das Unternehmen hat einen Lean-Ansatz oder einen Ansatz der Kontinuierlichen Verbesserung implementiert bzw. hat Erfahrung in der Umsetzung schlanker Methoden und Werkzeuge, (2) Das Unternehmen hat unternehmensweit oder –übergreifend Partner mit denen (potenziell) eine Zusammenarbeit im Bereich Lean besteht z.B. durch die Zusammenarbeit mit Lieferanten und/oder Kunden, Benchmark-Unternehmen oder aufgrund der Unternehmensstruktur mit weiteren Standorten, Mutter-, Tochter oder Schwesterunternehmen und (3) Das Unternehmen ist kein Kleinst- oder Kleinunternehmen im Sinne der Europäischen Kommission (2003, S. L 124/39) und hat daher mehr als 50 Beschäftigte.

154 Der Mutterkonzern beschäftigt nach Angaben auf der Unternehmenshomepage konzernweit ca. 3.500 Mitarbeiter in mehreren Geschäftsfeldern (Angaben stimmen mit der Firmendatenbank der Bisnode GmbH (Zugriff: 24.01.2014) überein).

155 Der Kunde hat nach Aussagen der Workshop-Teilnehmer zum Zeitpunkt des Erhebungsworkshops einen Anteil am Gesamtumsatz von ca. 70 Prozent.

Kernteam war für die Erarbeitung eines Schulungsprogramms zum schlanken Produktionssystem des Unternehmens zuständig. Die Hauptthemen umfassten dabei die 5S-Methode, schnelles Rüsten[156] und Kennzahlen. Die Schulungen zu diesen Themen sind zum Zeitpunkt der Erhebungsdurchführung weitgehend abgeschlossen. Der Fokus des Kernteams liegt jetzt auf dem Thema Teamarbeit. Der zweite Teilnehmer aus dem Kernteam ist bereits seit den ersten Verbesserungsworkshops aktiv in den Lean-Ansatz eingebunden und übernimmt die Moderation von Verbesserungsworkshops, die Durchführung von Trainingsmaßnahmen und die Betreuung von Fachbereichen im Unternehmen. Der Abteilungsleiter aus der Produktion ist intensiv in die Einführung der Teamarbeit eingebunden. Er stellt es als eine besondere Herausforderung dar, passende Teamleiter zu finden.

Der Ablauf des Erhebungsworkshops verlief weitgehend wie bereits in der ersten Fallstudie (Fall A) dargestellt.[157] Zentrale Unterschiede zwischen den beiden Fällen bestehen darin, dass nur ein Kooperationspartner in die Befragung eingebunden ist, dass keine Nachträge eingeholt wurden, dass alle Teilnehmer regelmäßig und intensiv in die Lean-Implementierung eingebunden sind und dass der Erhebungsworkshop außerhalb der regulären Lean-Aktivitäten[158] durchgeführt wurde. Aufgrund einer restriktiven Zeitvorgabe für den Workshop fand außerdem eine Kürzung der Fragen statt.[159]

Die Analyse wird im Folgenden hinsichtlich der Elemente (Abschnitt 6.2.2.2), Systeme (Abschnitt 6.2.2.3) und Umwelten (Abschnitt 6.2.2.4) der Kooperationsbeziehung von Unternehmen B durchgeführt.

156 Schnelles Rüsten und die Methode Single-Minute-Exchange-of-Dies (SMED) können synonym verwendet werden.

157 Siehe hierzu Abschnitt 6.2.1.1; siehe auch Abb. 14.

158 In Fallstudie A fand der Erhebungsworkshop im Rahmen eines Verbesserungsworkshops statt.

159 Auf die Kürzungen wird im weiteren Verlauf an der jeweils betroffenen Stelle hingewiesen.

6.2.2.2. Elemente schlanker Kooperationsbeziehungen in Fall B

Abb. 19 zeigt die Elemente schlanker Kooperationsbeziehungen für Fall B.

Elemente in Austauschbeziehungen: Kurzzusammenfassung Fall B

> Eigenschaften von Individuen in Austauschbeziehungen

Wissensaufnahmefähigkeit	Fundierte Erfahrung mit Lean Management / Erfahrung mit dem Kooperationspartner punktuell vorhanden / Externe Lean-Projekte wurden vereinzelt begleitet / Verbreitung des Lean Ansatzes im Unternehmen mit einem Fokus auf Produktion und Logistik - das Top-Management folgt mit einem Abstand
Austausch-Einstellung	Tendenz: Prosozial und erwidernd
Erwartungen	Tendenziell keine hohen Erwartungen an die Kooperation / Hinsichtlich positiver Auswirkungen auf die eigene Tätigkeiten durch die Kooperation besteht Zustimmung und Ablehnung / Tendenzielle Erwartung: Langfristigkeit der Kooperationsbeziehung und Alternativlosigkeit des Kooperationspartners
Arbeitseinstellung	Zustimmungstendenz: humanistisches Glaubenssystem und organisationsbezogenes Glaubenssystem Positive Einschätzung der Arbeitszufriedenheit und der individuellen Einbindung
Proaktivität	Zustimmungstendenz

> Austauschressourcen in Austauschbeziehungen

Zugehörigkeit (Liebe) **Leistung** **Güter** **Geld** **Information** **Status**	Hoher Austausch der Ressourcen *Zugehörigkeit, Status, Information* Eher Mittlerer Austausch: *Leistungen* Niedriger Austausch *Güter, Geld* Wissensaustausch wird niedrig bis mittel eingeschätzt Ansatzweise besteht eine Tendenz des Wissensflusses hin zum Kooperationspartner Auf individueller Ebene im Austausch *zwischen Individuum und Unternehmen* ist der Austausch von Belohnung und Verausgabung tendenziell unausgeglichen hinsichtlich einer hohen Verausgabung / Tendenz zur Verausgabungsbereitschaft

Abb. 19: Elemente schlanker Kooperationsbeziehungen Fall B

6.2.2.3. Systeme schlanker Kooperationsbeziehungen in Fall B

Abb. 20 zeigt die Systeme schlanker Kooperationsbeziehungen für den Fall B.

Systeme in Austauschbeziehungen: Kurzzusammenfassung Fall B	
Beziehungstreiber	
Qualität der Kooperations-beziehung	Commitment gegenüber dem Kooperationspartner liegt vor (i.V.m. einem individuellen Commitment gegenüber dem eigenen Unternehmen) / Vertrauen teilweise vorhanden (positive Tendenz: Zuverlässigkeit, Aufrichtigkeit und Offenheit) / Unterschiedliche Ausprägungen der Beziehungsnormen (Zustimmungstendenz hinsichtlich: *Reziprozitäts-, Informationsaustausch- und kooperativen Normen*; hohe Bewertung des Items zur Bedeutung der Kooperation für zukünftige Herausforderungen) / Mittlere bis positive Bewertung der Austauscheffizienz
Kontaktdichte	5-10 Personen (auf jeder Seite) stehen miteinander im Kontakt / Mehr flüchtige als intensive Kontakte / Im Mittel etwa 1-2 Stunden Kontakt pro Woche / Individuelle Unterschiede in der Nähe zum Kooperationspartner / Themenspektrum wird dominiert von der Arbeit, fokussiert aber auch die Themenbereiche Familie und lokale Veranstaltungen & Events / Primäre gemeinsame Aktivitäten sind Synergiekreise; weitere Aktivitäten werden durchgeführt, sind aber seltener
Kontaktautorität	n.a.
Wahrnehmung der Beziehung	Tendenziell positiver affektiver Kontext i.V. mit Zustimmungs- und Einwilligungsereignissen / Hoher ausgedrückter Wert / Beziehung wird überwiegend harmonisch und nicht konfliktbehaftet wahrgenommen / Opportunistisches Verhalten ist teilweise vorhanden / Tendenz zur Kohäsion vorhanden / Tendenziell stabile und längerfristige Ausrichtung der Beziehung i.V.m. der individuellen Neigung, im Unternehmen zu verbleiben
Abhängigkeit und Leistung	Eher geringe Abhängigkeit des fokalen Unternehmens / (Ein) Fokus des Transfers liegt auf dem Produktionssystem, das hin zum Kooperationspartner übertragen wird / Verbesserungspotenzial hinsichtlich Produktqualität, Qualität der Zusammenarbeit und dem insgesamt generierten Wert / Einer kooperativen Zusammenarbeit wird tendenziell zugestimmt / Weitere Verbesserungspotenziale in der Kommunikation
(Formale) Steuerung	Hohe Marktdynamik / Niedrige oder mittlere Aufgabenklarheit / Teilweise Zustimmung, dass spezifische und detaillierte vertragliche Regelungen vorhanden sind
(Beziehungs-) Identität	Tendenz zur gemeinsamen Identität bezogen auf das eigene Unternehmen / Teilweise Zustimmung zur Identifikation mit dem Partnerunternehmen

Abb. 20: Systeme schlanker Kooperationsbeziehungen Fall B

6.2.2.4. Umwelten schlanker Kooperationsbeziehungen in Fall B

Die Umwelten schlanker Kooperationsbeziehungen für den Fall B zeigt Abb. 21.

Umwelten von Austauschbeziehungen: Kurzzusammenfassung Fall B	
> Unternehmensleistungen und Wettbewerbsbedingungen	
Unternehmensleistungen	Teilweise Zufriedenheit bzw. Unzufriedenheit mit der unternehmerischen Leistung (Zufrieden: Erfolg im Vergleich zum Wettbewerb; Unzufrieden: Umsatz, Rentabilität)
Wettbewerbsbedingungen	Preiswettbewerb / Teilweise Bedrohung durch Wettbewerber / Entwicklung von Produkten und Märkten schwer einschätzbar
> Implementierung und Ausgestaltung von Lean Management im Unternehmen und in der Kooperation	
Lean Management-Philosophie	Zugestimmt wird allein der Aussage, dass Lean Aktivitäten wahrnehmbar sind / Zustimmungstendenz hinsichtlich vollständiger Ausnutzung des Mitarbeiterpotenzials und einer Feedbackkultur im Unternehmen / Managemententscheidungen sind eher nicht langfristig ausgerichtet und das Management macht sich selten ein Bild von der Situation vor Ort
Implementierungsgrad	Tendenziell hoher Implementierungsgrad / Zustimmung, dass Management intern und extern für den Lean Ansatz wirbt, dass Veränderungsbereitschaft besteht und dass regelmäßig Prozessverbesserungen umgesetzt werden / Für die Durchführung von Trainings fehlen interne Experten
Anwendung schlanker Methoden und Werkzeuge	24 schlanke Methoden und Werkzeuge, die im Einsatz sind, werden aufgezählt – bei einer (zwei) davon besteht hohe (niedrige) Zufriedenheit mit der Umsetzung / Motivation ist ausschließlich intern begründet / Teamarbeit wird als zentrales Thema der Lean Kerngruppe als nächstes fokussiert
Review-Stufen	Tendenz zur Zufriedenheit

Abb. 21: Umwelten schlanker Kooperationsbeziehungen Fall B

6.2.2.5. Fazit wertschöpfende Kooperationsbeziehungen in Fall B

In den vorangehenden Abschnitten sind die Elemente, Systeme und Umwelten schlanker Kooperationsbeziehungen für den Fall B ausführlich dargestellt. Die Teilnehmer des Erhebungsworkshops haben sich in Fall B dafür entschieden, die intraorganisationale Beziehung zu ihren Konzernschwestern im eigenen Geschäftsfeld zu analysieren. Die Erhebung wurde Ende 2012 durchgeführt. Zu diesem Zeitpunkt bestand die fokussierte Kooperation bereits seit zwei bis drei Jahren. Die ersten Lean Management Erfahrungen haben die Teilnehmer im fokalen Unternehmen vor etwa fünfeinhalb Jahren – ausgehend vom Erhebungszeitpunkt – erworben. Im Zusammenhang mit den Lean-Aktivitäten des Hauptkunden, mit dem zu dieser Zeit noch wirtschaftliche Verflechtungen bestanden, fand ein Ausstrahlen der Lean-Aktivitäten statt. Vor dem Hintergrund, dass die Fertigung des fokalen Unternehmens in jüngster Vergangenheit intensive Technologieinvestitionen erfahren hat, wurde der Faktor Mensch vernachlässigt – geben die Teilnehmer in der Einführung an. Mit der Implementierung des Lean Management-Ansatzes im Unternehmen vor vier bis fünf Jahren, sollen die Menschen und ihre Potenziale für das Unternehmen stärker fokussiert werden. Die Zusammenarbeit mit den Konzernschwestern im Bereich Lean Management besteht nach Angaben der Teilnehmer seit zwei bis drei Jahren. In Abb. 22 ist ein Zeitstrahl der (schlanken) Zusammenarbeit für den Fall B dargestellt.

Vor diesem Hintergrund und der in Abschnitt 5.4 dieser Arbeit entwickelten Annahmenmodelle zu schlanken Kooperationsbeziehung sollen im Folgenden die Elemente und Systeme der Kooperationsbeziehung von Fall B betrachtet werden.

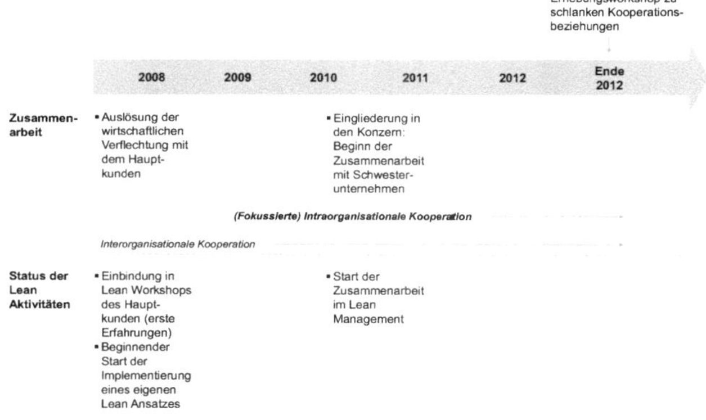

Abb. 22: Zeitstrahl "schlanker Kooperation" in Fall B

Elemente schlanker Kooperationsbeziehungen

Hier wird zunächst die betrachtete **Wissensaufnahmefähigkeit** untersucht. Für den vorliegenden Fall wurde gezeigt, dass praktische Erfahrungen und damit zusammenhängend ein Vorwissen zu Lean Management vorhanden ist. Auch hinsichtlich der Kooperation besteht innerhalb der Gruppe der Befragten Erfahrung. Zum einen wird mit dem in dieser Fallstudie fokussierten Kooperationspartner bereits seit einiger Zeit gemeinsam im Bereich Lean Management zusammengearbeitet und zum anderen besteht (teilweise) Vorerfahrung in der Durchführung von Lean-Workshops mit dem Hauptkunden des fokalen Unternehmens. Hinsichtlich der Verteilung des Lean- und Kooperationswissens im Unternehmen kann festgestellt werden, dass bisher Produktion und Logistik nach den Lean-Prinzipien arbeiten und das Top-Management teilweise. Die anderen Unternehmensbereiche erhalten in diesem Zusammenhang eine negative Einschätzung. Aufgrund der Antworten der Teilnehmer kann davon ausgegangen werden, dass die Kooperationserfahrung auf wenige Personen im Unternehmen konzentriert ist. Da von den Teilnehmern angegeben wurde, dass es wahrscheinlich ist, dass der Partner das Produktionssystem anpassen wird, ist davon auszugehen, dass das vorhandene Lean-Wissen diese Anpassung unterstützt. Weiterhin unterstützt die Einschätzung des Wissensflusses in Richtung des Kooperationspartners die Annahme der Übertragung des Lean-Wissens auf den Partner. Da die Verteilung des Lean-Wissens sich im fokalen Unternehmen überwiegend auf die Bereiche Produktion und Logistik konzentriert, ist davon auszugehen, dass eine Verteilung der Kontakte über das Unternehmen nicht signifikant zum Lean-Rollout beitragen würde. Allerdings ist es denkbar, dass eine Erhöhung der individuellen Kontaktdichte in den Bereichen Produktion und Logistik eine Übertragung unterstützen könnte. Dass in diesem Fall das individuelle Vorwissen bzw. die Wissensaufnahmefähigkeit dazu beiträgt, den Austauschprozess verschwendungsarm zu gestalten, kann insofern angenommen werden, dass die Individuen mit hoher Lean-Erfahrung auch in bestehenden oder zu entwickelnden Austauchprozessen darauf bedacht sind, verschwendungsarm zu handeln. Aufgrund vorliegender Kooperationserfahrung, kann davon ausgegangen werden, dass gute oder schlechte Erfahrungen (z.B. hinsichtlich der Beziehungssteuerung oder hinsichtlich der Wissensaustauschroutinen nach dem Relational View) hinsichtlich der Zusammenarbeit vorliegen, welche in die Steuerung und Ausgestaltung der fokussierten Kooperationsbeziehung eingebracht werden.

Der nächste Aspekt, der im Rahmen der Elemente schlanker Austauschprozesse untersucht wurde, ist die **individuelle Austauscheinstellung**. Im vorliegenden Fall ist davon auszugehen, dass grundsätzlich eine prosozial-erwidernde Austauscheinstellung vorliegt. Vor diesem Hintergrund kann angenommen werden, dass damit die Zusammenarbeit und die Umsetzung von Zielen der Zusammenarbeit unterstützt werden. Ebenso kann angenommen werden, dass durch eine grundsätzliche prosozial-erwidernde Austauscheinstellung die Möglichkeit besteht, einen langfristigen Austausch in Gang zu bringen und bereits aus diesem Grund zur Wertschaffung beiträgt. Die Fokussierung des Austausches auf die Ressourcen Zugehörigkeit, Status und Information unterstützt die Annahme, dass mit dieser Einstellung ein grundsätzlicher Austausch ebenso wie ein spezifischer Austausch hinsichtlich abstrakter, eher personengebundener Ressourcen möglich wird.

Hinsichtlich der **Erwartungen** an die Kooperationsbeziehung sind die Ergebnisse ernüchternd: Die Teilnehmer haben tendenziell keine hohen Erwartungen an die Kooperation, und stimmen positiven Auswirkungen auf die eigenen Tätigkeiten nur teilweise zu. Dennoch wird die Kooperationsbeziehung tendenziell als langfristig angesehen und der Partner als alternativlos betrachtet. Es ist daher davon auszugehen, dass die angenommene Langfristigkeit und Alternativlosigkeit zur Implementierung von Lean Management in der Kooperationsbeziehung beiträgt, insbesondere, wenn es als eines der Kooperationsziele formuliert wurde. Es stellt sich allerdings die Frage, inwiefern sich die tendenziell geringen Erwartungen an die Kooperation und deren Auswirkungen auf die eigenen Tätigkeiten auswirken. In diesem Zusammenhang ist anzumerken, dass die Befragten in der Gruppendiskussion angeben, dass hinsichtlich der (Produkt-)Qualität, der Qualität der Zusammenarbeit und dem insgesamt generierten Wert Verbesserungen notwendig sind. Auch hinsichtlich der wahrgenommenen Austauscheffizienz besteht die Möglichkeit der Verbesserung. Es ist davon auszugehen, dass höhere Erwartungen Anreize zur Verbesserung der genannten Faktoren leisten können.

In Bezug auf die **individuelle Arbeitseinstellung** kann für den Fall B eine Zustimmung zum humanistischen Glaubenssystem und dem organisationsbezogenen Glaubenssystem festgestellt werden. Die eigene Arbeitszufriedenheit wird positiv eingeschätzt, ebenso wie die individuelle Einbindung. Da hier eine Übereinstimmungstendenz mit Fall A vorliegt, ist auch in diesem Fall davon auszugehen, dass die Kooperationsziele als Bestandteil der Arbeitsaufgaben verfolgt werden und eine Lean-Implementierung in der Kooperation unterstützt wird sowie ein Austauschprozess grundsätzlich ermöglicht und aufrechterhalten wird.

Dass den Items zur **individuellen Proaktivität** zugestimmt wird, ist hinsichtlich der Lean-Implementierung positiv zu werten: Verbesserungen werden identifiziert und umgesetzt. Dies ist auch hinsichtlich einer verschwendungsarmen Gestaltung der Kooperationsbeziehung grundsätzlich als positiv zu werten, in dem Verbesserungen identifiziert werden und auch gegen mögliche Widerstände umzusetzen versucht werden.

Hinsichtlich der ausgetauschten **Ressourcen** besteht ebenfalls eine Ähnlichkeit zu Fall A, so werden mit den fokussierten Austauschressourcen Zugehörigkeit, Status und Information vorwiegend immaterielle, an Personen gebundene Ressourcen ausgetauscht. Insbesondere gegenseitiger Respekt als elementarer Bestandteil des Lean Managements und die Anpassung des Produktionssystems des Partners wird angestrebt, sodass ein Austausch von Informationen dienlich ist.

Beim Austausch der Ressource **Wissen** ist festzuhalten, dass der Austausch als niedrig bis mittel eingeschätzt wird, und dass eine Tendenz des Wissensflusses hin zum Partner festzustellen ist. Dies erscheint vor dem Hintergrund plausibel, da es insbesondere das Produktionssystem des Partners anzupassen gilt. Dass in dieser Hinsicht möglicherweise ein Ungleichgewicht vorliegt, könnte Auswirkungen auf das wahrgenommene Verbesserungspotenzial in der Beziehung haben. So wird z.B. hinsichtlich des insgesamt generierten Werts Verbesserungsbedarf gesehen. Ein eher einseitiger Wissensfluss verbunden mit relativ niedrigen Erwartungen an die Kooperation könnte Auslöser dieser Einschätzung sein.

Im Zusammenhang mit den Austauschressourcen wird das Verhältnis von Belohnung in Form von **Wertschätzung** und Verausgabung zwischen Individuen und Arbeitgeber betrachtet. Hier ist festzustellen, dass ein Ungleichgewicht besteht. Es ist dabei davon auszugehen, dass ein längerfristiges Ungleichgewicht negative Auswirkungen auf die Ziele und die Ausgestaltung der Kooperationsbeziehung haben kann und das Potenzial der Individuen nicht vollständig genutzt werden kann.

Systeme schlanker Kooperationsbeziehungen

Im Bereich der Systeme schlanker Kooperationsbeziehungen wurde zunächst der Beziehungstreiber **Beziehungsqualität** untersucht. Dieser Beziehungstreiber umfasst die Faktoren **Commitment**, **Vertrauen**, **Beziehungsnormen** und die **Austauscheffizienz.** Hinsichtlich des **Commitments** ist festzuhalten, dass ein Commitment gegenüber dem Partner grundsätzlich vorliegt, ebenso wie ein Commitment gegenüber dem eigenen Unternehmen. Der Beitrag des hohen individuellen Commitments könnte damit begründet werden, dass aufgrund dieses Commitments die Implementierung von Lean Management als fortgeschritten beurteilt werden kann. Wird das Ziel der Lean-Implementierung explizit auch für die Kooperationsbeziehung formuliert, ist davon auszugehen, dass sich die Teilnehmer auch dazu bekennen werden. Da die Teilnehmer auch dem Aspekt CO_or_3 mit einer vergleichsweise geringen Streuung zustimmen, kann davon ausgegangen werden, dass wenn sich das Unternehmen als schlankes Unternehmen begreift auch die Mitarbeiter ihr Handeln anpassen werden. Dies würde implizieren, dass kontinuierlich Verbesserungen identifiziert werden. Es kann somit davon ausgegangen, werden, dass die Wertschaffung in der Kooperationsbeziehung erhöht wird. Dass sich die Teilnehmer in der Kooperationsbeziehung als „Teil der Familie“ sehen, könnte eine gegenseitige Unterstützung intensivieren.

Vertrauen ist seitens der Befragten in die Kooperationsbeziehung teilweise vorhanden. Eine positive Tendenz zeigen die Kriterien zur Zuverlässigkeit, Aufrichtigkeit und Offenheit. Es kann davon ausgegangen werden, dass allgemeines Vertrauen vorliegt und die Teilnehmer der Überzeugung sind, dass der Partner seine Pflichten erfüllt. Die Items im Bereich des Wohlwollens finden nur teilweise Zustimmung. Ergo gehen die Teilnehmer nicht davon aus, dass sich der Partner über getroffene Vereinbarungen hinaus für die Beziehung engagieren wird. Vor diesem Hintergrund kann davon ausgegangen werden, dass vereinbarte Kooperationsziele – z.B. der Transfer des Lean Management-Ansatzes – unterstützt werden, jedoch keine Anstrengungen unternommen werden, eine Übererfüllung der Ziele zu erreichen. Dies wird sich sowohl im Ergebnis (z.B. der Lean-Implementierung) als auch im Interaktionsprozess bemerkbar machen.

Die Analyse der **Beziehungsnormen** zeigt, dass den Reziprozitäts-, Informationsaustausch und kooperativen Normen überwiegend zugestimmt wird, während die Solidaritäts-, Flexibilitäts- und soziale Normen nur teilweise Zustimmung erhalten. Es ist davon auszugehen, dass mit der vergleichsweise hohen Zustimmung zu den Normen der Gegenseitigkeit und der kooperativen Normen die Grundlage für einen funktionierenden Austauschprozess hergestellt ist. Die Zustimmung zu den Informationsaustauschnormen zeigt, dass ein aktives aufeinander zugehen möglich ist und damit Verschwendungen durch Wartezeiten im Interaktionsprozess reduziert. Dass von den Teilnehmern die Bedeutung der Partnerschaft für zukünftige Herausforderungen hoch eingeschätzt wird, könnte ein Hinweis darauf sein, dass künftig ein Wissensfluss auch in Richtung des fokalen Unternehmens gewünscht ist. Die Einschätzung, dass der Kooperationspartner über Spezialwissen verfügt[160] unterstützt diese Annahme. Da die Reziprozitätsnormen vergleichsweise hoch ausgeprägt sind, kann außerdem angenommen werden, dass das fokale Unternehmen jetzt Anstrengungen unternimmt, um später Anstren-

160 Vgl. die Ergebnisauswertung zu den Investitionen in der Kooperationsbeziehung.

gungen zurückzuerhalten. Damit kann sowohl das Ergebnis der Kooperationsbeziehung als auch die Interaktion selbst positiv unterstützt werden.

Die **Austauscheffizienz** in der Kooperationsbeziehung wird seitens der Teilnehmer mittel bis leicht positiv eingeschätzt. Hier wird ersichtlich, dass sowohl hinsichtlich der Kooperationsergebnisse als auch hinsichtlich der Interaktion selbst Verbesserungen möglich sind. Die Abfrage des Verbesserungspotenzials in der moderierten Gruppendiskussion, dargestellt in 6.2.2.3 bestätigt diese Annahme.

Als zweiter **Beziehungstreiber** wurde die **Kontaktdichte** für die Kooperationsbeziehung analysiert. Hier wird erkennbar, dass etwa zehn bis 15 Personen auf jeder Seite miteinander in Kontakt stehen. Es bestehen mehr flüchtige als intensive Kontakte. Bei den intensiveren Kontakten, die gepflegt werden, stehen pro Woche die Personen etwa ein bis zwei Stunden in Kontakt. Die Angaben zur Nähe in der Kooperationsziehung zeigen allerdings, dass ein sehr breites Spektrum an gesprochenem Austausch stattfindet. Möglichkeiten des Austausches bestehen i.d.R. bei den sogenannten Synergiekreisen, aber auch bei anderen gemeinsamen Aktivitäten, die jedoch seltener stattfinden. Hier ist davon auszugehen, dass über die intensiveren Kontakte der wesentliche Austausch erfolgt und in diesem Zusammenhang auch der Transfer des Lean-Wissens stattfindet. Dass die Teilnehmer angeben, auch für Themen außerhalb der Arbeit offen zu sein, erleichtert möglicherweise das Entwickeln weiterer intensiver Verbindungen, über die auch ein intensiver Wissensaustausch stattfinden kann. Es kann damit davon ausgegangen, dass die aktuelle Situation den Lean-Transfer aufgrund der bestehenden intensiven Kontakten bereits unterstützt wird. Der Interaktionsprozess selbst scheint mit der Austauschroutine des Synergiekreises unterstützt zu werden.

Hinsichtlich der **affektiven und konfliktbezogenen Wahrnehmung der Beziehung** wird festgestellt, dass tendenziell ein positiver affektiver Kontext vorliegt, der durch Zustimmungs- und Einwilligungsereignisse unterstützt wird. Der in der Kooperationsbeziehung ausgedrückte Wert wird als hoch wahrgenommen und die Kooperationsbeziehung erscheint überwiegend harmonisch und konfliktfrei. Dennoch stimmen die Teilnehmer teilweise dem Vorliegen opportunistischen Verhaltens zu. Während davon ausgegangen werden kann, dass die positive Wahrnehmung der Kooperationsbeziehung die Ergebnisrealisierung in der Beziehung und den Interaktionsprozess selbst unterstützt, ist die Einschätzung des opportunistischen Verhaltens in Bezug auf den Interaktionsprozess kritisch zu sehen. Die (teilweise) Zustimmung, dass opportunistisches Verhalten vorliegt, deutet darauf hin, dass Reibungsverluste in der Interaktion bestehen. Die Einschätzung des Verbesserungspotenzials in der Kooperationsbeziehung in 6.2.2.3 unterstützt diese Annahme. Dass Verbesserungen möglich sind, zeigen auch die Angaben der Teilnehmer zu Kohäsion, die nur tendenziell positiv sind. Insgesamt zeigt sich, dass von einer stabilen Kooperation ausgegangen werden kann, die auch in der individuellen Besetzung Bestand hat. Vor diesem Hintergrund ist sowohl davon auszugehen, dass die Realisierung von Kooperationsergebnissen unterstützt wird, als auch der Interaktionsprozess selbst. Werden Kooperationsziele vorgegeben und ist die Interaktion für die eigene Tätigkeit notwendig, so ist basierend auf den stabilen Verhältnissen davon auszugehen, dass Ergebnisse realisiert und die Kooperation mit zunehmender Erfahrung in der Zusammenarbeit effizienter wird.

Die **Abhängigkeiten und Leistungen** in der Kooperationsbeziehung sind auch für den vorliegenden Fall B analysiert. Hier wird ersichtlich, dass nach Einschätzung der Teilnehmer nur eine geringe Abhängigkeit des fokalen Unternehmens in der Kooperationsbeziehung besteht. Hinsichtlich der Richtung des Austausches kann eine Richtung hin zum Kooperationspartner festgestellt werden. Allerdings wird das Spezialwissen des Partners voll anerkannt und dessen Investitionen in Trainingsmaßnahmen zugestimmt. Vor dem Hintergrund der bereits beschriebenen Einschätzung der Bedeutung der Kooperationsbeziehung in der Zukunft, besteht die Möglichkeit, dass zukünftig der Wissensfluss in Richtung des fokalen Unternehmens intensiviert wird. Damit könnte eine gegenseitige Abhängigkeit unterstützt werden. Hinsichtlich der Leistungen in der Kooperationsbeziehung wird ersichtlich, dass entstehende Kosten im Vergleich zu alternativen Partnerschaften positiv eingeschätzt werden. Einem Verbesserungsbedarf wird hinsichtlich der Qualität der Zusammenarbeit zugestimmt, auch wenn die Beziehung an sich positiv beurteilt wird. Hier kann in Verbindung mit der bereits beschriebenen Einschätzung des opportunistischen Verhaltens davon ausgegangen werden, dass Verbesserungspotenzial besteht. Auch der insgesamt generierte Wert wird als verbesserungswürdig eingeschätzt. Eine stärker ausgeprägte gegenseitige Abhängigkeit hätte möglicherweise zu einer niedrigeren Einschätzung des Verbesserungspotenzials geführt. Sowohl Kooperation und Kommunikation werden tendenziell positiv eingeschätzt, sodass auch hier davon ausgegangen werden kann, dass die Grundlagen für einen funktionierenden Austausch vorhanden sind.

Hinsichtlich der **formalen Steuerung** der Kooperationsbeziehung wird für diesen Fall deutlich, dass bei einer hohen Marktdynamik und niedrigen bis mittleren Aufgabenklarheit teilweise Zustimmung besteht, dass spezifische und detaillierte vertragliche Regelungen vorhanden sind. Es ist davon auszugehen, dass die Ergänzung vertraglicher Regelungen durch Normen der Zusammenarbeit in diesem Fall gegeben ist und die Komplementarität zu Ergebnis und Interaktion der Beziehung beiträgt. So wurde z.B. dargestellt, dass dem Vorhandensein der Gegenseitigkeitsnormen zugestimmt wird und damit eine Grundlage für einen funktionierenden Austausch gelegt ist.

Abschließend wird im Bereich der Systeme die (Beziehungs-)**Identität** analysiert. Hier ist festzustellen, dass seitens der Teilnehmer eine Tendenz zur gemeinsamen Identität bezogen auf das eigene Unternehmen besteht. Der Identifikation mit dem Kooperationspartner wird teilweise zugestimmt. Hier kann angenommen werden, dass zum einen durch die Identifikation mit dem eigenen Unternehmen dessen Ziele verfolgt werden und damit auch die Kooperation vorangetrieben wird. Zum anderen ist davon auszugehen, dass selbst eine bestehende niedrige Identifikation mit dem Partner die Kooperationsbeziehung insofern unterstützt, dass sie nicht als negative Vergleichsgruppe dient.

Umwelten schlanker Kooperationsbeziehungen

Der Bereich der Umwelten schlanker Kooperationsbeziehungen umfasst in Fall B die teilweise **Zufriedenheit bzw. Unzufriedenheit mit unternehmerischen Leistungen** in Verbindung mit dynamischen und kompetitiven **Wettbewerbsbedingungen**. Es ist davon auszugehen, dass diese Situation für die Intention der Lean-Implementierung grundlegend war.

Während einer **Verankerung einer Philosophie** des schlanken Unternehmens tendenziell eher nicht zugestimmt wird, kann der **Implementierungsgrad** als fortgeschritten beurteilt werden. Dies erscheint vor dem Hintergrund des in Abb. 22 dargestellten Zeitstrahls realistisch, insbesondere, da das Lean-Kernteam auf operativer Ebene aus zwei Personen besteht. Der Einsatz schlanker Methoden und Werkzeuge unterstützt diese Annahme. Hinsichtlich der Just-in-time-Review-Stufen innerhalb der Kooperationsbeziehung besteht eine Zufriedenheitstendenz.

Ergänzend wird auch für Fall B die Items zur Lean bzw. Just-in-time-Implementierung in der Kooperationsbeziehung geprüft.[161] Hier wird ersichtlich, dass sich die Leistung der in der Kooperationsbeziehung teilnehmenden Unternehmen verbessert (Impl_coop_4). Es wird bestätigt, dass nur ein geringer Anteil der Belegschaft in die Kooperation eingebunden ist (Impl-coop_3), dass es nur selten Konflikte gibt (Impl_coop_7) und dass eine Zufriedenheit mit der Kooperationsbeziehung grundsätzlich gegeben ist (Impl_coop_9) – auch wenn an diesem Punkt keine volle Zustimmung erfolgt. Dass sich Vertrauen zwischen den Unternehmen entwickelt, konnte mit den Fragebögen bestätigt werden, jedoch bei differenzierter Betrachtung in diesem Fall eingeschränkt werden.

6.2.3. Fallstudie 3 (Fall C)

6.2.3.1. Darstellung des Falls und des Erhebungsvorgehens

Die dritte Fallstudie wurde bei einem Unternehmen im Bereich der Automatisierungstechnik durchgeführt. Die Identifikation des Unternehmens fand über einen Kontakt der TU Darmstadt statt, der im Rahmen seiner Forschung intensive Praxiskontakte im Bereich Lean Management aufgebaut hat. Mit ihm wurde zunächst die Forschungsrelevanz und Zielsetzung dieser Forschungsarbeit besprochen, bevor das Unternehmen C als geeignet identifiziert wurde. Im Anschluss fand eine direkte Kontaktaufnahme zum Leiter der unternehmensinternen Lean Management Strategie bzw. Abteilung statt. Mit ihm wurde zunächst ein Vorgespräch vereinbart, dessen Inhalt im Folgenden dargestellt werden soll.

Beim Vorgespräch im Dezember 2012 beteiligt, waren der Leiter der unternehmensinternen Produktionssystems – im Folgenden als CPS bezeichnet[162] – ein Praktikant seiner Abteilung und die Autorin. Im Gespräch wurde nach einer kurzen gegenseitigen Vorstellung die Zielstellung der Forschungsarbeit diskutiert und die Passung mit dem Unternehmen geprüft. Nachdem diese im Gespräch bestätigt wurde, wurde festgelegt, welche Personen in den Forschungsworkshop eingebunden werden sollten. Außerdem wurde der Erhebungsworkshop in Abhängigkeit der Verfügbarkeit der identifizierten Zielpersonen für einen Tag im Januar 2013 terminiert.

Der Leiter des CPS erklärte zu seinem persönlichen Hintergrund, dass er bei seinem vorherigen Arbeitgeber als Berater bereits intensive Erfahrungen im Bereich Lean Management ge-

---

161 Die Ergebnistabelle ist zur Sicherung der Anonymität nicht Bestandteil der Veröffentlichung.

162 Das Unternehmen bezeichnet den Lean Management-Ansatz in Anlehnung an das Toyota-Produktionssystem (TPS). Im Folgenden soll aus diesem Grund der Term CPS als Abkürzung für das Produktionssystem des Fall-Unternehmens C verwendet werden. Vgl. zur Benennung unternehmensspezifischer Produktionssysteme nach dem Muster „XPS“ von Netland & Aspelund, 2013, S. 1151.

sammelt hat und dort auch die Möglichkeit hatte, mit Toyota-Mitarbeitern zusammenzuarbeiten. Im Unternehmen C erfolgte die Einführung des CPS im Jahr 2005. Seit 2010 werden auch administrative Unternehmensbereiche einbezogen. Die Strukturen im Unternehmen bezeichnet er als mittelständisch geprägt und geht auf den Unternehmenszusammenschluss Anfang der 2000er Jahre ein. An das integrierte Unternehmen bestand die Erwartung, das Konzernverhalten zu übernehmen. Dies betrifft insbesondere auch den Lean-Ansatz, der im integrierten Unternehmen vormals nicht verfolgt wurde und seitens der Konzernmutter vorgegeben wird. Seitens der Konzernmutter wird eine Lean-Trainerausbildung angeboten, mit der unternehmensinterne Berater ausgebildet werden. Auf der Homepage der Konzernmutter ist in einer Orientierungsunterlage die Einordnung des Produktionssystems in das Geschäftssystem vorgenommen. Dort wird beschrieben, dass mit einheitlichen Begriffen und Strukturen das Ziel verfolgt wird, innerhalb des Konzerns besser voneinander lernen zu können. In dieser Unterlage werden auch die Unternehmenswerte vorgestellt, die auch die Werte Verantwortlichkeit, Offenheit, Vertrauen, Zuverlässigkeit und Glaubwürdigkeit umfassen.

Hinsichtlich der Kooperationsthematik stellt der Gesprächspartner fest, dass externe Kooperationen hauptsächlich mit Lieferanten, Universitäten und Beratungsunternehmen stattfinden. Er betont, dass mit über 30 Werken weltweit die interne Kooperation eine bedeutsame Rolle einnimmt.

Die Teilnehmerzusammensetzung für den Erhebungsworkshop konnte weitgehend wie vorab besprochen realisiert werden. Sie setzt sich aus Personen der mittleren Führungsebene und der internen Beratung zusammen[163] und umfasst Personen mit folgendem Hintergrund:

a) Unternehmenszugehörigkeit etwa neun Jahren (Start im Bereich Logistik-Controlling), im Bereich CPS: seit etwa fünf Jahre; Betreuung von fünf Werken im In- und Ausland,
b) Unternehmenszugehörigkeit etwa viereinhalb Jahre, CPS-Abteilung; unternehmensinterne Trainerausbildung abgeschlossen; Betreuung von fünf bis sechs Werken in Deutschland,
c) unternehmenszugehörig seit 2001; seit 2006 im Bereich CPS, Erfahrung: Training und Wertstromprojekte,
d) unternehmenszugehörig seit 2008, vorher Inhouse-Beratung eines Automobilherstellers im Bereich Lean, unternehmensinterne Trainerausbildung abgeschlossen, Betreuung von Werken in Europa und weltweit,
e) unternehmenszugehörig seit 2005, davor als Meister bereits Lean-Erfahrung gesammelt, Trainerausbildung abgeschlossen; Betreuung von vier Standorten,
f) konzernzugehörig seit 1999 (bisherige Bereiche: Produktion, Planung, Entwicklung); seit 2006 Erfahrung mit Lean; seit Mitte 2012 im fokalen Unternehmensbereich; Lean-Standortbetreuung, Trainerausbildung und
g) unternehmenszugehörig seit 2001; zunächst im Bereich Logistik tätig, ab 2005 im Bereich CPS, Trainerausbildung abgeschlossen; überregionale Lean-Erfahrungen in Produktion und Administration gesammelt.

---

163 Angaben sind aus den Fragebögen entnommen. Eine Person wählt außerdem die Position „Sachbearbeiter“ aus.

Mit dieser Teilnehmerzusammensetzung wird bereits ein hoher Stellenwert des CPS deutlich. Im Rahmen der Gruppendiskussion wurde besprochen, sich auf die Zusammenarbeit innerhalb des Konzerns zu fokussieren. Der Erhebungsworkshop wurde für den Zeitraum von 10-14 Uhr inklusive einer Pause angesetzt. Vor dem Hintergrund der Teilnehmeranzahl und den Erfahrungen aus den bereits durchgeführten Erhebungsworkshops wurden vorab Kürzungen an der Befragung vorgenommen – diese sind in der folgenden Analyse jeweils dargelegt und begründet. Aufgrund einer sehr intensiven Diskussion der Konstrukte in der Gruppendiskussion wurde die Zeit vollständig genutzt. Im Folgenden werden die Ergebnisse der moderierten Gruppendiskussion und der Einzelbefragung dargelegt.

6.2.3.2. Elemente schlanker Kooperationsbeziehungen in Fall C

Eine Zusammenfassung der Analyse der Elemente schlanker Kooperationsbeziehungen ist in Abb. 23 dargestellt.

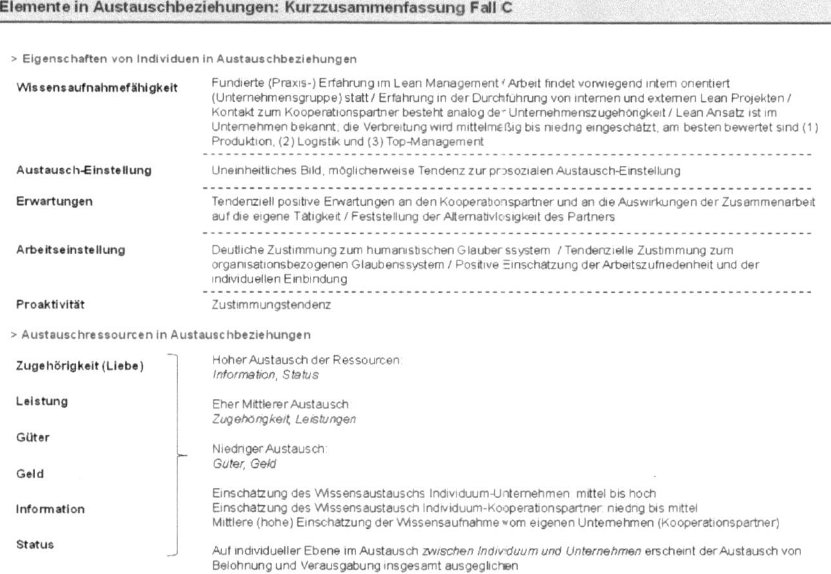

Abb. 23: Elemente schlanker Kooperationsbeziehungen Fall C

6.2.3.3. Systeme schlanker Kooperationsbeziehungen in Fall C

Eine Kurzzusammenfassung der Systeme schlanker Kooperationsbeziehungen für die vorliegende Fallstudie C ist Abb. 24 zu entnehmen.

Systeme in Austauschbeziehungen: Kurzzusammenfassung Fall C

Beziehungstreiber	
Qualität der Kooperationsbeziehung	Hohes Commitment gegenüber dem Kooperationspartner i.V.m. einem (teilweise hohen) Commitment gegenüber der eigenen (fokalen) Unternehmensgruppe / Tendenziell hohes Vertrauen (insbesondere: allgemeines Vertrauen und Wohlwollen) / Hohe Ausprägung der Beziehungsnormen (insbesondere: *Reziprozitäts-, Gegenseitigkeits- und Solidaritätsnormen*) / Eher positive Bewertung der Austauscheffizienz
Kontaktdichte	15-20 Personen des Partners stehen mit acht Personen der fokalen Unternehmensgruppe zum CPS im Austausch / Regelmäßiger individueller Kontakt besteht mit 1-3 Personen ca. 0,5 Stunden pro Woche / Mehr flüchtige als intensive Kontakte / Themenbereich Arbeit ist dominant; Familien- und Freizeitthemen finden ebenfalls Eingang in die Gespräche mit dem Partner / Primäre gemeinsame Aktivitäten sind CPS-Assessments und Foren zum Austausch
Kontaktautorität	n.a.
Wahrnehmung der Beziehung	Positiver affektiver Kontext i.V.m. Zustimmungs- und Einwilligungsereignissen / Hoher ausgedrückter Wert / Beziehung wird eher als harmonisch und nicht konfliktbehaftet wahrgenommen / Annahme, dass kein opportunistisches Verhalten vorliegt / Tendenz zur Kohäsion vorhanden / Hohe organisationsbezogene Stabilität der Beziehung i.V.m. (beidseitiger) Fluktuation auf individueller Ebene
Abhängigkeit und Leistung	Tendenziell hohe Abhängigkeit im Bereich CPS / Partner übernimmt (hohe) Investitionen im Bereich CPS / Verbesserung der Beziehung (eher) notwendig hinsichtlich konkreter Unterstützung, Kosten und teilweise auch hinsichtlich dem insgesamt generierten Wert / Dem Vorliegen einer kooperativen Zusammenarbeit wird zugestimmt / Verbesserungspotenzial besteht auch hinsichtlich Zufriedenheit mit der Kommunikation
(Formale) Steuerung	Insgesamt eher niedrige Marktdynamik / Eher mittlere bis niedrige Aufgabenklarheit / Annahme, dass spezifische und detaillierte vertragliche Regelungen zur Ausgestaltung der Kooperationsbeziehung eher nicht vorhanden sind
(Beziehungs-) Identität	Gemeinsame Identität ist bezogen auf die fokale Unternehmensgruppe stärker ausgeprägt als bezogen auf den Kooperationspartner / Zustimmung, dass individuelle Identifikation mit den Werten der fokalen Unternehmensgruppe besteht und dass diese mit denen des Kooperationspartners kompatibel sind

Abb. 24: Systeme schlanker Kooperationsbeziehungen Fall C

6.2.3.4. Umwelten schlanker Kooperationsbeziehungen in Fall C

Die Umwelten schlanker Kooperationsbeziehungen für den Fall C sind in Abb. 25 zusammenfassend dargestellt.

Umwelten von Austauschbeziehungen: Kurzzusammenfassung Fall C

> Unternehmensleistungen und Wettbewerbsbedingungen

Unternehmensleistungen	n.a.
Wettbewerbsbedingungen	Wettbewerb findet über Produktmerkmale statt / Preiserhöhungen bei Rohstoffen können an die Kunden weitergegeben werden / Teilweise erfolgt eine Bedrohung durch die Weiterentwicklung bestehender Wettbewerber / Neue Wettbewerber sind in den Markt eingetreten

> Implementierung und Ausgestaltung von Lean Management im Unternehmen und in der Kooperation

Lean Management-Philosophie	Verankerung der Lean Management Philosophie wird abgelehnt / Am wenigsten negativ wird die kontinuierliche Entwicklung von Mitarbeitern und Führungskräften bewertet und die Aussage, dass sich Führungskräfte regelmäßig ein Bild vor Ort machen
Implementierungsgrad	Lean Implementierung findet nur punktuell Zustimmung. Es gibt ausreichend Trainings zum CPS; es besteht genügend Zeit, Lean zu lernen; externe Berater unterstützen die Implementierung bzw. werden zur Implementierung (abgeworben und) eingestellt
Anwendung schlanker Methoden und Werkzeuge	15 schlanke Methoden und Werkzeuge, die im Einsatz sind, werden aufgezählt – bei einer (fünf) davon besteht hohe (mittlere) Zufriedenheit mit der Umsetzung / Die Zufriedenheit mit der Wertstromplanung ist im Vergleich am größten / In die Lieferantenentwicklung sind Externe eingebunden / Motivation ist ausschließlich intern begründet
Review-Stufen	Gleichberechtigte Austauschbeziehung hinsichtlich In- und Output / Es gibt einen übergeordneten CPS-Leistungsbewertungsprozess / Teilweise besteht Zufriedenheit mit den finanziellen Ergebnissen der Zusammenarbeit

Abb. 25: Umwelten schlanker Kooperationsbeziehungen Fall C

6.2.3.5. Fazit wertschöpfende Kooperationsbeziehungen in Fall C

In den vorangehenden Abschnitten wurden die Elemente, Systeme und Umwelten schlanker Kooperationsbeziehungen für den Fall C ausführlich dargestellt. Die Teilnehmer des Erhebungsworkshops haben sich in Fall C dafür entschieden, die intraorganisationale Beziehung zu ihrer Konzernmutter zu analysieren.

Die Erhebung wurde Anfang 2013 durchgeführt. Zu diesem Zeitpunkt bestand die intraorganisationale Kooperationsbeziehung bereits seit etwas mehr als zehn Jahren. Aus im Internet verfügbaren Unterlagen und Presseberichten geht hervor, dass die Einführung des CPS im Konzern ebenfalls Anfang der 2000er Jahre begonnen hat. In der fokalen Unternehmensgruppe hat die Einführung 2005 begonnen und wurde ab dem Jahr 2010 auch in administrativen Bereichen umgesetzt. Abb. 26 zeigt die Entwicklungen im Überblick.

Vor diesem Hintergrund und der in Abschnitt 5.4 dieser Arbeit entwickelten Annahmenmodelle zu schlanken Kooperationsbeziehung, werden im Folgenden die Elemente und Systeme der Kooperationsbeziehung von Fall C betrachtet.

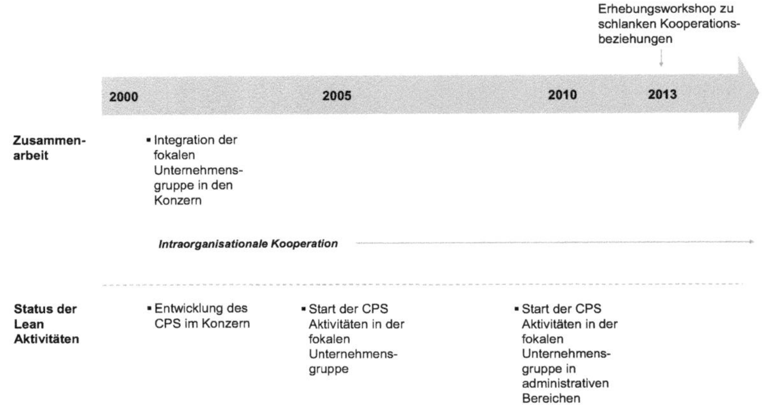

Abb. 26: Zeitstrahl "schlanker Kooperation" in Fall C

Elemente schlanker Kooperationsbeziehungen

Hier wird zunächst die betrachtete **Wissensausaufnahmefähigkeit** untersucht. Im Rahmen der Fallanalyse wird anhand der Vorstellungsrunde und den individuellen Angaben im Fragebogen gezeigt, dass seitens der Teilnehmer eine fundierte Praxiserfahrung im Hinblick auf Lean Management besteht. Bei der Untersuchung der Systeme schlanker Kooperationsbeziehungen in dieser Fallstudie wird deutlich, dass für die konzernweite Verbreitung des Lean-Ansatzes häufig ehemalige Berater angeworben werden. Eine der Kernaufgaben der Befragten besteht darin, die CPS-Implementierung in den Werken der fokalen Unternehmensgruppe national und international voranzutreiben und damit die Rolle eines internen Beraters zu übernehmen.

Die Teilnehmer treffen zwar die Einschätzung, dass der Lean-Ansatz mit dem CPS unternehmensweit bekannt ist, die Verbreitung wird allerdings mittelmäßig bis niedrig eingeschätzt. Am besten werden in absteigender Reihenfolge Produktion, Logistik und das Top-Management bewertet, wenn es um die Ausrichtung der Tätigkeiten nach der schlanken Unternehmensführung geht. Hinsichtlich der Zusammenarbeit mit dem intraorganisationalen Kooperationspartner besteht in der Regel Erfahrung seit dem individuellen Unternehmensbeitritt. Es ist davon auszugehen, dass die langjährige themenspezifische Erfahrung der Teilnehmer die Verbreitung des Lean-Ansatzes in der fokalen Unternehmensgruppe unterstützt, indem die Befragten aufgrund eigener Erfahrungen ihr Wissen schnell auf neue Kontexte übertragen können. Bei der Betreuung von mehreren nationalen und internationalen Standorten ist davon auszugehen, dass sehr unterschiedliche Anwendungskontexte bestehen, auf die Lean angewendet wird. Durch das Kennenlernen verschiedener Perspektiven, Situationen und Bedürfnisse bei der Standortbetreuung, ist außerdem anzunehmen, dass die Übertragung der Lean-Prinzipien mit dieser Erfahrung zusätzlich unterstützt wird. Es kann außerdem davon ausgegangen werden, dass mit den themen- und kooperationsspezifischen Erfahrungen der Austauschprozess an sich verschwendungsarm gestaltet werden kann. So ist anzunehmen, dass die Teilnehmer aufgrund ihrer Vorkenntnisse und Erfahrungen standortspezifische Bedürfnisse und Restriktionen schneller erkennen und ihr Handeln danach ausrichten. Dass die Bereiche Produktion und Logistik in der Verteilung am besten bewertet werden, steht in einem engen Zusammenhang mit der Ausrichtung des Lean-Ansatzes. So fand eine Integration administrativer Bereiche erst vor wenigen Jahren statt. Vor diesem Hintergrund ist anzunehmen, dass in diesen Bereichen erst eine Expertise aufgebaut werden muss, bevor sie ins Unternehmen getragen und an den einzelnen Standorten umgesetzt wird. Dass der Lean-Ansatz jedoch grundsätzlich bekannt ist, trägt möglicherweise konzernweit zu effizienten Beziehungen bei, indem Grundlageninformationen vorliegen und bereits eine erste oder zweite kognitive Prozessstufe – erinnern und/oder verstehen – erreicht ist, auf die aufgebaut werden kann.[164]

Hinsichtlich der **individuellen Austauscheinstellung** kann im vorliegenden Fall nur ein uneinheitliches Bild gewonnen werden. Ansatzweise kann eine Tendenz zur prosozialen Austauscheinstellung erkannt werden, die annahmegemäß den Roll-Out und die verschwendungsarme Gestaltung der Beziehung unterstützen würde. Dass grundsätzlich eine positive Einstellung den Austausch und die Realisierung von Ergebnissen unterstützt, kann aufgrund der Analyse des Ressourcenaustausches angenommen werden. So wird innerhalb der fokalen Unternehmensgruppe der Wissensaustausch als mittel bis hoch eingeschätzt und in der Beziehung zur Konzernmutter immerhin niedrig bis mittel. Mittel bis hoch wird die Einschätzung der eigenen Wissensaufnahme eingeschätzt. Eine prosoziale Austauscheinstellung könnte hier unterstützend wirken, indem für das Empfangen der Wissensressourcen Gegenleistungen erbracht werden. Dies ist anzunehmen, da neben der Ressource Information auch die Ressourcen Status, Zugehörigkeit und Leistungen fokussiert ausgetauscht werden. So geben die Teilnehmer z.B. an, den Kooperationspartner zu unterstützen und ihm weiterzuhelfen. Möglicherweise kann im Geben der Leistungsressource eine Gegenleistung für den Erhalt der Informationsressource gesehen werden.

Hinsichtlich der **Erwartungen** wird gezeigt, dass seitens der Teilnehmer positive Erwartungen an die Auswirkungen der Zusammenarbeit auf die eigenen Tätigkeiten bestehen. Hinzu kommt die Feststellung der Alternativlosigkeit des Kooperationspartners. Vor diesem Hintergrund ist anzunehmen, dass der Austausch mit dieser Erwartungshaltung hinsichtlich Ergebnissen und effizientem Verlauf unterstützt wird. So wurde bereits gezeigt, dass eine Richtung des Wissensflusses hin zur fokalen Unternehmensgruppe festgestellt werden kann. Das bedeutet, dass die Teilnehmer den Nutzen aus der Kooperationsbeziehung realisieren und das vorhandene Wissen für ihre Rollen als interne Berater nutzen. Besonders deutlich wird dies im Bereich der Mitarbeiterqualifizierung zum CPS, die im Bereich der Umwelten als positiv bewertet wird und in Form von Schulungsunterlagen, etc. das Konzernwissen nutzt. Es ist anzunehmen, dass es bei negativen Erwartungen an die Auswirkungen der Kooperation auf die eigenen Tätigkeiten und der Annahme einer kurzfristig bestehenden Kooperation nicht zu diesen Übertragungen kommen würde. Außerdem ist davon auszugehen, dass negative Erwartungen Reibungen in Form von Diskussionen, Widerständen, Doppelarbeit verursachen würden.

---

164 Siehe hierzu die sechs Kategorien kognitiver Prozesse nach der Bloom´schen Lehr-/Lernzieltaxonomie. Vgl. Anderson & Krathwohl, 2001, S. 31.

Mit der Ermittlung der **individuellen Arbeitseinstellung** kann für den Fall C festgestellt werden, dass deutliche Zustimmung zum humanistischen und tendenzielle Zustimmung zum organisationsbezogenen Glaubenssystem seitens der Teilnehmer besteht. Damit wird deutlich, dass die Arbeit eine hohe Priorität im Zusammenhang mit menschlicher Entfaltung einnimmt. Außerdem wird mit dem organisationsbezogenen Glaubenssystem der Wert der Zusammenarbeit mit anderen betont. Es ist vor diesem Hintergrund davon auszugehen, dass insbesondere eine humanistische Arbeitseinstellung die Realisation von unternehmensbezogenen Zielen unterstützt und die organisationsbezogene Einstellung den Interaktionsprozess ermöglicht. Durch die hohe Bedeutung die der Gruppe zugeschrieben wird, kann auch der Interaktionsprozess vereinfacht stattfinden, indem keine Barrieren gegen kooperatives Verhalten aufgebaut werden. In der Analyse werden außerdem eine positive Einschätzung der Arbeitszufriedenheit und eine individuelle Einbindung festgestellt. Hier kann basierend auf dem in 3.1.2 vorgestellten Ansatz der Human Relations davon ausgegangen werden, dass damit die Arbeitsleistung unterstützt wird und die Mitarbeiter damit einhergehend zur Lean-Implementierung und zu einem effizienten Handeln beitragen.

Hinsichtlich der Items zur **Proaktivität** kann eine Zustimmungstendenz festgestellt werden. Dies ist hinsichtlich der Lean-Implementierung positiv zu werten, da proaktive Personen Verbesserungen erkennen und umsetzen und somit das Prinzip der Kontinuierlichen Verbesserung umsetzen. Es ist davon auszugehen, dass damit einerseits Verbesserungsprojekte vorangetrieben werden und andererseits die Kooperationsbeziehung an sich kontinuierlich auf Verbesserungen geprüft wird. Die kritisch-hinterfragenden Reaktionen der Teilnehmer z.B. auf Aussagen zu Kritik gegenüber dem Unternehmen oder dem Kooperationspartner, und deren Deutung als konstruktive Feedbackgelegenheiten unterstützen diese Annahme.

Bezüglich des Austausches von **Ressourcen** kann für den vorliegenden Fall festgestellt werden, dass die immateriellen Ressourcen Information und Status im Mittelpunkt der Austauschbeziehung stehen – gefolgt von den ebenfalls immateriellen Ressourcen Zugehörigkeit und Leistungen. Da die Teilnehmer mit ihrer Rolle als interne Berater den Lean-Ansatz in der fokalen Unternehmensgruppe implementieren sollen, ist der Austausch der Ressource Information vom erfahreneren Partner[165] naheliegend. Vor diesem Hintergrund kann auch der Wissensfluss in Richtung des fokalen Unternehmens geklärt werden. Wie bereits angedeutet kann davon ausgegangen werden, dass die Teilnehmer die Informationsressourcen gegen Status-, Zugehörigkeits- und Leistungsressourcen tauschen. Denn es wird ersichtlich, dass die Teilnehmer, z.B. zwar konkrete Unterstützungen leisten (RES_giv_10), hier aber keine gleiche Gegenleistung seitens des Kooperationspartners erfolgt (RES_take_10), sodass im Bereich der Leistungen ein Ungleichgewicht zu Ungunsten der fokalen Unternehmensgruppe besteht – im Gegensatz zum Wissens- bzw. Informationsaustausch. Mit dem Austausch beider genannten Ressourcen wird die Lean-Implementierung im fokalen Unternehmen und im Konzern konkret unterstützt.

Auf individueller Ebene erscheint der Austausch von Belohnung in Form von Wertschätzung und Verausgabung insgesamt als ausgeglichen. Eine durch ein Ungleichgewicht gefährdete Leistung kann vor diesem Hintergrund nicht angenommen werden.

165 Vgl. hierzu Abb. 26.

Systeme schlanker Kooperationsbeziehungen

Im Bereich der Systeme schlanker Kooperationsbeziehungen wird zunächst der Beziehungstreiber **Beziehungsqualität** untersucht. Dieser Beziehungstreiber umfasst die Faktoren **Commitment**, **Vertrauen**, **Beziehungsnormen** und die **Austauscheffizienz.**

Hinsichtlich des **Commitments** kann festgestellt werden, dass dieses gegenüber dem Kooperationspartner hoch ausgeprägt ist. Auch hinsichtlich der Beziehung zwischen Individuum und der fokalen Unternehmensgruppe kann ein ausgeprägtes Commitment angenommen werden. Es kann davon ausgegangen werden, dass das vorliegende Commitment zur Realisierung der Unternehmens- und Kooperationsziele und damit auch zur Implementierung des CPS beitragen. Insbesondere die mit dem Commitment einhergehende Anstrengungsbereitschaft, die auch hier (CO_or_6) als gegeben anzusehen ist, wird zur Lean-Implementierung im Zusammenhang mit dem eigenen Aufgabenbereich unterstützend wirken. Es ist davon auszugehen, dass in diesem Fall der Interaktionsprozess durch das vorliegende Commitment zur fokalen Unternehmensgruppe und zum Kooperationspartner unterstützt wird, indem man sich als Teil der Unternehmensfamilie fühlt und sich vor diesem Hintergrund aufeinander einstellt. Hinzu kommt, dass das investitionsbezogene Commitment in dieser Fallstudie als gegeben angenommen werden kann[166] und damit die Beziehung gestärkt wird.

Tendenziell kann hinsichtlich des **Vertrauens** eine hohe Ausprägung festgestellt werden. Auffällig sind dabei insbesondere die Items zum allgemeinen Vertrauen und zum Wohlwollen in der Kooperationsbeziehung. Ein Grund für die hohe Bewertung des Vertrauens könnte darin liegen, dass die fokale Unternehmensgruppe bereits seit über zehn Jahren in den Konzern integriert ist. Während das allgemeine Vertrauen als Grundlage einer Interaktionsbeziehung und damit für den erfolgreichen Austausch angesehen werden kann, umfasst das Wohlwollen das Vertrauen, dass sich der Kooperationspartner über festgelegte Vereinbarungen hinaus engagieren wird. Es ist daher davon auszugehen, dass in diesem Fall die Unterstützung seitens der Konzernmutter gewünscht und angenommen wird.[167] Für die Implementierung von Lean kann dies dienlich sein, sofern die Notwendigkeit der Implementierung klar in der fokalen Unternehmensgruppe kommuniziert wird. Für den Interaktionsprozess ist das Vertrauen ebenfalls dienlich, weil Verlass besteht, dass die Konzernmutter die richtigen Schritte unternimmt und aus diesem Grund möglicherweise weniger stark Barrieren aufgebaut werden.

Die Analyse der **Beziehungsnormen** zeigt, dass im vorliegenden Fall insbesondere Zustimmung zum Vorliegen von Reziprozitäts-, Gegenseitigkeits- und Solidaritätsnormen besteht. Somit kann davon ausgegangen werden, dass erhaltene Leistungen erwidert werden, dass einer fortwährenden Benachteiligung einer Partei konsequent entgegen gearbeitet wird und dass die Bedeutung der Kooperation anerkannt wird. Es ist daher davon auszugehen, dass Interaktion und Ergebnis unterstützt werden. Durch das kontinuierliche Geben einer Ressource kann die Konzernmutter eine Gegenleistung sicherstellen – die wie bereits angedeutet z.B. in Form konkreter Unterstützungsleistungen erfolgt. Die Achtsamkeit, dass es nicht zu Benachteiligungen kommt, unterstützt ebenfalls Interaktion und Ergebnis der Beziehung, indem z.B. der individuelle Aufbau von Barrieren reduziert wird und die Reibungslosigkeit der Ergebniser-

166 Vgl. hierzu Abschnitt 5.2.1 und Abschnitt 6.2.3.3.

167 Vgl. hierzu tr_bn_2 = In schwierigen Zeiten steht uns unser Partner bei.

zielung unterstützt wird. Diese Annahme kann mit einer tendenziell positiv bewerteten Austauscheffizienz unterstützt werden.

Die **Austauscheffizienz** wird im Fall C nach dem Medianwert im Bereich „stimme eher zu", d.h. eher positiv eingeschätzt. Damit wird gezeigt, dass die Einschätzung zwar grundsätzlich positiv ist, Verbesserungen aber weiterhin möglich bzw. notwendig sind. Die Abfrage des Verbesserungspotenzials – dargestellt in 6.2.3.3 – unterstützt diese Annahme. Mit der grundsätzlich ins Positive tendierenden Einschätzung und vor dem Hintergrund der Einschätzung des Wissensaustausches wird jedoch auch deutlich, dass positive Austauschergebnisse erzielt werden.

Als zweiter Beziehungstreiber wird die **Kontaktdichte** untersucht. Hier wird erkennbar, dass 15-20 Personen seitens des Partners mit etwa acht Personen der fokalen Unternehmensgruppe in Kontakt stehen. Ein regelmäßiger Kontakt besteht individuell zu ein bis drei Personen des Kooperationspartners für ca. 0,5 Stunden pro Woche. Die Anzahl der flüchtigen Kontakte des Kooperationspartners ist signifikant höher. Hinsichtlich der Gesprächsthemen geben die Teilnehmer an, dass neben der Arbeit auch Familien- und Freizeitthemen Eingang in die Gespräche mit den Partnern finden. Regelmäßig finden gemeinsame Aktivitäten, z.B. CPS-Assessments und Austauschforen statt. Vor diesem Hintergrund ist anzunehmen, dass sowohl starke als auch schwache Verbindungen existieren. Es ist davon auszugehen, dass über die starken Verbindungen primär der Wissensaustausch stattfindet und somit die Lean-Implementierung unterstützt wird. Gleichzeitig kann davon ausgegangen werden, dass über die schwächeren Verbindungen wertvolle Impulse ausgetauscht werden können. Mit der Anzahl an Ansprechpartnern, sowohl in der fokalen Unternehmensgruppe, als auch beim Kooperationspartner kann davon ausgegangen werden, dass die Reibungslosigkeit unterstützt wird. So ist z.B. davon auszugehen, dass ein Teilnehmer aus der fokalen Unternehmensgruppe bei einer Anfrage an den Kooperationspartner auf mehrere Ansprechpartner zugehen kann – sollten seine bevorzugten Ansprechpartner jedoch verhindert sein, besteht die Möglichkeit über direkte Kollegen in der fokalen Unternehmensgruppe einen Ansprechpartner zu identifizieren. Wartezeiten und Verzögerungen können reduziert werden.

Hinsichtlich der **affektiven und konfliktbezogenen Wahrnehmung der Beziehung** wird gezeigt, dass ein positiver affektiver Kontext vorliegt und die Beziehung eher als harmonisch statt als konfliktbehaftet wahrgenommen wird. Der ausgedrückte Wert wird ebenfalls positiv eingeschätzt und opportunistisches Verhalten kann ausgeschlossen werden. Eine Kohäsion ist ansatzweise vorhanden und organisationsbezogen besteht im Gegensatz zur individuellen Ebene eine hohe Stabilität. Es ist davon auszugehen, dass die positive Wahrnehmung Ergebnis und Interaktion unterstützt. Allerdings wurde von den Teilnehmern explizit festgehalten, dass die Fluktuation ein Problem darstellt und dass konstante Ansprechpartner wünschenswert sind. Daher ist davon auszugehen, dass durch die Fluktuation Reibungsverluste entstehen und möglicherweise das Ergebnis negativ beeinflusst wird.

Hinsichtlich der **Abhängigkeit und Leistungen** wird ersichtlich, dass im Bereich CPS eine hohe Abhängigkeit der fokalen Unternehmensgruppe vom Kooperationspartner besteht. Dieser übernimmt (hohe) Investitionen in diesem Bereich. Es ist davon auszugehen, dass die Wahrnehmung dieser Abhängigkeit sowohl Interaktion als auch Ergebnis unterstützt. Diese

Annahme wird unterstützt, indem bereits festgestellt wurde, dass das Ziehen von Informationen und Wissen seitens der Teilnehmer funktioniert. Es wird deutlich, dass Verbesserungen in der Beziehung notwendig sind, insbesondere hinsichtlich konkreter Unterstützungsleistungen seitens des Kooperationspartners, der Kosten und dem insgesamt genierten Wert. Dies steht im Einklang zur Einschätzung der Austauscheffizienz: Während die Tendenz grundsätzlich positiv ist, so besteht weiterhin Verbesserungspotenzial. Dass die Qualität der Zusammenarbeit und die Qualität von ausgetauschten Methoden und Trainings bereits als gut eingeschätzt werden, wird durch die überwiegend positive Einschätzung der Kooperation und Kommunikation unterstützt.

In Bezug auf die **(formale) Steuerung** der Kooperationsbeziehung wird ersichtlich, dass diese vor dem Hintergrund einer insgesamt eher niedrigen Marktdynamik und einer eher mittleren bis niedrigen Aufgabenklarheit stattfindet. Es ist anzunehmen, dass spezifische vertragliche Regelungen nicht im Detail vorliegen und dass die Ergänzung durch informelle Beziehungsnormen in einem wesentlichen Ausmaß zu Ergebnis und Interaktion der Kooperationsbeziehung beitragen.

Hinsichtlich der **(gemeinsamen) Identität** wird gezeigt, dass diese bezogen auf die fokale Unternehmensgruppe stärker ausgeprägt ist als bezogen auf den Kooperationspartner. Es findet eine individuelle Zustimmung zur Identifikation mit den Unternehmenswerten statt und es wird ebenfalls zugestimmt, dass diese Werte mit denen des Kooperationspartners kompatibel sind. Vor diesem Hintergrund kann davon ausgegangen werden, dass eine Abgrenzung und Bevorzugung der eigenen Gruppe – hier die des fokalen Unternehmens – nur in einem geringen Maß stattfindet. Da einzelne Items der Identität, bezogen auf die fokale Unternehmensgruppe, vergleichsweise niedrig bewertet sind, besteht hier möglicherweise Verbesserungspotenzial. Die vergleichsweise niedrige Bewertung einzelner Items steht möglicherweise in einem engen Zusammenhang mit der Fluktuation. Hier könnte vor diesem Hintergrund ein Ansatzpunkt bestehen, auch die individuellen Beziehungen zu verstetigen.

Umwelten schlanker Kooperationsbeziehungen

Die für diesen Fall analysierten **Wettbewerbsbedingungen** zeigen zwar, dass der Wettbewerb über Produktmerkmale stattfinden kann und Preiserhöhungen auch an Kunden weitergegeben werden können, dass allerdings auch eine Bedrohung durch bestehende und neue Wettbewerber vorliegt. Die Lean-Implementierung in der fokalen Unternehmensgruppe ist wesentlich durch die Konzernmutter getrieben, sodass von ihr auch eine relativ hohe Abhängigkeit im Bereich des CPS besteht. Dass der Lean-Ansatz primär durch die Konzernmutter getrieben wird, könnte mit vergleichsweise guten Wettbewerbsbedingungen zusammenhängen.

Eine **Verankerung der Lean-Philosophie** im fokalen Unternehmen wird abgelehnt. Positiv zu bewerten ist in diesem Zusammenhang jedoch die Einschätzung, dass eine kontinuierliche Entwicklung von Mitarbeitern und Führungskräften stattfindet und dass sich Führungskräfte regelmäßig vor Ort ein Bild der Werterstellung machen.

Der **Implementierungsgrad der schlanken Unternehmensführung** wird von den Teilnehmern als eher niedrig beurteilt. Positiv hervorzuheben ist allerdings, dass genügend Trainings angeboten werden, genügend Zeit zum Lernen besteht und dass die Implementierung auch durch externe Berater unterstützt wird. Da mit den Teilnehmern das interne Beraterteam weitgehend vollständig anwesend war, ist ersichtlich, dass im Wesentlichen diese Personen für die Betreuung aller ca. 30 Werke – national und international – zuständig sind. Damit wird nachvollziehbar, dass die Einschätzung des Implementierungsstandes auch nach über fünf Jahren eher niedrig ausfällt. Hinsichtlich der Methoden und Werkzeuge wird allerdings ersichtlich, dass bereits Zufriedenheit mit der Umsetzung der Wertstrommethode besteht, die als zentrale Lean Methode angesehen werden kann. Auch die anderen genannten Methoden und Werkzeuge sind eher als umfassend anzusehen, sodass die Einschätzung eines eher niedrigen Implementierungsstandes durchaus relativiert werden kann.

Ergänzend wurde auch für Fall C die Items zur Lean bzw. Just-in-time-Implementierung in der Kooperationsbeziehung geprüft.[168] Die Einschätzungen der Teilnehmer dieser Items in der Gruppendiskussion bestätigen weitgehend die vorangehende Analyse. Hervorzuheben ist die Einschätzung, dass sich Normen der Zusammenarbeit entwickelt haben (Impl_coop_5), was mit der Analyse bestätigt werden und mit den Fragebögen weiter spezifiziert werden kann.

6.2.4. Fallstudie 4 (Fall D)

6.2.4.1. Darstellung des Falls und des Erhebungsvorgehens

Die vierte Fallstudie wurde gemeinsam mit einem Unternehmen aus dem Bereich der Bürotechnik durchgeführt. Zu diesem Unternehmen bestand seitens des betreuenden Fachgebiets an der TU Darmstadt bereits Kontakt. In diesem Zusammenhang war auch bekannt, dass das Unternehmen dabei ist, einen Lean-Ansatz umzusetzen. Vor diesem Hintergrund konnte direkt der Technische Leiter des Unternehmens mit einer Anfrage kontaktiert werden. Im Telefonat wurde schließlich ein Termin für ein Vorgespräch Anfang November 2012 vereinbart.

Im Vorgespräch wurden zunächst Problemstellung, Forschungsfragen und Erhebungsmethodik vorgestellt, bevor der Technische Leiter das Unternehmen vorstellte und mögliche Untersuchungsbereiche identifizierte. Hinsichtlich der Zusammenarbeit mit Partnerunternehmen geht er in diesem Zusammenhang auf drei Bereiche ein, indem das mittelständische Unternehmen aktiv ist:

- Gemeinsam mit einem *Netzwerkverbund* ist ein Projekt zur Kompetenzanalyse von Mitarbeitern und Vorgesetzten geplant.
- Mit zwei bis drei *Lieferanten* besteht eine „stärkere Beziehung“. Einer der Lieferanten übernimmt Lohnarbeiten für das Unternehmen. Hierzu wurde eine Produktionslinie aus dem fokalen Unternehmen ausgelagert. Der Integrationsprozess dieser Linie wurde aufwändig begleitet, um eine hohe Qualität sicherzustellen. In diesem Fall und auch bei den anderen zwei Lieferanten zu denen eine engere Beziehung besteht, wird häufig ein gegenseitiger Mitarbeiteraustausch realisiert.
- Anfang der 2000er Jahre wurde ein ebenfalls mittelständisches Unternehmen aus der gleichen Branche akquiriert und in den folgenden Jahren in das fokale Unternehmen integriert. Somit besteht heute eine *intra-organisationale Kooperationsbeziehung* zwischen den beiden Standorten, die über 150 Kilometer voneinander entfernt liegen.

[168] Die Ergebnistabelle ist zur Sicherung der Anonymität nicht Bestandteil der Veröffentlichung.

Die Einführung von Lean Management wird primär durch den Technischen Leiter und dem ihm unterstellten Logistikleiter vorangetrieben. Der Erhebungsworkshop soll vor diesem Hintergrund mit diesen beiden Personen stattfinden.[169] Die Bereitschaft zur Teilnahme wurde signalisiert und abgesprochen, dass die Festlegung des Kooperationspartners im Erhebungsworkshop gemeinsam mit dem Logistikleiter stattfinden soll. Schließlich wurde ein Termin für die Erhebung für Ende Januar 2013 abgestimmt.

Die Analyse wird sich im Folgenden an der niedrigen Teilnehmeranzahl orientieren. Da nur zwei Personen aus dem Unternehmen in den Erhebungsworkshop eingebunden waren, werden im Folgenden die Angaben aus den individuellen Fragebögen nicht in Tabellenform dargestellt.[170] Die Auswertung erfolgt jedoch analog zu den anderen Fällen hinsichtlich der Elemente, Systeme und Umwelten der Kooperationsbeziehung von Unternehmen D. Hinsichtlich des Kooperationspartners haben sich die Workshop-Teilnehmer schließlich für den intraorganisationalen Kooperationspartner entschieden, sodass im Folgenden der eingangs genannte, weitere Standort als Kooperationspartner bezeichnet wird.

6.2.4.2. Elemente schlanker Kooperationsbeziehungen in Fall D

Eine Zusammenfassung der Elemente schlanker Kooperationsbeziehungen ist für den Fall D in Abb. 27 dargestellt.

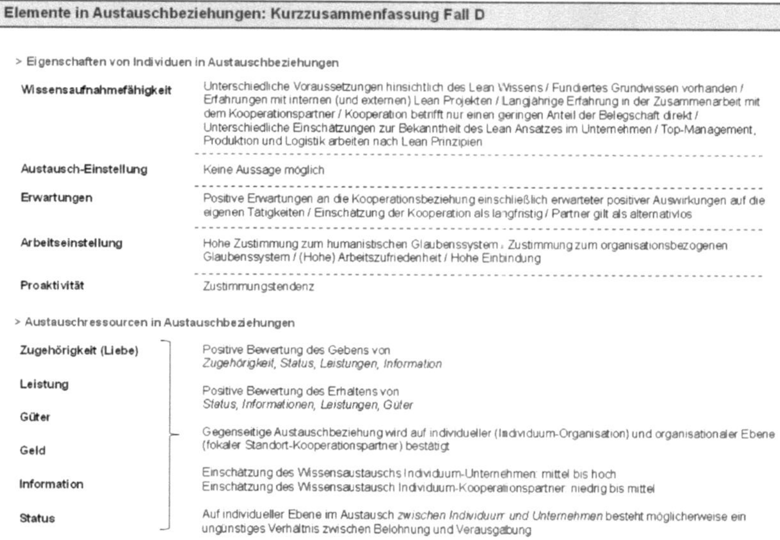

Abb. 27: Elemente schlanker Kooperationsbeziehungen Fall D

[169] Die Teilnehmeranzahl beträgt für diese Fallstudie daher nur zwei Personen. Vor dem Hintergrund der wertvollen Informationen – insbesondere im Hinblick auf mittlere Unternehmen soll die Fallstudie in die Forschungsarbeit integriert werden. Die Auswertung wird vor diesem Hintergrund entsprechend angepasst.

[170] In der publizierten Fassung dieser Arbeit werden in allen Fallstudien jeweils nur die zusammenfassenden Auswertungen dargestellt.

6.2.4.3. Systeme schlanker Kooperationsbeziehungen in Fall D

Eine Zusammenfassung der Systeme schlanker Kooperationsbeziehungen ist in Abb. 28 dargestellt.

Systeme in Austauschbeziehungen: Kurzzusammenfassung Fall D	
Beziehungstreiber	
Qualität der Kooperationsbeziehung	Ausgeprägtes Commitment (standortabhängig) i.V.m. hohem individuellen Commitment gegenüber dem Unternehmen / Allgemeines Vertrauen liegt vor – unterschiedliche Einschätzungen hinsichtlich Glaubwürdigkeit und Wohlwollen / Tendenziell Zustimmung zu Reziprozitäts-, Gegenseitigkeits-, Informationsaustausch und kooperativen Normen / Hohe Bewertung der Bedeutung der Partnerschaft für zukünftige Herausforderungen / Mittlere bis eher positive Einschätzung der Austauscheffizienz
Kontaktdichte	10 Personen des Partners stehen mit ca. 20 Personen des fokalen Standorts in Kontakt / Ein Befragter ist regelmäßig beim Partner vor Ort / Befragte haben 90-100 Prozent der Mitarbeiter des Partners bereits kennengelernt / Durchschnittlicher Kontakt pro Woche: 2 bzw. 9 Stunden / Regelmäßiger Kontakt zu 5-6 Personen des Partners / Große Nähe zum Partner / Breites Spektrum an gemeinsamen Tätigkeiten / Sehr häufige Benchmarkbesuche, häufig: Verhandlungssituationen, teambildende Maßnahmen
Kontaktautorität	n.a.
Wahrnehmung der Beziehung	Tendenziell positiver affektiver Kontext i.V.m. zahlreichen Einwilligungs- und Zustimmungssituationen / (Hoher) ausgedrückter Wert / Teilweise Zustimmung bzw. Ablehnung des wahrgenommenen Konflikts i.V.m. mit einer tendenziell positiven Einschätzung der Kriterien zur Konfliktmessung / Konfliktpotenzial besteht in einer grundsätzlich harmonischer Beziehung / Opportunistisches Verhalten ist nicht vorhanden / Mittlere Ausprägung der Gruppenkohäsion / Hohe Stabilität auf individueller und organisationaler Ebene
Abhängigkeit und Leistung	Tendenziell hohe gegenseitige Abhängigkeit i.V.m. hohen Investitionen in die Kooperation / Insbesondere die Qualität wird im Vergleich zu alternativen Partnern besser bewertet (schlechter: Kosten, Flexibilität) / Verbesserungspotenzial in der Beziehung hinsichtlich Termineinhaltung, insgesamt generierten Wert und Kosten / Kooperatives Verhalten ist vorhanden / Verbesserungspotenzial hinsichtlich der Kommunikation
(Formale) Steuerung	Hohe Marktdynamik / Eher niedrige Aufgabenklarheit / Keine Aussage zu vertraglichen Regelungen möglich
(Beziehungs-) Identität	Hohe Identifikation mit dem fokalen Unternehmen / (Eher) positive Bewertung der Identifikation mit dem Partner

Abb. 28: Systeme schlanker Kooperationsbeziehungen Fall D

6.2.4.4. Umwelten schlanker Kooperationsbeziehungen in Fall D

Eine Zusammenfassung der Umwelten schlanker Kooperationsbeziehungen ist für den Fall D in Abb. 29 dargestellt.

Umwelten von Austauschbeziehungen: Kurzzusammenfassung Fall D

> Unternehmensleistungen und Wettbewerbsbedingungen

Unternehmensleistungen	Positive Bewertung der Umsatzsituation, des Erfolgs in den letzten 5 Jahren im Vergleich zu den Wettbewerbern und des Umsatzanteils mit neuen Produkten in den letzten 5 Jahren / Eher negative Bewertung von Rentabilität, der Entwicklung des Marktanteils der Produktions- und Entwicklungskosten
Wettbewerbsbedingungen	Preiswettbewerb / Bedrohung durch bestehende und neue Wettbewerber bei niedrigen Markteintrittskosten

> Implementierung und Ausgestaltung von Lean Management im Unternehmen und in der Kooperation

Lean Management-Philosophie	Positive Einschätzung der Verankerung der Lean Management Philosophie mit Ausnahme des Aspektes der Nutzung des vollständigen Mitarbeiterpotenzials
Implementierungsgrad	Positive Einschätzung des Implementierungsgrads mit Handlungsbedarf auf Mitarbeiterebene hinsichtlich Veränderungsbereitschaft, Trainingsangeboten und Zeit, Lean zu lernen
Anwendung schlanker Methoden und Werkzeuge	I.d.R. intern motiviert / Zusammenarbeit mit externer Beratung, einer Hochschule und einer Wirtschaftsförderungsgesellschaft / Mittlere bis hohe Zufriedenheit mit eingesetzten Methoden und Werkzeugen / Hohe Erwartungen an die nächsten Methoden und Werkzeuge, die eingeführt werden sollen (Fokus: Wertrommethode, Schnelles Rüsten)
Review-Stufen	Tendenziell positive Bewertung mit Handlungsbedarf hinsichtlich der eher negativ bewerteten Zusammenarbeit auf Grund von Mentalitätsunterschieden und Konkurrenzdenken

Abb. 29: Umwelten schlanker Kooperationsbeziehungen Fall D

6.2.4.5. Fazit wertschöpfende Kooperationsbeziehungen in Fall D

In den Abschnitten 6.2.4.2 bis 6.2.4.4 wurden die Elemente, Systeme und Umwelten schlanker Kooperationsbeziehungen für den Fall D analysiert. In der moderierten Diskussion geben die Teilnehmer an, vor ca. drei Jahren mit der Lean-Implementierung begonnen zu haben. Die Integration des Kooperationspartners erfolgte vor ungefähr zehn Jahren. Vor diesem Hintergrund und der in Abschnitt 5.4 dargestellten Annahmenmodelle werden im Folgenden die Elemente, Systeme und Umwelten der Kooperationsbeziehung von Fall D zusammenfassend betrachtet.

Elemente schlanker Kooperationsbeziehungen

Die Analyse zur **Wissensaufnahmefähigkeit** zeigt, dass individuelles Vorwissen zwar unterschiedlich erworben wurde, die Befragten jedoch über ein fundiertes Grundlagenwissen und ebenfalls über Erfahrungen im Bereich Lean Management verfügen. Ebenso bestehen, wie eingangs dargestellt, Kooperationserfahrungen aus unterschiedlichen Aktivitäten und mit dem betrachteten intraorganisationalen Partner bereits seit etwa zehn Jahren Erfahrung. Es ist davon auszugehen, dass diese Erfahrungen positive Auswirkungen auf die Lean-Implementierung haben. Die Analyse der eingesetzten und geplanten Methoden und Werkzeuge lässt vermuten, dass die Teilnehmer in ihrer Treiberrolle die Instrumente Schritt für Schritt mit genügend zeitlichem Abstand einführen und dadurch eine mittlere bis hohe Zufriedenheit in der Umsetzung bewirken. Die Erfahrung in der Zusammenarbeit mit Partnerunternehmen und die spezifischen Erfahrungen mit dem betrachteten intraorganisationalen Kooperationspartner ermöglichen es, dass individuelle Besonderheiten wahrgenommen und berücksichtigt werden. So wird durch die Befragten u.a. erklärt, dass zwar eine Leistungsbewertung stattfindet, dass aber vor dem Hintergrund des bereichsweise vorliegenden Konkurrenzdenkens, darauf geachtet wird, keinen direkten Vergleich zu erstellen. Es wird mit Best Practice-Beispielen zwischen den Standorten gearbeitet und damit versucht, die Motivation zu erhöhen und das Konkurrenzdenken zu reduzieren. Es ist davon auszugehen, dass mit dieser Herangehensweise Probleme vermieden und Konflikte reduziert werden. Die Verbreitung der schlanken Prinzipien insbesondere im Top-Management, Produktion und Logistik wird sowohl die Effizienz des Austauschprozesses, als auch den Fortschritt der Implementierung unterstützen, insbesondere wenn es neben der regelmäßigen Besuche des Top-Managements vor Ort zum geplanten Austausch von Mitarbeitern kommt und damit der Wissenstransfer und dessen Anwendung unterstützt werden.

Bezüglich der **individuellen Austauscheinstellung** konnte in dieser Fallstudie keine Aussage getroffen werden. Im Hinblick auf die **individuellen Erwartungen** an die Kooperationsbeziehung wird gezeigt, dass positive Erwartungen an die Kooperationsbeziehung und an die Auswirkungen auf die eigenen Tätigkeiten bestehen. Die Befragten bestätigen eine langfristige Ausrichtung der Kooperationsbeziehung und eine Alternativlosigkeit des Partners. Aufgrund der angenommenen Langfristigkeit, der Einschätzung der Verbesserungspotenziale in der Kooperationsbeziehung, sowie der Einschätzung der Wettbewerbsbedingungen ist davon auszugehen, dass sich die Implementierung des Lean-Ansatzes beim Partner lohnen wird und vor diesem Hintergrund auch die Kooperationsbeziehung effizienter ausgestaltet werden kann.

Die Abfrage der **individuellen Arbeitseinstellung** zeigt eine eher hohe Zustimmung der Befragten zu den Items des humanistischen Glaubenssystems und eine grundsätzliche Zustimmungstendenz zu den Items des organisationsbezogenen Glaubenssystems. Damit wird eine hohe Bedeutung der Arbeit betont und die Wichtigkeit der kooperativen Zusammenarbeit feststellt. Es ist davon auszugehen, dass mit diesen Einstellungen sowohl die Ergebnisorientierung als auch eine effiziente und kooperative Arbeitsweise unterstützt werden, insbesondere da Zufriedenheit mit der Arbeit besteht und die Befragten persönlich stark eingebunden sind.

Dass zu den Items der **Proaktivität** tendenziell Zustimmung besteht, kann aufgrund der kontinuierlichen Anstrengung Verbesserungen umzusetzen, sowohl positiv auf das Implementierungsergebnis, als auch auf den Interaktionsprozess wirken. Hinzu kommt, dass die eher überheblich und daher möglicherweise unkooperativ formulierten Items schlechter bewertet werden.

Hinsichtlich des **Ressourcenaustausches** wird deutlich, dass dieser grundsätzlich als gegenseitig bezeichnet werden kann. Die Aussagen, dass seitens des Partners bereichsspezifisch ein Konkurrenzdenken noch stark ausgeprägt ist und dass Mentalitätsunterschiede bestehen, unterstützt die Einschätzung der Teilnehmer, die Ressource Zugehörigkeit eher reduziert zu empfangen. Das Geben bzw. Empfangen der Ressource Geld wird in beiden Richtungen eher abgelehnt. Es ist davon auszugehen, dass mit dem Erhalt von Zugehörigkeit seitens des fokalen Standorts die Zufriedenheit mit der Zusammenarbeit verbessert werden könnte. Eine fehlende Zugehörigkeit kann vor diesem Hintergrund auch eine Ursache von Reibungsverlusten sein und damit die mittlere Austauscheffizienz der Beziehung begründen. Aufgrund der grundsätzlichen Einschätzung der Gegenseitigkeit besteht jedoch eine positive Grundlage der Austauschbeziehung mit einer langfristigen Ausrichtung. Vor diesem Hintergrund ist auch zu sehen, dass ein opportunistisches Verhalten in der Kooperationsbeziehung verneint wird.

Während der **Wissensaustausch** intern – zwischen Befragten und fokalem Unternehmensstandort – als mittel bis hoch eingeschätzt wird, ist die Einschätzung des externen Wissensaustausches – zwischen Befragten und Kooperationspartner – etwas niedriger. Dass die Kommunikation in der Kooperationsbeziehung als verbesserungswürdig eingeschätzt wird, könnte hier einen Ansatzpunkt zur Verbesserung liefern. Es kann jedoch davon ausgegangen werden, dass sowohl der vorhandene interne als auch externe Wissensaustausch die Lean-Implementierung unterstützen.

Dass hinsichtlich individueller **Belohnung und Verausgabung** möglicherweise ein ungünstiges Verhältnis vorliegt, könnte insofern negative Auswirkungen auf die Implementierung und den Interaktionsprozess implizieren, dass die Individuen mit Treiberfunktion möglichweise in der Entfaltung ihres Potenzials gefährdet sind.

Systeme schlanker Kooperationsbeziehungen

Im Bereich der Systeme schlanker Kooperationsbeziehungen wird zunächst der Beziehungstreiber **Beziehungsqualität** untersucht, der die Faktoren **Commitment**, **Vertrauen**, **Beziehungsnormen** und **Austauscheffizienz** umfasst.

Hinsichtlich des **Commitments** kann festgestellt werden, dass dieses seitens der Befragten sehr ausgeprägt ist. In der moderierten Diskussion wurde allerdings auch deutlich, dass die Mitarbeiter des Kooperationspartners die Aussage, sich als Teil einer Familie zu sehen, weniger positiv als die Befragten beurteilen würden. Dennoch ist davon auszugehen, dass ein hohes Commitment zum Kooperationspartner seitens der Lean-Treiber den intraorganisationalen Transfer der Lean-Prinzipien unterstützt. Möglicherweise könnte eine Erhöhung des Commitments seitens des Partners Ergebnis und Interaktionsprozess weiter verbessern, weil Impulse seitens des Partners positiv aufgenommen werden.

Im Bereich des **Vertrauens** konnte mit der Erhebung nur eine Zustimmung für das allgemeine Vertrauen ermittelt werden. Eine Zustimmung zu Glaubwürdigkeit und Wohlwollen ist nicht erfolgt. Somit kann davon ausgegangen werden, dass getroffene Vereinbarungen eingehalten werden, was grundsätzlich, z.B. im Hinblick auf die Einführung von Standards im Lean Management, für die Implementierung dienlich ist und gleichzeitig den Interaktionsprozess erleichtert. Dass jedoch den Items zur Glaubwürdigkeit und zum Wohlwollen nicht gleichermaßen zugestimmt wird, zeigt, dass Verbesserungspotenzial besteht. Dies wird durch die Einschätzung der Austauscheffizienz und durch die Einschätzung des Verbesserungspotenzials in der Kooperationsbeziehung bestätigt.

Im Bereich der **Beziehungsnormen** wurde den Reziprozitäts-, Gegenseitigkeits-, Informationsaustausch und kooperativen Normen zugestimmt. Damit wird ein Verhalten mit der Tendenz bzw. Absicht Geben und Nehmen auszugleichen, lösungsorientiert vorzugehen, sich gegenseitig mit relevanten Informationen zu versorgen und der Absicht gemeinsam erfolgreich zu sein, bestätigt. Es ist davon auszugehen, dass diese Beziehungsnormen die Lean-Implementierung positiv unterstützen, da somit auch das Ziel verfolgt wird, gemeinsam erfolgreich zu sein und lösungsorientiert zusammen zu arbeiten. Der Interaktionsprozess selbst wird durch das Vorliegen dieser Verhaltensnormen unterstützt indem implizit Handlungsvorgaben in der Kooperationsbeziehung bestehen.

Die **Austauscheffizienz** wird von den Teilnehmern mittel bis eher positiv beurteilt. Dies wird durch die Einschätzung der Verbesserungspotenziale in der Arbeit weiter unterstützt. Die Bedeutung der Partnerschaft wird zwar bestätigt und die Qualität des Partners im Vergleich zu alternativen Partnern herausgehoben, allerdings kann die Interaktion weiter verbessert werden. Es ist anzunehmen, dass mit einer höheren Austauscheffizienz auch in diesem Fall die Lean-Implementierung unterstützt werden kann. Sofern bestehende Barrieren abgebaut werden und der Interaktionsprozess schlanker ausgestaltet wird, wird die Übertragung und Einführung schlanker Methoden und Werkzeuge vereinfacht.

Als zweiter Beziehungstreiber wird in der vorliegenden Fallstudie die **Kontaktdichte** untersucht. Dabei wird festgestellt, dass seitens der Befragten ein flüchtiger Kontakt zu 90 bis 100 Prozent der Mitarbeiter des Partners besteht. Einer der Teilnehmer gibt an, etwa einen Arbeitstag pro Woche mit dem Partner in Kontakt zu stehen und auch der andere Befragte gibt an, zwei Stunden pro Woche in direktem Kontakt mit dem Partner zu stehen. Die Nähe zwischen den Kooperationspartnern ist nach Angaben der Befragten als hoch einzuschätzen und es gibt zahlreiche gemeinsame Aktivitäten. Dass bisher nur ein geringer Teil der Belegschaft in die Kooperation eingebunden ist, wird durch die (geplanten) Maßnahmen verändert werden. So ist u.a. ein temporärer Austausch von Mitarbeitern angedacht, der die Kontaktdichte weiter erhöhen wird. Es ist davon auszugehen, dass diese Maßnahmen die Lean-Implementierung unterstützen können, wenn im Austausch ein Fokus darauf gerichtet wird und die Gastteilnehmer Impulse zur Verbesserung am eigenen Standort mitnehmen. Weiterhin wird durch die gemeinsamen Aktivitäten der Interaktionsprozess insofern verbessert, dass persönliche Kontakte entwickelt werden, auf die lösungsorientiert zugegangen werden kann.

Der Beziehungstreiber der **Kontaktautorität** wird in dieser Fallstudie nicht explizit untersucht. Es kann jedoch auf Grund der Positionen der Befragten im Unternehmen davon ausgegangen werden, dass eine hohe Kontaktautorität vorliegt und die Möglichkeit Entscheidungen zu treffen, die Lean-Implementierung unterstützt und den Interaktionsprozess an sich verschlankt.

Hinsichtlich der **affektiven und konfliktbezogenen Wahrnehmung der Beziehung** kann ein positiver affektiver Kontext mit zahlreichen Einwilligungs- und Zustimmungssituationen festgestellt werden. Ein hoher ausgetauschter Wert wird bestätigt, aber auch das Vorliegen von Konfliktpotenzial in Verbindung mit grundsätzlich positiv bewerteten Kriterien zur Konfliktmessung, sodass insgesamt von einer eher harmonischen Beziehung auszugehen ist. Während von einer hohen Stabilität der Beziehung ausgegangen werden kann, ist die Gruppenkohäsion nur teilweise ausgeprägt. Es ist davon auszugehen, dass der positive affektive Kontext und die grundsätzlich harmonische Ausrichtung der Beziehung die Realisierung gemeinsamer Ergebnisse unterstützt. Das Verneinen von opportunistischem Verhalten spricht grundsätzlich für einen positiven Interaktionsprozess, während gleichzeitig gezeigt wird, dass Konfliktpotenzial besteht und die Gruppenkohäsion nur teilweise ausgeprägt ist. Dies unterstützt die mittlere Einschätzung der Austauscheffizienz und die Einschätzungen hinsichtlich des Verbesserungspotenzials in der Beziehung. So ist davon auszugehen, dass mit einer Verringerung des Konfliktpotenzials, das nach den Anmerkungen der Teilnehmer in der Diskussion insbesondere im Konkurrenzdenken und vorliegenden Mentalitätsunterschieden begründet ist, sowohl Ergebnis, als auch Interaktion verbessert werden können.

Hinsichtlich der **Abhängigkeit und Leistungen** in der Beziehung wird festgestellt, dass die Annahme einer hohen gegenseitigen Abhängigkeit begründet ist, die mit hohen gegenseitigen partnerspezifischen Investitionen einhergeht. Der Kooperationspartner wird insbesondere im Hinblick auf seine Qualität besser als mögliche Alternativen bewertet, aber schlechter im Hinblick auf entstehende Kosten und Flexibilität. Die niedrige Einschätzung der Flexibilität geht mit einer vergleichsweise niedrigen Einschätzung der Flexibilitätsnormen der Beziehung einher. Verbesserungspotenzial sehen die Teilnehmer insbesondere hinsichtlich Termineinhaltung, Kosten und dem insgesamt generierten Wert. Während ein kooperatives Verhalten bestätigt wird, besteht nur teilweise Zufriedenheit mit der Kommunikation. Die Implementierung der schlanken Unternehmensführung kann sich vor diesem Hintergrund positiv auf die Reduktion von Kosten und die Erhöhung von Flexibilität auswirken und stellt gleichzeitig die Wertorientierung in den Mittelpunkt. Es ist daher davon auszugehen, dass die gegenseitige Abhängigkeit und damit begründete Langfristigkeit vor dem Hintergrund des Handlungsbedarfs die Implementierung des Lean-Ansatzes unterstützt.

Hinsichtlich der **formalen Steuerung** besteht, vor dem Hintergrund einer hohen Marktdynamik, eine eher niedrige Aufgabenklarheit. In Bezug auf vertragliche Regelungen ist zwar keine verlässliche Aussage zu treffen, jedoch kann angenommen werden, dass in der intraorganisationalen Kooperationsbeziehungen kein genaues Regelwerk für die Zusammenarbeit existiert und das Verhalten der Kooperationspartner wesentlich durch die bereits bestätigten informellen Beziehungsnormen geprägt ist. Die Aufgabenklarheit wird von den Teilnehmern zwar eher niedrig eingeschätzt, jedoch wird im Gespräch deutlich, dass die hergestellten Produkte relativ gut auf die beiden Standorte aufzuteilen sind, sodass hier eine Abgrenzung möglich ist. Es ist davon auszugehen, dass diese Situation den Interaktionsprozess erleichtert, weil die Zuständigkeiten geregelt sind.

In der Erhebung kann eine hohe **Identifikation** der Teilnehmer mit dem eigenen Unternehmen und eine eher hohe Identifikation mit dem Kooperationspartner festgestellt werden. Es ist davon auszugehen, dass diese hohe Identifikation der Teilnehmer, verbunden mit ihrer Lean Treiberrolle, die Implementierung von Lean Management unterstützt. Es ist davon auszugehen, dass der Interaktionsprozess aufgrund der Identifikation mit dem Partnerunternehmen vereinfacht wird, indem er nicht in Frage gestellt und/oder abgrenzt wird.

Umwelten schlanker Kooperationsbeziehungen

Im Bereich der Umwelten schlanker Kooperationsbeziehungen kann für den Fall D festgestellt werden, dass zwar teilweise Zufriedenheit mit den unternehmerischen Leistungen besteht, aber hinsichtlich der Rentabilität, des Marktanteils und der Produktions- und Entwicklungskosten Verbesserungsbedarf besteht. Vor diesem Hintergrund erscheint die Umsetzung der schlanken Unternehmensführung zielführend. Die Unzufriedenheit mit den Kosten spiegelt sich auch in der Bewertung der Kooperationsbeziehung wider: Zum einen wird der Kooperationspartner im Vergleich zu alternativen Partnern in diesem Bereich schlechter eingeschätzt und zum anderen sollen die Kosten in der Kooperationsbeziehung gesenkt werden. Vor dem Hintergrund eines Preiswettbewerbs, bei dem zwar steigende Rohstoffkosten grundsätzlich weitergegeben werden können, ist die Lean Management-Implementierung ebenfalls als zielführend zu werten. Durch die Verankerung der Lean-Philosophie wird deutlich, dass diese im Top-Management zwar verankert ist, aber dass das Mitarbeiterpotenzial noch nicht vollständig ausgenutzt wird. In engem Zusammenhang damit steht auch die Implementierung, die insbesondere in den Bereichen Trainings, Zeit zu lernen und Veränderungsbereitschaft noch Defizite aufweist. Hier ist davon auszugehen, dass eine zunehmende Einbindung der Mitarbeiter in die geplanten Methoden und Werkzeuge die Implementierung weiter unterstützt.

Auch für den vorliegenden Fall D wurden die Items zur Lean bzw. Just-in-time-Implementierung in der moderierten Diskussion geprüft.[171] Mit ihnen wird die durchgeführte Erhebung weitgehend bestätigt. So bindet die Kooperationsbeziehung bisher nur einen kleinen Anteil der Mitarbeiter direkt ein (Imp_lcoop_3). Hinsichtlich der Produktivität (Impl_coop_4a) können Verbesserungen bereits identifiziert werden, nicht aber hinsichtlich der Unternehmensleistung (Impl_coop_4b).[172] Als Grund hierfür kann die Bewertung der Kosten aufgeführt werden. Ebenfalls wird das Vorliegen von Konflikten bzw. Konfliktpotenzial bestätigt (Impl_coop_7a) aber auch, dass sich bereits Vertrauen zwischen den Unternehmen entwickelt hat (Impl_coop_8).

6.2.5. Fallstudie 5 (Fall E)

6.2.5.1. Darstellung des Falls und des Erhebungsvorgehens

Die fünfte Fallstudie wurde gemeinsam mit einem Unternehmen aus der Mess- und Regelungstechnik durchgeführt. Die Identifikation des Unternehmens fand dabei, ähnlich wie bei Fallstudie B, in Zusammenarbeit mit dem Verband für die Metall- und Elektroindustrie statt. Der Leiter des Bereichs Arbeitswissenschaften, der aufgrund von Beratungsprojekten mit den Verbandsunternehmen mit diesen und ihren jeweiligen Produktionssystemen vertraut ist, hat das Unternehmen vorgeschlagen und eine Kontaktaufnahme vorbereitet. Im Folgenden konnte in einem Telefonat mit dem Leiter der KVP-Initiative die grundsätzliche Bereitschaft das Forschungsprojekt zu unterstützen, eingeholt werden. Es wurde ein Erstgespräch vereinbart, bei dem bereits umfassende Informationen zum Unternehmen und der KVP-Initiative gewonnen werden konnten. Diese sind im Folgenden aus dem Gesprächsprotokoll heraus dargelegt.

Der Ansprechpartner des Unternehmens ist Bereichsleiter in der Produktion, bereits seit über 20 Jahren im Unternehmen tätig und leitet die KVP-Initiative. Er erläutert, dass er in seiner Zeit im Unternehmen bereits mehrere Kündigungswellen begleitet hat und dass diese das eigene Verhalten prägen. Als Beispiel führt er die Schwierigkeit auf, mit Spaß an Projekte heranzugehen, wenn die Gefahr besteht, den beteiligten Mitarbeitern kündigen zu müssen.

Gestartet wurde die KVP-Initiative im Jahr 2007 in Zusammenarbeit mit einer Unternehmensberatung und einer Universität. Der Grund für die Einführung war eine Krise im Unternehmen, die möglicherweise mittelfristig eine Verlagerung des Unternehmens ins Ausland bewirkt hätte. Vor diesem Hintergrund wurde ein KVP-Team zusammengestellt, das innerhalb von drei Jahren einen unternehmensspezifischen Lean-Ansatz entwickeln und dessen Implementierung planen sollte. Grundlage der KVP-Initiative ist dabei das Toyota Produkti-

171 Die Ergebnistabelle ist zur Sicherung der Anonymität nicht Bestandteil der Veröffentlichung.

172 Die Unterscheidung wurde hier aufgrund des Wunsches der Workshop-Teilnehmer getroffen.

onssystem. Bisher sind externe Kooperationen im Bereich Lean zur Einbindung der Zulieferer im Supply Chain Management angedacht. Die Umsetzung ist hier jedoch noch nicht fortgeschritten.

Ein Roll-Out des Lean-Ansatzes ist allerdings notwendig, um den asiatischen Standort in die KVP-Initiative einzubinden. Der Gesprächspartner vergleicht beide Standorte und hält fest, dass das Verhältnis des deutschen Standorts von zwei Dritteln Verwaltung und einem Drittel Produktion am asiatischen Standort umgekehrt ist. Von den insgesamt sieben Personen des KVP-Teams sind drei für den Roll-Out am asiatischen Standort verantwortlich. Diese Mitarbeiter sind in diesem Zusammenhang auch vor Ort beim Partner tätig.

Die Mitarbeiter des KVP-Teams sind jeweils Bereichsleiter in der Produktion. Ein Produktionsbereich ist in diesem Team allerdings nicht berücksichtigt. Dieser Bereich war bereits früher gezwungen, die Effizienz zu steigern und verfolgt einen Ansatz, der nicht auf dem Toyota Produktionssystem beruht. Insgesamt ist das Unternehmen bereits sehr weit in der Implementierung des Lean-Ansatzes vorangeschritten. Das Vorgehen erfolgt dabei zwiebelartig und erstreckt sich, aus der Produktion kommend, hin zum Supply Chain Management zur Forschung und Entwicklung. Die Integration administrativer Bereiche ist ebenfalls angedacht, liegt aber in der Realisation noch „in weiter Ferne“. Eine Schätzung des Implementierungsgrades beträgt etwa 80 Prozent in der Produktion und jeweils ca. fünf bis zehn Prozent in den Bereichen Supply Chain Management und Forschung und Entwicklung.

Als Schwierigkeiten bei der Implementierung sieht der Gesprächspartner, das Verständnis in die „Fläche zu tragen“ und alle Mitarbeiter einzubinden. Als Indikator hierfür betrachtet der Leiter der KVP-Initiative dabei die Fragen, die von Mitarbeitern gestellt werden. Er schätzt, dass es etwa zwei Jahre dauert, bis individuell ein umfassendes Verständnis geschaffen ist. Vor diesem Hintergrund sind auch Mitarbeiter-Coachings geplant. Der Gesprächspartner merkt außerdem die Schwierigkeit an, den Lean-Ansatz voranzutreiben, wenn kein Leidensdruck in Form eines Kostendrucks oder einer Bedrohung von Arbeitsplätzen besteht und die Mitarbeiter von den Verbesserungsanstrengungen „gelangweilt“ sind.

Aktuell wird ein Lean-Wiki als digitales Lexikon für die Mitarbeiter entwickelt. Außerdem wird ein Kennzahlensystem entwickelt, das ausgehend von der Balanced Scorecard des Unternehmens Kennzahlen entwickelt, welche die operativen Mitarbeiter direkt betreffen und an denen diese Veränderungen erkennen können.

Methodisch gesehen arbeitet das KVP-Team sehr offen Es werden häufig Flipcharts eingesetzt oder sogenannte Swimlanes auf Pappe skizziert. Das Unternehmen ist außerdem mit „soften“ Ansätzen vertraut und hat in der Vergangenheit bereits mit 360-Grad Feedbackverfahren gearbeitet.

Im Anschluss des Erstgesprächs fand eine kurze Werksbesichtigung statt, bei der einige Lean Methoden und Werkzeuge (PDCA-Wand, Messung der OEE, Visualisierung der On-Time-In-Full (OTIF), Poka-Yoke-Ansätze, Materialfluss, One-Piece-Flow, Vorarbeiter und „Hanchos“) hervorgehoben wurden.

Für den weiteren Verlauf wurde ein gemeinsames Treffen mit dem KVP-Kernteam geplant, um dieses von einer Beteiligung am Forschungsprojekt überzeugen zu können. Das Zweitgespräch fand mit insgesamt sechs Mitarbeitern aus dem KVP-Team statt. Fünf davon hatten die Gelegenheit, am Erhebungsworkshop teilzunehmen, der für Anfang Februar 2013 terminiert wurde. Für den Erhebungsworkshop haben sich die Teilnehmer entschieden, die intraorganisationale Kooperationsbeziehung mit dem asiatischen Standort zu betrachten.

6.2.5.2. Elemente schlanker Kooperationsbeziehungen in Fall E

Eine Zusammenfassung der Elemente schlanker Kooperationsbeziehungen für den vorliegenden Fall E ist in Abb. 30 dargestellt.

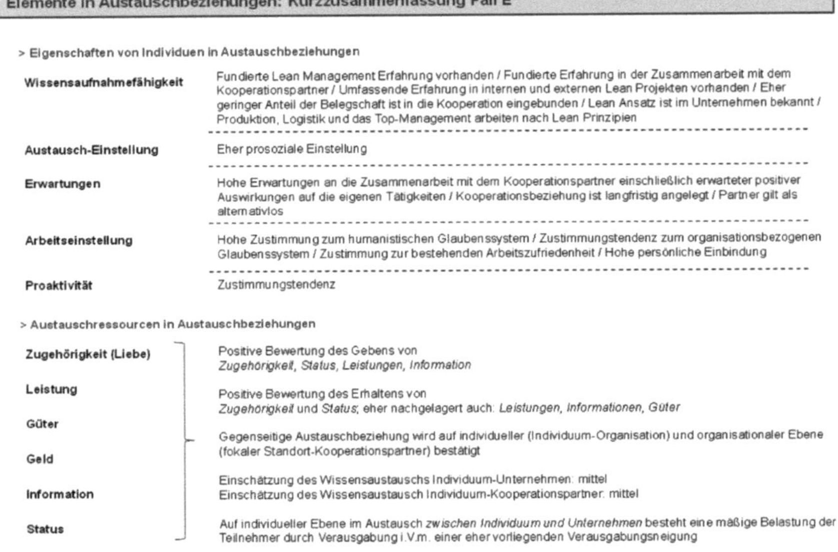

Elemente in Austauschbeziehungen: Kurzzusammenfassung Fall E

> Eigenschaften von Individuen in Austauschbeziehungen

Wissensaufnahmefähigkeit	Fundierte Lean Management Erfahrung vorhanden / Fundierte Erfahrung in der Zusammenarbeit mit dem Kooperationspartner / Umfassende Erfahrung in internen und externen Lean Projekten vorhanden / Eher geringer Anteil der Belegschaft ist in die Kooperation eingebunden / Lean Ansatz ist im Unternehmen bekannt / Produktion, Logistik und das Top-Management arbeiten nach Lean Prinzipien
Austausch-Einstellung	Eher prosoziale Einstellung
Erwartungen	Hohe Erwartungen an die Zusammenarbeit mit dem Kooperationspartner einschließlich erwarteter positiver Auswirkungen auf die eigenen Tätigkeiten / Kooperationsbeziehung ist langfristig angelegt / Partner gilt als alternativlos
Arbeitseinstellung	Hohe Zustimmung zum humanistischen Glaubenssystem / Zustimmungstendenz zum organisationsbezogenen Glaubenssystem / Zustimmung zur bestehenden Arbeitszufriedenheit / Hohe persönliche Einbindung
Proaktivität	Zustimmungstendenz

> Austauschressourcen in Austauschbeziehungen

Zugehörigkeit (Liebe) **Leistung** **Güter** **Geld** **Information** **Status**	Positive Bewertung des Gebens von *Zugehörigkeit, Status, Leistungen, Information* Positive Bewertung des Erhaltens von *Zugehörigkeit* und *Status*; eher nachgelagert auch: *Leistungen, Informationen, Güter* Gegenseitige Austauschbeziehung wird auf individueller (Individuum-Organisation) und organisationaler Ebene (fokaler Standort-Kooperationspartner) bestätigt Einschätzung des Wissensaustauschs Individuum-Unternehmen: mittel Einschätzung des Wissensaustausch Individuum-Kooperationspartner: mittel Auf individueller Ebene im Austausch *zwischen Individuum und Unternehmen* besteht eine mäßige Belastung der Teilnehmer durch Verausgabung i.V.m. einer eher vorliegenden Verausgabungsneigung

Abb. 30: Elemente schlanker Kooperationsbeziehungen Fall E

6.2.5.3. Systeme schlanker Kooperationsbeziehungen in Fall E

Eine Zusammenfassung der Systeme schlanker Kooperationsbeziehungen ist in Abb. 31Abb. 32 dargestellt.

Systeme in Austauschbeziehungen: Kurzzusammenfassung Fall E	
Beziehungstreiber	
Qualität der Kooperations-beziehung	Hohes Commitment gegenüber dem Kooperationspartner i.V.m. einem hohen individuellen Commitment gegenüber dem Unternehmen / Vertrauen wird als eher vorliegend eingeschätzt / Vorliegende Ausprägung der *Reziprozitäts-, Solidaritäts-, sozialen und Informationsaustauschnormen* / Eher positive Einschätzung der Austauscheffizienz
Kontaktdichte	Allgemein stehen ca. 20 (10 KVP) Personen des Partners mit ca. 50 (5 KVP) Personen des fokalen Unternehmens im Austausch / Durchschnittliche Kontaktzeit pro Woche ist unterschiedlich (0-10 Std./Woche) / Individuell regelmäßiger Kontakt mit 0-2 Personen des Partners / Anzahl an individuellen Kontaktpersonen beim Partner ist mit 2-10 weit geringer als die Anzahl flüchtiger Kontakte (10-100) / Fokussiertes Thema ist die Arbeit; aber auch Familien- und Freizeitthemen finden Eingang in gemeinsame Gespräche / Gemeinsame Aktivitäten sind insbesondere Benchmark-Besuche beim Partner und Workshops inkl. Trainings (2 x im Jahr), aber auch weniger häufig: Projekte und teambildende Maßnahmen
Kontaktautorität	n.a.
Wahrnehmung der Beziehung	Eher positive Einschätzung der allgemeinen Wahrnehmung und der positiven Emotionen i.V.m. teilweise bestehenden Zustimmungs- und Einwilligungsereignissen / Deutlich positive Einschätzung des erhaltenen Werts / Wahrgenommener Konflikt wird teilweise bzw. eher abgelehnt / Einschätzung der Items zur Konfliktmessung ist eher – aber niemals deutlich – positiv ausgeprägt / Einschätzung des opportunistischen Verhaltens zeigt möglicherweise Konfliktpotenzial auf / Zusammenhalt liegt eher vor / (Eher) Hohe individuelle Stabilität und hohe organisationsbezogene Stabilität der Kooperationsbeziehung
Abhängigkeit und Leistung	Vorliegende Abhängigkeit des fokalen Unternehmens / Eher keine Begründung einer Abhängigkeit des Partners durch dessen Investitionen / Beide übernehmen kooperationsspezifische Anpassungen bei Werkzeugen und Anlagen / Partner passt das eigene Produktionssystem an / Im Vergleich zu einem alternativen Unternehmen wird der Partner hinsichtlich aller Kriterien entfernungsbedingt schlechter bewertet / Verbesserungspotenziale gibt es nur wenige, deutlich nur in der Verbesserung der Beziehung an sich / Einem kooperativen Verhalten wird zugestimmt / Verbesserungspotenziale bestehen hinsichtlich der Kommunikation
(Formale) Steuerung	(Sehr) Hohe Marktdynamik / Mittlere Aufgabenklarheit / Einschätzung teilweise vorliegender spezifischer und detaillierter vertraglicher Regelungen
(Beziehungs-) Identität	Teilweise hohe Zustimmung zur Identifikation mit dem fokalen Unternehmen / Positive Bewertung der Identifikation mit dem Partner

Abb. 31: Systeme schlanker Kooperationsbeziehungen Fall E

6.2.5.4. Umwelten schlanker Kooperationsbeziehungen in Fall E

Eine Zusammenfassung der Umwelten schlanker Kooperationsbeziehungen ist für diesen Fall in Abb. 32 dargestellt.

Umwelten von Austauschbeziehungen: Kurzzusammenfassung Fall E	
> Unternehmensleistungen und Wettbewerbsbedingungen	
Unternehmensleistungen	(Hohe) Zufriedenheit besteht insbesondere mit Umsatz und Rentabilität / Eher Unzufriedenheit besteht mit dem Umsatzanteil mit neuen Produkten, der Entwicklung der Entwicklungskosten und teilweise der Entwicklung der Produktionskosten
Wettbewerbsbedingungen	Wettbewerb findet über Produktmerkmale statt, ohne die Weitergabe von Preiserhöhungen beim Rohmaterial / Bedrohung durch zunehmenden Wettbewerb / Einschätzung der Entwicklung von Produkten und Märkten fällt schwer
> Implementierung und Ausgestaltung von Lean Management im Unternehmen und in der Kooperation	
Lean Management-Philosophie	Insgesamt eher ablehnende Einschätzung der Verankerung einer Lean Philosophie / Eher positiv bewertet werden die kontinuierliche Entwicklung – in erster Linie der Mitarbeiter – und die Wahrnehmbarkeit der Lean Aktivitäten
Implementierungsgrad	Implementierung erscheint fortgeschritten / Bewerbung des Lean Ansatzes findet nach intern und nach extern statt / Es werden regelmäßig Prozessverbesserungen umgesetzt / Es sind bereits viele schlanke Methoden und Werkzeuge im Einsatz
Anwendung schlanker Methoden und Werkzeuge	I.d.R. intern motiviert / Mehrheitlich besteht eine hohe Zufriedenheit mit den 18 genannten Methoden und Werkzeugen / Bei sechs der 18 Methoden und Werkzeuge ist der Kooperationspartner eingebunden / Die Zusammenarbeit mit Zulieferern ist geplant
Review-Stufen	In- und Output in die Kooperationsbeziehung wird nicht als gleichberechtigt wahrgenommen / Einer Zufriedenheit mit der Zusammenarbeit wird eher zugestimmt / Ein regelmäßiger gemeinsamer Leistungsbewertungsprozess in der Kooperationsbeziehung wird eher abgelehnt

Abb. 32: Umwelten schlanker Kooperationsbeziehungen Fall E

6.2.5.5. Fazit wertschöpfende Kooperationsbeziehungen in Fall E

In den vorangehenden Abschnitten sind die Elemente, Systeme und Umwelten schlanker Kooperationsbeziehungen für den Fall E dargelegt. Auch in diesem Fall haben sich die Teilnehmer am Erhebungsworkshop dafür entschieden, eine intraorganisationale Kooperationsbeziehung zu betrachten. Die Durchführung des Erhebungsworkshops fand im Februar 2013 statt. Zu diesem Zeitpunkt bestand die intraorganisationale Kooperationsbeziehung mit dem Partner bereits seit elf Jahren. Die Einführung der KVP-Initiative, die auf dem Toyota-Produktionssystem beruht, erfolgte im Jahr 2007 zunächst konzeptionell. Mit dem Partner wird in diesem Bereich seit zwei Jahren zusammengearbeitet. Dieser Sachverhalt ist in Abb. 33 dargestellt. Vor diesem Hintergrund und der in Abschnitt 5.4 dieser Arbeit entwickelten Annahmenmodelle zu schlanken Kooperationsbeziehung werden im Folgenden die Elemente und Systeme der Kooperationsbeziehung von Fall E betrachtet.

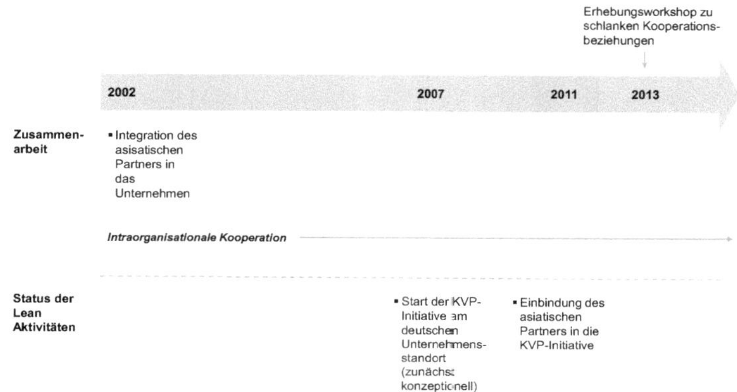

Abb. 33: Zeitstrahl „schlanker Kooperation" in Fall E

Elemente schlanker Kooperationsbeziehungen

Im Bereich der Elemente wird zunächst die **Wissensaufnahmefähigkeit** untersucht. Hier wird gezeigt, dass die Workshop-Teilnehmer über ein fundiertes Lean Management Grundlagenwissen und eine fundierte Anwendungserfahrung verfügen. Die Teilnehmer geben außerdem an, Erfahrung in der Zusammenarbeit mit dem Kooperationspartner zu haben, in die grundsätzlich ein eher geringer Teil der Belegschaft direkt eingebunden ist. Der Lean-Ansatz ist im Unternehmen bekannt, jedoch arbeitet bisher insbesondere die Produktion, gefolgt von der Logistik und dem Top-Management, nach Lean-Prinzipien. Vor dem Hintergrund des vorliegenden Grundlagen- und Anwendungswissens im Bereich Lean Management, ist davon auszugehen, dass damit die Übertragung des Ansatzes auf den Partner unterstützt werden kann. Dass die Übertragung des Lean-Ansatzes hin zum Kooperationspartner erfolgen soll, wird insbesondere in der Beantwortung der kunden- und zuliefererspezifischen Eigenschaften im Bereich der Systeme schlanker Austauschbeziehung deutlich. Im Erhebungsworkshop bzw. im Vorgespräch geben die Teilnehmer an, dass drei Personen aus dem Kernteam der KVP-Initiative für den Roll-Out an den asiatischen Standort zuständig sind. Es ist davon auszugehen, dass die Erfahrung in der Zusammenarbeit insbesondere im Fall der hier vorliegenden kulturellen Unterschiede hilfreich ist und den Transfer der schlanken Unternehmensführung unterstützt. Aufgrund der Tatsache, dass die für den Partnerstandort Verantwortlichen die Einführung der KVP-Initiative im deutschen Standort begleitet haben, ist auch davon auszugehen, dass am Partnerstandort aufgrund der Vorerfahrungen effizienter vorgegangen werden kann. Ebenso ist davon auszugehen, dass die bestehende Interaktionserfahrung mit dem Partner die Effizienz der Zusammenarbeit unterstützt. Im vorliegenden Fall wird angegeben, dass die Sprache immer noch eine gewisse Barriere darstellt. Vor dem Hintergrund der bestehenden Kooperationserfahrung ist allerdings davon auszugehen, dass die beteiligten Mitarbeiter bereits über eine gewisse Routine in der Interaktion verfügen und somit die Reibungslosigkeit der Interaktion unterstützt wird. Der Effizienz in der Kooperationsbeziehung wird von den Befragten auch nahezu einheitlich im Bereich des Beziehungstreibers Beziehungsqualität eher zugestimmt.

Eine umfassendere **Verbreitung des Lean-Ansatzes** auch außerhalb von Produktion, Logistik und Top-Management könnte möglicherweise den Transfer unterstützen, sodass ein großer Anteil der Personen am deutschen Standort, die mit dem Partner regelmäßig in Kontakt stehen nach Lean-Prinzipien arbeiten, ihr Handeln danach ausrichten und Ideen übertragen.

Die **Austauscheinstellung** kann für die vorliegende Workshop-Gruppe als eher prosozial identifiziert werden. Vor diesem Hintergrund scheint es akzeptiert zu sein, mit dem „Geben" in Vorleistung zu treten. Im Hinblick auf die Kooperationsbeziehung zwischen dem deutschen und dem asiatischen Standort kann angenommen werden, dass der deutsche Standort in Vorleistung tritt. Es ist davon auszugehen, dass eine individuelle prosoziale Einstellung in diesem Zusammenhang die Reibungslosigkeit der Interaktion unterstützt und damit auch die Implementierung des Lean-Ansatzes fördert, die in der Verantwortung von drei der Befragten Workshop-Teilnehmer liegt.

Die Abfrage der **individuellen Erwartungen** der Workshop-Teilnehmer zeigt, dass diese hinsichtlich der Zusammenarbeit und der sich daraus ergebender Implikationen für die eigene Arbeit positiv sind. Die Kooperationsbeziehung gilt als langfristig angelegt und der Partner als alternativlos. Vor dem Hintergrund, dass hohe Erwartungen das individuelle Engagement unterstützen können[173], ist davon auszugehen, dass insbesondere die drei, für die Lean-Implementierung am asiatischen Standort verantwortlichen Befragten durch die positiven Erwartungen motiviert sind und ihre Aufgabe engagiert umsetzen. Es ist davon auszugehen, dass dadurch sowohl der Interaktionsprozess, als auch dessen Ergebnis unterstützt werden. Dass einer Effizienz im Interaktionsprozess von den Befragten eher zugestimmt wird, unterstützt diese Annahme ebenso wie die Implementierungserfolge am deutschen Standort, wo bereits eine Vielzahl schlanker Methoden und Werkzeuge eingeführt wurde und mit denen zu einem großen Teil Zufriedenheit besteht.

Hinsichtlich der **Arbeitseinstellung** der Befragten kann eine hohe Zustimmungstendenz zum humanistischen Glaubenssystem festgestellt werden. Eine – geringer ausgeprägte – Zustimmungstendenz besteht auch hinsichtlich des organisationsbezogenen Glaubenssystems. Die Teilnehmer geben außerdem an, mit ihrer Arbeit zufrieden zu sein und über eine hohe persönliche Einbindung zu verfügen. Die hohe Zustimmung zu den Items des humanistischen Glaubenssystems spricht für eine hohe individuelle Bewertung der Arbeit und der Arbeitsergebnisse. Es ist daher davon auszugehen, dass die Aufgaben zur Implementierung von Lean Management im fokalen Unternehmen und beim Partner persönlich als sehr bedeutungsvoll empfunden werden und ein entsprechend hohes Engagement gezeigt wird. Es kann angenommen werden, dass mit diesem Engagement gewünschte Ergebnisse in ihrer Realisierung unterstützt werden und dass dieses hohe Engagement dazu beiträgt, möglicherweise bestehende Barrieren abzubauen. Dass ebenfalls eine Zustimmungstendenz hinsichtlich des organisationsbezogenen Glaubenssystems besteht, spricht für eine positive Bewertung kooperativer Zusammenarbeit, sodass hier ebenfalls eine Unterstützung für Ergebnis und Prozess der Interaktion angenommen werden kann. Für die positive Wirkung sprechen insbesondere die Lean-Implementierung am deutschen Standort, die vor dem Hintergrund der Analyse der Umwel-

173 Siehe hierzu Abschnitt 5.1.3.

ten, als fortgeschritten bezeichnet werden kann und die tendenziell positive Einschätzung der Austauscheffizienz.

Hinsichtlich der Items zur **Proaktivität** der Teilnehmer ist ebenfalls eine Zustimmungstendenz erkennbar. Hier wird insbesondere den Aussagen zugstimmt, nach Verbesserungen zu streben, Verbesserungen als treibende Kraft umzusetzen und mit Freude eigene Ideen umzusetzen. Es ist davon auszugehen, dass mit diesem Verbesserungsstreben die Lean-Implementierung unterstützt wird und gleichzeitig das eigene Handeln kontinuierlich auf Verbesserungen überprüft wird, sodass auch der Interaktionsprozess gefördert wird. Vor dem Hintergrund der bestehenden Arbeitszufriedenheit und einer vorliegenden Identifikation mit dem Unternehmen, wie im Rahmen der Analyse schlanker Kooperationsbeziehungen für den Fall E gezeigt wird, ist außerdem anzunehmen, dass im Sinne der Unternehmensziele proaktiv gehandelt wird.

Die Analyse der **ausgetauschten Ressourcen** zeigt, dass insbesondere Zugehörigkeit, Status und Informationen in die Kooperationsbeziehung seitens des deutschen Standorts eingebracht werden. Im Gegenzug erhält dieser Standort vor allem die Ressourcen Zugehörigkeit und Status. Leistungen, Informationen und Güter werden als nachgelagert eingeschätzt. Damit besteht ein Fokus auf eher abstrakte und personengebundene Ressourcen. Die Austauschbeziehung wird als gegenseitige Austauschbeziehung eingeschätzt. Dass ein Fokus auf die Ressourcen Zugehörigkeit und Status gerichtet ist, unterstützt möglicherweise die Implementierung von Lean Management, da insbesondere die Status-Ressource in Form von Respekt ein wichtiger Bestandteil des Lean Management-Ansatzes nach dem Toyota-Produktionssystem darstellt.[174] Mit der Fokussierung der beiden genannten Ressourcen kann auch davon ausgegangen werden, dass die Kooperationsbeziehung eher reibungslos verläuft. Dass der Austausch der Ressource Information nicht als die anderen überragend eingeschätzt wird, deckt sich mit der Bewertung des Wissensaustausches. Sowohl der interne, als auch der externe Wissensaustausch werden mit einem mittleren Ausmaß bewertet. Es ist davon auszugehen, dass vor diesem Hintergrund eine Grundlage für den Wissensfluss zwischen den beteiligten Personen und den Unternehmensstandorten geschaffen ist, der sowohl das Einbringen von Wissen, als auch die Aufnahme und Verarbeitung ermöglicht. Es ist anzunehmen, dass dieser Wissensfluss die Übertragung des Lean-Wissens unterstützt.

Den Ressourcenaustausch zwischen Individuum und fokalem Unternehmen ergänzend, wurde das Verhältnis von Belohnung und Verausgabung mit den Items zur Gratifikationskrise geprüft. Hier liegt eine mäßige Belastung der Teilnehmer in Verbindung mit einer eher vorliegenden Verausgabungsneigung vor, die das Verhältnis möglicherweise verzerrt. Ein Überwiegen der Belastung könnte das Arbeitskräftepotenzial und damit auch das gewünschte Ergebnis negativ beeinflussen.

---

174 Vgl. Abschnitt 5.1.6 und Liker, 2011, S. 263ff.; Sugimori et al., 1977, S. 557 ff.

Systeme schlanker Kooperationsbeziehungen

Innerhalb der Systeme schlanker Kooperationsbeziehungen wird auch für den vorliegenden Fall E zunächst der Beziehungstreiber **Beziehungsqualität** mit den Aspekten des **Commitments**, des **Vertrauens**, der **Beziehungsnormen** und der **Austauscheffizienz** betrachtet.

Hinsichtlich des **Commitments** wird in der Fallstudienanalyse gezeigt, dass sowohl organisationsbezogen, hinsichtlich des Partners, als auch auf individueller Ebene, hinsichtlich des fokalen Unternehmens, ein hohes Commitment vorliegt. Es ist davon auszugehen, dass aufgrund dieses hohen Commitments eine hohe Anstrengung der Befragten vorliegt und sowohl die Ziele mit einem hohen Engagement verfolgt werden, als auch die Interaktion an sich reibungsloser verläuft, als ohne oder geringere Bekenntnis zum Kooperationspartner. Ein individuelles Commitment gegenüber dem fokalen Unternehmen i.V.m. einem organisationsbezogenen Commitment gegenüber dem Kooperationspartner, wird vor diesem Hintergrund förderlich zu sein. In Abschnitt 5.2.1 wird außerdem beschrieben, dass sich ein hohes Commitment positiv auf die Zufriedenheit mit der Leistung auswirkt. Dieser Zusammenhang kann in der vorliegenden Fallstudie aufgezeigt werden: Das Commitment zum Kooperationspartner wird sehr hoch eingeschätzt und gleichzeitig werden die Verbesserungspotenziale in der Kooperationsbeziehung eher gering eingeschätzt, obwohl der Partner im Vergleich zu einem alternativen Unternehmen in allen Nutzenkriterien schlechter beurteilt wird.

Das **Vertrauen** wird in der Kooperationsbeziehung als eher vorliegend eingeschätzt. Es ist davon auszugehen, dass damit eine Grundlage zur Interaktion und gemeinsamen Ergebnisrealisierung geschaffen ist. Allerdings werden die Vertrauensitems in keinem der Fälle mit dem Maximalwert der vollen Zustimmung bewertet. Es ist davon auszugehen, dass insbesondere vor dem Hintergrund des vorliegenden hohen Commitments im Bereich des Vertrauens noch Potenzial besteht.

Im Bereich der **Beziehungsnormen** werden insbesondere die Reziprozitäts-, Solidaritäts-, sozialen und Informationsaustauschnormen als vorliegend bestätigt. Vor diesem Hintergrund ist davon auszugehen, dass die Partner bestrebt sind, Geben und Nehmen auszugleichen, bei Schwierigkeiten nicht in erster Linie die Kooperationsbeziehung in Frage stellen, Benachteiligungen versuchen lösungsorientiert auszugleichen und innerhalb bestehender Kontakte Informationen weitergeben. Es ist davon auszugehen, dass diese Normen die Realisierung gemeinsamer Ziele in der Kooperationsbeziehung unterstützen und darüber hinaus informell einen Verhaltensrahmen vorgeben, eine steuernde Wirkung haben und Reibungsverluste reduzieren.

Einer **Austauscheffizienz** in der Kooperationsbeziehung stimmen die Workshop-Teilnehmer zu bzw. eher zu. Damit wird erkennbar, dass Verbesserungspotenzial hinsichtlich der Reibungslosigkeit besteht, aber auch, dass durchaus Zufriedenheit mit der Umsetzung von Zielen in der Kooperationsbeziehung besteht.

Als zweiter Beziehungstreiber wird die **Kontaktdichte** betrachtet. In diesem Zusammenhang wird festgestellt, dass im Bereich der KVP-Initiative etwa zehn Personen des Partners mit fünf Personen des fokalen Unternehmens in Kontakt stehen. Dabei besteht innerhalb der Gruppe des fokalen Partners eine unterschiedliche Kontaktintensität. So unterscheidet sich u.a. die Anzahl an Stunden, die pro Woche in Kontakt mit dem Partner verbracht werden, aber auch die Anzahl an Kontaktpersonen, mit denen ein regelmäßiger Kontakt besteht. Die Nähe der Partner kann dabei als eher hoch eingeschätzt werden, da neben dem zentralen Thema der Arbeit in gemeinsamen Gesprächen auch Familien- oder Freizeitthemen angesprochen bzw. besprochen werden. Als gemeinsame Aktivitäten werden insbesondere Benchmark-Besuche beim Partner und gemeinsame Workshops einschließlich Trainings realisiert. Es ist davon auszugehen, dass diejenigen Personen mit intensiverem Kontakt verantwortlich für die Lean-Implementierung am asiatischen Standort sind. Daher ist auch davon auszugehen, dass eher die stärkeren Beziehungen im Vergleich zu den schwächeren die Lean-Implementierung beim Partner vorantreiben. Gleichzeitig ist davon auszugehen, dass der Austauschprozess dadurch unterstützt wird, dass dem Partner mehr als die drei für den Partnerstandort verantwortlichen Personen als Ansprechpartner im Bereich Lean zur Verfügung stehen. Es ist anzunehmen, dass durch die weiteren Personen, die ebenfalls mit dem Partner zusammenarbeiten, auch Wissen übertragen wird und damit die Ergebnisrealisation in der Geschwindigkeit unterstützt wird.

Der Beziehungstreiber der **Kontaktautorität** wird auch in diesem Fall nicht betrachtet. Es kann jedoch aufgrund der hierarchischen Stellung der Befragten davon ausgegangen werden, dass enge Verbindungen zu den Entscheidungsträgern auf deutscher und auf asiatischer Seite bestehen.

Als ein weiterer Aspekt im Rahmen der Systeme schlanker Kooperationsbeziehungen wird die **affektive und konfliktbezogene Wahrnehmung der Kooperationsbeziehung** betrachtet. Hier wird gezeigt, dass in der betrachteten Kooperationsbeziehung eher eine positive Einschätzung der allgemeinen Wahrnehmung und der positiven Emotionen getroffen wird. Es ist davon auszugehen, dass hiermit eine gute Grundlage für Interaktionen ohne Reibungsverluste aufgrund negativer Emotionen oder einer negativen Wahrnehmung geschaffen ist. Der erhaltene Wert in der Beziehung wird deutlich positiv eingeschätzt. Hinsichtlich des wahrgenommenen Konflikts und der Items zu Konfliktmessung kann ebenfalls eine positive Einschätzung identifiziert werden, die allerdings stets im unteren positiven Bereich bleibt. Die teilweise negative Einschätzung des opportunistischen Verhaltens zeigt, dass hier möglicherweise die Ursache für eine zurückhaltend-positive Einschätzung der Konfliktitems liegt. Die Teilnehmer geben in diesem Zusammenhang an, dass der Kooperationspartner teilweise Versprechungen trifft, die er nicht hält. Auch der Zusammenhalt in der Kooperationsbeziehung wird vor dem Hintergrund einer (hohen) individuellen und organisationalen Stabilität nur zurückhaltend-positiv eingeschätzt. Vor dem Hintergrund, dass in der affektiven und konfliktbezogenen Wahrnehmung der Beziehung eine positive Tendenz vorliegt, ist grundsätzlich davon auszugehen, dass damit das Interaktionsergebnis und auch der Interaktionsprozess an sich ermöglicht werden. Die Teilnehmer stufen jedoch im Bereich der Beziehungsleistungen die Beziehung an sich als verbesserungswürdig ein. Es ist anzunehmen, dass in den Bereichen des opportunistischen Verhaltens, des Zusammenhalts und der konfliktbezogenen Wahrnehmung Verbesserungspotenzial besteht.

Als nächster Aspekt im Bereich der Systeme schlanker Beziehungen werden die **Abhängigkeit und die Leistungen** in der Kooperationsbeziehung bestimmt. Hier wird festgestellt, dass seitens des deutschen Standorts eine Abhängigkeit vorliegt. Die gegenseitige Abhängigkeit wird insbesondere dadurch verstärkt, dass beide Standorte kooperationsspezifische Anpassungen an Werkzeugen und Anlagen übernehmen. Der asiatische Partner passt außerdem im Rahmen der Beziehung sein Produktionssystem an. Der Kooperationspartner wird, im Vergleich zu einem alternativen Unternehmen, in allen Kriterien - aufgrund der hohen Entfernung - schlechter bewertet. Die Frage nach Verbesserungspotenzial zeigt allerdings, dass hauptsächlich hinsichtlich der Beziehung an sich Verbesserungspotenzial besteht und die Situation in den anderen Bereichen zufriedenstellend ist. Es ist davon auszugehen, dass die Abhängigkeit des deutschen Standorts den Interaktionsprozess insofern erleichtert, dass der Partner als wichtig wahrgenommen wird und bereits aus diesem Grund mögliche Barrieren abgebaut werden müssen. Ebenso ist davon auszugehen, dass die Einschätzung der Leistungen des Kooperationspartners im Vergleich zu einem alternativen Unternehmen, die Implementierung von Lean Management unterstützt, sodass trotz der hohen Entfernung und der damit verbundenen Schwierigkeiten, Nutzen generiert wird.

Hinsichtlich der **formalen Steuerung** wird für den vorliegenden Fall gezeigt, dass in Verbindung mit einer sehr hohen Marktdynamik eine mittlere Aufgabenklarheit besteht und vertragliche Regelungen nur teilweise bestehen. Vor dem Hintergrund der bereits dargelegten Beziehungsnormen ist davon auszugehen, dass bestehende formelle Regelungen, die vermutlich zur Integration des Unternehmens angefertigt wurden, durch die informellen Regelungen ergänzt werden. Es ist davon auszugehen, dass somit ein intraorganisationaler Freiraum besteht, der die Implementierung von Lean Management unterstützt, indem dies als unternehmerisches Ziel festgelegt wird. Weil den beteiligten Personen bekannt ist, dass kein Vertragswerk existiert, das die Beziehung im Detail regelt, kann davon ausgegangen werden, dass die informellen Beziehungsnormen das Verhalten der Teilnehmer zuverlässig regeln und seitens der Partner auch Verlass auf diese Normen besteht.

Im Zusammenhang mit der **Identifikation** wird festgestellt, dass eine – teilweise sehr hohe – Identifikation der Befragten mit dem fokalen Unternehmen vorliegt und auch eine Zustimmung zur Identifikation mit dem Partner besteht. Vor diesem Hintergrund ist anzunehmen, dass die unternehmerischen Ziele verinnerlicht sind und mit einem hohen Engagement auch hinsichtlich der Kooperationsbeziehung umgesetzt werden. Wird die Übertragung der KVP-Initiative am asiatischen Standort als ein Ziel des Unternehmens formuliert, ist davon auszugehen, dass die Identifikation die Lean-Implementierung unterstützt. Aufgrund der hohen Identifikation ist außerdem anzunehmen, dass keine Reibungsverluste aufgrund von Unstimmigkeiten mit dem eigenen Unternehmen entstehen und so auch die Interaktion unterstützt wird.

Umwelten schlanker Kooperationsbeziehungen

Im Bereich der Umwelten schlanker Kooperationsbeziehungen wird für Fall E gezeigt, dass eine hohe Zufriedenheit insbesondere mit dem Umsatz und der Rentabilität besteht. Verbesserungspotenzial wird u.a. hinsichtlich der Produktions- und Entwicklungskosten angegeben. Die Methoden und Werkzeuge im Rahmen der schlanken Unternehmensführung bieten hier Ansatzpunkte zur Reduktion dieser Kosten. Im Zusammenhang mit einem zunehmenden Wettbewerb besteht ebenfalls Handlungsbedarf, um bestehende Wettbewerbsvorteile sichern zu können. Vor dem Hintergrund, dass eingangs der Fallstudie von einer negativen Unternehmenssituation gesprochen wird, die zur Implementierung der KVP-Initiative geführt hat, kann angenommen werden, dass die bereits fortgeschrittene Einführung zu einer Verbesserung der Unternehmensleistung beigetragen hat. Während die Verankerung der Lean-Philosophie bisher nicht gefestigt ist, erscheint die Lean Management-Implementierung bereits vorangeschritten zu sein. Dies wird durch die Aufzählung und Bewertung bereits implementierter Methoden und Werkzeuge unterstützt.

Auch für Fall E wurden die Items zur Lean bzw. Just-in-time-Implementierung geprüft.[175] Es wird bestätigt, dass eher ein kleiner Anteil der Belegschaft direkt in die Kooperation eingebunden ist (Impl_coop_3) und dass sich die Leistung beider Unternehmen verbessert (Impl_coop_4a). Hinsichtlich der Konflikte wird angegeben, dass diese durchaus die Beziehung stören und damit die Austauscheffizienz reduzieren. Ebenfalls wird die Einschätzung des Vertrauens als tendenziell vorliegend, aber nicht deutlich ausgeprägt bestätigt (Impl_coop_8).

6.2.6. Fallstudie 6 (Fall F)

6.2.6.1. Darstellung des Falls und des Erhebungsvorgehens

Die sechste Fallstudie wurde gemeinsam mit einem Unternehmen aus dem Bereich der Flugzeugherstellung/-ausstattung durchgeführt. Die Identifikation des Unternehmens fand, ähnlich wie bei den bereits dargelegten Fallstudien B und E, in Zusammenarbeit mit dem Verband für die Metall- und Elektroindustrie statt. Der Leiter des Bereichs Arbeitswissenschaften konnte das Unternehmen F aufgrund seiner Erfahrung in der Projektzusammenarbeit für die Erhebung empfehlen. Durch ihn erfolgte auch die Erstansprache des Unternehmens, bei der seitens des Leiters für Qualität und Kontinuierliche Verbesserung aus dem Unternehmen F Interesse bekundet wurde. Im Folgenden wurde ein Termin mit ihm und seinem für die Lean-Implementierung verantwortlichen Mitarbeiter vereinbart. In diesem Gespräch, das Anfang Januar 2013 vor Ort im Unternehmen stattfand, konnten Zielstellung und Vorgehen des Erhebungsworkshops geklärt werden. Es wurde außerdem bestätigt, dass die Fragestellungen für das Unternehmen von Interesse sind. Das Unternehmen wurde im Herbst 2010 in einen ausländischen Konzern integriert und arbeitet mit diesem auch im Bereich Lean Management zusammen.

Am Erhebungsworkshop konnten drei Mitarbeiter aus dem Unternehmen teilnehmen. Während der Leiter für Qualität und Kontinuierliche Verbesserung kurzfristig seine Teilnahme absagen musste, nahmen sein für die Lean Initiative zuständiger Mitarbeiter und zwei Mitarbeiter aus dessen Team am Workshop teil. Vor dem Hintergrund der geringen Teilnehmeranzahl soll die Auswertung ähnlich wie in Fall D ohne statistische Auswertung der einzelnen Items erfolgen. Im Fokus der Erhebung steht im Folgenden die Kooperationsbeziehung zum intraorganisationalen Partner, dem übergeordneten Konzern.

[175] Die Ergebnistabelle ist zur Sicherung der Anonymität nicht Bestandteil der Veröffentlichung.

6.2.6.2. Elemente schlanker Kooperationsbeziehungen in Fall F

Eine Zusammenfassung der Elemente schlanker Kooperationsbeziehungen ist in Abb. 34 dargestellt.

Elemente in Austauschbeziehungen: Kurzzusammenfassung Fall F

> Eigenschaften von Individuen in Austauschbeziehungen

Wissensaufnahmefähigkeit	Fundiertes Lean Management-Grundlagenwissen / Erfahrung mit dem Kooperationspartner vorhanden / Arbeit findet überwiegend intern orientiert statt / Erfahrung in der Durchführung von (internen und externen) Lean Projekten / Geringer Anteil der Belegschaft ist in die Kooperation eingebunden / Lean Ansatz ist teilweise im Unternehmen bekannt / Die beste Einschätzung hinsichtlich der Arbeit nach Lean Prinzipien erhält der Bereich Produktion – allerdings ist auch in diesem Bereich die Zustimmung maximal nur im Bereich „teilweise"
Austausch-Einstellung	Prosoziale Einstellung
Erwartungen	Hohe Erwartungen an die Zusammenarbeit mit dem Kooperationspartner / Divergierende, aber eher positive Einschätzung erwarteter positiver Auswirkungen auf die eigenen Tätigkeiten / Kooperationsbeziehung ist langfristig angelegt / Partner gilt als alternativlos
Arbeitseinstellung	Hohe Zustimmung zum humanistischen Glaubenssystem / Hohe Zustimmung zum organisationsbezogenen Glaubenssystem / Zustimmungstendenz zum freizeitbezogenen Aussagensystem / Mittlere bis hohe Zustimmung zur bestehenden Arbeitszufriedenheit i.V.m. stark divergierenden Antworten zur Zufriedenheit mit der Arbeitsentlohnung / Eher hohe persönliche Einbindung
Proaktivität	Zustimmungstendenz

> Austauschressourcen in Austauschbeziehungen

Zugehörigkeit (Liebe) **Leistung** **Güter** **Geld** **Information** **Status**	Positive Bewertung des Gebens von *Status, Geld*; eher nachgelagert: *Zugehörigkeit und Information* (uneinheitliche Bewertung der *Leistungen*, Ablehnung des Gebens von *Gütern)* Positive Bewertung des Erhaltens von *Information, Zugehörigkeit, Status und Leistungen* (Erhalt von *Gütern und Geld* wird abgelehnt) Gegenseitige Austauschbeziehung wird auf individueller (Individuum-Organisation) und organisationaler Ebene (fokaler Standort-Kooperationspartner) bestätigt Einschätzung des Wissensaustauschs Individuum-Unternehmen: mittel Einschätzung des Wissensaustausch Individuum-Kooperationspartner: mittel Auf individueller Ebene im Austausch *zwischen Individuum und Unternehmen* ist von einem Ungleichgewicht i.V.m. dem Vorliegen einer mäßigen Belastung auszugehen

Abb. 34: Elemente schlanker Kooperationsbeziehungen Fall F

6.2.6.3. Systeme schlanker Kooperationsbeziehungen in Fall F

Eine Zusammenfassung der Systeme schlanker Kooperationsbeziehungen in Abb. 35 dargestellt.

Systeme in Austauschbeziehungen: Kurzzusammenfassung Fall F

Beziehungstreiber	
Qualität der Kooperationsbeziehung	Vorliegendes, eher hohes Commitment gegenüber dem Kooperationspartner i.V.m. einem individuellen Commitment gegenüber dem Unternehmen / Vertrauenstendenz (Fokus auf Zuverlässigkeit, angemessene Ansprüche an das fokale Unternehmen und Offenheit) / Hohe Ausprägung der Informationsaustauschnormen; vereinzelt hohe Ausprägung der sozialen und kooperativen Normen / Austauscheffizienz wird unterschiedlich eingeschätzt und insgesamt eher abgelehnt
Kontaktdichte	Allgemein stehen ca. 12 (4 Lean) Personen des Partners mit ca. 20 (12 Lean) Personen des fokalen Unternehmens im Austausch / Individueller Kontakt mit 2-4 Personen des Partners / Anzahl flüchtiger Kontakte 4-8 / Ein halber bzw. 2,5 Arbeitstage pro Woche besteht Kontakt mit dem Partner / Anzahl individueller Ansprechpartner: 2 / Gespräche mit dem Partner hauptsächlich zur Arbeit; vereinzelt auch: Freunde und Freizeit / Gemeinsame Aktivitäten: insbesondere Workshops, Trainings und Verhandlungssituationen
Kontaktautorität	n.a.
Wahrnehmung der Beziehung	Eher positive Einschätzung der allgemeinen Wahrnehmung und der positiven Emotionen i.V.m. teilweise bestehenden Zustimmungs- und Einwilligungsereignissen / Deutlich positive Einschätzung des erhaltenen Werts / Divergierende Einschätzung des wahrgenommenen Konflikts / Konfliktpotenzial ggfs. durch Egoismus, Sturheit, Gier, nachtragendem Verhalten und Unnachgiebigkeit / Ggfs. opportunistisches Verhalten des Partners zur Erreichung eigener Ziele / Positive Tendenz zur Kohäsion / Eher niedrige individuelle und hohe organisationsbezogene Stabilität der Beziehung
Abhängigkeit und Leistung	Vorliegende Abhängigkeit des fokalen Unternehmens / Teilweise Abhängigkeit des Partners durch übernommene Investitionen / Fokales Unternehmen passt das Produktionssystem nach Vorgaben des Partners an / Partner wird insbesondere im Bereich Qualität besser als ein alternativer Partner eingeschätzt / Verbesserungspotenzial besteht insbesondere hinsichtlich Termineinhaltung, Service, Kosten und dem insgesamt generierten Wert / Nur teilweise Zustimmung zu den Items der Kooperation / Verbesserungen im Bereich Kommunikation erforderlich
(Formale) Steuerung	Hohe Marktdynamik / Aufgabenklarheit liegt eher vor / Zustimmung zu detaillierten vertraglichen Regelungen; eher Zustimmung zu spezifischen, ausformulierten Regelungen
(Beziehungs-) Identität	Eher niedrige Zustimmung zur Identifikation mit dem fokalen Unternehmen / Eigenes Handeln wird an den Unternehmenswerten ausgerichtet / Werte des Partners sind eher bekannt / Kompatibilität der Werte des fokalen Unternehmens und des Kooperationspartners wird mittelmäßig bis ablehnend bewertet

Abb. 35: Systeme schlanker Kooperationsbeziehungen Fall F

6.2.6.4. Umwelten schlanker Kooperationsbeziehungen in Fall F

Die Umwelten schlanker Kooperationsbeziehungen sind in Abb. 36 zusammenfassend dargestellt.

Umwelten von Austauschbeziehungen: Kurzzusammenfassung Fall F

> Unternehmensleistungen und Wettbewerbsbedingungen	
Unternehmensleistungen	Insgesamt liegt Unzufriedenheit vor
Wettbewerbsbedingungen	Wettbewerb findet mittlerweile über den Preis statt / Bedrohung durch die Entwicklung bestehender und den Eintritt neuer Wettbewerber am Markt / Für eigene Produkte gibt es keine Substitute / Marktentwicklung ist gut einschätzbar
> Implementierung und Ausgestaltung von Lean Management im Unternehmen und in der Kooperation	
Lean Management-Philosophie	Mehrheitlich Ablehnung einer Verankerung der Lean Philosophie / Positiv bewertet werden: die langfristige Ausrichtung von Managemententscheidungen (durch den Kooperationspartner), dass sich Führungskräfte regelmäßig ein Bild vor Ort machen und dass Lean Aktivitäten im Unternehmen eher wahrnehmbar sind
Implementierungsgrad	Lean Implementierung wird mehrheitlich abgelehnt / Positiv bewertet werden: die Werbung für den Lean Ansatz gegenüber Externen durch das Top-Management
Anwendung schlanker Methoden und Werkzeuge	Die Einführung ist i.d.R. sowohl intern als auch extern motiviert / 13 Methoden und Werkzeuge werden genannt; mit vier davon besteht eine hohe Zufriedenheit in der Umsetzung / Der Kooperationspartner, externe Berater und Lieferanten sind in die Anwendung eingebunden
Review-Stufen	In- und Output in die Kooperationsbeziehung werden eher als gleichberechtigt wahrgenommen / Einer Zufriedenheit mit der Zusammenarbeit wird eher nicht zugestimmt / Ein regelmäßiger gemeinsamer Leistungsbewertungsprozess in der Kooperationsbeziehung ist vorhanden

Abb. 36: Umwelten schlanker Kooperationsbeziehungen Fall F

6.2.6.5. Fazit wertschöpfende Kooperationsbeziehungen in Fall F

In den vorangehenden Abschnitten sind die Elemente, Systeme und Umwelten schlanker Kooperationsbeziehungen für den Fall F dargestellt. Die Entwicklung der Zusammenarbeit und der Start der Lean-Aktivitäten wurden mit den Informationen aus dem Vorgespräch und dem Erhebungsworkshop sowie ergänzenden Information aus dem Internet zusammengestellt und in Abb. 37 dargestellt. Für die Auswertung der Fallstudie ist es insbesondere wichtig, auf die zum Erhebungszeitpunkt erst seit Kurzem bestehende Zusammenarbeit im Bereich Lean Management hinzuweisen. So ist im Sinne einer konstruktivistischen Erkenntnis- und Wissenschaftstheorie auch davon auszugehen, dass Verzögerungen bei der Analyse zu berücksichtigen sind und dass sich insbesondere nach einer „Störung" des Gesamtsystems Elemente, Systeme und Umwelten schlanker Kooperationsbeziehungen gegenseitig beeinflussen.[176]

[176] Vgl. hierzu die Ausführungen von Sterman (2002, S. 504 ff.) zu verzögerten Auswirkungen und Nebeneffekten von Handlungen sowie deren Auswirkungen auf die Systemumwelt aus einer System Dynamics-Perspektive, die einer engen Verbindung zur konstruktivistischen Perspektive steht (vgl. von Glasersfeld, 1997, S. 237 ff.). Im Konstruktivismus wird das Wort „Perturbation" verwendet, wenn ein Denkschema durch ein unerwartetes Ereignis ausgelöst und an neue Erkenntnisse angepasst wird (vgl. von Glasersfeld, 1989, 127 ff.).

Abb. 37: Zeitstrahl "schlanker Kooperation" in Fall F

Vor diesem Hintergrund und der in Abschnitt 5.4 dieser Arbeit entwickelten Annahmenmodelle zu schlanken Kooperationsbeziehung sollen im Folgenden die Elemente und Systeme der Kooperationsbeziehung von Fall F betrachtet werden.

Elemente schlanker Kooperationsbeziehungen

Im Bereich der Elemente wird zunächst die **Wissensaufnahmefähigkeit** untersucht. Es wird im Rahmen der Fallstudie gezeigt, dass die Workshop-Teilnehmer alle über ein fundiertes Lean Management Grundlagenwissen verfügen. Die Teilnehmer geben an, Erfahrungen mit internen und externen Lean Workshops gesammelt zu haben. Hinsichtlich der Verbreitung des Lean-Ansatzes im Unternehmen geben sie an, dass dieser teilweise bekannt ist, aber bisher nur wenige Bereiche nach den Lean-Prinzipien arbeiten. Im Vergleich am besten wird hier die Produktion eingeschätzt, die aber maximal teilweise Zustimmung erhält. Die Analyse der Verankerung der Lean-Philosophie im Bereich der Umwelten schlanker Kooperationsbeziehungen bestätigt diesen Sachverhalt. Hinsichtlich der Kooperation geben die Teilnehmer an, Erfahrung in der Zusammenarbeit mit dem Kooperationspartner zu haben. Sie geben an, dass die eigene Arbeit vorwiegend intern orientiert stattfindet und dass nur ein geringer Anteil der Belegschaft in die Kooperationsbeziehung eingebunden ist. Im vorliegenden Fall erscheint es bereits an dieser Stelle wichtig zu sein, festzuhalten, dass der Lean Roll-Out hier seitens des Kooperationspartners in Richtung des fokalen Unternehmens erfolgt. Es ist davon auszugehen, dass das eigene Lean Grundlagenwissen und die bereits gesammelten Erfahrungen förderlich für die Lean-Implementierung sind. Der Kooperationspartner kann an dieses Wissen und die Erfahrungen anknüpfen und dieses vertiefen. Es ist außerdem davon auszugehen, dass Vorwissen und Erfahrung insbesondere in diesem Fall nützlich sind, weil dies möglicherweise hilft, bestehende Sprachbarrieren auszugleichen, sodass die Interaktion an sich reibungsloser verlaufen kann. Es scheint außerdem von Vorteil zu sein, dass die Workshop-Teilnehmer bereits Erfahrung in der Zusammenarbeit mit dem fokalen Partner gesammelt haben und in der Vergangenheit bereits ähnliche Erfahrungen gemacht haben. Es ist davon auszugehen, dass diese Erfahrung im Umgang mit „Externen" hilft, Konflikte zu vermeiden. Außerdem ist anzunehmen, dass aufgrund der Erfahrung weniger Barrieren gegen den neuen Partner aufgebaut werden, im Vergleich zu einem erstmaligen Verkauf an ein anderes Unternehmen. Aufgrund der niedrigen Fluktuation im Unternehmen, welche die Teilnehmer im Gespräch hervorheben und die auch auf der Internetseite vermerkt ist, ist davon auszugehen, dass diese Erfahrung vollständig im Unternehmen verteilt ist. Dass die Verteilung des Lean-Ansatzes im fokalen Unternehmen niedrig ausgeprägt ist, kann den Implementierungsfortschritt möglicherweise deshalb aufhalten, weil zunächst Verständnis geschaffen werden muss, Grundlagen aufgebaut werden müssen und kein oder nur wenig Vorwissen zur Anknüpfung vorhanden ist.

Die **Austauscheinstellung** kann auch für den Fall F als prosozial identifiziert werden. Es ist davon auszugehen, dass die prosoziale Einstellung die Interaktion mit dem Partner erleichtert, sodass z.B. Vorgaben angenommen werden. Dies unterstützt auch die Implementierung von Lean Management im fokalen Unternehmen, weil diese (auch) als Vorgabe des Kooperationspartners zu sehen ist.

Die Abfrage der individuellen **Erwartungen** der Workshop-Teilnehmer zeigt, dass diese hinsichtlich der Zusammenarbeit mit dem Kooperationspartner hoch sind. Die Einschätzung der Auswirkungen der Zusammenarbeit auf die eigene Tätigkeit wird unterschiedlich eingeschätzt, ist jedoch insgesamt eher positiv. Hinzu kommt, dass die Erwartung besteht, dass die Kooperationsbeziehung langfristig ist und der Partner als alternativlos angesehen wird. Es ist davon auszugehen, dass insbesondere die positive Erwartung an die Zusammenarbeit und die Annahme der Langfristigkeit der Beziehung die Interaktion erleichtert und Kooperationsbarrieren z.B. bei der Annahme von Vorgaben reduziert. Die Lean-Implementierung kann vor diesem Hintergrund seitens des Partners leichter und erfolgreicher vorangetrieben werden.

Hinsichtlich der **Arbeitseinstellungen** wird für diese Fallstudie eine hohe Zustimmung, sowohl zum humanistischen, als auch zum organisationsbezogenen Aussagensystem identifiziert. Die Teilnehmer stimmen außerdem den Aussagen zum freizeitbezogenen Aussagensystem tendenziell zu. Mit der Zustimmung zu diesen Aussagensystemen ist davon auszugehen, dass die Befragten die Arbeit persönlich sehr wichtig nehmen und Entfaltung darin suchen. Es ist außerdem davon auszugehen, dass mit diesen Ausprägungen die Zusammenarbeit erleichtert wird. Die Zustimmung zum freizeitorientierten System zeigt allerdings auch, dass neben der Arbeit andere Dinge eine wichtige Rolle für die Teilnehmer spielen. Hier könnte angenommen werden, dass damit und in Verbindung mit der Zustimmung zu den anderen Aussagensystemen eine positive Work-Life-Balance unterstützt wird, welche das Potenzial der Mitarbeiter für das Unternehmen langfristig sichert. Vor diesem Hintergrund ist davon auszugehen, dass die Ziele des Unternehmens engagiert verfolgt werden, die Zusammenarbeit nicht aufgrund selbstorientierter Einstellungen der Workshop-Teilnehmer aufgehalten wird und dass ausgeglichene Mitarbeiter ihre Aufgaben mit einem hohen Wirkungsgrad umsetzen können. Die Arbeitszufriedenheit wird als mittel bis hoch bewertet, während hinsichtlich der Entlohnung die Antworten stark divergieren. Dennoch ist eine eher hohe persönliche Einbindung der Teilnehmer in der Analyse erkennbar, sodass die Annahme eines hohen Engagements für das Unternehmen zusätzlich unterstützt wird.

Auch hinsichtlich der Items zur **Proaktivität** ist eine Zustimmungstendenz erkennbar. Vor diesem Hintergrund kann angenommen werden, dass das Streben nach Verbesserung verinnerlicht ist und damit sowohl die Interaktion selbst kontinuierlich verbessert wird, als auch die

Lean-Implementierung im Unternehmen mit der Identifikation neuer Projekte und Workshop-Ideen.

Die Analyse der ausgetauschten **Ressourcen** zeigt, dass seitens des fokalen Unternehmens insbesondere ein Geben von Geld und Status erfolgt. Nachgelagert erfolgt das Geben der Ressourcen Zugehörigkeit und Information. Im Gegenzug erhält das fokale Unternehmen vom Kooperationspartner insbesondere Ressourcen in Form von Information, Zugehörigkeit, Status und Leistungen. Insgesamt bezeichnen die Workshop-Teilnehmer die Kooperation hinsichtlich des Ressourcenaustausches als gegenseitige Kooperationsbeziehung. Vor dem Hintergrund, dass der Kooperationspartner sein Lean-Wissen auf das fokale Unternehmen überträgt, ihn aktiv bei der Anwendung unterstützt und die Lean-Philosophie mit einer Betonung des gegenseitigen Respekts vorlebt, erscheint die Einschätzung der erhaltenen Ressourcen als realistisch. Das fokale Unternehmen ist als hundertprozentige Tochter des Kooperationspartners wirtschaftlich nicht selbständig, sodass auch das Geben der Ressource Geld begründet ist. Es ist davon auszugehen, dass mit dem Erhalt von Information durch den Partner, die Lean-Implementierung im fokalen Unternehmen unterstützt wird. Dass seitens beider Partner die Ressource Status in die Kooperationsbeziehung eingebracht wird, lässt die Annahme zu, dass hiermit die Interaktion an sich erleichtert wird.

Ergänzend zeigt die Einschätzung des **Wissensaustausches** auf organisationaler Ebene, dass sich dieser im Bereich eines mittleren Ausmaßes befindet. Es ist daher anzunehmen, dass die Übertragung des Lean-Wissens und der Lean-Erfahrungen erfolgreich ist. Dass auch der interne Wissensaustausch als mittel eingeschätzt wird, lässt außerdem die Annahme zu, dass neues Wissen aufgenommen, verarbeitet und für das Unternehmen genutzt wird. Die Lean-Implementierung wird durch diesen internen und externen Wissensaustausch positiv unterstützt.

Im Hinblick auf die **Austauschbeziehung zwischen den Workshop-Teilnehmern und dem fokalen Unternehmen** wird gezeigt, dass die Workshop-Teilnehmer zwar grundsätzlich Wertschätzung erfahren und mit einer Sicherheit des Arbeitsplatzes grundsätzlich rechnen können, dass aber im Hinblick auf die Verausgabung der Teilnehmer eine mäßige Belastung vorliegt. Hier kann möglicherweise das individuelle Potenzial gefährdet werden, was eine Lean-Implementierung aufhalten und eine Kooperationsbeziehung erschweren könnte.

Systeme schlanker Kooperationsbeziehungen

Innerhalb der Systeme schlanker Kooperationsbeziehungen wird auch für den vorliegenden Fall F zunächst der Beziehungstreiber **Beziehungsqualität** mit den Aspekten des **Commitments**, des **Vertrauens**, der **Beziehungsnormen** und der **Austauscheffizienz** betrachtet.

Im Hinblick auf das **Commitment** wird gezeigt, dass seitens der Workshop-Teilnehmer, sowohl gegenüber dem Kooperationspartner, als auch gegenüber dem fokalen Unternehmen Commitment vorliegt. Es ist davon auszugehen, dass die Teilnehmer deshalb die Kooperations- und Unternehmensziele akzeptieren und verfolgen. Die Lean-Implementierung kann mit dieser Akzeptanz unterstützt werden. Ebenso ist davon auszugehen, dass die Akzeptanz des Kooperationspartners den Interaktionsprozess unterstützen wird.

Hinsichtlich des **Vertrauens** kann im Rahmen der Analyse gezeigt werden, dass hier eine positive Tendenz mit einem Fokus auf das Vertrauen hinsichtlich Zuverlässigkeit, angemessener Ansprüche an das fokale Unternehmen und Offenheit besteht. Da im Bereich Lean die Kooperation zum Erhebungszeitpunkt erst seit etwa eineinhalb Monaten besteht, ist anzunehmen, dass dieses Vertrauen aufgrund von Kooperationserfahrungen in anderen Bereichen entstanden ist. Es ist außerdem davon auszugehen, dass mit der positiven Tendenz eine Grundlage für eine funktionierende Kooperation geschaffen ist. Insbesondere die Einschätzung, dass seitens des Partners realistische Anforderungen an das fokale Unternehmen gestellt werden, lässt die Vermutung zu, dass damit Barrieren abgebaut werden können.

Hinsichtlich der **Beziehungsnormen** bewerten die Workshop-Teilnehmer insbesondere die Informationsaustauschnormen positiv. Gerade im Hinblick auf bestehende Sprachbarrieren, welche die Teilnehmer in der Diskussion wiederholt hervorheben, scheint es förderlich zu sein, dass hinsichtlich der grundsätzlichen Einstellung zum Umgang mit Informationen eine gute Basis gelegt ist und damit der Fortgang der Interaktion und die Realisierung gemeinsamer Ergebnisse erleichtert wird. Die Items aus dem Bereich der sozialen Normen, in dem die Bedeutsamkeit der Partnerschaft betont wird und zugestimmt wird, dass sich die Beziehung über viele komplexe Aufgabengebiete erstreckt, sowie aus dem Bereich der kooperativen Normen zur Bedeutung einer guten Zusammenarbeit, bildet eine gute Grundlage für die weitere Interaktion. Es ist davon auszugehen, dass mit dem Voranschreiten der Kooperationsbeziehung im Bereich Lean Management weitere Beziehungsnormen gefestigt werden.

Im Bereich der Beziehungsqualität wird schließlich die **Austauscheffizienz** betrachtet, die von den Teilnehmern aktuell eher abgelehnt wird. Hier ist anzumerken, dass zum Zeitpunkt der Erhebung erst seit eineinhalb Monaten zusammengearbeitet wird. Es wäre es interessant zu sehen, wie sich diese Einschätzung gegebenenfalls verändert.

Als zweiter Beziehungstreiber wird die **Kontaktdichte** der Kooperationsbeziehung analysiert. Hier wird festgestellt, dass vier Personen des Partners mit ca. zwölf Personen des fokalen Unternehmens im Bereich Lean in Kontakt stehen. Die Workshop-Teilnehmer haben jeweils zwei feste Ansprechpartner. Die Dauer der wöchentlichen Zusammenarbeit ist mit einem halben bis zweieinhalb Arbeitstagen pro Woche als eher hoch einzuschätzen. Gemeinsame Aktivitäten finden insbesondere in Form von Workshops statt, bei denen der Partner unterstützt und berät, aber auch in Form von Trainings und Verhandlungssituationen. Die Gesprächsthemen konzentrieren sich insbesondere auf die Arbeit. Es ist davon auszugehen, dass mit der eher hohen wöchentlichen Kontaktzeit ein Wissenstransfer möglich ist, was durch die Analyse des Ressourcenaustausches belegt werden kann. Es wird außerdem angenommen, dass der Wissensaustausch durch die eher geringe Anzahl fester Kontaktpersonen seitens des Kooperationspartners intensiv stattfinden wird.

Der Beziehungstreiber der **Kontaktautorität** wird in dieser Fallstudie nicht betrachtet.

Hinsichtlich der **affektiven und konfliktbezogenen Wahrnehmung der Kooperationsbeziehung** wird gezeigt, dass die allgemeine Wahrnehmung und die Emotionen in der Kooperationsbeziehung i.V.m. teilweise vorliegenden Zustimmungs- und Einwilligungsereignissen, eher positiv eingeschätzt werden. Der erhaltene Wert wird von den Befragten deutlich positiv eingeschätzt, während der wahrgenommene Konflikt von den Teilnehmern unterschiedlich bewertet wird. Konfliktpotenzial ergibt sich möglicherweise durch Egoismus, Sturheit, Gier, nachtragendes Verhalten und Unnachgiebigkeit. Außerdem liegt möglicherweise ein opportunistisches Verhalten des Partners vor. Tendenziell besteht eine positive Tendenz zur Kohäsion. Die individuelle Stabilität der Beziehung ist im Vergleich zur organisationalen Stabilität niedriger einzuschätzen. Es ist davon auszugehen, dass die eher positive Einschätzung zur allgemeinen Wahrnehmung, der Emotionen, der Kohäsion, sowie die hohe Bewertung des erhaltenen Werts, die Realisierung gemeinsamer Ziele in der Kooperationsbeziehung unterstützen. Auf dieser Grundlage scheint es möglich zu sein, dass die Mitarbeiter am fokalen Standort Impulse des Partners annehmen und damit die Lean-Implementierung relativ reibungslos vorangetrieben werden kann. Es wird bei der Untersuchung der Beziehungswahrnehmung allerdings auch deutlich, dass Konfliktpotenzial besteht. Hier geben die Items zur Konfliktmessung Aufschluss zu möglichen Ursachen. In Bezug auf die gemeinsamen Aktivitäten im Bereich der Kontaktdichte, geben die Teilnehmer an, manchmal in Verhandlungssituationen mit dem Partner zu stehen. Diese Verhandlungssituationen sind möglicherweise Grundlage für die teilweise negative Einschätzung der oben genannten Items zur Konfliktmessung. Da wie bereits gezeigt, im Fall F der Lean-Ansatz des Konzerns auf das fokale Unternehmen übertragen werden soll, ohne dass seitens des Konzerns eine Anpassung stattfindet, ist davon auszugehen, dass in den genannten Verhandlungssituationen die oben genannten Kriterien der Konfliktmessung wahrgenommen werden, wodurch Reibungen entstehen können.

Im Hinblick auf die **Abhängigkeit und die Leistungen in der Kooperationsbeziehung** wird gezeigt, dass seitens des fokalen Unternehmens eine Abhängigkeit besteht und eine Abhängigkeit des Partners durch Investitionen teilweise begründet ist. Insbesondere im Bereich der Qualität schätzen die Befragten den Partner besser ein, als einen alternativen Partner. Verbesserungspotenzial in der Kooperationsbeziehung besteht hinsichtlich der Termineinhaltung, dem Service, den Kosten und dem insgesamt generierten Wert. Zu den Items der Kooperation erfolgt nur teilweise Zustimmung und auch die Kommunikation wird als verbesserungswürdig eingeschätzt. Es ist davon auszugehen, dass die wahrgenommene Abhängigkeit des fokalen Unternehmens sowohl die Lean-Implementierung nach Vorgabe des Partners, als auch die Interaktion an sich unterstützt. Eine Zunahme der Abhängigkeit des Partners könnte sich insbesondere im Zusammenhang mit der Beziehungswahrnehmung und bspw. der Häufigkeit und dem Verlauf von Verhandlungssituationen positiv bemerkbar machen. Dass hinsichtlich der Leistungen in der Kooperationsbeziehung Verbesserungspotenziale identifiziert werden, ist im Hinblick auf die Dauer der Beziehung im Bereich Lean nachvollziehbar. Dass jedoch im Vergleich zu einem alternativen Partner insbesondere die Qualität besser eingeschätzt wird, lässt die Vermutung zu, dass Leistungen und Leistungsverbesserungen vom fokalen Unternehmen wertschätzend anerkannt werden und sowohl die Konzeptübertragung, als auch die Interaktion an sich unterstützen.

Im Hinblick auf die **formale Steuerung** wird gezeigt, dass eine hohe Marktdynamik vorliegt und dass hinsichtlich der Beziehung mit dem Partner eine Aufgabenklarheit eher bestätigt wird. Es besteht Zustimmung zu detaillierten vertraglichen Reglungen in der Kooperationsbeziehung aber nur eher Zustimmung, dass spezifische, ausformulierte Regelungen vorliegen. Nach Angabe der Workshop-Teilnehmer erfolgt ein monatliches Reporting an den Kooperationspartner, sodass vor diesem Hintergrund die Aufgabenklarheit eher befürwortet wird. Dass vertragliche Regelungen als vorliegend betrachtet werden, ist vor dem Hintergrund der Beziehungsdauer nachvollziehbar. Allerdings besteht seitens der Teilnehmer nur eher Zustimmung, dass die Zusammenarbeit in den Verträgen spezifisch und ausformuliert geregelt ist. Vor diesem Hintergrund gewinnen die informellen Beziehungsnormen an Bedeutung. Es ist davon auszugehen, dass mit der Weiterentwicklung der informellen Beziehungsnormen der Interaktionsprozess weiter unterstützt wird und damit auch die gemeinsame Wertschaffung. Dass die Workshop-Teilnehmer einer Aufgabenklarheit eher zustimmen, erscheint für die Interkation förderlich zu sein, insofern, dass Erwartungen kommuniziert werden und ein regelmäßiger Abgleich stattfindet.

Die **Identifikation** der Workshop-Teilnehmer mit dem fokalen Unternehmen divergiert, ist aber insgesamt als eher niedrig einzuschätzen. Dennoch richten die Befragten ihr Handeln nach den Werten des Unternehmens aus. Sie stimmen außerdem eher zu, auch die Werte des Partners zu kennen, stellen aber eine Kompatibilität der Unternehmenswerte in Frage. Es ist davon auszugehen, dass hinsichtlich der Identifikation mit dem fokalen Unternehmen und mit dem Partner Potenzial zur Verbesserung der Interaktion und der Zielerreichung besteht. Vor dem Hintergrund des Partnerwechsels und in der intraorganisationalen Kooperation ist es denkbar, dass eine Identifikation (neu) entwickelt werden muss.

Umwelten schlanker Kooperationsbeziehungen

Im Hinblick auf die **Unternehmensleistungen** liegt insgesamt Unzufriedenheit vor und insbesondere hinsichtlich des zunehmenden Preiswettbewerbs und der zunehmenden Bedrohung durch Wettbewerber, ist davon auszugehen, dass die Implementierung eines Lean-Ansatzes förderlich ist.

Die **Lean-Implementierung** und die Verankerung einer **schlanken Philosophie** im fokalen Unternehmen werden bisher durch die Befragten mehrheitlich abgelehnt. Es ist allerdings davon auszugehen, dass sich diese Situation mit dem erfahrenen Partner verbessern wird. Dieser ist auch in die Anwendung **schlanker Methoden und Werkzeuge** vor Ort mit einer beratenden Funktion eingebunden, sodass hier in einer direkten Interaktion ein direkter Wissenstransfer stattfinden kann.

Auch für den vorliegenden Fall F wurden die Items zur Lean bzw. **Just-in-time-Implementierung** in der moderierten Gruppendiskussion geprüft.[177] Die Ergebnisse der Diskussion bestätigen, dass nur ein geringer Anteil der Belegschaft in die Kooperation eingebunden ist und dass es Konflikte in der Kooperation gibt. Die Teilnehmer geben hier an, es habe sich kein Vertrauen entwickelt. Diese Aussage kann mit der detaillierten Prüfung im individuellen Fragebogen relativiert werden. Die Teilnehmer lehnen außerdem ab, dass die Leistung beider Unternehmen hoch ist. Hier ist davon auszugehen, dass eine Entwicklung erst mit dem Voranschreiten der Kooperationsbeziehung ersichtlich wird.

[177] Die Ergebnistabelle ist zur Sicherung der Anonymität nicht Bestandteil der Veröffentlichung.

6.2.7. Eingebettete Fallstudie und Implikationen

In der abschließenden Betrachtung der sechs durchgeführten Fallstudien anhand einer gemeinsamen, eingebetteten Fallstudie, erfolgt einerseits ein qualitativer Vergleich der Fälle mittels Übersichten zu den Ausgangssituationen und Umwelten, den Elementen und den Systemen der untersuchten Kooperationsbeziehungen. Andererseits werden die quantitativ erhobenen Daten genutzt, um die in Abschnitt 5.4 getroffenen Annahmen als gerichtete Zusammenhangshypothesen mit der Korrelationsanalyse zu überprüfen.[178] Hierzu werden die Korrelationskoeffizienten nach Spearman (roh) bzw. Kendall (tau)[179] bestimmt, die auch für kleine Stichprobengrößen geeignet sind.[180] Mit der Korrelationsanalyse wird geprüft, ob ein linearer Zusammenhang vorliegt und wie stark dieser ausgeprägt ist.[181] Bortz zeigt, dass die statistische Absicherung von Korrelationen bei *eher* starken Effekten und starken Effekten bereits mit Stichprobengrößen unter 40 Teilnehmern möglich ist. Eine Übersicht nach Bortz zeigt Tab. 46.[182]

Vor diesem Hintergrund werden im Folgenden zunächst die Ausgangssituationen der Fälle beschrieben, bevor die Annahmen im Bereich der Umwelten schlanker Kooperationsbeziehungen in der integrierten Fallstudie untersucht werden. Die Analyse der Umwelten soll in der intergierten Fallstudie den Elementen und Systemen vorgelagert untersucht werden, weil das Vorliegen der angenommenen Zusammenhänge eine zentrale Voraussetzung für die Mikrofundierung mit den Elementen und Systemen schlanker Kooperationsbeziehungen darstellt.[183] Nachfolgend werden die Elemente und Systeme schlanker Kooperationsbeziehungen mit der integrierenden Fallstudie untersucht, die jeweils mit einem Zwischenfazit die zentralen Untersuchungsergebnisse zusammenfassen.

---

178 Vgl. Bortz, 2005, S. 108. Für die Korrelationsanalyse wird die Software IBM SPSS Statistics (Version) 20 der IBM Corporation eingesetzt.

179 Beide Formeln sind im Anhang dargestellt. Vgl. Anhang 9: Berechnung der Korrelationskoeffizienten Kendalls tau und Spearmans roh in IBM SPSS Statistics Version 20.

180 Vgl. Bortz & Lienert, 2008, S. 277 ff. Die Autoren beschreiben den Korrelationskoeffizienten nach Spearman (Spearmans roh) für kleinere Stichproben mit mindestens ordinalen Daten als geeignet. Sie weisen allerdings auch darauf hin, dass bestimmte Fälle (siehe hierzu S. 279 ff.) den Wert des Korrelationskoeffizienten verzerren und dass in diesen Fällen der Korrelationskoeffizient nach Kendall (Kendalls tau) besser geeignet ist. Die Begründung ist darin zu sehen, dass Kendalls tau im Gegensatz zu Spearmans roh „ausschließlich auf rein ordinaler Information" (S. 301) beruht. Tritt im Datensatz einer der beiden folgenden Fälle auf, ist vor diesem Hintergrund Kendalls tau zu verwenden: a) Mindestens eine Person verbindet den höchsten Wert des einen Merkmals mit dem niedrigsten Wert des anderen Merkmals (Spearmans roh wird in diesem Fall negativ verzerrt) b) Eine Person bewertet beide Merkmale mit dem höchsten Wert und eine andere Person bewertet die gleichen Merkmale jeweils mit dem niedrigsten Wert (Spearmans roh wird in diesem Fall positiv verzerrt).

181 Vgl. Bortz, 2005, S. 108.

182 Für Kendalls tau geben Bortz & Lienert (2008, S. 295) für einen mittleren Effekt ($\tau = 0{,}3 \mid \alpha = {,}05 \mid \beta = {,}20 \mid$ einseitiger Signifikanztest) einen optimalen Stichprobenumfang von ca. 31 an. Im Vergleich mit Tab. 46 wird sichtbar, dass Kendalls tau auch für kleinere Stichprobengrößen geeignet ist. An dieser Stelle sei darauf hingewiesen, dass sowohl Spearmans roh als auch Kendalls tau nur die Stärke des monotonen Zusammenhangs angeben. Der Korrelationskoeffizient kann in beiden Fällen z.B. den Wert Null annehmen obwohl ein Zusammenhang (z.B. umgekehrt U-förmig) vorliegt (S. 292).

183 Die Untersuchung der Elemente und Systeme schlanker Kooperationsbeziehungen erfolgt schließlich interpretierend im Gesamtkontext.

„Optimale" Stichprobengröße (α = ,05 | β = ,20 | einseitiger Signifikanztest)[184]	
r =,10 (schwacher Effekt)	n_{opt} = 618
r = ,15	n_{opt} = 271
r = ,20	n_{opt} = 153
r = ,30 (mittlerer Effekt)	n_{opt} = 68
r = 0,40	n_{opt} = 37
r = ,50 (starker Effekt)	n_{opt} = 22

Tab. 46: Kennzeichnung von Korrelationszusammenhängen und optimale Stichprobengröße

Quelle: Bortz, 2005, S. 218.

6.2.7.1. Ausgangssituationen der Fälle A bis F

In der Untersuchung werden sechs Einzelfallstudien berücksichtigt, die zunächst einzeln in den Abschnitten 6.2.1 bis 6.2.6 hinsichtlich ihrer schlanken Kooperationsbeziehungen analysiert werden. In diesem Abschnitt werden eingangs die Ausgangssituationen und Umwelten der Fälle aufgezeigt.[185]

Tab. 47 zeigt die Kurzcharakteristika der sechs Fälle im Überblick. Es wird ersichtlich, dass sechs *verschiedene Branchen* betrachtet werden, die alle im *industriellen Umfeld* verortet sind. In allen Fällen werden *intraorganisationale Kooperationsbeziehungen* untersucht, obwohl in einigen Fällen bereits *interorganisationale* Zusammenarbeit im Bereich Lean Management mit Zulieferern stattfindet. Im Vorfeld der Erhebung wurde bereits mit dem jeweiligen Ansprechpartner der Unternehmen gesprochen, bevor schließlich jeweils eine Festlegung des Kooperationspartners im Erhebungsworkshop erfolgt ist. Es kann daher angenommen werden, dass Analyse und Analyseergebnisse zu intraorganisationalen Kooperationsbeziehungen eine im Vergleich wichtigere Rolle für die Unternehmen einnehmen.

Eine weitere Unterscheidung ist die Rolle des jeweils untersuchten fokalen Unternehmens in der Kooperationsbeziehung. In den Fällen A, D und E werden originäre Unternehmensstandorte betrachtet. Die originären Unternehmen wurden jeweils durch Zukäufe um die betrachteten Partner erweitert. Dies erfolgte ein Jahr, in Fall A, und jeweils ca. zehn Jahre, in den Fällen D und E, vor dem Zeitpunkt des jeweiligen Erhebungsworkshops. Insbesondere in Fall A wird in der Fallstudie sowie in der explorativen Vor-Studie deutlich, dass die Zusammenarbeit mit dem integrierten Partner bereits mehrere Jahre vor der Integration begonnen hat. Im Fall A ist hier die strategische Allianz aufzuführen, innerhalb der die zum Erhebungszeitpunkt noch aktiven Personen, bereits zum Thema Lean zusammengearbeitet haben. In diesem Fall erfolgte vor diesem Hintergrund die schlanke interorganisationale Kooperation vor der Integration des Partners in die fokale Unternehmensgruppe. In den Fällen B, C und F wird diese Perspektive getauscht. Das fokale Unternehmen ist in diesen Fällen jeweils ein in eine über-

[184] Vgl. zu den Fehlern erster und zweiter Art, dem Signifikanzniveau und der Verwendung einseitiger Signifikanztests bei gerichteten Zusammenhangsprüfungen Bortz, 2005, S. 110 ff. In dieser Arbeit wird von einem signifikanten Zusammenhang bei einer Irrtumswahrscheinlichkeit, dass die Nullhypothese fälschlicherweise abgelehnt wird, kleiner oder gleich fünf Prozent, sowie einem sehr signifikanten Zusammenhang bei einer Irrtumswahrscheinlichkeit, dass die Nullhypothese fälschlicherweise abgelehnt wird, von kleiner oder gleich einem Prozent gesprochen. Signifikante Zusammenhänge werden mit einem Stern („*") gekennzeichnet, sehr signifikante Zusammenhänge werden mit zwei Sternen („**") gekennzeichnet. Die Nullhypothese lautet in diesem Fall jeweils „es besteht kein Zusammenhang" und soll zugunsten der Alternativhypothese, dass ein Zusammenhang besteht, verworfen werden.

[185] Die Darstellung der qualitativen Auswertungsergebnisse aus den einzelnen Fallstudien A bis F erfolgt dabei in Anlehnung an die Darstellung der Fallstudienauswertung von Brown & Bessant (2003, S. 719 f.).

geordnete Unternehmensgruppe integriertes Unternehmen. In den Fällen B und F erfolgte diese Integration jeweils ca. zwei bis drei Jahre vor dem Erhebungsworkshop, während im Fall C die Integration bereits etwa zehn Jahre zurückliegt

A	B	C	D	E	F
Branchenzuordnung ausgehend vom fokalen Unternehmen					
Hersteller von Verpackungsmitteln	Automobilzulieferer	Automatisierungstechnik	Bürotechnik	Mess- und Regelungstechnik	Flugzeugherstellung/-ausstattung
Art der Kooperationsbeziehung					
Intraorganisational	Intraorganisational	Intraorganisational	Intraorganisational	Intraorganisational	Intraorganisational
Fokales Unternehmen					
Ein originärer Standort der Unternehmensgruppe	In den Konzern integriertes Unternehmen	In den Konzern integriertes Unternehmen	Originärer Unternehmensstandort	Originärer Unternehmensstandort	In den Konzern integriertes Unternehmen
Kooperationspartner					
Ein in das Unternehmen integrierter ausländischer Standort	Schwesterunternehmen innerhalb der Konzerngruppe	Konzernmutter	Ein in das Unternehmen integrierter Standort	Ein in das Unternehmen integrierter ausländischer Standort	Konzernmutter
Dauer der Kooperation					
2011 wurde der Partner in die Unternehmensgruppe integriert	Integration des fokalen Unternehmens erfolgte vor 2-3 Jahren	Integration des fokalen Unternehmens erfolgte vor ca. 10 Jahren	Integration des fokalen Unternehmens erfolgte vor ca. 10 Jahren	Integration des Partners erfolgte vor ca. 10 Jahren	Integration des fokalen Unternehmens erfolgte vor 2-3 Jahren

Tab. 47: Kurzcharakterisierung der Fälle A bis F im Vergleich

6.2.7.2. Umwelten schlanker Kooperationsbeziehungen

Tab. 48 zeigt die Umwelten der Fälle im vergleichenden Überblick. Hier zeigt sich, dass hinsichtlich der Zufriedenheit mit den Unternehmensleistungen bei den Unternehmen teilweise Zustimmung besteht. Ausnahmen bilden in diesem Zusammenhang Fall A mit einer insgesamt zustimmenden Einschätzung und Fall F mit einer insgesamt ablehnenden Einschätzung. Für Fall C liegt keine Aussage vor. Die Wettbewerbsbedingungen sind bei allen Fällen durch eine Bedrohung durch bestehende oder neue Wettbewerber gekennzeichnet. In den Fällen A, C und E findet der Wettbewerb eher über Produkt- als Preismerkmale statt. In Fall F wird beschrieben, dass sich die Situation in den letzten Jahren weg vom Produkt- und hin zum Preiswettbewerb verändert hat. Die Verankerung der Lean-Philosophie wird in den Fällen A und B ansatzweise bestätigt – in den Fällen C, E und F wird eine Verankerung abgelehnt. Positiv wird die Verankerung durch die Befragten in Fall D eingeschätzt. Der Lean-Implementierungsgrad wird in allen Fällen – mit Ausnahme der Fälle C und E – positiver eingeschätzt als die Verankerung der Philosophie. In den Fällen C und E wird auch der Implementierungsgrad eher niedrig eingeschätzt. Ergänzend zu dieser Beschreibung zeigen Abb. 38 und Abb. 39 die Einschätzung der Items zur Lean-Implementierung und zur Verankerung einer Philosophie der schlanken Unternehmensführung im quantitativen Vergleich.[186] Dort wird erkennbar, dass hinsichtlich der Lean-Implementierung jeweils – deutliche – Schwerpunkte gesetzt sind. Der Vergleich beider Abbildungen zeigt außerdem, dass die Items der

[186] Sofern für das Items LM_phil_2 mehrere Ausprägungen erhoben sind (LM_phil_2a und LM_phil_2b statt LM_phil_2c), wird ein Mittelwert aus den erhobenen Items gebildet.

Implementierung eher höher eingeschätzt werden, als diejenigen der Verankerung einer Lean-Philosophie und damit zeitlich vorgelagert sind.

Hinsichtlich des Roll-Outs von Lean Management findet die Ausweitung des Ansatzes des fokalen Unternehmens hin zum Partner in den Fällen B, D und E statt. In den Fällen C und F werden die fokalen Unternehmen in den Ansatz des Kooperationspartners integriert. Fall A stellt insofern eine Besonderheit dar, als dass dort primär eine Koordination vorhandener Aktivitäten innerhalb der Kooperationsbeziehung stattfindet. Tab. 48 zeigt außerdem ergänzend fallspezifische Besonderheiten, die insbesondere in den Gruppendiskussionen wiederholt thematisiert wurden.

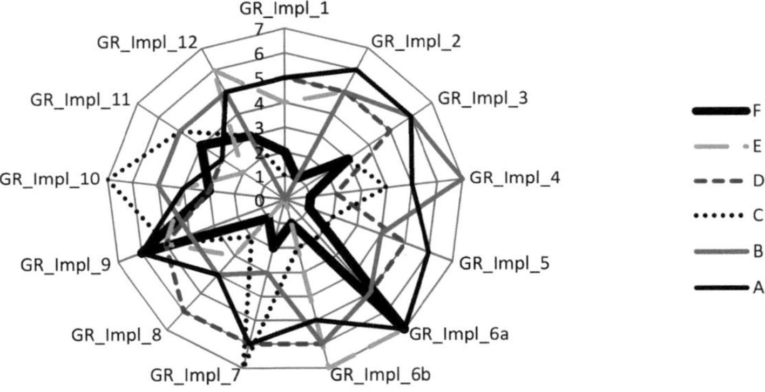

Abb. 38: Implementierung von Lean Management in den Fällen A bis F im Vergleich

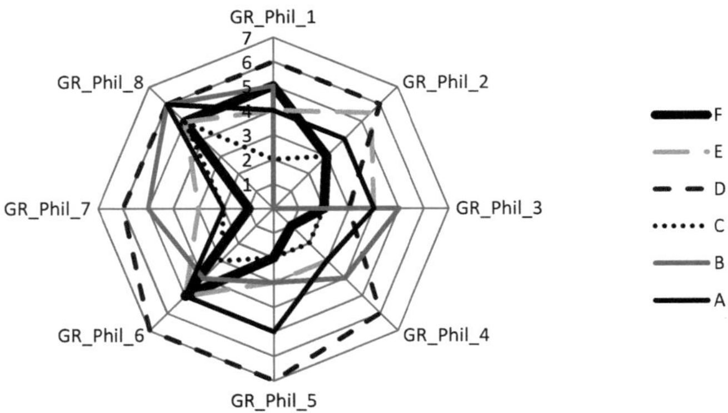

Abb. 39: Verankerung einer Lean-Philosophie in den Fällen A bis F im Vergleich

A	B	C	D	E	F
Unternehmensleistungen					
Zufriedenheit mit den unternehmerischen Leistungen	Teilweise Zufriedenheit	n.a.	Teilweise Zufriedenheit	Teilweise (hohe) Zufriedenheit, teilweise Unzufriedenheit	Insgesamt: Unzufriedenheit
Wettbewerbsbedingungen					
Wettbewerb über Produktmerkmale Bedrohung hauptsächlich durch Entwicklung bestehender Wettbewerber	Preiswettbewerb Teilweise Bedrohung durch Wettbewerber Entwicklung von Produkten und Märkten schwer einschätzbar	Wettbewerb über Produktmerkmale Bedrohung durch bestehende und neue Wettbewerber	Preiswettbewerb Bedrohung durch bestehende und neue Wettbewerber	Wettbewerb über Produktmerkmale Bedrohung durch zunehmenden Wettbewerb Entwicklung von Produkten und Märkten schwer einschätzbar	Mittlerweile Preiswettbewerb Bedrohung durch zunehmenden Wettbewerb Entwicklung von Produkten und Märkten sind gut einschätzbar
Implementierung und Ausgestaltung von Lean Management					
Philosophie ist ansatzweise verankert (Unterschiede zwischen den Partnern bestehen im Grad der Verankerung) Eher hoher Implementierungsgrad Zahlreiche Methoden und Werkezuge (> 15) sind implementiert mit denen überwiegend Zufriedenheit besteht Zusammenarbeit mit Zulieferern: vereinzelt	Philosophie ist ansatzweise verankert Zahlreiche Methoden und Werkzeuge (> 20) werden aufgezählt – bisher besteht insgesamt nur mittlere Zufriedenheit mit deren Umsetzung	Verankerung der Philosophie wird abgelehnt Punktuelle Zustimmung zur Lean-Implementierung Eher mittlere Zufriedenheit mit den implementierten Methoden und Werkzeugen (> 10 Nennungen) Zusammenarbeit mit Zulieferern findet bereits statt	Insgesamt positive Einschätzung der Verankerung einer Lean-Philosophie Positive Einschätzung des Implementierungsgrades Mittlere Zufriedenheit mit bereits eingeführten Methoden und Werkzeugen (<10 Nennungen) und hohe Erwartungen an geplante Methoden und Werkzeuge	Insgesamt eher Ablehnung einer Verankerung der Lean-Philosophie Implementierung erscheint fortgeschritten Mehrheitlich besteht hohe Zufriedenheit mit den Methoden und Werkzeugen (>15) Zusammenarbeit mit Zulieferern ist geplant	Verankerung der Lean-Philosophie wird mehrheitlich abgelehnt Lean-Implementierung wird mehrheitlich niedrig eingeschätzt Vereinzelt besteht eine hohe Zufriedenheit mit den implementierten Methoden und Werkzeugen (> 10)
(Primäre) Richtung des Lean-Roll-Outs					
In allen Standorten sind Grundlagen vorhanden Fokus: Koordination	Produktionssystem des fok. Unternehmens wird auf Partner übertragen	Mit Unterstützung der Konzernmutter Roll-Out in die Werke des fok. Unt.	Roll-Out seitens des Managements in beide Unternehmensstandorte	Roll-Out des Lean-Ansatzes hin zum Partner	Roll-Out des Ansatzes der Konzernmutter in das fok. Unt.
Inhaltliche Besonderheiten der Erhebung					
Rolle der Koordination der Lean-Aktivitäten; Einbringen von Experten aus anderen Standorten in die Verbesserungsworkshops	Lean-Ansatz ist vom Kunden her ausgestrahlt und wurde dann implementiert; Lean im Zusammenhang mit dem Bestreben, den Menschen in den Mittelpunkt zu stellen	Betonung der hohen Fluktuation und dem damit verbundenen Wechsel von Ansprechpartnern (wird negativ empfunden)	Betonung von (innerdeutschen) Mentalitätsunterschieden und Konkurrenzdenken	Lean Management wurde zur Überwindung einer schwerwiegenden Unternehmenskrise eingeführt; Betonung der Herausforderung, Mitarbeiter in Nicht-Krisensituationen für die kontinuierliche Verbesserung zu motivieren	Fok. Unternehmen verfügt über Kooperationserfahrung mit einem anderem intraorganisationalen Partner; die Kooperation mit dem neuen Partner im Bereich Lean hat gerade erst begonnen

Tab. 48: Umwelten schlanker Kooperationsbeziehungen der Fälle A bis F im Vergleich

Im Bereich der Umwelten sind schließlich die beiden Annahmen aus dem Ergebnis- und Interaktionsmodell EM_Umwelt_1 und IM_Lean Management zu prüfen. Während für die Annahme aus dem Interaktionsmodell eine Korrelationsanalyse durchgeführt werden kann, so sind hinsichtlich der Annahme aus dem Ergebnismodell alle Merkmale auf Gruppenebene erhoben und eine Korrelationsanalyse soll in diesem Fall nicht durchgeführt werden.[187]

Tab. 49 zeigt die Ergebnisse der Korrelationsanalyse zum Interaktionsmodell in der Übersicht.[188] Hier wird gezeigt, dass sowohl der Mittelwert der Skala zur Lean-Implementierung als auch einzelne Bestandteile der Lean-Implementierung und Philosophie in einem positiven Zusammenhang mit einer positiven Einschätzung der Austauscheffizienz stehen.[189] Der Skalenmittelwert der Lean-Implementierung erreicht in der Korrelationsanalyse mit der Austauscheffizienz einen hochsignifikanten mittleren bis starken Zusammenhang. Die optimale Stichprobengröße ist mit 38 Datensätzen erreicht, sodass der Zusammenhang als belastbar gilt. Ebenfalls mittlere bis starke hochsignifikante Zusammenhänge mit der Austauscheffizienz zeigen die Items zur kontinuierlichen Entwicklung von Mitarbeitern und Führungskräften (GR_phil_2) und der Einsatz von schlanken Methoden und Werkzeugen (GR_impl_12). Auch die anderen Items zeigen deutliche Ergebnisse im mittleren Effektbereich.

Annahme	**Formulierung der Annahme**	**Korrelationsergebnisse**	
		r_t | Sign. (eins.) | N	**r_S | Sign. (eins.) | N**
EM_Umwelt_1	Die **Implement. von Lean Management** in der Kooperationsbez. unterstützt die organis. Leist.	Beide Merkmale sind hier auf Gruppenebene erhoben; eine Korrelationsanalyse wird deshalb nicht durchgeführt.	
IM_Lean Management	Die **Implementierung von Lean Management** unterstützt einen verschwendungsarmen Austauschprozess [EEFF x GR_phil_1-8; GR_impl_MEAN; GR_phil_MEAN]	GR_impl_5 x EEFF ,351** | ,005 | 38	GR_phil_2 x EEFF ,422** | ,007 | 33 EEFF x GR_impl_2 ,364* | ,012 | 38 EEFF x GR_impl_3 ,410** | ,005 | 38 GR_impl_6b x EEFF ,377** | ,010 | 38 GR_impl_12 x EEFF ,459** | ,002 | 38 GR_impl_MEAN x EEFF ,428** | ,004 | 38

Tab. 49: Korrelationsanalyse Umwelten schlanker Kooperationsbeziehungen

187 Eine Korrelationsanalyse würde in diesem Fall nur sechs Datensätze berücksichtigen und soll vor diesem Hintergrund unterlassen werden.

188 Die Tabellen zur Korrelationsanalyse zeigen im Folgenden die Korrelationskoeffizienten nach Spearman bzw. Kendall. Gelistet werden die Koeffizienten nach Durchsicht aller signifikanten Werte und Prüfung, welcher Koeffizient zu verwenden ist. Vgl. hierzu Bortz & Lienert, 2008, S. 279 ff. und Fußnote 180 in Abschnitt 6.2.7. In den Korrelationstabellen und im Folgenden werden außerdem alle Items, die in der moderierten Gruppendiskussion erhoben wurden und deshalb für mehrere Teilnehmer den gleichen Wert erreichen mit dem Präfix „GR“ gekennzeichnet. Diese Kennzeichnung soll insbesondere im Zusammenhang mit der Korrelationsanalyse auf die Erhebung in der Gruppe und auf einen dadurch bereits verdichteten Wert hinweisen.

189 Für die Items GR_Phil_1-8 wird ein Cronbachs Alpha Wert von ,901 ermittelt, die Items GR_Impl_1-5,6a, 6b und _7-12 erreichen ein Cronbachs Alpha von ,870. Cronbachs Alpha ist ein sehr häufig eingesetztes Maß für die Reliabilität einer Skala und gibt damit die interne Konsistenz an und soll Auskunft geben, inwiefern ein Erhebungsinstrument bei wiederholtem Einsatz zum gleichen Ergebnis führt und damit frei von Messfehlern ist (vgl. Cortina, 1993, S. 98). Cronbachs Alpha, dessen Wert bei perfekter interner Konsistenz eins beträgt, gilt bis zum Wert von ,70 als akzeptabel (vgl. Cortina, 1993, S. 103). Die für die Skalen GR_impl und GR_phil ermittelten Cronbachs Alpha sind allerdings begrenzt in ihrer Aussagekraft. Beide wurden mit dem ganzen Datensatz berechnet. Der Grund hierfür ist darin zu sehen, dass die betrachteten Gruppenwerte als abgestimmte Einschätzungen aller Befragten verwendet werden sollen. Eine Alternative wäre gewesen, für die Gruppenwerte jeweils nur einen Datensatz für die Fälle A-F zu berechnen. Beide Skalen GR_Phil und GR_Impl werden sowohl gesplittet nach den einzelnen Items als auch als Mittelwert aus den einzelnen Items betrachtet.

Im Hinblick auf Annahme EM_Umwelt_1 zeigen Abb. 40 und Abb. 41 den Zusammenhang zwischen den jeweiligen Mittelwerten von Lean-Implementierung bzw. Philosophieverankerung und der Einschätzung der Performance-Erwartungen in den Fällen A bis F.[190] Hinsichtlich der Mittelwerte der Lean-Implementierung zeigt Abb. 40 für die Einschätzung der Produktionskosten (PERF_erw_8), dass diejenigen Fälle mit einem höheren Mittelwert auch eine höhere Zufriedenheit angeben. Abb. 41 zeigt ein ähnliches Verhältnis zwischen den Mittelwerten der Lean-Verankerung und der Zufriedenheit mit den Entwicklungskosten (PERF_erw_9). Es ist davon auszugehen, dass eine Korrelationsanalyse mit individuell erhobenen Einschätzungen sowie der Berücksichtigung der einzelnen Skalenitems weitere Zusammenhänge aufzeigen würde. Insgesamt können die beiden Annahmen im Ergebnis- und Interaktionsmodell vor diesem Hintergrund unterstützt werden.

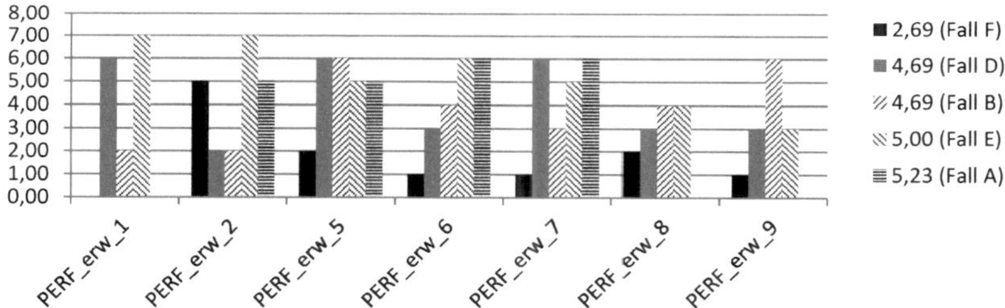

Abb. 40: Performance-Erwartungen und Mittelwerte der Lean-Implementierungsskala

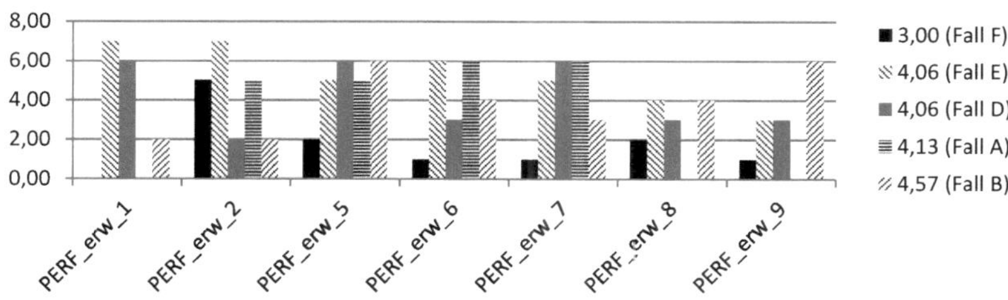

Abb. 41: Performance-Erwartungen und Mittelwerte der Lean-Philosophieverankerung

Vor diesem Hintergrund werden im Folgenden die Fälle A bis F vergleichend aus den Perspektiven der Elemente und Systeme schlanker Kooperationsbeziehungen analysiert.

[190] Nicht berücksichtigt ist Fall C, weil dort die Perfomance-Erwartungen nicht erhoben sind. Außerdem sind die Items Perf-erw_3-4 von der Betrachtung ausgeschlossen, weil hier nur für Fall A jeweils eine Einschätzung vorliegt.

6.2.7.3. Elemente schlanker Kooperationsbeziehungen

Tab. 56 zeigt die vergleichende Untersuchung der Elemente schlanker Kooperationsbeziehungen für die Fälle A bis F im Überblick.

Annahme	Formulierung der Annahme	Korrelationsergebnisse	
		r_t | Sign. (eins.) | N	r_S | Sign. (eins.) | N
EM-Elemente_1a	Individuelles **Vorwissen und Erfahrung im Bereich des Lean Managements** unterstützen die Implementierung von Lean Management in der Kooperationsbeziehung [PREKN_1-3 x GR_impl_1-12; GR_phil_1-8; GR_impl_MEAN; GR_phil_MEAN]	PREKN_1 x GR_phil_6 ,246* | ,032 | 39 PREKN_1 x GR_impl_6a ,228* | ,048 | 39 PREKN_2 x GR_phil_5 ,221* | ,046 | 39 PREKN_2 x GR_impl_1 ,264* | ,034 | 34 PREKN_2 x GR_impl_2 ,239* | ,036 | 39 PREKN_2 x GR_impl_6a ,253* | ,033 | 39 PREKN_2 x GR_impl_9 ,272* | ,024 | 39	-
EM-Element_1b	Individuelle **Erfahrung in der Zusammenarbeit** mit anderen Unternehmen unterstützt die Implementierung von Lean Management in der Kooperationsbeziehung EXP_1, EXP_2_kodiert_ EXP_3-4 x GR_impl_1-12; GR_phil_1-8; GR_impl_MEAN; GR_phil_MEAN]	EXP_2_kodiert x GR_impl_5 ,263* | ,025 | 39 EXP_2_kodiert x GR_impl_6b ,302* | ,011 | 39 EXP_2_kodiert x GR_impl_12 ,291* | ,017 | 39	EXP_2_kodiert x GR_phil_MEAN ,278* | ,043 | 39 EXP_2_kodiert x GR_impl_8 ,277* | ,044 | 39
IM-Wissensaufnahme a und b	**Individuelles Vorwissen** (im Bereich Lean Management) unterstützt einen verschwendungsarmen Austauschprozess. Individuelles Vorwissen (im Bereich der Kooperation) unterstützt einen verschwendungsarmen Austauschprozess [PREKN_1-3, EXP_1-4 x EEFF, PERF_1a, PERF_1b, PERF_2-6 (alle kodiert)]	PREKN_2 x GR_PER_5_kodiert ,227* | ,045 | 39 PREKN_3 x GR_PER_2_kodiert ,317* | ,011 | 39 PREKN_3 x GR_PER_3_kodiert ,356** | ,032 | 34 EXP_2 x GR_PER_3_kodiert ,267* | ,032 | 34 EXP_4 x GR_PER_6_kodiert ,323* | ,043 | 22	-
IM-Wissensaufnahme c	Eine **große Verteilung** relevanter Inhalte (Lean Management) im Unternehmen unterstützt einen verschwendungsarmen Austauschprozess [VERT_1, VERT_2_kodiert, VERT_3--12 x EEFF, PERF_1a, PERF_1b, PERF_2-6 (alle kodiert)]	VERT_5 x GR_PER_5_kodiert ,357** | ,005 | 38 VERT_6 x GR_PER_6_kodiert ,411* | ,013 | 22 VERT_7 x GR_PER_5_kodiert ,283* | ,020 | 38 VERT_8 x GR_PER_1a ,302* | ,046 | 22 VERT_9 x GR_PER_1a ,361* | ,033 | 20 VERT_9 x GR_PER_5 ,244* | ,046 | 35	VERT_6 x EEFF (ok) ,410** | ,005 | 38 VERT_8 x GR_1a_kodiert (ok) ,365* | ,048 | 22 VERT_12 x EEFF (ok) ,423** | ,004 | 38

Tab. 50: Korrelationsanalyse Wissensaufnahmefähigkeit

Hinsichtlich der **Wissensaufnahmefähigkeit** wird erkennbar, dass trotz der teilweise unterschiedlichen Wissensherkunft der Teilnehmer in allen Fällen angegeben wird, über ein fundiertes Lean-Grundlagenwissen zu verfügen. Die befragten Teilnehmer geben außerdem an – zumindest punktuell – über Erfahrungen mit dem Kooperationspartner zu verfügen. In allen Fällen gibt es, unter Berücksichtigung der Kontaktdichte, Personen mit regelmäßigem Kontakt zum Partner – obwohl über alle Fälle hinweg angegeben wird, dass eher ein geringer Anteil der Belegschaft direkt in die Kooperationsbeziehung eingebunden ist. Vor diesem Hintergrund kann angenommen werden, dass Lean Management ein zentraler Verbindungspunkt in intraorganisationalen Kooperationsbeziehungen darstellt. Hinsichtlich der Verbreitung der Anwendung der Lean-Prinzipien besteht über alle sechs Fälle hinweg am meisten Zustimmung zu den Bereichen Produktion, Logistik und Top-Management. Hier wird die von Liker postulierte Vorgehensweise in der Praxis bestätigt.[191]

In Tab. 50 wird gezeigt, dass zwischen den Items der **Wissensaufnahme**[192] PREKN_1 und PREKN_2 sowie dem umgekehrt beschriebenen und für die Auswertung kodiertem Item EXP_2 signifikante schwache bis mittlere Zusammenhänge bestehen. Für die Wissensgrundlagen aus dem Studium bzw. der Ausbildung (PREKN_1-2) werden insbesondere signifikante schwache bis mittlere monotone Zusammenhänge mit dem Verhalten der Führungskräfte und des Top-Managements (GR_Phil_5-6; GR_Impl_6a), der Beauftragung externer Berater (GR_Impl_9) und der Umsetzung regelmäßiger Produktverbesserungen und produktbedingter Änderungen in der Produktion (GR_Impl_1-2) aufgezeigt. Es ist vor diesem Hintergrund davon auszugehen, dass das Vorwissen sowohl Einfluss auf das eigene Verhalten hat (ein großer Anteil der Befragten nimmt Führungsaufgaben wahr), als auch auf das Verhalten des Top-Managements. Es kann angenommen werden, dass die Befragten, die zum größten Teil als unternehmensinterne Treiber der Lean-Initiativen agieren, auf dieses Verhalten hinwirken. Dies kann insbesondere für die Fälle A, B, D und E angenommen werden, in denen ein Roll-Out hin zum Partner stattfindet bzw. die Lean-Aktivitäten koordiniert werden. Weiterhin ist davon auszugehen, dass die Befragten mit Lean Vorwissen die Bedeutung regelmäßiger Produktverbesserungen erkennen und orientiert an der Wertschaffung, produktbedingte Änderungen in der Produktion umsetzen. Auch der positive Zusammenhang mit dem Hinzuziehen externer Berater kann mit dem Vorwissen erklärt werden. So ist davon auszugehen, dass die befragten Teilnehmer mit vorhandenem Vorwissen den Vorteil einer betriebsfremden Perspektive erkennen. Hier zeigen insbesondere die Ausführungen in Fall B, dass bereits zehn Beratertage pro Jahr in Anspruch genommen werden, aber hinsichtlich der Umsetzung schlanker Methoden und Werkzeuge durchaus weitere Tage mit externen Experten gewünscht sind.

Hinsichtlich der **Erfahrung** zeigt die Korrelationsanalyse, dass eine externe Orientierung der Tätigkeit (EXP_2_kodiert) die Verankerung einer Lean-Philosophie unterstützt. So besteht ein signifikanter schwacher bis mittlerer Zusammenhang dieses Items mit dem Mittelwert der Lean-Philosophie.[193] Da die Verankerung der Lean-Philosophie in den durchgeführten Fallstudien bisher nur ansatzweise erfolgt ist, könnte eine verstärkte Ausrichtung der externen

[191] Vgl. Liker, 2011, S. 398 ff., 415 ff.

[192] Die Items PREKN_1-3 haben einen Cronbachs Alpha Wert von ,650. Der Cronbachs Alpha Wert der Items PREKN_1-3 erreicht diese akzeptable Grenze nur fast. Allerdings werden die Items in der Korrelationsanalyse einzeln geprüft, sodass diese Einschränkung vernachlässigbar ist.

[193] Der Zusammenhang ist vorsichtig zu interpretieren, da die optimale Stichprobengröße für einen schwachen bis mittleren Zusammenhang nicht erreicht ist.

Orientierung der Lean-Verantwortlichen und Mitarbeiter hier unterstützend wirken. Außerdem wird gezeigt, dass ein mittlerer Zusammenhang zwischen externer Orientierung der Arbeit damit besteht, dass sich Führungskräfte regelmäßig ein Bild vor Ort machen (GR_Impl_6b). Hier kann angenommen werden, dass diejenigen Personen mit einer intensiven Einbindung in die Kooperationsbeziehung, sowohl auf der Seite des Partners, als auch im eigenen, fokalen Unternehmen Verbesserungsimpulse aufgreifen und einbringen. Dies spricht für eine Unterstützung der Lean-Implementierung durch die Wissensaufnahmefähigkeit der Individuen – hier insbesondere der Führungskräfte. Ebenso liegt ein knapper mittlerer positiv-monotoner Zusammenhang der externen Orientierung mit dem Einsatz vieler schlanker Methoden und Werkzeuge vor (GR_Impl_12). Hier ist ebenfalls davon auszugehen, dass externe Impulse die Implementierung im fokalen Unternehmen vorantreiben.

Tab. 50 zeigt außerdem, dass positive schwache bis mittelstarke signifikante Zusammenhänge zwischen dem Vorwissen bzw. der Erfahrung im Bereich des Lean Managements und der Einschätzung der Verbesserungspotenziale bestehen.

Die Korrelationsanalyse zeigt auch, dass ein mittlerer Zusammenhang zwischen der Verteilung der Lean-Implementierung im Unternehmen und der Beurteilung der Verbesserungspotenziale besteht, insofern, dass eine hohe Verbreitung mit einer positiveren Einschätzung einhergeht. Die Verbreitung der Lean-Prinzipien in der Produktion (VERT_6) und im Top-Management (VERT_12) steht außerdem in einem hoch signifikanten mittel-starken Zusammenhang mit der Austauscheffizienz (EEFF) in der Kooperationsbeziehung. Bei beiden Aussagen ist die optimale Stichprobengröße erreicht, sodass die Aussagen belastbar sind.

Annahme	Formulierung der Annahme	Korrelationsergebnisse	
		r_t | Sign. (eins.) | N	r_S | Sign. (eins.) | N
EM_Element_2a	Eine hohe **individuelle Austauscheinstellung** unterstützt die Implementierung von Lean Management in der Kooperationsbeziehung [EXIDEOL_1-2, EXIDEOL_3_kodiert x GR_impl_1-12; GR_phil_1-8; GR_impl_MEAN; GR_phil_MEAN]	-	-
EM_Element_2b	Eine hohe **individuelle Austauscheinstellung** unterstützt den Austausch eher abstrakter und personengebundener Ressourcen [EXIDEOL_1-2, EXIDEOL_3_kodiert x Res_giv_1-11, Res_take_1-7 und 8-11, Res_giv_MEAN, Res_take_MEAN]	EXIDEOL_1 x RES_giv_6 ,371* | ,012 | 27 EXIDEOL_3_kodiert x RES_giv_9 -,313* | ,021 | 29	EXIDEOL_1 x RES_giv_11 ,384* | ,047 | 20
IM-Austauscheinstellung	Eine hohe **individuelle Austauscheinstellung** der in der Kooperationsbeziehung aktiven Personen unterstützt einen verschwendungsarmen Austauschprozess [EXIDEOL_1-2, EXIDEOL_3_kodiert x EEFF, PERF_1a, PERF_1b, PERF_2-6 (alle kodiert)]	-	-

Tab. 51: Korrelationsanalyse Austauscheinstellung

Hinsichtlich der **Austauscheinstellung** wird in den durchgeführten Fallstudien eine prosoziale Haltung bzw. eine Tendenz zu einer prosozialen Haltung gezeigt. Die Fallstudien weisen bei der Abfrage dieser Items jeweils eine hohe Streuung auf. Gemeinsam mit dem Cronbachs Alpha Wert der Items EXIDEOL_1, EXIDEOL_2 und EXIDEOL_3_kodiert von ,593 in dieser Erhebung, ist davon auszugehen dass die vorliegende Messung nicht erfolgreich ist. Die Items der Skala wurden trotzdem hinsichtlich der Annahmen 2a und 2b im Ergebnismodell und der Annahme zur Austauscheinstellung im Interaktionsmodell geprüft. Während kein positiv signifikanter Zusammenhang hinsichtlich der Lean-Implementierung bzw. der Verankerung einer Lean-Philosophie aufgezeigt werden kann, so zeigt die Korrelationsanalyse der Items zur Austauscheinstellung in Verbindung mit den Items zum Ressourcenaustausch signifikante Werte.[194]

In der Korrelationsanalyse, dargestellt in Tab. 51, wird ersichtlich, dass eine hohe Austauscheinstellung (EXIDEOL_1) mit dem Geben von Ratschlägen (Res_giv_6) zusammenhängt. Der Korrelationskoeffizient ist hier mittel bis stark. Es kann vor diesem Hintergrund davon ausgegangen werden, dass ein Kooperationspartner mit Ratschlägen als Gegenleistung für eigenes Engagement rechnen darf. Ratschläge sind hier als Informationen als eher abstrakt zu werten und stehen damit in enger Verbindung zur getroffenen Annahme. Ebenfalls einen signifikanten mittleren bis hohen positiven Zusammenhang zeigt Item EXIDEOL_1 in der Korrelationsanalyse mit dem Geben bzw. Erbringen von Leistungen für den Partner (Res_giv_11), die als eher personengebunden zu werten sind. Auch hier zeigt sich eine enge Verbindung zur getroffenen Annahme. Die Aussage EXIDEOL_3, die in der Erhebung umgekehrt formuliert ist und für die Auswertung kodiert wird, steht in einem signifikant negativen, mittleren bis starken Zusammenhang mit dem Geben von (Werbe-) Geschenken an den Kooperationspartner, die als greifbar und universell zu werten sind. Dieser Zusammenhang steht nicht direkt in Verbindung mit der getroffenen Annahme, kann aber ebenfalls nicht als Verwerfung dieser Annahme herangezogen werden.

Hinsichtlich der im Interaktionsmodell getroffenen Annahmen zeigt die Korrelationsanalyse, die in Tab. 51 beschrieben wird, keine signifikanten Zusammenhänge.

Hinsichtlich der **individuellen Erwartungen**[195] zeigt Tab. 56, dass in allen Fällen die Partnerschaft als langfristig und alternativlos eingeschätzt wird.[196] In den Fällen A, D, E und F bestehen außerdem positive Erwartungen an die Zusammenarbeit. Dies ist bei den fokalen Unternehmen B und C nicht der Fall, dort sind die Erwartungen niedrig bzw. nur tendenziell positiv. In den Fällen B und F divergieren außerdem die Erwartungen der Auswirkungen der Zusammenarbeit auf die eigene Tätigkeit.

Die Ergebnisse der Korrelationsanalyse in Tab. 52 zeigen zwei signifikante Zusammenhänge. Zum einen besteht ein schwacher bis mittlerer signifikanter positiver Zusammenhang zwischen der Einschätzung, dass die Zusammenarbeit mit dem Partnerunternehmen langfristig ausgelegt ist (EXPEC_3_kodiert) und dem Lean-Philosophiebestandteil, dass sich Führungs-

[194] Bei der Annahme EM_Element_2b werden auch negativ signifikante Zusammenhänge aufgeführt, weil hier auch von Interesse ist, ob spezifische Ressourcen (nicht abstrakte/an Personen gebundene Ressourcen) in einem negativen Zusammenhang mit einer hohen Austauscheinstellung stehen.

[195] Der Wert von Cronbachs Alpha in Höhe von ,511 für die Items EXPEC_1-2, EXPEC_3_kodiert und EXPEC_4_kodiert gilt als vernachlässigbar, da die Items in der Korrelationsanalyse getrennt betrachtet werden.

[196] In Fall C wird die Erwartung der Dauer der Kooperationsbeziehung nicht explizit abgefragt. Sie kann zu einem auf Grund der bereits lange bestehenden intraorganisationalen Kooperationsbeziehung angenommen werden, zum anderen wird diese Annahme durch die Einschätzung der niedrigen organisationalen Neigung zu gehen bestätigt.

kräfte regelmäßig ein Bild vor Ort machen (GR_phil_6). Zum anderen besteht ein mittlerer positiver Zusammenhang zwischen der Einschätzung, dass sich die Kooperation positiv auf die eigene Arbeit auswirken wird (EXPEC_2) und dem Lean-Implementierungsbestandteil, dass genügend Zeit besteht, Lean zu lernen (Gr_impl_11). Es ist anzunehmen, dass sich die Erwartungen an die Langfristigkeit unternehmerischer Entscheidungen (hier hinsichtlich des jeweiligen Kooperationspartners) und positiven Erwartungen an die eigenen Tätigkeiten, auf das Verhalten und die Bestrebungen der Beteiligten auswirken, sodass gerade im Hinblick auf das Führungskräfteengagement die Möglichkeit von Qualifizierungen Chancen genutzt werden. Da der Lean Roll-Out in den betrachteten Fällen sowohl zum Kooperationspartner hin als auch von ihm kommend stattfindet, kann davon ausgegangen werden, dass es in langfristig angelegten Kooperationsbeziehungen wichtig ist, die Mitarbeiter intensiv in den Lean-Ansatz einzubinden und ihnen die notwendige Zeit zum Lernen der Grundlagen zur Verfügung zu stellen.

Die Korrelationsanalyse in Tab. 52 zeigt außerdem, dass schwache bis mittlere signifikante positive Zusammenhänge mit den Erwartungen an die Zusammenarbeit (EXPEC_1), sowie den Erwartungen an die Auswirkungen der Zusammenarbeit auf die eigene Tätigkeit (EXPEC_2) mit der Austauscheffizienz (EEFF) bestehen. Ein hochsignifikanter positiver, mittlerer bis starker Zusammenhang besteht außerdem zwischen den Erwartungen an die Zusammenarbeit mit dem Kooperationspartner (EXPEC_1) und einer positiven Einschätzung der Kosten in der Kooperationsbeziehung (GR_PERF_5_kodiert). Für diese Aussage wird die optimale Stichprobengröße erreicht. Ein starker signifikanter Zusammenhang wird außerdem zwischen der erwarteten langfristigen Ausrichtung der Beziehung (EXPEC_3_kodiert) und der Bewertung der Beziehung an sich (GR_PERF_6_kodiert) nachgewiesen.

Ann.	Formulierung der Annahme	Korrelationsergebnisse	
		r_t | Sign. (eins.) | N	r_S | Sign. (eins.) | N
EM_Element_3	Positive individuelle **Erwartungen** unterstützen die Implementierung von Lean Management in der Kooperationsbeziehung [EXPEC_1-2, EXPEC_3 kodiert, EXPEC_4 kodiert x GR_impl_1-12; GR_phil_1-8; GR_impl_MEAN; GR_phil_MEAN]	EXPEC_3_kodiert x GR_phil_6 ,281 | ,039 | 32	EXPEC_2 x GR_impl_11 ,304* | ,030 | 39
IM-Erwartungen	Positive **Erwartungen** unterstützen einen verschwendungsarmen Austauschprozess [EXPEC_1-2, EXPEC_3 kodiert, EXPEC_4 kodiert x EEFF, PERF_1a, PERF_1b, PERF_2-6 (alle kodiert)]	EXPEC_1 x GR_PER_5_kodiert ,467** | ,000 | 39 EXPEC_2 x GR_PER_5_kodiert ,290* | ,019 | 39	EXPEC_1 x EEFF ,311* | ,029 | 38 EXPEC_2 x EEFF ,296* | ,036 | 39 EXPEC_1 x GR_PER_6_kodiert ,380* | ,040 | 22 EXPEC_3_kodiert x GR_PER_6_kodiert ,592* | ,010 | 15

Tab. 52: Korrelationsanalyse individuelle Erwartungen

Hinsichtlich der **Arbeitseinstellung** besteht in allen Fällen eine (hohe) Zustimmung zu den Aussagen des humanistischen und organisationsbezogenen Glaubenssystems. Der Annahme vier[197] des Ergebnismodells kann vor dem Hintergrund der sechs untersuchten Fälle zugestimmt werden. Allerdings ist eine Abgrenzung zu anderen Tätigkeits- und Aufgabenberei-

197 Annahme vier: Mitarbeiter, die in der Kooperationsbeziehung aktiv eingebunden sind, verfügen über ähnliche Arbeitseinstellungen.

chen nicht möglich, da keine Vergleichsgruppen in dieser Untersuchung berücksichtigt wurden. So ist es denkbar, dass es sich hier um kulturell-verbreitete Einstellungen handelt und kein direkter Zusammenhang zur Einbindung in die schlanke Kooperationsbeziehung besteht. In der Korrelationsanalyse in Tab. 53 werden die identifizierten vorherrschenden Arbeitseinstellungen auf ihren Zusammenhang mit der Austauscheffizienz und der Einschätzung der Leistungen in der Kooperationsbeziehung geprüft. Hier wird gezeigt, dass der Mittelwert der Skala zum humanistischen Aussagensystem[198] in einem niedrigen signifikant positiv monotonen Zusammenhang mit der Qualität der Zusammenarbeit und der Termineinhaltung in der Kooperationsbeziehung steht. Für den Mittelwert der Skala des organisationsbezogenen Aussagensystems[199] werden hochsignifikante, hohe positiv monotone Zusammenhänge zur Produktqualität und der Qualität der Zusammenarbeit festgestellt.

Ann.	Formulierung der Annahme	Korrelationsergebnisse	
		r_t | Sign. (eins.) | N	r_S | Sign. (eins.) | N
IM-Arbeitseinstellung	Ähnliche **Arbeitseinstellungen** der in der Kooperationsbeziehung aktiven Personen unterstützen einen verschwendungsarmen Austauschprozess [WB_hum_MEAN, WB_ob_MEAN x EEFF, PERF_1a, PERF_1b, PERF_2-6 (alle kodiert)]	WB_hum_MEAN x GR_PER_1b_kodiert ,222* | ,049 | 38 WB_hum_MEAN x GR_PER_2 ,234* | ,035 | 38	WB_ob_MEAN x GR_PER_1a_kodiert ,555** | ,004 | 21 WB_ob_MEAN x GR_PER_1b_kodiert ,387** | ,008 | 38

Tab. 53: Korrelationsanalyse Arbeitseinstellungen

Ann.	Formulierung der Annahme	Korrelationsergebnisse	
		r_t | Sign. (eins.) | N	r_S | Sign. (eins.) | N
EM-Elemente_5	Individuelle **Proaktivität** unterstützt die Implementierung von Lean Management in der Kooperationsbeziehung [PRAC_1-10, PRAC_MEAN x GR_impl_1-12; GR_phil_1-8; GR_impl_MEAN; GR_phil_MEAN]	PRAC_6 x GR_phil_3 ,248* | ,037 | 37 PRAC_8 x GR_phil_6 ,300* | ,021 | 38 PRAC_8 x GR_impl_6a ,263* | ,043 | 38 PRAC_9 x GR_impl_1 ,248* | ,038 | 37	PRAC_6 x GR_phil_1 ,352*| ,016 | 37
IM_Proaktivität	Eine hohe Proaktivität der in der Kooperationsbeziehung aktiven Personen unterstützt einen verschwendungsarmen Austauschprozess [PRAC_1-10, PRAC_MEAN x EEFF, PERF_1a, PERF_1b, PERF_2-6 (alle kodiert)]	PRAC_4 x GR_PER_6_kodiert ,370* | ,032 | 21 PRAC_6 x GR_PER_1a ,620** | ,001 | 20 PRAC_6 x GR_PER_1b_kodiert ,270* | ,031 | 37 PRAC_8 x GR_PER_6_kodiert ,474* | ,011 | 21 PRAC_9 x GR_PER_1a ,414* | ,016 | 20	PRAC_MEAN x EEFF ,225* | ,037 | 37 PRAC_2 x EEFF ,287* | ,043 | 37 PRAC_4 x EEFF ,359* | ,015 | 37 PRAC_5 x EEFF ,416** | ,005 | 37 PRAC_MEAN x GR_PER_6_kodiert ,349* | ,027 | 21 PRAC_10 x GR_PER_3_kodiert ,330* | ,033 | 32 PRAC_10 x GR_PER_6_kodiert ,383* | ,048 | 20

Tab. 54: Korrelationsanalyse Proaktivität

[198] Der Wert von Cronbachs Alpha beträgt für die Skala mit neun Items ,801 und ist akzeptabel für den Einsatz des Mittelwerts der Skala.

[199] Der Wert von Cronbachs Alpha beträgt für die Skala mit sechs Items ,860 und ist akzeptabel für den Einsatz des Mittelwerts der Skala.

Im Hinblick auf die **Proaktivität** besteht in den sechs Fällen jeweils eine Tendenz zur Zustimmung. Tab. 54 zeigt die Korrelationsanalyse.[200] Es wird gezeigt, dass insbesondere die Items PRAC_6 und PRAC_8 in einem positiven Zusammenhang mit der Implementierung der schlanken Unternehmensführung stehen. Während PRAC_6 mit der Aussage „Ich liebe es ein Gewinner zu sein, auch gegen den Widerstand anderer" möglicherweise ein notwendiges Durchhaltevermögen in der eigenen Arbeit bestätigen, so steht die Aussage von Item PRAC_8 „Ich suche immer nach Möglichkeiten, Dinge besser zu machen" in einem direkten Zusammenhang mit dem Prinzip der kontinuierlichen Verbesserung. Schwache bis mittlere signifikante und hochsignifikante, positive Zusammenhänge werden auch zwischen dem Skalenmittelwert PRAC_MEAN sowie den Items PRAC_2, PRAC_4 und PRAC_5 und der Austauscheffizienz (EEFF) bestätigt. Darüber hinaus bestehen mittlere bis starke signifikante Zusammenhänge zwischen den Items der Proaktivität und einer positiven Einschätzung des Verbesserungspotenzials.

Im Hinblick auf den **Ressourcenaustausch** zeigt sich, dass die Ressourcen Status, Information und Zugehörigkeiten in allen betrachteten Fällen eine mittlere bis hohe Bedeutung einnehmen. Eine eher untergeordnete Rolle nimmt der Austausch der Ressourcen Geld und Güter ein. Der Wissensaustausch wird in allen Fällen intern mindestens so hoch bzw. höher als extern beurteilt. Hinsichtlich des Verhältnisses von Belohnung und Verausgabung erscheint es, als dass in den Fällen A und C eine ausgeglichene, weniger belastende Situation vorherrscht als in den Fällen B, D, E und F.

Tab. 55 zeigt die Ergebnisse der Korrelationsanalysen zu den im Zusammenhang mit dem Ressourcenaustausch getroffenen Annahmen im Ergebnis- und Interaktionsmodell.

Hinsichtlich der Annahme, dass der Austausch von abstrakten und eher personengebundenen Ressourcen die Lean-Implementierung unterstützt, besteht insbesondere mit dem Item RES_giv_1 der Zugehörigkeit ein hochsignifikanter mittlerer bis starker Zusammenhang mit dem Mittelwert der Skala zur Lean-Implementierung (GR_impl_MEAN). Außerdem wird gezeigt, dass die Items zur Zugehörigkeit (RES_giv_1), Status (RES_giv_3-4), Information (RES_giv_5-6) und Leistungen (RES_giv_11) in signifikanten positiv-monotonen Zusammenhängen mit unterschiedlichen Bestandteilen der Lean-Implementierung und der Verankerung einer Lean-Philosophie stehen.

Dass ein ausgeglichenes Verhältnis zwischen Verausgabung und Belohnung, Bestandteile einer Lean-Implementierung bzw. Philosophie-Verankerung unterstützt, wird ebenfalls in Tab. 55 gezeigt. Hierzu wird eine Differenz von Belohnung und Verausgabung berechnet, indem von der Summe der Mittelwerte der Items zur erhaltenen Wertschätzung (GRAT_wert) und der Aufstiegschancen (GRAT_auf) die Mittelwerte der negativ formulierten Items zur Arbeitsplatzsicherheit (GRAT_asi) und der erlebten Verausgabung (VERAUSG) abgezogen werden.[201] Ein hochsignifikanter negativer Zusammenhang besteht hier insbesondere im Zu-

[200] Der Wert von Cronbachs Alpha beträgt bei der aus der Literatur übernommenen und übersetzten Skala ,864 und ist damit positiv zu bewerten. Vor diesem Hintergrund wird der Mittelwert der Proaktivitätsskala in die Korrelationsanalyse integriert.

[201] Die Werte von Cronbachs Alpha liegen alle (gerundet) im akzeptablen Bereich (Cronbachs Alpha GRAT_wert_1-5: ,746; GRAT_auf_1-4: ,695; GRAT_asi_1-2: ,737; VERAUSG_1-5: ,776), sodass die Skalenmittelwerte eingesetzt werden können.

sammenhang mit der Verankerung der Lean-Philosophie. Die optimale Stichprobengröße ist für diese Aussage erreicht, sodass diese belastbar ist. Weitere Zusammenhänge bestehen mit einzelnen Bestanteilen der Lean-Implementierung und der Verankerung einer Philosophie der schlanken Unternehmensführung, insbesondere im Hinblick auf die Langfristigkeit von Managemententscheidungen (GR_phil_1), die vollständige Nutzung des Mitarbeiterpotenzials (GR_phil_3), der ursächlichen Problemlösung (GR_phil_4), dem Verhalten der Führungskräfte (GR_phil_6) und der Veränderungsbereitschaft (GR_impl_4).

Weiterhin sind in Tab. 55 die Korrelationsergebnisse zum externen und internen Wissensaustausch mit der Implementierung von Lean Management bzw. der Verankerung einer Lean Management-Philosophie dokumentiert. Hier zeigt sich, dass im Hinblick auf den internen Wissensaustausch insbesondere die Weitergabe von implizitem Wissen (WIAU_int_3) durch die Befragten in einem positiven Zusammenhang mit der Verankerung einer Lean-Philosophie (GR_phil_MEAN) steht. Für die Weitergabe impliziten Wissens (WIAU_int_3) werden weitere positive Zusammenhänge mit weiteren, einzelnen Bestandteilen der Lean-Implementierung und der Verankerung einer schlanken Philosophie bestätigt. Dies gilt u.a. dafür, dass Mitarbeiterpotenziale genutzt werden (GR_phil_3), Probleme ursächlich gelöst werden (GR_phil_4), eine Feedbackkultur im Unternehmen vorhanden ist (GR_phil_7), Mitarbeiter veränderungsbereit sind (GR_impl_4) und Führungskräfte sich regelmäßig mit der Situation vor Ort auseinander setzen (GR_impl_6b). Für alle genannten Aspekte spielt das implizite Wissen eine wichtige Rolle. Auch hinsichtlich des externen Wissensaustausches, der von den Befragten insgesamt niedriger als der interne eingeschätzt wird, bestehen signifikante positiv-monotone Zusammenhänge mit der Lean-Implementierung und Philosophieverankerung. Unter anderem steht die Weitergabe von implizitem Wissen (WIAU_ext_3) an den Partner in einem positiven Zusammenhang mit dem Mittelwert der Lean-Implementierung (GR_impl_MEAN), der Nutzung des Mitarbeiterpotenzials (GR_phil_3), der Umsetzung von produktbedingten Änderungen in der Produktion (GR_impl_2) und Prozessverbesserungen (GR_impl_3). Diese Zusammenhänge lassen sich damit erklären, dass intern komplexes und nicht-greifbares Wissen aufgebaut wurde, das an den Partner weitergegeben werden kann. Darüber hinaus steht das Ausmaß, indem vom Partner etwas gelernt werden kann (WIAU_ext_2), ebenfalls in einem signifikanten positiv-monotonen Zusammenhang mit der Aussage, dass sich viele schlanke Methoden und Werkzeuge im Einsatz befinden (GR_impl_12), dass Mitarbeiter und Führungskräfte kontinuierlich entwickelt werden (GR_phil_2) und dass eine Feedbackkultur im Unternehmen existiert (GR_phil_7). Hier wird erkennbar, dass Wissen und Verhaltensweisen vom Partner gelernt bzw. übernommen werden. Dies ist in der vorliegenden Untersuchung insbesondere für die Fälle C, E und F denkbar, in denen ein Roll-Out aus Richtung des Partners erfolgt.

Ann.	Formulierung der Annahme	Korrelationsergebnisse	
		r_t | Sign. (eins.) | N	r_S | Sign. (eins.) | N
EM_Elemente_6a	Der Austausch von **abstrakten und personengebundenen Ressourcen** (Zugehörigkeit, Status, Leistung, Information) unterstützt die Implementierung von Lean Management in der Kooperationsbeziehung [RES_giv_1-6, RES_giv_10-11 x GR_impl_1-12; GR_phil_1-8; GR_impl_MEAN; GR_phil_MEAN]	RES_giv_1 x GR_impl_MEAN ,438** | ,002 | 30 RES_giv_1 x GR_impl_1 ,480** | ,004 | 25 RES_giv_1 x GR_impl_2 ,469** | ,002 | 30 RES_giv_1 x GR_impl_3 ,425** |,005 | 30 RES_giv_1 x GR_impl_5 ,285* | ,037 | 30 RES_giv_1 x GR_impl_6a ,308* | ,032 | 30 RES_giv_1 x GR_impl_8 ,320* | ,023 | 30 RES_giv_1 x GR_impl_12 ,348* | ,018 | 30 RES_giv_4 x GR_impl_9 ,344* | ,021 | 30 RES_giv_5 x GR_impl_7 ,305* | ,046 | 25 RES_giv_6 x GR_impl_5 ,290* | ,034 | 30 RES_giv_6 x GR_impl_12 ,403** | ,007 | 30 RES_giv_11 x GR_phil_2 ,410* | ,024 | 18 RES_giv_11 x GR_impl_7 ,405* | ,026 | 18 RES_giv_11 x GR_impl_12 ,316* | ,045 | 23	RES_giv_1 x GR_phil_2 ,355*| ,041 | 25 RES_giv_1 x GR_phil_5 ,420* | ,010 | 30 RES_giv_3 x GR_phil_6 ,311* | ,047 | 30 RES_giv_6 x GR_phil_2 ,469** | ,009 | 25 RES_giv_6 x GR_phil_7 ,385* | ,018 | 30 RES_giv_6 x GR_impl_6b ,500** | ,002 | 30
EM_Elemente_6b	Ein **gegenseitiger Austausch** unterstützt die Implementierung von Lean Management in der Kooperationsbeziehung	In allen Fällen (mit Ausnahme von Fall C; dort ist die Ressourcenmatrix nicht in die Erhebung intergiert) wird in der moderierten Gruppendiskussion angegeben, dass es sich um einen gegenseitigen Austausch handelt. Außerdem gegeben die Teilnehmer aus dem Nachtrag (sofern eine Angabe erfolgt ist) an, dass es sich um einen gegenseitigen Austausch handelt. Vor diesem Hintergrund kann keine Korrelation berechnet werden. Im Punkte-Diagramm würde sich eine Gerade mit der Steigung von Null ergeben.	
EM_Elemente_6c	Eine geringe **Differenz zwischen Verausgabung und Belohnung** unterstützt die Implementierung von Lean Management in der Kooperationsbeziehung (negativer Zusammenhang) [DIFF_GRAT_VERAUSG* x GR_impl_1-12; GR_phil_1-8; GR_impl_MEAN; GR_phil_MEAN] * DIFF_GRAT_VERAUSG = (GRAT_wert_MEAN)+(GRAT_auf_MEAN)-(GRAT_asi_MEAN)-(GRAT_VER-AUSG_MEAN)	DIFF_GRAT_VERAUSG x GR_phil_1 -,268* | ,017 | 38 DIFF_GRAT_VERAUSG x GR_phil_3 -,309** | ,007 | 38 DIFF_GRAT_VERAUSG x GR_impl_4 -,314** | ,006 | 38 DIFF_GRAT_VERAUSG x GR_phil_MEAN -,318** | ,004 | 38	DIFF_GRAT_VERAUSG x GR_phil_4 -,383** | ,009 | 38 DIFF_GRAT_VERAUSG x GR_phil_6 -,339* | ,019 | 38
EM_Elemente_6c	Ein hoher **interner Wissensaustausch** unterstützt die Implementierung von Lean Management in der Kooperationsbeziehung [WIAU_int_1-4 x GR_impl_1-12; GR_phil_1-8; GR_impl_MEAN; GR_phil_MEAN]	WIAU_int_3 x GR_phil_MEAN ,253* | ,037 | 39 WIAU_int_3 x GR_phil_3 ,281* | ,029 | 39	WIAU_int_3 x GR_phil_4 ,367* | ,011 | 39 WIAU_int_3 x GR_phil_7 ,421** | ,004 | 39 WIAU_int_3 x GR_impl_4 ,296** | ,034 | 39 WIAU_int_3 x GR_impl_6b ,274* | ,046 | 39
EM_Elemente_6d	Ein hoher **externer Wissensaustausch** unterstützt die Implementierung von Lean Management in der Kooperationsbeziehung [WIAU_ext_1-4 x GR_impl_1-12; GR_phil_1-8; GR_impl_MEAN;	WIAU_ext_3 x GR_ GR_impl_MEAN ,298* | ,022 | 37 WIAU_ext_2 x GR_impl_12 ,364** | ,008 | 37	WIAU_ext_2 x GR_phil_2 ,453** | ,005 | 32 WIAU_ext_2 x GR_phil_7 ,451** | ,003 | 37 WIAU_ext_2 x GR_impl_6b

Ann.	Formulierung der Annahme	Korrelationsergebnisse	
		r_t | Sign. (eins.) | N	r_S | Sign. (eins.) | N
	GR_phil_MEAN]	WIAU_ext_3 x GR_phil_2 ,475** | ,002 | 32 WIAU_ext_3 x GR_phil_3 ,262* | ,045 | 37 WIAU_ext_3 x GR_impl_2 ,288* | ,031 | 37 WIAU_ext_3 x GR_impl_3 ,439** | ,003 | 37 WIAU_ext_3 x GR_ impl_5 ,271* | ,039 | 37 WIAU_ext_3 x GR_impl_6a ,327* | ,020 | 37 WIAU_ext_3 x GR_impl_12 ,523** | ,000 | 37	,503** | ,001 | 37
IM-Ressour sour-cenaus-tausch	Ein eher **gegenseitiger** (ausgeglichener) **Ressourcenaustausch** unterstützt einen verschwendungsarmen Austauschprozess, d.h. ein geringer absoluter Betrag zwischen Ressourcenerhalt und Geben von Ressourcen unterstützt einen verschwendungsarmen Austauschprozess (negativer Zusammenhang) [Betrag_RES_DIFF_i, Betrag_RES_DIFF_MEAN x EEFF, GR_PERF_1a, GR_PERF_1b, GR_PERF_2-6 (alle kodiert)] Betrag_RES_DIFF_i = ABS(RES_giv_n-GR_RES_take_ m) i,n,m = 1,2,3,4,5,6,7,9,10,11 Betrag_RES_DIFF_Mean = ABS ((RES_giv_MEAN_1-11)-(GR_RES_take_mean_1-11) [ohne Res_giv bzw. take_8]	Betrag_RES_DIFF_MEAN x GR_PERF_6_kodiert -,348* | ,023 | 22 Betrag_RES_DIFF_1 x GR_PERF_3_kodiert -,402* | ,011 | 25 Betrag_RES_DIFF_6 x GR_PERF_5_kodiert -,325* | ,017 | 30 Betrag_RES_DIFF_7 x GR_PERF_1a_kodiert -,407* | ,046 | 14 Betrag_RES_DIFF_9 x GR_PERF_2_kodiert -,377**| ,009 29 Betrag_RES_DIFF_9 x GR_PERF_3_kodiert -,606** | ,000 | 24 Betrag_RES_DIFF_9 x GR_PERF_4_kodiert -,341* | ,015 | 29 Betrag_RES_DIFF_10 x EEFF -,413** | ,003 | 30 Betrag_RES_DIFF_10 x GR_PERF_5_kodiert -,259* | ,048 | 30 Betrag_RES_DIFF_10 x GR_PERF_6_kodiert -,320* | ,047 | 22	Betrag_RES_DIFF_10 x GR_PERF_1a_kodiert -,469* | ,014 |22

Tab. 55: Korrelationsanalyse Ressourcenaustausch

Im Hinblick auf das Interaktionsmodell wird mit der Korrelationsanalyse untersucht, ob ein eher gegenseitiger, d.h. ausgeglichener Ressourcenaustausch, einen verschwendungsarmen Austauschprozess unterstützt. Hierzu wird der Betrag der Differenz aus Geben von Ressourcen und Ressourcenerhalt[202] im Zusammenhang mit den Items zur Austauscheffizienz und der Einschätzung der Verbesserungspotenziale in der Kooperationsbeziehung untersucht. Weil hier nach einer geringen absoluten Differenz zwischen Geben von Ressourcen und Ressourcenerhalt im Zusammenhang mit einem verschwendungsarmen Austauschprozess gefragt wird, werden die signifikanten Korrelationsergebnisse auf negative Zusammenhänge untersucht. Diese werden für den Mittelwert über alle Ressourcen (Betrag_RES_DIFF_MEAN)

202 Der Ressourcenerhalt wurde in der moderierten Gruppendiskussion erhoben und stellt damit im Gegensatz zu den gegebenen Ressourcen ein Gruppenmittelwert dar.

und einer positiven Einschätzung der Beziehung an sich (PERF_6_kodiert) bestätigt. Weitere Zusammenhänge für ausgeglichene Verhältnisse des Ressourcenaustausches werden außerdem für Zugehörigkeit (Betrag_RES_DIFF_1) und technischen Support (GR_PERF_3_kodiert), Informationen (Betrag_RES_DIFF_6) und Kosten (GR_PERF_5_kodiert), Geld (Betrag_RES_DIFF_7) und Produktqualität (GR_PERF_1a_kodiert) sowie Güter (Betrag_RES_DIFF_9) und Produktqualität (GR_PERF_1a_kodiert) , Qualität der Zusammenarbeit (GR_PERF_2_kodiert), Service (GR_PERF_3_kodiert) und die Qualität der Zusammenarbeit (GR_PERF_4_kodiert) aufgezeigt. Darüber hinaus steht ein ausgeglichenes Verhältnis von Geben und Nehmen von Leistungen (Betrag_RES_DIFF_10) in einem signifikanten Zusammenhang mit der Austauscheffizienz (EEFF), der Produktqualität (GR_PERF_1a_kodiert), den Kosten (GR_PERF_5_kodiert) und der Beziehung an sich (GR_PERF_6_kodiert).

A	B	C	D	E	F
Wissensaufnahmefähigkeit					
Grundlagenwissen vorhanden Erfahrung mit Lean Management Erfahrung mit dem Kooperationspartner Verbreitung des Lean-Ansatzes fokussiert: Produktion, Top-Management, Logistik	Fundierte Erfahrung mit Lean Management Punktuelle Erfahrung mit dem Kooperationspartner Verbreitung des Lean-Ansatzes fokussiert Produktion und Logistik – gefolgt vom Top-Management	Langjährige (Praxis-) Erfahrung im Bereich Lean vorhanden Kontakt zum Partner besteht analog der individ. Unternehmenszugehörigkeit Verbreitung des Lean-Ansatzes in der fok. Unternehmensgruppe wird niedrig bis mittel eingeschätzt (am besten: Produktion, Logistik, Top-Management)	Unterschiedliche Voraussetzungen hinsichtlich des Lean-Wissens Fundiertes Lean-Wissen vorhanden Langjährige Erfahrung in der Zusammenarbeit mit dem Partner Unterschiedliche Einschätzung der Lean-Verbreitung: Top-Management, Produktion und Logistik arbeiten nach Lean-Prinzipien	Fundierte Lean-Erfahrung vorhanden Fundierte Erfahrung in der Zusammenarbeit mit dem Partner Lean-Ansatz ist im Unternehmen bekannt Produktion, Logistik und Top-Management arbeiten nach Lean-Prinzipien	Fundiertes Lean Management Grundwissen Erfahrung mit dem Partner vorhanden Lean-Ansatz ist teilw. im fok. Unt. bekannt Am ehesten arbeitet der Bereich der Produktion bereits nach Lean-Prinzipien
Austauscheinstellung					
Prosozial, erwidernd	Tendenz: prosozial, erwidernd	Uneinheitlich; möglicherweise: eher prosozial	Keine Aussage möglich	Eher prosozial	Prosozial
Erwartungen					
Positive Erwartungen an die Kooperation Erwartete Langfristigkeit Partner gilt als alternativlos Positive Erwartungen an die eigene Tätigkeit	Tendenz: Keine hohen Erwartungen an die Kooperation Unterschiedliche Erwartungen hinsichtlich der eigenen Tätigkeit Tendenz: Langfristigkeit der Beziehung und Alternativlosigkeit des Partners	Tendenziell positive Erwartungen an den Partner und an Auswirkungen auf die eigene Tätigkeit Partner gilt als alternativlos	Positive Erwartungen an die Kooperation Der Langfristigkeit der Beziehung und Alternativlosigkeit werden zustimmt	Hohe Erwartungen an die Zusammenarbeit und an Auswirkungen auf die eigene Tätigkeit Langfristigkeit der Beziehung und Alternativlosigkeit des Partners	Hohe Erwartungen an die Zusammenarbeit und divergierende aber eher positive Einschätzung der Auswirkungen auf die individ. Tätigkeit Langfristigkeit der Beziehung und Alternativlosigkeit des Partners
Arbeitseinstellung					
Zustimmung zu humanistischen und organisati-	Zustimmungstendenz: humanistisches und	Deutliche Zustimmung zum humanistischen	Hohe Zustimmung zum humanistische und	Deutliche Zustimmung zum humanistischen	Hohe Zustimmung zum humanistischen und

A	B	C	D	E	F
onsbezogenen Glaubenssystem Positive Einschätzung der Arbeitszufriedenheit und der individuellen Einbindung	organisationsbezogenes Glaubenssystem Positive Einschätzung der Arbeitszufriedenheit und der individuellen Einbindung	und tendenzielle Zustimmung zum organisationsbezogenen Glaubenssystem Positive Einschätzung der Arbeitszufriedenheit und der individuellen Einbindung	Zustimmung zum organisationsbezogenen Glaubenssystem (Hohe) Arbeitszufriedenheit und hohe Einbindung	und tendenzielle Zustimmung zum organisationsbezogenen Aussagensystem Positive Einschätzung der Arbeitszufriedenheit und hohe individuelle Einbindung	organisationsbezogenen Aussagensystem Zustimmungstendenz zum freizeitbezogenen Aussagensystem Mittlere bis hohe Zustimmung zur Arbeitszufriedenheit Eher hohe persönliche Einbindung
Proaktivität					
Zustimmungstendenz	Zustimmungstendenz	Zustimmungstendenz	Zustimmungstendenz	Zustimmungstendenz	Zustimmungstendenz
Ressourcenaustausch					
Hoher Austausch: Zugehörigkeit, Leistungen, Information, Status Niedriger Austausch : Güter, Geld Tendenz: Wissensfluss vom fok. Unt. zum Partner Ressourcenaustausch zwischen Individuum und Unternehmen erscheint positiv ausgeglichen	Hoher Austausch: Zugehörigkeit, Status, Information Eher mittlerer Austausch: Leistungen Eher niedriger Austausch: Güter, Geld Wissensaustausch ist niedrig bis mittel Tendenziell Wissensfluss hin zum Partner Ressourcenaustausch zwischen Individuum und Unternehmen erscheint tendenziell unausgeglichen	Hoher Austausch: Information, Status Eher mittlerer Austausch: Zugehörigkeit, Leistungen Eher niedriger Austausch: Güter, Geld Interner Wissensaustausch: mittel bis hoch Externer Wissensaustausch: niedrig bis mittel Ressourcenaustausch zwischen Individuum und Unternehmen erscheint ausgeglichen	Einbringen der Ressourcen: Zugehörigkeit, Status, Leistungen, Information Erhalt der Ressourcen: Status, Informationen, Leistungen, Güter Interner Wissensaustausch: mittel bis hoch Externer Wissensaustausch: niedrig bis mittel Ressourcenaustausch zwischen Individuum und Unternehmen: möglicherweise besteht ein ungünstiges Verhältnis	Einbringen der Ressourcen: Zugehörigkeit, Status, Leistungen, Information Erhalt der Ressourcen: Zugehörigkeit und Status (nachgelagert: Leistungen, Informationen, Güter) Interner/Externer Wissensaustausch: mittel Ressourcenaustausch zwischen Individuum und Unternehmen erscheint tendenziell unausgeglichen	Einbringen der Ressourcen: Status, Geld, eher nachgelagert: Zugehörigkeit, Information (Ablehnung: Güter) Erhalt der Ressourcen: Information, Zugehörigkeit, Status, Leistungen (Ablehnung: Geld, Güter) Interner/Externer Wissensaustausch: mittel Ressourcenaustausch zwischen Individuum und Unternehmen: möglicherweise ungünstiges Verhältnis

Tab. 56: Elemente schlanker Kooperationsbeziehungen der Fälle A bis F im Vergleich

Zwischenfazit: Implikationen und Restriktionen aus der Untersuchung der Elemente schlanker Kooperationsbeziehungen

Mit der Methodik der integrierten Fallstudie werden im vorangehenden Abschnitt die Analyseergebnisse aus den untersuchten Fällen A bis F gesamtheitlich betrachtet. Der Schwerpunkt der integrierten Fallstudie liegt dabei auf einer qualitativen Ergebnisauswertung. Mit dem Konzept des Erhebungsworkshops ist es allerdings möglich, mit den erhobenen quantitativen Daten Zusammenhänge mit Hilfe der Korrelationsanalyse zu untersuchen. Für mittlere bis starke Effektstärken kann dabei der optimale Stichprobenumfang in vielen Fällen erreicht werden. Es wird außerdem beachtet, dass nicht verzerrte Korrelationskoeffizienten die positiv-monotonen Zusammenhänge möglichst korrekt wiedergeben. Es liegt dennoch die Einschränkung vor, dass für eine Analyse mit quantitativem Schwerpunkt eine größere Stichprobe untersucht werden sollte. Außerdem ermöglicht die Korrelationsanalyse, wie bereits dargelegt, nur das Aufzeigen monotoner Zusammenhänge. Andere Zusammenhänge z.B. Uförmige, können nicht identifiziert werden. Mit der Korrelationsanalyse ist es zudem nicht möglich, Aussagen zur Richtung eines Zusammenhangs zu treffen.[203] Mit der Methodik des Erhebungsworkshops kommt außerdem hinzu, dass teilweise (insbesondere zur Lean-Implementierung, Verankerung der Lean-Philosophie und der Einschätzung von Verbesserungspotenzial in der Kooperationsbeziehung) bereits verdichtete Mittelwerte zur Analyse eingesetzt werden. Während für die qualitative Analyse der Vorteil hervorgehoben wird, dass durch den Diskurs gesicherte Einschätzungen getroffen werden[204], so gehen diese Werte bereits in einer konzentrierten Form in die Korrelationsanalyse ein und sollten vor diesem Hintergrund vorsichtig betrachtet werden. Die Restriktionen werden insofern reduziert, als dass aus der Theorie hergeleitete Zusammenhänge untersucht werden und nicht eine willkürliche Interpretation von erhobenem Datenmaterial stattfindet.

Trotz der Restriktionen, die eine vorsichtige Interpretation, insbesondere der qualitativen Ergebnisse erforderlich machen, lassen sich aus der Analyse der Elemente schlanker Kooperationsbeziehungen folgende Ergebnisse und Implikationen festhalten.

Hinsichtlich der **Wissensaufnahmefähigkeit** werden die im Ergebnis- und Interaktionsmodell getroffenen Annahmen sowohl quantitativ als auch qualitativ unterstützt. Weiterhin kann angenommen werden, dass in intraorganisationalen Kooperationsbeziehungen, in denen mindestens einer der Partner den Ansatz der schlanken Unternehmensführung verfolgt, die Aktivitäten im Bereich Lean Management einen wichtigen Interaktionspunkt darstellen. Unternehmen, die im Bereich Lean Management intraorganisational zusammenarbeiten, sollten vor dem Hintergrund der Analyse Beteiligte sowohl fachlich im Bereich des Lean Managements als auch hinsichtlich individuellen Interagierens in Kooperationsbeziehungen unterstützen. Personen mit Vorwissen und Erfahrungen in beiden Bereichen unterstützen die Lean-Implementierung und das Realisieren wertschaffender – im Sinne von verschwendungsarmen – Kooperationsbeziehungen. Eine „externe" Orientierung dieser Stellen unterstützt diese Anstrengungen weiter.

Hinsichtlich der **Austauscheinstellung** zeigen die durchgeführten Fallstudien eine Tendenz zu einer prosozialen Haltung. Ein signifikanter, positiv monotoner Zusammenhang dieser Austauscheinstellung zur Lean-Implementierung bzw. Philosophieverankerung und Interaktionseffizienz kann nicht aufgezeigt werden. Positive Zusammenhänge einer prosozialen Austauscheinstellung mit dem Austausch von Ressourcen können allerdings festgestellt werden. Vor diesem Hintergrund ist davon auszugehen, dass der Einsatz von Personen mit hohen prosozialen Austauscheinstellungen einen Ressourcenaustausch in einer Kooperationsbeziehung sowohl initiieren als auch aufrechterhalten können.

Im Hinblick auf die **individuellen Erwartungen** in der Kooperationsbeziehung wird gezeigt, dass eine Langfristigkeit und Alternativlosigkeit des Partners in den untersuchten Fällen mehrheitlich angenommen wird, dass allerdings die Erwartungen an die Zusammenarbeit und deren Auswirkungen auf die individuelle Tätigkeit fallspezifisch divergieren. Quantitativ wird gezeigt, dass positive Erwartungen der Befragten mit Bestandteilen der Lean-Implementierung und Philosophieverankerung, sowie einer verschwendungsarmen Interaktion

[203] Vgl. Fahrmeir et al., 2007, S. 148 f.
[204] Siehe hierzu Abschnitt 6.1.1.

in einem signifikant positiven Zusammenhang stehen. Vor diesem Hintergrund lautet die Empfehlung, dass ein konsequentes Erwartungsmanagement betrieben werden sollte und positive Erwartungen offensiv unterstützt werden sollten.

Im Hinblick auf die **Arbeitseinstellung** wird gezeigt, dass in allen Fällen eine (hohe) Zustimmung zu den Aussagen des humanistischen und organisationsbezogenen Glaubenssystems besteht und der Annahme vier[205] des Ergebnismodells zugestimmt werden kann. Während hier zu beachten ist, dass diese Situation möglicherweise kulturell bedingt ist, so zeigt die Korrelationsanalyse, dass beide Einstellungen in einem positiven Zusammenhang mit einer positiven Einschätzung des Verbesserungspotenzials in der Kooperationsbeziehung stehen. Die vorherrschenden Arbeitseinstellungen sind daher unterstützenswert. Dies kann bspw. über organisationale Leitbilder oder Beziehungsleitbilder geschehen.

Hinsichtlich der **Proaktivität** besteht in allen Fällen eine Zustimmungstendenz der Befragten. In der Korrelationsanalyse wird gezeigt, dass ein hoher Proaktivitätslevel die Austauscheffizienz unterstützt und dass einzelne Bestandteile der Proaktivitätsskala die Lean-Implementierung und Philosophieverankerung unterstützen, ebenso wie die positive Einschätzung von Verbesserungspotenzial in der Kooperationsbeziehung. Daher sollte die Proaktivität von Personen, die die Interaktionsbeziehung aktiv mitgestalten und im Bereich Lean Management tätig sind, organisational unterstützt werden.

Im Hinblick auf den **Ressourcenaustausch** wird gezeigt, dass die Ressourcen Status, Information und Zugehörigkeiten in allen betrachteten Fällen eine mittlere bis hohe Bedeutung einnehmen. In der Korrelationsanalyse werden signifikante positive Zusammenhänge zwischen den eher *abstrakten und personengebundenen Ressourcen* mit der Lean-Implementierung bzw. Philosophieverankerung gezeigt. Es wird außerdem mit der Korrelationsanalyse gezeigt, dass hinsichtlich des *Ressourcenaustausches zwischen Individuum und Unternehmen* ein positiver Zusammenhang zwischen einem ausgeglichenen Austauschverhältnis und der Verankerung einer Philosophie der schlanken Unternehmensführung besteht. Der Ausgleich dieses Verhältnisses sollte im Interesse des Unternehmens liegen. In den untersuchen Fällen scheint hier insbesondere in den fokalen Unternehmen B, D, E und F Handlungsbedarf zu bestehen. In den untersuchten Fällen wird gezeigt, dass der interne *Wissensaustausch* jeweils höher eingeschätzt wird als der externe. Im internen Wissensaustausch spielt insbesondere die Weitergabe impliziten Wissens bei der Lean-Implementierung und Philosophieverankerung eine wichtige Rolle. Diese kann unterstützt werden, indem den Personen die Möglichkeit geboten wird, implizites Wissen sowohl intern als auch extern aufzubauen. Es ist außerdem davon auszugehen, dass die Weitergabe von implizitem Wissen entsprechender zeitliche und organisatorische Voraussetzungen bedarf. Hinsichtlich des externen Wissensaustausches nimmt die Weitergabe von implizitem Wissen ebenfalls eine wichtige Rolle ein. Das Lernen vom Partner unterstützt die Lean-Implementierung und Philosophieverankerung. Auch im Hinblick auf den externen Wissensaustausch ist es vor diesem Hintergrund notwendig, geeignete organisationale Voraussetzungen und Plattformen zum Austausch von implizitem Wissen zu schaffen. In den Fallstudien werden als mögliche Beispiele Syner-

[205] Annahme vier: Mitarbeiter, die in der Kooperationsbeziehung aktiv eingebunden sind, verfügen über ähnliche Arbeitseinstellungen.

giekreise, Austausch von Mitarbeitern und gemeinsame Workshops genannt. Im Hinblick auf das Interaktionsmodell wird mit der Korrelationsanalyse gezeigt, dass ein *ausgeglichenes Ressourcenaustauschverhältnis* zwischen fokalem Unternehmen und Kooperationspartner eine positive Einschätzung der Beziehung an sich unterstützt. Weiterhin werden die positive Einschätzung der Verbesserungspotenziale und der Austauscheffizienz durch einen Ausgleich einzelner Ressourcenarten unterstützt. Vor diesem Hintergrund sollte in Kooperationsbeziehungen ein ausgeglichenes Ressourcenaustauschverhältnis angestrebt und kommuniziert werden, sodass der Ausgleich von den Betroffenen wahrgenommen wird.

6.2.7.4. Systeme schlanker Kooperationsbeziehungen

Tab. 57 zeigt die Systeme schlanker Kooperationsbeziehungen im Vergleich.

A	B	C	D	E	F
Qualität der Kooperationsbeziehung					
Hohes Commitment gegenüber dem Kooperationspartner (auch: hohes individ. Commitment gegenüber dem fok. Unt.) Vertrauen in den Partner liegt vor Hohe Ausprägung der Beziehungsnormen Austausch wird als effizient eingeschätzt	Commitment gegenüber dem Partner liegt vor (auch: individ. Commitment gegenüber dem fok. Unt.) Vertrauen ist teilweise vorhanden Unterschiedliche Ausprägungen der Beziehungsnormen Mittlere bis positive Austauscheffizienz	Hohes Commitment gegenüber dem Partner (teilw. hohes individ. Commitment gegenüber dem fok. Unt.) Tendenziell hohes Vertrauen Hohe Ausprägung der Beziehungsnormen Eher positive Bewertung der Austauscheffizienz	Ausgeprägtes Commitment seitens des fok. Unternehmens (auch: hohes individ. Commitment gegenüber dem fok. Unt.) Teilweise ausgeprägtes Vertrauen/ausgeprägte Beziehungsnormen Mittlere bis positive Austauscheffizienz -	Hohes Commitment gegenüber dem Kooperationspartner (auch: hohes individ. Commitment gegenüber dem fok. Unt.) Vertrauen tendenziell vorhanden Beziehungsnormen teilweise ausgeprägt Eher positive Einschätzung der Austauscheffiz.	Eher hohes Commitment gegenüber dem Partner (auch: hohes individ. Commitment gegenüber dem fok. Unt.) Vertrauen tendenziell vorhanden Hohe Ausprägung einzelner Beziehungsnormen Eher niedrige Einschätzung der Austaucheffiz.
Kontaktdichte (themenbezogen)					
Insgesamt stehen 15 Personen in Kontakt; flüchtige Kontakte sind zahlreicher Fokus auf dem Thema Arbeit, auch andere Themen werden angesprochen Gemeinsame Aktivitäten: insbesondere direkter Austausch zwischen Personen (E-Mails, Telefonate), auch: Workshops, teambildende Maßnahmen und Trainings	10-15 Personen stehen auf jeder Seite miteinander in Kontakt; flüchtige Kontakte sind zahlreicher Individuelle Unterschiede in der Nähe zum Partner Fokus auf dem Thema Arbeit; es werden auch andere Themen angesprochen Primäre gemeinsame Aktivität: Synergiekreise – andere gemeinsame Aktivitäten finden statt, sind aber seltener	15-20 Personen des Partners stehen mit 8 Personen des fok. Unternehmens im Austausch; flüchtige Kontakte sind zahlreicher Regelmäßig individueller Kontakt mit 1-3 Personen Fokus auf dem Thema Arbeit; es werden auch andere Themen angesprochen Primäre gemeinsame Aktivität: Lean Assessments und Austauschforen	10 Personen des Partners stehen mit ca. 20 Personen des fok. Unternehmens in Kontakt (allg.) Nahezu 100 Prozent der Mitarbeiter des Partners sind bekannt Regelmäßiger Kontakt zu 5-6 Personen des Partners Große Nähe zum Partner Breites Spektrum gemeinsamer Tätigkeiten; insbes. Benchmark-Besuche	10 Personen des Partners stehen mit 5 Personen des fok. Unternehmens in Kontakt Individuelle Kontaktpersonen: 2-10; flüchtige Kontakte sind zahlreicher Fokus auf dem Thema Arbeit; es werden auch andere Themen angesprochen Primäre gemeinsame Aktivität: Benchmark-Besuche, Workshops inkl. Trainings	4 Personen des Partners stehen mit ca. 12 Personen des fok. Unternehmens in Kontakt Individuelle Kontaktpersonen: 2-4; Anzahl flüchtiger Kontakte nur geringfügig höher Fokus auf dem Thema Arbeit; Primäre gemeinsame Aktivitäten: Workshops, Trainings, Verhandlungssituationen
Kontaktautorität					
Kontakt der Lean-Verantwortlichen mit den Entscheidungsträgern beim fok. Unternehmen und beim Partner	n.a.	n.a.	n.a. (kann jedoch auch für den Bereich Lean angenommen werden)	n.a.	n.a.

A	B	C	D	E	F
Wahrnehmung der Beziehung					
Tendenziell positiver affektiver Kontext Beziehung ist überwiegend harmonisch und Interessen sind kompatibel Tendenziell teamorientierter und stabiler Zusammenhalt	Tendenziell positiver affektiver Kontext Beziehung ist überwiegend harmonisch Opportunistisches Verhalten liegt teilw. vor Tendenz zur Kohäsion Stabile Ausrichtung	Positiver affektiver Kontext Beziehung ist eher harmonisch Tendenz zur Kohäsion Hohe organisationsbezogene Stabilität; individ.: hohe Fluktuation	Tendenziell positiver affektiver Kontext Teilw. Konfliktpotenzial vorhanden Mittlere Ausprägung der Kohäsion Stabile Ausrichtung	Eher positive Einschätzung der allg. Wahrnehmung Mittlere bis eher positive Ausprägung der Items zur Konfliktmessung Möglicherweise opportunistisches Verhalten Tendenz zur Kohäsion Eher stabile Ausrichtung	Eher positive Einschätzung der allg. Wahrnehmung Divergierende Einschätzung des wahrgenommenen Konflikts Ggfs. opportunistisches Verhalten des Partners Tendenz zur Kohäsion Eher niedrige individuelle aber hohe organisationale Stabilität
Abhängigkeit und Leistungen					
Tendenziell gegenseitige Abhängigkeit Überwiegend einseitige kooperationsspezifische Investitionen seitens des fok. Unternehmens Kommunikation ist tendenziell gut Hohes Verbesserungspotenzial hinsichtlich der Kosten	Eher geringe Abhängigkeit des fok. Unternehmens Verbesserungspotenzial hinsichtlich Produktqualität, Qualität der Zusammenarbeit und des insgesamt generierten Werts Verbesserungspotenzial in der Kommunikation	Tendenziell hohe Abhängigkeit des fok. Unternehmens im Bereich Lean Partner übernimmt hohe Investitionen Verbesserungspotenzial: konkrete Unterstützung, Kosten, insgesamt generierter Wert und Kommunikation	Tendenziell hohe gegenseitige Abhängigkeit Verbesserungspotenzial: Termineinhaltung, insgesamt generierter Wert, Kosten und Kommunikation	Vorliegende Abhängigkeit des fok. Unternehmens Eher niedrige Abhängigkeit des Partners Verbesserungspotenziale: Beziehung an sich und Kommunikation	Vorliegende Abhängigkeit des fok. Unternehmens Partner ggfs. durch Investitionen abhängig Verbesserungspotenzial hinsichtlich: Termineinhaltung, Service, Kosten, insgesamt generierter Wert und Kommunikation erforderlich
Formale Steuerung					
Hohe Marktdynamik Niedrige bis mittlere Aufgabenklarheit Vertragliche Regelungen sind vorhanden, aber wenig detailliert	Hohe Marktdynamik Niedrige bis mittlere Aufgabenklarheit Teilweise Zustimmung zum Vorliegen formaler Regelungen	Eher niedrige Marktdynamik Eher mittlere bis niedrige Aufgabenklarheit Annahme: keine spezifische, detaillierte formale Regelungen	Hohe Marktdynamik Eher niedrige Aufgabenklarheit Keine Aussage zu vertragl. Regelungen möglich	Hohe Marktdynamik Mittlere Aufgabenklarheit Teilweise Zustimmung zum Vorliegen formaler Regelungen	Hohe Marktdynamik Aufgabenklarheit liegt eher vor (Assessments) Zustimmung zu vorliegenden detaillierten/spezifischen vertraglichen Regelungen
Identität					
Tendenz zur gemeinsamen Identität im fokalen Unternehmen Zustimmungstendenz, dass Werte des Partners mit denen des fokalen Unternehmens kompatibel sind	Tendenz zur gemeinsamen Identität bezogen auf das fok. Unternehmen Teilweise Zustimmung zur Identifikation mit dem Partner	Gemeinsame Identität bezogen auf das fok. Unternehmen höher als auf den Partner bezogen Zustimmung zur Identifikation mit den Werten des fokalen Unternehmens und deren Kompatibilität zum Partner	Hohe Identifikation mit dem fok. Unternehmen Eher positive Bewertung der Identifikation mit dem Partner	Teilweise hohe Zustimmung zur Identifikation mit dem fok. Unternehmen Positive Bewertung der Identifikation mit dem Partner	Eher niedrige Identifikation mit dem fok. Unt. Eigenes Handeln wird an den Unternehmenswerten des fokalen Unternehmens ausgerichtet, die nur mittelmäßig kompatibel mit den Werten des Partners sind

Tab. 57: Systeme schlanker Kooperationsbeziehungen der Fälle A bis F im Vergleich

Hinsichtlich des **Beziehungstreibers Qualität der Kooperationsbeziehung** wird gezeigt, dass die Befragten in den Fällen A bis F einem Commitment gegenüber dem fokalen Unternehmen und dem Kooperationspartner eher, bis sehr stark zustimmen. Im Gegensatz dazu, ist das Vertrauen zum Kooperationspartner unterschiedlich ausgeprägt und weist hinsichtlich der Vertrauensarten Schwerpunkte auf. Insgesamt liegt eine Zustimmungstendenz zu einzelnen Vertrauensarten vor. Hinsichtlich der Beziehungsnormen wird deutlich, dass in den Fällen A und C alle Beziehungsnormen ausgeprägt sind. In den Fällen B, D, E und F sind einzelne Bereiche der Beziehungsnormen ausgeprägt und andere werden insgesamt gering bewertet. Die Austauscheffizienz wird in den Fällen A und F als sehr hoch bzw. sehr niedrig eingeschätzt – in den Fällen B bis E wird eine mittlere bis positive Einschätzung dazu getroffen. Im Folgenden sollen die Annahmen aus Ergebnis- und Interaktionsmodell zum Beziehungstreiber der Beziehungsqualität betrachtet werden. Dabei soll auf eine Korrelationsanalyse von ausschließlich in der moderierten Gruppendiskussion erhobenen Daten verzichtet werden, da im Grunde genommen nur sechs Datensätze analysiert werden würden. Im Bereich des Beziehungstreibers der Beziehungsqualität betrifft dies insbesondere das Commitment gegenüber dem Kooperationspartner. Wie in Tab. 57 qualitativ dargelegt, ist dieses für alle untersuchten Fälle tendenziell als vorhanden einzuschätzen. Ergänzend hierzu verdeutlicht die Analyse der Antworthäufigkeiten zu den Gruppenitems dieses Bild. Abb. 42 zeigt dies deutlich.

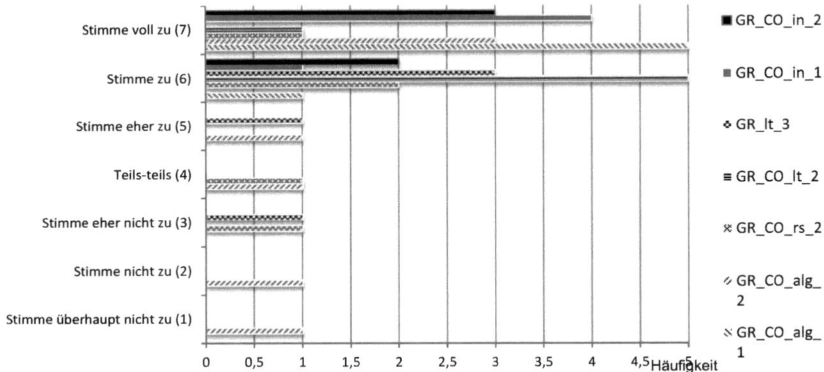

Abb. 42: Commitment gegenüber dem Kooperationspartner (Fälle A bis F)

Tab. 58 zeigt die Ergebnisse der Korrelationsanalysen im Hinblick auf die im Ergebnis- und Interaktionsmodell getroffenen Annahmen zum Beziehungstreiber der Beziehungsqualität.

Annahme	Formulierung der Annahme	Korrelationsergebnisse	
		r_t | Sign. (eins.) | N	r_S | Sign. (eins.) | N
EM_System1a1	Ein hohes **Commitment zur Kooperationsbez.** unterstützt die Impl. von Lean Management in der Kooperation	Beide Merkmale sind hier auf Gruppenebene erhoben; eine Korrelationsanalyse wird deshalb nicht durchgeführt	
EM_System_1a2	Ein hohes **Commitment zum Unternehmen** unterstützt die Implementierung von Lean Management in der Kooperationsbeziehung [CO_or_MEAN x GR_impl_1-12; GR_phil_1-8; GR_impl_MEAN; GR_phil_mean]	CO_or_MEAN x GR_phil_8 ,269* | ,024 | 39 CO_or_MEAN x GR_impl_5 ,264* | ,018 | 39	CO_or_MEAN x GR_impl_MEAN ,430** | ,003 | 39 CO_or_MEAN x GR_phil_MEAN ,353* | ,014 | 39 CO_or_MEAN x GR_phil_2 ,323* | ,031 | 34 CO_or_MEAN x GR_phil_3 ,397** | ,006 | 39 CO_or_MEAN x GR_phil_4 ,316* | ,025 | 39 CO_or_MEAN x GR_phil_5 ,353* | ,014 | 39 CO_or_MEAN x GR_impl_1 ,443** | ,004 | 34 CO_or_MEAN x GR_impl_2 ,439** | ,003 | 39 CO_or_MEAN x GR_impl_3 ,475** | ,001 | 39 CO_or_MEAN x GR_impl_4 ,354* | ,013 | 39 CO_or_MEAN x GR_impl_6b ,333* | ,019 | 39 CO_or_MEAN x GR_impl_8 ,429** | ,003 | 39 CO_or_MEAN x GR_impl_12 ,371* | ,010 | 39
EM_System_1b	Hohes **Vertrauen** unterstützt die Implementierung von Lean Management in der Kooperationsbeziehung [TR_MEAN, TR_ALG_MEAN, TR_CR_MEAN, TR_BN_MEAN x GR_impl_1-12; GR_phil_1-8; GR_impl_MEAN; GR_phil_MEAN]	TR_MEAN x GR_impl_7 ,406** | ,001 | 34 TR_MEAN x GR_IMPL_10 ,235* | ,032 | 39 TR_ALG_MEAN x GR_impl_7 ,281* | ,024 | 34 TR_CR_MEAN x GR-impl_7 ,325* | ,010 | 34 TR_CR x GR_impl_10 ,229* | ,039 | 39	TR_BN_MEAN x GR_impl_7 ,623** | ,000 | 33 TR_BN_MEAN x GR_impl_10 ,500* | ,001 | 38
EM_System_1c	Vorliegende **Beziehungsnormen** unterstützen die Implementierung von Lean Management in der Kooperationsbeziehung [RN_MEAN, RN_RNMN_MEAN, RN_SN_MEAN, RN_FN_MEAN, RN_RSN_MEAN, RN_IE_MEAN, RN_KN_MEAN x GR_impl_1-12; GR_phil_1-8; GR_impl_MEAN, GR_phil_MEAN]	RN_KN_MEAN x GR_impl_MEAN ,336** | ,003 | 39 RN_SN_MEAN x GR_impl_7 ,331** | ,009 | 34 RN_KN_MEAN x GR_impl_2 ,307** | ,008 | 39 RN_KN_MEAN x GR_impl_3 ,312** | ,009 | 39 RN_KN_MEAN x GR_impl_5 ,222* | ,040 | 39 RN_KN_MEAN x GR_impl_12 ,322** | ,007 | 39	RN_MEAN x GR_phil_2 ,323* | ,031 | 34 RN_MEAN x GR_impl_7 ,330* | ,028 | 34 RN_MEAN x GR_impl_12 ,308* | ,028 | 39 RN_RNMN_MEAN x GR_impl_7 ,458** | ,003 | 34 RN_KN_MEAN x GR_phil_2 ,354* | ,020 | 34 RN_KN_MEAN x GR_impl_6b ,291* | ,036 | 39 RN_KN_MEAN x GR_impl_7 ,308* | ,038 | 34 RN_FN_MEAN x GR_impl_7 ,314* | ,035 | 34 RN_FN_MEAN x GR_impl_10 ,276* | ,045 | 39
EM_System_1d	Eine hohe **Austauscheffizienz** unterstützt die Implementierung von Lean Management in der Kooperationsbeziehung	EEFF x GR_impl_5 ,355** | ,006 | 38	EEFF x GR_impl_MEAN ,426** | ,004 | 38 EEFF x GR_phil_2 ,422** | ,007 | 33

Annahme	Formulierung der Annahme	Korrelationsergebnisse	
		r_t | Sign. (eins.) | N	r_S | Sign. (eins.) | N
	[EEFF x GR_impl_1-12, GR_phil_1-8, GR_impl_MEAN, GR_phil_MEAN]		EEFF x GR_impl_2 ,364* | ,012 | 38 EEFF x GR_impl_3 ,410** | ,005 | 38 EEFF x GR_impl_6b ,377** | ,010 | 38 EEFF x GR_impl_12 ,459** | ,002 | 38
IM-Beziehungsqualität a	Ein hohes **Commitment zur Organisation** unterstützt einen verschwendungsarmen Austauschprozess [CO_or_MEAN, CO_or_1-10 x EEFF, PERF_1a, PERF_1b, PERF_2-6 (alle kodiert)]	CO_or_9 x GR_PERF_1b_kodiert ,295* | ,021 | 39 CO_or_9 x GR_PERF_2_kodiert ,292* | ,018 | 39 CO_or_10 x GR_PERF_6_kodiert ,493** | ,005 | 22	CO_or_3 x EEFF ,306* | ,031 | 38 CO_or_4 x EEFF ,278* | ,045 | 38 CO_or_7 x EEFF ,302* | ,033 | 38 CO_or_10 x EEFF ,277* | ,046 | 38 CO_or_2 x GR_PERF_1a_kodiert ,380* | ,040 | 22
IM-Beziehungsqualität b	Ein hohes **Commitment zur Kooperationsbeziehung** unterstützt einen verschwendungsarmen Austauschprozess	Beide Merkmale sind hier auf Gruppenebene erhoben; eine Korrelationsanalyse wird deshalb nicht durchgeführt	
IM-Beziehungsqualität c	Hohes **Vertrauen** innerhalb der Kooperationsbeziehung unterstützt einen verschwendungsarmen Austauschprozess [TR_MEAN, TR_ALG_MEAN, TR_CR_MEAN, TR_BN_MEAN x EEFF, PERF_1a, PERF_1b, PERF_2-6 (alle kodiert)]	TR_CR_MEAN x EEFF ,228* | ,037 | 38	-
IM-Beziehungsqualität d	Eine hohe Ausprägung von **Beziehungsnormen** unterstützen einen verschwendungsarmen Austauschprozess [RN_MEAN, RN_RNMN_MEAN, RN_SN_MEAN, RN_FN_MEAN, RN_RSN_MEAN, RN_IE_MEAN, RN_KN_MEAN x EEFF, PERF_1a, PERF_1b, PERF_2-6 (alle kodiert)]	RN_IE_MEAN x GR_PERF_6_kodiert ,299* | ,046 | 22	RN_MEAN x EEFF ,549** | ,000 | 38 RN_RNMN_MEAN x EEFF ,519** | ,000 | 38 RN_FN_MEAN x EEFF ,428** | ,004 | 38 RN_RSN_MEAN x EEFF ,334* | ,020 | 38 RN_IE _MEAN EEFF ,443** | ,003 | 38 RN_KN_MEAN x EEFF ,628** | ,000 | 38

Tab. 58: Korrelationsanalyse Beziehungstreiber Beziehungsqualität

Ein Bestandteil, der unter der Beziehungsqualität gefasst wird, ist das **Commitment**. Hier wird im Hinblick auf das Ergebnismodell gezeigt, dass zwischen dem Mittelwert der Commitment-Skala (CO_or_MEAN)[206] und dem Mittelwert der Lean-Philosophieverankerung (GR_impl_Mean) ein hochsignifikanter positiver mittlerer Zusammenhang besteht. Ergänzend zeigen die Ergebnisse der Korrelationsanalyse weitere hochsignifikante und signifikante positive mittlere bis niedrig-starke Zusammenhänge mit einzelnen Bestandteilen der Lean-Implementierung und der Verankerung einer Philosophie der schlanken Unternehmensführung. So u.a. hinsichtlich der Umsetzung produktbedingter Änderungen in der Produktion (GR_impl_2), der Umsetzung von Prozessverbesserungen (GR_impl_3), der Veränderungsbereitschaft (GR_impl_4), dem Einsatz schlanker Methoden und Werkzeuge oder der Aner-

[206] Cronbachs Alpha beträgt die Commitment-Skala (CO_or_1-10) ,741 und ist damit im akzeptablen Bereich.

kennung von Lean Erfolgen (GR_impl_8). Weiterhin steht das Commitment in hochsignifikantem bzw. signifikant positivem niedrigem Zusammenhang damit, dass Lean-Aktivitäten im Unternehmen wahrnehmbar sind (GR_phil_8), dass Mitarbeiter und Führungskräfte kontinuierlich entwickelt werden (GR_phil_2), dass das Mitarbeiterpotenzial vollständig genutzt wird (GR_phil_3) und dass Probleme ursächlich gelöst werden (GR_phil_4). Die Annahme aus dem Ergebnismodell EM_System_1a2 kann vor diesem Hintergrund unterstützt werden.

Neben dem Commitment bildet das **Vertrauen** einen weiteren Bestandteil des Beziehungstreibers der Beziehungsqualität. Das Vertrauen wurde in der Untersuchung mit den drei Unterskalen Allgemeines Vertrauen (TR_ALG), Glaubwürdigkeit (TR_CR) und Wohlwollen (TR_CR) erfasst.[207] In der Korrelationsanalyse werden die Mittelwerte der Gesamtskala (TR_MEAN) und der drei Unterskalen (TR_ALG_MEAN, TR_CR_MEAN und TR_BN_MEAN) auf ihre positiv monotonen Zusammenhänge mit der Lean-Implementierung und Philosophieverankerung untersucht. Hier wird gezeigt, dass der Mittelwert der Gesamtskala in einem hoch signifikanten deutlich positiven Zusammenhang damit steht, dass sich das Top-Management mit anderen Unternehmen zum Thema Lean austauscht (GR_impl_7) und damit eine offene Verhaltensweise vorlebt. In einem deutlich positiven Zusammenhang steht die Unterskala des Wohlwollens ebenfalls mit einem offenen Austausch des Top-Managements (GR_impl_7) und dem Implementierungsaspekt, dass genügend Zeit besteht, Lean zu lernen (GR_impl_10). Hier kann angenommen werden, dass Unternehmen in denen ein vertrauensvoller Umgang mit Geschäftspartnern herrscht, die Rolle der Menschen nicht unterschätzen und der Entwicklung dieser Ressource genügend Zeit einräumen. Auch die Annahme EM_System_1b aus dem Ergebnismodell kann vor diesem Hintergrund unterstützt werden.

Die **Beziehungsnormen** in der Austauschbeziehung bilden neben dem Commitment und dem Vertrauen den dritten Bestandteil der Beziehungsqualität. Die informellen Steuerungsmechanismen wurden in der Erhebung mit mehreren Unterskalen erfasst (RN_RNMN, RN_SN, RN_FN, RN_RSN, RN_IE und RN_KN).[208] Sowohl der Mittelwert der Gesamtskala als auch die Mittelwerte der Unterskalen weisen signifikante bzw. hochsignifikante Korrelationsergebnisse auf. Die Gesamtskala zeigt signifikante mittlere positive Zusammenhänge damit, dass Mitarbeiter und Führungskräfte kontinuierlich entwickelt werden (GR_phil_2), dass sich das Top-Management mit anderen Unternehmen zum Thema Lean austauscht (GR_impl_7) und dass viele schlanke Methoden und Werkzeuge bereits im Einsatz sind (GR_impl_12). Besonders groß ist, mit einem hochsignifikanten Spearmans roh von ,458, der Korrelationseffekt zwischen der Unterskala Reziprozität und Gegenseitigkeit (RN_rnmn_MEAN) und dem

207 Der Wert von Cronbachs Alpha beträgt für die Gesamtskala ,868. Die Unterskala Allgemeines Vertrauen (TR_alg_1-4) erreicht den Wert ,813 und liegt mit diesem Wert wie die Unterskala Wohlwollen (tr_bn_1-4; Cronbachs Alpha: ,716) im akzeptablen Bereich. Der Cronbachs Alpha Wert der Skala Glaubwürdigkeit (TR_cr_1_kodiert, tr_cr_2_kodiert, tr_cr_3, tr_cr_4_kodiert) liegt mit ,548 nicht im akzeptablen Bereich.

208 RN_RNMN wird zusammengefasst aus den Items zur Reziprozität (RN_rn_1-2) und Gegenseitigkeit (RN_mn_1-2). Die Skala erreicht einen Wert für Cronbachs Alpha von ,687 und liegt damit knapp unter dem akzeptablen Bereich – ebenso wie die Unterskala der Flexibilitätsnormen (rn_fn) mit einem Cronbachs Alpha Wert von ,644. Die Unterskala der Solidaritätsnormen (RN_sn_1-4) erreicht mit dem Wert ,702 ein akzeptables Cronbachs Alpha, ebenso wie die Unterskalen der sozialen Normen (rn_rsn; Cronbachs Alpha ,772), der Informationsaustauschnormen (RN_ie_1-4; Cronbachs Alpha: ,803) und den kooperativen Normen (RN_kn_1-6, Cronbachs Alpha: ,823).

Bestandteil der Implementierung, dass sich das Top-Management mit anderen Unternehmen zum Thema Lean austauscht (GR_impl_7). Hochsignifikante mittlere Effekte zeigen die Zusammenhänge zwischen den Solidaritätsnormen (RN_sn_MEAN) und dem externen Top-Management-Erfahrungsaustausch (GR_impl_7), sowie den kooperativen Normen (RN_kn_MEAN) und den Implementierungsindikatoren, dass regelmäßig produktbedingte Änderungen in der Produktion umgesetzt werden (GR_impl_2), dass regelmäßig Prozessverbesserungen umgesetzt werden (GR_impl_3) und dass sich bereits viele schlanke Methoden und Werkzeuge im Einsatz befinden (GR_impl_12). Außerdem besteht ein hochsignifikanter mittlerer Zusammenhang zwischen dem Mittelwert der Unterskala der Reziprozitäts- und Gegenseitigkeitsnormen (rn_rnmn_MEAN) mit dem Mittelwert der Skala zur Lean-Implementierung (GR_impl_MEAN). Vor diesem Hintergrund wird auch die Annahme bestärkt, dass vorliegende Beziehungsnormen die Implementierung von Lean Management in der Kooperationsbeziehung unterstützen.

Den vierten Bestandteil der Beziehungsqualität bildet abschließend die **Austauscheffizienz**, die von den Befragten in den untersuchten Fällen A bis F mit einem Item im Fragebogen eingeschätzt wird. Die Korrelationsanalyse zeigt hier hochsignifikante Zusammenhänge im deutlichen mittleren Bereich mit dem Mittelwert der Implementierungsskala (GR_impl_MEAN), dem Aspekt der Philosophieverankerung, dass Mitarbeiter und Führungskräfte kontinuierliche entwickelt werden (GR_phil_2) und weiteren, einzelnen Aspekten der Lean-Implementierung. Zu nennen sind u.a. die Umsetzung produktbedingter Änderungen in der Produktion (GR_phil_2), die regelmäßige Umsetzung von Prozessverbesserungen (GR_impl_3) und dem Einsatz schlanker Methoden und Werkzeuge (GR_impl_12). Schließlich kann auch die Annahme EM_System_1d aus dem Ergebnismodell unterstützt werden.

Hinsichtlich der Annahmen aus dem Interaktionsmodell wird mit der Korrelationsanalyse gezeigt, dass Bestandteile des **Commitments**[209] in einem positiven Zusammenhang mit der Austauscheffizienz und einer positiven Einschätzung des Verbesserungspotenzials in der Beziehung stehen. Hinsichtlich des Verbesserungspotenzials sind dies insbesondere die Aspekte der Qualität der Zusammenarbeit (GR_PERF_1b_kodiert), der Produktqualität (GR_PERF_1a), der Termineinhaltung (GR_PERF_2_kodiert) und der Beziehung an sich (GR_PERF_6_kodiert). Das Item CO_or_10[210] zeigt mit einem hochsignifikanten tau-Wert von ,493 einen starken Effekt im Zusammenhang mit einer positiven Einschätzung der Beziehung an sich. Hinsichtlich eines Zusammenhangs zwischen dem **Vertrauen** in der Austauschbeziehung, der Austauscheffizienz und einer positiven Einschätzung der Verbesserungspotenziale, wird in der Korrelationsanalyse ein signifikanter schwacher positiver Zusammenhang zwischen der Unterskala der Glaubwürdigkeit mit der Austauscheffizienz identifiziert. Die Analyse der Korrelationen zwischen den Mittelwerten von Gesamtskala und Unterskalen der **Beziehungsnormen** sowie der Austauscheffizienz und der Einschätzung der Verbesserungspotenziale zeigen hingegen mehrere signifikante zum Teil sehr starke Zusam-

209 Für die Untersuchung der Annahme „IM-Beziehungsqualität b" zum Zusammenhang zwischen Commitment zur Kooperationsbeziehung und einem verschwendungsarmen Austauschprozess stehen nur auf Gruppenebene erfasste Daten zur Verfügung. Eine Korrelationsanalyse soll vor diesem Hintergrund nicht stattfinden.

210 CO_or_10 = „Dieses Unternehmen bedeutet mir persönlich sehr viel".

menhänge. Ein hoch signifikanter starker positiver Zusammenhang wird für den Mittelwert der Gesamtskala und die Austauscheffizienz aufgezeigt. Die optimale Stichprobengröße ist in diesem Fall erreicht, sodass der Zusammenhang belastbar ist. Sehr deutliche Zusammenhänge bestehen auch zwischen der Austauscheffizienz und den Mittelwerten der Unterskalen der Reziprozitäts- und Gegenseitigkeits- (RN_rnmn), den Flexibilitäts- (RN_fn), den sozialen (RN_rsn), den Informationsaustausch- (RN_ie) und den kooperativen Normen (RN_kn). Der Mittelwert der Unterskala der Informationsaustauschnormen zeigt außerdem einen signifikanten mittleren Zusammenhang zur Einschätzung der Verbesserung der Beziehung an sich (GR_PERF_6_kodiert).

Vor diesem Hintergrund werden die Annahmen aus dem Ergebnis- und Interaktionsmodell zu den Aspekten des Beziehungstreibers der Qualität der Kooperationsbeziehung weitgehend bestätigt. Eine Ausnahme bilden hier die Annahmen hinsichtlich des Commitments zum Kooperationspartner[211] für die nur fallspezifische Mittelwerte aus den sechs Einzelfallstudien vorliegen. Im Zusammenhang mit den aufgezeigten Zusammenhängen zwischen dem organisationalen Commitment und der Lean-Implementierung und der Philosophieverankerung bzw. der Austauscheffizienz und der Einschätzung des Verbesserungspotenzials in der Kooperationsbeziehung, kann jedoch davon ausgegangen werden, dass das Commitment zum Kooperationspartner eine ähnliche Wirkung hat.

Hinsichtlich des **Beziehungstreibers der Verbindungsstärke bzw. der Kontaktdichte** zeigt sich in allen untersuchten Fällen, dass nur ein geringer Anteil der Belegschaft in die Kooperationsbeziehung eingebunden ist. Im Bereich der Lean-Aktivitäten stehen zwischen vier und 20 Personen seitens des jeweiligen Partners mit etwa 5 bis 20 Personen seitens des jeweiligen fokalen Unternehmens in Kontakt. Die befragten Personen stehen durchschnittlich etwa eine Stunde[212] im Kontakt mit dem Kooperationspartner und haben regelmäßigen Kontakt mit etwa zwei Personen[213] des Partners. Der Fokus ist in den individuellen Austauschbeziehungen dabei auf das Thema Arbeit gerichtet, auch wenn in einzelnen Fällen auch andere Themenbereiche Eingang in die Kommunikation finden. Gemeinsame Tätigkeiten der Befragten mit dem Kooperationspartner sind hauptsächlich Workshops und Trainings, aber auch Synergiekreise, Austauschforen, Benchmark-Besuche und Assessments. Die Ergebnisse der Korrelationsanalyse zum Beziehungstreiber der Kontaktdichte sind in Tab. 59 dargestellt. Mit der Variablen CD_1-2[214] und DUR_1-2[215] sowie den Skalen zur Lean-Implementierung bzw. Philosophieverankerung und Austauscheffizienz bzw. der Einschätzung des Verbesserungspotenzials in der Kooperationsbeziehung werden die Annahmen EM_System_1e1 und IM_Kontaktdichte aus dem Ergebnis- bzw. Interaktionsmodell untersucht. Tab. 59 zeigt, dass im Hinblick auf

---

211 Die betrifft die beiden Annahmen „EM_1a1“ und „IM-Beziehungsqualität b“.

212 Angegeben ist hier der Medianwert der Variable DUR_1 für 37 gültige Antworten. Der Mittelwert ist höher und beträgt knapp drei Stunden. Als Maximalwert gibt ein Teilnehmer an, wöchentlich etwa 20 Stunden mit dem Partner in Kontakt zu stehen. Der Minimalwert beträgt Null.

213 Angegeben ist hier der Medianwert der Variable DUR_2 für 37 gültige Antworten. Der Mittelwert liegt bei 2,27. Minimum und Maximum betragen null bzw. acht Personen, mit denen ein regelmäßiger Kontakt besteht.

214 CD_1 = „Anzahl an Personen des Partners, mit denen ich in Kontakt stehe:“, CD_2 = „Anzahl an Personen des Partners, die ich bisher kennengelernt/gesprochen habe:“.

215 DUR_1 = „Kontakt mit unserem Partner habe ich selbst durchschnittlich etwa __Stunden pro Woche“, DUR_2 = „Regelmäßigen Kontakt habe ich mit ___ (Anzahl) Mitarbeitern des Partnerunternehmens“.

das Ergebnismodell die durchschnittliche Kontaktdauer mit dem Partner pro Woche (DUR_1) in einem positiven Zusammenhang mit der Philosophieverankerung steht und insbesondere die Anzahl flüchtiger Kontakte beim Kooperationspartner (CD_2) positiv mit der Lean-Implementierung und ebenfalls mit der Philosophieverankerung verbunden ist. Deutliche hochsignifikante mittlere bis starke Zusammenhänge sind hier für die Verankerung einer Feedbackkultur im Unternehmen (GR_phil_7), den Top-Managementaustausch zum Thema Lean (GR_impl_7) und der ausreichenden Verfügbarkeit von Trainings (GR_impl_10) gekennzeichnet. Es ist davon auszugehen, dass gerade bei der Durchführung gemeinsamer Trainings die Möglichkeit besteht, Kontakte zu erweitern. Im Hinblick auf den verschwendungsarmen Austausch wird erkennbar, dass zwar keines der vier Items zur Kontaktdichte mit der Austauscheffizienz in einem signifikanten positiven Zusammenhang steht, mit einer positiven Einschätzung des Verbesserungspotenzials allerdings signifikante mittlere Zusammenhänge bestehen. So werden in Tab. 59 signifikante positive Zusammenhänge zwischen der Kontaktdauer (DUR_1), der Produktqualität (PERF_1a_kodiert), der Qualität der Zusammenarbeit (PERF_1b_kodiert), dem insgesamt generierten Wert (PERF_4_kodiert) und der Bewertung der Beziehung an sich (PERF_6_kodiert) gekennzeichnet. Außerdem steht die Anzahl der Kontaktpersonen, mit denen ein regelmäßiger Kontakt besteht, (DUR_2) in einem positiven Zusammenhang mit der Qualität der Zusammenarbeit (PERF_1b_kodiert), der Termineinhaltung (PERF_2_kodiert) und einer positiven Einschätzung der Produktqualität (PERF_1a_kodiert). Mit einer positiven Einschätzung der Termineinhaltung (GR_PERF_2_kodiert) steht außerdem die Gesamtanzahl an Kontakten (CD_2) in einem signifikanten mittleren positiven Zusammenhang.

Im Hinblick auf den Zusammenhang zwischen starken Verbindungen und der Lean-Implementierung werden außerdem die in den individuellen Kooperationsbeziehungen besprochenen Themen im Zusammenhang mit der Lean-Implementierung und Philosophieverankerung untersucht. Die Teilnehmer haben hierzu im Fragebogen angegeben, welche Themen überhaupt nicht bzw. sehr häufig in Gesprächen mit dem Kooperationspartner thematisiert werden.[216] Der Skalenmittelwert steht dabei in einem signifikanten positiven Zusammenhang mit dem Aspekt der Implementierung, dass das Top-Management einen Austausch zum Thema Lean Management vorlebt (GR_impl_7). Des Weiteren stehen die Thematisierung von lokalen Veranstaltungen und Events (CLOSE_4), politischen Themen (CLOSE_3), Familie (CLOSE_1) und Freizeit (CLOSE_6) in einem positiven Zusammenhang mit Aspekten der Lean-Implementierung und Philosophieverankerung. Vor diesem Hintergrund kann die Annahme, dass starke Verbindungen zwischen den Partnern, die sich z.B. über eine Themenvielfalt auch außerhalb der Arbeit kennzeichnet, mit den vorliegenden Daten unterstützt werden.

216 CLOSE_1 = Familie, CLOSE_2 = Freunde, CLOSE_3 = Politik, CLOSE_4 = Lokale Veranstaltungen/Events, CLOSE_5 = Arbeit, CLOSE_6 = Freizeit. Skala: Mit den Mitarbeiter des Kooperationspartners spreche ich überhaupt nicht über diese Themen = 1; Mit den Mitarbeitern des Kooperationspartners spreche ich sehr häufig über diese Themen = 7.

Ann.	Formulierung der Annahme	Korrelationsergebnisse	
		r_t | Sign. (eins.) | N	r_S | Sign. (eins.) | N
EM_System_1e1	Eine hohe **Kontaktdichte** in der Kooperationsbeziehung unterstützt die Implementierung von Lean Management in der Kooperationsbeziehung [CD_1-2, DUR_1-2 x GR_impl_1-12, GR_phil_1-8, GR_impl_MEAN, GR_phil_MEAN]	-	DUR_1 x GR_phil_1 ,292* | ,040 | 37 CD_2 x GR_phil_7 ,400** | ,007 | 37 CD_2 x GR_impl_7 ,447** | ,005 | 32 CD_2 x GR_impl_10 ,429** | ,004 | 37 CD_2 x GR_impl_11 ,293* | ,039 | 37
EM_System_1e2	**Starke Verbindungen** in der Kooperationsbeziehung unterstützen die Implementierung von Lean Management in der Kooperationsbeziehung [CLOSE_MEAN, CLOSE_1-6 x GR_impl_1-12, GR_phil_1-8, GR_impl_MEAN, GR_phil_MEAN]	CLOSE_4 x GR_impl_3 ,293* | ,016 | 39 CLOSE_4 x GR_impl_6b ,337** | ,005 | 39 CLOSE_3 x GR_impl_8 ,277* | ,047 | 39 CLOSE_4 x GR_impl_12 ,316* | ,010 | 39	CLOSE_MEAN x GR_impl_7 ,347* | ,022 | 34 CLOSE_4 x GR_phil_2 ,375* | ,014 | 34 CLOSE_4 x GR_phil_7 ,329* | ,021 | 39 CLOSE_1 x GR_impl_7 ,332* | ,027 | 34 CLOSE_3 x GR_impl_7 ,388* | ,012 | 34 CLOSE 6 x GR_impl_7 ,348* | ,022 | 34
IM_Kontakttaktdichte	Eine hohe **Kontaktdichte** unterstützt einen verschwendungsarmen Austauschprozess [CD_1-2, DUR_1-2 x EEFF, PERF_1a, PERF_1b, PERF_2-6 (alle kodiert)]	DUR_1 x GR_PERF_2_kodiert ,359** | ,004 | 37 DUR_1 x GR_PERF_4_kodiert ,308* | ,010 | 37 DUR_1 x GR_PERF_6_kodiert ,341* | ,036 | 20 DUR_2 x GR_PERF_1b_kodiert ,324* | ,012 | 37 DUR_2 x GR_PERF_2_kodiert ,233* | ,046 | 37	CD_2 x GR_PERF_2_kodiert ,351* | ,017 | 37 DUR_1 x GR_PERF_1a_kodiert ,448* | ,035 | 20 DUR_1 x GR_PERF_1b_kodiert ,480** | ,001 | 37 DUR_2 x GR_PERF_1a_kodiert ,413* | ,035 | 20

Tab. 59: Korrelationsanalyse Beziehungstreiber Verbindungsstärke

Die Items zum **Beziehungstreiber der Kontaktautorität** wurden nur im Rahmen des Falls A erhoben. Dort ist die Kontaktautorität recht hoch einzuschätzen. Es ist davon auszugehen, dass die Einschätzung der Kontaktautorität im Hinblick auf die fokalen Unternehmen[217] aufgrund der hierarchischen Einordung der Lean Verantwortlichen ebenfalls jeweils recht hoch ausfällt. Hinsichtlich des Zugangs zu den zentralen Entscheidungsträgern beim Kooperationspartner[218] ist davon auszugehen, dass dieser in den Fällen C und F aufgrund der Unternehmensgröße, im Gegensatz zu Fall D, wesentlich geringer ausfällt. Die im Ergebnis- und Interaktionsmodell getroffenen Annahmen[219] können vor dem Hintergrund mangelnder Daten empirisch weder unterstützt noch verworfen werden.

[217] Hinsichtlich des Innenverhältnisses im fokalen Unternehmen wurden in Fall A die beiden Items CA_1 („Der Lean Management Verantwortliche unseres Partnerunternehmens kennt unsere zentralen Entscheidungsträger im Unternehmen") und CA_2 („Der Lean Management Verantwortliche unseres Partnerunternehmens hat häufig mit den zentralen Entscheidungsträgern unseres Unternehmens zu tun") eingesetzt.

[218] Zur Untersuchung der Kontaktautorität im Außenverhältnis – hin zum Kooperationspartner – wurden in Fall A die beiden Items CA_3 („Unser Lean Management Verantwortliche kennt die zentralen Entscheidungsträger in unserem Partnerunternehmen") und CA_4 („Unser Lean Management Verantwortliche hat häufig mit den zentralen Entscheidungsträgern unseres Partnerunternehmens zu tun") eingesetzt.

[219] Annahme im Ergebnismodell: Eine hohe Kontaktautorität in der Kooperationsbeziehung unterstützt die Implementierung von Lean Management in der Kooperationsbeziehung (EM_1f). Annahme im Interaktionsmodell: Eine hohe Kontaktautorität unterstützt einen verschwendungsarmen Austauschprozess (IM_Kontaktautorität).

Hinsichtlich der **affektiven und konfliktbezogenen Wahrnehmung der Kooperationsbeziehung** zeigt sich bei der Analyse der Fälle in Tab. 57, dass tendenziell in allen Fällen ein positiver affektiver Kontext gegeben ist. Insbesondere in den Fällen B, D, E und F liegt allerdings durch die Einschätzung der Items zum opportunistischen Verhalten bzw. zur Konfliktmessung ein Konfliktpotenzial vor. In den untersuchten Fällen liegt mehrheitlich eine Tendenz zu einem teamorientierten Zusammenhalt vor. Während die Stabilität der Kooperationsbeziehung auf organisationaler Seite in allen Fällen bestätigt wird, so ist die individuelle Stabilität insbesondere in den Fällen C und F geringer einzuschätzen. Im Fall C stellt die individuelle Fluktuation eine Besonderheit dar. Die Teilnehmer geben an, dass es durch eine hohe Fluktuation zu Schwierigkeiten kommt, weil es keine bzw. wenige gleichbleibende Ansprechpartner seitens des Partners gibt, die jedoch nach Einschätzung der Befragten wünschenswert wären.

Ann.	**Formulierung der Annahme**	**Korrelationsergebnisse**	
		r_t | **Sign. (eins.)** | **N**	r_S | **Sign. (eins.)** | **N**
EM_system_2 a	Ein positiver **affektiver Kontext** in der Kooperationsbeziehung unterstützt die Implementierung von Lean Management in der Kooperationsbeziehung [AR_alg_1; AR_poem_1-5, AR_poem_MEAN x GR_impl_1-12, GR_phil_1-8, GR_impl_MEAN, GR_phil_MEAN]	Signifikante positive Werte zeigt die Korrelationsanalyse ausschließlich für AR_poem_4 x GR_phil_2, GR_impl_2, GR_impl_3, GR_impl_6b, GR_impl_12 und GR_impl_MEAN. Da AR_alg_4 allerdings ausschließlich in Fall A erhoben wurde, soll hier aufgrund einer sehr eingeschränkten Aussagekraft keine Interpretation der signifikanten Werte stattfinden	
EM_System_2 b	Eine **positive Wahrnehmung** der Kooperationsbeziehung unterstützt die Implementierung von Lean Management in der Kooperationsbeziehung [Perc_conf_1-2, Perc_conf_3_kodiert, Perc_conf_4_kodiert, Perc_confmes_MEAN, COH_MEAN x GR_impl_1-12, GR_phil_1-8, GR_impl_MEAN, GR_phil_MEAN]	PERC_conf_2 x GR_impl_9 ,288* | ,023 | 39 PERC_conf_3_kodiert x GR_impl_6a ,240* | ,046 | 39	PERC_conf_1 x GR_impl_MEAN ,319* | ,025 | 38 PERC_conf_1 x GR_impl_2 ,311* | ,029 | 38
IM_Wahrnehmung a	Eine positive **affektive Wahrnehmung** der Kooperation unterstützt einen verschwendungsarmen Austauschprozess [AR_alg_1; AR_poem_1-5, AR_poem_MEAN x EEFF, PERF_1a, PERF_1b, PERF_2-6 (alle kodiert)]	-	AR_poem_1 x EEFF ,280* | ,044 | 38
IM_Wahrnehmung b	Eine positive **Gesamtwahrnehmung** der Kooperation unterstützt einen verschwendungsarmen Austauschprozess [Perc_conf_1-2, Perc_conf_3_kodiert, Perc_conf_4_kodiert, Perc_confmes_MEAN, x EEFF, PERF_1a, PERF_1b, PERF_2-6 (alle kodiert)]	PERC_conf_1 x EEFF ,384** | ,003 | 38	PERC_conf_3_kodiert x EEFF ,328** | ,008 | 38 PERC_conf_2 x GR_PERF_5_kodiert ,349** | ,006 | 39
IM-Wahrnehmung c	Ein hoher **Zusammenhalt** in der Kooperation unterstützt einen verschwendungsarmen Austauschprozess [COH_MEAN, COH_1-4 x EEFF, PERF_1a, PERF_1b, PERF_2-6 (alle kodiert)]	-	COH_1 x EEFF ,297* | ,035 | 38

Tab. 60: Korrelationsanalyse Wahrnehmung der Kooperationsbeziehung

Die Ergebnisse der Korrelationsanalysen zu den Annahmen aus dem Ergebnis- und Interaktionsmodell sind in Tab. 60 dargestellt. Hinsichtlich eines Zusammenhangs zwischen einem positiven affektiven Kontext in der Kooperationsbeziehung und der Implementierung von Lean Management kann kein signifikanter positiver Zusammenhang aufgezeigt werden. Die Korrelationsanalyse zeigt zwar signifikante positive Werte in der Korrelation zwischen dem Item AR_poem_4 und Bestandteilen der Lean-Implementierung bzw. der Verankerung einer Lean-Philosophie, weil aber dieses Item ausschließlich in Fall A erhoben wurde, ist die Aussagekraft eingeschränkt. Hinsichtlich der positiven Wahrnehmung und der Implementierung von Lean Management werden signifikante positive Zusammenhänge aufgezeigt. In einem mittleren Zusammenhang steht z.B. das Item PERC_conf_1[220] mit dem Mittelwert der Skala zur Lean-Implementierung (GR_Impl_MEAN) und zur Umsetzung produktbedingter Änderungen in der Produktion (GR_Impl_2). Im Ergebnismodell sind zur Wahrnehmung der Kooperationsbeziehung im Zusammenhang mit der Realisierung einer verschwendungsarmen Interaktion drei Annahmen getroffen. Erstens wird mit der Korrelationsanalyse untersucht, ob ein signifikanter positiver Zusammenhang zwischen der affektiven Wahrnehmung und der Austauscheffizienz bzw. einer positiven Einschätzung der Verbesserungspotenziale in der Kooperationsbeziehung existiert. Hier wird gezeigt, dass ein schwacher bis mittlerer positiver Zusammenhang zwischen der Zufriedenheit in der Kooperationsbeziehung (AR_poem_1) und der Austauscheffizienz besteht. Zweitens werden mit der Korrelationsanalyse signifikante positive Zusammenhänge zwischen einer positiven Gesamtwahrnehmung und der Austauscheffizienz bzw. der Einschätzung des Verbesserungspotenzials identifiziert. Im Ergebnis wird für zwei Items[221] der Gesamtwahrnehmung ein mittlerer Zusammenhang mit der Austauscheffizienz aufgezeigt und für ein weiteres Item der Gesamtwahrnehmung ein positiver Zusammenhang mit einer positiven Einschätzung der Kosten in der Kooperationsbeziehung belegt. Drittens wird der Zusammenhang zwischen den Items zum Zusammenhalt in der Kooperationsbeziehung und der Austauscheffizienz bzw. der Einschätzung des Verbesserungspotenzials untersucht. Hier wird ein knapper mittlerer Zusammenhang zwischen einer teamorientierten Ausrichtung der Kooperationsbeziehung und der Austauscheffizienz aufgezeigt.

Hinsichtlich der **Abhängigkeit und der Leistungen** in der Kooperationsbeziehung wird in Tab. 57 gezeigt, dass in den Fällen A und D von einer gegenseitigen Abhängigkeit ausgegangen werden kann. In den Fällen C, E und F liegt eine hohe Abhängigkeit des fokalen Unternehmens vom jeweiligen Partner vor. In Fall B hingegen scheint die Abhängigkeit gering zu sein. Abb. 43 zeigt die Beantwortung der Items CU_de_1 bis CU_de_4 für alle Fälle.[222] Hier wird erkennbar, dass in den Gruppenmittelwerten 15-mal zu den vier Items zur Abhängigkeit eher Zustimmung bis volle Zustimmung besteht. Eher Ablehnung bzw. eine Ablehnung der Abhängigkeit erfolgt lediglich vier Mal. Tab. 57 zeigt i.V.m. Abb. 44[223], dass seitens der Kooperationspartner in den untersuchten Fällen mindestens teilweise Investitionen in die Beziehung unternommen werden. Nur einmal wird jeweils die Einschätzung getroffen, der Partner übernehme eher keine (RSI_4) bzw. keine Investitionen (RSI_2) in die Kooperationsbeziehung. Insgesamt kann vor diesem Hintergrund angenommen werden, dass sowohl seitens des fokalen Unternehmens als auch seitens der Kooperationspartner eine Abhängigkeit besteht.

220 PERC_conf_1 = „Ich empfinde die Beziehung zu unserem Partner als konfliktvoll vs. harmonisch".
221 PERC_conf_kodiert_1 und PERC_conf_kodiert_3.
222 Zu beachten ist, dass Item GR_CU_de_1 nicht für Fall C erhoben wurde.
223 Das Item GR_RSI_4 wurde nicht für Fall C erhoben.

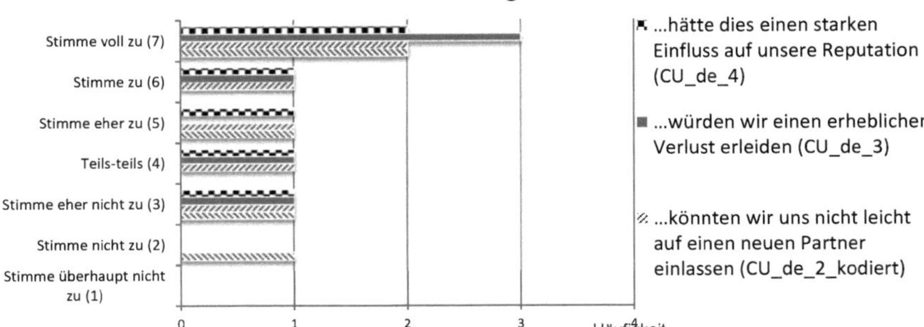

Abb. 43: Abhängigkeit in der Kooperationsbeziehung (Fälle A bis F)

Verbesserungspotenzial in der Kooperationsbeziehung ergibt sich im Hinblick auf Tab. 57[224] vor allem hinsichtlich der Qualität der Zusammenarbeit und dem insgesamt generierten Wert. Mit dieser Einschätzung wird die Forschungsrelevanz der vorliegenden Arbeit unterstrichen. Abb. 45 zeigt die Verbesserungsaspekte und Häufigkeiten zur Zustimmung bzw. Ablehnung der Potenziale in einer Übersicht. Auch hinsichtlich der Kommunikation besteht in allen Fällen Verbesserungspotenzial. Da alle Daten im Bereich der Abhängigkeiten und Leistungen der Kooperationsbeziehung auf Gruppenebene erhoben wurden, findet keine Korrelationsanalyse für die sechs durchgeführten Fälle statt. Die Annahmen aus dem Ergebnis- und Interaktionsmodell, die für die beiden Annahmenmodelle theoretisch hergeleitet sind, können vor diesem Hintergrund nicht bewertet werden.[225] Mit der deskriptiven Auswertung der Daten kann jedoch gezeigt werden, dass eine Abhängigkeit in allen Fällen seitens der beteiligten Kooperationspartner eher zutreffend ist. Darüber hinaus wird gezeigt, dass Verbesserungspotenziale in den Kooperationsbeziehungen bestehen. Mit den bereits durchgeführten Korrelationsanalysen konnten hierfür bereits positive Zusammenhänge aufgezeigt werden, sodass im Bereich der Abhängigkeiten und Leistungen der Kooperationsbeziehung sichtbar wird, dass Verbesserungspotenziale bestehen, die mit der in dieser Arbeit vorgeschlagenen Mikrofundierung der Austauschbeziehungen beeinflusst werden können.

---

224 Eine Angabe fehlt jeweils für die Items GR_PERF_1a (Fall A), GR_PERF_3 (Fall E) und GR_PERF_6 (Fall A).

225 Im Zusammenhang mit der Abhängigkeit und den Leistungen in der Kooperationsbeziehung werden die Annahmen EM_3a („Eine hohe gegenseitige Abhängigkeit in der Kooperationsbeziehung unterstützt die Implementierung von Lean Management in der Kooperationsbeziehung"), EM_3b („Positive Ergebnisse der Kooperationsbeziehung unterstützen die Implementierung von Lean Management in der Kooperationsbeziehung") und IM_Abhängigkeit („Eine hohe gegenseitige Abhängigkeit unterstützt einen verschwendungsarmen Austauschprozess") getroffen.

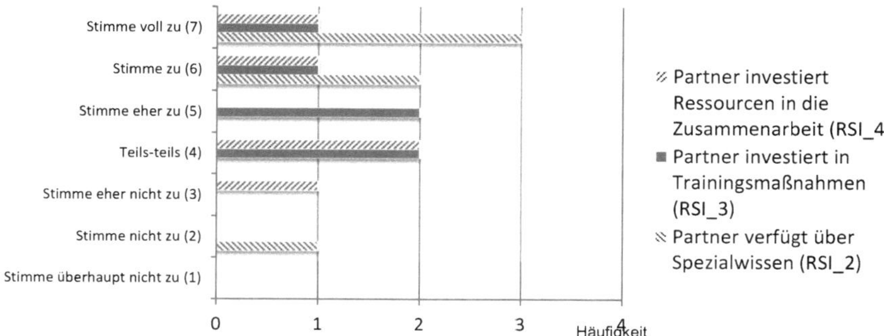

Abb. 44: Investitionen in die Kooperationsbeziehung (Fälle A bis F)

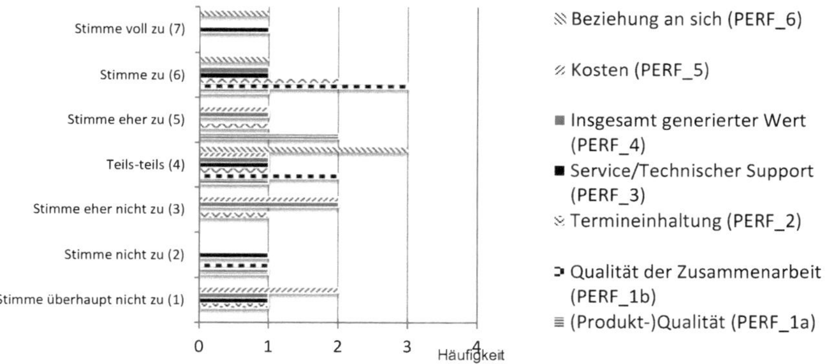

Abb. 45: Verbesserungspotenziale in der Kooperationsbeziehung (Fälle A bis F)

Annahme	Formulierung der Annahme	Korrelationsergebnisse	
		r_t | Sign. (eins.) | N	r_s | Sign. (eins.) | N
EM_System_4	Eine **Kombination aus formellen und informellen Steuerungsmechanismen** unterstützt die Implementierung von Lean Management in der Kooperationsbeziehung [LEG_1-2 x GR_impl_1-12, GR_phil_1-8, GR_impl_MEAN, GR_phil_mean]	-	-
IM-Vereinbarungen a	Eine hohe **Aufgabenklarheit** innerhalb der Kooperationsbeziehung unterstützt einen verschwendungsarmen Austauchprozess	Die Einschätzung der Aufgabenklarheit liegt nicht in allen Fällen als Skalenwert vor. Eine quantitative Auswertung soll daher nicht stattfinden	
IM-Vereinbarungen b	Die Komplementarität von **vertraglichen Vereinbarungen** und relationalen Normen unterstützt einen verschwendungsarmen Austauschprozess [LEG_1-2 x EEFF, PERF_1a, PERF_1b, PERF_2-6 (alle kodiert)]	LEG_2 x GR_PERF_4_kodiert ,273* | ,039 | 29 LEG_2 x GR_PERF_5_kodiert ,280* | ,038 | 29	-

Tab. 61: Korrelationsanalyse formelle Steuerungsmechanismen (Fälle A bis F)

Im Hinblick auf die **Marktdynamik** wird gezeigt, dass alle Unternehmen, mit Ausnahme von Unternehmen C, vor den Herausforderungen einer hohen Marktdynamik stehen. Dies mag einer der Gründe für die Einführung der schlanken Unternehmensführung darstellen. Die

Aufgabenklarheit in der Kooperationsbeziehung wird insgesamt eher niedrig bis mittel eingeschätzt. Eine Ausnahme ist der Fall F – die Befragten geben hier an, dass aufgrund der vom Partner vorgeschriebenen Assessments sehr klar sei, welche Aufgaben erfüllt werden müssen. Insgesamt wird gezeigt, dass vertragliche Regelungen existieren, diese aber nicht detailliert die intraorganisationale Zusammenarbeit regeln. In Fall F wird dem zwar zugestimmt, dass detaillierte vertragliche Regelungen vorliegen, jedoch ist hier die Dauer der Kooperation zu berücksichtigen und davon auszugehen, dass sich bisher nur sehr wenig Routinen und Aufgabenabläufe entwickeln konnten. Die Annahmen EM_System_4 und IM_Vereinbarungen_b aus dem Ergebnis- und Interaktionsmodell konnten mit den erhobenen Daten mit einer Korrelationsanalyse untersucht werden. Für die Annahme, eine Kombination aus formellen und informellen Steuerungsmechanismen unterstütze die Lean-Implementierung, wird geprüft, ob die Items zu den formellen Vereinbarungen LEG_1-2 in einem positiven Zusammenhang mit der Lean-Implementierung stehen. Vor dem Hintergrund, dass bereits positive signifikante Zusammenhänge zwischen der Lean-Implementierung und informellen Beziehungsnormen bestätigt wurden, hätten signifikante Werte zu den formellen Normen die getroffene Annahme weiter unterstützt. Die Korrelationsanalyse zeigt allerdings keine signifikanten positiven Werte auf. Die getroffene Annahme kann demnach nicht weiter gestärkt werden. Mit der gleichen Überlegung werden die Items zu den vertraglichen Reglungen auf einen Zusammenhang mit den Items zur Einschätzung des Verbesserungspotenzials und der Austauscheffizienz geprüft. Ein positiver Zusammenhang der informellen Items mit letzteren wurde bereits aufgezeigt. In Tab. 61 werden hier signifikante positive Zusammenhänge dargelegt, die zwischen den Items der formellen Steuerung und dem insgesamt generierten Wert (PERF_4_kodiert) und den Kosten in der Kooperationsbeziehung (PERF_5_kodiert) bestehen.

Hinsichtlich der **Identität** wird in Tab. 57 ersichtlich, dass tendenziell eine Identifizierung mit dem fokalen Unternehmen vorliegt. In den Fällen D und E ist diese Einschätzung besonders ausgeprägt, während in Fall F die Identifizierung geringer ausfällt. Die Angaben zur Identifizierung mit dem fokalen Unternehmen werden insgesamt höher bewertet als die Zustimmung zur Identifikation mit dem Partner. Mit Ausnahme von Fall F werden jedoch auch diese Items eher positiv beantwortet. Die Korrelationsanalyse zur Annahme aus dem Ergebnismodell, dass eine gemeinsame Identität bezogen auf das Unternehmen die Implementierung von Lean Management unterstützt (EM_System_5a), zeigt eine Vielzahl an signifikanten positiven Korrelationskoeffizienten zwischen den Items der Identifizierung und den Items der Lean-Implementierung bzw. der Verankerung einer Lean-Philosophie. Vor diesem Hintergrund sind in Tab. 62 in diesem Fall nur die signifikanten positiven Ergebnisse der Lean-Implementierungsbestandteile und der Bestandteile der Philosophieverankerung mit dem Mittelwert der Identitätsskala gelistet.[226] Der Mittelwert der Identitätsskala steht in einem mittleren bis starken hochsignifikanten Zusammenhang mit dem Mittelwert der Skala zur Verankerung einer Lean-Philosophie. Weiterhin steht der Identitätsskalenmittelwert in einem hochsignifikanten bzw. signifikanten deutlich mittleren bis hohen Zusammenhang mit einer regelmä-

[226] Der Wert von Cronbachs Alpha beträgt für die Items SHID_1, SHID_2_kodiert und SHID_3-9 nur ,585. Da jedoch die Korrelationsanalyse der einzelnen Items (SHID_1, SHID_2_kodiert, SHID_3-9 x GR_impl_1-12, GR_phil_1-8, GR_impl_MEAN, GR_phil_MEAN) bereits 67 signifikante bzw. hochsignifikante Werte (Kendalls tau) aufzeigt, erscheint die Verwendung des Skalenmittelwerts akzeptabel.

ßigen Umsetzung von Produktverbesserungen (GR_impl_1), der Veränderungsfähigkeit der Belegschaft (GR_impl_5), dem Feiern von Erfolgen (GR_impl_8), sowie den Aspekten, dass sich Führungskräfte regelmäßig ein Bild von der Situation vor Ort machen (GR_phil_6) und dass das Top-Management intern für den Lean-Ansatz wirbt. Die Annahme EM_System_5a wird vor diesem Hintergrund bestärkt. Gleichwohl kann mit der Korrelationsanalyse keine Aussage zur Richtung des Zusammenhangs getroffen werden. So ist davon auszugehen, dass sich die Zusammenhänge zwischen den Items der Lean-Implementierung und der gemeinsamen Identität mindestens in einigen Fällen gegenseitig verstärken.

Ann.	Formulierung der Annahme	Korrelationsergebnisse	
		r_t | Sign. (eins.) | N	r_S | Sign. (eins.) | N
EM_System_5a	Eine **gemeinsame Identität bezogen auf das Unternehmen** unterstützt die Implementierung von Lean Management in der Kooperationsbeziehung [SHID_1, SHID_2_kodiert, SHID_3-9, SHID_MEAN x GR_impl_1-12, GR_phil_1-8, GR_impl_MEAN, GR_phil_MEAN]	[Die Korrelationsanalyse ergibt zahlreiche signifikante Werte, gelistet sind daher nur signifikante und hochsignifikante Zusammenhänge mit SHID_MEAN] SHID_MEAN x GR_phil_2 ,378** | ,002 | 34 SHID_MEAN x GR_phil_4 ,327** | ,005 | 39 SHID_MEAN x GR_phil_5 ,362** | ,002 | 39 SHID_MEAN x GR_phil_7 ,246* | ,026 | 39 SHID_MEAN x GR_phil_8 ,256* | ,029 | 39 SHID_MEAN x GR_impl_8 ,361** | ,002 | 39	SHID_MEAN x GR_phil_MEAN ,400** | ,006 | 39 SHID_MEAN x GR_phil_6 ,346* | ,016 | 39 SHID_MEAN x GR_impl_1 ,419** | ,007 | 34 SHID_MEAN x GR_impl_2 ,288* | ,038 | 39 SHID_MEAN x GR_impl_5 ,361* | ,012 | 39 SHID_MEAN x GR_impl_6b ,342* | ,016 | 39 SHID_MEAN x GR_impl_12 ,325* | ,022 | 39
EM_System_5b	Eine **gemeinsame Identität bezogen auf die Kooperationsbeziehung** unterstützt die Implementierung von Lean Management in der Kooperationsbeziehung [ORGID_1-4, x GR_impl_1-12, GR_phil_1-8, GR_impl_MEAN, GR_phil_mean]	ORGID_1 x GR_phil_4 ,284* | ,023 | 38 ORGID_1 x GR_phil_7 ,415** | ,002 | 38 ORGID_1 x GR_impl_6b ,324** | ,010 | 38 ORGID_4 x GR_impl_7 ,549** | ,000 | 32 ORGID_4 x GR_impl_10 ,438** | ,001 | 37	ORGID_1 x GR_phil_2 ,430** | ,006 | 33
IM-Identität a	Eine gemeinsame **Identität bezogen auf das Unternehmen** unterstützt einen verschwendungsarmen Austauschprozess [SHID_1, SHID_2_kodiert, SHID_3-9, SHID_MEAN x EEFF, PERF_1a, PERF_1b, PERF_2-6 (alle kodiert)]	SHID_2_kodiert x GR_PERF_5_kodiert ,345* | ,037 | 22 SHID_6 x GR_PERF_6_kodiert ,469** | ,008 | 22 SHID_7 x GR_PERF_6_kodiert ,336* | ,038 | 22	SHID_4 x GR_PERF_1a_kodiert ,363* | ,048 | 22
IM-Identität b	Eine gemeinsame **Identität bezogen auf die Kooperationsbeziehung** unterstützt einen verschwendungsarmen Austauschprozess [ORGID_1-4 x EEFF, PERF_1a, PERF_1b, PERF_2-6 (alle kodiert)]	ORGID_1 x EEFF ,282* | ,021 | 38 ORGID_3 x GR_PERF_3_kodiert ,288* | ,023 | 33 ORGID_3 x PERF_4_kodiert ,221* | ,049 | 38	ORGID_3 x GR_PERF_2_kodiert ,439** | ,003 | 38

Tab. 62: Korrelationsanalyse gemeinsame Identität

Die Untersuchung der Zusammenhänge zwischen den Items der Identifikation mit dem Partnerunternehmen und der Lean-Implementierung bzw. Philosophieverankerung

(EM_System_5b) zeigt ebenfalls unterstützende Ergebnisse.[227] So steht die Aussage „Die Werte unseres Unternehmens sind mit denen des Partners kompatibel" in einem hochsignifikanten mittleren bis starken Zusammenhang mit der Einschätzung, dass es genügend Trainingsmöglichkeiten im Bereich Lean Management gibt (GR_impl_10). Es ist davon auszugehen, dass gemeinsame Trainings die Chance bieten, die Belegschaft des Partners und deren unternehmerische Werte kennenzulernen. Darüber hinaus besteht ein starker hochsignifikanter Zusammenhang zwischen der Kompatibilitätseinschätzung und dem Implementierungsbestandteil, dass sich das Top-Management mit anderen Unternehmen in einem fachlichen Austausch zum Thema Lean Management befindet (GR_impl_7). Weiterhin weist die individuelle Identifizierung mit den Werten des eigenen Unternehmens – ohne den Bezug zum Partnerunternehmen – signifikante positive Zusammenhänge mit Bestandteilen der Lean-Implementierung und der Verankerung einer Philosophie der schlanken Unternehmensführung auf.

Beide Skalen (SHID und ORGID) werden im Zusammenhang mit den Annahmen IM_Identität_a und IM_Identität_b auch auf den Zusammenhang mit der Einschätzung der Austauscheffizienz und der Verbesserungspotenziale in der Kooperationsbeziehung geprüft. In beiden Fällen zeigen die Korrelationsergebnisse in Tab. 62 signifikante Zusammenhänge auf. Die Items SHID_2_kodiert, SHID_4, SHID_6 und SHID_7 stehen in signifikantem bzw. hochsignifikantem Zusammenhang mit einer positiven Einschätzung der Qualität (GR_PERF_1a_kodiert) und der Kosten (GR_PERF_5_kodiert) in der Kooperationsbeziehung sowie der Einschätzung der Beziehung an sich (GR_PERF_6_kodiert). Darüber hinaus steht die Identifizierung mit den eigenen Unternehmenswerten (ORGID_1) in einem schwachen bis mittleren positiven Zusammenhang mit der Austauscheffizienz. Die Aussage „Ich kenne die Unternehmenswerte unseres Partners" (ORGID_3) korreliert positiv mit einer positiven Einschätzung von Service (GR_PERF_3_kodiert) und Termineinhaltung (GR_PERF_2_kodiert) in der Kooperationsbeziehung und der Beziehung an sich (GR_PERF_4_kodiert). Vor diesem Hintergrund werden beide im Interaktionsmodell getroffene Annahmen unterstützt.

Zwischenfazit: Implikationen und Restriktionen aus der Untersuchung der Systeme schlanker Kooperationsbeziehungen

Im Zwischenfazit zu den Systemen schlanker Kooperationsbeziehungen ist festzuhalten, dass der Schwerpunkt der integrierten Fallstudie auf der qualitativen Ergebnisauswertung liegt. Die Korrelationsanalyse wird durch das Konzept des Erhebungsworkshops ermöglicht und kann vor diesem Hintergrund Zusammenhänge zwischen untersuchten Merkmalen identifizieren. Die Einschränkungen in der Anwendung der Korrelationsanalyse liegen, wie bereits im Zwischenfazit der Elemente schlanker Kooperationsbeziehungen dargelegt, in einer kleinen Stichprobengröße, der Untersuchung rein monotoner Zusammenhänge und dem Einsatz von teilweise bereits durch die Gruppendiskussion verdichteten Mittelwerten. Angaben zur Rich-

227 Der Skalenmittelwert der Items ORGID_1-4 soll in dieser Analyse nicht verwendet werden. Der Cronbachs Alpha Wert beträgt lediglich ,463. Daher soll die Skala nicht insgesamt, sondern nur nach ihren Bestandteilen analysiert werden.

tung eines Zusammenhangs zwischen untersuchten Merkmalen sind mit der Korrelationsanalyse nicht möglich.

Trotz der Restriktionen, die eine vorsichtige Interpretation insbesondere der qualitativen Ergebnisse erforderlich machen, lassen sich aus der Analyse der Systeme schlanker Kooperationsbeziehungen folgende Ergebnisse und Implikationen festhalten.

Im Hinblick auf den **Beziehungstreiber Beziehungsqualität** wird mit der vorliegenden integrierten Fallstudie gezeigt, dass der Aspekt des Commitments im Vergleich zu der Gesamtheit der Unterskalen des Vertrauens und der Beziehungsnormen in den betrachteten Fällen am stärksten ausgeprägt ist. Die Annahmen aus dem Ergebnismodell EM_System_1a2, EM_System_1b, EM_System_1c und EM_System_1d sowie die Annahmen aus dem Interaktionsmodell IM_Beziehungsqualität_a, IM_Beziehungsqualität_c und IM_Beziehungsqualität_d können sowohl qualitativ als auch quantitativ mit der durchgeführten Korrelationsanalyse unterstützt werden. Zu beachten ist dabei, dass insbesondere bei der Untersuchung der Annahme IM_Beziehungsqualität_c nur wenige belastbare Zusammenhänge identifiziert sind. Vor dem Hintergrund der verfügbaren Daten, wird in der Analyse für die Annahmen EM_SysteM_1a1 und IM_Beziehungsqualität_b keine Korrelationsanalyse durchgeführt. Hier ist anzunehmen, dass sich aufgrund der aufgezeigten Zusammenhänge des organisationsbezogenen Commitments, das kooperationsbezogene Commitment, das in der moderierten Gruppendiskussion erfasst wurde und weitgehend Zustimmung der Befragten fand, ähnlich verhält. Die Aspekte des Beziehungstreibers der Beziehungsqualität sind damit als wertschaffende Aspekte einer Kooperationsbeziehung unterstützenswert und sollten mit geeigneten Maßnahmen gezielt aufgebaut, verbessert oder kommuniziert werden.

Im Hinblick auf den **Beziehungstreiber der Kontaktdichte** wird in der integrierten Fallstudie gezeigt, dass in der Regel nur ein geringer Anteil der Belegschaft in die Kooperationsbeziehung eingebunden ist. Der Bereich Lean Management tritt vor diesem Hintergrund als ein Interaktionspunkt hervor. Alle Kooperationsbeziehungen sind dominiert vom gemeinsamen Thema der Arbeit, dennoch werden in einigen der betrachteten Fällen auch andere Themen besprochen, die eine Nähe in der Beziehung herstellen. Dies geschieht insbesondere in gemeinsamen Workshops und Trainings, aber auch in Synergiekreisen, Austauschforen, Benchmark-Besuchen und Assessments. Mit der durchgeführten Korrelationsanalyse können die drei Annahmen EM_System_1e1, EM_System_1e2 und IM_Kontaktdichte unterstützt werden. Das Zulassen bzw. der gezielte Aufbau von starken Verbindungen und das Ermöglichen einer hohen Kontaktdichte tragen vor diesem Hintergrund zur Wertschaffung in Kooperationsbeziehungen bei. Fall C zeigt auf, dass eine konstante Nähe zum Kooperationspartner auf der individuellen Ebene eine bedeutende Rolle einnimmt.

Der **Beziehungstreiber der Kontaktautorität** wird nur in Fall A im Rahmen der Erhebung berücksichtigt. Vor dem Hintergrund der theoretischen Fundierung des Beziehungstreibers und der qualitativen Auswertung in Fall A kann die Annahme weder empirisch belastbar belegt, noch verworfen werden. So ist weiterhin davon auszugehen, dass eine hohe Kontaktautorität in wertschaffenden Beziehungen unterstützend wirkt.

Die Analyse der **affektiven und konfliktbezogenen Wahrnehmung der Kooperationsbeziehung** zeigt, dass in der Regel ein positiver affektiver Kontext gegeben ist. Konfliktpotenzial ergibt sich in einigen Fällen durch die Einschätzung des Verhaltens des Kooperationspartners als opportunistisch. Außerdem wird in allen Fällen wird außerdem gezeigt, dass jeweils eine hohe organisationsbezogene Stabilität der Kooperationsbeziehung vorherrscht. Die Annahme EM_System_2a aus dem Ergebnismodell wird mit den Ergebnissen der Korrelationsanalyse nicht unterstützt. Die Annahmen EM_System_2b, IM_Wahrnehmung_a-c finden mit den Ergebnissen der Korrelationsanalyse Unterstützung. Allerdings werden sowohl gemessen an der Anzahl als auch an der Effektstärke vergleichsweise niedrige Ergebnisse in diesem Bereich der Kooperationsbeziehung erzielt.

Die Analyse der **Abhängigkeit und Leistungen in der Kooperationsbeziehung** zeigt, dass insgesamt einer Abhängigkeit der untersuchten Unternehmen und deren Partner zuzustimmen ist. Seitens der Partner wird hier mit den getätigten Investitionen in die Kooperationsbeziehung eine Abhängigkeit begründet. Verbesserungspotenziale werden von den Unternehmen insbesondere hinsichtlich der Qualität der Zusammenarbeit und dem in der Kooperationsbeziehung insgesamt generierten Wert aufgezeigt. Mit der vorliegenden Datenbasis kann im Bereich der Abhängigkeiten und Leistungen keine Korrelationsanalyse durchgeführt werden. Die theoretisch hergeleiteten Annahmen im Ergebnis- und Interaktionsmodell können vor diesem Hintergrund nicht quantitativ unterstützt werden.

Im Hinblick auf die **Steuerung der Kooperationsbeziehung** wird gezeigt, dass sich alle untersuchten Unternehmen – mit Ausnahme von Fall C – einer hohen Marktdynamik gegenüber sehen. Neben der Einschätzung, dass diese Situation ursächlich für die Implementierung von Lean Management sein kann, ist in diesen Fällen die Komplementarität von formellen und informellen Steuerungsmechanismen relevant. Insgesamt wird in den untersuchten Fällen gezeigt, dass vertragliche Regelungen vorliegen, diese aber nicht für die Steuerung der wertschaffenden Aktivitäten maßgeblich verantwortlich sind. Fall F bildet in diesem Zusammenhang mit einer vergleichsweise kurzen Kooperationsdauer eine Ausnahme. In der Korrelationsanalyse werden keine positiven signifikanten Zusammenhänge zwischen den formellen Steuerungsmechanismen und der Lean-Implementierung aufgezeigt. Vor diesem Hintergrund kann eine veränderte Annahme EM_System_4 getroffen werden, insofern, dass informelle Steuerungsmechanismen die Implementierung von Lean Management in der Kooperationsbeziehung unterstützen. Sie kann vor dem Hintergrund des Beziehungstreibers der Beziehungsqualität unterstützt werden. Hinsichtlich der Einschätzung des Verbesserungspotenzials und der Austauscheffizienz in der Kooperationsbeziehung werden allerdings signifikante positive Zusammenhänge mit vorhandenen formellen Steuerungsmechanismen aufgezeigt, sodass die Annahme aus dem Interaktionsmodell zur Komplementarität von formellen und informellen Steuerungsmechanismen weiterhin Unterstützung findet. Die Annahme zur Aufgabenklarheit IM_Vereinbarungen_a kann mit der vorhandenen Datengrundlage nicht quantitativ untersucht werden.

Hinsichtlich der **(Beziehungs-)Identität** werden fallspezifische Unterschiede in der Intensität aufgezeigt. Die Identifikation mit dem fokalen Unternehmen ist insgesamt höher als die Identifikation mit dem Partner. Die Annahmen aus dem Ergebnis- und Interaktionsmodell EM_System_5a und EM_System_5b sowie IM_Identität_a und IM_Identität_b finden mit der Korrelationsanalyse quantitative Unterstützung.

6.3. Fazit und Implikationen aus der Untersuchung wertschaffender Kooperationsbeziehungen

In diesem Abschnitt werden ein Fazit und aus der Untersuchung abgeleitete Gestaltungsempfehlungen hinsichtlich der Ausgestaltung schlanker Kooperationsbeziehungen in der Praxis (Kapitel 6.3.1), der eingesetzten Forschungsmethodik (6.3.2) und der theoretischen Mikrofundierung schlanker Austauschbeziehungen (Kapitel 6.3.3) gegeben.

6.3.1. Implikationen für die Gestaltung schlanker Kooperationsbeziehungen

Die in den Annahmenmodellen getroffenen Annahmen können, wie bereits dargelegt, qualitativ und quantitativ weitgehend unterstützt werden. In diesem Abschnitt sollen die daraus abgeleiteten Handlungsempfehlungen dargestellt werden. Hierzu werden die qualitativen und quantitativen Auswertungen berücksichtigt und um ein weiteres Experteninterview ergänzt. Dieses Interview wurde nach Abschluss der Erhebungsworkshops im Juni 2013 mit einem Qualitätsmanagementverantwortlichen eines Industrieunternehmens geführt, das als Teil einer Unternehmensgruppe zum einen in ständigem Austausch mit weiteren Unternehmensstandorten steht und zum anderen regelmäßigen Kontakt zu den weiteren Unternehmensgruppen pflegt.[228]

Fazit und Implikationen zur Gestaltung der Elemente schlanker Kooperationsbeziehungen

Hinsichtlich der Elemente schlanker Kooperationsbeziehungen sollten folgende Aspekte bei der Gestaltung berücksichtigt werden:

- Der Aufbau von Grundlagenwissen und Erfahrungen in den Bereichen Lean Management und Kooperationsbeziehungen sollte unterstützt werden. Die Auswahl von „Treibern" der Kooperationsbeziehung bzw. in der Kooperation aktiven Mitarbeitern sollte diese Aspekte berücksichtigen. Die Ausrichtung dieser Stellen sollte eine „externe" Perspektive beinhalten.
- Ebenso ist bei der Mitarbeiterauswahl die Austauschorientierung zu berücksichtigen. Mitarbeiter mit einer hohen, prosozialen Austauschorientierung unterstützen die Entwicklung eines Ressourcenaustausches und die Aufrechterhaltung der Kooperationsbeziehung durch gegenseitiges Geben und Nehmen.
- Die Entwicklung positiver Erwartungen an die Kooperationsbeziehung sollte aktiv unterstützt und durch die Führungsebene vorgelebt werden. Positive Erwartungen der in der Kooperationsbeziehung aktiven Mitarbeiter sollten gezielt unterstützt und gefördert werden.
- Entwicklung und Kommunikation unternehmens- und kooperationsbezogener Leitbilder, welche die humanistischen und organisationsbezogenen Aussagensysteme berücksichtigen.
- Unterstützung von proaktiven Handlungen der Mitarbeiter in Kooperationsbeziehungen und Schaffung von Rahmenbedingungen, welche Proaktivität zulassen und unterstützen.

[228] Vgl. hierzu Anhang 10: Exploratives problemzentriertes Interview (Transkription).

- Möglichkeiten und Rahmenbedingungen für den Austausch von abstrakten und personengebundenen Ressourcen (z.B. implizites Wissen) innerhalb der Kooperationsbeziehung sollten geschaffen werden (Face-to-Face-Kontakte unterstützen, gemeinsame Workshops und Trainings, Austausch von Mitarbeitern).
- Anstreben eines ausgeglichenen Ressourcenaustauschs in der Kooperationsbeziehung und Kommunikation der Ausgeglichenheit.
- Anstreben eines ausgeglichenen Verhältnisses zwischen Verausgabung und Belohnung auf der individuellen Ebene der Mitarbeiter unter Berücksichtigung der Bestandteile zur Messung von Gratifikationskrisen.

Im Interview werden diese Positionen unterstützt. Der Befragte berichtet, dass in der eigenen Unternehmensgruppe regelmäßig Face-to-Face-Treffen, Workshops und Arbeitsmeetings stattfinden. Diese werden abwechselnd an den beteiligten Standorten durchgeführt. Sie dienen außerdem dazu, den Fortschritt von gemeinsamen Projekten darzustellen und Arbeitsergebnisse zu präsentieren und zu diskutieren. In den gemeinsamen Projekten geht es dabei, neben der Entwicklung von Marktstrategien, der Optimierung von Prozessen und Geschäftsfeldern auch darum, gemeinsame Werte zu entwickeln und in die beteiligten Standorte zu transferieren. Hinsichtlich des Aufbaus von Wissen und Erfahrungen werden bzw. wurden im Unternehmen umfangreiche Trainingsprogramme durchgeführt:

„Die Firma als solche hat das sehr, sehr früh erkannt und hat deswegen über einen langen, langen Zeitraum von der Top-Spitze bis ganz nach unten hin gerade Schulungsmaßnahmen durchgeführt für einen Veränderungsprozess. Also für die Bereitschaft, sich zu verändern und standortübergreifend miteinander zu kommunizieren und zu arbeiten und sich prozessmäßig entsprechend aufzustellen. Das fing an, dass man für ein Jahr lang nur die Führungskräfte, also die allerobersten Führungskräfte mit externer Begleitung geschult hat, getriezt hat und das Ganze ist dann ein Jahr später quasi ausgerollt worden auf die mittlere Führungsebene. Da hat das ungefähr auch ein Jahr gedauert. Von der Zielsetzung, schlagen Sie mich jetzt mal nicht fest, kann sein, dass das auch mal eineinviertel oder eineinhalb Jahre gedauert hat – aber die Zielsetzung war jeweils immer ein Jahr und danach ist das Ganze dann ausgerollt worden auf die gesamte Mannschaft. Man hat dann entsprechende Workshops gemacht. Man hat Events gemacht und so weiter, wo man dann halt versucht hat auf Ergebnisse zu stoßen auf eine sehr schnelle Art und Weise mit den modernen Methodiken [sic!], *die man für Meetings usw. heranzieht und hat das Ganze dann präsentiert, dargestellt, erarbeitet anvisiert und hat damit innerhalb der UNTERNEHMENSGRUPPE halt diesen Veränderungsprozess unterstützt.“*

Ebenfalls betont der Gesprächspartner die persönlichen Eigenschaften der Mitarbeiter, die aktiv in die Kooperationsbeziehung eingebunden sind:

„Die Leute, die da mitziehen sind entsprechend motiviert. Teilweise auch, sage ich mal, extra speziell aus diesem Grunde für diese Aufgabe herangezogen worden. D.h. hier handelt es sich um Führungskräfte, die dieser Idee, ich sage mal, mehr als nur positiv zugeteilt sind und entsprechend agieren und dann auch als Multiplikatoren nach innen oder nach unten hin agieren [...].

[...] Im Grunde genommen sind es ja, da an der Stelle zum großen Teil Führungskräfte, die dort agieren. Das sind also Leute, die da an der Stelle auch für solche Aufgaben entsprechend geschult sind oder geschult wurden – im persönlichen Charakter, wie also auch in der Art und Weise, wie sie zu agieren haben oder wie sie mit Mitarbeitern umzugehen haben usw.,

usw. Also von der Seite handelt es sich schon um Leute, die den entsprechenden Background haben, solche Aufgaben positiv anzupacken und entsprechend auch zu Ergebnissen zu führen."

Fazit und Implikationen zur Gestaltung der Systeme schlanker Kooperationsbeziehungen

Hinsichtlich der Systeme schlanker Kooperationsbeziehungen sollten folgende Aspekte bei der Gestaltung berücksichtigt werden:

- Die Ausgestaltung der Faktoren innerhalb des Beziehungstreibers der Beziehungsqualität (Commitment zum eigenen Unternehmen, Commitment zum Partner, Vertrauen, Beziehungsnormen, Austauscheffizienz) sollten gezielt aufgebaut, entwickelt und kommuniziert werden.
- Die Kontaktdichte sollte möglichst flächendeckend erhöht werden. Dabei ist es ebenfalls wichtig, starke direkte Beziehungen mit kontinuierlichen Ansprechpartnern aufzubauen.
- Ein positiver affektiver Kontext sollte durch entsprechendes Vorbildverhalten des Managements unterstützt werden. Eine positive Wahrnehmung sollte unterstützt und kommuniziert werden.
- Auf organisationaler Ebene sollte die Kooperationsbeziehung dahingehend ausgestaltet werden, dass eine gegenseitige Abhängigkeit wahrgenommen wird (z.B. durch gegenseitige Investitionen).
- Positive Ergebnisse aus der Kooperationsbeziehung sollten identifiziert und flächendeckend kommuniziert werden.
- Formelle Beziehungsvereinbarungen sollten durch informelle Vereinbarungen ergänzt werden, da diese im Laufe der Kooperation zunehmend an Bedeutung gewinnen.
- Die in der Kooperationsbeziehung aktiven Mitarbeiter sollten die Möglichkeit haben, eine gemeinsame Unternehmensidentität zu entwickeln. Darüber hinaus sollte die Passung eigener unternehmerischer Werte mit denen des Partners identifiziert und kommuniziert werden.

Im ergänzenden Experteninterview wird deutlich, dass die Stärke individueller Beziehungen eine wichtige Rolle bei der Ausgestaltung der Kooperationsbeziehung spielt. Während man zu Beginn einer Beziehung oder einer Zusammenarbeit „die Leute im ersten Schritt noch nicht kennt", ist der Aufbau persönlicher Netzwerke entscheidend, um den Partner und seine „Problemzonen" kennenzulernen, sodass diese gemeinsam verbessert werden können. Die Bedeutung einer positiven Beziehungswahrnehmung wird im durchgeführten Interview ebenfalls betont:

„[...] Der erste Erfolgsfaktor ist, wenn man in einem Team auf eine gute Chemie stößt. Das heißt also, es wird sehr, sehr viel über persönliche Kontakte geführt und man macht sich das Leben einfacher, wenn man entsprechend ein positives oder gut funktionierendes Netzwerk hat. Das unterstützt die standortübergreifende Zusammenarbeit sehr, sehr stark. Weil man hat dann sehr schnell, wenn man seine Mitstreiter überzeugen kann, Mitstreiter, die einem also auch unterstützen, auch an anderen Stellen. Damit fällt es einem einfacher und leichter, ich sage mal neue, Neuerungen einzuführen, Prozessveränderungen durchzuführen, das Ganze einfach schneller und koordinierter über die Bühne zu bringen."

Fazit und Implikationen zur organisationalen Gestaltung schlanker Kooperationsbeziehungen

Die Analyse der durchgeführten Fallstudien und das ergänzende Experteninterview zeigen außerdem zwei Implikationen zur organisationalen Ausgestaltung von Kooperationsbeziehungen.

Zum einen wird sowohl in den Fällen A, C und F, als auch im ergänzenden Experteninterview explizit gezeigt, dass es wichtig ist, ein „Gremium" einzurichten, welches die „Projekte in irgendeiner Form monitort, überwacht, kontrolliert und steuert". Auf Grundlage der durchgeführten Analysen wird hier vorgeschlagen sowohl die inhaltlichen Ziele und deren Erreichen zu überwachen, als auch kooperationsbezogene Indikatoren zu definieren, zu überwachen und zu kontrollieren. Hier ist es denkbar, dass die Aspekte der Beziehungsqualität durch die in der Beziehung beteiligten Personen regelmäßig eingeschätzt und transparent dargestellt werden.

Zum anderen wird insbesondere im durchgeführten Experteninterview deutlich, dass bei der Erarbeitung von gemeinsamen Verfahrensweisen dem Best-Practice Austausch eine wichtige Rolle zukommt. Dieser sollte genutzt werden, um Vor- und Nachteile bereits bestehender Lösungen herauszuarbeiten. Die finale Lösung jedoch sollte möglichst Elemente aus verschiedenen Verfahrensweisen der Partner beinhalten, um die Akzeptanz aller Partner zu erhöhen. Während die Übertragung einer bereits bestehenden Lösung zwar häufig schneller möglich ist, als ein neues Konzept zu entwickeln, so wird damit auch das Gefühl vermittelt, eine Lösung „übergestülpt" zu bekommen. Die Entwicklung neuer Lösungen unter Einbezug aller Partner erscheint damit die nachhaltigere Umsetzungsstrategie zu sein.

6.3.2. Fazit und Implikationen für die Weiterentwicklung der eingesetzten Erhebungsmethodik

Mit der in dieser Arbeit entwickelten Vorgehensweise des Erhebungsworkshops wurde das Ziel verfolgt, ein triangulatives Vorgehen zu entwickeln, das eine detaillierte Problemrepräsentation ermöglicht und menschliche Erfahrungen, Einschätzungen und Bewertungen aufnehmen kann, um den wissenschaftlichen Diskurs voranzutreiben.[229] Mit den sechs durchgeführten Fallstudien und der integrierenden siebten Fallstudie werden in dieser Arbeit die Möglichkeiten und Grenzen des Erhebungsworkshops aufgezeigt.

Positiv hervorzuheben sind die weitgehenden Einblicke in die Fallspezifika, welche durch die Diskussion in der Gruppe ermöglicht werden. Sowohl in der Auswertung der einzelnen Fälle, als auch in der abschließenden integrierenden Fallstudie werden durch die Einblicke nützliche Zusatzinformationen gewonnen. Die Bewertung der Gruppenfragen mit Likert-Skalen ermöglicht zum einen Vergleiche innerhalb der Einzelfallstudien und zum anderen, auf einer übergeordneten Ebene, zwischen den Fallstudien. Die Abwechslung von Gruppen- und Einzelbefragungen hat sich in der Anwendung insofern bewiesen, als dass die Zeit zur Bearbeitung der individuellen Fragebögen auch zur Erledigung dringender Aufgaben und Aufgabendelegationen im operativen Tagesgeschäft genutzt werden konnte. Damit wurde sichergestellt, dass während der Gruppendiskussion alle Workshop-Teilnehmer beteiligt sind.

[229] Siehe hierzu ausführlich Kapitel 6.1.

Problematisch ist der Erhebungsworkshop insbesondere hinsichtlich der benötigten Ressourcen anzusehen. Es wird gezeigt, dass mit weniger als vier bis fünf Workshop-Teilnehmern eine deskriptive Auswertung mit dem Vergleich von Lagemaßen nicht möglich ist. So ist bei zwei bis drei Personen eine Rückführung der Aussagen auf einzelne Personen denkbar[230], die nicht beabsichtig ist. Gleichzeitig werden bei der Befragung einer größeren Gruppe Ressourcen der befragten Unternehmen in einem erheblichen Ausmaß gebunden. In den durchgeführten Erhebungsworkshops B bis F wurde mit den Erfahrungen aus dem ersten Fall eine Kürzung der Items sowohl in der Gruppen-, als auch in der Einzelphase vorgenommen. Die Einschätzung der Items in der Gruppendiskussion erfordert einen Zeitaufwand, der zum einen hinsichtlich der tiefergehenden Einblicke nützlich ist und zum anderen die Anzahl abzufragender Konstrukte in einer gegebenen Zeit reduziert. Vor diesem Hintergrund ist zu empfehlen, den Erhebungsworkshop bei Gruppen mit fünf bis zehn Personen einzusetzen und die abzufragenden Items auf ein Minimum zu begrenzen.

Auch hinsichtlich der Auswertung ergeben sich Grenzen mit dem Vorgehen des Erhebungsworkshops. Während der Fokus in dieser Arbeit auf die qualitative Auswertung gerichtet ist, die mit einer deskriptiven Auswertung der Erhebung unterstützt wird, so werden grundsätzlich Daten generiert, die sich für eine quantitative Auswertung eignen. Mit den durchgeführten Korrelationsanalysen in Kapitel 6.2.7 wird gezeigt, dass in einigen Fällen belastbare Aussagen hinsichtlich der Überprüfung der in den Annahmenmodellen dargelegten Zusammenhänge getroffen werden können. Dies ist insbesondere in denjenigen Fällen möglich, bei denen alle Merkmale im individuellen Fragebogen erfasst werden und eine entsprechende Stichprobengröße vorliegt. Die in der Gruppendiskussion getroffenen Einschätzungen dienen zwar als validierte Mittelwerte für die Teilnehmer[231] dennoch ist davon auszugehen, dass für die quantitative Auswertung eine Verzerrung generiert wird.

Hinsichtlich der in Kapitel 6.1.2 dargestellten Gütekriterien zu Fallstudienerhebung wird in dieser Erhebung gezeigt, dass

- die Stichprobengröße im integrierten Fall grundsätzlich akzeptabel ist und mit sechs durchgeführten Fallstudien eine akzeptable Anzahl an Untersuchungsobjekten gesichert ist,[232]
- mit der transparent dargestellten Auswahl der untersuchten Fälle und der durchgeführten Analyse eine Repräsentativität der Ergebnisse unterstützt wird,
- die Validität mit der Gruppendiskussion unterstützt wird, indem mit der Einzel- und Gruppenbefragung, sowie den vorbereitenden Gesprächen verschiedene Quellen während der Datenerhebung genutzt werden,
- die interne Validität unterstützt wird, indem in Kapitel 5 theoretisch umfassend zwei Annahmenmodelle hergeleitet werden, welche die Grundlage für die Analysen der Fallstudien darstellen,
- die externe Validität und somit die Generalisierbarkeit mit der Untersuchung von sechs Fällen unterstützt wird,

230 Um diese Rückführung zu vermeiden, wurde in den Fallstudien D und F die Ergebnisanalyse entsprechend angepasst.

231 Siehe hierzu insbesondere Kapitel 6.1.1.

232 Siehe hierzu insbesondere Kapitel 6.1.1.

- die Reliabilität durch die ausführliche Dokumentation der durchgeführten Fallstudien unterstützt wird,
- die Stimmigkeit von Zielen und Methoden der Forschung aufgrund der Analyseergebnisse aus den sechs Fallstudien und der weiteren, integrierenden Fallstudie bestätigt wird,
- die Offenheit gegenüber alternativen Handlungsergebnissen zugelassen wird, indem z.B. die Erhebungen im Umfang der verfügbaren Zeit angepasst werden oder, wie in Fall A, ein Produktionsrundgang in die Erhebung integriert wird,
- der Diskurs zur Forschung bereits während der Erhebungsworkshops stattfindet.

Insgesamt erscheint der Erhebungsworkshop zum einen für diese Forschungsarbeit geeignet zu sein und zum anderen erscheint er insgesamt als konstruktivistische Forschungsmethode geeignet und kann in anderen Forschungsvorhaben eingesetzt werden.

6.3.3. Implikationen für die theoretische Mikrofundierung schlanker Austauschbeziehungen

Der Ausgangspunkt aus einer theoriegeleiteten Perspektive dieser Arbeit liegt in der Erkenntnis, dass ressourcenbasierte Ansätze bisher das Verhalten von Individuen vernachlässigen und damit die Erzielung von Wettbewerbsvorteilen nicht vollständig erklären.[233] Während zwar sowohl im ressourcenbasierten Ansatz (mit der Berücksichtigung intangibler Ressourcen), als auch in seinen Weiterentwicklungen dem relationalen Ansatz (insbesondere mit der Berücksichtigung zu schaffender Wissensaustauschroutinen) und dem wissensbasierten Ansatz (mit der Betonung der Bedeutung von Wissen für die Erzielung von Wettbewerbsvorteilen) Ansätze zur Integration individuellen Verhaltens innewohnen, so ist die Mikrofundierung dieser Ansätze bisher nicht erfolgt. Die Soziale Austauschtheorie liefert in dieser Arbeit einen an die ressourcenbasierten Ansätze anschlussfähigen Referenzrahmen, um diese Mikrofundierung zu leisten. Im Rahmen einer Literaturanalyse sind die Menschen, Austauschressourcen und Beziehungsmerkmale als Elemente und Systeme in diesen Referenzrahmen integriert. Das Unternehmen selbst bildet mit seiner Historie und Situation die Umwelt in diesem Rahmen.

Mit dieser Systematisierung wird nach ihrer Herleitung in den sechs durchgeführten und der übergeordneten, integrierenden Fallstudie gezeigt, dass sie die Mikrofundierung von Beziehungen ermöglicht. Die Betrachtung des Menschen als eine wertvolle Ressource im Unternehmen, die Ausgestaltung effektiver Routinen zum Know-How- und Informationsaustausch sowie die Effektivität von Mechanismen zur Beziehungskoordination werden ebenso wie die Bedeutung der Wissensressource mit dem Referenzrahmen der sozialen Austauschtheorie spezifischer ausgestaltet.[234]

Hinsichtlich der eingangs vorgestellten klassischen Organisationstheorien dem Scientific Management und dem Human Relation-Ansatz kann gezeigt werden, dass der Ansatz der schlanken Kooperationsbeziehung als *Lean Cooperation* als Brücke zwischen beiden Ansätzen fungieren kann.[235] So liegt das übergeordnete unternehmerische Ziel weiterhin in der Schaffung von Mehrwert und der Realisierung produktiver und effizienter Prozesse. Gleichzeitig wird

233 Siehe hierzu insbesondere Kapitel 3.3.1.
234 Siehe hierzu Abb. 8.
235 Vgl. hierzu insbesondere Abschnitt 3.1.3 und Tab. 5.

das in den Unternehmen stattfindende soziale Verhalten hervorgehoben und dessen Bedeutung für die unternehmerische Leistung unterstrichen. Das Vorgehen zur Zielerreichung ist dabei mit den Methoden und Werkzeugen aus dem Lean Management strukturiert und kann durch Maßnahmen auf Individuums- und Interaktionsebene ergänzt werden. Es wird weiterhin gezeigt, dass die individuelle Ebene multiperspektivisch und sowohl auf individueller als auch auf der Ebene der Interkation zu betrachten ist. Es wird nicht ein erfolgskritischer Faktor herausgestellt, sondern zahlreiche Ansatzpunkte zur Gestaltung wertschaffender Kooperationsbeziehungen.

Im Hinblick auf eine konstruktivistische Perspektive dieser Forschungsarbeit wird gezeigt, dass die angenommenen Modelle zum Ergebnis der Interaktion und zum Interaktionsprozess selbst nützlich sind. Es ist davon auszugehen, dass sowohl Personen, die mit der Steuerung von Kooperationsbeziehungen betraut sind, als auch Personen, die in Kooperationsbeziehungen agieren, die im Ergebnis- und Interaktionsmodell dargestellten Zusammenhänge für die aktive Gestaltung von schlanken Kooperationsbeziehungen nutzen können. Dies kann bspw. in der Formulierung von Beziehungsleitbildern geschehen, welche die Annahmen aus den Modellen implizit beinhalten und fallspezifische Schwerpunkte setzen. Eine andere Anwendungsmöglichkeit ist die Nutzung der empirisch geprüften Modelle zur Reflexion von Kooperationsbeziehungen. Erfolgt diese Reflexion in einem Team mit Mitarbeitern beider Kooperationspartner, so können gemeinsam Verbesserungspotenziale identifiziert werden. Im Sinne einer kontinuierlichen Verbesserung ist dies eine denkbare Option. In beiden Fällen wird die konstruktivistische Forschung der Mikrofundierung von Austauschbeziehungen gerecht, indem Repräsentationen über Zusammenhänge geschaffen werden, deren Explikation, Kommunikation und Diskussion die Realisierung von „nützlichen" ermöglicht.

7. Kritische Würdigung und Ausblick

In diesem Kapitel werden mit einer kritischen Würdigung das Vorgehen und die Ergebnisse in dieser Arbeit reflektiert. Anschließend werden Richtungen für anschließende Forschung aufgezeigt.

7.1. Zusammenfassung und kritische Würdigung der Ergebnisse

Die übergeordnete Forschungsfrage dieser Arbeit, die darauf fokussiert, wie durch die Berücksichtigung und Gestaltung der individuellen Ebene in schlanken Kooperationsbeziehungen Wert geschaffen werden kann, berücksichtigt die aktuelle Forderung nach der Mikrofundierung im strategischen Management. Die Konkretisierung der übergeordneten forschungsleitenden Fragestellung erfolgt anhand der vier Teilfragen:

1. Welcher wissenschaftstheoretische Rahmen ermöglicht die Untersuchung individueller Faktoren im unternehmerischen Umfeld und dient unter Ableitung einer adäquaten Forschungsmethodik dem wissenschaftlichen Erkenntnisfortschritt?
2. Wie kann im Sinne einer betriebswirtschaftlichen Verortung unternehmerischer Wert geschaffen werden? Wie kann die Berücksichtigung von Faktoren auf der Ebene der Menschen im Unternehmen (Mikrofundierung) die betriebswirtschaftliche Perspektive dabei unterstützen?
3. Welche Erkenntnisse zur Kooperation im Bereich des Lean Managements liegen bereits vor und wie können diese Erkenntnisse für diese Forschungsarbeit genutzt werden?
4. Wie kann ein Modell zur Mikrofundierung schlanker Kooperationsbeziehungen konzeptualisiert werden?
5. Welche Erfolgsfaktoren lassen sich für die Wertschaffung in schlanken Kooperationsbeziehungen aus der Betrachtung der Praxis ableiten?

Die Beantwortung der Teilfragen soll in diesem Abschnitt zusammengefasst und kritisch reflektiert werden.

Die Begründung einer *konstruktivistischen Perspektive als wissenschaftstheoretischer Rahmen* als Antwort auf die *erste Forschungsfrage* erfolgt in Kapitel 2. Es wird argumentiert, dass der Konstruktivismus für eine Forschungsarbeit mit Fokussierung auf die individuelle Ebene geeignet ist. Es folgen die Ableitung von Implikationen aus der gewählten Wissenschaftstheorie und die Darstellung der Notwendigkeit, ein Annahmenmodell zu entwickeln. Wie bereits dargelegt, wird der Konstruktivismus als Wissenschaftstheorie in der Literatur durchaus kritisch diskutiert. Mit den Implikationen für die Forschungsmethodik wird allerdings umfassend aufgezeigt, welche Maßnahmen umzusetzen sind, sodass der Generalverdacht der „methodischen Willkür“[1], dem die konstruktivistische Forschung unterliegt, entkräftet bzw. verworfen werden kann. Die theoriegeleitete Annahmenbildung ist dabei ein zentraler Bestandteil konstruktivistischer Forschung, ebenso wie die Verbindung von Forschungsgegenstand und Forscher, sowie die kontinuierliche Theorie-Praxis-Rückkopplung. Diese Forderungen sind mit dem Forschungsdesign und dem entwickelten Erhebungs-

---

1 Kieser & Walgenbach 2010, S. 58.

workshop konsequent berücksichtigt. In Abschnitt 6.3.3 wird abschließend gezeigt, dass die Annahmenmodelle Ergebnis- und Interaktionsmodell für die aktive Gestaltung wertschaffender Kooperationsbeziehungen genutzt werden können, indem darauf beruhende Beziehungsleitbilder formuliert werden oder gemeinsam im Team Verbesserungspotenziale abgeleitet werden. Beide Annahmenmodelle fungieren damit als explizierte Realitätsrepräsentationen, die sich zur fallspezifischen Diskussion und Anpassung eignen. Das *essentialistische Ziel der Definition einer konstruktivistischen Sichtweise* ist vor dem Hintergrund dieser Ausführungen ebenfalls als erfüllt anzusehen.

Die *zweite Forschungsfrage* fokussiert zum einen die *Erklärung der unternehmerischen Wertschaffung* und zum anderen die *Integration der Ebene des Menschen (Mikrofundierung)* in diese Erklärung. Diese Forschungsfrage wird in Kapitel 3, im Rahmen der betriebswirtschaftlichen Verortung der Forschungsarbeit, beantwortet. In diesem Zusammenhang werden im dritten Abschnitt dieser Arbeit zunächst das Scientific Management und der Human Relations-Ansatz als klassische Organisationstheorien vorgestellt. Beide zeigen einen engen Zusammenhang zur übergeordneten Forschungsfrage auf. Die vorliegende Forschungsarbeit bildet eine Brückenfunktion[2] zwischen beiden Ansätzen, indem sie die methodisch-strukturierte Zielsetzung der Produktivität und Effizienz verfolgt und gleichzeitig berücksichtigt, dass in einem Unternehmen soziales Verhalten stattfindet und die Menschen im Unternehmen inklusive ihre Beziehungen eine wichtige Rolle einnehmen. Weitergehend werden aus einer ökonomischen Perspektive die Begriffe der *Wertschöpfung* und *Wertschaffung* unterschieden. Eine nutzenorientierte Perspektive ist dabei als forschungsleitend herausgestellt. Obwohl in der Literatur Einigkeit ob der bedeutsamen Rolle von Wertschaffung und Wertschöpfung besteht, so besteht bisher im Bereich des strategischen Managements keine einheitliche Definition von Wertschöpfung oder Wertschaffung. Vor diesem Hintergrund wurde in vier ausgewählten Journals für den Zeitraum Januar 1990 bis Januar 2013 eine strukturierte Literaturanalyse durchgeführt und 46 identifizierte Artikel hinsichtlich Definitionen, Ursachen bzw. Mechanismen der Wertschöpfung bzw. Wertschaffung und eingesetzter theoretischer Grundlagen untersucht. In dieser Analyse wird gezeigt, dass die Ursachen Kooperation und Ressourcen/Ressourcenkombination/Austausch in der Stichprobe besonders häufig thematisiert werden und darüber hinaus dem ressourcenbasierten Ansatz eine wichtige Rolle zukommt. Auch wenn dieser besonders häufig berücksichtigt wird, so finden auch der wissensbasierte Ansatz und die (soziale) Netzwerktheorie Eingang in die theoretischen Grundlagen der untersuchten Beiträge. Um schließlich eine forschungsleitende Definition ausgehend vom Kundenwert und dessen Nettonutzung zu treffen[3], werden außerdem dem klassische Begriff unternehmerischer Wertschöpfung und das Konzept der Konsumentenrente eingeführt. Somit wird gezeigt, dass *alle Aktivitäten eines Unternehmens, welche den Kundenwert erhöhen oder das Potenzial haben, den Kundenwert zu erhöhen, wertschaffend sind.* Es wird argumentiert, dass die Planung und Steuerung der wertschaffenden Tätigkeiten im Unternehmen als Effektivitätsüberlegung zu behandeln ist, welche die Grundlage für *nachhaltige Wettbewerbsvorteile* legt. Für markttreibende Unternehmen bzw. Geschäftsbereiche werden die beiden zentralen Theorien des strategischen Managements, die Ansätze der Marktorientierung und der *Res-*

---

[2] Siehe hierzu insbesondere Kapitel 6.3.3.

[3] Siehe hierzu Kapitel 3.2.1.2.

sourcenorientierung (inklusive der Weiterentwicklungen des relationalen und des wissensorientierten Ansatzes), eingeführt. Aufgrund der dargelegten Passung der ressourcenorientierten Sichtweise im Forschungskontext dieser Arbeit und der Forderung nach der Mikrofundierung dieser Sichtweise, wird die *Soziale Austauschtheorie* vorgestellt, die als *Referenzrahmen* diese Mikrofundierung leisten kann. Beide Teilfragen der *zweiten Forschungsfrage* werden damit beantwortet. Darüber hinaus wird mit der präzisen *Bestimmung des Wertschaffungsbegriffs* eines der *essentialistischen Wissenschaftsziele* erreicht – neben der Erfüllung *eines der theoretischen Wissenschaftsziele* mit der *Mikrofundierung ressourcenorientierter Ansätze mit der Sozialen Austauschtheorie*. Kritisch anzumerken ist in diesem Zusammenhang, dass die Soziale Austauschtheorie ausschließlich als Referenzrahmen dienen kann, der weiter ausdefiniert werden muss.[4] Eine Mikrofundierung durch die Soziale Austauschtheorie ist vor diesem Hintergrund nur mit entsprechenden inhaltlichen Ergänzungen möglich, die in dieser Arbeit im Rahmen der Modellentwicklung vorgenommen werden. Dass der gewählte Referenzrahmen für diese Arbeit allerdings passend ist, wird ausführlich in 3.3.2 argumentiert, indem betriebswirtschaftliche Anwendungen der Sozialen Austauschtheorie aufgezeigt werden und deren Erklärungsbeitrag für Interaktionsbeziehungen hervorgehoben wird.

Zur Beantwortung der *dritten Forschungsfrage*, welche *Erkenntnisse zur Kooperation im Bereich Lean Management* bereits vorliegen und wie diese genutzt werden können, ist es zunächst möglich ein forschungsleitendes Verständnis für Lean Management zum einen und für Kooperationsbeziehungen zum anderen, zu schaffen. Hierzu erfolgt in Kapitel 4 zunächst die Darstellung der Grundlagen und Ziele eines „schlanken" Unternehmens, bevor auf die die Rolle des Menschen im schlanken Unternehmen – vor dem Hintergrund der übergeordneten Fragestellung dieser Arbeit – eingegangen wird. Im Weiteren wird, ausgehend vom menschlichen Faktor, eine Unterscheidung von unternehmensübergreifenden und unternehmensweiten Kooperationen getroffen. Es folgt die Definition von intraorganisationalen und interorganisationalen Kooperationsbeziehungen auf der Grundlage der Unternehmensidentität. Die Forschungsarbeit berücksichtigt vor diesem Hintergrund auch im vierten Kapitel konsequent die individuelle Perspektive. Aufbauend auf den Grundlagen zum Lean Management und der unternehmerischen Kooperation erfolgt in Kapitel 4.3 eine Literaturanalyse zum Forschungsstand von Kooperationen im Bereich Lean Management. Hier wird nach einer Einführung eine bewusst offene, systematische Literaturanalyse durchgeführt. Einbezogen in diese Recherche werden auf Grundlage einer Datenbanksuche 40 Artikel[5] im Zeitraum von Januar 1990 bis Mai 2013 in diesem Themenbereich. Es wird dargelegt, dass ein offener Ansatz[6] einen breiten Zugang ermöglicht und so die Identifikation verschiedener Ausprägungen der Zusammenarbeit im Lean Management (strategisches Management, Produktion/Logistik, Informationstechnik) und verschiedener Vorgehensweise (konzeptionell vs. empirisch) zulässt. Die identifizierten Beiträge werden daraufhin unter den Gesichtspunkten der Mikroebene, der

4 Vgl. Emerson, 1976, S. 340.

5 Insgesamt wurden 50 Beiträge identifiziert von denen zehn aufgrund von Zugangs- oder Sprachbarrieren ausgeschlossen wurden.

6 Mit „offen" ist hier gemeint, dass keine Einschränkung der Journals – wie bei der Wertschaffung/Wertschöpfungs-Analyse – stattgefunden hat. Im Bereich der Wertschaffung/Wertschöpfung wurde auf den Bereich des strategischen Managements fokussiert, sodass dort eine Einschränkung der Journals auf Grundlage deren Zielsetzung für die Arbeit zielführend ist.

eingesetzten Methodik und der Kooperationsart analysiert. Die in Kapitel 4.4 abgeleitete Forschungslücke besteht insbesondere darin, dass die Bedeutung des Menschen, des menschlichen Handelns und der menschlichen Einstellungen zwar bereits vielfach anerkannt ist, die wissenschaftlich-systematische Analyse von Mikrofaktoren auf der Ebene der Menschen und Beziehungen zur Implementierung (insbesondere von Lean Management) innerhalb von unternehmerischer Kooperation aber bisher noch nicht umfassend und gestaltungsorientiert erfolgt ist. Hinzu kommt, dass zwar die Betrachtung von *interorganisationalen* Beziehungen im Bereich Lean Management bereits wissenschaftlich fundiert ist, die Betrachtung von *intraorganisationaler* Beziehungen bisher jedoch keine wesentliche Beachtung gefunden hat. Die Relevanz der Mikrofundierung wertschaffender Austauschbeziehungen wird hiermit zusätzlich unterstrichen und die Anschlussfähigkeit der Forschungsarbeit an den wissenschaftlichen Diskurs sichergestellt. Neben der Erreichung der *beiden essentialistischen Wissenschaftsziele*, die *Begriffe der Kooperation und des Lean Managements* für diese Arbeit zu definieren, wird die *dritte Forschungsfrage* in Kapitel 4 beantwortet.

Ausgehend von der grundlegenden Definition notwendiger Begriffe und der umfassenden Darstellung der theoretischen und praktischen Relevanz der Mikrofundierung schlanker Kooperationsbeziehungen, wird im fünften Kapitel die *vierte Forschungsfrage* nach der *Konzeptualisierung schlanker Kooperationsbeziehungen* beantwortet. In diesem Kapitel werden die in der konstruktivistischen Forschung notwendigen forschungsleitenden und in der Praxis zu reflektierenden Annahmen hergeleitet. Vor dem Hintergrund des theoretischen Referenzrahmens der Sozialen Austauschtheorie finden das Individuum selbst, die Austauschressourcen und die Merkmale der Kooperationsbeziehung Eingang in die Modellbildung. Angelehnt an die Einführung in die Systemtheorie und den Konstruktivismus findet eine Systematisierung nach **Elementen, Systemen und Umwelten**[7] statt. Das Individuum und die Austauschressourcen werden als Elemente, die Kooperationsbeziehung als System und die beteiligten unternehmerischen Rahmenbedingungen als Umwelten festgelegt. Die Identifizierung der Annahmen-Konstrukte findet über eine umfassende Literaturrecherche in der Business Source Premier Datenbank statt. Die Suchergebnisse sind per Schneeballverfahren jeweils sukzessive erweitert und analysiert, bis eine hohe Redundanz der jeweils eingesetzten Aspekte wahrgenommen wurde. Während das Vorgehen per Schneeballanalyse aufgrund sogenannter Zitierzirkel- oder Zitierkartelle teilweise kritisch betrachtet wird, findet in dieser Arbeit eine Kombination mit einer systematischen Datenbankrecherche statt.[8] Damit wird auch sichergestellt, dass nicht nur – von einer Arbeit ausgehend – ältere Beiträge berücksichtigt werden. Vor diesem Hintergrund kann hier begründet von einer strukturierten und umfassenden Literaturrecherche gesprochen werden. Ergänzt wird diese Literaturrecherche um die konstruktivistisch geforderte Praxisrückkopplung. Dies geschieht mit einer umfassenden Fallstudie und einem ergänzenden Experteninterview. Beide Rückkopplungsmaßnahmen sind umfassend dokumentiert und im Anhang dargelegt.[9]

[7] Vgl. Simon, 2006, S. 76 ff.
[8] Vgl. Ebster & Stalzer, 2003, S. 49 f.
[9] Vgl. hierzu Anhang 4: Explorative Vorstudie und Anhang 5: Exploratives problemzentriertes Interview (Gesprächsprotokoll).

Die in dieser Arbeit verfolgte Fragestellung, wie die Implementierung von Lean Management in einer Kooperationsbeziehung unter Berücksichtigung der individuellen Ebene gelingen kann, befasst sich mit dem Ergebnis einer Interaktion. Gleichzeitig wird in dieser Arbeit die Frage nach wertschaffenden Beziehungen gestellt und vor diesem Hintergrund untersucht, wie die Interaktionsbeziehung selbst verschwendungsarm gestaltet werden kann und damit zur Wertschaffung eines Unternehmens beiträgt. Mit dem aus Elementen, Systemen und Umwelten entwickelten Referenzrahmen, basierend auf der Sozialen Austauschtheorie, werden vor diesem Hintergrund Annahmen zu existierende und interessierende Beziehungszusammenhänge[10] getroffen und im Ergebnis- bzw. Interaktionsmodell formuliert.

Vor dem Hintergrund der konstruktivistischen Perspektive berücksichtigen beide das Kriterium der Nützlichkeit. Es geht in beiden Modellen nicht vorranging darum, einzelne Effekte zwischen den in die Modelle eingehenden Modellfaktoren zu analysieren, sondern vielmehr darum aus einer Perspektive der konstruktivistisch geforderten Nützlichkeit – möglichst greifbare Einflussfaktoren abzubilden, die in der unternehmensspezifischen Anwendung wahrgenommen und gesteuert werden können. Ziel ist es dabei, die Implementierung der schlanken Unternehmensführung voranzubringen bzw. Austauscheffizienz zu verbessern. Der in Kapitel 2.3 geforderte Offenheit in der Annahmenentwicklung wird vor diesem Hintergrund entsprochen. Das Ergebnis- und das Interaktionsmodell können als sogenannte Landkarten angesehen werden, mit denen die realen Phänomene erklärt werden können und mit denen eine Überwindung der Lücke zwischen Theorie und Praxis möglich ist.[11]

Vor diesem Hintergrund ist sowohl die *vierte Forschungsfrage* als beantwortet anzusehen als auch die Erfüllung des *theoretischen Wissenschaftsziels*, das mit der *Entwicklung eines konstruktivistischen Annahmenmodells* realisiert wird.

Die Beantwortung der *fünften Forschungsfrage*, zur *Ableitung von Erfolgsfaktoren wertschaffender Beziehungen aus der Praxis*, wird in Kapitel 6 dieser Arbeit fokussiert. In diesem Kapitel wird zunächst im Rahmen der Darlegung eines konstruktivistischen Forschungsdesigns aufbauend auf der Fallstudienstrategie die Erhebungsmethode des Erhebungsworkshops entwickelt, bevor anschließend die Gütekriterien für das umgesetzte Erhebungsdesign ausführlich beschrieben werden. Nachfolgend werden sechs industrielle, intraorganisationale Kooperationsbeziehungen im Bereich Lean Management als Einzelfallstudien ausführlich vor dem Hintergrund des Ergebnis- und des Interaktionsmodells untersucht. An diese Einzelfallstudien, welche die jeweils untersuchte Kooperationsbeziehung voneinander unabhängig analysieren, schließt sich die integrierende Fallstudie an, welche sowohl qualitativ als auch quantitativ die sechs Falleinheiten zusammenfasst. Mit dem generierten Datensatz ist es möglich, gerichtete Zusammenhangshypothesen mit der Korrelationsanalyse zu überprüfen und signifikante Zusammenhänge im Bereich des Ergebnis- und Interaktionsmodells auch quantitativ belastbar zu belegen. Abschließend folgt in Kapitel 6.3 die Ableitung von Implikationen für die Gestaltung schlanker Kooperationsbeziehungen, die entwickelte und eingesetzte Methode des Erhebungsworkshops und die theoretische Mikrofundierung schlanker Austauschbeziehungen. Kritisch reflektiert werden in diesem Zusammenhang im Folgenden insbesondere das

10 Fülbier, 2004, S. 270.
11 Vgl. hierzu Kapitel 2.3.

(1) *Erhebungsvorgehen* in Verbindung mit der *Auswertung* und die (2) *Generalisierbarkeit* der Ergebnisse.

Ad (1) Erhebungsvorgehen und Auswertung der Ergebnisse

Im Zusammenhang mit der eingesetzten Fallstudienstrategie, kommt zunächst der *Auswahl der Fälle* eine kritische Rolle zu. Die Anzahl der durchzuführenden Fälle wird im Rahmen der Fallstudienstrategie häufig diskutiert.[12] In Kapitel 6.1.1 ist vor diesem Hintergrund mit der Identifikation und Analyse thematisch angrenzender Fallstudienuntersuchungen aus der Literatur aufgezeigt, dass sechs Fallstudien zur Auswertung akzeptabel sind. Mit der Vorgehensweise des „Theoretical Sampling"[13] werden forschungsrelevante Fälle identifiziert. Die Relevanz des jeweiligen Falls für die Forschung ist in allen sechs Fällen gemeinsam mit dem fokalen Unternehmen und verfügbarer vermittelnder Personen sicher- und im jeweiligen einleitenden Kapitel zur Fallstudie[14], dargestellt.

Des Weiteren ist insbesondere die *Stichprobengröße* kritisch zu betrachten. Während die Untersuchung zwar einen qualitativen Schwerpunkt hat, so werden auch quantitative Daten ausgewertet. Die quantitative Auswertung macht zum einen im Bereich der Einzelfallauswertung und zum anderen auch in der abschließenden, integrierenden Fallstudie eine kritische Betrachtung erforderlich.

In den Einzelfällen A bis F werden quantitative Daten aus der Gruppen- und Einzelphase des Erhebungsworkshops gewonnen. Während die in der Gruppenphase erhobenen Daten durch die Diskussion validiert werden und als validierte Mittelwerte die Explikation gemeinsamer Realitätsrepräsentationen darstellen[15], sind die im Einzelfragebogen erhobenen Daten nicht durch eine Diskussion validiert. Um die Ebene des Individuums abbilden zu können, ist dies auch durchaus gewünscht.

Für jeden einzelnen Fall betrachtet ist die jeweilige Stichprobengröße als ausreichend anzusehen. Das Ziel der Erhebung war es, die in den Kooperationsbeziehungen im Bereich Lean Management aktiven Personen zu befragen. Hierzu wurden die Lean-Verantwortlichen um die Ermöglichung eines Workshops gebeten. In allen Fällen war ein großer Anteil der Personen in den Erhebungsworkshop eingebunden, die im Bereich Lean Management Projekte und Qualifizierungsmaßnahmen initiieren und gemeinsam mit Mitarbeitern aus den Fachabteilungen umsetzen. Für die Implementierung der schlanken Unternehmensführung operativ verantwortlichen Personen sind die Einzelerhebungen vor diesem Hintergrund ausreichend repräsentativ.[16] Dennoch ist zu beachten, dass je Falleinheit zwar eine repräsentative aber kleine Stichprobe verfügbar ist, sodass deskriptive Auswertungen gewissen Verzerrungen durch Ausreißer unterliegen. Vor diesem Hintergrund wird in dieser Arbeit sichergestellt, dass zur Analyse der Ergebnisse insbesondere das stabile Maß des Medians angegeben wird und die Betrachtung von Minima, Maxima und Häufigkeiten in die Analyse eingeschlossen wurden. In den

---

12 Vgl. Pagell & Krause 1999, S. 311; Voss et al., 2002, S. 201; Yin, 2003, S. 14.

13 Vgl. Eisenhardt & Graebner, 2007, S. 27; Lamnek, 2005, S. 313.

14 Dies sind Kapitel 6.2.1.1, 6.2.2.1, 6.2.3.1, 6.2.4.1, 6.2.5.1 und 6.2.6.1.

15 Vgl. hierzu ausführlich in Kapitel 6.1.1 den Abschnitt zur strukturierten und moderierten Gruppendiskussion.

16 Im Fall D erfolgte mit zwei Personen eine Vollerhebung der beschriebenen Personen.

Fällen D und F mit nur zwei bzw. drei Workshop-Teilnehmern wird auf die Darstellung der erhobenen Daten aus Gründen der Anonymität der Befragten und der Verzerrungen bei der Berechnung deskriptiver Maße nur sehr eingeschränkt umgesetzt.

Im Hinblick auf die in der integrierenden Fallstudie durchgeführte Korrelationsanalyse wird gezeigt, dass die Stichprobengröße ausreichend ist, um Aussagen zu mittleren bis hohen, statistisch signifikanten Zusammenhängen zu treffen.[17] Hinsichtlich der Korrelationsanalyse ist allerdings zu ergänzen, dass Zusammenhänge zwischen Merkmalen, die ausschließlich auf Gruppenebene erhoben sind, nicht durchgeführt wurden.[18] Die Abfrage aller Items in einem individuellen Fragebogen hätte eine vollumfassende Auswertung unterstützt. Allerdings wäre auf diese Weise die Diskussion der Items in der Gruppe entfallen, die zum einen für die Forschung einen inhaltlichen Mehrwert generiert und zum anderen den Workshop-Teilnehmern die Gelegenheit zur Reflexion dieser Faktoren im Team ermöglicht. Es kommt hinzu, dass mit dem Konzept des Erhebungsworkshops eine mögliche, und in der empirischen betriebswirtschaftlichen Forschung häufig vorkommende, Verzerrung durch die Befragung sogenannter Key-Informants reduziert wird.[19]

Hinsichtlich der im Erhebungsworkshop eingesetzten Items ist positiv zu bewerten, dass mit dem gewählten Vorgehen über die Fallstudien hinweg eine Vergleichbarkeit geschaffen wurde. Gleichzeitig liefert die Verwendung aus der Literatur identifizierter Items eine Anschlussfähigkeit an weitere Forschungsarbeiten. Kritisch anzumerken ist die in den Erhebungsworkshops eingesetzte Menge der Items. Diese wurde im Laufe der Erhebungsworkshops an die zeitlichen Restriktionen der Unternehmen angepasst, sodass die gekürzten Erhebungsworkshops in der angefragten Zeit gut umgesetzt werden konnten. Während die Verwendung einer großen Anzahl an Items zwar einen hohen Aufwand verursacht, so zeigen die Gestaltungsempfehlungen dieser Arbeit, dass mit der Auswertung dieser Items eine verschiedene Ansatzpunkte für unternehmerisches Handeln aufgezeigt werden. Es können so im Sinne der konstruktivistischen Forschung unternehmensspezifische Schwerpunkte gesetzt werden.

Insgesamt ist vor diesem Hintergrund anzunehmen, dass der entwickelte Erhebungsworkshop trotz der Einschränkungen eine aussichtsreiche Methode im Bereich der konstruktivistischen Forschung darstellt.

---

17 Vgl. Kapitel 6.2.7.

18 Vgl. hierzu insbesondere Kapitel 6.2.7.4.

19 Vgl. ausführlich Hurrle & Kieser (2005, S. 584 ff.) Der Einsatz von Key Informants erfolgt in der Regel in der Annahme, dass es „objektive bzw. objektivierbare Tatbestände in Organisationen gibt“ (S. 597). Die Gefahr verzerrter Daten ergibt sich durch die Befragung eines Key Informants insbesondere bei der Erfassung dieser objektiven oder objektivierbaren Tatbestände. Hurrle & Kieser (2005, S. 590) diskutieren außerdem mögliche Verzerrungen dadurch, dass abhängige und unabhängige Daten vom selben Key Informant geliefert werden (vgl. hierzu weiterführend Podsakoff et al. (2003, S. 879 ff) zum Common-Method Bias). Mit dem umgesetzten Forschungsdesign erscheinen durch den Einbezug mehrerer Workshop-Teilnehmer je Falleinheit und die Validierung von Daten in der Gruppendiskussion (z.B. zum Stand der Lean-Implementierung) die genannten möglichen Verzerrungen der Daten als nicht relevant. Hinzu kommt, dass aus einer konstruktivistischen Perspektive in den Einzelfällen der tatsächlichen Objektivität eine der Viabilität untergeordnete Rolle zukommt.

Ad (2) Generalisierbarkeit der Ergebnisse

Hinsichtlich der Generalisierbarkeit der Ergebnisse sind insbesondere folgende Einschränkungen kritisch zu reflektieren:

Die mit dem Konzept der Erhebungsworkshops durchgeführten Fallstudien fokussieren inhaltlich und personell die Zusammenarbeit im *Bereich der schlanken Unternehmensführung*. Andere inhaltliche Bereiche sind nicht betrachtet. Mit den durchgeführten Erhebungen wird jedoch auch gezeigt, dass in der Regel insgesamt nur wenige Mitarbeiter direkt in die Kooperationsbeziehungen eingebunden sind. Dass im Bereich Lean Management die Kooperation anscheinend intensiver stattfindet, kann zum einen an deren inhaltlichen Bedeutung liegen oder zum anderen auf eine verzerrte Wahrnehmung zurückzuführen sein. Die sechs untersuchten Einzelfälle unterstützen dabei in ihrer Gesamtheit die erste Vermutung. Des Weiteren ist davon auszugehen, dass die Ergebnisse durchaus auch auf andere Kooperationsbereiche übertragbar sind. Für diese Annahme spricht die Vorgehensweise bei der Erstellung des Annahmenmodells. Hier wurden zwar Zusammenhänge zum Bereich Lean Management aufgezeigt, dennoch handelt es sich grundsätzlich um eine themenübergreifende Mikrofundierung sozialer Austauschbeziehungen im unternehmerischen Umfeld, der aufgrund der sozialpsychologischen Fundierung eine gewisse Konstanz zu unterstellen ist. Vor diesem Hintergrund ist davon auszugehen, dass die Erkenntnisse auch auf andere Bereiche übertragbar sind. Insbesondere das Interaktionsmodell, welches sich mit der effizienten Ausgestaltung von Kooperationsbeziehungen beschäftigt, wird übergeordnete Gültigkeit haben.

Eine weitere Einschränkung ist in dieser Arbeit darin zu sehen, dass in der Erhebung nur *intraorganisationale Kooperationsbeziehungen* in der Praxis untersucht werden. Während die Modellentwicklung unternehmensweite und unternehmensübergreifende Beziehungen fokussiert, so findet die Empirie eingeschränkt statt. In den Fallstudien wird zwar in einzelnen Fällen festgestellt, dass im Bereich Lean auch unternehmensübergreifende Zusammenarbeit mit Kunden oder Zulieferern stattfindet, allerdings wurden in den Vorgesprächen jeweils die intraorganisationalen Beziehungen als relevant für die Erhebung identifiziert, weil hier seitens der Unternehmen größerer Handlungsbedarf angegeben wurde. Es ist davon auszugehen, dass der Unterschied in der Definition von intra- und interorganisationalen Kooperationsbeziehungen keine oder nur geringe Auswirkungen auf das Verhalten auf der Mikroebene hat, allerdings wäre es interessant zu analysieren, ob und welche Unterschiede zwischen diesen Beziehungen bestehen. So ist denkbar, dass in interorganisationalen Beziehungen ein anderer zeitlicher Austauschrhythmus stattfindet, die Kooperation möglicherweise detaillierter vertraglich geregelt ist und die Anzahl an Kontakten insgesamt geringer ist.

Hinsichtlich der *Unternehmensgröße* stellt Fall D eine Besonderheit dar. Mit knapp 200 Mitarbeitern an beiden Unternehmensstandorten ist es das kleinste in der Erhebung berücksichtigte Unternehmen. Die Auswertung zeigt allerdings, dass auch dort die die beiden Annahmenmodelle anwendbar sind. Dies unterstützt die Annahme weitere, dass die Mikrofundierung sozialer Austauschbeziehungen eine gewisse übergreifende Gültigkeit hat.

Ebenfalls einschränkend wirkt die Tatsache, dass in der empirischen Erhebung nur *Industrieunternehmen* betrachtet wurden. Die Branchen der teilnehmenden Unternehmen unterscheiden sich zwar stark, dennoch sind alle eindeutig dem industriellen Umfeld zuzuordnen. Eine

Übertragung z.B. auf den Dienstleistungsbereich erscheint zwar aufgrund der Mikrofundierung grundsätzlich denkbar, allerdings ist davon auszugehen, dass dort wesentlich andere Rahmenbedingungen zu berücksichtigen sind.

Insgesamt lässt sich schließen, dass insbesondere das Interaktionsmodell auf Kooperationen in anderen Bereichen und Konstellationen übertragbar ist. Das Ergebnismodell fokussiert den Bereich der schlanken Unternehmensführung, ist aber für Industrieunternehmen unterschiedlicher Größe anwendbar.

Abschließend ist anzumerken, dass insbesondere im Bereich der Gütekriterien der Erhebungsmethodik in Kapitel 6.1.2 die Generalisierbarkeit der Ergebnisse dieser Arbeit diskutiert wird. Hier wird gezeigt, dass durch den Einsatz eines replikativen Forschungsdesigns in mehreren Fällen die Generalisierbarkeit der Ergebnisse unterstützt wird. Die Anzahl und Auswahl der Fälle wird ebenfalls ausführlich dargelegt und begründet.[20]

Vor diesem Hintergrund wird gezeigt, dass mit dem sechsten Kapitel dieser Arbeit sowohl die *fünfte* als auch die *übergeordnete Forschungsfrage* dieser Arbeit beantwortet werden kann und das *pragmatische Wissenschaftsziel* erreicht wird.

7.2. Ausblick und Ansätze für die weitere Forschung

Die vorliegende Forschungsarbeit leistet aus einer konstruktivistischen Perspektive im Bereich der Mikrofundierung sozialer Austauschtauschbeziehungen einen Beitrag, definiert das Konzept der wertschaffenden Kooperationsbeziehungen im Bereich der schlanken Unternehmensführung und liefert Ansatzpunkte zur Gestaltung und Verbesserung dieser in der unternehmerischen Praxis. Vor dem Hintergrund der vorangehenden Zusammenfassung und kritischen Reflexion der Ergebnisse sollen hier Ansätze für die weitere Forschung skizziert werden.

Im Fall A der vorliegenden Forschungsarbeit war es bereits möglich, den Kooperationspartner in den Erhebungsworkshop einzubinden. In der Analyse ist dies insbesondere durch die direkte Bezugnahme auf die Einschätzungen der in den Kooperationsbeziehungen beteiligten Partner positiv aufgefallen. Mit dieser *dyadischen Abfrage* ist es z.B. möglich, den Implementierungsstand der schlanken Unternehmensführung innerhalb der Partnerschaft zu vergleichen. Es ist außerdem möglich, den Erhebungsworkshop direkt als Reflexionseinheit der Zusammenarbeit zwischen den Partnern zu nutzen, was die Viabilität der Forschung weiter unterstützt. Gleichzeitig ist davon auszugehen, dass der Einbezug des Partners in die Gruppendiskussion diese im Bereich der Systeme und Umwelten noch besser validieren kann. Vor diesem Hintergrund ergeben sich weitere Potenziale für die Untersuchung schlanker Kooperationsbeziehungen. Die *dyadische Ausrichtung* des Forschungsdesigns mag deshalb eine Richtung für weitere Untersuchungen aufzeigen.

Mit den Vorgesprächen, die im Rahmen der Erhebungsworkshops geführt wurden und den Gruppen-diskussionen, in denen von den Teilnehmern auch zurückliegende Ereignisse und Zustände thematisiert wurden, kann für die untersuchten Fälle sehr eingeschränkt ein zeitli-

20 Vgl. Kapitel 6.1.1 und die vorausgehenden kritische Betrachtung des Erhebungsvorgehen und der Auswertung der Ergebnisse.

cher Verlauf der Kooperationsbeziehung der Implementierung der schlanken Unternehmensführung dargestellt werden. Insbesondere für die Mikrofundierung von Kooperationsbeziehungen erscheint allerdings eine strukturierte *Langzeituntersuchung* von erheblichem Interesse zu sein. In Fall F dieser Forschungsarbeit wird u.a. aufgezeigt, dass die untersuchte Kooperationsbeziehung erst seit kurzer Zeit besteht. Insbesondere im Hinblick auf die Entwicklung der Konstrukte im Bereich der Systeme ist die Entwicklung über den Zeitverlauf von hohem Interesse. Hier ist es denkbar, dass eine Untersuchung zwischen den Systemfaktoren weitere Einsichten in der Mikrofundierung ermöglicht. Die entwickelte Methode des Erhebungsworkshops unterstützt eine solche Untersuchung, indem die Befragung auf individueller Ebene eine pseudonymisierte Anonymisierung vorsieht. So ist es denkbar, dass nach einem ersten Erhebungsworkshop weitere Fragebögen an die Teilnehmer ausgegeben werden und auch auf der individuellen Ebene Veränderungen untersucht werden können. Hier mag es von Interesse sein u.a. die Unterschiede auf individueller Ebene zu vergleichen, wenn eine neue Kooperationsbeziehung aufgebaut wird und in der Vergangenheit bereits Erfahrungen mit Kooperationspartnern gesammelt wurden (wie in Fall F) oder keine Erfahrung besteht.

Insbesondere im Bereich Lean Management bietet es sich an in einer Folgeuntersuchung zu ermitteln, wie bestimmte *schlanke Methoden und Werkzeuge* am besten übertragen werden. Diese Fragestellung erscheint gut mit dem Ansatz der Langzeituntersuchung vereinbar, da sich möglicherweise positive Rückkopplungen zwischen der Übertragung bestimmter Methoden und Werkzeuge in bestimmten Phasen der Kooperation identifizieren lassen.

Ebenfalls interessant erscheint die Durchführung einer adaptierten Untersuchung im *Dienstleistungsbereich*, indem der Ansatz der schlanken Unternehmensführung, wie in Kapitel 1.2.1 dargestellt, ebenfalls zunehmend Eingang findet.

Abschließend erscheint der *Einbezug kultureller Aspekte* gerade im Bereich der Mikrofundierung eine konsequente Fortführung dieser Forschungsarbeit zu sein. Während bereits in Fall D angedeutet wird, dass zwischen zwei deutschen Standorten Mentalitätsunterschiede bestehen, so ist anzunehmen, dass diese z.B. im untersuchten Fall E, indem eine Partnerschaft zwischen einem deutschen und einem asiatischen Standort betrachtet wird, die Auswirkungen merklich höher sind.

Der Anhang ist für eine nähere Betrachtung unter dem Link

http://www.eul-verlag.de/pdf-wz/9783844103854_Anhang.pdf

zum Download bereitgestellt.

Anhang

Anhang 1: Relevanz von Lean Management Arbeitsstellenanalyse

Die Veröffentlichung zeigt eine gekürzte Fassung der Tabelle.

Nr.	Stellenbezeichnung/ Job-Titel	Unternehmen	Portal
1	Dualer SIBE-Master m/w im Bereich Sekundärtechnik - Lean Production	ABB AG	StepStone Deutschland GmbH
2	Praktikum oder Bachelorarbeit im Bereich Lean Management/Prozessmanagement	Adecco Personaldienstleistungen GmbH, Human Resources	Monster Worldwide Deutschland GmbH/ StepStone Deutschland GmbH
3	Continuous Improvement Lean Six Sigma Engineer (m/f)	Amazon	Monster Worldwide Deutschland GmbH/ StepStone Deutschland GmbH
4	Continuous Improvement Lean Six Sigma Engineer (m/f)	Amazon	StepStone Deutschland GmbH
5	ABS / Lean Manager (m/w)	Apex Tool Group GmbH & Co OHG	Monster Worldwide Deutschland GmbH/ StepStone Deutschland GmbH
6	Berater – Lean Management	Argo Consulting, Inc.	Monster Worldwide Deutschland GmbH
7	Lean Implementation Managers m/f	Arla Foods GmbH	StepStone Deutschland GmbH
8	Lean Director m/f Germany and the Netherlands	Arla Foods GmbH	StepStone Deutschland GmbH
9	Projektingenieur KVP (m/w)	Autoflug GmbH	StepStone Deutschland GmbH
10	Lean Manager (m/w)	AXA Konzern AG	StepStone Deutschland GmbH
11	Consultant Lean Strategy & Complexity (m/w)	Barkawi Management Consultants GmbH & Co. KG	Monster Worldwide Deutschland GmbH
12	Prinzipal/Senior Manager Lean Strategy & Complexity (m/w)	Barkawi Management Consultants GmbH & Co. KG	Monster Worldwide Deutschland GmbH
13	Senior Lean Consultant (m/w)	BASF Schwarzheide GmbH	StepStone Deutschland GmbH
14	Projektingenieur (m/w) Lean Management / Continuous Improvement	Bertrandt AG	StepStone Deutschland GmbH
15	Praktikum Lean Development	BMW Group	Monster Worldwide Deutschland GmbH
16	(Senior) Specialist Lean Manufacturing & Logistics / Q6 (m/f)	Bombardier Transportation	StepStone Deutschland GmbH
17	Ingenieur für Prozessoptimierung (m/w)	Bombardier Transportation	Monster Worldwide Deutschland GmbH
18	Inhouse Consulting: Lean Berater (m/w) - Lean Administration	Carl Zeiss	StepStone Deutschland GmbH
19	Abschlussarbeit zu Lean-Development	Carl Zeiss	StepStone Deutschland GmbH
20	Lean Expert (m/w)	Commerz Finanz GmbH	StepStone Deutschland GmbH
21	Praktikum im Bereich Lean Management (Job ID: 223813)	Continental AG	StepStone Deutschland GmbH
22	Senior Lean Experten (m/w)	COPA Consulting Partner Unternehmensberatung GmbH	Monster Worldwide Deutschland GmbH
23	Leiter (m/w) Kontinuierlicher Verbesserungsprozess (KVP)	Cordes & Graefe KG	Monster Worldwide Deutschland GmbH
24	Praktikum ab August/September 2013 im Bereich Lean-Management (Prozessverbesserung) für Montage	Daimler AG	Monster Worldwide Deutschland GmbH
25	Praktikum ab 3. Quartal 2013 im Bereich Lean-Management (Prozessverbesserung) für Montage/Fertig	Daimler AG	Monster Worldwide Deutschland GmbH
26	Praktikum ab März 2013 im Bereich Lean Production/Management Trucks Powertrain	Daimler AG	Monster Worldwide Deutschland GmbH
27	Praktikum ab sofort im Bereich Lean Management (Mercedes-Benz Produktionssystem)	Daimler AG	Monster Worldwide Deutschland GmbH
28	Praktikum ab sofort im Bereich Beratung der Planung und Einführung von Lean Production	Daimler AG	Monster Worldwide Deutschland GmbH
29	Praktikum ab September 2013 im Bereich Lean Administration/Lean Management	Daimler AG	Monster Worldwide Deutschland GmbH
30	Praktikum ab sofort im Bereich Lean Management und Lean Production im Truck Operating Systems-Off	Daimler AG	Monster Worldwide Deutschland GmbH
31	(Senior) Consultant Lean Administration	Deutsche MTM-Vereinigung e.V.	StepStone Deutschland GmbH
32	Lean Manager (m/w) (D - 41747-12)	Deutsche Post	Monster Worldwide Deutschland GmbH
33	Lean Expert (m/w) - Wirtschaftsingenieur / Technischer Betriebswirt (m/w) mit Schwerpunkt Produktionsplanung / Fertigungsabläufe	Diehl Comfort Modules GmbH	StepStone Deutschland GmbH
34	Mitarbeiter Lean Methoden und Werkzeuge (m/w)	EADS Deutschland GmbH	StepStone Deutschland GmbH

Nr.	Stellenbezeichnung/ Job-Titel	Unternehmen	Portal
35	Praktikum im Bereich Engineering: A380 Lean Management Support	EADS Deutschland GmbH	StepStone Deutschland GmbH
36	Lean Management Coach (w/m)	EADS Deutschland GmbH	StepStone Deutschland GmbH
37	Praktikum im Bereich Engineering: Montageprozesse A350, Lean	EADS Deutschland GmbH	StepStone Deutschland GmbH
38	Lean Six Sigma Black Belt Specialist	ebay company	StepStone Deutschland GmbH
39	Ingenieur oder Techniker als Projektmitarbeiter im Bereich Lean Management (m/w)	ELAN-AUSY GmbH	StepStone Deutschland GmbH
40	Lean Manager (m/w) Schwäbisch-Hall	ELSEN GmbH & Co.KG	Monster Worldwide Deutschland GmbH
41	Lean Manager	ELSEN GmbH & Co.KG	Monster Worldwide Deutschland GmbH
42	Lean-Manager (m/w)	Europoles GmbH & Co. KG	Monster Worldwide Deutschland GmbH/ StepStone Deutschland GmbH
43	Junior Lean Manager (m/w)	Experis GmbH	Monster Worldwide Deutschland GmbH
44	Junior Lean Manager (m/w)	Experis GmbH IT	StepStone Deutschland GmbH
45	Lean Manager/in	FAG Aerospace GmbH & Co. KG	Monster Worldwide Deutschland GmbH / StepStone Deutschland GmbH
46	Praktikant/in im Bereich Lean / KVP / Prozessoptimierung	Freudenberg Sealing Technologies	StepStone Deutschland GmbH
47	Ingenieur / Bachelor oder Techniker für den Bereich KVP und Six Sigma (m/w)	G. Elbe & Sohn GmbH & Co. KG	Monster Worldwide Deutschland GmbH
48	Praktikant (m/w) Lean & Change Management	GE Energy Management	StepStone Deutschland GmbH
49	Consultant (w/m) Lean Management	GIGATRONIK Automotive	Monster Worldwide Deutschland GmbH / StepStone Deutschland GmbH
50	Qualitätsmanager (m/w) Lean Six Sigma	Gothaer Schaden-Service-Center GmbH	Monster Worldwide Deutschland GmbH
51	Projektmanager Lean Management (m/w)	Grimme Landmaschinenfabrik GmbH & Co. KG	StepStone Deutschland GmbH
52	Nachwuchsingenieur KVP und Prozessgestaltung (m/w)	Habermaaß GmbH	StepStone Deutschland GmbH
53	Lean Manager (m/w) Automotive ? Lean Management leben und Prozesse bewegen	Hanseatisches Personalkontor	Monster Worldwide Deutschland GmbH / StepStone Deutschland GmbH
54	Meister für Kleinserien- und Einzelfertigung (w/m) Metallverarbeitung / Lean Management	Hanseatisches Personalkontor Rhein-Ruhr	Monster Worldwide Deutschland GmbH
55	Projektleiter Lean Management (m/w)	Heine Optotechnik GmbH & Co KG	Monster Worldwide Deutschland GmbH
56	Lean Manager	hjumen Personalberatung	Monster Worldwide Deutschland GmbH
57	Praktikant/in Lean Management	ifm electronic gmbh	Monster Worldwide Deutschland GmbH
59	Lean Manager für den Produktionsbereich (m/w)	K.A. SCHMERSAL GmbH	Monster Worldwide Deutschland GmbH
60	Senior Consultant (m/w) mit Perspektive Projekt Manager/in "Lean Management"	Kloepfel Consulting GmbH	StepStone Deutschland GmbH
61	Leiter Prozessoptimierung Stanzerei (m/w) - Lean Production / KVP	Kölle GmbH	StepStone Deutschland GmbH
62	Lean Manager (m/w)	Lohmann & Rauscher GmbH & Co. KG	StepStone Deutschland GmbH
63	Lean Manager (m/w)	Lufthansa Global Tele Sales GmbH	Monster Worldwide Deutschland GmbH
64	Spezialist/in Lean Manufacturing im Geschäftsbereich Getriebetechnologien	LuK GmbH & Co. KG	Monster Worldwide Deutschland GmbH / StepStone Deutschland GmbH
65	Leanmanager (m/w)	Manpower GmbH & Co. KG	StepStone Deutschland GmbH
66	Praktikant Consulting - Lean Management	MBtech Group GmbH & Co. KGaA	Monster Worldwide Deutschland GmbH / StepStone Deutschland GmbH
67	Projektmanager und Senior Consultants für Beratungsprojekte in Lean Production & Administration	MBtech Group GmbH & Co. KGaA	Monster Worldwide Deutschland GmbH
68	Lean Management - Ingenieur (m/w)	Michael Page	Monster Worldwide Deutschland GmbH / StepStone Deutschland GmbH
69	Lean Manager (m/w)	Michael Page	StepStone Deutschland GmbH
70	Projektleiter (m/w) Lean Management	Michelin Reifenwerke AG & Co. KGaA	Monster Worldwide Deutschland GmbH
71	KVP/CIP-Berater (m/w)	MTU Maintenance Hannover GmbH	Monster Worldwide Deutschland GmbH / StepStone Deutschland GmbH
72	Projektleiter / Unternehmensberater Produktentwicklung (m/w) Lean Development	NICCON Consulting GmbH	Monster Worldwide Deutschland GmbH
73	SAP Inhouse Berater Prozessoptimierung (m/w)	PATRIZIA Immobilien AG	Monster Worldwide Deutschland GmbH
74	KVP-Trainer (m/w) Lean Manufacturing	personal total Regensburg	StepStone Deutschland GmbH
75	KVP Manager (m/w)	Personalberatung Pillong Ebert-Rossbach GmbH	Monster Worldwide Deutschland GmbH

Nr.	Stellenbezeichnung/ Job-Titel	Unternehmen	Portal
76	Leiter/in Lean Management	Peter Braun Personalberatung GmbH	StepStone Deutschland GmbH
77	Senior Consultant Supply Chain Automotive (m/w) bei Top-Adresse der Lean-Beratung in der Region Stuttgart	PrimePeople GmbH	StepStone Deutschland GmbH
78	Spezialist (m/w) Lean Management zur direkten Personalvermittlung	Randstad Deutschland GmbH & Co. KG	StepStone Deutschland GmbH
79	Lean Manager (m/w)	RECARO Aircraft Seating GmbH & Co. KG	StepStone Deutschland GmbH
80	Praktikant Lean Management / KVP (m/w)	Rehau AG & Co.	StepStone Deutschland GmbH
81	Praktikum KVP Automotive (m/w)	Rehau AG & Co.	StepStone Deutschland GmbH
82	Praktikant (m/w) Verbesserungsmanagement, Prozessoptimierung, Lean Production	Robert Bosch Fahrzeugelektrik Eisenach GmbH	StepStone Deutschland GmbH
83	Praktikant (m/w) im Bereich Lean Logistics / Lean Production.	Robert Bosch GmbH - Blaichach	StepStone Deutschland GmbH
84	Praktikant (m/w) im Bereich Lean Logistics	Robert Bosch GmbH - Blaichach	StepStone Deutschland GmbH
85	PreMaster Programm Lean Production	Robert Bosch GmbH - Hildesheim	StepStone Deutschland GmbH
86	Praktikant/-in Lean Management / Bosch Production System	Robert Bosch GmbH - Willershausen	StepStone Deutschland GmbH
87	Lean Management Trainer (m/w) für den Bereich Corporate Manufacturing & Logistic	ROHDE & SCHWARZ GmbH & Co. KG	StepStone Deutschland GmbH
88	Praktikant/in Lean Production	Schaeffler Technologies AG & Co. KG Höchstadt	StepStone Deutschland GmbH
89	Lean Six Sigma Black Belt Manager (m/w)	SELECTEAM Personal- und Unternehmensberatung GmbH	Monster Worldwide Deutschland GmbH
90	Senior Consultant (m/w) - Production Optimization / Lean	Siemens	Monster Worldwide Deutschland GmbH
91	Lean Manager im Bereich Luftfahrt	SOGECLAIR Aerospace GmbH	StepStone Deutschland GmbH
92	Senior Consultant (m/w) Lean Management Maschinenbau	STAUFEN.AG	StepStone Deutschland GmbH
93	Senior Consultant (m/w) Lean Management mit Schwerpunkt Total Productive Management	STAUFEN.AG	StepStone Deutschland GmbH
94	NPD Project Portfolio & LEAN PD Champion (m/f)	TE Connectivity	StepStone Deutschland GmbH
95	Ferienaushilfe (m/w) Visualisierung "TOP - Lean Production"-Regeln im Bereich Acceptance Test	Tesat-Spacecom GmbH	Monster Worldwide Deutschland GmbH
96	Knowledge Analyst (f/m) Lean Enablement-Operations Practice	The Boston Consulting Group GmbH	Monster Worldwide Deutschland GmbH / StepStone Deutschland GmbH
97	Teamleiter Geschäftsprozessoptimierung SAP SD (m/w)	Vesterling Personalberatung	Monster Worldwide Deutschland GmbH
98	Praktikum Global Operation Manufacturing / Lean Management Assistant	Voith GmbH	StepStone Deutschland GmbH

Anhang 2: Literaturtabelle Recherche Wertschöpfung und Wertschaffung

Die Veröffentlichung zeigt eine gekürzte Fassung der Tabelle.

Nr.	Veröffentlichung	Untersuchungsgegenstand	Theoretischer Fokus	Methode	Ursache der Wert-schaffung
1	Ettlie, J.E./Reza, E.M.: Organizational Integration of Process Innovation. In: AMJ, 1992, 35(4), S. 795-827.	Die Autoren untersuchen die Mechanismen um Wert von Prozessinnovationen zu erfassen („capture value"). Sie stellen u.a. Aspekte heraus, welche sich auf die "value-added chain" beziehen - darunter auch verstärkte Kooperation mit Zulieferern - und die Produktivität neuer Produktionssysteme positiv beeinflussen.	Kontingenztheoretische Ansätze, Abhängigkeiten von Untereinheiten, unternehmens- und branchenübergreifende Verbindungen	Hypothesenprüfung mittels Pannel-Erhebung und Interviews	Innovation
2	Cooper, C.L./Dyck, B./Frohlich, N.: Improving the Effectiveness of Gainsharing: The Role of Fairness and Participation. In Org Sci, 1992, 37(3), S. 471-490.	Der Beitrag untersucht Gewinnbeteiligungspläne und stellt Probleme dabei heraus. Anhand zweier Experimente werden Hypothesen zur Produktivität einer fairen Verteilungsregel unter Partizipation der Mitarbeiter geprüft.	Soziales Dilemma und Free-Riding	Hypothesenprüfung mittels Experimenten	Produktivität
3	Boddewyn, J.J./Brewer, T.L.: International-Business Political Behavior: New Theoretical Directions. In: AMR, 1994, 19(1), S. 119-143.	Intergration politischer Rahmenbedingungen in das strategische Management von internationalen Unternehmen. In diesem Zusammenhang wird die Sichtweise dargelegt, die Regierung als ein Produktionsfaktor oder eine Interessensgruppe zu verstehen, die ein internationales Unternehmen notwendiger Weise in ihre Wertschöpfungsaktvitäten einbinden muss.	Resource-based Theory	Konzeptioneller Beitrag	Produktivität
4	Abrahamson, E./Fombrun, C.J.: Macrocultures: Determinants and Consequences. In: AMR, 1994, 19(4), S. 728-755.	Im Fokus steht die interorganisationale Makrokultur, welche das strategische Handeln ganzer Branchen beeinflusst. Ziel des Artikels ist es, die Determinanten und Folgen inter-organisationaler Makrokulturen zu identifizieren. Ein Bestandteil ist es, ist die Ableitung von Propositionen, wie sich eine homogene Makrokultur in interorganisationalen "value-added networks" ergibt.	Makrokulturen von Unternehmen	Konzeptioneller Beitrag	Input-Output Struktur
5	Wright, P./Ferris, S.P./Hiller, J.S./Kroll, M.: Competitiveness through Management of Diversity: Effects on Stock Price Valuation. In: AMJ, 1995, 38(1), S. 272-287.	Die Autoren untersuchen die Argumentation, dass Unternehmen durch ein effektives Personalmanagement ihre Kosten senken und ihre Differenzierung ausbauen können.	Resource-based Theory	Event Study-Methodologie	Ressourcen
6	Delery, J.E./Doty, D.H.: Modes of Theorizing in Strategic Human Resource Management: Tests of Universalistic, Contingency, and Configurations. Performance Predictions. In: AMJ, 1996, 39(4), S. 802-835.	Der Beitrag untersucht die theoretische Fundierung des strategischen Personalmanagements. Dabei werden drei theoretische Perspektiven herausgestellt, welche signifikant die Varianz in der finanziellen Leistung von Unternehmen erklären.	Universalistischer Ansatz, Kontingenztheorie, Konfigurationstheorie	Befragung und hierarchische Regressionsanalyse	Cash Flows
7	Madhok, A./Tallman, S.B.: Resources, Transactions and Rents: Managing Values Thorugh Interfirm Collaborative Relationships. In: Org Sci, 1998, 9(3), S. 326-339.	In ihrem Beitrag erklären die Autoren aus einer wertorientierten Sicht, wie die Kombination des Resource-based Views und der Transaktionskostentheorie Kooperationen beschreiben kann. Dabei stellen sie a) Beziehungen als wertschöpf. Vermögenswerte, b) den Zusammenhang zwischen Produktion und Austausch, der von der Beziehung der Partner abhängt, heraus und c) legen eine Anti-Vertrauensargu-mentation dar, die erklärt, warum Partner Chancen zu Lasten der Ausnutzung des Partners verstreichen lassen. Sie beschreiben damit einen Perspektivenwechsel a) weg von der Steuerungsform hin zum Steuerungsprozess und b) von Investitionskosten hin zu zukünftigem Wert.	Transaktionskostenansatz, Resource-based Theory	Konzeptioneller Beitrag	Kooperation

Nr.	Veröffentlichung	Untersuchungsgegenstand	Theoretischer Fokus	Methode	Ursache der Wert-schaffung
8	Liebeskind, J.P.: Internal Capital Markets: Benefits, Costs, and Organizational Arrangements. In: Org Sci, 2000, 11(1), S. 58-76.	Der Wert, der sich durch Diversifikation ergibt, hängt davon ab, wie effizient oder ineffizient interne Kapitalmärkte arbeiten. Die Autorin schließt, dass interne Kapitalmärkte nur unter bestimmten Bedingungen einen Wert schaffen.	Interne Kapitalmärkte	Konzeptioneller Beitrag	Effizienz (interner Kapitalmärkte)
9	Lampel, J./Lant, T./Shamsie, J.: Balancing Act: Learning from Organization Practices in Cultural Industries. In: Org Sci 2000, 11(3), S. 263-269.	Der Artikel behandelt Aspekte, welche Organisationspraktiken in künstlerischen Branchen begründen. Einer dieser Aspekte ist das Schaffen kreativer Systeme zur Unterstützung und Vermarktung künstlerische Produkte, die jedoch nicht die individuelle Inspiration begrenzen, welche als "root of creating value in cultural industries" (S. 263) gesehen wird.	Knowledge-based View	Konzeptioneller Beitrag	Diverse
10	Voss, G.B./Cable, D.M./Voss, Z.G.: Linking Organizational Values to Relationships with External Constituents; A Study of Nonprofit Professional Theatres. In: Org Sci, 2000, 11(3), S. 330-347. [aus Analyse ausgeschlossen]	In dem Beitrag zur Untersuchung organisationaler Werte in nicht gewinnorientierten Theatereinrichtungen identifizieren die Autoren die Zusammenhänge zwischen den organisationalen Werten der Theatereinrichtungen und denjenigen der Anspruchsgruppen.	Organizational Values	Theoriebildender Beitrag (grounded Methoden) und quantitative Prüfung	Werte als Überzeugungen **[Ausschluss]**
11	Purvis, R.L./Sambamurthy, V./Zmud, R.W.: The Assimilation of Knowledge Platforms in Organizations: An Empirical Investigation. In: Org Sci, 2001, 12(2), S. 117-135.	Die Autoren untersuchen die Einführung und Anwendung organisationaler Wissensplattformen "in order to gain the value-adding potential of organizational knowledge" (S. 117)	Knowledge-based Theory, Institutionenökonomik, Technologische Angleichung	Empirische Erhebung, konfirmatorische Faktorenanalyse	Wissen
12	Waldman, D. A./Ramirez, G.G./House, R.J./Puranam, P.: Does Leadership Matter? CEO Leadership Attributes and Profitability under Conditions of Perceived Environmental Uncertainty. In: AMJ, 2001, 44(1), S. 134-143.	Die Autoren untersuchen in diesem Beitrag die Wirkung transaktionaler und charismatischer Führungsstile auf finanzielle Unternehmenskennzahlen.	Upper Echelons Theory, Transaktionale Führung, Charismatische Führung	Befragung und hierarchische Regressionsanalyse	Reingewinn und Kosten
13	Ellemers, N./De Gilder, D./Haslam, S.A.: Motivating Individuals and Groups at Work: A Social Identity Perspective on Leadership and Group Performance. In: AMR, 2004, 29(3), S. 459-478.	Die Autoren untersuchen die Arbeitsmotivation durch die Integration von Erkenntnissen zur Selbst-Kategorisierung und Prozessen zur sozialen Identität.	Social Identity Approach	Konzeptioneller Beitrag	Motivation
14	Rowley, T.J./Greve, H.R./ Rao, H./Baum, J.A.C./Shipilov, A.V.: Time to Break Up: Social and Instrumental Antecedents of Firm Exits from Exchange. In: AMJ, 2005, 48(3), S. 499-520.	Die Autoren untersuchen den Einfluss sozialer Ähnlichkeit und Kohäsion auf das Aufrechterhalten der Zugehörigkeit zu einer Clique. Im Ergebnis finden sie heraus, dass die Zugehörigkeit von drei Aspekten abhängt: a) dem Schaffen sozialer Anziehungskraft, um Austausch zu steuern b) Komplementarität zu entwickeln, um gemeinsame Aufgaben durchführen zu können und c) die Verteilung des generierten Werts unter den Mitgliedern.	Interfirm Network Research	Längsschnitt-Netzwerkanalyse	Kooperation
15	Roberts, L.M.: Shifting the Lens on Organizational Life: The Added Value of Positive Scholarship. In: AMR, 2006, 31(2), S. 292-305.	Die Autorin bespricht in ihrem Response auf einen anderen Artikel den "added value of positive scholarship" - einem Konzept, das sich mit positiven Zuständen, Ergebnissen und Mechanismen in Individuen, Dyaden, Organisationen und Gesellschaften befasst. Die Idee ist es, durch das Erfassen der	Positive Scholarship	Kommentar	Menschliche Entfaltung

Nr.	Veröffentlichung	Untersuchungsgegenstand	Theoretischer Fokus	Methode	Ursache der Wert-schaffung
		Stärken beteiligter Akteure und Mechanismen aufzuzeigen, um diese Stärken weiter aufblühen zu lassen.			
16	Van Witteloostuijn, A./Boone, C.: A Resource-Based Theory of Market Structure and Organizational Form. In: AMR, 2006, 31(2), S. 409-426.	Die Autoren untersuchen, wie sich aus der Kombination der Perspektiven der Industriellen Organisation und der Organisationalen Umwelt "value added" ergeben kann. Sie betrachten aus der Sichtweise des ressourcenbasierten Ansatzes die Ressourcenumwelt von Unternehmen, welche ein wichtiger Einflussfaktor auf die Marktstruktur i.S.v. Dichte und Konzentration darstellt.	Resource-based Theory (of Market Structure) Industrial Organization, Organizational Ecology	Konzeptioneller Beitrag	Ressourcen
17	Rynes, S.L../Bartunek, J.M./Daft, R.L.: Across the Great Divide: Knowledge Creation and Transfer Between Practitioners and Academics. AMJ, 2001, 44(2), S. 340-355.	Die Autoren befassen sich mit der Lücke zwischen Organisationswissenschaft und realem Management in der Praxis und analysieren im Auftaktartikel zu dem Special Research Forum des Academy of Management Journal eingereichte Artikel.	keine	Analyse eingereichter Beiträge	Kooperation
18	McFadyen, M.A./Semadeni, M./Cannella, Jr. A.A.: Value of Strong Ties to Disconnected Others: Examining Knowledge Creation in Biomedicine. In: Org Sci, 2009, 20(6), S. 1034-1052.	In dieser Untersuchung analysieren die Autoren die Schaffung von Wissen innerhalb universitärer Forschungsnetzwerke.	Knowledge-based View, Strength-of-Ties-Ansatz	Strength-of-Ties, Netzwerkanalyse	Wissen
19	Kelm, K.M/Narayanan, V.K./Pinches, G.E.: Shareholder Value Creation During R&D Innovation and Commercialization Stages. In: AMJ, 1995, 38(3), S. 770-786.	Die Autoren untersuchen in ihrem Beitrag den Einfluss von Bekanntmachungen an der Börse hinsichtlich Forschungs- und Entwicklungsprojekte auf den Marktwert von Unternehmen.	Shareholder Value Ansatz	Event-Studie	Finanzielle Rückflüsse
20	Tsai, W./Ghoshal, S.: Social Capital and Value Creation: The Role of Intrafirm Networks. In: AMJ, 1998, 41(4), S. 464-476.	Die Autoren untersuchen die Beziehung zwischen struktureller, relationaler und kognitiver Dimension sozialen Kapitals und den Dimensionen und Verfahren des Ressourcenaustauschs und der Produktinnovation.	Social Capital, Social Network Theory	Netzwerkanalyse	Innovation
21	Monge, P.R./Fulk, J./Kalman, M.E./Flanagin, A.J./Parnassa, C./Rumsey, S.: Production of Collective Action in Alliance-Based Interorganizational Communication and Information Systems. In: Org Sci, 1998, 9(3), S. 411-433.	Anhand der public goods-based theory betrachten die Autoren unternehmensübergreifende Informations- und Kommunikationsstrukturen.	Public goods-based theory	Konzeptioneller Beitrag und Fallstudie/Beispiel/ Netzwerkanalyse	Shared (public) goods aus Kooperationen
22	Moran, P./Ghoshal, S.: Markets, Firms and the Process of Economic Development. In: AMR, 1999, 24(3), S. 390-412.	Die Autoren entwickeln ein Konzept zur Wertschaffung als einen Prozess der Ressourcen und Austausch umfasst und zeigen, wie Unternehmen mit dem Markt interagieren, um ökonomischen Wert zu schaffen.	Resource-based Theory	Konzeptioneller Beitrag	Ressourcen-kombination und Austausch
23	George, G./Rabhu, G.N.: Developmental Financial Institutions as Catalysts of Entrepreneurship in Emerging Economies. AMR, 2000, 25(3), S. 620-629.	Die Autoren untersuchen, wie quasistaatliche Finanzinstitute in Schwellenländern Wert schaffen und Unternehmertum unterstützen können.	Stakeholder Theorie	Konzeptioneller Beitrag	Innovation
24	Dougherty, D.: Reimagining the Differentiation and Integration of Work for Sustained Product Innovation. In: Org	Die Autorin untersucht die Einbindung von Innovationen in die laufende Produktion. Dabei erhebt sie die Ansichten von Mitarbeitern hinsichtlich dem eigenen "value creation"-Beitrag.	Knowledge Management	Grounded Theory	(Kundenorientierte) Problemlö-

Nr.	Veröffentlichung	Untersuchungsgegenstand	Theoretischer Fokus	Methode	Ursache der Wert-schaffung
	Sci,2001, 12(5), S. 612-621.				sung
25	Jacobides, M.G./Croson, D.C.: Information Policy: Shaping the Value of Agency Relationships. In: AMR, 2001, 26(2), S. 202-223.	In ihrem Beitrag untersuchen die Autoren die Auswirkungen von Informationsänderungen auf die Effektivität von Agentur-Beziehungen.	Information Policy, Principal-Agent Theory	Taxonomie-Entwicklung	Information
26	Nambisan, S.: Designing Virtual Customer Environments for New Product Development: Toward a Theory. In: AMR, 2002, 27(3), S. 392-413.	Der Autor untersucht virtuelle Konsumentenumgebungen zur Neuproduktentwicklung. Er leitet Propositionen für das Design solcher virtuellen Umgebungen ab, mit dem Ziel der "successful customer value creation" und damit einhergehend dem Erfolg der Neuproduktentwicklung.	Knowledge-based View, Systemtheorie	Konzeptioneller Beitrag	Ressourcen-kombination und Austausch
27	Freeman, R.Edward/Wicks, A.C./Parmar, B.: Stakeholder Theory and "The Corporate Objective Revisited". Org Sci,2004, 15(3), S. 364-369.	Die Autoren klären Missverständnisse über die Stakeholder-Thoerie auf und schließen, dass Wahrheit und Freiheit am besten ermöglicht werden, indem Geschäft und Ethik verbunden werden.	Stakeholder-Theorie	Konzeptionelle Reaktion auf einen anderen Beitrag im Zusammenhang mit der Stakeholder Theorie	Motivation
28	Jeppesen, L.B./Frederiksen, L.: Why Do Users Contribute to Firm-Hosted User Communities? The Case of Computer-Controlled Music Instruments. Org Sci, 2006, 17(1), S. 45-63.	Die Autoren beschreiben, dass viele Innovationen von Nutzern entwickelt werden. In ihrem Beitrag untersuchen die Autoren, welche Persönlichkeitsmerkmale von Individuen für den Beitrag zu Innovationen und damit zur Wertschaffung bedeutsam sind.	Resource-based Theory	Fallstudie, Archetypenbildung	Innovation
29	Dhanarag, C./Parkhe, A.: Orchestrating Innovation Networks. In: AMR, 2006, 31(3), S. 659-669.	Die Autoren argumentieren, dass in innovativen Netzwerken, die häufig als loße und autonom angesehen werden, sogenannte Hub-Unternehmen die Netzwerkaktivitäten steuern, um die Wertschaffung und -abschöpfung sicherzustellen.	Netzwerktheorie	Konzeptioneller Beitrag	Innovation
30	Lepak, D.P./Smith, K.G./Taylor, M.S.: Value Creation and Value Capture: A Multi-level Perspective. AMR, 2007, 32(1), S. 180-194.	Die Autoren leiten mit ihrem Beitrag in die Sonderausgabe des Journals ein.	diverse	Analyse eingereichter Beiträge	Nutzen und Austausch
31	Felin, T./Hesterly, W.S.: The Knowledge-Based View, Nested Heterogeneity, and New Value Creation: Philosophical Considerations on the Locus of Knowledge. In: AMR, 2007, 32(1), S. 195-218.	Die Autoren gehen der Frage nach, auf welcher Ebene im Unternehmen Wert - insbesondere durch Wissen - generiert wird. Sie unterscheiden dabei zwischen kollektiver und individueller Ebene des Unternehmens.	Knowledge-based View	Konzeptioneller Beitrag	Individuen, Wissen
32	Priem, R.L.: A Consumer Perspective of Value Creation. In: AMR, 2007, 32(1), S. 219-235.	Der Autor definiert den Wertbegriff aus Konsumentenperspektive. Dabei grenzt er das entwickelte Konzept von der Wertsicht aus Transaktionskosten- und ressourcenorientierter Perspektive ab.	Resource-based Theory, Transaktionskostentheorie	Konzeptioneller Beitrag	Kundennutzen
33	Kang, S.-C./Morris, S.S./Snell, S.A.: Relational Archetypes, Organizational Learning, and Value Creatio: Extending the Human Resource Architecture. In: AMR, 2007, 32(1), S. 236-256.	Die Autoren identifizieren in ihrem Beitrag einen Wertschaffungsprozess, der die Aspekte um organisationales Lernen, soziale Beziehungen und Personalmanagement verbindet und sich dabei auf den Wissensfluss zwischen Mitarbeitergruppen im Unternehmen konzentriert.	Resource-based Theory, Knowledge-based Theory, Social Relations, Organizational Learning	Konzeptioneller Beitrag	Kundennutzen, organisationales Lernen
34	Sirmon, D.G./Hitt, M.A./Ireland, R.D.: Managing Firm Re-	Die Autoren verbinden vor dem Hintergrund aktueller Kritik am Resource-based View diesen Ansatz mit Aspekten der Wertschaf-	Resource-based Theory, Kontingenztheorie,	Konzeptioneller Beitrag	Kundennutzen, De-

Nr.	Veröffentlichung	Untersuchungsgegenstand	Theoretischer Fokus	Methode	Ursache der Wert-schaffung
	sources in Dynamic Environments to Create Value: Looking Inside the Black Box. In: AMR, 2007, 32(1), S. 273-292.	fung in dynamischen Umwelten und dem Management von Unternehmensressourcen. Ein gebündeltes Ressourcenportfolio soll die Ausprägung von Fähigkeiten und damit die Wertschaffung für Kunden, die Schaffung eines Wettbewerbsvorteils und einen höheren Gewinn für Eigentümer ermöglichen.	Organisationales Lernen		ckungs-beiträge
35	Do Cultural Differences Matter in Mergers and Acquisitions? A Tentative Model and Examination	Die Autoren untersuchen in ihrem Beitrag die Auswirkungen kultureller Unterschiede bei Fusionen und Übernahmen.	Kulturelle Distanz	Metaanalyse	Erwartungen des Kapitalmarkts
36	Sarkar, MB/Aulakh, P.S./Madhok, A.: Process Capabilities and Value Generation in Alliance Portfolios. In: Org Sci, 2009, 20(3), S. 583-600.	Die Autoren entwickeln in ihrem Beitrag das Konzept einer multidimensionalen und prozessorientierten Fähigkeiten zum Allianzportfolio-Management. Dabei identifizieren sie die Mechanismen der proaktiven Allianzformation und der relationalen Steuerung als wertschaffend.	Resource-based Theory	Discovery-oriented approach	Steuerung von Kooperation
37	Mahoney, J.T./McGahan, A.M./ Pitelis, C.N.: The Interdependence of Private and Public Interests. Org Sci, 2009, 20(6), S. 1034-1052.	Die Autoren verbinden in ihrem Beitrag die Analyse privater und öffentlicher Interessen. Hierzu entwickeln sie ein Konzept: das Konzept der "global value creation" (S.1034)	Resource-based Theory	Konzeptioneller Beitrag	Innovation, Effizienz, Marktstrukturen, Unternehmen, Agententum
38	Reus, T.H./Ranft, A.L./Lamont, B.T./Adams, G.L.: An Interpretive Systems View of Knowledge Investements. In: AMR, 2009, 34(3), S. 382-400.	Die Autoren entwickeln in ihrem Beitrag ein konzeptionelles Modell zu Wissensinvestitionen und Wertschaffung.	Knowledge-based View	Konzeptioneller Beitrag	Wissen
39	Kumar, M. V. Shyam: Differential Gains Between Partners in Joint Ventures: Role of Resource Appropriation and Private Benefits. In: Org Sci, 2010, 21(1), S. 232-248.	Der Autor untersucht die öknonomischen Gewinne von Unternehmen, die ein Joint Venture eingehen.	Resource-based Theory, Transaktionskostentheorie	Event-Studie	Kooperation
40	Martin, J.A./Eisenhardt, K.M.: Rewiring: Cross-Business-Unit Collaborations in Multibusiness Organizations. In: AMJ, 2010, 53(2), S. 265-301.	Die Autoren untersuchen in ihrem Beitrag die Wertschaffung großer Organisationen zwischen verschränkten Geschäftseinheiten.	Transaktionskostentheorie, Soziale Netzwerktheorie	Induktive Theoriebildung durch eingebettete Fallstudien	Finanzielle Rückflüsse
41	Bridoux, F./Coeurderoy, R./Durand, R.: Heterogeneous Motives and the Collective Creation of Value. In. AMR, 2011, 36(4), S. 711-730.	Im Beitrag der Autoren geht es um die gemeinsame Wertschaffung in Organisationen. Hierzu binden sie Ansätze aus der Sozialpsychologie und der Verhaltensökonomik ein, um den kollektiven Wer durch die drei folgenden Motivationssysteme zu erklären: a) Individuelle finanzielle Anreize, b) wohlwollende Kooperation und c) disziplinierte Kooperation. Das Verbinden dieser Motivationssysteme mit den verschiedenen Motivatoren auf Mitarbeiterebene ermöglicht es Unternehmen, Kooperationsbeziehungen zu pflegen und das "value creation" (S. 711) -Potenzial ihrer Ressourcen zu heben.	Resource-based Theory, Ansätze der Sozialpsychologie und Verhaltensökonomik	Konzeptioneller Beitrag	Kooperation, Ressourcen, Motivation
42	When Do Relational Resources Matter? Leveraging Portfolio Technologial Resources for Breakthrough Innovation	Obwohl starke interne Ressourcen und Fähigkeiten zum Innovationserfolg von Unternehmen beitragen, gibt es aufgrund starker Ressourcen und Fähigkeiten Effekte, welche den Wissenstransfer in Allianzen verhindern. Es entsteht eine Spannung zwischen Wertschaffung und -verteidigung.	Resource-based View, Relational View, Financial Portfolio Theory	Langzeituntersuchung veröffentlichter Finanzkennzahlen	Ressourcen

Nr.	Veröffentlichung	Untersuchungsgegenstand	Theoretischer Fokus	Methode	Ursache der Wertschaffung
43	Briscoe, F./Tsai, W.: Overcoming Relational Inertia: How Organizational Members Respond to Acquisition Events in a Law Firm. In: ASQ, 2011, 56(3), S. 408-440.	Die Autoren untersuchen die Post-Akquisitionsphase von Unternehmen basierend auf der Netzwerktheorie. Es geht dabei darum zu bestimmen, wie Organisationsmitglieder relationale Trägheit überwinden, um nach einer Unternehmensintegration zueinanderzufinden und Wert zu generieren	Soziale Netzwerke, Post-merger Integration	Netzwerkanalyse	Ressourcenkombination, Kooperation
44	Sytch, M./Tatarynowicz, A./Gulati, R.: Toward a Theory of Extended Contact: The Incentives and Opportunities for Bridging Across Network Communities. In: Org Sci, 2012, 23(6), S. 1658-1681.	Die Autoren unterschen in ihrem Beitrag die Netzwerkentfernung zwischen Unternehmen, ihren Partnern und deren Partner. Sie analysieren dabei die Bildung von Brücken sowie Anreize der Wertschaffung und Wertverteilung für das Eingehen von Brückenbeziehungen.	Netzwerkstrukturen und Embedded Ties	Netzwerkanalyse	Wissen, Erschließen neuer Märkte
45	Kivleniece, I./Quelin, B.V.: Creating and Capturing Value in Public-Private Ties: A Private Actor's Perspective. In: AMR, 2012, 37(2), S. 272-299.	Die Autoren untersuchen Potenziale zur Wertschaffung und -verteilung in Public-Private Partnerships aus Perspektive des privaten Akteurs.	Transaktionskostentheorie, Resource-based Theory, Externalitäten	Konzeptioneller Beitrag	Austausch, (Kunden-) Nutzen
46	Obloj, T./Sengul, M.: Incentive Life-Cycles: Learning and the Division of Value. In: ASQ, 2012, 57(2), S. 305-347.	Die Autoren untersuchen individuelle und organisationale Lernmechanismen, welche dazu führen, dass unter vertraglich verbundenen ökonomischen Akteuren, ein Wert verteilt werden kann. In diesem Zusammenhang betrachten sie Anreizstrukturen, die Mitarbeitende nach und nach produktiver machen.	Bargaining Power	Langzeituntersuchung	Lernmechanismen, Motivation, Produktivität
47	Lavie, D./Drori, I.: Collaborating for Knowledge Creation and Application: The Case of Nanotechnology Research Programs. In: Org Sci, 2012, 23(3), S. 704-724.	Die Autoren untersuchen in ihrem Beitrag, wie Kooperationen und interne Ressourcen den Wissensaustausch und die Wissensanwendung in universitären Forschungsprogrammen beeinflussen.	Resource-based Theory, Knowledge-based View	Qualitative Interviews und Fragebogenauswertung mittels Regressions-analyse	Kooperation, Wissen

Anhang 3: Literaturtabelle Recherche Lean Management und Kooperation

Die Veröffentlichung zeigt eine gekürzte Fassung der Tabelle.

Nr	Titel	Ranking VHB 2.1	Suchworte	Fokus	Methode	Betrachtung Mikroebene
1	Taylor, B.: Corporate Planning for the 1990s: The New Frontiers. In: Long Range Planning, 1986 19(6), S. 13-18.	B	lean AND collaboration	Trends: Lean Management und intraorganisationale Kooperation	Fallstudie	ja
2	Shadur, M.A.; Bamber, G.J.: Toward Lean Management? International Transferability of Japanese Management Strategies to Australia. In: International Executive, 1994, 36(3), S. 343-363.	Kein	lean AND cooperation		Konzeptionell	ja
3	Karlsson, C.; Åhlström, P.: The Difficult Path to Lean Product Development. In: Journal of Product Innovation Management, 1996, 13(4), S. 283-295.	A	lean AND cooperation	Schlanke Neuproduktentwicklung und Lieferantenintegration	Empirische Studie: Faktorenanalyse	
4	Miles, R.S.: Twenty-First Century Partnering and the Role of ADR. In: Journal of Management in Engineering, 1996, 12(3), S. 45-55.	Kein	lean AND cooperation	Partnerschaften im Lean Construction-Ansatz	Deskriptive Studie	

Nr	Titel	Ranking VHB 2.1	Suchworte	Fokus	Methode	Betrachtung Mikroebene
5	Karlsson, C.; Åhlström, P.: A Lean and Global Smaller Firm? In: International Journal of Operations & Production Management, 1997, 17(9/10), S. 940-952.	C	lean AND collaboration	Schanke Netzwerke: Einbindung von kleinen und mittleren Unternehmen	Fallstudie	
6	Levy, D.M.: Lean Production in an International Supply Chain. In: Sloan Management Review, 1997, 38(2), S. 94-102.	D	lean AND cooperation	Lean Management in einer internationalen Wertschöpfungskette: Zusammenarbeit mit Zulieferern	Literaturbasierte Auswertung deskriptiver Daten	
7	Seifert Nightingale, D.: Lean Aerospace Initiative. In: IIE Solutions, 1998, 30(11), S. 20-25.	C	lean AND collaboration	Branchenspez. Lean-Initiative von Unternehmen, Behörden und Wissenschaft; verbesserte Lieferanten- und Kundenbez. als ein Ergebnis der Initiative	Konzeptionell/Beispiel	
8	Bowersox, D.J.; Stank, T.P.; Daugherty, P.J.: Lean Launch: Managing Product Introduction Risk Through Response-Based Logistics: In: Journal of Product Innovation Management, 1999, 16(6), S. 557-566.	A	lean AND collaboration	Schlanke Markteinführung	Fallstudie	
9	Muller, H.J.; Rehder, R.R.; Bannister, G.J.: The Mexican-Japanese-US Model for Auto Assembly in Northern Mexico. In: Latin American Business Review, 1998, 1(2), S. 47-67.	Kein	lean AND cooperation	Transfer eines Lean-geprägten Ansatzes in ein neues Werk	Konzeptionell	
10	Tolson, B.: Success and Sustainability in Automotive Supply Chain Improvement Programmes: A Case Study of Collaboration in the Mayflower Cluster. In: International Journal of Innovation Management, 2001, 5(4), S. 427-456.	B	lean AND collaboration	Lean Management: Implementierung in der Wertschöpfungskette	Fallstudie	
11	Ezzamel, M.; Willmott, H.; Worthington, F.: Power, Control and Resistance in "The Factory that Time Forgot". In: Journal of Management Studies, 2001, 38(8), S. 1053-1079.	B	lean AND cooperation	Implementierung von Lean Management: Widerstände bei der Einführung	Konzeptionell	
12	Holweg, M.; Bicheno, J.: Supply Chain Simulation — A Tool for Education, Enhancement and Endeavour. In: International Journal of Production Economics, 2002, 78(2), 163-175.	B	lean AND collaboration	Wichtigkeit von Kooperation in schlanken Wertschöpfungsketten für die Systemleistung	Fallstudie	ja
13	Fairris, D.; Tohyama, H.: Productive Efficiency and the Lean Production System in Japan and the United States. In: Economic & Industrial Democracy, 2002, 23(4), S. 529-554.	Kein	lean AND cooperation	Transfer des Lean Management-Ansatzes in die USA	Konzeptionell	
14	Miller, C.J.M.; Packham, G.A.; Thomas, B.C.: Harmonization between Main Contractors and Subcontractors: A Prerequisite for Lean Construction? In: Journal of Construction Research, 2002, 3(1), S. 67-82.	kein	lean AND cooperation	Zusammenarbeit im Lean Construction-Ansatz	Fallstudie	

Nr	Titel	Ranking VHB 2.1	Suchworte	Fokus	Methode	Betrachtung Mikroebene
15	Goold, M.; Campbell, A.: Structured Networks: Towards the Well-Designed Matrix. In: Long Range Planning, 2003, 36(5), S. 427-439.	B	lean AND cooperation	Strukturiertes Netzwerk als Organisationsstruktur mit schlanken Hierarchien und eigenverantwortlicher Kooperation zwischen den Einheiten	Quantitative Studie, Strukturgleichungsmodell	
16	Brown, S.; Bessant, J.: The Manufacturing Strategy-capabilities Links in Mass Customisation and Agile Manufacturing: An Exploratory Study. In: International Journal of Operations & Production Management, 2003, 23(7), 707-730.	C	lean AND cooperation	Zusammenarbeit mit Zulieferern im Rahmen der Fertigungsstrategie	Konzeptionell	
17	Ranky, P. G.: Network Simulation Models of Lean Manufacturing Systems in Digital Factories and an Intranet Server Balancing Algorithm. In: International Journal of Computer Integrated Manufacturing, 2003, 16(4/5), S. 267-282.	kein	lean AND cooperation	Computer-Integrated Manufacturing Lösung für die schlanke Produktion	Fallstudie	
18	Chua, D.K.H.; Shen, L.J.; Bok, S.H.: Constraint-based Planning with Integrated Production Scheduler over Internet. In: Journal of Construction Engineering & Management, 2003, 129(3), S. 293-301.	kein	lean AND collaboration	Berücksichtigung schlanker Prinzipien bei der kooperativen Fertigungsplanung	Simulation	
19	Wang, Y.; Nnaji, B.O.: UL-PML: Constraint-enabled Distributed Product Data Model. In: International Journal of Production Research, 2005, 38(6), S. 33-40.	B	lean AND collaboration	Schlanker Informationsaustausch in der Konstruktion	Konzeptionell	
20	May, M.: Lean Thinking for Knowledge Work. In: Quality Progress, 2005, 38(6), S. 33-40.	kein	lean AND collaboration	Schlanke Wissensarbeit	Fallstudie	ja
21	Towill, D.R. : A Perspective on UK Supermarket Pressures on the Supply Chain. In : European Management Journal, 2005, 23(4), S. 426-438.	C	lean AND collaboration	Lean Supply Chain: Tauglichkeit in der Wertschöpfungskette des Einzelhandels	Fallstudie	
22	Lehtinen, U.; Torkko, M.: The Lean Concept in the Food Industry: A Case Study of Contract a Manufacturer. In: Journal of Food Distribution Research, 2005, 36(3), S. 57-67.	kein	lean AND cooperation	Zusammenarbeit schlanker Unternehmen entlang der Supply Chain	Fallstudie	
23	Borio, C.: Monetary and Financial Stability: So Close and Yet so Far? In: National Institute Economic Review, 2005, 192, S. 84-101.	kein	lean AND cooperation		Konzeptionell	
24	Hines, P.; Francis, M.; Bailey, K.: Quality-based Pricing: A Catalyst for Collaboration and Sustainable Change in the Agrifood Industry? In: International Journal of Logistics Management, 2006, 17(2), 240-259.	D	lean AND collaboration	Positive Auswirkungen der Kooperation entlang der Wertschöpfungskette bei der Bepreisung auf die Lieferantenentwicklung und Lean-Implementierung	Konzeptionell	
25	Kim K-Y.; Yang H.; Manley, D.G. : Assembly Design Ontology for Service-Oriented Design Collaboration.	kein	lean AND collaboration	Kooperative und schlanke Entwicklung von Ferti-	Fallstudie	(ja; Training)

Nr	Titel	Ranking VHB 2.1	Suchworte	Fokus	Methode	Betrachtung Mikroebene
	In : Computer-Aided Design & Applications, 2006, 3(5), S. 603-613.			gungskonstruktionen		
26	Alonso Mosquera, J.L..; Lampón Caride, J.F.; Vázquez, X.H.: Estrategias de Aprovisionamiento en el Sector Español del Automóvil: Situación Actual y Perspectivas. In: Universia Business Review, 2006, 9, S. 14-27.	kein	lean AND cooperation	Kooperation entlang der Wertschöpfungskette	Konzeptionell	ja
27	Koh, S.C.L.; Demirbag, M.; Bayraktar, E.; Tatoglu, E.; Zaim, S.: The Impact of Supply Chain Management Practices on Performance of SMEs. In: Industrial Management & Data Systems, 2007, 107(1), S. 103-124.	C	lean AND collaboration	Schlanke Zusammenarbeit in der Wertschöpfungskette	Konzeptionell	ja
28	Hicks, B.J.: Lean Information Management: Understanding and Eliminating Waste. In : International Journal of Information Management, 2007, 27(4), S. 233-249.	C	lean AND collaboration	Übertragung des Lean-Konzepts auf das Management von Informationen	Fallstudie	
29	Pirog, M.A.; Johnson, C.L. : Electronic Funds and Benefits Transfers, E-Government, and the Winter Commission. In : Public Administration Review, 2008, 68, S. 103-114.	B	lean AND collaboration	Schlanke Regierung	Literaturbasierte Auswertung deskriptiver Daten	ja
30	Adamides, E. D.; Karacapilidis, N.; Pylarinou, H.; Koumanakos, D.: Supporting Collaboration in the Development and Management of Lean Supply Networks. In Production Planning & Control, 2008, 19(1), S. 35-52.	C	lean AND collaboration	Informationstechnische Unterstützung des schlanken Unternehmens Betonung der Mikroebene	Fallstudie	
31	Pojasek, R.B. : Framing Your Lean-to-green Effort. In: Environmental Quality Management, 2008, 18(1), S. 85-93.	kein	lean AND collaboration	Lieferantenintegration zur Entwicklung der Wertschöpfungskette	Fallstudie	ja
32	Noor, M.A.; Rabiser, R.; Grünbacher, P.: Agile Product Line Planning: A Collaborative Approach and a Case Study. In: Journal of Systems & Software, 2008, 81(6), S. 868-882.	kein	lean AND collaboration	Lean und Kooperation als Bestandteile des Agilitäts-Konzepts	Fallstudie	ja
33	Chua, A.Y.K.; Yang, C.C.: The Shift Towards Multi-disciplinarity in Information Science. In: Journal of the American Society for Information Science & Technology, 2008, 59(13), S. 2156-2170.	kein	lean AND collaboration		Fallstudie	
34	Krause, T.: Facilitating Teamwork with Lean Six Sigma and Web-based Technology. In: Business Communication Quarterly, 2009, 72(1), S. 84-90.	kein	lean AND collaboration	Lean Management und Kooperation im Projektmanagement	Konzeptionell	
35	Tremaine, R.L.: A New Acquisition Brew: Systems Engineering and Lean Six Sigma Make a Great Mix. In: Defense AR Journal, 2009, 16(1), S. 97-114.	kein	lean AND collaboration	Erweiterung/Kombination von Lean Management und weiteren Ansätzen	Fallstudie	
36	Yu, H.; Tweed, T.; Al-Hussein, M.; Nasseri, R.: Development of Lean Model for House Construction Using	kein	lean AND collaboration	Zusammenarbeit im Lean Construction-Ansatz	Konzeptionell	

Nr	Titel	Ranking VHB 2.1	Suchworte	Fokus	Methode	Betrachtung Mikroebene
	Value Stream Mapping. In: Journal of Construction Engineering & Management, 2009, 135(8), S. 782-790.					
37	Işik, V.: Human Resource Management a New Face of Industrial Relations: Unorganizing Labour Strategy. In: Gazi University Journal of Economics & Administrative Sciences, 2009, 11(3), S. 147-176.	kein	lean AND cooperation		Fallstudie	
38	Perez, C.; de Castro, R.; Simons, D.; Gimenez, G.: Development of Lean Supply Chains: A Case Study of the Catalan Pork Sector. In: Supply Chain Management: An International Journal, 2010, 15(1), S. 55-68.	C	lean AND collaboration	Lean Management in einer internat. Wertschöpfungskette: interorganisationale Zusammenarbeit; „Lean Collaboration"	Fallstudie, Triangulation methodischer Ansätze	
39	Towill, D.R. : Supplier Integration Strategy for Lean Manufacturing Adoption in Electronic-enabled Supply Chains. In: Supply Chain Management: An International Journal, 2010, 15(6), S. 474-487.	C	lean AND collaboration	Lieferantenintegration	Konzeptionell	ja
40	Blanchflower, D.: Chairman's Column. In: Management Services, 2010, 54(2), S. 4.	Kein	lean AND collaboration	Transfer von Lean Management in den öffentlichen Sektor	Konzeptionell	ja
41	Chen, Z. X.; Sarker, B. R.: Multivendor Integrated Procurement-production System under Shared Transportation and Just-in-time Delivery System. In: Journal of the Operational Research Society, 2010, 61(11), S. 1654-1666.	B	lean AND cooperation			
42	Kinkel, S.; Som, O.: Internal and External R&D Collaboration as Drivers of the Product Innovativeness of the German Mechanical Engineering Industry. In: International Journal of Product Development, 2010, 12(1), S. 6-20.	C	lean AND cooperation			
43	Franke, A.; Gawrich, A.; Melnykovska, I.; Schweickert, R.: The European Union's Relations with Ukraine and Azerbaijan. In: Post-Soviet Affairs, 2010, 26(2), S. 149-183.	Kein	lean AND cooperation			
44	Yamamoto, J.J.; Malatestinic, B.; Lehman, A.; Juneja, R.: Facilitating Process Changes in Meal Delivery and Radiological Testing to Improve Inpatient Insulin Timing Using Six Sigma Method. In: Quality Management in Health Care, 2010, 19(3), S. 189-200.	kein	lean AND collaboration			
45	Calantone, Roger; Benedetto, C: The Role of Lean Launch Execution and Launch Timing on New Product Performance. In: Journal of the Academy of Marketing Science, 2012, 40(4), S. 526-538.	D	lean AND cooperation	Schlanke Markteinführung		
46	Weijers, S.; Glöckner, H.-H.; Pieters, R.: Logistic Service Providers and Sustainable Physical Distribution. In:	kein	lean AND cooperation	Zusammenarbeit schlanker Logistik-Dienstleister		

Nr	Titel	Ranking VHB 2.1	Suchworte	Fokus	Methode	Betrachtung Mikroebene
	LogForum, 2012, 8(2), S. 157-165.					
47	Moyano-Fuentes, J.; Sacristán-Díaz, M.; Martínez-Jurado, P.J.: Cooperation in the Supply Chain and Lean Production Adoption: Evidence from the Spanish Automotive Industry. In: International Journal of Operations & Production Management, 2012, 32(9), S. 1075-1096.	C	lean AND cooperation			
48	Trevor, J.; Kilduff, M.: Leadership Fit for the Information Age. In: Strategic HR Review, 2012, 11(3), S. 150-155.	kein	lean AND collaboration			
49	Alagaraja M.; Egan, T.: The Strategic Value of HRD in Lean Strategy Implementation. In: Human Resource Development Quarterly, 2013, 24(1), S. 1-27.	kein	Integriert aufgrund Yorks & Barto, 2013	Unternehmensweite Zusammenarbeit zur Lean-Implementierung; Fokussierung der Mikroebene		
50	Yorks, L.; Barto, J.: Invited Reaction: The Strategic Value of HRD in Lean Strategy Implementation. In: Human Resource Development Quarterly, 2013, 24(1), S. 29-33.	kein	lean AND collaboration	Unternehmensweite Zusammenarbeit zur Lean-Implementierung; Betonung der Mikroebene		

Anhang 4: Explorative Vorstudie

Die Vorstudie ist aus Gründen der Anonymität nicht Bestandteil der Veröffentlichung.

Anhang 5: Exploratives problemzentriertes Interview (Gesprächsprotokoll)

Das Interview ist aus Gründen der Anonymität nicht Bestandteil der Veröffentlichung.

Anhang 6: Ergänzungen zu Erhebungsworkshop A (Auswertungen und Häufigkeiten)

Diese Auswertungen sind aus Gründen der Anonymität nicht Bestandteil der Veröffentlichung.

Anhang 7: In der Erhebung eingesetzte Fragebögen

In den Tabellen mit den Fragen aus den Fragebögen der individuellen Erhebung sind die **Itembezeichnungen** angegeben. In der Ausgabe der Fragebögen für die Workshop-Teilnehmer waren diese Bezeichnungen nicht ersichtlich.

Der Anhang zeigt die Anordnung der Frageblöcke in der **Reihenfolge** der ausgegebenen Bögen. Im Rahmen des Erhebungsworkshops wurden drei Fragebögen an die Teilnehmer ausgegeben. In einer abschließenden Zeile ist jeweils angegeben, in **welchen Fällen** die Items eingesetzt wurden bzw. in welchen Fällen eine Kürzung der Items stattgefunden hat.

Die Workshop-Teilnehmer werden jeweils auf dem Deckblatt der einzelnen Fragebogenteile aufgefordert, einen **pseudonymisiserten Code** zu generieren:

„Für die Auswertung ist es wichtig, dass wir diesen und die folgenden Fragebögen auf eine anonymisierte Person zu-rückführen können. Hierzu bitten wir Sie, einen individuellen Code zu erzeugen, den Sie auf allen Fragebögen wieder angeben werden. Im Rahmen unserer Längsschnittuntersuchung ist eine zweite Erhebung in etwa einem Jahr möglich – um Entwicklungen untersuchen zu können, sollte dieser Code unveränderlich sein. Es handelt sich dabei um ein Verfahren der „betroffenen kontrollierten Pseudonymisierung". Dies ist eines der sichersten Verfahren zur Trennung von Person und Merkmalen, da eine Re-Identifizierung grundsätzlich nur Ihnen selbst möglich ist."

Fragen zur Pseudonymisierung	*Beispiel*	Ihre individuelle Pseudonymisierung
Zweiter Buchstabe aus dem Mädchenamen Ihrer Mutter (Beispiel: Schneider → C)	*C*	
Vierter Buchstabe Ihres Geburtsortes (Beispiel: Darmstadt → M):	*M*	
Vierter Buchstabe des Orts in dem Sie zur Grundschule gegangen sind (Beispiel: Mannheim → N)	*N*	
Erster Buchstabe der Straße, in der Sie nach Ihrer Geburt gelebt haben (Bahnhofsstraße → B)	*B*	
Anzahl an Buchstaben des Vornamens Ihres Vaters (Heiner → 6)	*6*	
Die ersten beiden Ziffern des Geburtstags Ihrer Mutter (01.01.1950 → 01)	*01*	

Auf jedem Fragebogen sind außerdem auf dem Deckblatt folgende Hinweise angegeben:

- *Mit dem vorliegenden Fragebogen möchten wir Ihnen einige Fragen zur Kooperation im Bereich Lean Management stellen. Das Ziel der Erhebung ist es herauszufinden, wie die unternehmensweite/-übergreifende Implementierung von Lean Management verbessert werden kann.*
- *Sämtliche Angaben, die Sie im Folgenden machen, werden selbstverständlich streng vertraulich behandelt und anonymisiert. Entsprechend wird es keiner dritten Person möglich sein, Rückschlüsse auf Teilnehmer der Befragung zu ziehen.*
- *Für das Ausfüllen des Fragebogens benötigen Sie etwa 15 [jeweils zehn bei Teil 2 und Teil 3 des Fragebogens] Minuten.*
- *Im Verlauf der Befragung werden verschiedene Sachverhalte durch ähnlich gelagerte Fragestellungen erfasst. Dies geschieht bewusst aus methodischen Gründen und stellt keine Unachtsamkeit dar.*
- *Vertreter des Unternehmens erhalten keinerlei Einsicht in Antworten einzelner Mitarbeiter.*

Teil A: Fragebogen zu den Systemen schlanker Kooperationsbeziehungen

Kontaktdichte: Bitte schätzen Sie jeweils die Anzahl und tragen Sie die Zahl ein
[CD_1] Anzahl an Personen des Partners, mit denen ich in Kontakt stehe:
[CD_2] Anzahl an Personen des Partners, die ich bisher kennengelernt/gesprochen habe:
[DUR_1] Kontakt mit unserem Partner habe ich selbst durchschnittlich etwa __ Stunden pro Woche
[DUR_2] Regelmäßigen Kontakt habe ich mit __ (Anzahl) Mitarbeitern des Partnerunternehmens
Verwendung aller Items in Fall A;B, C, D, E, F

Vertrauen	1	2	3	4	5	6	7
	gar kein Vertrauen←					→sehr großes Vertrauen	
[TR_alg] Wie stark vertrauen Sie Ihrem Partner?	o	o	o	o	o	o	o
Verwendung in den Fällen: A, B, C, D, E, F							

Die folgenden Fragen beziehen sich auf Ihr persönliches Commitment zu Ihrem Arbeit gebenden Unternehmen [CO_or]	Stimme überhaupt nicht zu ←					→ stimme vollkommen zu	
	1	2	3	4	5	6	7
[CO_or_1] Wenn unser Unternehmen andere Werte hätte, würde ich mich weniger zugehörig fühlen	o	o	o	o	o	o	o
[CO_or_2] Seit ich hier angefangen habe, haben sich meine persönlichen Wertvorstellungen denen meines Arbeitgebers angepasst	o	o	o	o	o	o	o
[CO_or_3] Das, wofür unser Unternehmen steht, ist wichtig für mich	o	o	o	o	o	o	o
[CO_or_4] Ich bin stolz, anderen zu erzählen, dass ich hier arbeite	o	o	o	o	o	o	o
[CO_or_5] Ich fühle mich nicht nur als ein Mitarbeiter des Unternehmens, sondern als Teil davon	o	o	o	o	o	o	o
[CO_or_6] So lange ich keine Gegenleistung dafür erhalte, sehe ich keinen Grund darin zusätzlichen Aufwand für dieses Unternehmen zu betreiben	o	o	o	o	o	o	o
[CO_or_7] Die Anstrengung, die ich für das Unternehmen aufbringe, steht in direktem Zusammenhang damit, was ich vom Unternehmen zurückerhalte	o	o	o	o	o	o	o
[CO_or_8] Um in diesem Unternehmen belohnt zu werden, ist es notwendig die richtige Einstellung zu äußern	o	o	o	o	o	o	o
[CO_or_9] Mit meinem Unternehmen fühle ich mich emotional verbunden	o	o	o	o	o	o	o
[CO_or_10] Dieses Unternehmen bedeutet mir persönlich sehr viel	o	o	o	o	o	o	o
CO_or_1-10: Verwendung in den Fällen: A; CO_or_2-10 ohne CO_or_5: B, C, D, E, F							

Die folgenden Fragen beziehen sich auf das dem Partnerunternehmen entgegengebrachte Vertrauen	Stimme überhaupt nicht zu ←					→ stimme vollkommen zu	
	1	2	3	4	5	6	7
[TR_alg_2] Dieser Partner ist vertrauenswürdig	o	o	o	o	o	o	o
[TR_alg_3] Ich empfinde unseres Partner als zuverlässig	o	o	o	o	o	o	o
[TR_alg_4] Unser Partner ist aufrichtig	o	o	o	o	o	o	o
[TR_cr_1] Unser Partner hat Schwierigkeiten, unsere Situation zu verstehen	o	o	o	o	o	o	o
[TR_cr_2] Unser Partner hat keine falschen Ansprüche	o	o	o	o	o	o	o
[TR_cr_3] Unser Partner ist offen zu uns	o	o	o	o	o	o	o
[TR_cr_4] Unser Partner hat Schwierigkeiten damit, unsere Fragen zu beantworten	o	o	o	o	o	o	o
[TR_bn_1] Unser Partner sorgt für uns	o	o	o	o	o	o	o
[TR_bn_2] In schwierigen Zeiten steht uns unser Partner bei	o	o	o	o	o	o	o
[TR_bn_3] Unser Partner ist wie ein Freund	o	o	o	o	o	o	o
[TR_bn_4] Unser Partner ist auf unserer Seite	o	o	o	o	o	o	o
Verwendung aller Items in Fall A; Verwendung ohne die Items tr_cr_4 und tr_bn_1 in den Fällen: B, D, E, F Verwendung ohne die Items tr_alg_4, tr_cr_1, tr_cr_3-4, tr_bn_1, tr_bn_3-4 in Fall C [Verwend.: tr_alg_2-3, tr_cr_2 u.tr_bn_2]							

Identifikation mit dem eigenen und dem Partnerunternehmen [ORGID]	Stimme überhaupt nicht zu ←					→ stimme vollkommen zu	
	1	2	3	4	5	6	7
[ORGID_1] Mit den Werten meines Unternehmens kann ich mich identifizieren	o	o	o	o	o	o	o
[ORGID_2] Ich richte mein Handeln an den Werten meines Unternehmens aus	o	o	o	o	o	o	o
[ORGID_3] Ich kenne die Unternehmenswerte unseres Partners	o	o	o	o	o	o	o
[ORGID_4] Die Werte unseres Unternehmens sind mit denen des Partners kompatibel	o	o	o	o	o	o	o
Vollständige Item-Abfrage in den Fällen: A, B, C, D, E, F							

Austauschnormen der Partnerschaft	**Stimme überhaupt nicht zu ←**						**→ stimme vollkommen zu**
	1	2	3	4	5	6	7
[RN_rn_1] Unsere Beziehung mit diesem Partner beruht auf der Norm der Gegenseitigkeit	o	o	o	o	o	o	o
[RN_rn_2]Wir würden unseren Partner unterstützen, ohne eine sofortige Gegenleistung zu erwarten	o	o	o	o	o	o	o
[RN_sn_1] Wir bemühen uns gewissenhaft darum, eine kooperative Beziehung mit unserem Partner aufrecht zu erhalten	o	o	o	o	o	o	o
[RN_sn_2] Die Beziehung zu unserem Partner ist für uns wichtiger als die Gewinne aus einzelnen Geschäften mit ihm	o	o	o	o	o	o	o
[RN_sn_3] Probleme, die in unserer Zusammenarbeit auftreten werden als gemeinsame Probleme gelöst und liegen nicht in der Zuständigkeit eines einzelnen Unternehmens	o	o	o	o	o	o	o
[RN_sn_4] In der Partnerschaft sollen beide Unternehmen von Verbesserungen profitieren	o	o	o	o	o	o	o
[RN_mn_1] Auch wenn Kosten und Nutzen in unserer Partnerschaft nicht immer genau geteilt sind, gleicht sich das über die Zeit hinweg aus	o	o	o	o	o	o	o
[RN_mn_2] Wir profitieren beide von der gemeinsamen Beziehung und verdienen im Verhältnis des jeweils erbrachten Aufwands	o	o	o	o	o	o	o
[RN-fn_1] Wir legen gerne vertragliche Vereinbarungen zur Seite, wenn es darum geht, eine schwierige Phase des Partners durchzustehen	o	o	o	o	o	o	o
[RN_fn_2] Unser Partner legt vertragliche Vereinbarungen gerne zur Seite, wenn es darum geht, eine schwierige Phase durchzustehen	o	o	o	o	o	o	o
[RN_fn_3] Flexibilität als Reaktion auf Herausforderungen ist charakterisierend für die Zusammenarbeit mit unserem Partner	o	o	o	o	o	o	o
[RN_rsn_1] Das Aufrechterhalten unserer Partnerschaft ist im Hinblick auf (zukünftige) Herausforderungen für beide Unternehmen bedeutsam	o	o	o	o	o	o	o
[RN_rsn_2] Die Beziehung ist flexibel genug, um sich gegenseitig bei Schwierigkeiten weiterzuhelfen	o	o	o	o	o	o	o
[RN_rsn_3] Die Beziehung zu unserem Partner erstreckt sich über viele komplexe Zuständigkeiten und Aufgaben	o	o	o	o	o	o	o
[RN_rsn_4] Bei Unstimmigkeiten in der Partnerschaft, versuchen alle einen Kompromiss zu finden	o	o	o	o	o	o	o
Verwendung aller Items im Fall A; Verwendung der Items ohne: rn_rsn_2: B, D, E, F Verwendung der Items ohne rn_rsn_2, rn_fn_1-2, rn_rsn_2-3: Fall C							

Austauschnormen der Partnerschaft [LEG]	**Stimme überhaupt nicht zu ←**						**→ stimme vollkommen zu**
	1	2	3	4	5	6	7
[RN_ie_1] In dieser Partnerschaft wird es erwartet, jede wichtige Information, die dem anderen Partner helfen kann, weiterzugeben	o	o	o	o	o	o	o
[RN_ie_2] Der Informationsaustausch in unserer Zusammenarbeit findet regelmäßig und informell statt – er ist nicht an eine festgelegte Vereinbarung gebunden	o	o	o	o	o	o	o
[RN_ie_3]Wenn wir Informationen von unserem Partner benötigen, gehen wir aktiv auf ihn zu	o	o	o	o	o	o	o
[RN_ie_4] Wenn unser Partner Informationen von uns benötigt, kommt er aktiv auf uns zu	o	o	o	o	o	o	o
[RN_kn_1] Wir müssen zusammenarbeiten, um erfolgreich zu sein	o	o	o	o	o	o	o
[RN_kn_2] Beide Partner sind bereit, Veränderungen einzugehen	o	o	o	o	o	o	o
[RN_kn_3] Egal welche Partei ein Problem verschuldet, Probleme werden gemeinschaftlich gelöst	o	o	o	o	o	o	o
[RN_kn_4] Wir haben in unserer Zusammenarbeit keine Probleme damit, uns gegenseitig Gefallen zu tun	o	o	o	o	o	o	o
[RN_kn_5] Wenn wir die Hilfe unseres Partners brauchen, gehen wir aktiv auf ihn zu	o	o	o	o	o	o	o
[RN_kn_6] Wenn unser Partner unsere Hilfe braucht, tritt er aktiv an uns heran	o	o	o	o	o	o	o
[EEFF] Unser Umgang mit diesem Partner ist sehr effizient	o	o	o	o	o	o	o
[LEG_1] Wir haben spezifische, ausformulierte Vereinbarungen mit unserem Partner	o	o	o	o	o	o	o
[LEG_2] Wir haben detaillierte vertragliche Vereinbarungen mit diesem Partner	o	o	o	o	o	o	o
RN_ie_1-4: Verwendung in den Fällen: A, B, C, D, E, F; RN_kn_1-6: Verwendung in den Fällen: A, B, C, D, E, F EEFF: Verwendung in den Fällen: A, B, C, D, E, F; LEG_1-2: Verwendung in den Fällen: A, B, D, E, F							

Kontaktkompetenzen	Stimme überhaupt nicht zu ← 1	2	3	4	5	6	→ stimme vollkommen zu 7
[CA_1] Der Lean Management Verantwortliche unseres Partnerunternehmens kennt unsere zentralen Entscheidungsträger im Unternehmen	O	O	O	O	O	O	O
[CA_2] Der Lean Management Verantwortliche unseres Partnerunternehmens hat häufig mit den zentralen Entscheidungsträgern unseres Unternehmens zu tun	O	O	O	O	O	O	O
[CA_3] Unser Lean Management Verantwortliche kennt die zentralen Entscheidungsträger in unserem Partnerunternehmen	O	O	O	O	O	O	O
[CA_4] Unser Lean Management Verantwortliche hat häufig mit den zentralen Entscheidungsträgern unseres Partnerunternehmens zu tun	O	O	O	O	O	O	O
CA_1-4: Verwendung im Fall A							

Wahrnehmung der Beziehung	1	2	3	4	5	6	7
[COH_1] Die Beziehung zu den Mitarbeitern des Partners empfinde ich als	selbstorientiert←						→ teamorientiert
	O	O	O	O	O	O	O
[COH_2] [COH_3] [COH_4] Denken Sie an die bisherige Beziehung zum Partnerunternehmen. Wie würden Sie diese Beziehung beschreiben?	entfernt/kühl ←						→ vertraut/familiär
	O	O	O	O	O	O	O
	konfliktvoll ←						→ kooperativ
	O	O	O	O	O	O	O
	zerbrechlich ←						→ stabil
	O	O	O	O	O	O	O
[AR_alg_1] Mein Empfinden gegenüber unserem Partner ist	negativ ←						→ positiv
	O	O	O	O	O	O	O
In der Beziehung mit unserem Partner fühle ich mich [AR_poem_1] [AR_poem_2] [AR_poem_3] [AR_poem_4] [AR_poem_5]	unzufrieden ←						→ zufrieden
	O	O	O	O	O	O	O
	unglücklich ←						→ glücklich
	O	O	O	O	O	O	O
	nicht erfreut ←						→ erfreut
	O	O	O	O	O	O	O
	nicht begeistert ←						→ begeistert
	O	O	O	O	O	O	O
	unmotiviert ←						→ motiviert
	O	O	O	O	O	O	O
COH_1-4: Verwendung in den Fällen: A, B, C, D, E, F; AR_alg_1: Verwendung in den Fällen: A, B, C, D, E, F AR_poem_1-5: Verwendung in den Fällen: A; AR_poem_1-5 ohne AR_poem_4: Verwendung in den Fällen: B, C, D, E, F							

Konflikte in der Beziehung	1	2	3	4	5	6	7
[PERC_conf_1] Ich empfinde die Beziehung zu unserem Partner als	konfliktvoll ←						→ harmonisch
	O	O	O	O	O	O	O
[PERC_conf_2] Die Interessen unserer Partnerschaft sind	inkompatibel←						→kompatibel
	O	O	O	O	O	O	O
[PERC_val_1] In unserer Beziehung mit dem Partner fühle ich mich	nicht respektiert ←						→respektiert
	O	O	O	O	O	O	O
[PERC_val_2] In unserer Beziehung mit dem Partner fühle ich mich	nicht wertgeschätzt ←						→ wertgeschätzt
	O	O	O	O	O	O	O
[PERC_confmes_1] … [PERC_confmes_15] Denken Sie an gemeinsame Handlungen mit den Mitarbeitenden des Partnerunternehmens. Alles in allem ist unser Partner	egoistisch ←						→ großzügig
	O	O	O	O	O	O	O
	stur ←						→ gewillt
	O	O	O	O	O	O	O
	tyrannisch ←						→ wohlwollend
	O	O	O	O	O	O	O
	unsympathisch ←						→ sympathisch
	O	O	O	O	O	O	O
	behindernd ←						→ unterstützend
	O	O	O	O	O	O	O
	gierig ←						→ nicht gierig
	O	O	O	O	O	O	O
	ungerecht ←						→ gerecht
	O	O	O	O	O	O	O
	feindlich ←						→ freundlich
	O	O	O	O	O	O	O
	entmutigend ←						→ ermutigend
	O	O	O	O	O	O	O
	nachtragend ←						→versöhnlich
	O	O	O	O	O	O	O
	starr ←						→ flexibel
	O	O	O	O	O	O	O
	unnachgiebig ←						→ kompromissbereit
	O	O	O	O	O	O	O
	unrealistisch ←						→ realistisch
	O	O	O	O	O	O	O
	nachteilig ←						→ hilfreich
	O	O	O	O	O	O	O
	nicht kooperativ ←						→ kooperativ
	O	O	O	O	O	O	O
PERC_conf_1-2: Verwendung in den Fällen: A, B, C, D, E, F PERC_val_1: Verwendung in den Fällen: A, B, D, E, F; PERC_val_2: Verwendung in den Fällen: A, B, C, D, E, F PERC_confmes_1-15: Verwendung in den Fällen: A; PERC_confmes_1-15 ohne PERC_confmes_11 in den Fällen: B, C, D. E, F							

Verbleiben	1	2	3	4	5	6	7
	sehr geringes Ausmaß←				**→sehr hohes Ausmaß**		
[ST_il_1 In welchem Ausmaß würden Sie einen anderen, idealeren Job Ihrem jetzigen Arbeitsverhältnis vorziehen?	o	o	o	o	o	o	o
[ST_il_2 In welchem Ausmaß haben Sie, seit Sie hier beschäftigt sind, ernsthaft darüber nachgedacht, das Unternehmen zu wechseln?	o	o	o	o	o	o	o
Vollständige Item-Abfrage in den Fällen: A, B, C, D, E, F							

Konflikte in der Kooperation	**Stimme überhaupt nicht zu ←**				**→ stimme vollkommen zu**		
	1	2	3	4	5	6	7
[PERC_conf_3 Insgesamt betrachte ich unsere Beziehung mit unserem Partner als frustrierend	o	o	o	o	o	o	o
[PERC_conf_4 Insgesamt betrachte ich unsere Beziehung mit unserem Partner als konfliktbehaftet	o	o	o	o	o	o	o
Vollständige Item-Abfrage in den Fällen: A, B, C, D, E, F							

Individuelles Verbleiben und Verbleiben in der Kooperation	**Stimme überhaupt nicht zu ←**				**→ stimme vollkommen zu**		
	1	2	3	4	5	6	7
[ST_il_3 Ich habe vor noch lange Zeit in diesem Unternehmen zu bleiben	o	o	o	o	o	o	o
[ST_il_4 Wenn es nach mir geht, werde ich, von jetzt ab, mindestens drei weitere Jahre im Unternehmen bleiben	o	o	o	o	o	o	o
[ST_pl_1 Es ist sehr wahrscheinlich, dass wir die Beziehung zu unserem Partner in den nächsten sechs Monaten beenden	o	o	o	o	o	o	o
[ST_pl_2 Es ist sehr wahrscheinlich, dass wir die Beziehung zu unserem Partner im Laufe des kommenden Jahres beenden	o	o	o	o	o	o	o
[ST_pl_3 Es ist sehr wahrscheinlich, dass wir die Beziehung zu unserem Partner in den kommenden drei Jahren beenden	o	o	o	o	o	o	o
Vollständige Item-Abfrage in den Fällen: A, B, C, D, E, F							

Identifizierung mit dem eigenen Unternehmen	**Stimme überhaupt nicht zu ←**			**→ stimme vollkommen zu**			
	1	2	3	4	5	6	7
[SHID_1] Ich verhalte mich zu einem großen Ausmaß wie ein [Unternehmensname]-Mitarbeiter	o	o	o	o	o	o	o
[SHID_2] Ich verhalte mich nicht wie ein typischer [Unternehmensname]-Mitarbeiter	o	o	o	o	o	o	o
[SHID_3] Ich habe eine Vielzahl an Eigenschaften, die typisch für [Unternehmensname] sind	o	o	o	o	o	o	o
[SHID_4] Wenn jemand [Unternehmensname] kritisiert, ist das eine persönliche Beleidung für mich	o	o	o	o	o	o	o
[SHID_5] Ich bin sehr interessiert daran, was andere über [Unternehmensname] denken	o	o	o	o	o	o	o
[SHID_6] Die Erfolge von [Unternehmensname] sind auch meine Erfolge	o	o	o	o	o	o	o
[SHID_7] Wenn jemand [Unternehmensname] anpreist, ist das für mich ein persönliches Kompliment	o	o	o	o	o	o	o
[SHID_8] Wenn unser Unternehmen in den Medien kritisiert werden würde, würde mich das in Verlegenheit bringen	o	o	o	o	o	o	o
[SHID_9] Wenn ich über [Unternehmensname] spreche, sage ich immer „wir" statt „die"	o	o	o	o	o	o	o
SHID_1-9: Verwendung in den Fällen: A,; Ohne SHID_2: B, C, D, E, F Ergänzt um Item SHID_10 (Wenn ich über unsere Konzernmutter [Name] spreche, sage ich immer „wir" statt „die") in Fall C							

Persönliche Nähe zum Kooperationspartner	**überhaupt nicht ←**					**→ sehr häufig**	
Mit Mitarbeitern aus dem Partnerunternehmen spreche ich über	1	2	3	4	5	6	7
[CLOSE_1] -… Familie	o	o	o	o	o	o	o
[CLOSE_2] - …Freunde	o	o	o	o	o	o	o
[CLOSE_3] - …Politik	o	o	o	o	o	o	o
[CLOSE_4] - …Lokale Veranstaltungen / Events	o	o	o	o	o	o	o
[CLOSE_5] - …Arbeit	o	o	o	o	o	o	o
[CLOSE_6] - …Freizeit	o	o	o	o	o	o	o
Vollständige Item-Abfrage in den Fällen: A, B, C, D, E, F							

Persönliche Angaben	Diese Informationen werden natürlich auch streng vertraulich behandelt. Es wird für niemanden, nachvollziehbar sein, wie Sie diesen Fragebogen beantwortet haben. [DIST]
Alter	
Geschlecht	O weiblich O männlich
Ihr höchster Bildungsabschluss	O kein Abschluss O duale Berufsausbildung/Facharbeiter O Fachschulabschluss O Techniker/Betriebswirt/Fachwirt O Meister O Bachelor O Master O Diplom O 1./2. Staatsexamen O Promotion O Habilitation
Im Unternehmen seit (Jahreszahl)	
Aktuelle Position Im Unternehmen	O Arbeiter O Facharbeiter O Sachbearbeiter O untere Führungsebene (z.B. Meister, Gruppenleiter, Projektleiter) O mittlere Führungsebene (z.B. Abteilungsleiter, Werksleiter) O obere Führungsebene (Vorstand, Geschäftsführung)
Vollständige Item-Abfrage in den Fällen: A, B, C, D, E, F	

Teil B: Fragebogen zu den Elementen (Individuum) schlanker Kooperationsbeziehungen

Persönliches Vorwissen und persönliche Erfahrung Lean Management und Kooperation	**Stimme überhaupt nicht zu ←**						**→ stimme vollkommen zu**
	1	2	3	4	5	6	7
[PREKN_1] Die Aspekte um Lean Management sind mir aus dem Studium/der Ausbildung bekannt	O	O	O	O	O	O	O
[PREKN_2] Die Aspekte um Lean Management sind mir aus dem *theoretischen* Studium/dem theoretischen Teil der Ausbildung bekannt	O	O	O	O	O	O	O
[PREKN_3] Ich verfüge über ein fundiertes Wissen über die Lean Management-Grundlagen	O	O	O	O	O	O	O
[EXP_1] Ich habe Erfahrung in der Zusammenarbeit mit Partnerunternehmen	O	O	O	O	O	O	O
[EXP_2] Meine Arbeit findet vorwiegend intern orientiert statt	O	O	O	O	O	O	O
[EXP_3] Ich war bereits an der Durchführung von *internen* Lean Management-Projekten beteiligt	O	O	O	O	O	O	O
[EXP_4] Ich war bereits an der Durchführung von *externen* Lean Management-Projekten beteiligt	O	O	O	O	O	O	O
PREKN_1-3: Verwendung in den Fällen: A, B, C, D, E, F; EXP_1-4: Verwendung in den Fällen: A, B, C, D, E, F							

Bitte schätzen Sie jeweils die Anzahl und tragen Sie die Zahl ein	
[EXP_5] Ich habe Kontakt zu unseren Partnerunternehmen seit:	Jahren
[EXP_6] Wir haben bereits andere Unternehmen bei der Einführung von Lean Management unterstützt. (Bitte tragen Sie die Anzahl dieser Unternehmen ein)	
EXP_5: Verwendung in den Fällen: A, B, C, D, E, F; EXP_6: Verwendung in den Fällen: A	

Verteilung/Ausbreitung	Stimme überhaupt nicht zu ←				→ stimme vollkommen zu		
	1	2	3	4	5	6	7
[VERT_1] Die Partnerschaft betrifft einen erheblichen Anteil der Mitarbeitenden in unserem Unternehmen direkt: Viele stehen in Kontakt mit Mitarbeitenden des Partnerunternehmens	o	o	o	o	o	o	o
[VERT_2] Nur wenige der Mitarbeitenden unseres Unternehmens stehen in direktem Kontakt mit den Mitarbeitenden des Partnerunternehmens	o	o	o	o	o	o	o
[VERT_3] Ein großer Anteil der Mitarbeitenden in unserem Unternehmen kennt unseren Lean Management-Ansatz	o	o	o	o	o	o	o
[VERT_4] Ein großer Anteil der Mitarbeitenden in unserem Unternehmen arbeitet nach Lean-Prinzipien	o	o	o	o	o	o	o
Folgende Unternehmensbereiche arbeiten nach den Prinzipien des Lean Managements:							
[VERT_5] …Einkauf	O	O	O	O	O	O	O
[VERT_6] …Produktion	O	O	O	O	O	O	O
[VERT_7] …Marketing und Vertrieb	O	O	O	O	O	O	O
[VERT_8] …Logistik	O	O	O	O	O	O	O
[VERT_9] …Kundendienst	O	O	O	O	O	O	O
[VERT_10] …Entwicklung	O	O	O	O	O	O	O
[VERT_11] …Personalwirtschaft	O	O	O	O	O	O	O
[VERT_12] …Top-Management	O	O	O	O	O	O	O
VERT_1: Verwendung in den Fällen: A, B, C, D, E, F; VERT_2: Verwendung in den Fällen: A, B, D, E, F VERT_3: Verwendung in den Fällen: A, B, C, D, E, F; VERT_4: Verwendung in den Fällen: A VERT_5-12: Verwendung in den Fällen: A, B, C, D, E, F							

Persönliche Erwartungen	Stimme überhaupt nicht zu ←				→ stimme vollkommen zu		
	1	2	3	4	5	6	7
[EXPEC_1] Ich habe große Erwartungen an die Zusammenarbeit mit unserem Partnerunternehmen	o	o	o	o	o	o	o
[EXPEC_2] Die Zusammenarbeit mit dem Partnerunternehmen wird sich positiv auf meine Arbeit auswirken	o	o	o	o	o	o	o
[EXPEC_3] Die Zusammenarbeit mit dem Partnerunternehmen ist nur von begrenzter Dauer	o	o	o	o	o	o	o
[EXPEC_4] Für uns gibt es zahlreiche alternative Unternehmen, mit denen wir statt unserem aktuellen Partner zusammenarbeiten könnten	o	o	o	o	o	o	o
[EXPEC_5] Zum jetzigen Zeitpunkt ist unternehmensintern eine Stelle zu besetzen (verfügbar), die mir attraktiver als meine derzeitige Stelle erscheint	o	o	o	o	o	o	o
[EXPEC_6] Zum jetzigen Zeitpunkt ist unternehmens*extern* eine Stelle zu besetzen (verfügbar), die mir attraktiver als meine derzeitige Stelle erscheint	o	o	o	o	o	o	o
[EXPEC_7] Alles in allem bin ich mit meinen Arbeitsinhalten zufrieden	o	o	o	o	o	o	o
[EXPEC_8] Eine andere Stelle ist für mich derzeit keine attraktive Option	o	o	o	o	o	o	o
EXPEC_1-4: Verwendung in den Fällen: A, B, C, D, E, F; EXPEC_5-8: Verwendung in den Fällen: A							

Proaktivität	Stimme überhaupt nicht zu ←				→ stimme vollkommen zu		
	1	2	3	4	5	6	7
[PRAC_1] Ich bin ständig auf der Suche nach neuen Möglichkeiten und Wegen, mein Leben zu verbessern	o	o	o	o	o	o	o
[PRAC_2] Wo auch immer ich bisher tätig war, habe ich als treibende Kraft konstruktive Veränderungen umgesetzt	o	o	o	o	o	o	o
[PRAC_3] Es gibt für mich nichts Aufregenderes, als meine Ideen in die Realität umzusetzen	o	o	o	o	o	o	o
[PRAC_4] Wenn ich etwas sehe, das mir nicht passt, behebe/ändere ich es	o	o	o	o	o	o	o
[PRAC_5] Egal wie die Chancen stehen, wenn ich an etwas glaube, dann verwirkliche ich es	o	o	o	o	o	o	o
[PRAC_6] Ich liebe es ein Gewinner zu sein - auch gegen den Widerstand anderer	o	o	o	o	o	o	o
[PRAC_7] Ich übertreffe mich selbst darin, neue Chancen zu identifizieren	o	o	o	o	o	o	o
[PRAC_8] Ich suche immer nach Möglichkeiten, Dinge besser zu machen	o	o	o	o	o	o	o
[PRAC_9] Ich glaube an eine Idee und nichts wird mich daran hindern, sie wahr zu machen	o	o	o	o	o	o	o
[PRAC_10] Ich erkenne gute Gelegenheiten lange bevor es andere tun	o	o	o	o	o	o	o
PRAC_1-PRAC_10: Verwendung in den Fällen: A, D; PRAC_1-PRAC_10 ohne PRAC_7: Verwendung in den Fällen: B, C, E, F							

Persönliche Austausch-Haltung	Stimme überhaupt nicht zu ←				→ stimme vollkommen zu		
	1	2	3	4	5	6	7
[EX_IDEOL_1[Die Anstrengungen eines Mitarbeiters sollten zu einem Teil davon abhängen, inwiefern das Unternehmen mit dessen Bedürfnissen und Interessen umgeht	o	o	o	o	o	o	o
[EX_IDEOL_2[Ein Mitarbeiter der vom Unternehmen schlecht behandelt wird, sollte seinen Arbeitsaufwand reduzieren	o	o	o	o	o	o	o
[EX_IDEOL_3[Der Arbeitsaufwand eines Mitarbeiters sollte unabhängig von dessen Entlohnung sein	o	o	o	o	o	o	o
EX_IDEOL_1-3: Verwendung in den Fällen: A, B, C, D, E, F							

Ansichten und Einstellungen	Stimme überhaupt nicht zu ←				→ stimme vollkommen zu		
	1	2	3	4	5	6	7
[WB_hum_1] Arbeit kann sinnvoll gestaltet werden	o	o	o	o	o	o	o
[WB_hum_2] Der Job sollte einem die Möglichkeit geben, neue Ideen auszuprobieren	o	o	o	o	o	o	o
[WB_hum_3] Der Arbeitsplatz kann auf den Menschen ausgerichtet werden	o	o	o	o	o	o	o
[WB_hum_4] Arbeit kann einem zufriedenstellen	o	o	o	o	o	o	o
[WB_hum_5] Arbeit erlaubt die Nutzung menschlicher Fähigkeiten	o	o	o	o	o	o	o
[WB_hum_6] Arbeit kann zu Selbstdarstellung dienen	o	o	o	o	o	o	o
[WB_hum_7] Arbeit ermöglicht es, Neues zu lernen	o	o	o	o	o	o	o
[WB_hum_8] Arbeit kann so gestaltet werden, dass menschliche Erfüllung möglich wird	o	o	o	o	o	o	o
[WB_hum_9] Die Arbeit sollte Quelle neuer Erfahrungen sein	o	o	o	o	o	o	o
[WB_mr_1] Hauptsächlich die Reichen und Machtvollen profitieren vom freien Unternehmertum	o	o	o	o	o	o	o
[WB_mr_2] Die Reichen leisten nur einen geringen Beitrag zur Gesellschaft	o	o	o	o	o	o	o
[WB_mr_3] Arbeiter sollten mehr Einfluss auf die Steuerung der Gesellschaft haben	o	o	o	o	o	o	o
[WB_mr_4] Arbeiter erhalten ihren gerechten Anteil an den ökonomischen Gewinnen der Gesellschaft	o	o	o	o	o	o	o
[WB_mr_5] Unternehmen wären erfolgreicher, wenn Arbeiter mehr Einfluss auf das Management hätten	o	o	o	o	o	o	o
[WB_mr_6] Die Leistung der Arbeiter wird von den Reichen zu deren Gunsten ausgenutzt	o	o	o	o	o	o	o
[WB_mr_7] Arbeiter sollten mehr Einfluss auf Produkte, Finanzierung und Investitionen haben	o	o	o	o	o	o	o
[WB_mr_8]Die Bedürfnisse der Arbeiter werden von Seiten des Managements nicht verstanden	o	o	o	o	o	o	o
[WB_ob_1] In einem Team kann man besser arbeiten als alleine	o	o	o	o	o	o	o
[WB_ob_2] In einer Gruppe werden bessere Entscheidungen getroffen als durch Einzelne	o	o	o	o	o	o	o
[WB_ob_3] Es ist besser einen Job zu haben, in dem man Teil eines Teams ist – auch wenn man keine individuelle Belohnung erhält	o	o	o	o	o	o	o
[WB_ob_4] Das Team ist die wichtigste Einheit in einem Unternehmen	o	o	o	o	o	o	o
[WB_ob_5] Der Beitrag zur Leistung der Gruppe ist am wichtigsten	o	o	o	o	o	o	o
[WB_ob_6] Arbeit ermöglicht die Unterstützung/die Realisierung von Gruppeninteressen	o	o	o	o	o	o	o
[WB_lei_1] Mehr Freizeit ist gut für die Gesellschaft	o	o	o	o	o	o	o
[WB_lei_2] Erfolg haben heißt genügend Zeit zu haben, um Freizeitaktivitäten zu pflegen	o	o	o	o	o	o	o
[WB_lei_3] Freizeitaktivitäten sind interessanter als Arbeit	o	o	o	o	o	o	o
[WB_lei_4] Die Arbeit nimmt sehr viel Zeit in Anspruch und lässt einem nur wenig Zeit zu Entspannen	o	o	o	o	o	o	o
[WB_we_1] Eine Abhängigkeit von anderen sollte man so gut wie möglich vermeiden	o	o	o	o	o	o	o
[WB_we_2] Um anderen überlegen zu sein, muss man ein Einzelgänger sein	o	o	o	o	o	o	o
[WB_we_3] Nur diejenigen, die sich auf sich selbst verlassen, kommen weiter im Leben	o	o	o	o	o	o	o
[WB_we_4] Man lernt besser, wenn man sich alleine und mutig Neuem stellt, statt auf die Ratschläge anderer zu hören	o	o	o	o	o	o	o
[WB_we_5] Man sollte bis zur Zufriedenheit mit dem Ergebnis unermüdlich weiter arbeiten	o	o	o	o	o	o	o
Vollständige Item-Abfrage in den Fällen: A, B, D, E, F; Gekürzt um die Items WB-hum_2, WB_hum_6, WB-mr_6 und WB_mr_7: Fall C							

Zufriedenheit [AZU_ov] [JOB_in]	Stimme überhaupt **nicht** zu ←				→ stimme **vollkommen** zu		
	1	2	3	4	5	6	7
[AZU_ov_1] Alles in allem bin ich mit meinem jetzigen Arbeitsplatz sehr zufrieden	O	O	O	O	O	O	O
[AZU_ov_2] Grundsätzlich deckt mein jetziger Arbeitsplatz ab, was ich wollte, als ich damit begonnen habe	O	O	O	O	O	O	O
[AZU_ov_3] Mit der Art meiner Arbeit bin ich zufrieden	O	O	O	O	O	O	O
[AZU_ov_4] Ich bin zufrieden mit meiner Arbeits-Entlohnung	O	O	O	O	O	O	O
[JOB_in_1] Die Dinge die für mich persönlich am bedeutendsten sind, stehen in einem engen Zusammenhang mit meiner Arbeit	O	O	O	O	O	O	O
[JOB_in_2] Meine persönliche Einbindung in meine Arbeit ist sehr hoch	O	O	O	O	O	O	O
AZU_ov_1-4: Verwendung in den Fällen: A; AZU_ov_1, AZU_ov_2, AZU_ov_4: B, C, D, E, F JOB_in_1-2: Verwendung in den Fällen: A, B, C, D, E; F							

Teil B: Fragebogen zu den Elementen (Ressourcen) schlanker Kooperationsbeziehungen

Ressourcenaustausch [Die Ressourcenzuordnung z.B. „Zugehörigkeit" ist in dieser Übersicht ergänzt, war für die Teilnehmer am Erhebungsworkshop jedoch nicht sichtbar]	Stimme überhaupt nicht zu	Stimme größtenteils nicht zu	Stimme eher nicht zu	Teils teils	Stimme eher zu	Stimme größten-teils zu	Stimme voll zu
	1	2	3	4	5	6	7
[RES_giv_1] Ich habe Spaß daran/ich mag es, mit den Mitarbeitern unseres Partners zusammen zu sein [Zugehörigkeit]	O	O	O	O	O	O	O
[RES_giv_2] Ich kümmere mich um die Beziehung zu den Mitarbeitenden unseres Partners [Zugehörigkeit]	O	O	O	O	O	O	O
[RES_giv_3] Die Mitarbeiter unsers Partners machen wertvolle Arbeit [Status]	O	O	O	O	O	O	O
[RES_giv_4] Ich respektiere und achte die Mitarbeitenden unseres Partners [Status]	O	O	O	O	O	O	O
[RES_giv_5] Ich sage den Mitarbeitenden unseres Partners ehrlich meine Meinung [Information]	O	O	O	O	O	O	O
[RES_giv_6] Ich gebe den Mitarbeitenden unseres Partners Ratschläge [Information]	O	O	O	O	O	O	O
[RES_giv_7] Unser Unternehmen bezahlt im Zusammenhang mit unserer Partnerschaft Geld an unseren Partner [Geld]	O	O	O	O	O	O	O
[RES_giv_8] Unser Partner erhält Produkte von uns [Güter]	O	O	O	O	O	O	O
[RES_giv_9] Wir geben manchmal (Werbe-)Geschenke an unseren Partner [Güter]	O	O	O	O	O	O	O
[RES_giv_10] Wir helfen unterstützen unseren Partner und helfen ihm weiter [Leistungen]	O	O	O	O	O	O	O
[RES_giv_11] Wir packen bei unserem Partner mit an [Leistungen]	O	O	O	O	O	O	O
RES_giv_1-11: Verwendung in den Fällen: A ; RES_giv_1-11 ohne RES_giv_2: Verwendung in den Fällen: B, D, E, F RES_giv_1-10 ohne RES_giv_2: Verwendung in den Fällen: C							

Bitte kennzeichnen Sie das Feld ([1]-[4]), welches am besten **das Verhältnis eingebrachter eigener (persönlicher) Ressourcen** und **vom Arbeit gebenden Unternehmen zurückerhaltenen Ressourcen** beschreibt. [RESMATR_eig]

		Eingebrachte Ressourcen des eigenen Unternehmens (Belohnungen in Form von Gehalt, Arbeitsplatzsicherheit, Anerkennung, Wertschätzung u.a.)	
		Kurzfristige Belohnungen (z.B. Gutschein als Anerkennung für besondere Leistung)	*Langfristige Belohnungen (z.B. Entwicklungsperspektive)*
Eingebrachte eigene Ressourcen	*Spezifisch, kurzfristig-orientiert (z.B. Dienst nach Vorschrift)*	**Rein ökonomischer Austausch** [1]	[2]
	Unspezifisch, umfassend und langfristig-orientiert (proaktives Denken und Handeln)	[3]	**Gegenseitiger Austausch** [4]
RES_MATR_eig: Verwendung in den Fällen: A, B, D, E, F			

Berufliche Gratifikation: Bitte beurteilen Sie folgende Aspekte nach Vorliegen und Belastung durch Nicht-Vorliegen	Liegt nicht vor, belastet sehr stark	Liegt nicht vor, belastet stark	Liegt nicht vor, belastet mäßig	Liegt nicht vor, belastet subjektiv gar nicht	Liegt vor
	1	2	3	4	5
[GRAT_wert_1] Anerkennung von Vorgesetzten	O	O	O	O	O
[GRAT_wert_2] Anerkennung von Kollegen	O	O	O	O	O
[GRAT_wert_3] Angemessene Unterstützung in schwierigen Situationen	O	O	O	O	O
[GRAT_wert_4] Gerechte Behandlung	O	O	O	O	O
[GRAT_wert_5] Der Leistung angemessene Anerkennung	O	O	O	O	O
[GRAT_auf_1] Aufstiegschancen	O	O	O	O	O
[GRAT_auf_2] Dem Bildungsabschluss angemessene berufliche Stellung	O	O	O	O	O
[GRAT_auf_3] Der Leistung angemessene Chancen auf berufliches Fortkommen	O	O	O	O	O
[GRAT_auf_4] Der Leistung angemessenes Gehalt	O	O	O	O	O
Vollständige Item-Abfrage in den Fällen: A, B, C, D, E, F					

Berufliche Gratifikation: Bitte beurteilen Sie folgende Aspekte nach Vorliegen und Belastung durch Vorliegen	Liegt nicht vor	Liegt vor, belastet subjektiv gar nicht	liegt vor, belastet mäßig	liegt vor, belastet stark	Liegt vor, belastet sehr stark
	1	2	3	4	5
[GRAT_asi_1] Verschlechterung der Arbeitsplatzsituation ist zu erwarten	O	O	O	O	O
[GRAT_asi_2] Arbeitsplatz ist gefährdet	O	O	O	O	O
Vollständige Item-Abfrage in den Fällen: A, B, C, D, E, F					

Berufliche Gratifikation: Inwiefern stimmen Sie diesen allgemeinen Aussagen zu? [VERAUSG]	Stimme nicht zu	Stimme eher nicht zu	Stimme eher zu	Stimme vollkommen zu
	1	2	3	4
[VERAUSG_1] Ich gerate leicht in Zeitdruck	O	O	O	O
[VERAUSG_2] Ich muss beim Aufwachen oft an Arbeitsprobleme denken	O	O	O	O
[VERAUSG_3] Abschalten fällt mir leicht	O	O	O	O
[VERAUSG_4] Nahestehende sagen, ich opfere mich zu sehr auf	O	O	O	O
[VERAUSG_5] Die Arbeit geht mir nachts im Kopf herum	O	O	O	O
[VERAUSG_6] Ich kann nicht schlafen, wenn ich Arbeit verschiebe	O	O	O	O
Vollständige Item-Abfrage in den Fällen: A, B, C, D, E, F				

Berufliche Verausgabung: Bitte beurteilen Sie, inwiefern folgende Aspekte vorliegen und Sie belasten	Liegt nicht vor	Liegt vor, belastet subjektiv gar nicht	liegt vor, belastet mäßig	liegt vor, belastet stark	Liegt vor, belastet sehr stark
	1	2	3	4	5
[VERAUSG_ber_1] Häufig großer Zeitdruck	O	O	O	O	O
[VERAUSG_ber_2] Häufige Unterbrechungen während der Arbeit	O	O	O	O	O
[VERAUSG_ber_3] Viel Verantwortung	O	O	O	O	O
[VERAUSG_ber_4] Zwang zu Überstunden	O	O	O	O	O
[VERAUSG_ber_5] Arbeitsverdichtung	O	O	O	O	O
Vollständige Item-Abfrage in den Fällen: A, B, C, D, E, F					

Wissensaustausch: **Bitte beurteilen inwiefern, Sie - im Hinblick auf Team und Führungskräfte im eigenen Unternehmen - Wissen austauschen.**			
Wissensaustausch intern	*Geringes Ausmaß [1]*	*Mittleres Ausmaß [2]*	*Großes Ausmaß [3]*
[WIAU_int_1] Das Ausmaß, indem Sie Ihrem Team etwas beibringen	O	O	O
[WIAU_int_2] Das Ausmaß, indem Sie von Ihrem Team etwas lernen	O	O	O
[WIAU_int_3] Das Ausmaß, indem Sie Ihr Team (dessen Denken und Handeln) beeinflussen können	O	O	O
[WIAU_int_4] Das Ausmaß, indem Ihr Team Einfluss auf Sie (Ihr Denken und Handeln) hat	O	O	O
Vollständige Item-Abfrage in den Fällen: A, B, C, D, E, F			

Wissensaustausch: **Bitte beurteilen inwiefern, Sie - im Hinblick auf Team und Führungskräfte im Partnerunternehmen - Wissen austauschen.**			
Wissensaustausch extern	*Geringes Ausmaß [1]*	*Mittleres Ausmaß [2]*	*Großes Ausmaß [3]*
[WIAU_ex_1] Das Ausmaß, indem Sie Ihrem Partnerunternehmen etwas beibringen	O	O	O
[WIAU_ex_2] Das Ausmaß, indem Sie von Ihrem Partner etwas lernen	O	O	O
[WIAU_ex_3] Das Ausmaß, indem Sie Ihren Partner (dessen Denken und Handeln) beeinflussen können	O	O	O
[WIAU_ex_4] Das Ausmaß, indem Ihr Partner Einfluss auf Sie (Ihr Denken und Handeln) hat	O	O	O
Vollständige Item-Abfrage in den Fällen: A, B, C, D, E, F			

Anhang 8: In der Gruppendiskussion eingesetzte Frageblöcke

In den folgenden Tabellen ist jeweils gekennzeichnet, welche Items erhoben wurden.[1295]

Empfangenen Austauschressourcen: Fokales Unternehmen und Kooperationspartner
[RES_take_1] Die Mitarbeiter unseres Partners haben Spaß/mögen es, mit uns zusammen zu sein [Zugehörigkeit]
[RES_take_2] Die Mitarbeitenden unseres Partners kümmern sich um die Beziehung zu uns [Zugehörigkeit]
[RES_take_3] Unser Partner erkennt, dass wir wertvolle Arbeit leisten [Status]
[RES_take_4] Unser Partner respektiert und achtet uns [Status]
[RES_take_5] Unser Partner sagt uns ehrlich seine Meinung [Information]
[RES_take_6] Unser Partner gibt uns Ratschläge [Information]
[RES_take_7] Unser Partner bezahlt im Zusammenhang mit unserer Partnerschaft Geld an uns [Geld]
[RES_take_9] Wir erhalten manchmal (Werbe-)Geschenke von unserem Partner [Güter]
[RES_take_10] Unser Partner unterstützt uns bei unserer Arbeit und hilft uns weiter [Leistungen]
[RES_take_11] Unser Partner packt mit an [Leistungen]
[RES_take_8 (Produkte)] wurde aus der Betrachtung ausgeschlossen Erhebung aller Items RES_take_1-11 in den Fällen: A, B, D, E, F Erhebung der Items ohne RES_take_7 und RES_take_11: Fall C

Commitment gegenüber dem Kooperationspartner
[CO_alg_1] Diese Partnerschaft ist langfristig ausgerichtet
[CO_alg_2] Wir sehen uns als eine „Familie"/ein „Teil der Familie"
[CO_rs_2] Wir verteidigen unseren Partner, wenn ihn andere kritisieren
[CO_lt_2] Wir beabsichtigen, die Partnerschaft zu vertiefen
[CO_lt_3] Wir beabsichtigen, weitere Ressourcen in die Kooperation zu investieren
[CO_in_1] In die Kooperation bringen wir vertrauliche Informationen ein
[CO_in_2] Unser Partner ist über strategisch bedeutsame Entscheidungen unseres Unternehmens informiert
Erhebung aller Items in den Fällen: A, B, D. E, F Ausschließliche Erhebung der Items CO_alg_1, CO_alg_2 und CO_lt_2: Fall B

Kooperationsende: Falls aus irgendeinem Grund die Beziehung mit unserem Partner endet…
[CU_de_1] … würde das auch Bereiche betreffen, die nicht primär gemeinsam bearbeitet werden
[CU_de_2] … könnten wir uns relativ leicht auf einen neuen Partner einlassen (Umgekehrt formuliert)
[CU_de_3] … würden wir einen erheblichen Verlust erleiden
[CU_de_4] … hätte dieser Verlust einen starken Einfluss auf unsere Reputation
Erhebung aller Items in den Fällen: A, B, D. E, F; ergänzend sind diese Itens im Fragebogen des Nachtrags aus Fall A integriert Verwendung der Items CU_de_2-4: Fall C

Gemeinsame Aktivitäten: Wie häufig finden folgende gemeinsame Aktivitäten statt?[1296]
[JOINT_1] Workshops
[JOINT_2] Trainings
[JOINT_3] Projekte
[JOINT_4] Verhandlungssituationen
[JOINT_5] Teambildende Maßnahmen
[JOINT_6] Benchmark-Besuche
[JOINT_7] *freie Antwort*
[JOINT_8] *freie Antwort*
Erhebung aller Items in den Fällen: A - F

Zustimmungshäufigkeit
[AF_1] Anzahl möglicher gemeinsamer Projekte
[AF_2] Anzahl der davon in der Umsetzung bereits gestarteter Projekte
Erhebung aller Items in den Fällen: A – F

1295 An einigen Stellen wurden mehrere Items für die Erhebungen vorbereitet, die aus Zeitgründen nicht berücksichtigt wurden.

1296 Die Skala umfasst hier folgende Antworten: „nie", „selten", „manchmal", „häufig" und „sehr häufig".

Einwilligung
[ACQ_1] In Zukunft übernehmen wir Verhaltensweisen des Partners
[ACQ_2] Der Partner wird in Zukunft Verfahrensweisen von uns übernehmen
Erhebung aller Items in den Fällen: A – F

(Opportunistisches) Verhalten in der Kooperationsbeziehung
[OPBEH_1] Um eigene Ziele zu erreichen, verändert der Partner die Sachlage
[OPBEH_2] Um eigene Ziele zu erreichen, verspricht unser Partner Dinge, die er nicht hält
[OPBEH_3] Unser Partner ist immer ehrlich (umgekehrte Beschreibung)
[OPBEH_4] Unser Partner bricht formale / nicht formale Vereinbarungen zu seinen Gunsten
Erhebung aller Items in den Fällen A, B; Erhebung ohne Item OPBEH_4: Fall F Erhebung ohne die Items OPBEH_3-4: Fall E; Ausschließliche Erhebung von Item OPBEH_3: Fall C

Eigenschaften der Kooperationspartner: Der Partner übernimmt…
[ASS_1] … große Investitionen in Werkzeuge und Ausrüstungen für die Kooperation
[ASS_2] … unübliche Normen und Standards von uns
[ASS_3] … Investitionen in Training und Qualifizierung
[ASS_4] Das Produktionssystem des Partners wurde/wird angepasst
Erhebung aller Items in den Fällen: A, B, D, E; Ausschließlich Erhebung von Item ASS_4: Fall F Keine Erhebung der Items ASS_1-4: Fall C

Investitionen in die Kooperationsbeziehung
[RSI_2]Unser Partner verfügt über Spezialwissen
[RSI_3] Unser Partner investiert viel in Trainingsmaßnahmen
[RSI_4] Unser Partner investiert Ressourcen in die Zusammenarbeit
Item RSI_1 wurde in keinem der Fälle erhoben RSI_2-4: Erhebung in den Fällen: A, B, D, E, F RSI_2-3 exkl. RSI_4: Erhebung im Fall C

Bitte vergleichen Sie Ihren aktuellen Partner mit einem alternativen Unternehmen, das die Partnerrolle übernehmen könnte hinsichtlich…	RS_be_1 … Kosten	[RS_be_2] … Flexibilität	[RS_be_3] … Qualität	[RS_be_4] … Lieferservice
Aktueller Partner ist auf einer siebenstufigen Skala: viel schlechter (1) vs. viel besser (7)				
Erhebung aller Items in den Fällen: A (nur Nachtrag) B, D, E, F Keine Erhebung der Items in den Fällen A (Workshop-Teilnehmer), C				

Verbesserungspotenzial: Bitte treffen Sie eine gemeinsame Einschätzung, inwiefern die folgenden Aspekte hinsichtlich der Beziehung mit dem Partner verbessert werden müssen **Siebenstufige Skala: 1 = Verbesserung notwendig; 7 = Situation ist ausgezeichnet**
[PERF_1a] Produkt-Qualität
[PERF_1b] Qualität der Zusammenarbeit
[PERF_2] Termineinhaltung
[PERF_3] Service / Technischer Support
[PERF_4] Insgesamt generierter Wert
[PERF_5]]Kosten
[PERF_6] Beziehung an sich
Erhebung aller Items in den Fällen: B, C, D, F Erhebung ohne Items PERF_1a und PERF_6: Fall A Erhebung ohne Item PERF__3: Fall E

Insgesamt spricht die Beziehung zu unserem Partner dafür, dass
[COOP_1] … wir eine gegenseitige Austauschbeziehung haben
[COOP_2] … wir gut zusammenarbeiten können
[COOP_3] … wir unsere Beziehung als kooperativ beschreiben
Erhebung aller Items in den Fällen: A, B, D, E, F Erhebung ohne COOP_3: Fall C

Kommunikation zwischen den Kooperationspartnern: **Bitte treffen Sie eine gemeinsame Einschätzung hinsichtlich der Kommunikation der Kooperationspartner**
[COMU_1] Kommunikation in unserer Partnerschaft erfolgt unverzüglich und pünktlich
[COMU_2] Die Kommunikation in unserer Partnerschaft erfolgt umfassend und lückenlos
[COMU_3] Die Kommunikationswege sind klar

Kommunikation zwischen den Kooperationspartnern: Bitte treffen Sie eine gemeinsame Einschätzung hinsichtlich der Kommunikation der Kooperationspartner
[COMU_4] Die Kommunikation in unserer Beziehung verläuft strukturiert und präzise
[COMU_5] Unser Partner informiert uns über neue Entwicklungen
[COMU_6] Wir sind mit der Kommunikation zufrieden
[COMU_7] Wir „ziehen" Informationen
Erhebung aller Items in den Fällen: A, E Erhebung ohne Item COMU_7 in den Fällen: B, C, D, F Exkl. Item COMU_5: Fall C

Veränderung der Marktdynamik in den letzten 5 Jahren hinsichtlich... Siebenstufige Skala: 1: sehr geringe Veränderungen, 7 sehr große Veränderungen
[DYN_1] Preisbildung
[DYN_2] Produkteigenschaften
[DYN_3] Support / After-Sales / Dienstleistungen
[DYN_4] Technologisches Umfeld
[DYN_5] Ressourcenverfügbarkeit
Erhebung der Items DYN_1-5 in allen Fällen

Eigene Unternehmensperformance: Bitte geben Sie den Grad der Zufriedenheit (1 = sehr unzufrieden; 7 = sehr zufrieden) an, inwiefern die Erwartungen hin-sichtlich folgender Performance-Ziele erfüllt wurden.
[PERF_erw_1] Umsatz im abgelaufenen Geschäftsjahr
[PERF_erw_2] Rentabilität im abgelaufenen Geschäftsjahr
[PERF_erw_3] Gesamtkapitalrentabilität im abgelaufenen Geschäftsjahr
[PERF_erw_4] Finanzielle Leistungsfähigkeit im abgelaufenen Geschäftsjahr
[PERF_erw_5] Erfolg in den letzten fünf Jahren im Vergleich zu den Wettbewerbern
[PERF_erw_6] Entwicklung des Marktanteils in den letzten fünf Jahren
[PERF_erw_7] Anteil des Umsatzes mit neuen Produkten in den letzten fünf Jahren
[PERF_erw_8] Entwicklung der Produktionskosten
[PERF_erw_9] Entwicklung der Entwicklungskosten
Erhebung ohne Item PERF_erw_2-7: Fall A; Erhebung ohne Items PERF_erw_3-4: Fälle B, D, E, F; Keine Erhebung: Fall C

Eigene Unternehmensperformance: Bitte geben Sie den Grad der Zufriedenheit (1 = sehr unzufrieden; 7 = sehr zufrieden) an, inwiefern die Erwartungen hin-sichtlich folgender Performance-Ziele erfüllt wurden.
[PERF_erw_1] Umsatz im abgelaufenen Geschäftsjahr
[PERF_erw_2] Rentabilität im abgelaufenen Geschäftsjahr
[PERF_erw_3] Gesamtkapitalrentabilität im abgelaufenen Geschäftsjahr
[PERF_erw_4] Finanzielle Leistungsfähigkeit im abgelaufenen Geschäftsjahr
[PERF_erw_5] Erfolg in den letzten fünf Jahren im Vergleich zu den Wettbewerbern
[PERF_erw_6] Entwicklung des Marktanteils in den letzten fünf Jahren
[PERF_erw_7] Anteil des Umsatzes mit neuen Produkten in den letzten fünf Jahren
[PERF_erw_8] Entwicklung der Produktionskosten
[PERF_erw_9] Entwicklung der Entwicklungskosten
Erhebung ohne Item PERF_erw_2-7: Fall A; Erhebung ohne Items PERF_erw_3-4: Fälle B, D, E, F; Keine Erhebung: Fall C

Inwiefern stimmen Sie der folgenden Aussage zu?
[AMB_1] Die Leistungen in der Kooperationsbeziehung lassen sich nur schwer evaluieren
Erhebung in allen Fällen; In den Fällen A und B erfolgt nur eine qualitative Beantwortung des Items.

Wettbewerbsbedingungen
[COMP_1] Findet der Wettbewerb über Preis- oder Produktmerkmale statt?
[COMP_2] Erfolgt bei Preiserhöhungen im Rohmaterial eine Weitergabe an den Kunden? (ja vs. nein)
[COMP_3] Erfolgt eine Bedrohung durch die Weiterentwicklung bestehender Wettbewerber? (ja vs. nein)
[COMP_4] Sind neue Wettbewerber in den Markt eingetreten? (ja vs. nein)
[COMP_5] Sinkt oder steigt die Anzahl an Wettbewerbern?
[COMP_6] Wie hoch sind die Markteintrittskosten für neue Wettbewerber? (Hoch vs. niedrig)
[COMP_7] Sind die Entwicklungen hinsichtlich Produkte und Märkte gut einschätzbar? (ja vs. nein)
[COMP_8] Gibt es Substitute für die eigenen Produkte (ja vs. nein)
Erhebung aller Items in den Fällen: A, B, D, E, F; Erhebung der Items COMP_1-4 in Fall C

Bitte treffen Sie eine gemeinsame Einschätzung hinsichtlich der Lean Management-Philosophie- Bitte treffen Sie eine gemeinsame Einschätzung, welche Aspekte den Lean-Ansatz in Ihrem Unternehmen charakterisieren. Wie werden die folgenden Aspekte umgesetzt?
[Phil_1] Managemententscheidungen sind langfristig ausgerichtet
[Phil_2_a] Mitarbeiter werden kontinuierlich entwickelt
[Phil_2_b] Führungskräfte werden kontinuierlich entwickelt
[Phil_2_c] Mitarbeiter und Führungskräfte werden kontinuierlich entwickelt
[Phil_3] Das Mitarbeiterpotenzial wird vollständig genutzt
[Phil_4] Probleme lösen wir immer an der Wurzel
[Phil_5] Das Top-Management macht sich regelmäßig ein Bild von der Situation vor Ort
[Phil_6] Die Führungskräfte machen sich regelmäßig ein Bild von der Situation vor Ort

Bitte treffen Sie eine gemeinsame Einschätzung hinsichtlich der Lean Management-Philosophie- Bitte treffen Sie eine gemeinsame Einschätzung, welche Aspekte den Lean-Ansatz in Ihrem Unternehmen charakterisieren. Wie werden die folgenden Aspekte umgesetzt?
[Phil_7] Es gibt eine Feedbackkultur im Unternehmen
[Phil_8] Unsere Lean-Aktivitäten sind im Unternehmen wahrnehmbar
Erhebung aller Items mit Phil_2d in den Fällen: A, B, C, D, F; Erhebung aller Items mit Phil_2a und Phil_2b in Fall E
Lean Management: Implementierung **Bitte treffen Sie eine gemeinsame Einschätzung hinsichtlich der Lean Management- Implementierung im Unternehmen**
[Impl_1] Wir setzen regelmäßig Produktverbesserungen um
[Impl_2] Wir setzen produktbedingte Änderungen in der Produktion um
[Impl_3] Wir setzen regelmäßig Prozessverbesserungen um
[Impl_4] Wir sind veränderungsbereit
[Impl_5] Wir sind veränderungsfähig
[Impl_6a]Das Top-Management wirbt extern für den Lean-Ansatz
[Impl_6b] Das Top-Management wirbt intern für den Lean-Ansatz
[Impl_7] Das Top-Management tauscht sich mit anderen Unternehmen zum Thema Lean aus
[Impl_8] Lean-Erfolge werden gefeiert
[Impl_9] Externe Berater unterstützen die Lean-Implementierung
[Impl_10] Es gibt ausreichend Trainings zu Lean-Aspekten
[Impl_11] Es besteht genügend Zeit, Lean zu lernen
[Impl_12] Viele schlanke Methoden und Werkzeuge sind bereits im Einsatz
Erhebung aller Items in den Fällen: A, B, D, E, F ; Erhebung ohne Item ImpL-6a in Fall C

Review-Stufen
[LM_eva_1] Der Austausch hinsichtlich In- und Output in die Beziehung ist gleichberechtigt
[LM_eva_2] Vergleichsstandards sind realistisch
[LM_eva_3] Es gibt in der Kooperation einen regelmäßigen Leistungsbewertungsprozess
[LM_eva_4] Die finanziellen Ergebnisse unserer Zusammenarbeit sind hervorragend
[LM_eva_5] Die Zufriedenheit über die Zusammenarbeit ist in beiden Unternehmen sehr hoch
Erhebung der Items LM_eva_1,3,5 in den Fällen B, D, E, F Erhebung der Items LM_eva_1,3,4 in Fall B Erhebung der Items LM_eva_2,5 in Fall A; Erhebung der Items LM_eva_2,3,4 in Fall A (Nachtrag)

Just-in-time-Implementierung in der Kooperation
[Impl_coop_1] Es bestehen beiderseitig realistische Erwartungen an die Kooperation
[Impl_coop_2] Es handelt sich um eine lösungsorientierte Zusammenarbeit
[Impl_coop_3] Ein großer Teil unserer Belegschaft ist in die gemeinsamen Aktivitäten eingebunden
[Impl_coop_4a] Die Leistung der Unternehmen ist hoch und verbessert sich weiter (allgemein)
[Impl_coop_4b] Die Leistung der Unternehmen ist hoch und verbessert sich weiter (CPS-spezifisch)
[Impl_coop_5] Es haben sich Normen und Verhaltensregeln entwickelt
[Impl_coop_6] Die Partnerschaft ist durch ein hohes Maß an Kooperation gekennzeichnet
[Impl_coop_7a] Konflikte gibt es nur selten
[Impl_coop_7b] Konflikte, die aufkommen, werden effizient gelöst
[Impl_coop_8] Es hat sich Vertrauen entwickelt
[Impl_coop_9] Die Zufriedenheit mit der Zusammenarbeit ist von allen Seiten hoch
Erhebung aller Items Impl_coop_1-9 in Fall C; Erhebung der Items Impl_coop_3,4a,7,8 in Fall A; Erhebung der Items Impl_coop_3,4a,7,8,9 in Fall B; Erhebung der Items Impl_coop_3,4a,4b,7a,8 in Fall D; Erhebung der Items Impl_coop_3,4a,7a,8 in den Fällen E, F

Anhang 9: Berechnung der Korrelationskoeffizienten Kendalls tau und Spearmans roh in IBM SPSS Statistics Version 20

Berechnung von Kendalls tau

Quelle: IBM SPSS Statistics Version 20: „Kendall's Tau (nonparametric correlations algorithms)“

Für beide Variablen *X* und *Y* werden die Beobachtungen separat in aufsteigender Reihenfolge sortiert und durch ihre Ränge ersetzt. In Fällen, in denen *t* Beobachtungen verbunden sind, wird der Durchschnittsrang zugewiesen. In allen Fällen $t>1$, werden die folgenden Mengen berechnet und über alle Gruppen an Verbindungen und alle einzelnen Variablen separat aufsummiert.

$$\tau_v = \sum t^2 - t$$

$$v = x \ oder \ y$$

Jeder der N Fälle wird mit jedem weiteren verglichen, um zu sehen, mit wie vielen Fällen sein Rang von X und Y konkordant oder diskonkordant ist. Für jedes einzelne Paar an Fällen *(i,j),i<j* wird die Menge

$$d_{ij} = [R(X_j) - R(X_i)][R(Y_j) - R(Y_i)]$$

berechnet. Ist das Vorzeichen dieses Produkts positiv, ist das Beobachtungspaar *(i,j)* konkordant. Ist das Vorzeichen negativ, ist das Paar diskonkordant.

Die Anzahl der konkordanten Paare abzüglich der diskonkordanten Paare ist:

$$S = \sum_{i=1}^{N-1} \sum_{j=i+1}^{N} sign\ (d_{ij})$$

wobei $sign\ (d_{ij})$ definiert ist als +1 oder −1 in Abhängigkeit des Vorzeichens von (d_{ij}). Paare mit $sign\ (d_{ij}) = 0$ werden in der Berechnung von S nicht berücksichtigt.

Kendall's tau (τ) ergibt sich wie folgt:

$$\tau = \frac{S}{\sqrt{\frac{N^2 - N - \tau_x}{2}\sqrt{\frac{N^2 - N - \tau_y}{2}}}}$$

Ist der Nenner 0, wird die Berechnung nicht durchgeführt.

Berechnung von Spearmans roh
Quelle: IBM SPSS Statistics Version 20: „Spearman Correlation Coefficient (nonparametric correlations algorithms)"

Für beide Variablen *X* und *Y* werden die Beobachtungen separat in aufsteigender Reihenfolge sortiert und durch ihre Ränge ersetzt. In Fällen, in denen *t* Beobachtungen verbunden sind, wird der Durchschnittsrang zugewiesen. In allen Fällen $t>1$, wird die Menge t^3-t berechnet und für jede Variable separate aufsummiert.

Für jede der Variablen *X* und *Y* separat werden die Beobachtungen in absteigender Reihenfolge sortiert und durch ihre Ränge ersetzt. In Fällen, in denen *t* Beobachtungen verbunden sind, wird der Durchschnittsrang zugewiesen. Jedes Mal wenn $t>1$ wird die Menge t^3-t berechnet und separat für jede Variable aufsummiert. Diese Summen werden bezeichnet als ST_x und ST_y. Für jede der *N* Beobachtungen wird die Differenz der Ränge *X* und *Y* wie folgt berechnet:

$$d_i = R(X_i) - R(Y_{i)}$$

Spearmans roh (ρ) wird berechnet nach Siegel (1956)

$$\rho_{s=} \frac{T_{x+T_y - \sum_{i=1}^{N} d^2{}_i}}{2\sqrt{T_x T_y}}$$

Wobei

$$T_{x=} \frac{N^3 - N - ST_x}{12}$$

und

$$T_{y=} \frac{N^3 - N - ST_y}{12}$$

Sind T_x oder $T_y = 0$ wird der Wert nicht berechnet.

Anhang 10: Exploratives problemzentriertes Interview (Transkription)

Das Interview ist aus Gründen der Anonymität nicht Bestandteil der Veröffentlichung.

Literaturverzeichnis

Academy of Management (2013a): Academy of Management. Welcome to AMJ. Verfügbar: http://aom.org/AMJ/. Letzter Zugriff: 23.05.2014.

Academy of Management (2013b): Academy of Management Review. Academy of Management Review. Verfügbar: http://aom.org/amr/. Letzter Zugriff: 23.05.2014.

Adam, E. E./Swamidass, P. M. (1989): Assessing Operations Management from a Strategic Perspective. In: Journal of Management, 15(1989)2, S. 181–203.

Agnihotri, R. et al. (2012): Bringing "Social" into Sales: The Impact of Sales People's Social Media Use on Service Behaviors and Value Creation. In: Journal of Personal Selling & Sales Management, 32(2012)3, S. 333–348.

Ahuja, G./Katila, R. (2001): Technological Acquisitions and the Innovation Performance of Acquiring Firms: A Longitudinal Study. In: Strategic Management Journal, 22(2001)3, S. 197–220.

Alagajara, M./Eran, T. (2013): The Strategic Value of HRD in Lean Strategy Implementation. In: Human Resource Development Quarterly, 24(2013)1, S. 1–27.

Alig, S. (2013): Wettbewerbsvorteile durch Innovationskooperationen: Eine ressourcen- und beziehungsorientierte Untersuchung in der deutschen Metall- und Elektroindustrie. Lohmar/Köln 2013.

Amasaka, K. (2013): The Development of a Total Quality Management System for Transforming Technology into Effective Management Strategy. In: International Journal of Management, 30(2013)2, S. 610–630.

Amasaka, K./Sakai, H. (2010): Evolution of TPS Fundamentals Using New JIT Strategy: Proposal and Validity of Advanced TPS at Toyota. In: Journal of Advanced Manufacturing Systems, 9(2010)2, S. 85-99.

Ambos, T. C/Andersson, U./Birkinshaw, J. (2010): What are the Consequences of Initiative-Taking in Multinational Subsidiaries. In: Journal of Business Studies, 41(2010)7, S. 1099–1118.

Von Ameln, F. (2004): Konstruktivismus: Die Grundlagen systemischer Therapie, Beratung und Bildungsarbeit. Tübingen 2004.

Anand, B. N./Khanna, T. (2000): Do Firms Learn to Create Value? The Case of Alliances. In: Strategic Management Journal, 21(2000)3, S. 295-315.

Anderson, E. H. (1949): The Meaning of Scientific Management. In: Harvard Business Review, 27(1949)6, S. 678–692.

Anderson, J. C./Cleveland, G./Schroeder, R. G. (1989): Operations Strategy: A Literature Review. In: Journal of Operations Management, 8(1989)2, S. 133–158.

Anderson, L. W./Krathwohl, D. R. (2001): A Taxonomy for Learning, Teaching and Assessing: A Revision of Bloom´s Taxonomy of Educational Objectives. New York 2001.

Argote, L./Miron-Spektor, E. (2011): Organizational Learning: From Experience to Knowledge. In: Organization Science, 22(2011)5, S. 1123–1137.

Arikan, A. T. (2009): Interfirm Knowledge Exchanges and the Knowledge Creation Capability of Clusters. In: Academy of Management Review, 34(2009)4, S. 658–676.

Ashforth, B. E./Mael, F. (1989): Social Identity Theory and the Organization. In: Academy of Management Review, 14(1989)1, S. 20–39.

Azevedo, S. G. et al. (2012): Influence of Green and Lean Upstream Supply Chain Management Practices on Business Sustainability. In: IEEE Transactions on Engineering Management, 59(2012)4, S. 753–765.

Bain, J. S. (1964): The Theory of Monopolistic Competition after Thirty Years. In: American Economic Review, 54(1964)3, S. 28–32.

Bandte, H. (2007): Komplexität in Organisationen: Organisationstheoretische Betrachtung und agentenbasierte Simulation. Wiesbaden 2007.

Barney, J. B. (1986): Organizational Culture: Can It Be a Source of Sustained Competitive Advantage? In: Academy of Management Review, 11(1986)3, S. 656–665.

Barney, J. (1991): Firm Resources and Sustained Competitive Advantage. In: Journal of Management, 17(1991)1, S. 99–120.

Barney, J. B. (2002): Strategic Management: From Informed Conversation to Academic Discipline. In: Academy of Management Executive, 16(2002)2, S. 53–57.

BASF SE (2013a): BASF Bericht 2012: 3 – Anteilsbesitzliste der BASF-Gruppe 2012 gemäß § 313 Abs. 2 HGB. Verfügbar: http://www.basf.com/group/corporate/de_DE/function/conversions:/publishdownload/content/about-basf/facts-reports/reports/2012/Anteilsbesitzliste_BASF_SE_2012.pdf. Letzter Zugriff: 23.05.2014.

BASF SE (2013b): BASF SE: Jahresabschluss 2012. Verfügbar: http://www.basf.com/group/corporate/de_DE/function/conversions:/publishdownload/content/about-basf/facts-reports/reports/2012/Jahresabschluss_BASF_SE_2012.pdf. Letzter Zugriff: 23.05.2014.

Bateman, T. S./Crant, J. M. (1993): The Proactive Component of Organizational Behavior: A Measure and Correlates. In: Journal of Organizational Behavior, 14(1993)2, S. 103–118.

Bauer, N.-J./Arretz, M. (2004): Enhancing Cooperation - Lieferantenqualifizierung aus Sicht einer Nachhaltigkeitsberatung am Beispiel der Textilwirtschaft. In: Pfohl, Hans-Christian (Hrsg.): Erfolgsfaktor Kooperation in der Logistik: Outsourcing - Beziehungsmanagement - finanzielle Performance. Berlin 2004, S. 39–56.

Becker, B./Gerhart, B. (1996): The Impact of Human Resource Management on Organizational Performance: Progress and Prospects. In: Academy of Management Journal, 39(1996)4, S. 779–801.

Beelaerts van Blokland, W.W.A. et al. (2012): Measuring Value-Leverage in Aerospace Supply Chains. In: International Journal of Operations & Production Management, 32(2012)8, S. 982–1007.

Beer, M./Eisenstat, R. A. (2000): The Silent Killers of Strategy Implementation and Learning. In: Sloan Management Review, 41(2000)4, S. 29–40.

Beer, M./Eisenstat, R. A./Spect, B. (1990): The Critical Path to Corporate Renewal. United States of America 1990.

Bello, D. C./Kostova, T. (2012): From the Editors: Conducting High Impact International Business Research: The Role of Theory. In: Journal of International Business Studies, 43(2012)6, S. 537–543.

Berger, I. E./Cunningham, P. H./Drumwright, M. E. (2006): Identity, Identification, and Relationship through Social Alliances. In: Journal of the Academy of Marketing Science, 34(2006)2, S. 128–137.

Bernard, K. N. (1996): Just-in-Time as a Competitive Weapon: The Significance of Functional Integration. In: Journal of Marketing Management, 12(1996)6, S. 581–597.

Berry, W. L. et al. (1991): Factory Focus: Segmenting Markets from an Operations Perspective. In: Journal of Operations Management, 10(1991)3, S. 363–387.

Berry, W. L. et al. (1991): Linking Strategy Formulation in Marketing and Operations: Empirical Research. In: Journal of Operations Management, 10(1991)3, S. 294–302.

Berry, W./Hill, T. J./Klompmaker, J. E. (1995): Customer-driven Manufacturing. In: International Journal of Operations & Production Management, 15(1995)3, S. 4–15.

Bhasin, S./Burcher, P. (2006): Lean Viewed as a Philosophy. In: Journal of Manufacturing Technology Management, 17(2006)1, S. 56–72.

Bilhuber Galli, E. (2013): The Value of "We": Building Relational Capital in Large Firms. In: Vollmar, J./Becker, R./Hoffend, I. (Hrsg.): Macht des Vertrauens: Perspektiven und aktuelle Herausforderungen im unternehmerischen Kontext. Wiesbaden 2013. S. 67–85.

Bisnode Deutschland GmbH (2013): Bisnode: Firmendatenbank für Hochschulen. Verfügbar: http://www.hoppenstedt-hochschuldatenbank.de/. Letzter Zugriff: 23.05.2014.

Blau, P. M. (1974): On the Nature of Organizations. New York 1974.

Bleicher, K. (2011): Das Konzept integriertes Management: Visionen-Missionen-Programme. Frankfurt am Main 2011.

Bode, A. (2009): Wettbewerbsvorteile durch internationale Wertschöpfung: eine empirisch Untersuchung deutscher Unternehmen in China. Wiesbaden 2009.

Bode, A./Müller, K. (2012a): Lean Cooperation: Learning to be Lean. In: Research in Logistics & Production, 2012(2012)4, S. 353–366.

Bode, A./Müller, K. (2012b): Resource Management in Logistics and Production Lean Cooperation: A Learning Approach. In: Grzybowska, K. (Hrsg.): Contemporary Management - Learning and Knowledge in Business. Poznan 2012, S. 25–40.

Bode, A./Müller, K. (2013a): The Role of Social Exchange Theory in Explaining Cluster Development. In: Brown, K. et al. (Hrsg.): Resources and Competitive Advantages in Clusters. München 2013, S. 133–145.

Bode, A./Müller, K. (2013b): Value-creating Relationships: Focusing on the Human Level. In: Logistics Research, 6(2013)4, S. 231–243.

Borgatti, S./Foster, P. C. (2003): The Network Paradigm in Organizational Research: A Review and Typology. In: Journal of Management, 29(2003)3, S. 991–1013.

Borgatti, S. P./Halgin, D. S. (2011): On Network Theory. In: Organization Science, 22(2011)5, S. 1168–1181.

Borgatti, S. P. et al. (2009): Network Analysis in the Social Sciences. In: Science, 323(2009)5916, S. 892–895.

Bortz, J./Lienert, G.A. (2008): Kurzgefasste Statistik für die Klinische Forschung: Leitfaden für die verteilungsfreie Analyse kleiner Stichproben. Heidelberg 2008.

Bortz, J. (2005): Statistik für Human- und Sozialwissenschaftler. Heidelberg 2005.

Bowersox, D. J./Stank, T. P./Daugherty, P. J. (1999): Lean Launch: Managing Product Introduction Risk Through Response-based Logistics. In: Journal of Product Innovation Management, 16(1999)6, S. 557–568.

Bowman, C./Ambrosini, V. (2000): Value Creation versus Value Capture: Towards a Coherent Definition of Value in Strategy. In: British Journal of Management, 11(2000)1, S. 1–15.

Box, G. E. P. (1976): Science and Statistics. In: Journal of the American Statistical Association, 71(1976)356, S. 791–799.

Boyer, K. K./McDermott, C. (1999): Strategic Consensus in Operations Strategy. In: Journal of Operations Management, 17(1999)3, S. 289–305.

Boyle, T. A./Scherrer-Rathje, M./Stuart, I. (2008): Influence of External Information Sources on Lean Improvements: An Exploratory Model. In: Baltimore 2008, S. 1581–1586.

Bradach, J. L./Eccles, R. G. (1989): Price, Authority, and Trust: From Ideal Types to Plural Forms. In: Annual Review of Sociology, 15(1989), S. 97–118.

Braun, W. (1993): Forschungsmethoden der Betriebswirtschaftslehre. In: Wittmann, Waldemar et al. (Hrsg.): Handwörterbuch der Betriebswirtschaft. Stuttgart 1993, S. 1220–1236.

Bridoux, F./Coeurderoy, R./Durand, R. (2011): Heterogeneous Motives and the Collective Creation of Value. In: Academy of Management Review, 36(2011)4, S. 711–730.

Briscoe, F./Tsai, W. (2011): Overcoming Relational Inertia: How Organizational Members Respond to Acquisition Events in a Law Firm. In: Administrative Science Quarterly, 55(2011)3, S. 408–440.

Brown, D. J. et al. (2006): Proactive Personality and the Successful Job Search: A Field Investigation with College Graduates. In: Journal of Applied Psychology, 91(2006)3, S. 717–726.

Brown, S./Bessant, J. (2003): The Manufacturing Strategy-capabilities Links in Mass Customisation and Agile Manufacturing - An Exploratory Study. In: International Journal of Operations & Production Management, 23(2003)7, S. 707–730.

Bruce, K./Nyland, C. (2011): Elton Mayo and the Deification of Human Relations. In: Organization Studies, 32(2011)3, S. 383–405.

Buchholz, R. A. (1978): An Empirical Study of Contemporary Beliefs About Work in American Society. In: Journal of Applied Psychology, 63(1978)2, S. 219–227.

Burgess, K./Prakash, S. J./Koroglu, R. (2006): Supply Chain Management: A Structured Literature Review and Implications for Future Research. In: International Journal of Operation & Production Management, 26(2006)7, S. 703–729.

Burns, T. (1973): A Structural Theory of Social Exchange. In: Acta Sociologica, 16(1973), S. 188–208.

Busco, C./Giovannoni, E./Scapens, R. W. (2008): Managing the Tensions in Integrating Global Organisations: The Role of Performance Management Systems. In: Management Accounting Research, 19(2008)2, S. 103–125.

Butler, G. R. (1991): Frederick Winslow Taylor: The Father of Scientific Management and His Philosophy Revisited. In: Industrial Management, 33(1991)3, S. 23.

Calantone, R. J./Di Benedetto, C. A. (2012): The Role of Lean Launch Execution and Launch Timing on New Product Performance. In: Journal of the Academy of Marketing Science, 40(2012)4, S. 526–538.

Cannon, J. P./Achrol, R. S./Gundlach, G. T. (2000): Contracts, Norms, and Plural Form Governance. In: Journal of the Academy of Marketing Science, 28(2000)2, S. 180–194.

Carlopio, J./Harvey, M. (2012): The Development of a Social Psychological Model of Strategy Implementation. In: International Journal of Management, 29(2012)3, S. 75–85.

Carton, A. M./Cummings, J. N. (2012): A Theory of Subgroups in Work Teams. In: Academy of Management Review, 37(2012)3, S. 441–470.

Chadwick-Jones, J. K. (1976): Social Exchange Theory: It´s Structure and Influence in Social Psychology. London 1976.

Chan, K. W./Yim, C. K./Lam, S. S. K (2010): Is Customer Participation in Value Creation a Double-edged Sword? Evidence from Professional Financial Services Across Cultures. In: Journal of Marketing, 74(2010)3, S. 48–64.

Chatain, O. (2010): Value Creation, Competition, and Performance in Buyer-Supplier Relationships. In: Strategic Management Journal, 32(2010)1, S. 76–102.

Chen, G./Goddard, T. G./Casper, W. J (2004): Examination of the Relationships among General and Work-Specific Self-Evaluations, Work-Related Control Beliefs, and Job Attitudes. In: Applied Psychology: An International Review, 53(2004)3, S. 349–370.

Christopher, M. (2011): Logistics and Supply Chain Management. Harlow 2011.

Coff, R./Kryscynski, D. (2011): Invited Editorial: Drilling for Micro-Foundations of Human Capital–based Competitive Advantages. In: Journal of Management, 37(2011)5, S. 1429–1443.

Coff, R. W. (1997): Human Assets and Management Dilemmas: Coping with Hazards on the Road to Resource-based Theory. In: Academy of Management Review, 22(1997)2, S. 374–402.

Coff, R. W. (1999): When Competitive Advantage Doesn't Lead to Performance: The Resource-based View and Stakeholder Bargaining Power. In: Organization Science, 10(1999)2, S. 119–133.

Cohen, W. M./Levinthal, D. A. (1990): Absorptive Capacity: A New Perspective on Learning and Innovation. In: Administrative Science Quarterly, 35(1990)1, S. 128–152.

Conant, R. C./Ashby, W. R. (1970): Every Good Regulator of a System Must Be a Model of that System. In: International Journal of Systems Science, 1(1970)2, S. 89–97.

Corsten, H. (2001): Grundlagen der Koordination in Unternehmensnetzwerken. In: Corsten, Hans (Hrsg.): Unternehmungsnetzwerke: Formen unternehmungsübergreifender Zusammenarbeit. München 2001, S. 1–57.

Cortina, J. (1993): What is Coefficient Alpha? An Examination of Theory and Applications. In: Journal of Applied Psychology, 78(1993)1, S. 98–104.

Cortina, K. S. (2006): Psychologie der Lernumwelt. In: Krapp, A./Weidenmann, B. (Hrsg.): Pädagogische Psychologie. Weinheim 2006, S. 477–524.

Costanza, D. P. et al. (2012): Generational Differences in Work-Related Attitudes: A Meta-Analysis. In: Journal of Business and Psychology, 271(2012)4, S. 375–394.

Cousins, P. D. (2013): A Critical Discussion on the Theory and Development of Inter-firm Relationships. In: Harland, C./Nassimbeni, G./Schneller, E. (Hrsg.): The SAGE Handbook of Strategic Supply Management. London 2013, S. 79–107.

Cowan, R./Jonard, N. (2009): Knowledge Portfolios and the Organization of Innovation Networks. In: Academy of Management Review, 34(2009)2, S. 320–342.

Crant, J. M. (1995): The Proactive Personality Scale and Objective Job Performance Among Real Estate Agents. In: Journal of Applied Psychology, 80(1995)4, S. 532–537.

Crant, J. M. (2000): Proactive Behavior in Organizations. In: Journal of Management, 26(2000)3, S. 435–462.

Cropanzano, R./Mitchell, M. S. (2005): Social Exchange Theory: An Interdisciplinary Review. In: Journal of Management, 31(2005)6, S. 874–900.

Crosby, L. A./Evans, K. A./Cowles, D. (1990): Relationship Quality in Services Selling: An Interpersonal Influence Perspective. In: Journal of Marketing, 54(1990)3, S. 68–81.

Croson, R. et al. (2013): Behavioral Operations: The State of the Field. In: Journal of Operations Management, 31(2013)1/2, S. 1–5.

Dekker, H. C. (2004): Control of Inter-organizational Relationships: Evidence on Appropriation Concerns and Coordination Requirements. In: Accounting, Organizations & Society, 29(2004)1, p. 27–49.

Dhanaraj, C./Parkhe, A. (2006): Orchestrating Innovation Networks. In: Academy of Management Review, 31(2006)3, S. 659–669.

Dickson, J. W./Buchholz, R. A. (1979): Differences in Beliefs about Work between Managers and Blue-collar Workers. In: Journal of Management Studies, 16(1979)2, S. 235–251.

Dierickx, I./Cool, K. (1989): Asset Stock Accumulation and Sustainability of Competitive Advantage. In: Management Science, 35(1989)12, S. 1504–1511.

Dose, J. J. (1997): Work Values: An Integrative Framework and llustrative Application to Organizational Socialization. In: Journal of Occupational & Organizational Psychology, 70(1997)3, S. 219–240.

Doz, Y. (1987): International Industries: Fragmentation Versus Globalization. In: Guile, R. N./Brooks, H. (Hrsg.): Technology and Global Industry. Companies and Nations in the World Economy. Washington D.C. 1987, S. 96–117.

Dreher, M./Dreher, E. (1995): Gruppendiskussionsverfahren. In: Flick, Uwe et al. (Hrsg.): Handbuch Qualitative Sozialforschung: Grundlagen, Konzepte, Methoden und Anwendungen, Weinheim 1995. S. 186–188.

Dur, R. (2008): Gift Exchange in the Workplace: Money or Attention? In: IZA Discussion Paper, (2008)3839.

Duschek, S./Sydow, J. (2002): Ressourcenorientierte Ansätze des strategischen Managements – Zwei Perspektiven auf Unternehmungskooperation. In: Wirtschaftswissenschaftliches Studium, 31(2002)8, S. 426–431.

Dyck, B. et al. (2005): Learning to Build a Car: An Empirical Investigation of Organizational Learning. In: Journal of Management Studies, 42(2005)2, S. 387–416.

Dyer, J./Chu, W. (2011): The Determinants of Trust in Supplier-Automaker Relations in the US, Japan, and Korea: A Retrospective. In: Journal of International Business Studies, 42(2011)1, S. 28–34.

Dyer, J. H. (1996): Specialized Supplier Networks as a Source of Competitive Advantage: Evidence from the Auto Industry. In: Strategic Management Journal, 17(1996)4, S. 271–291.

Dyer, J. H./Chu, W. (2000): The Determinants of Trust in Supplier-Automaker Relationships in the U.S., Japan and Korea. In: Journal of International Business Studies, 31(2000)2, S. 259–285.

Dyer, J. H./Hatch, N. W. (2006): Relation-Specific Capabilities and Barriers to Knowledge Transfers: Creating Advantage through Network Relationships. In: Strategic Management Journal, 27(2006)8, S. 701–719.

Dyer, J. H./Singh, H. (1998): The Relational View: Cooperative Strategy and Sources of Interorganizational Competitive Advantage. In: Academy of Management Review, 23(1998)4, S. 660–679.

Dyer, J./Nobeoka, K. (2000): Creating and Managing a High-Performance Knowledge-Sharing Network: The Toyota Case. In: Strategic Management Journal, 21(2000)3, S. 345–367.

Ebner, H. G. (2000): Vom Übermittlungs- zum Initiierungskonzept: Lehr-Lernprozesse in konstruktivistischer Perspektive. In: Kompendium Weiterbildung: Aspekte und Perspektiven betrieblicher Personal- und Organisationsentwicklung. Opladen 2000, S. 111–120.

Ebner, H. G. (1992): Facetten und Elemente didaktischer Handlungsorientierung. In: Pätzold, G. (Hrsg.): Handlungsorientierung in der beruflichen Bildung. Frankfurt am Main 1992, S. 33–53.

Ebner, H. G. (2001): Das Konzept der beruflichen Handlungsfähigkeit. In: Ebner, H. G./Oertel, A./Schumm, H. (Hrsg.): Modernisierung der kaufmännischen Ausbildung am Berufsbildungswerk Leipzig. Mannheim 2001, S. 3–10.

Ebster, C./Stalzer, L. (2003): Wissenschaftliches Arbeiten für Wirtschafts- und Sozialwissenschaftler. Wien 2003.

Edwards, K./Nielsen, A. P./Jacobsen, P. (2012): Implementing Lean in Surgery – Lessons and Implications. In: International Journal of Technology Management, 57(2012)1/2/3, S. 4–17.

Eisenberger, R. et al. (1986): Perceived Organizational Support. In: Journal of Applied Psychology, 71(1986)3, S. 500–507.

Eisenberger, R./Cotterell, N./Marvel, J. (1987): Reciprocation Ideology. In: Journal of Personality and Social Psychology, 53(1987)4, S. 743–750.

Eisenhardt, K. M./Graebner, M. (2007): Theory Building from Cases. Opportunities and Challenges. In: Academy of Management Journal, 50(2007)1, S. 25–32.

Eisenhardt, K. M. (1989): Building Theories from Case Study Research. In: Academy of Management Review, 14(1989)4, S. 532–550.

Ekeh, P. P. (1974): Social Exchange Theory: The Two Traditions. London 1974.

Elango, B. (2008): Using Outsourcing for Strategic Competitiveness in Small and Medium-sized Firms. In: Competitiveness Review, 18(2008)4, S. 322–332.

Emerson, R. M. (1976): Social Exchange Theory. In: Annual Review of Sociology, S. 335–362..

Enz, C. A. (1988): The Role of Value Congruity in Intraorganizational Power. In: Administrative Science Quarterly, 33(1988)2, S. 284–304.

Erdogan, B./Bauer, T. N. (2005): Enhancing Career Benefits of Employee Proactive Personality: The Role of Fit with Jobs and Organizations. In: Personnel Psychology, 58(2005)4, S. 859–891.

Esser, M. (1994): Kaishain – Der Japaner und sein Unternehmen. In: Esser, M./Kobayashi, K. (Hrsg.): Kaishain: Personalmanagement in Japan. Göttingen 1994.

Europäische Kommission (2003): Empfehlung der Kommission vom 6. Mai 2003 betreffend die Definition der Kleinstunternehmen sowie der kleinen und mittleren Unternehmen. In: Amtsblatt der Europäischen Union 20.5.2003.

Ezzamel, M./Willmott, H./Worthington, F. (2001): Power, Control and Resistance in "The Factory that Time Forgot." In: Journal of Management Studies, 38(2001)8, S. 1053–1079.

Fahrmeir, L. et al. (2007): Statistik: Der Weg zur Datenanalyse. Heidelberg 2007.

Fairris, D./Tohyama, H. (2002): Productive Efficiency and the Lean Production System in Japan and the United States. In: Economic and Industrial Democracy, 23(2002)4, S. 529–554.

Feld, S. L. (1997): Structural Embeddedness and Stability of Interpersonal Relations. In: Social Networks, 19(1997)1, S. 91–95.

Felin, T. et al. (2012): Microfoundations of Routines and Capabilities: Individuals, Processes, and Structure. In: Journal of Management Studies, 49(2012)8, S. 1351–1374.

Felin, T./Foss, N. J. (2005): Strategic Organization: A Field in Search of Micro-Foundations. In: Strategic Organization, 3(2005)4, S. 441–455.

Felin, T./Hesterly, W. S. (2007): The Knowledge-based View, Nested Heterogeneity, and New Value Creation: Philosophical Considerations on the Locus of Knowledge. In: Academy of Management Review, 32(2007)1, S. 195–218.

Financial Times Deutschland (2012): Top-Manager von Airbus fordert Fusionen von Zulieferern. Flugzeugbau. Verfügbar: http://www.ftd.de/unternehmen/:flugzeugbau-top-manager-von-airbus-fordert-fusionen-von-zulieferern/70093714.html. Letzter Zugriff: 05.04.2013.

Finkeissen, A. (1999): Prozess-Wertschöpfung: Neukonzeption eines Modells zur nutzenorientierten Analyse und Bewertung. Heidelberg 1999.

Fischer-Winkelmann, W. F. (1978): Plädoyer gegen die Einbeziehung krypto-normativer Aussagen in die Betriebswirtschaftslehre: Eine Stellungnahme zum dem Aufsatz "Plädoyer für die Einbeziehung normativer Aussagen in die Betriebswirtschaftslehre" von Wolfgang Staehle. In: Schweitzer, M. (Hrsg.): Auffassungen und Wissenschaftsziele der Betriebswirtschaftslehre. Darmstadt 1978, S. 358–373.

Flick, U. (2009): An Introduction to Qualitative Research. Los Angeles 2009.

Foa, U. G./Foa, E. B. (1974): Societal Structures of the Mind. Springfield 1974.

Foss, N. J. (2011): Why Micro-Foundations for Resource-based Theory Are Needed and What They May Look Like. In: Journal of Management, 37(2011)5, S. 1413–1428.

Foss, N. J./Lindenberg, S. (2013): Microfoundations for Strategy: A Goal-framing Perspective on the Drivers of Value Creation. In: The Academy of Management Perspectives, 27(2013)2, S. 85–102.

Franck, N./Stary, J. (2009): Die Technik wissenschaftlichen Arbeitens: Eine praktische Anleitung. Paderborn 2009.

Frazier, G. L./Spekman, R. E./O'Neal, C. R. (1988): Just-in-time Exchange Relationships in Industrial Markets. In: Journal of Marketing, 52(1988)4, S. 52–67.

Fuchs, J./Dörfler, K. (2005): Projektion des Erwerbspersonenpotenzials bis 2050: Annahmen und Datengrundlage. In: Institut für Arbeitsmarkt- und Berufsforschung der Bundesagentur für Arbeit (Hrsg.): IAB Forschungsbericht 25/2005. Nürnberg 2005. Verfügbar: http://doku.iab.de/forschungsbericht/2005/fb2505.pdf. Letzter Zugriff: 23.05.2014.

Fülbier, R. (2004): Wissenschaftstheorie und Betriebswirtschaftslehre. In: Wirtschaftswissenschaftliches Studium, 33(2004)5, S. 266–271.

Furterer, S./Elshennawy, A. K. (2005): Implementation of TQM and Lean Six Sigma Tools in Local Government: A Framework and a Case Study. In: Total Quality Management, 16(2005)10, S. 1179–1191.

Garcia-Prieto, P./Bellard, E./Schneider, S. C. (2003): Experiencing Diversity, Conflict, and Emotions in Teams. In: Applied Psychology: An International Review, 52(2003)3, S. 413–440.

Gaugler, E. et al. (1996): Frederick W. Taylors "The Principles of Scientific Management": Vademecum zu dem Klassiker der Wissenschaftlichen Betriebsführung. Düsseldorf 1996.

Gaugler, E. (2002): Taylorismus und Technologischer Determinismus. In: Albach, H./Kaluza, B./Kersten, W. (Hrsg.): Wertschöpfungsmanagement als Kernkompetenz. Wiesbaden 2002, S. 165–181.

Gefen, D./Ridings, C. M. (2002): Implementation Team Responsiveness and User Evaluation of Customer Relationship Management: A Quasi-Experimental Design Study of Social Exchange Theory. In: Journal of Management Information Systems, 19(2002)1, S. 47–69.

Gemünden, H. G./Heydebreck, P. (1994): Geschäftsbeziehungen in Netzwerken: Instrumente der Stabilisierung und Innovation. In: Kleinaltenkamp, M./Schubert, K. (Hrsg.): Netzwerkansätze im Business-to-Business Marketing: Beschaffung, Absatz und Implementierung Neuer Technologien. Wiesbaden 1994, S. 251–322.

Gergen, K. J. (2002): Konstruierte Wirklichkeiten: Eine Hinführung zum sozialen Konstruktivismus. Stuttgart 2002.

Giegler, H. (1999): Test und Testtheorie. In: Asanger, R./Wenninger, G. (Hrsg.): Handwörterbuch Psychologie. Weinheim 1999, S. 782–788.

Von Glasersfeld, E. (1989): Cognition, Construction of Knowledge and Teaching. In: Synthese, 80(1989)1, S. 121–140.

Von Glasersfeld, E. (1997): Radikaler Konstruktivismus: Ideen, Ergebnisse, Probleme. Frankfurt a. M. 1997.

Glaum, M./Hutzschenreuter, T. (2010): Mergers & Acquisitions: Management des externen Unternehmenswachstums. Stuttgart 2010.

Godfrey, P. C./Hill, C. W. L. (1995): The Problem of Unobservables in Strategic Management Research. In: Strategic Management Journal, 16(1995)7, S. 519–533.

Gouldner, A. W. (1960): The Norm of Reciprocity: A Preliminary Statement. In: American Sociological Review, 25(1960)2, S. 161–179.

Gould-Williams, J./Davies, F. (2005): Using Social Exchange Theory to predict the Effects of HRM Practice on Employee Outcomes: An Analysis of Public Sector Workers. In: Public Management Review, 7(2005)1, S. 1–24.

Granovetter, M. S. (1973): The Strength of Weak Ties. In: The American Journal of Sociology, 78(1973)6, S. 1360–1380.

Grant, R. M./Baden-Fuller, C. (2004): A Knowledge Accessing Theory of Strategic Alliances. In: Journal of Management Studies, 41(2004)1, S. 61-84.

Grant, R. M. (1996): Toward a Knowledge-based Theory of the Firm. In: Strategic Management Journal, 17(1996), S. 109–122.

Greenwood, R./Hinings, C. R. (1988): Organizational Design Types, Tracks and the Dynamics of Strategic Change. In: Organization Studies, 9(1988), S. 293–316.

Gruß, R. (2010): Schlanke Unikatfertigung: Zweistufiges Taktphasenmodell zur Steigerung der Prozesseffizienz in der Unikatfertigung auf Basis der Lean Production. Wiesbaden 2010.

Gulati, R. (1995): Does Familiarity Breed Trust? The Implications of Repeated Ties for Contractual Choice in Alliances. In: Academy of Management Journal, 38(1995)1, S. 85–112.

Gulati, R. (1999): Network Location and Learning: The Influence of Network Resources and Firm Capabilities on Alliance Formation. In: Strategic Management Journal, 20(1999)5, S. 397–420.

Gummesson, E. (1998): Implementation Requires a Relationship Marketing Paradigm. In: Journal of the Academy of Marketing Science, 26(1998)3, S. 242–249.

Gummesson, E. (2003): All Research Is Interpretive! In: Journal of Business & Industrial Marketing, 18(2003)6/7, S. 482–492.

Gummesson, E. (2005): Qualitative Research in Marketing: Road-map for a Wilderness of Complexity and Unpredictability. In: European Journal of Marketing, 39(2005)3/4, S. 309–327.

Gundlach, G. T./Achrol, R. S./Mentzer, J. T. (1995): The Structure of Commitment in Exchange. In: Journal of Marketing, 59(1995)1, p. 78-92.

Gundlach, G. T./Cadotte, E. R. (1994): Exchange Interdependence and Interfirm Interaction: Research in a Simulated Channel Setting. In: Journal of Marketing Research, 31(1994)4, S. 516–532.

Haberbosch, W./Mehnert, D./Tebroke, C. (2012): Von einer Funktions- zur Prozessorientierung am Beispiel des SRH Zentralklinikums Suhl. In: Kuntz, L./Bazan, M. (Hrsg.): Diskussionspapiere des Arbeitskreises „Ökonomie im Gesundheitswesen“ der Schmalenbach-Gesellschaft für Betriebswirtschaft e. V. Wiesbaden 2012, S. 285–313.

Håkansson, H. (1982): International Marketing and Purchasing of Industrial Goods: An Interaction Approach. Chichester 1982.

Håkansson, H./Wootz, B. (1979): A Framework of Industrial Buying and Selling. In: Industrial Marketing Management, 8(1979)1, S. 28–39.

Hammervoll, T./Toften, K. (2010): Value-Creation Initiatives in Buyer-Seller Relationships. In: European Business Review, 22(2010)5, S. 539–555.

Handfield, R. et al. (2013): Trends und Strategien in Logistik und Supply Chain Management - Vorteile im Wettbewerb durch Beherrschung von Komplexität. Bremen 2013.

Hansen, M. T. (1999): The Search-Transfer Problem: The Role of Weak Ties in Sharing Knowledge across Organization Subunits. In: Administrative Science Quarterly, 44(1999)1, S. 82–111.

Hardin, C. D./Higgins, T. E. (1996): Shared Reality: How Social Verification Makes the Subjective Objective. In: Sorrentino, R. M./Higgins, T. E. (Hrsg.): Handbook of Motivation and Cognition: Foundations of Social Behavior. New York 1996, S. 28–84.

Hassard, J. S. (2012): Rethinking the Hawthorne Studies: The Western Electric Research in Its Social, Political and Historical Context. In: Human Relations, 65(2012)11, S. 1431–1461.

Heide, J. B./John, G. (1992): Do Norms Matter in Marketing Relationships? In: Journal of Marketing, 56(1992)2, S. 32–44.

Herrmann, P. (2005): Evolution of Strategic Management: The Need for New Dominant Designs. In: International Journal of Management Reviews, 7(2005)2, S. 111–130.

Hill, T. (2005): Operations Management. Houndmills 2005.

Hill, T. (2007): How Do You Sustain and Grow Your Customer Relationships. In: American Salesman, 52(2007)10, S. 26–28.

Hill, T./Chambers, S. (1991): Flexibility: A Manufacturing Conundrum. In: International Journal of Operations & Production Management, 11(1991)2, S. 5–13.

Hines, P. (1994): Creating World Class Suppliers: Unlocking Mutual Competitive Advantage. London 1994.

Hines, P./Francis, M./Bailey, K. (2006): Quality-based Pricing: A Catalyst for Collaboration and Sustainable Change in the Agrifood Industry? In: The International Journal of Logistics Management, 17(2006)2, S. 240–259.

Hines, P./Holweg, M./Rich, N. (2004): Learning to Evolve: A Review of Contemporary Lean Thinking. In: International Journal of Operation & Production Management, 24(2004)10, S. 994–1011.

Holweg, M. (2007): The Genealogy of Lean Production. In: Journal of Operations Management, 25(2007), S. 420–437.

Homans, G. C. (1958): Social Behavior as Exchange. In: The American Journal of Sociology, 63(1958)6, S. 597–606.

Homans, G. C. (1972): Elementarformen sozialen Verhaltens: Social Behavior Its Elementary Forms. Opladen 1972.

Homburg, C./Krohmer, H. (2006): Marketingmanagement. Wiesbaden 2006.

Hopper, T./Powell, A. (1985): Making Sense of Research Into the Organizational and Social Aspects of Management Accounting: A Review of Its Underlying Assumptions. In: Journal of Management Studies, 22(1985)5, S. 429–465.

Hoss, M./Schwengber ten Caten, C. (2013): Lean Schools of Thought. In: International Journal of Production Research, 51(2013)11, S. 3270–3282.

Hurrle, B./Kieser, A. (2005): Sind Key Informants verlässliche Datenlieferanten? In: Die Betriebswirtschaft, 65(2005)6, S. 584–602.

Hutzschenreuter, T./Horstkotte, J. (2013): Performance Effects of International Expansion Processes: The Moderating Role of Top Management Team Experiences. In: International Business Review, 22(2013)1, S. 259–277.

Huy, Q. N. (2011): How Middle Manager´s Group-focus Emotions and Social identities Influence Strategy Implementation. In: Strategic Management Journal, 32(2011), S. 1387–1410.

Imai, M. (1986): KAIZEN (Ky´zen): The Key to Japan´s Competitive Success. New York 1986.

Informs PubsOnline (2013): A Journal of the Institute for Operations Research and the Management Sciences: Organization Science. A Journal of the Institute for Operations Research and the Management Sciences: Organization Science. Verfügbar: http://orgsci.journal.informs.org/. Letzter Zugriff: 23.05.2014.

Inkpen, A. C./Tsang, E. W. K. (2005): Social Capital, Networks, and Knowledge Transfer. In: Academy of Management Review, 30(2005)1, S. 146–165.

Irle, M. (1975): Lehrbuch der Sozialpsychologie. Göttingen 1975.

James-Moore, S. M./Gibbons, A. (1997): Is Lean Manufacture Universally Relevant? An Investigative Methodology. In: International Journal of Operation & Production Management, 17(1997)9, S. 899–911.

Janowicz-Panjaitan, M./Nooderhaven, N. G (2008): Formal and Informal Interorganizational Learning within Strategic Alliances. In: Research Policy, 37(2008)8, S. 1337–1355.

Jansen, J. J. P./van den Bosch, F. A. J. /Volberda, H. W. (2005): Managing Potential and Realized Absorptive Capacity: How Do Organizational Antecedents Matter? In: Academy of Management Journal, 48(2005)6, S. 999–1015.

Jayaram, J./Vickery, S./Droge, C. (2008): Relationship Building, Lean Strategy and Firm Performance: An Exploratory Study in the Automotive Supplier Industry. In: International Journal of Production Research, 46(2008)20, S. 5633–5649.

Jeppesen, L. B./Frederiksen, L. (2006): Why Do Users Contribute to Firm-hosted User Communities? The Case of Computer-Controlled Music Instruments. In: Organization Science, 17(2006)1, S. 45–63.

Johnson Graduate School Cornell University (2013): Administrative Science Quarterly. Administrative Science Quarterly. Verfügbar: http://asq.sagepub.com/. Letzter Zugriff: 23.05.2014.

Johnson, J. L./O´Leary-Kelly, A. M. (2003): The Effects of Psychological Contract Breach and Organizational Cynicism: Not all Social Exchange Violations Are Treated Equal. In: Journal of Organizational Behavior, 24(2003), S. 627–647.

Kammeyer-Mueller, J. D./Wanberg, C. R. (2003): Unwrapping the Organizational Entry Process: Disentangling Multiple Antecedents and their Pathways to Adjustment. In: Journal of Applied Psychology, 88(2003)5, S. 779–794.

Kang, S.-C./Morris, S. S./Snell, S. A. (2007): Relational Archetypes, Organizational Learning, and Value Creation: Extending the Human Resource Architecture. In: Academy of Management Review, 32(2007)1, S. 236–256.

Karlsson, C. (1992): Knowledge and Material Flow in Future Industrial Networks. In: International Journal of Operations & Production Management, 17(1992)7/8, S. 10–23.

Karlsson, C./ Åhlström, P. (1997): A Lean and Global Smaller Firm? In: International Journal of Operation & Production Management, 17(1997)10, S. 940–952.

Karlsson, C./Åhlström, P. (1996): The Difficult Path to Lean Production Development. In: Journal of Product Innovation Management, 13(1996)4, S. 283–295.

Kärreman, D. (2010): The Power of Knowledge: Learning from "Learning by Knowledge-Intensive Firm." In: Journal Management Studies, 47(2010)7, S. 1405-1416

Keck, M. E. (1996): Total Quality Management Teams in the Office of Administrative Services, U.S. Department of the Interior: A Success Story. In: International Journal of Public Administration, 19(1996)10, S. 1811–1844.

Keller, C. (2009): User Acceptance of Virtual Learning Environments: A Case Study from Three Northern European Universities. In: Communications of the Association for Information Systems, 25(2009), S. 465–486.

Kern, E. (1990): Der Interaktionsansatz im Investitionsgütermarketing: Eine konfirmatorische Analyse. Berlin 1990.

Khanna, T./Gulati, R./Nohria, N. (1994): Alliances as Learning Races. In: Academy of Management Best Papers Proceedings, 1994, S. 42–46.

Kieser, A./Walgenbach, P. (2010): Organisation. Stuttgart 2010.

Killich, S. (2005): Kooperationsformen. In: Becker, T. et al. (Hrsg.): Netzwerkmanagement – Mit Kooperation zum Unternehmenserfolg. Heidelberg/Berlin 2005, S. 13–22.

Kirchgässner, G. (2008): Homo Oeconomicus. Tübingen 2008.

Knowles, W. H. (1958): Human Relations in Industry: Research and Concepts. In: California Management Review, 1(1958)1, S. 87–105.

Kogut, B./Zander, U. (1992): Knowledge of the Firm, Combinative Capabilities, and the Replication of Technology. In: Organization Science, 3(1992)3, S. 383–397.

Kogut, B./Zander, U. (1996): What Firms Do? Coordination, Identity, and Learning. In: Organization Science, 7(1996)5, S. 502–518.

Kohlbacher, F./Mukai, K. (2007): Japan's Learning Communities in Hewlett-Packard Consulting and Integration: Challenging One-size Fits All Solutions. In: Learning Organization, 14(2007)1, S. 8–20.

Konecny, P. A. (2011): Mitarbeiterorientierung in ganzheitlichen Qualitätsmanagementansätzen: Eine kausalanalytische Untersuchung. Wiesbaden 2011.

Kosiol, E. (1978): Betriebswirtschaftslehre und Unternehmensforschung. In: Schweitzer, M. (Hrsg.): Auffassungen und Wissenschaftsziele der Betriebswirtschaftslehre. Darmstadt 1978, S. 133–159.

KPMG AG Wirtschaftsprüfungsgesellschaft (2010): Unternehmens- und Markenkonzentration in der europäischen Automobilindustrie: Mögliche Szenarien im Jahr 2025. Stuttgart 2010.

Krishnamurthy, R./Yauch, C. A. (2007): Leagile Manufacturing: A Proposed Coporate Infrastructure. In: International Journal of Operations & Production Management, 27(2007)6, S. 588–604.

Krubasik, E. (2002): Wertsteigerung von Unternehmen. In: Albach, H./Kaluza, B./Kersten, W. (Hrsg.): Wertschöpfungsmanagement als Kernkompetenz. Wiesbaden 2002, S. 53–64.

Kuhn, A. (2002): Supply-Chain-Management: Optimierte Zusammenarbeit in der Wertschöpfungskette. Berlin 2002.

Kuhn, T./Kroker, M. (2013): Offene Flanke: Mobilfunk: Auf den ersten Blick hemmt der geplante Kauf von E-Plus durch Telefónica den Wettbewerb im Telefonmarkt. Tatsächlich aber könnten beide profititieren: Netzbetreiber und Kunden. In: Wirtschaftswoche, 31(2013), S. 50–51.

Kuwabara, K. (2011): Cohesion, Cooperation, and the Value of Doing Things Together: How Economic Exchange Creates Relational Bonds. In: American Sociological Review, 76(2011)4, S. 560–580.

Kwan, K.-M./Tsang, E. W. K. (2001): Realism and Constructivism in Strategy Research: A Critical Realist Response to Mir and Watson. In: Strategic Management Journal, 22(2001)12, S. 1163–1168.

Al-Laham, A. (2003): Organisationales Wissensmanagement. München 2003.

Lamming, R. (1993): Beyond Partnership: Strategies for Innovation and Lean Supply. New York 1993.

Lamming, R. (2013): Supply Strategy: Quo Vadis? In: Harland, C./Nassimbeni, G./Schneller, E. (Hrsg.): The SAGE Handbook of Strategic Supply Management. London 2013, S. 463–483.

Lamnek, S. (2005): Qualitative Sozialforschung. Weinheim 2005.

Lander, E./Liker, Jeffrey K. (2007): The Toyota Production System and Art: Making Highly Customized and Creative Products the Toyota Way. In: International Journal of Production Research, 45(2007)16, S. 3681-3698.

Large, R. (1995): Unternehmerische Steuerung von Ressourceneignern : Ein verstehender Ansatz zur Theorie der Unternehmung. Wiesbaden 1995.

Lawler, E. J./Yoon, J. (1998): Network Structure and Emotion in Exchange Relations. In: American Sociological Review, 63(1998)6, S. 871–894.

Lawler, E. J./Yoon, J. (1996): Commitment in Exchange Relations: Test of a Theory of Relational Cohesion. In: American Sociological Review, 61(1996)1, S. 89–108.

Lawrence, P. R. (2010): The Key Job Design Problem Is Still Taylorism. In: Journal of Organizational Behavior, 31(2010)2/3, S. 412–421.

Lee, B. H./Jo, J. H. (2007): The Mutation of the Toyota Production System: Adapting the TPS at Hyundai Motor Company. In: International Journal of Production Research, 45(2007)16, S. 3665–3679.

de Leede, J./Stoker, J. I. (1999): Self-Managing Teams in Manufacturing Companies: Implications for the Engineering Function. In: Engineering Management Journal, 11(1999)3, S. 19-24.

Lehmann, M. R. (1954): Leistungsmessung durch Wertschöpfungsrechnung. Essen 1954.

Lepak, D. P./Smith, K. G./Taylor, M. S. (2007): Value Creation and Value Capture: A Multilevel Perspective. In: Academy of Management Review, 32(2007)1, S. 180–194.

Lev, S./Fiegenbaum, A./Shoham, A. (2009): Managing Absorptive Capacity Stocks to Improve Performance: Empirical Evidence from the Turbulent Environment of Israeli Hospitals. In: European Management Journal, 27(2009)1, S. 13–25.

Lewis, M. A. (2000): Lean Production and Sustainable Competitive Advantage. In: International Journal of Operation & Production Management, 20(2000)8, S. 959–978.

Liebeskind, J. P. (1996): Knowledge, Strategy and the Theory of the Firm. In: Strategic Management Journal, 17(1996)S2, S. 93-107.

Liker, J. K. (2004): The Toyota Way: 14 Management Principles from the World´s Greatest Manufacturer. New York 2004.

Liker, J. K. (2011): Der Toyota Weg: 14 Managementprinzipien des weltweit erfolgreichsten Automobilkonzerns. München 2011.

Lincoln, J. R./Kalleberg, A. L. (1990): Culture Control and Commitment: A Study of Work Organization and Work Attitudes in the United States and Japan. Cambridge 1990.

Lipp, U./Will, H. (2008): Das große Workshop-Buch: Konzeption, Inszenierung und Moderation von Klausuren, Besprechungen und Seminaren. Weinheim 2008.

Lück, H. (1999): Gruppen. In: Asanger, R./Wenninger, G. (Hrsg.): Handwörterbuch Psychologie. Weinheim 1999, S. 264–269.

MacDuffie, J. P./Helper, S. (1997): Creating Lean Suppliers: Diffusing Lean Production through the Supply Chain. In: California Management Review, 39(1997)4, S. 118–151.

Madhok, A./Tallman, S. B. (1998): Resources, Transactions and Rents: Managing Value through Interfirm Collaborative Relationships. In: Organization Science, 9(1998)3, S. 326–339.

Mael, F./Ashforth, B. E. (1992): Alumni and Their Alma Mater: A Partial Test of the Reformulated Model of Organizational Identification. In: Journal of Organizational Behavior, 13(1992)2, S. 103–123.

Mahoney, J. T. (2001): A Resource-based Theory of Sustainable Rents. In: Journal of Management, 27(2001)6, S. 651–660.

Major, D. A./Turner, J. E./Fletcher, T. D. (2006): Linking Proactive Personality and the Big Five to Motivation to Learn and Development Activity. In: Journal of Applied Psychology, 91(2006)4, S. 927–935.

Makadok, R. (2001): Towards a Synthesis of the Resource-based and Dynamic-Capability Views of Rent Creation. In: Strategic Management Journal, 22(2001)5, S. 387–401.

Marsden, P. V./Lin, N. (1985): Social Structure and Network Analysis. Beverly Hills 1985.

Marsden, P. V./Campbell, K. E. (1984): Measuring Tie Strength. In: Social Forces, 63(1984)2, S. 482–501.

Matthes, A. (2007): Die Wirkung von Vertrauen auf die Ex-Post-Transaktionskosten in Kooperation und Hierarchie. Wiesbaden 2007.

Mayo, E. (1939): Routine Interaction and the Problem of Collaboration. In: American Sociological Review, 4(1939)3, S. 335–340.

Mayring, P. (2002): Einführung in die Qualitative Sozialforschung. Eine Anleitung zu qualitativem Denken. Weinheim 2002.

McFadyen, M. A./Semadeni, M./Cannella Jr., A. A. (2009): Value of Strong Ties to Disconnected Others: Examining Knowledge Creation in Biomedicine. In: Organization Science, 20(2009)3, S. 552–564.

McKinsey & Company (o.J.): Lean Transformation in IT Maintenance. Business Technology. Verfügbar: http://www.mckinsey.com/client_service/business_technology/case_studies/lean_transformation_in_it_maintenance. Letzter Zugriff am: 25.05.2014.

McLachlin, R. (1997): Management Initiatives and Just-in-time Manufacturing. In: Journal of Operations Management, 15(1997)4, S. 271–292.

Metschke, R./Wellbrock, R. (2013): Datenschutz in Wissenschaft und Forschung. Verfügbar: http://www.datenschutz.hessen.de/download.php?download_ID=61. Letzter Zugriff: 25.05.2014.

Meyer, M. (1994): Die Reorganisation logistischer Systeme in strategischen Netzwerken: Eine Analyse der Position von Systemlieferanten im "Organization-Set" der Autohersteller. In: Kleinaltenkamp, M./Schubert, K. (Hrsg.): Netzwerkansätze im Business-to-Business Marketing: Beschaffung, Absatz und Implementierung Neuer Technologien. Wiesbaden 1994, S. 213–250.

Miles, R. E. (1965): Human Relations or Human Resources? In: Harvard Business Review, 43(1965)4, S. 148–157.

Miller, C. J. M./Packham, G. A./Thomas, B. C. (2002): Harmonization between Main Contractors and Subcontractors: A Prerequisite for Lean Construction? In: Journal of Construction Research, 3(2002)1, S. 67–82.

Mintzberg, H./Ahlstrand, B./Lampel, J. (2005): Strategy Safari: A Guided Tour Through the Wilds of Strategic Management. New York 2005.

Mir, R./Watson, A. (2000): Strategic Management and the Philosophy of Science: The Case for a Constructivist Methodology. In: Strategic Management Journal, 21(2000)9, S. 941–953.

Mir, R./Watson, A. (2001): Critical Realism and Constructivism in Strategy: Toward a Synthesis. In: Strategic Management Journal, 22(2001)12, S. 1169–1173.

Molm, L. D. (2010): The Structure of Reciprocity. In: Social Psychology Quarterly, 73(2010)2, S. 119–131.

Monge, P. R. et al. (1998): Production of Collective Action in Alliance-based Interorganizational Communication and Information Systems. In: Organization Science, 9(1998)3, S. 411–433.

Moran, P./Ghoshal, S. (1999): Markets, Firms, and the Process of Economic Development. In: Academy of Management Review, 34(1999)1, S. 390–412.

Morgan, R. M./Hunt, S. D. (1994): The Commitment-Trust Theory of Relationship Marketing. In: Journal of Marketing, 58(1994)3, S. 20–38.

Moser, S. (2011): Konstruktivistisch Forschen? Prämissen und Probleme einer konstruktivistischen Methodologie. In Moser, S. (Hrsg.): Konstruktivistisch forschen: Methodologie, Methoden, Beispiele. Wiesbaden 2011, S. 9–42.

Mowery, D. C./Oxley, J. E./Silverman, B. S. (1996): Strategic Alliances and Interfirm Knowledge Transfer. In: Strategic Management Journal, 17(1996), S. 77–91.

Murman, Earll et al. (2002): Lean Enterprise Value: Insights from MIT´s Lean Aerospace Initiative. Houndmills 2002.

Muthusamy, S. K./Margaret A. W. (2005): Learning and Knowledge Transfer in Strategic Alliances: A Social Exchange View. In: Organization Studies, 26(2005), S. 415–441.

Nambisan, S. (2002): Designing Virtual Customer Environments for New Product Development: Toward a Theory. In: Academy of Management Review, 27(2002)3, S. 399–413.

Naruse, T. (1991): Taylorism and Fordism in Japan. In: International Journal of Political Economy, 21(1991)3, S. 32–48.

Nellore, R./Chanaron, J.-J./Söderquist, K. E. (2001): Lean Supply and Price-based Global Sourcing - the Interconnection. In: European Journal of Purchasing & Supply Management, 7(2001), S. 101–110.

Nelson, R./Winter, S. G. (1982): An Evolutionary Theory of Economic Change. Cambridge Massachusetts 1982.

Netland, T. H./Aspelund, A. (2013): Company-specific Production Systems and Competitive Advantage. In: International Journal of Operations & Production Management, 33(2013)11/12, S. 1151–1531.

Neumann, K. (2010): Ex Ante Governance Decisions in Inter-organizational Relationships: A Case Study in the Airline Industry. In: Management Accounting Research, 21(2010)4, S. 220–237.

New, S., J. (2007): Celebrating the Enigma: the Continuing Puzzle of the Toyota Production System. In: International Journal of Production Research, 45(2007)16, S. 3545-3554.

Newbert, S. (2008): Value, Rareness, Competitive Advantage, and Performance: A Conceptual-Level Empirical Investigation of the Resource-Based View of the Firm. In: Strategic Management Journal, 29(2008)7, S. 745–768.

Nohria, N./Groysberg, B./Lee, L. E. (2008): Employee Motivation: A Powerful New Model. In: Harvard Business Review, 86(2008)7/8, S. 78–84.

Nonaka, I. (2007): The Knowledge-creating Company. In: Harvard Business Review, 85(2007)7/8, S. 162-171.

Nonaka, I./Takeuchi, H. (2012): Die Organisation des Wissens: Wie japanische Unternehmen eine brachliegende Ressource nutzbar machen. Frankfurt a. M. 2012.

Nonaka, I. (1994): A Dynamic Theory of Organizational Knowledge Creation. In: Organization Science, 5(1994)1, S. 14–37.

O'Reilly, C. III./Chatman, J. (1986): Organizational Commitment and Psychological Attachment: The Effects of Compliance, Identification, and Internalization on Prosocial Behavior. In: Journal of Applied Psychology, 71(1986)3, S. 492–499.

Obloj, T./Sengul, M. (2012): Incentive Life-cycles: Learning and the Division of Value in Firms. In: Administrative Science Quarterly, 57(2012)2, S. 305–347.

Omae, K. (1982): The Mind of the Strategist: The Art of Japanese Business. New York 1982.

Ōno, T. (2009): Das Toyota-Produktionssystem. Frankfurt a. M. 2009.

Ouchi, W. G. (1980): Markets, Bureaucracies, and Clans. In: Administrative Science Quarterly, 25(1980)1, S. 129–141.

o.V. (2012): Modularität über alles. In: AUTOMOBIL-Produktion, 3(2012), S. 46.

Pagell, M./Krause, D. R. (1999): A Multiple-method Study of Environmental Uncertainty and Manufacturing Flexibility. In: Journal of Operations Management, 17(1999)3, S. 307–325.

Palmatier, R. W/Dant, R. P./Grewal, D. (2007): A Comparative Longitudinal Analysis of Theoretical Perspectives of Interorganizational Relationship Performance. In: Journal of Marketing, 71(2007)4, S. 172–194.

Palmatier, R. W./Dant, R. P./Rewal, D. (2007): A Comparative Longitudinal Analysis of Theoretical Perspectives of Interorganizational Relationship Performance. In: Journal of Marketing, 71(2007), S. 172–194.

Palmatier, R. W. (2008a): Interfirm Relational Drivers of Customer Value. In: Journal of Marketing, 72(2008)4, S. 76–89.

Palmatier, R. W. (2008b): Relationship Marketing. Cambridge Massachusetts 2008.

Papadopoulos, T./Radnor, Z./Merali, .Y. (2011): The Role of Actor Associations in Understanding the Implementation of Lean Thinking in Healthcare. In: International Journal of Operation & Production Management, 31(2011)2, S. 167–191.

Paruchuri, S. (2010): Intraorganizational Networks, Interorganizational Networks, and the Impact of Central Inventors: A Longitudinal Study of Pharmaceutical Firms. In: Organization Science, 21(2010)1, S. 63–80.

Pawlowsky, P. (1994): Wissensmanagement in der lernenden Organisation. Paderborn 1994.

Pegels, C. C. (1984): The Toyota Production System – Lessons for American Management. In: International Journal of Operations & Production Management, 4(1984)1, S. 3–11.

Penrose, E. (1959): The Theory of the Growth of the Firm. Oxford 1959.

Perez, C. et al. (2010): Development of Lean Supply Chains: A Case Study of the Catalan Pork Sector. In: Supply Chain Forum: An international Journal, 15(2010)1, S. 55–68.

Perlitz, M./Seger, F. (1999): Strategische Unternehmensführung. In: Kieser, A./Oechsler, W. A. (Hrsg.): Unternehmungspolitik. Stuttgart 1999, S. 211–272.

Perspektive Mittelstand (2009): Trend zu Lean-IT: Unternehmen verschlanken ihre IT-Organisation. Verfügbar: http://www.perspektive-mittelstand.de/Trend-zu-Lean-IT-Unternehmen-verschlanken-ihre-IT-Organisation/management-wissen/2880.html. Letzter Zugriff: 25.05.2014.

Peteraf, M. A. (1993): The Cornerstones of Competitive Advantage: A Resourced-based View. In: Strategic Management Journal, 14(1993)3, S. 179–191.

Peteraf, M./Barney, J. (2003): Unraveling the Resource-based Tangle. In: Managerial and Decision Economics, 24(2003)4, S. 309–323.

Pfeiffer, W./Weiß, E. (1994): Lean Management: Grundlagen der Führung und Organisation lernender Unternehmen. Berlin 1994.

Pfohl, H.-C. (2004): Grundlagen der Kooperation in logistischen Netzwerken. In: Pfohl, H.-C. (Hrsg.): Erfolgsfaktor Kooperation in der Logistik. Berlin 2004, S. 1–36.

Pfohl, H.-C. (2010): Logistiksysteme: Betriebswirtschaftliche Grundlagen. Heidelberg 2010.

Picot, A./Reichwald, R./Wigand, R. T. (2003): Die grenzenlose Unternehmung. Information, Organisation und Management. Wiesbaden 2003.

Picot, A./Dietl, H. (1990): Transaktionskostentheorie. In: Wirtschaftswissenschaftliches Studium, 19(1990), S. 178–184.

Pilkington, A./Fitzgerald, R. (2006): Operations Management Themes, Concepts and Relationships: A Forward Retrospective of IJOPM. In: International Journal of Operations & Production Management, 26(2006)1, S. 1255–1275.

Podolny, J. M./Page, K. L. (1998): Network Forms of Organizations. In: Annual Review of Sociology, 24(1998)1, p. 57.

Podsakoff, P. M. et al. (2003): Common Method Biases in Behavioral Research: A Critical Review of the Literature and Recommended Remedies. In: Journal of Applied Psychology, 88(2003)5, S. 879–903.

Polanyi, M. (1966): The Tacit Dimension. Chicago, London 1966.

Polanyi, M. (1962): Personal Knowledge: Towards a Post-Critical Philosophy. London 1962.

Polanyi, M. (1969): Knowing and Being. Chicago 1969.

Porter, M. E. (1981): The Contributions of Industrial Organization to Strategic Management. In: Academy of Management Review, 6(1981)4, S. 609–620.

Porter, M. E. (2008): The Five Competitive Forces that Shape Strategy. In: Harvard Business Review, 86(2008)1, S. 78–93.

Porter, M. E. (1980): How Competitive Forces Shape Strategy. In: McKinsey Quarterly, (1980)2, S. 34–50.

Porter, M. E. (2004): Competitive Strategy: Techniques for Analyzing Industries and Competitors. New York 2004.

Porter, M. E. (2010): Wettbewerbsvorteile: Spitzenleistungen erreichen und behaupten. Frankfurt a. M. 2010.

Powell, T. C. (2001): Competitive Advantage: Logical and Philosophical Considerations. In: Strategic Management Journal, 22(2001), S. 875–888.

Prange, C. (2006): Interorganisationales Lernen: Lernen in, von und zwischen Organisationen. In: Sydow, J.(Hrsg.): Management von Netzwerkorganisationen: Beiträge aus der "Managementforschung". Wiesbaden 2006, S. 187-213.

Pribilla, Peter (2000): Personalmanagement bei Mergers & Acquisitions: Therapeut oder Notarzt? In: Picot, A./Nordmeyer, A./Pribilla, .P. (Hrsg.): Management von Akquisitionen. Stuttgart 2000, S. 63-78.

Priem, R. L. (2007): A Consumer Perspective on Value Creation. In: Academy of Management Review, 32(2007)1, S. 219–235.

Ranky, P. G. (2003): Network Simulation Models of Lean Manufacturing Systems in Digital Factories and Intranet Server Algorithm. In: International Journal of Computer Integrated Manufacturing, 16(2003)4/5, S. 267–282.

Reichhart, A./Holweg, M. (2007): Creating the Customer-Responsive Supply Chain: A Reconciliation of Concepts. In: International Journal of Operation & Production Management, 27(2007)11, S. 1144–1172.

Reichwald, F./Piller, F. (2006): Interaktive Wertschöpfung: Open Innovation, Individualisierung und neue Formen der Arbeitsteilung. Wiesbaden 2006.

Reinmann, G./Mandl, H. (2006): Unterrichten und Lernumgebungen gestalten. In: Krapp, A./Weidenmann, B. (Hrsg.): Pädagogische Psychologie. Weinheim 2006, S. 613–658.

Reiß, M. (1993): Die Rolle der Personalführung im Lean Management. Vom Erfüllungsgehilfen zum Schrittmacher einer Management-Revolution. In: Zeitschrift für Personalforschung, 7(1993)2, S.171–194.

Reus, T. H./Ranft, A. L./Adams, G. L. (2009): An Interpretative Systems View of Knowledge Investments. In: Academy of Management Review, 34(2009)3, S. 382–400.

Ridley, C. A./Avery, A. W. (1979): Social Network Influence on the Dyadic Relationship. In: Burgess, R. L./Huston, T. L. (Hrsg.): Social Exchange in Developing Relationships. London 1979, S. 223–246.

Rindfleisch, A./Moorman, C. (2001): The Acquisition and Utilization of Information in New Product Alliances: A Strength-of-Ties Perspective. In: Journal of Marketing, 65(2001)2, S. 1–18.

Rödel, A. et al. (2004): Fragebogen zur Messung beruflicher Gratifikationskrisen: Psychometrische Testung an einer repräsentativen deutschen Stichprobe. In: Zeitschrift für Differentielle und Diagnostische Psychologie, 25(2004)4, S. 227–238.

Roediger, T. (2010): Werte schaffen durch M&A-Transaktionen: Erfolgsfaktoren im Post-Akquisitionsmanagement. Wiesbaden 2010.

Rother, M./Harris, R. (2001): Creating Continuous Flow: An Action Guide for Managers, Engineers and Production Associates. Brookline 2001.

Rother, M./Shook, J. (2006): Sehen lernen: Mit Wertstromdesign die Wertschöpfung erhöhen und Verschwendung beseitigen. Aachen 2006.

Rühli, E. (1994): Die Resource-based View of Strategy: Ein Impuls für einen Wandel im unternehmungspolitischen Denken und Handeln? In: Gomez, P. et al. (Hrsg.): Unternehmerischer Wandel: Konzepte zur organisatorischen Erneuerung. Wiesbaden 1994, S. 31–57.

Sakakibara, S. et al. (1997): The Impact of Just-in-time Manufacturing and Its Infrastructure on Manufacturing Performance. In: Management Science, 43(1997)9, S. 1246-1257.

Sako, M. (1992): Prices, Quality and Trust. Cambridge 1992.

Sarachek, B. (1968): Elton Mayo's Social Psychology and Human Relations. In: Academy of Management Journal, 11(1968)2, S. 189–197.

Sarkar, M. B./Aulakh, P. S./Madhok, A. (2009): Process Capabilities and Value Generation in Alliance Portfolios. In: Organization Science, 20(2009)3, S. 583–600.

Scapens, R. W. (1990): Researching Management Accounting Practice: The Role of Case Study Methods. In: The British Accounting Review, 22(1990)3, S. 259–281.

Schempp, A. C. (2009): Konstruktivistische Ansätze in der Organisationstheorie. In: Schwaiger, M./Meyer, M .(Hrsg.): Theorien und Methoden der Betriebswirtschaftslehre: Handbuch für Wissenschaftler und Studierende. München 2009, S. 15–28.

Schiemenz, B. (2010): Ein kybernetisch-systemtheoretischer Blick auf Unternehmensressourcen. In: Stephan, M. et al. (Hrsg.): 25 Jahre ressourcen- und kompetenzorientierte Forschung: Der kompetenzbasierte Ansatz auf dem Weg zum Schlüsselparadigma in der Managementforschung. Wiesbaden 2010, S. 585–610.

Schildt, H./Keil, T./Maula, M. (2012): The Temporal Effects of Relative and Firm-level Absorptive Capacity on Interorganizational Learning. In: Strategic Management Journal, 33(2012)10, S. 1154–1173.

Schirmer, U. (2007): Commitment fördern, Mitarbeiter halten: Retention-Management zur Bindung von Leistungsträgern. In: Personalführung, 3(2007), S. 48–58.

Schnell, R./Hill, P. B./Esser, E. (2011): Methoden der empirischen Sozialforschung. München 2011.

Schoenmakers, W./Duysters, G. (2006): Learning in Strategic Technology Alliances. In: Technology Analysis and Strategic Management, 18(2006)2, S. 245–264.

Scholl, A. (2011): Konstruktivismus und Methoden in der empirischen Sozialforschung. In: Methodeninnovationen in der Kommunikationswissenschaft, 2(2011), S. 161–179.

Schönberger, R. (2011): Produktion folgt Logistik: Der Einfluss von Logistik-Clustern auf die regionale Wertschöpfung. Berlin 2011.

Schwaninger, M. (2013): Gibt es Modelle, denen wir vertrauen können? In: Vollmar, J./Becker, R./Hoffend, I. (Hrsg.): Macht des Vertrauens: Perspektiven und aktuelle Herausforderungen im unternehmerischen Kontext. Wiesbaden 2013, S. 54–63.

Schweitzer, M. (1978): Wissenschaftsziele und Auffassungen in der Betriebswirtschaftslehre: Eine Einführung. In: Schweitzer, M. (Hrsg.): Auffassungen und Wissenschaftsziele der Betriebswirtschaftslehre. Darmstadt 1978, S. 1–14.

Seibert, S. E./Crant, M. J./Kraimer, M. L. (1999): Proactive Personality and Career Success. In: Journal of Applied Psychology, 84(1999)3, S. 416–427.

Seibert, S. E./Kraimer, M./Crant, M. J. (2001): What Do Proactive People Do? A Longitudinal Model Linking Proactive Personality and Career Success. In: Personnel Psychology, 54(2001)4, S. 854–874.

Seifert Nightingale, D. (1998): Lean Aerospace Initiative. In: IIE Solutions, 30(1998)11, S. 20–25.

Settoon, R. P./Bennett, N./Liden, R. C. (1996): Social Exchange in Organizations: Perceived Organizational Support, Leader - Member Exchange, and Employee Reciprocity. In: Journal of Applied Psychology, 81(1996)3, S. 219–227.

Shin, J./Taylor, M. S./Seo, M.-G. (2012): Resources for Change: The Relationships of Organizational Inducements and Psychological Resilience to Employees' Attitudes and Behaviors toward Organizational Change. In: Academy of Management Journal, 55(2012)3, S. 727–748.

Shore, L. M. F./Martin, H. J. (1989): Job Satisfaction and Organizational Commitment in Relation to Work Performance and Turnover Intentions. In: Human Relations, 42(1989)7, S. 625–638.

Sidani, Y./Jamali, D. (2010): The Egyptian Worker: Work Beliefs and Attitudes. In: Journal of Business Ethics, 92(2010)3, S. 433–450.

Siggelkow, N. (2007): Persuasion with Case Studies. In: Academy of Management Journal, 50(2007)1, S. 20–24.

Siguaw, J. A./Simpson, P. M./Baker, T. L. (1998): Effects of Supplier Market Orientation on Distributor Market Orientation and the Channel Relationship: The Distributor Perspective. In: Journal of Marketing, 62(1998)3, S. 99–111.

Simon, F. B. (2006): Einführung in die Systemtheorie und Konstruktivismus. Heidelberg 2006.

Simon, H. A. (1991): Bounded Rationality and Organizational Learning. In: Organization Science, 2(1991)1, S. 125–134.

Simon, H. (2000): Cultural Diligence: Ein Weg zur Verbesserung der Erfolgsquote von M&A? In: Picot, A./Nordmeyer, A./Pribilla, P. (Hrsg.): Management von Akquisitionen. Stuttgart 2000, S. 223.

Sirmon, D. G. et al. (2010): The Dynamic Interplay of Capability Strengths and Weaknesses: Investigating the Bases of Temporary Competitive Advantage. In: Strategic Management Journal, 31(2010)13, S. 1386–1409.

Sirmon, D. G./Hitt, M. A./Ireland, D. R. (2007): Managing Firm Resources in Dynamic Environments to Create Value: Looking Inside the Black Box. In: Academy of Managemant Review, 32(2007)1, S. 273–292.

Skinner, W. (1969): Manufacturing – Missing Link in Corporate Strategy. In: Harvard Business Review, 47(1969)3, S. 136–145. .

Slagmulder, R. (1997): Using Management Control Systems to Achieve Alignment between Strategic Investment Decisions and Strategy. In: Management Accounting Research, 8(1997)1, S. 103–139.

Smalley, A. (2005): Produktionssysteme glätten: Anleitung zur Lean Production nach dem pull-Prinzip – angepasst an die Kundennachfrage. Aachen 2005.

Smith, K. G./Carroll, S. J./Ashford, S. J. (1995): Intra- and Interorganizational Cooperation: Toward a Research Agenda. In: Acadamey of Management Journal, 38(1995)1, S. 7–23.

Spear, S./Bowen, K. H. (1999): Decoding the DNA of the Toyota Production System. In: Harvard Business Review, 77(1999)5, S. 96–106.

Spender, J.-C./Grant, R. M. (1996): Knowledge and the Firm: Overview. In: Strategic Management Journal, 17(1996), S. 5–9.

Spring, M./Boaden, R. (1997): "One More Time: How Do You Win Orders?": A Critical Reappraisal of the Hill Manufacturing Strategy Framework. In: International Journal of Operations & Production Management, 17(1997)8, S. 757–779.

Springer Gabler Verlag (Hrsg.) (o.j.a): Gabler Wirtschaftslexikon, Stichwort: Projekt. Verfügbar: http://wirtschaftslexikon.gabler.de/Archiv/13507/projekt-v7.html. Letzter Zugriff: 25.05.2014.

Springer Gabler Verlag (Hrsg.) (o.J.b): Gabler Wirtschaftslexikon, Stichwort: Strategie. Verfügbar: http://wirtschaftslexikon.gabler.de/Archiv/3172/strategie-v11.html. Letzter Zugriff: 25.05.2014.

Springer Gabler Verlag (Hrsg.) (o.J.c): Gabler Wirtschaftslexikon, Stichwort: Verfügungsrechte online im Internet. Verfügbar: http://wirtschaftslexikon.gabler.de/Archiv/1882/verfuegungsrechte-v10.html. Letzter Zugriff: 25.05.2014.

Staats, B. R./Upton, D. M. (2011): Lean Knowledge Work. In: Harvard Business Review, 89(2011)10, S. 100–110.

Staehle, W. (1999): Management. Eine verhaltenswissenschaftliche Perspektive. München 1999.

Staehle, W. (1978): Plädoyer für die Einbeziehung normativer Aussagen in die Betriebswirtschaftslehre. In: Schweitzer, M. (Hrsg.): Auffassungen und Wissenschaftsziele der Betriebswirtschaftslehre. Darmstadt 1978, S. 336–357.

Starbuck, W. H. (1992): Learning by Knowledge-intensive Firms. In: Journal of Management Studies, 29(1992)6, S. 713–740.

Stegbauer, C. (2011): Reziprozität: Einführung in soziale Formen der Gegenseitigkeit. Wiesbaden 2011.

Stein, A. (2010): Erweiterung des Supply Chain Operations Reference-Modells: Anforderungen, Konzepte und Werkzeuge Münster 2010.

Sterman, J. D. (2002): All Models Are Wrong: Reflections on Becoming a Systems Scientist. In: System Dynamics Review, 18(2002)4, S. 501–531.

Stock-Homburg, R. (2008): Personalmanagement: Theorien-Konzepte-Instrumente. Wiesbaden 2008.

Stölzle, W. (1999): Industrial Relationships. München 1999.

Storper, M./Harrison, B. (1991): Flexibility, Hierarchy and Regional Development: The Changing Structure of Industrial Production Systems and Their Forms of Governance in the 1990s. In: Research Policy, 20(1991), S. 407–422.

Strategic Management Journal (o.J.): Special Issue Call for Papers: Psychological Foundations of Strategic Management. Verfügbar: http://strategicmanagement.net/pdfs/SMJ_Special_Issues_Call_for_Papers.pdf. Letzter Zugriff: 25.05.2014.

Stratmann, U. (2010): Der Zusammenhang zwischen Wertschöpfungsorganisationen und strategischen Wettbewerbsvorteilen. Eine auf Fallstudien basierende strategische Analyse am Beispiel der europäischen Automobilwirtschaft. München 2010.

Stürmer, S./Simon, B./Loewy, M. I. (2008): Intraorganizational Respect and Organizational Participation: The Mediating Role of Collective Identity. In: Group Processes & Intergroup Relations, 11(2008)1, S. 5–20.

Sudarsanam, S. (2003): Creating Value from Mergers and Acquisitions: The Challenges. Harlow 2003.

Sugimori, Y. et al. (1977): Toyota Production System and Kanban System Materialization of Just-in-time and Respect-for-human System. In: International Journal of Production Research, 15(1977)6, S.553–564. .

Sydow, J./Möllering, G. (2004): Produktion in Netzwerken: Make, Buy & Cooperate. München 2004.

Sydow, J./Möllering, G. (2009): Produktion in Netzwerken. München 2009.

Sytch, M./Tatarynowicz, A./Gulati, R. (2011): Toward a Theory of Extended Contact: The Incentives and Opportunities for Bridging Across Network Communities. In: Organization Science, 23(2011)6, S. 1658–1681.

Takeishi, A. (2001): Bridging Inter- and Intra-firm Boundaries: Management of Supplier Involvement in Automobile Product Development. In: Strategic Management Journal, 22(2001)5, S. 403–433.

Taylor, F. W. (1999): What Is Scientific Management? In: Management & Behavior: Classics. 1999.

Teece, D. J./Pisano, G./Shuen, A. (1997): Dynamic Capabilities and Strategic Management. In: Strategic Management Journal, 18(1997)7, S. 509–533.

Thacher, D. (2006): The Normative Case Study. In: American Journal of Sociology, 111(2006)6, S. 1631–1676.

Thibaut, J. W./Kelley, H. H. (1986): The Social Psychology of Groups. New Brunswick 1986.

Thompson, J. A. (2005): Proactive Personality and Job Performance: A Social Capital Perspective. In: Journal of Applied Psychology, 90(2005)5, S. 1011–1107.

Thun, J.-H./Drüke, M./Grübner, A. (2010): Empowering Kanban through TPS-principles – An Empirical Analysis of the Toyota Production System. In: International Journal of Production Research, 48(2010)23, S. 7089–7106.

Tilson, B. (2001): Success and Sustainability in Automotive Supply Chain Improvement Programs: A Case Study of Collaboration in the Mayflower Cluster. In: International Journal of Innovation Management, 5(2001)4, S. 427–456.

Töpfer, A. (2009): Erfolgreich Forschen: Ein Leitfaden für Bachelor-, Master-Studierende und Doktoranden. Heidelberg 2009.

Trumpfheller, M. (2004): Die Fallstudienmethode in der Logistikforschung. In: Pfohl, H.–C.(Hrsg.): Netzkompetenz in Supply Chains – Grundlagen und Umsetzung. Wiesbaden 2004, S. 175–188.

Tsai, W. (2001): Knowledge Transfer in Interorganizational Networks: Effects of Network Position and Absorptive Capacity on Business Unit Innovation and Performance. In: Acadamey of Management Journal, 44(2001)5, S. 996–1004.

Tsai, W. (2002): Social Structure of "Coopetition" within a Multiunit Organization: Coordination, Competition, and Intraorganizational Knowledge Sharing. In: Organization Science, 13(2002)2, S. 179–190.

Tsai, W./Ghoshal, S. (1998): Social Capital and Value Creation: The Role of Intrafirm Networks. In: Academy of Management Journal, 41(1998)4, S. 464–476.

Tsui, A. S et al. (1997): Alternative Approaches to the Employee-Organization Relationship: Does Investment in Employees Pay Off? In: Academy of Management Journal, 40(1997)5, S. 1089–1997.

Ullmann, G. (o.J.): Ganzheitliche Produktionssysteme: IPH - Methodensammlung. Verfügbar: http://www.iph-hannover.de/sites/default/files/IPH-Methodensammlung_web.pdf. Letzter Zugriff: 25.05.2014.

Un, A. C. (2010): An Empirical Multi-level Analysis for Achieving Balance Between Incremental and Radical Innovations. In: Journal of Engineering & Technology Management, 27(2010)1/2, S. 1–19.

Valkokari, K./Helander, N. (2007): Knowledge Management in Different Types of Strategic SME Networks. In: Management Research News, 30(2007)8, S. 597–608.

Vasudeva, G./Anand, J. (2011): Unpacking Absorptive Capacity: A Study of Knowledge Utilization from Alliance Portfolios. In: Academy of Management Journal, 54(2011)3, S. 611–623.

Verband der Hochschullehrer für Betriebswirtschaft e.V. (2013): VHB-Jourqual. VHB-Jourqual. Verfügbar: http://vhbonline.org/service/jourqual/. Letzter Zugriff: 25.05.2014.

Volck, S. (1997): Die Wertkette im prozeßorientierten Controlling. Wiesbaden 1997.

Volkswagen Aktiengesellschaft (o.J.a): Anteilsbesitz gem. §§ 285 und 313 HGB für die Volkswagen AG und den Volkswagen Konzern zum 31.12.2012. Verfügbar: http://www.volkswagenag.com/content/vwcorp/info_center/de/publications/2013/03/Anteilsbesitz2012.bin.html/binarystorageitem/file/Anteilsbesitz+VW+AG+31+12+2012_ deutsch.pdf Letzter Zugriff: 25.05.2014.

Volkswagen Aktiengesellschaft (o.J.b): Vielfalt erfahren. Geschäftsbericht 2012 . Verfügbar: http://www.volkswagenag.com/content/vwcorp/content/de/misc/pdf-dummies.bin.html/downloadfilelist/downloadfile/downloadfile_22/file/Y_2012_d.pdf. Letzter Zugriff: 25.05.2014.

Voss, C./Tsikriktsis, N./Frohlich, M. (2002): Case Research in Operations Management. In: International Journal of Operations & Production Management, 22(2002)2, p. 195–219.

Voss, G. B./Cable, D. M./Voss, Z. G. (2000): Linking Organizational Values to Relationships with External Constituents: A Study of Nonprofit Professional Theatres. In: Organization Science, 11(2000)3, S. 330–347.

Wagner-Tsukamoto, S. (2007): An Institutional Economic Reconstruction of Scientific Management: On the Lost Theoretical Logic of Talorism. In: Academy of Management Review, 32(2007)1, S. 105–117.

Waldman, D. A. et al. (2001): Does Leadership Matter? CEO Leadership Attributes and Profitability under Conditions of Perceived Environmental Uncertainty. In: Academy of Management Journal, 44(2001)1, S. 134–143.

Walter, J./Lechner, C./Kellermanns, F. W. (2007): Knowledge Transfer between and within Alliance Partners: Private versus Collective Benefits of Social Capital. In: Journal of Business Research, 60(2007), S. 698–710.

Wang, H. C./He, J./Mahoney, J. T. (2009): Firm-specific Knowledge Resources and Competitive Advantage: The Roles of Economic- and Relationship-based Employee Governance Mechanisms. In: Strategic Management Journal, 30(2009)12, S. 1265–1285.

Warner, M. (1994): Japanese Culture, Western Management: Taylorism and Human Resources in Japan. In: Organization Studies, 15(1994)4, S. 509–533.

Watson, S./Hewett, K. (2006): A Multi-theoretical Model of Knowledge Transfer in Organizations: Determinants of Knowledge Contribution and Knowledge Reuse. In: Journal of Management Studies, 43(2006)2, S. 141–173.

Weber, J./Schäfer, U. (2008): Einführung in das Controlling. Stuttgart 2008.

Weick, K. E. (1985): Der Prozeß des Organisierens. Frankfurt a. M. 1985.

Weick, K. E. (1989): Theory Construction as Disciplined Imagination. In: Academy of Management Review, 14(1989)4, S. 516–531.

Weijters, B./Cabooter, E./Schillewaert, N. (2010): The Effect of Rating Scale Format on Response Styles: The Number of Response Categories and Response Category Labels. In: International Journal of Research in Marketing, 27(2010)3, S. 236–247.

Welge, M./Al-Laham, A. (2012): Strategisches Management: Grundlagen–Prozesse– Implementierung. Wiesbaden 2012.

Wenzel, F. T. (2012): „Wir sind nicht effizient genug". Frankfurter Rundschau. Verfügbar: http://www.fr-online.de/wirtschaft/airbus-vorstand--wir-sind-nicht-effizient-genug-,1472780,17583986.html (Zugriff am: 25.05.2014).

Wernerfelt, B. (1984): A resource-based View of the Firm. In: Strategic Management Journal, 5(1984)2, S. 171–180.

Westkämper, E. (2003): Einführung. In: Bullinger, H.–J./Warnecke, H. J./Westkämper, E. (Hrsg.): Neue Organisationsformen im Unternehmen: Ein Handbuch für das moderne Management. Heidelberg 2003, S. E1–E15.

Westphal, J. D./Boivie, S./Ming Chng, D. H. (2006): The Strategic Impetus for Social Network Ties: Reconstituting Broken CEO Friendship Ties. In: Strategic Management Journal, 27(2006)5, S. 425–445.

Wilkens, U./Nermerich, D. (2011): "Love It, Change It, or Leave It". Understanding Highly-Skilled Flexible Worker´s Job Satisfaction from a Psychological Contract Perspective. In: Management Revue, 22(2011)1, S. 65–83.

Williamson, O. E. (1981): The Economics of Organization: The Transaction Cost Approach. In: The American Journal of Sociology, 87(1981)3, S. 548–577.

Williamson, O. E. (1991): Comparative Economic Organization: The Analysis of Discrete Structural Alternatives. In: Administrative Science Quarterly, 36(1991), S. 269–296.

Wilson, K. S./Sin, H.–P./Conlon, D. E. (2010): What about the Leader in the Leader-member Exchange? The Impact of Resource Exchanges and Substitutability on the Leader. In: Academy of Management Review, 35(2010)3, S. 358–372.

Wirtz, B. W. (2003): Mergers & Acquisitions Management: Strategie und Organisation von Unternehmenszusammenschlüssen. Wiesbaden 2003.

Witt, A. L. (1992): Exchange Ideology as a Moderator of the Relationships between Importance of Participation in Decision Making and Job Attitudes. In: Human Relations, 45(1992)1, S. 73–85.

Wolf, J. (2000): Der Gestaltansatz in der Management- und Organisationslehre. Wiesbaden 2000.

Wolf, J. (2011): Organisation, Management, Unternehmensführung: Theorien, Praxisbeispiele und Kritik. Wiesbaden 2011.

Womack, J. P./Jones, D. T. (2003): Lean Thinking: Banish Waste and Create Wealth in Your Corporation. New York 2003.

Womack, J. P./Jones, D. T. (1994): From Lean Production to the Lean Enterprise. In: Harvard Business Review, 72(1994)2, S. 93-103.

Womack, J. P./Jones, D. T. (2004): Lean Thinking: Ballast abwerfen, Unternehmensgewinn steigern. Frankfurt 2004.

Womack, J. P./Jones, D. T./Roos, D. (1991): The Machine that Changed the World: The Story of Lean Production. New York 1991.

Wright, P. et al. (1995): Competitiveness through Management of Diversity: Effects on Stock Price Valuation. In: Academy of Management Journal, 38(1995)1, S. 272–287.

Wu, Y. C. (2003): Lean Manufacturing: A Perspective of Lean Suppliers. In: International Journal of Operation & Production Management, 23(2003)11, S. 1349–1376.

Yin, R. K. (2003): Case Study Research: Designs and Methods. Thousand Oaks 2003.

Yorks, L./Barto, J. (2013): Invited Reaction: The Strategic Value of HRD in Lean Strategy Implementation. In: Human Resource Development Quarterly, 24(2013)1, S. 29–33.

Zentes, J./Swoboda, B./Morschett, D. (2003): Kooperationen, Allianzen und Netzwerke. Entwicklung der Forschung und Kurzabriss. In: Zentes, J./Swoboda, B./Morschett, D. (Hrsg.): Kooperationen, Allianzen und Netzwerke. Grundlagen - Ansätze - Perspektiven. Wiesbaden 2003, S. 3–32.

Zhang, Z./Wang, M./Shi, J. (2012): Leader-Follower Congruence in Proactive Personality and Work Outcomes: The Mediating Role of Leader-Member Exchange. In: Academy of Management Journal, 55(2012)1, S. 111–130.

EINZELSCHRIFTEN

Verena Joepen
Ein datenbankgestütztes Vertragsmanagementmodell zur Entscheidungsunterstützung im Beschaffungsmanagement
Lohmar – Köln 2014 • 228 S. • € 55,- (D) • ISBN 978-3-8441-0361-8

Björn Hermelink
Untersuchungen zur endokrinologischen Regulation der Gonadenreifung von Zandern *(Sander lucioperca)* durch exogene Faktoren zur kontrollierten Reproduktion bei Haltung in Warmwasserkreislaufanlagen
Lohmar – Köln 2014 • 188 S. • € 48,- (D) • ISBN 978-3-8441-0363-2

Marc Jizba
Die Nachhaltigkeitsleistung der deutschen DAX30-Unternehmen – Eine kritische Bewertung des Status Quo mit Hilfe des Sustainable-Value-Added-Konzepts
Lohmar – Köln 2014 • 172 S. • € 48,- (D) • ISBN 978-3-8441-0366-3

Antonio Vera
Spekulationsblasen in der frühen Neuzeit – Ein systematischer Vergleich der Ursachen, Mechanismen und Auswirkungen der Mississippi und der South Sea Bubble
Lohmar – Köln 2015 • 168 S. • € 47,- (D) • ISBN 978-3-8441-0379-3

Georg Baltes
New Perspectives on Supply and Distribution Chain Financing: Case Studies from China and Europe
Lohmar – Köln 2015 • 396 S. • € 66,- (D) • ISBN 978-3-8441-0384-7

Katja Müller
Wertschaffende Kooperationsbeziehungen – Kooperationsbeziehungen im Lean Management analysiert aus einer konstruktivistischen Sicht
Lohmar – Köln 2015 • 364 S. • € 64,- (D) • ISBN 978-3-8441-0385-4